"十二五"普通高等教育本科国家级规划教材
普 通 高 等 教 育 精 品 教 材
全 国 高 校 出 版 社 优 秀 畅 销 书

21世纪大学本科计算机专业系列教材

丛书主编 李晓明

计算机网络

(第5版)

吴功宜 吴英 编著

清华大学出版社
北京

内容简介

本书以支撑互联网、移动互联网与物联网发展的共性技术为主线，系统地介绍计算机网络基本概念、网络体系结构、网络互联与分布式进程通信、网络应用与网络安全技术。本书在讨论网络基本工作原理的同时，注重网络应用系统设计与网络应用软件编程方法的学习，贴近技术发展的前沿，对当前网络技术发展的热点问题进行了讨论。

本书可作为计算机、软件工程、信息安全、物联网工程、通信工程与电子信息等相关专业的本科生、硕士研究生的计算机网络课程教材或参考书，也可作为从事信息技术的工程技术人员与技术管理人员学习网络技术的参考书。

图书在版编目(CIP)数据

计算机网络/吴功宜，吴英编著.—5版.—北京：清华大学出版社，2021.7（2023.8重印）
21世纪大学本科计算机专业系列教材
ISBN 978-7-302-57595-5

Ⅰ.①计… Ⅱ.①吴… ②吴… Ⅲ.①计算机网络－高等学校－教材 Ⅳ.①TP393

中国版本图书馆CIP数据核字(2021)第033685号

责任编辑：张瑞庆　战晓雷
封面设计：常雪影
责任校对：焦丽丽
责任印制：曹婉颖

出版发行：清华大学出版社
网　　址：http://www.tup.com.cn，http://www.wqbook.com
地　　址：北京清华大学学研大厦A座　　**邮　　编**：100084
社 总 机：010-83470000　　**邮　　购**：010-62786544
投稿与读者服务：010-62776969，c-service@tup.tsinghua.edu.cn
质量反馈：010-62772015，zhiliang@tup.tsinghua.edu.cn
课件下载：http://www.tup.com.cn，010-83470236
印 装 者：小森印刷霸州有限公司
经　　销：全国新华书店
开　　本：185mm×260mm　　**印　　张**：26　　**字　　数**：633千字
版　　次：2003年8月第1版　2021年7月第5版　　**印　　次**：2023年8月第5次印刷
定　　价：69.99元

产品编号：089641-01

本书主审：钱德沛

前言

FOREWORD

如果将“分组交换”概念的提出与ARPANET的出现作为计算机网络技术发展的起点，那么计算机网络技术经历了60多年的发展。2019年10月在乌镇召开的第六届世界互联网大会的主题之一是纪念互联网诞生50周年以及中国全功能接入互联网25周年。回顾半个多世纪互联网技术与应用的发展历程，可以清晰地看到，计算机网络是沿着互联网—移动互联网—物联网的轨迹，由小到大逐步发展壮大，由表及里渗透到社会的各个领域，潜移默化地改变了世界的经济、科学、文化、教育与生活的方方面面。当前，计算机网络为人工智能、大数据、5G等新技术与各行各业的跨界融合提供了平台与技术支撑，基于网络的新应用、新业态方兴未艾，新一轮科技革命与产业变革加速演进，计算机网络也迎来了更加广阔的发展空间。

纵观互联网、移动互联网与物联网的发展历程，可以清晰地认识到：开放的体系结构、协议与应用成就了互联网，促进了全球计算机的互联，成为世界范围信息共享的基础设施；移动使得互联网与人如影随形，大部分的移动互联网应用都具有社交功能，使大规模、复杂社会问题的群智感知、认知与处理成为可能；物联网将世界上万事万物的泛在互联成为可能，推动了大数据、智能技术与各行各业的深度融合，使得人类在处理物理世界问题时具有更高的智慧。因此，可以用开放、互联、共享来描述互联网的特征，用移动、社交、群智来描述移动互联网的特征，用泛在、融合、智慧来描述物联网的特征。但是，无论互联网、移动互联网与物联网如何发展，它们的理论与技术基础仍然是计算机网络。

建设网络强国已成为中国的重大战略决策之一，而建设网络强国必须培养大批的网络技术精英，需要大力普及网络知识和技能，计算机网络课程在这一方面应该发挥重要的作用。

出于这样的认识，作者在本书第5版的修订中，着力解决了以下几个问题。

第一，跟踪技术发展，研究网络技术的“变”与“不变”的关系。

计算机网络技术与应用发展用日新月异来描述一点也不过分。纵观计算机网络发展的历程，可以清晰地看到：从互联网到移动互联网、物联网，网络应用系统的功能、协议体系与实现技术在变化，但是网络层次结构模型、端-端分析原则与进程通信方法并没有发生本质的变化。基于这种判断，作者在本书第5版的修订中注意做好“减法”，压缩、调整过渡性概念、技术与结构，腾出篇幅用于增加新技术发展的内容，处理好计算机网络课程内容“变”与“不变”的关系。本书第5版深入浅出地介绍了5G、云计算与移动云计算、边缘计算与移动边缘计算、QoS/QoE、SDN/NFV等新技术、新概念;在保留章节的内容上也做了适当的调整,注意处理好与网络新技术的衔接关系。

第二,结构清晰,环环相扣,形成完整和有机的知识体系。

本书第5版的特点是结构清晰。在知识结构的设计中,以支撑互联网、移动互联网与物联网发展的共性技术为主线,每章围绕着一个中心问题进行讨论。这些问题如下:

第1章:什么是计算机网络?

第2章:如何实现网络中的比特流传输?

第3章:如何实现以太网与WiFi的MAC协议?

第4章:如何实现网络互联?

第5章:如何实现网络环境中的分布式进程通信?

第6章:如何设计和实现网络应用系统?

第7章:如何保证网络安全?

第8章:当前计算机网络技术有哪些重要发展?

第三,贯彻系统观,用计算机专业的基础与思维方式去解析网络知识。

计算机专业学生需要强调计算机系统能力的培养。计算机专业学生系统能力的核心是培养学生具有设计和构建以计算技术为核心的新的应用系统的能力,而网络知识是计算机系统能力的重要组成部分。计算机网络课程教学改革的目标之一是如何使网络课程与计算机专业课程体系形成一个有机的整体。

作者结合科研实践,在第3章,通过分析读者最常用和最熟悉的以太网与WiFi的MAC算法的实现技术,解释网卡硬件与软件的设计方法,引导学生利用计算机组成原理、外设与接口、操作系统与软件编程的基础知识,理解计算机是如何接入计算机网络,以及计算机与网络的硬件、软件与协议如何协同工作,使得计算机网络课程能够与计算机专业的计算机组成原理、外设与接口、操作系统与软件编程等核心课程融为一体,消除计算机网络课程与计算机专业课程体系脱节的弊病。

在讨论网络应用的过程中,作者用了大量在网上抓取的协议执行过程的截图,形象直观地解析抽象的网络协议的软件实现方法。在第6章结束时,从系统观出发,对计算机网络原理与实现方法从硬件与软件实现的角度进行概括和总结。通过解析读者熟悉的Web应用的实现过程,帮助读者理解真实的网络应用系统的工作原理与协议执行过程,使读者学会从软件编程的角度去实现网络服务功能,为深入学习网络技术奠定基础。

第四,贯彻以能力培养为导向的教学理念。

计算机网络是一门应用性与实践性很强的课程。学生只有通过系统训练,才有可能真正掌握和深入理解网络技术的基本理论与方法。本教学团队在规划教材体系建设时,坚持以能力培养为导向的指导思想,经过近20年的努力,基本形成了由1本主教材、4本辅助教材、1个题库和1个电子教案构成的教材体系。与主教材《计算机网络(第5版)》配套的有《计算机网络实验指导书(第3版)》《计算机网络软件编程指导书(第3版)》《计算机网络习题解析与同步练习(第3版)》和《计算机网络教师用书(第5版)》,后3种辅助教材近期将陆续出版。

《计算机网络实验指导书(第3版)》编写了16个网络实验。该书总结了网络硬件实验课程教学经验，参考了国际著名的网络公司的认证考试内容，设计了从物理层到数据传输，从网络应用到网络安全的网络实验课题，实验内容覆盖了从基本的组网到网络设备配置、从简单的网络环境编程到网络仿真的基本要求。每个实验均给出了进一步掌握该实验内容的练习与思考题。实验所要求的设备比较简单，目前大多数学校都具备基本的实验条件。

《计算机网络软件编程指导书(第3版)》设计了13个网络软件编程题目。编程选题考虑了不同层次网络协议的覆盖，同时将编程题目分为3个难度级，老师可以参照自己的教学需要，配合教学进度，有选择、循序渐进地完成网络软件编程训练，让学生通过实际编程问题的训练，达到加深理解网络基本工作原理、掌握网络环境中软件编程方法、提高网络软件编程能力的目的。

《计算机网络习题解析与同步练习(第3版)》参考了华为、Cisco等重要网络设备制造商认证培训大纲与试题、计算机专业研究生入学统考大纲与试题、全国计算机等级考试(三级)网络工程师考试大纲与试题，并且从网上收集了一些大的计算机、通信与软件公司的人员招聘考题，在系统地分析、比较的基础上，按照主教材的体系与教学要求，编写了习题解析与同步练习。该书的特点是：每章的习题尽可能精简，突出基本要求。教师可以使用或参照书上的习题作为课后练习；学生可以随着教学进度，自我检查知识掌握情况。该书也可以作为计算机及相关专业学生参加计算机专业硕士研究生全国统考、求职考试的备考复习资料。

《计算机网络教师用书(第5版)》具有以下3个特点：一是分析了主教材的知识体系以及每章的知识点结构，帮助任课教师准确把握全局与局部内容的关系；二是作者根据多年的教学、科研经验，针对主教材各章节的重点、难点，总结了自己在教学过程中遇到的问题，以及任课教师或学生提出的300多个问题，逐一加以解答；三是为了帮助任课教师组织好教学过程，解析了主教材每章中比较难的习题。

《计算机网络》第1版于2003年出版，2007年出版了第2版，2011年出版了第3版，2017年出版了第4版。第2版被列入普通高等教育"十一五"国家级规划教材，第3版与第4版被列入"十二五"普通高等教育本科国家级规划教材；第2版被评为2008年普通高等教育精品教材。但是，作者自知"盛名之下，其实难副"。为了不辜负广大读者的期望，作者与教学团队成员多年来一直以国内外知名大学为参照，研究其网络课程教学内容、教材与主要参考书、作业与实验以及教学方法改革的动向，并选择国际上最流行的教材作为参考，结合教学团队成员的科研与教学研究体会，力求使第5版在水平与质量上与国外优秀教材具有可比性。

为了适应计算机专业研究生网络课程的教学需要，作者与同事们编写了《计算机网络高级教程(第2版)》《计算机网络高级软件编程技术(第2版)》与《网络安全高级软件编程技术》，构成了覆盖本科生、硕士研究生与博士研究生理论与能力培养的完整的计算机网络课程教材体系。

在第5版的修订中，吴功宜负责第1～4章和第8章；吴英负责第5～7章与各章习题，并且修改了书中的部分插图。

本书的编写工作得到了南开大学徐敬东教授、张建忠教授、许昱玮副教授、张玉副教授以及网络教研室很多学生的支持和帮助，作者在此向他们表示感谢。

计算机网络知识更新快,完成高质量教材写作任务的难度很大。限于作者的学术水平,书中难免有错误与不妥之处,诚恳地希望读者批评指正。作者向使用前几版教材并提出了宝贵意见和建议的同行深表感谢,也希望诸位对本书继续给予关注和指教,共同为提高我国计算机网络课程的教学水平而努力。

南开大学计算机学院
吴功宜
wgy@nankai.edu.cn

吴　英
wuying@nankai.edu.cn

2021 年 3 月

目 录

CONTENTS

第 1 章 计算机网络概论

本章在介绍计算机网络形成与发展的基础上，系统地讨论计算机网络的定义与分类、计算机网络组成与结构、计算机网络拓扑与特点、分组交换技术及网络体系结构，以帮助读者对计算机网络与互联网技术形成全面的认识。

本章学习要求

- 了解计算机网络的形成与发展过程。
- 掌握计算机网络的定义与分类。
- 掌握计算机网络的组成与结构。
- 掌握计算机网络拓扑构型的定义、分类与特点。
- 掌握分组交换的基本概念。
- 掌握网络体系结构与网络协议的基本概念。

1.1 计算机网络的形成与发展

1.1.1 分组交换技术的研究

任何一种新技术的出现都必须具备两个条件：一是强烈的社会需求；二是前期技术的成熟。计算机网络技术的形成与发展也符合这一规律。

1. ARPANET 研究

1）ARPANET 研究的背景

计算机网络是计算机技术与通信技术发展、融合的产物。电子数字计算机在 20 世纪 40 年代问世，而通信技术的发展比计算机技术早很长时间。当计算机技术研究与应用发展到一定程度，并且社会上出现新的应用需求时，人们自然就会产生将计算机技术与通信技术交叉融合的想法。

20 世纪 50 年代初，由于美国军方的需要，美国半自动地面防空系统（Semi-Automatic Ground Environment，SAGE）将远程雷达信号、机场与防空部队的信息通过有线线路、无线与卫星信道传送到位于美国本土的一台大型计算机上处理。这项研究开始了计算机技术与通信技术结合的尝试。随着 SAGE 的实现，美国军方又考虑将分布在不同地理位置的多台计算机通过通信线路连接成计算机网络。在民用方面，计算机技术与通信技术相结合的研究成果也开始用于航空售票与银行业务。

20世纪60年代中期,在与苏联军事力量的竞争中,美国军方认为需要一个专门用于传输军事命令与控制信息的网络。当时美国军方的通信主要依靠电话交换网,但是电话交换网是相当脆弱的。在电话交换系统中,如果一台交换机或连接交换机的一条中继线路损坏,尤其是几个关键长途电话局地交换机遭到破坏,就有可能导致整个电话交换系统通信中断。美国国防部高级研究计划署(Defense Advanced Research Projects Agency,DARPA)要求新的网络在遭遇核战争或自然灾害时,即使部分网络设备或通信线路遭到破坏,网络系统仍能利用剩余的网络设备与通信线路继续工作。他们将这样的网络系统称为可生存系统。利用传统的通信线路与电话交换网无法实现可生存系统的设计要求。针对这种情况,DARPA开始着手新型通信网络技术的研究工作。通信网络方案的设计首先要解决两个基本问题:网络拓扑结构与数据传输方式。早期的研究工作主要集中在这两个方面。

2)网络拓扑结构设计思路

图1-1给出了第一种设计方案提出的集中式和非集中式拓扑构型示意图。在图1-1(a)所示的集中式星状网络中,所有主机都与一个中心交换节点相连,主机发送的数据都要通过中心节点转发。如果中心节点受到破坏,就会造成整个网络瘫痪。图1-1(b)所示的非集中式网络采用的是星-星结构,但是星状结构固有的缺点仍难以避免。

第二种设计方案采用的是分布式网络(distributed network)结构,如图1-2所示。分布式网络中没有中心交换节点,每个节点与相邻节点连接,从而构成一个网状结构。在网状结构中,任意两个节点之间可以有多条传输路径。如果网络中某个节点或线路损坏,数据还可以通过其他路径传输。显然,这是一种具有高度容错特性的网络拓扑结构。

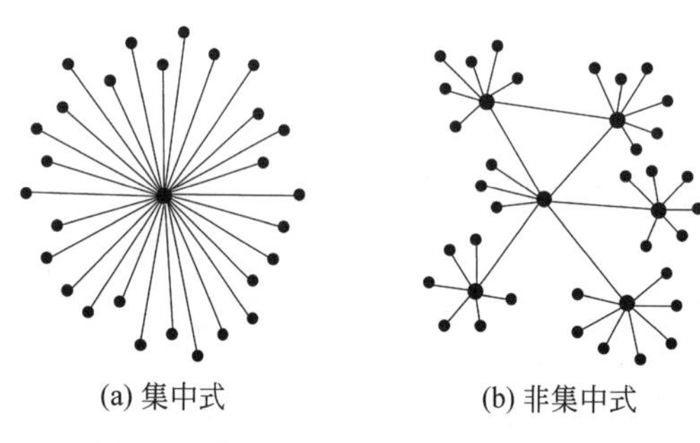

图1-1 集中式和非集中式的拓扑构型

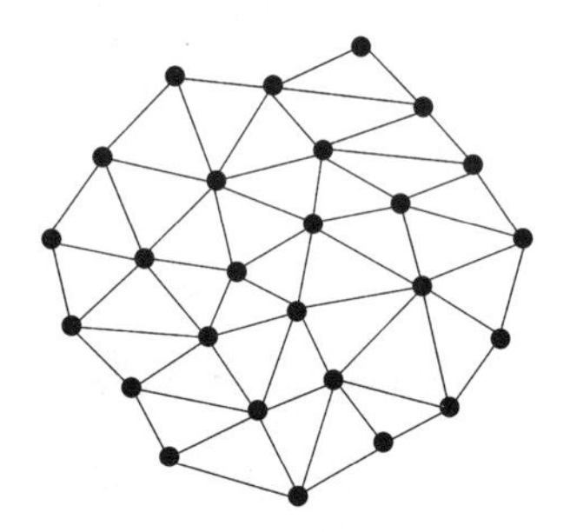

图1-2 分布式网络的拓扑构型

3)分组交换技术的设计思路

电话交换网的应用极为广泛。电话交换网的特点主要有两点:一是在通话之前需要通过交换机的线路交换(circuit switching)在两部电话机之间建立线路连接;二是电话交换网主要用于传输模拟的语音信号。一百多年来,电话交换机经过多次更新换代,从人工接续、步进制、纵横制直至当前的程控交换,其本质始终没有改变,仍然采用线路交换方式。

电话交换网是为传输人与人之间的模拟语音信号而设计的。如果直接利用电话交换网传输计算机的数字数据信号,则存在两个主要的问题:第一,通信线路的利用率很低,这样就会造成大量通信资源的浪费;第二,电话线路的误码率比较高,这对于语音通信来说问题并不大。计算机通信要求能够准确传输每比特。电话交换网不适合直接用于计算机的数据传输,必须寻找适用于计算机通信的新的交换技术。

针对这个问题,研究人员提出了一种新的数据交换技术——分组交换(packet switching)。研究人员设想出一个网状结构的计算机网络,这种网络的工作具有以下几个特征:

- 在网络中没有一个中心控制节点,联网计算机独立完成数据接收、发送的功能。
- 发送数据的源主机预先将待发送的数据封装成多个短的、有固定格式的分组。
- 如果源主机与目的主机之间没有直接连接的通信线路,那么就需要通过中间节点采用存储转发的方法转发分组,这种中间节点就是当前广泛使用的路由器。
- 每个路由器都可以根据链路状态与分组的目的地址,独立地使用路由选择算法为每个分组选择合适的传输路径。
- 当目的主机接收到属于一个报文的所有分组之后,将分组中多个数据字段组合起来,还原成源主机发送的报文。

因此,构成分组交换技术的3个重要概念是分组、路由选择与存储转发。

对于路由选择算法,可以用一个简单的例子来说明。最简单的路由选择算法是"热土豆法"。设计"热土豆法"的灵感来自人们的生活实践。当手上接到一个烫手的土豆时,人们的本能反应是立即将它扔出去。路由器在转发分组时也可以采取类似的方法,当它接收到一个待转发的分组时,也是尽快地寻找一个输出路径转发。当然,一种好的路由选择算法应具有自适应能力,在发现网络中任何一个中间节点或一段链路故障时,应具有选择绕过出故障的节点或链路来转发分组的能力。

4) ARPANET设计思想

1967年,DARPA将注意力转移到计算机网络研究上,并提出ARPANET的研究任务。与传统的通信网络不同,ARPANET要连接不同型号的计算机,必须满足可生存网络的要求,并保证数据传输的可靠性。

根据DARPA提出的设计要求,ARPANET在方案中采取分组交换的思想。设计者将ARPANET分为两个部分:通信子网与资源子网。通信子网的转发节点用小型计算机实现,称为接口报文处理器(Interface Message Processor,IMP)。最初的IMP之间通过速率为56kb/s的传输线连接。为了保证数据传输的可靠性,每个IMP都要与多个IMP连接。如果有部分线路或IMP损坏,仍可以通过其他路径自动完成分组转发。IMP设备就是路由器的雏形。图1-3给出了通信子网结构与工作原理。

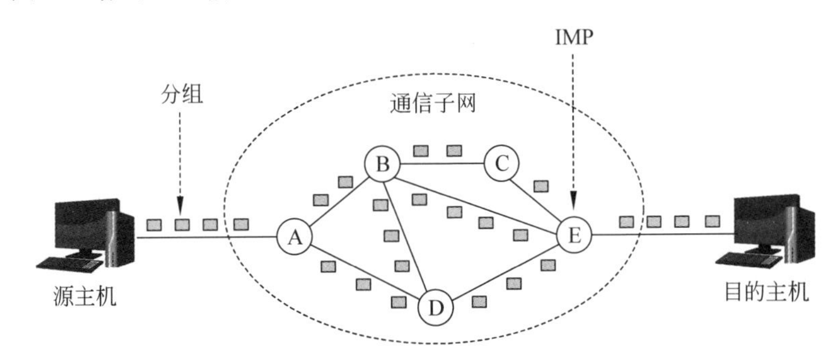

图1-3 通信子网结构与工作原理

最初的实验网络的每个节点都是由一台联网计算机与一台IMP组成的。计算机与IMP放置在同一房间中,它们之间通过一条很短的电缆连接。IMP根据通信协议规定将计算机发送的报文数据分成多个特定长度的数据块,并封装成分组,然后通过路由选择算法为每个分组选择输出路径,将分组分别向下一个IMP发送。下一个IMP正确收到一个分组并存储之后,向发送该分组的前一个IMP返回确认(ACK)报文,再继续向下一个IMP转发;如果出错,则用NAK报文来报告出错,通知上一个IMP重传。这样,通过多个IMP的转发,直到分组正确到达目的主机为止。源主机发出的同一报文的不同分组到达目的主机经过的路径可能不同。分组到达目的主机有可能出现重复、丢失或乱序的现象。

5) ARPANET研究过程

在开展分组交换理论研究的同时,DARPA以招标的方式开始准备组建通信子网,一共有12家公司参与竞标。在评估所有的候选公司后,DARPA选择了BBN公司。在通信子网的组建中,BBN公司选择DDP-316小型计算机作为IMP,这些小型计算机都经过专门的改进。通信线路租用电话公司的56kb/s电话传输线路。

在完成网络结构与硬件设计后,一个重要的问题是开发网络软件。1969年夏季,DARPA在美国犹他州召集研究人员开会研究网络软件开发的问题,参加会议的大多数是研究生。这些研究生希望像完成其他编程任务一样,由网络专家向他们解释网络的设计方案与需要编写的软件,然后给每人分配具体的软件编程任务。当他们发现没有网络专家,也没有完整的软件设计方案时,他们感到很吃惊,意识到必须自己想办法找到该做的事情。

1969年12月,包含4个节点的实验网络开始运行。这4个节点是4所大学:加州大学洛杉矶分校(UCLA)、加州大学圣芭芭拉分校(UCSB)、斯坦福研究院(SRI)和犹他大学(UTAH)。选择这4所大学是因为它们都与DARPA签订了合同,并且有不同类型、完全不兼容的计算机与操作系统。其中,UCLA主机是SDS SIGMA7,操作系统是SEX;UCSB主机是IBM 360/75,操作系统是OS/MVT;SRI主机是SDS 940,操作系统是Genie;UTAH主机是DEC PDP-10,操作系统是Tenex。

图1-4给出了ARPANET最早的结构。1969年9月,第一台IMP在UCLA安装调试成功。1969年10月,第二台IMP在SRI安装调试成功。为了调试两台IMP之间的数据传输情况,参加实验的双方同时通过电话来联络。Leonard Kleinrock让研究生从UCLA主机向SRI主机输入login(注册)命令。当输入第一个字母l后,询问对方是否收到,对方回答"收到l";当输入第二个字母o后,对方回答"收到o";当输入第三个字母g后,SRI主机出现故障,第一次远程登录实验失败。尽管如此,这仍然是一个非常重要的时刻,它标志着计

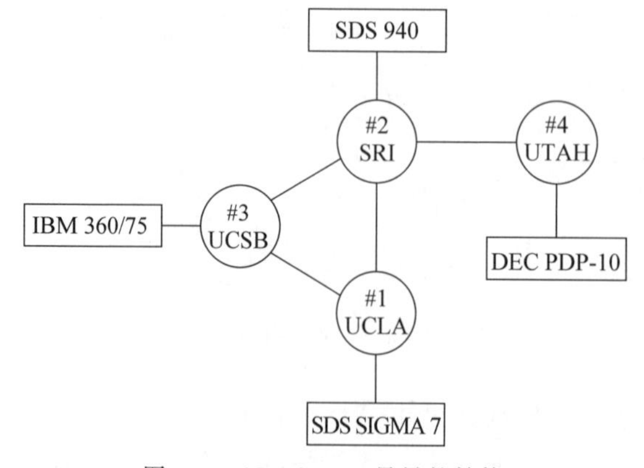

图1-4 ARPANET最早的结构

算机网络时代的到来。

1969—1971年,经过近两年对网络应用层协议的研究与开发,研究人员首先推出远程登录服务与TELNET协议。1972年,ARPANET节点数增加到15个。1973年,随着英国伦敦大学与挪威皇家雷达研究所的主机接入,ARPANET节点数增加到23个,这标志着ARPANET已经国际化。随着更多的IMP交付使用,ARPANET快速增长,很快扩展到整个美国。1972年,第一个用于计算机网络的电子邮件程序出现。到1973年,电子邮件流量已经占整个ARPANET总流量的3/4。

除了组建ARPANET之外,ARPA还资助了卫星与无线分组网的研究工作。当时有一个著名的实验是:研究人员在美国加州一辆行驶的汽车上通过无线分组网向SRI主机发送报文,SRI主机将该报文通过ARPANET发送到东海岸,然后通过卫星通信系统将报文发送到伦敦一所大学的主机。这样,汽车上的研究人员就可以在移动过程中使用位于伦敦的主机。实验结果表明无线分组网的设计方案是成功的,同时也暴露出一个问题,那就是ARPANET的网络控制协议(Network Control Protocol,NCP)仅适用于单一网络内部通信,而不适用于多个网络互联的要求,这就提出了下一代网络互联协议的研究课题。

6) ARPANET对推动网络技术发展的贡献

ARPANET是一个典型的广域网,它的研究成果证明了分组交换理论的正确性,也展现出计算机网络广阔的应用前景。ARPANET是计算机网络技术发展的一个重要的里程碑,它对计算机网络理论与技术发展起到了重大的奠基作用。ARPANET的贡献主要表现在以下几方面:

- 研究了对计算机网络的定义与分类方法。
- 提出了资源子网与通信子网的二级结构概念。
- 研究了分组交换协议与实现技术。
- 研究了层次型网络体系结构的模型与协议体系。
- 研究了TCP/IP与网络互联技术。

到1975年,ARPANET已连入100多台主机,并且结束了网络实验阶段,移交给美国国防通信局运行。1983年1月,ARPANET向TCP/IP的转换结束。同时,ARPANET被分成两个独立的部分:一部分仍叫ARPANET,用于进一步的研究工作;另一部分稍大一些,成为著名的MILNET,用于军方的非机密通信。

20世纪80年代中期,ARPANET的网络规模不断增大,成为互联网(Internet)的主干网。1990年,ARPANET被新网络NSFNET取代。虽然ARPANET目前已经退役,但是人们将会永远记住它,因为它对网络技术发展有重要影响。目前,MILNET仍然在运行。20世纪70年代到80年代,网络技术发展迅速,出现了大量的计算机网络,仅美国国防部就资助建立了多个计算机网络。同时,还出现了一些研究性网络、公共服务网和校园网。在这个阶段,公用数据网络(Public Data Network,PDN)与局域网技术发展迅速。

2. TCP/IP的研究与发展

1972年,ARPANET核心研究人员开始了网络互联项目的研究。他们希望将不同类型的网络互联起来,使不同类型的主机之间可以互相通信。网络互联需要克服异构网络在分组的长度、格式、分组头与传输速率方面的差异。研究人员提出用一种称为网关(gateway)的设备实现网络互联。实际上,当时提出的网关从功能上看就是一种路由器(router)。

1977年10月,ARPANET研究人员提出了包括传输控制协议(Transport Control Protocol,TCP)与互联网协议(Internet Protocol,IP)在内的协议结构。其中,TCP用于实现源主机与目的主机之间的分布式进程通信,IP协议用于标识节点与实现路由选择。

随着越来越多的网络接入ARPANET,网络互联变得越来越重要。为了鼓励采用TCP/IP,ARPA与加州大学伯克利分校签订合同,希望将新的TCP/IP集成到BSD UNIX中。根据该项研究计划,伯克利研究人员开发了一个方便的、专门用于连接网络的编程接口,并编写了很多应用程序、开发工具与管理程序,这些工作使网络互联变得更容易。很多大学采用BSD UNIX,这样就促进了TCP/IP的普及。TCP/IP从20世纪70年代诞生以来,经历30多年的实践检验和不断完善,并且成功地赢得了大量用户和投资。TCP/IP的成功促进了互联网的发展,互联网的发展进一步扩大了TCP/IP的应用范围。

3. NSFNET对互联网发展的影响

1) CSNET的应用

20世纪70年代后期,美国国家科学基金会(National Science Foundation,NSF)认识到ARPANET对科研工作的重要影响。各国科学家可以利用ARPANET共享数据,合作完成研究项目。但是,不是所有大学都有这样的机会,接入ARPANET的大学必须与美国国防部有合作研究项目。为了使更多大学能共享ARPANET资源,NSF计划建设一个虚拟网络,即计算机科学网(Computer Science Network,CSNET)。CSNET的中心是一台BBN计算机,各大学可通过电话拨号连接BBN计算机,以它作为网关间接接入ARPANET。1981年,CSNET开始接入ARPANET,使它连接了美国所有大学的计算机系。

2) 域名技术的发展

ARPANET主机数量剧增促进了域名系统(Domain Name System,DNS)技术的发展。随着TCP/IP的推广,ARPANET的规模一直在不断扩大,不仅美国国内有很多网络与ARPANET相连,很多国家也采用TCP/IP将本地网络接入ARPANET,网络系统运行和接入计算机管理成为迫切需要解决的问题。最初记录主机名与IP地址对应关系的是一个静态的文本文件——HOSTS。1982年,人们发现,随着接入主机数量的增多,用简单的文本文件去记录所有联网的主机名与IP地址越来越困难。在这种背景下,人们提出DNS的概念和研究课题。

DNS将接入网络的多个主机划分成不同的域,使用分布式数据库存储与主机命名相关的信息,通过域名来管理和组织互联网中的主机,使得在物理结构上无序的互联网变成在逻辑结构上有序、可管理的网络系统。1984年,第一个DNS程序JEEVES开始使用。1988年,BSD UNIX 4.3推出它的DNS程序BIND。

3) NSFNET的组建

1984年,NSF决定组建NSFNET,其主干网连接美国6个超级计算机中心。NSFNET通信子网使用的硬件与ARPANET基本相同,采用56kb/s通信线路。但是,NSFNET软件技术与ARPANET不同,它从开始就使用TCP/IP。NSFNET采用的是一种层次型结构,分为主干网、地区网与校园网。各大学的主机接入校园网,校园网接入地区网,地区网接入主干网,主干网通过高速线路连接ARPANET,包括主干网与地区网的部分称为NSFNET。校园网用户可通过NSFNET访问任何一个超级计算机中心的资源,访问其连接的数千所大学、研究所、图书馆等,用户之间可交换信息、收发电子邮件。

NSFNET 刚一建成就出现网络负荷过重的情况，NSF 决定立即开始研究下一步发展问题。随着网络规模的扩大和应用的扩展，NSF 认识到政府已不能继续从财政上支持这个网络。虽然有不少商业机构打算参与进来，但是 NSF 并不允许这个网络用于商业用途。在这种情况下，NSF 鼓励 MERIT、MCI 与 IBM 三家公司组建一个非营利性的公司运营 NSFNET。MERIT、MCI 与 IBM 公司合作创建了 ANS 公司。1990 年，ANS 公司接管了 NSFNET，并在全美范围内组建 T3 级的主干网，网络传输速率为 44.746Mb/s。到 1991 年底，NSFNET 的全部主干网节点都与 T3 主干网连通。

在美国发展 NSFNET 的同时，其他国家与地区也在建设与 NSFNET 兼容的网络，例如欧洲为研究机构建立的 EBONE、EuropaNET 等。当时，这两个网络都采用 2Mb/s 通信线路与欧洲很多城市连接。每个欧洲国家都有一个或多个国家级网络，它们都与 NSFNET 地区网兼容。这些网络为互联网的发展奠定了基础。

1991 年，NSF 只支付 NSFNET 通信费用的 10%，同时 NSF 开始放宽对 NSFNET 使用的限制，允许商业信息通过主干网传输。1995 年 4 月，NSF 正式宣布 NSFNET 退役，将它作为研究项目回归科研网。1995 年 4 月，NSF 和 MCI 公司开始合作建设高速主干网，传输速率从 622Mb/s 提高到 4.8Gb/s，用来代替原有的 NSFNET 主干网，促进了互联网的形成。图 1-5 给出了从 ARPANET 到互联网的发展过程。

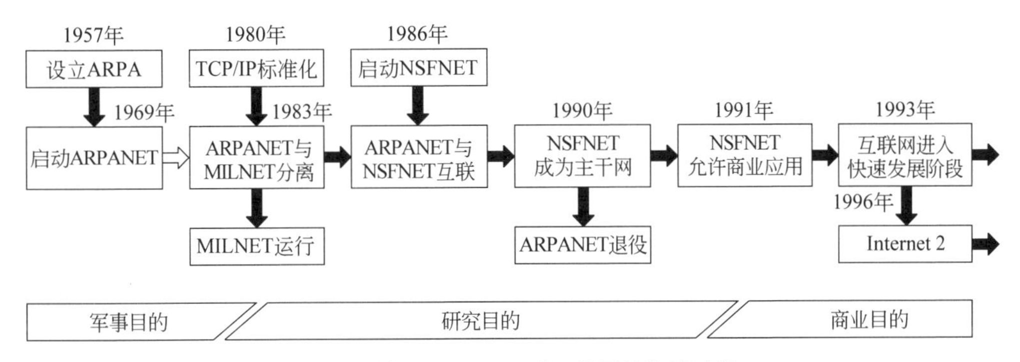

图 1-5　从 ARPANET 到互联网的发展过程

1.1.2　互联网的形成

1983 年 1 月，TCP/IP 正式成为 ARPANET 的网络协议。此后，大量的网络、主机接入 ARPANET，使得 ARPANET 迅速发展。很多计算机网络已经接入互联网，它们包括空间物理网（SPAN）、高能物理网（HEPNET）、IBM 公司的大型计算机网络与西欧的欧洲学术网（EARN）等。20 世纪 80 年代中期，人们开始认识到互联网的作用。20 世纪 90 年代是互联网发展的黄金时期，用户数量以平均每年翻一番的速度增长。

互联网最初的用户只限于科研与学术领域。20 世纪 90 年代初期，互联网上的商业活动开始发展。1991 年，美国成立商业网络信息交换协会，允许在互联网上开展商务活动。各个公司意识到互联网在宣传产品、开展商贸活动方面的价值，互联网上的商业应用开始迅速发展，用户数量已超出科研用户一倍以上。商业应用使互联网的发展更加迅猛，规模不断扩大，用户不断增多，应用不断拓展，技术不断更新，使互联网几乎深入社会生活的每个角落，成为一种全新的工作、学习与生活方式。

ANS公司建设的ANSNET是互联网主干网,其他国家或地区的主干网通过ANSNET接入互联网。家庭与办公用户通过电话线接入互联网服务提供商(Internet Service Provider,ISP)。校园或企业用户通过局域网接入校园网或企业网。局域网分布在各个建筑物内,连接各个系所、部门的计算机。校园网、企业网首先接入宽带城域网,宽带城域网都会接入国家级主干网,国家级主干网最终要接入互联网。

从用户的角度来看,互联网是一个全球范围的信息资源网,接入互联网的主机可以是信息服务的提供者,也可以是信息服务的使用者。随着互联网规模的扩大、用户数量的增多,它提供的信息资源与服务将会更丰富。传统的互联网应用主要有E-mail、TELNET、FTP、BBS与Web等。互联网不仅是一种资源共享、通信和信息检索的手段,还逐渐成为人们从事科研、教育活动,乃至人际交流、休闲购物、娱乐游戏,甚至政治、军事活动的重要工具。互联网具有全球性与开放性,使人们愿意在互联网上发布和获取信息。浏览器、搜索引擎、P2P技术的产生使互联网中的信息更丰富,使用更方便。

1.1.3 互联网的高速发展

1. 信息高速公路的建设

20世纪90年代,世界经济进入新的发展阶段。世界经济发展带动了信息产业发展,信息技术与网络应用已成为衡量综合国力与企业竞争力的标准。1993年9月,美国公布国家信息基础设施(National Information Infrastructure,NII)建设计划,NII被形象地称为信息高速公路。美国的信息高速公路计划触动了世界各国,各国政府开始认识到信息产业对经济发展的重要作用,很多国家开始制订自己的信息高速公路计划。1995年2月,全球信息基础设施委员会(Global Information Infrastructure Committee,GIIC)成立,目的是推动与协调各国信息技术与服务发展与应用。在这种情况下,全球信息化发展趋势已不可逆转。

应用需求与技术发展总是相互促进的。互联网的广泛应用引起电信业的巨大变化。2000年,北美电信市场出现长途线路带宽过剩的情况,很多长途电话公司和广域网运营公司倒闭。很多电信运营商虽然拥有大量广域网带宽资源,但是无法有效地将大量用户接入互联网。人们最终发现,制约大规模互联网接入的瓶颈在城域网。如果要大规模接入互联网和提供多种网络服务,电信运营商必须提供全程、全网、端到端、灵活配置的宽带城域网。在这样的社会需求驱动下,电信运营商纷纷将竞争重点从广域网主干网的建设转移到支持大量用户接入和多种业务的城域网建设中,并掀起了世界信息高速公路建设高潮。

2. 互联网应用的发展

互联网应用的发展大致可以分成3个阶段。

- 第一阶段(1980—1990年)互联网应用的主要特征:提供TELNET、E-mail、FTP、BBS与USENET等基本的网络服务功能。
- 第二阶段(1990—2000年)互联网应用的主要特征:Web技术的出现以及基于Web的电子政务、电子商务、远程教育等应用的快速发展。
- 第三阶段(2000年以后)互联网应用的主要特征:在基于Web的网络应用继续发展的基础上,出现了一批基于P2P网络的新应用,主要包括搜索引擎、网络购物、网上支付、网络电视、网络视频、网络游戏、网络广告以及各种社交网络应用。

3. 我国互联网的发展

中国互联网络信息中心(China Internet Network Information Center,CNNIC)从1997年起发布《中国互联网络发展状况统计报告》。图1-6与图1-7分别给出了2000—2020年我国网民规模与互联网普及率。截至2020年12月,我国网民规模达到9.89亿人,互联网普及率达到70.4%。我国的网民数量居世界第一。

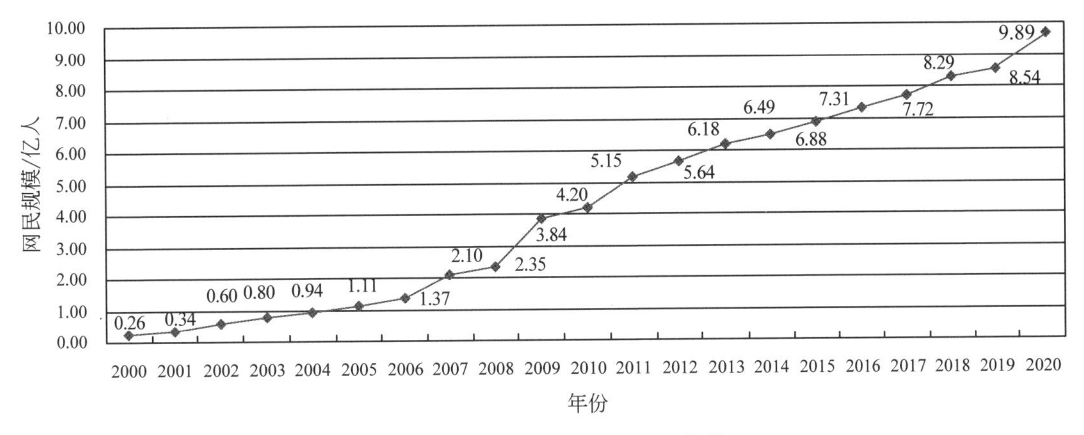

图1-6　2000—2020年我国网民规模

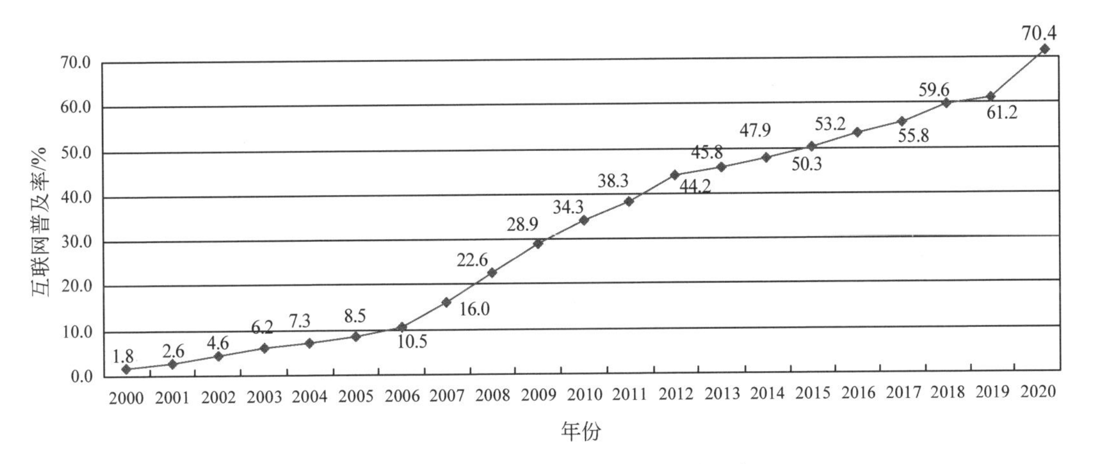

图1-7　2000—2020年我国互联网普及率

1.1.4　移动互联网的发展

移动互联网(mobile Internet)是互联网与移动通信应用高度融合的产物。移动互联网正在以超常规的速度向各行各业与社会各个方面渗透。图1-8对比了从2008年12月至2012年6月通过台式机与通过移动设备访问互联网的流量。用户通过台式机访问互联网的流量不断下降,而通过移动设备访问互联网的流量不断上升。2012年6月,通过台式机与通过移动设备访问互联网的流量相等。此后,通过移动设备访问互联网的流量超过了台式机。从中可以看出,移动互联网的规模已超过传统的互联网,它将推动全球信息与通信产业的重大变革。

图1-9与图1-10分别给出了2007—2020年我国手机网民规模与手机上网普及率。从

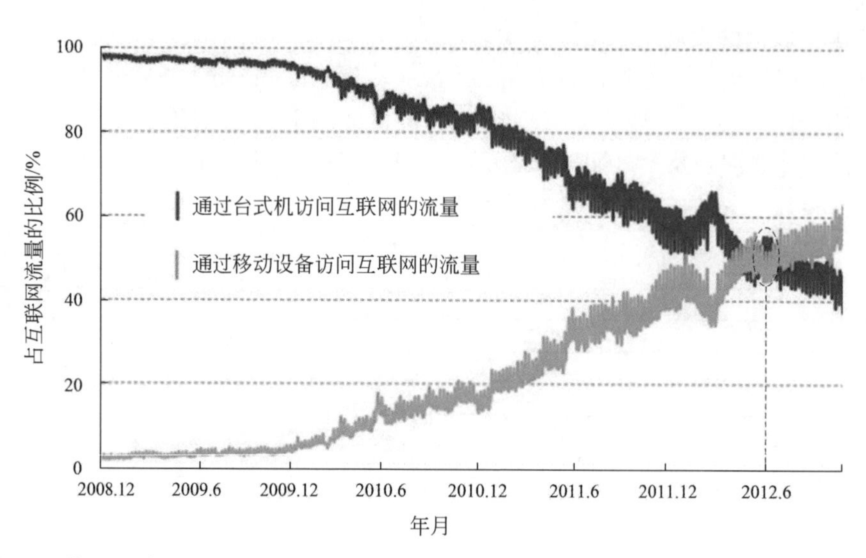

图 1-8　从 2008 年 12 月至 2012 年 6 月通过台式机和通过移动设备访问互联网的流量对比

中可以看出,2007 年我国手机网民数量仅为 5400 万人,网民中使用手机访问互联网的比例只占 25.7%;2020 年我国手机网民数量达到 9.86 亿,网民中使用手机访问互联网的比例上升到 99.7%。

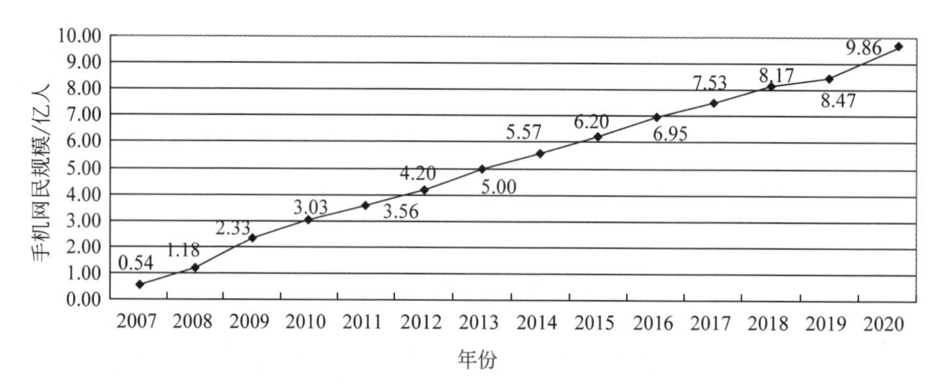

图 1-9　2007—2020 年我国手机网民规模

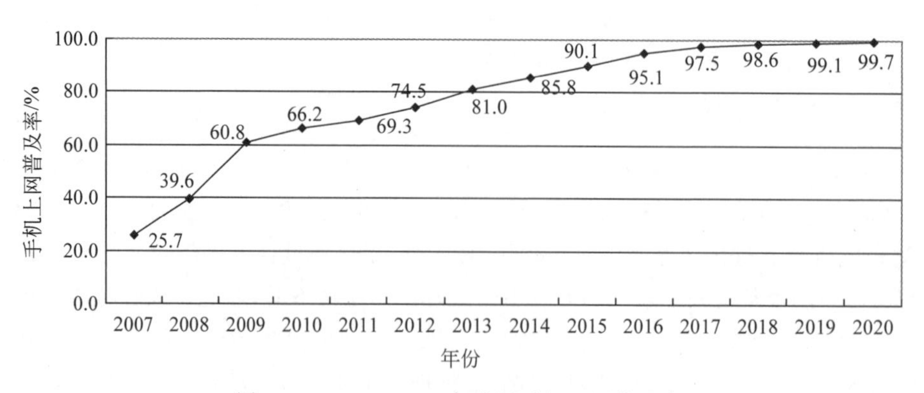

图 1-10　2007—2020 年我国手机上网普及率

移动互联网的特点主要表现在以下几方面：

- 移动互联网的终端移动性，使得用户可采取随时、随地与永远在线与碎片化方式访问互联网，让互联网的触角延伸到社会生活的每个角落。移动互联网应用正在以移动场景为主体，悄然推动着计算机、手机与电视机的“三屏融合”。
- 智能手机成为访问互联网最主要的移动设备，用户对象覆盖各年龄段，与用户须臾不离、如影相随，移动互联网已成为用户上网的“第一入口”。
- 移动互联网加快了互联网与传统产业的跨界融合，移动新闻、移动搜索、移动电子商务、移动支付、移动位置服务、移动学习、移动社交网络、移动导航、移动视频、移动音乐、移动游戏与即时通信等应用发展迅速。
- 大部分移动互联网应用都具有社交功能，这就使得大规模、复杂社会问题的群智感知成为可能。
- 随着5G网络的广泛应用，移动互联网与云计算、移动云计算、移动边缘计算、大数据、人工智能、区块链等新技术的深度融合将促进传统产业升级变革，孵化新的应用，催生新的业态。

1.1.5 物联网的发展

电信行业最有影响的国际组织是国际电信联盟（International Telecommunication Union，ITU）。20世纪90年代，当互联网应用进入快速发展阶段时，ITU研究人员前瞻性地认识到：互联网的广泛应用必将影响电信业今后的发展方向。ITU将互联网应用对电信业发展的影响作为一个重要课题开展研究，并从1997年到2005年发表了7份ITU Internet Reports（ITU互联网报告）。

2005年11月，ITU在突尼斯举行的信息社会世界峰会第二阶段会议上发布了第7份研究报告——*ITU Internet Report* 2005：*Internet of Things*（《ITU互联网报告2005：物联网》）。该报告描述了以下前景：世界上的万事万物，小到钥匙、手表、手机，大到汽车、楼房，只要嵌入一个微型的RFID芯片或传感器芯片，通过互联网就能实现物与物之间的信息交互，从而形成一个无所不在的物联网。世界上所有的人和物在任何时间、任何地点，都可以方便地实现人、机、物之间的信息交互。从该报告中可以清晰地看到：

- 物联网是互联网的自然延伸和拓展。
- 物联网的目标是实现物理世界与信息世界的深度融合。
- 物联网将引领新一代信息技术的应用集成创新。

在互联网由表及里地渗透到社会的各个方面，潜移默化地改变着人们的生活、工作与思维方式的基础上，移动通信技术出现突破性发展，智能手机接入互联网促进了移动互联网的发展。在互联网、移动互联网应用快速发展的同时，感知、智能与控制技术研究出现了重大突破，很多应用价值高的技术（如云计算、大数据、嵌入式系统、机器智能、智能机器人、可穿戴计算等）开始应用于物联网，进一步促进了物联网的发展。物联网将覆盖从地球的内部到表层、从基础设施到外部环境、从陆地到海洋、从地表到空间的所有部分。物联网将广泛应用于工业、农业、交通、电力、物流、环保、医疗、家居、安防、军事等领域。

纵观互联网、移动互联网与物联网的发展历程，可以清晰地认识到以下几点：

- 开放的体系结构、协议与应用成就了互联网,促进了全世界计算机的互联,成为世界范围信息共享的基础设施。
- 移动使得互联网与人如影相随,极大地拓宽了人们的社交范围,使得大规模、复杂的社会问题群智感知、认知与处理成为可能。
- 物联网使得世界上万事万物的泛在互联成为可能,推动了大数据、智能技术与各行各业的深度融合,使人类在处理物理世界的问题时具有更高的智慧。

因此,可以用开放、互联、共享来描述互联网的特征,用移动、社交、群智来描述移动互联网的特征,用泛在、融合、智慧来描述物联网的特征。但是,无论互联网、移动互联网与物联网如何发展,它们的理论与技术基础仍然是计算机网络。

1.2 计算机网络定义与分类

1.2.1 计算机网络定义

1. 计算机网络定义的要点

计算机网络是以相互共享资源的方式互联起来的自治计算机系统的集合。计算机网络具有以下3个主要特征:

- 组建计算机网络的主要目的是实现计算机资源的共享和信息交互。计算机资源主要指计算机的硬件、软件与数据资源。网络用户不但可以使用本地计算机资源,而且可以通过网络访问远程计算机资源,可以调用网络中的多台计算机协同完成一项任务。网络用户之间通过计算机网络可以方便地实现文字、语音、图像与视频的信息交互。
- 联网计算机系统是相互独立的自治系统。网络中每台计算机的硬件、软件与数据资源可以在各自操作系统的控制下离线独立工作。联网计算机在操作系统的内核中增加了实现网络通信的协议软件,如网卡驱动程序与TCP/IP软件,构成网络操作系统。联网计算机之间通过网络操作系统之间的进程通信,实现互联计算机系统之间的协同工作。
- 联网计算机之间的通信必须遵循共同的网络协议。网络中的计算机之间要做到有条不紊地交换数据,在通信过程中必须遵守事先规定的通信规则(如低层的以太网协议与高层的TCP/IP)。

在理解计算机网络的主要特征时需要注意以下几个问题:

- 在早期的大型机时代,一台大型机安装在计算中心的机房中,用户必须到计算中心,通过连接到大型机的终端完成计算任务。计算机网络以大量相互独立但又互相连接的计算机共同完成计算任务的模式实现,它标志着计算中心计算模式向分布式计算模式的演变。
- 计算机网络与分布式系统(distributed system)是有区别的。分布式系统必须有一个以全局方式管理系统资源的分布式操作系统。分布式操作系统能够根据计算任务的需求,自动调度系统中的计算资源。计算机网络中不存在一个以全局方式管理联网计算机资源的分布式操作系统。在计算机网络中,不同计算机之间的任务协同是通过各自网络操作系统之间的进程通信实现的。因此,分布式系统是建立在计算机网络基础上的软件系统。Web 就是一个成功的分布式系统的实例。在 Web 系统中,用户可以将网络上的一切都看成一个 Web 页面。

- 互联网是计算机网络技术最成功的应用。随着网络应用的发展,联网计算设备的类型已经从大型机、个人计算机、PDA 逐步扩展到智能手机、传感器、控制器、游戏机、家用电器、可穿戴计算设备与智能机器人等各种智能终端设备,从以固定方式访问互联网逐渐扩展到以移动方式访问互联网,实现了人与人、人与物、物与物之间的随时、随地信息交互。

2. 计算机网络、网络互联、互联网与内联网的区别与联系

在讨论计算机网络基本概念时,需要注意术语计算机网络、网络互联、互联网与内联网的区别与联系。

- 计算机网络(computer network)是指以通信技术将大量独立计算机系统互联起来的集合。计算机网络有各种类型,如广域网、城域网、局域网或个域网。
- 网络互联(internet 或 internetworking)是表述将多个计算机网络互联成大型网络系统的技术术语。
- 互联网(Internet)是一个专有名词,专指目前广泛应用、覆盖全世界的大型网络系统。因此,互联网并不是一个单一的广域网、城域网或局域网,而是由很多种网络互联起来的网际网。
- 随着互联网的广泛应用,一些大型企业、管理机构采用互联网的组网方法,利用 TCP/IP 与 Web 的系统设计方法,将分布在不同地理位置的部门局域网互联成企业内部的专用网络系统,供内部员工办公使用,它不连接或不直接连接到互联网,这种内部的专用网络系统称为内联网(Intranet)。

1.2.2 人们生活与工作的网络环境

为了使读者对于计算机网络有直观的认识,本节以大学网络环境为例对人们生活与工作的网络环境加以说明。

位于天津市的 A 大学与位于成都市的 B 大学的两位学生正在通过中国教育科研网(China Education and Research Network,CERNET)完成一项智能医疗合作研究,他们实际工作的网络环境如图 1-11 所示。这两位学生可通过 CERNET 实现无线人体传感器网 $WBSN_A$ 与 $WBSN_B$ 的智能医疗研究的合作。相距千里之外的两位学生相互交换和共享实验数据,讨论用不同数据挖掘算法分析数据的结果时,好像就在一个实验室里面对面交谈一样。他们无须知道支撑数据交换的 CERNET 的网络拓扑是怎样的,两台计算机之间交换数据使用的是什么协议,两台计算机之间的数据分组是通过怎样的路径来传输的,也不需要知道两台计算机之间进程通信的交互过程是如何实现的;他们只希望计算机之间交换的数据是正确的,协同工作过程中的数据会话与交互是流畅的,网络环境对用户是透明的。对于工作在 CERNET 网络环境中的学生与教师而言,这些应该是理所当然的事;而对于 CERNET 网络规划、建设与运行维护的技术人员而言,这些是他们希望看到的运行效果。但是,实际的网络工作过程远比人们想象的要复杂得多。

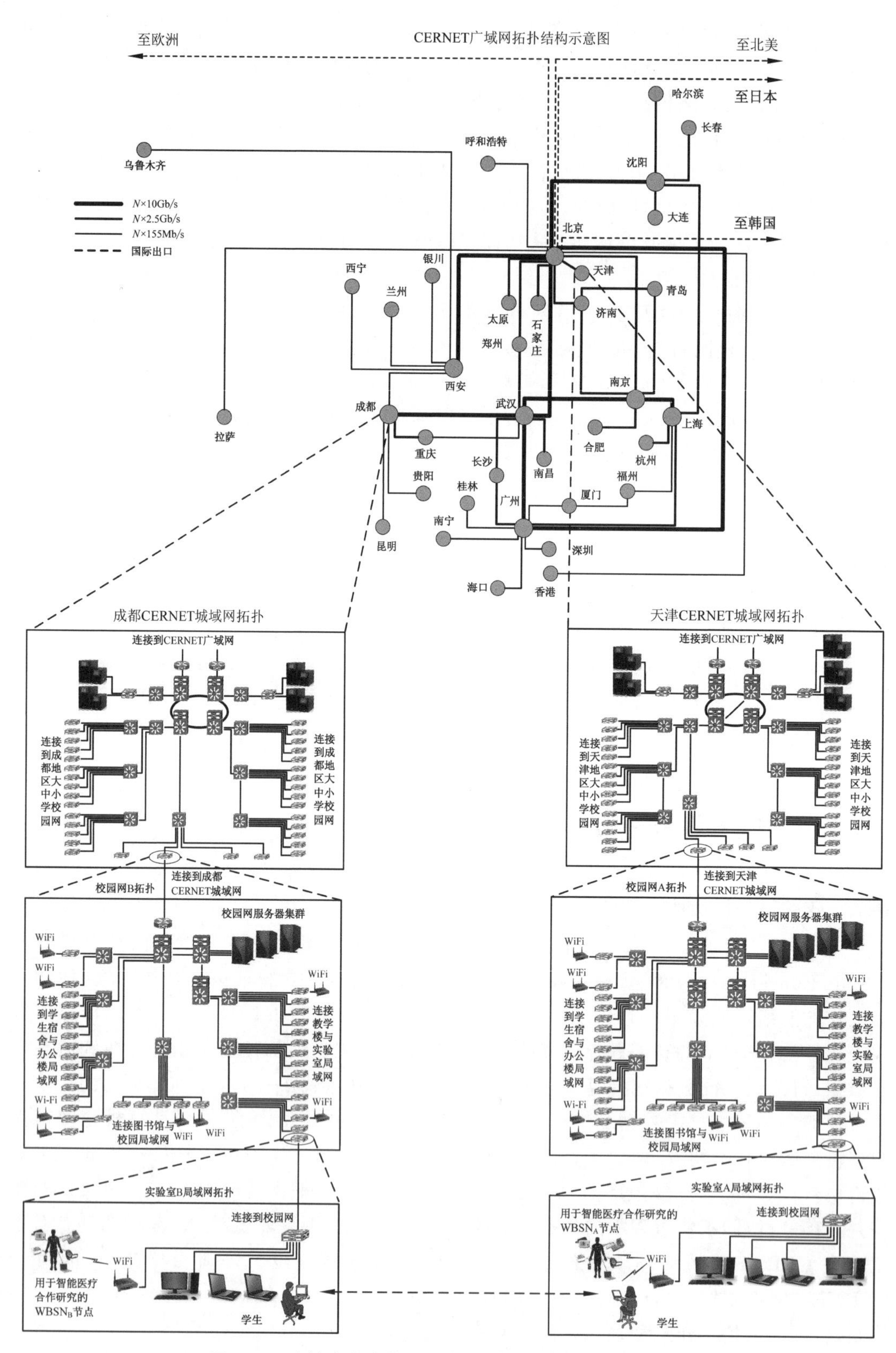

图 1-11　支持大学合作研究的 CERNET 网络环境示意图

位于天津的 A 大学的学生使用的计算机可通过有线的以太网或无线的 WiFi 接入实验室 A 的局域网。用于智能医疗项目研究的节点的多种可穿戴医疗设备与传感器通过无线人体传感器网 $WBSN_A$ 互联，再通过网关接入实验室 A 的局域网。实验室 A 的局域网通过路由器接入 A 大学的校园网。A 大学的校园网通过路由器与交换机将校内的各个实验室、教室、图书馆、宿舍、办公室的上千个局域网通过以太网或 WiFi 互联，然后通过校园网主干路由器接入天津 CERNET 城域网。天津 CERNET 城域网将天津几千所大学、中学、小学的校园网通过路由器互联，然后通过主干路由器接入 CERNET 国家主干网。CERNET 国家主干网是一个覆盖全国的广域网。位于成都的 B 大学的实验室 B 的计算机按照同样的连接方式接入 CERNET 国家主干网，构成一个按层次结构连接、覆盖全国的大型 CERNET 网络系统。

上面以支持国内两所大学实验室合作研究的 CERNET 网络为例说明了目前支撑我国大学教学、科研工作的网络环境。实际上，我国存在多个广域网，例如中国电信、中国联通、中国移动的广域网。这些不同的广域网之间实现了互联互通，再通过国际互联网出口接入国际互联网主干网。无论是接入 CERNET 的科研、教学用户还是接入其他几个广域网的企业、办公用户，无论是通过局域网接入的单位用户还是通过移动通信网(3G/4G/5G)、公用交换电话网(Public Switched Telephone Network，PSTN)、有线电视网(Community Antenna Television，CATV)接入的家庭用户，无论是通过台式机接入的固定用户还是通过智能手机、PDA、可穿戴计算设备接入的移动用户，无论用户是人还是物(如传感器、射频标签、智能机器人、控制设备)，都能够接入互联网，实现数据共享与协同工作。在网络技术问题的讨论中，经常将联网的计算设备统称为主机(host)。

1.2.3 计算机网络的分类

为了研究复杂的计算机网络系统，首先要了解计算机网络的分类以及各类网络的主要技术特征。按照覆盖的地理范围划分，计算机网络可以分为 5 类：

- 广域网(Wide Area Network，WAN)。
- 城域网(Metropolitan Area Network，MAN)。
- 局域网(Local Area Network，LAN)。
- 个域网(Personal Area Network，PAN)。
- 体域网(Body Area Network，BAN)。

在计算机网络的发展过程中，最早出现的是广域网，其次是局域网，早期的城域网技术是涵盖在局域网中的，最后出现的是个域网和体域网。随着网络技术的广泛应用，广域网、城域网、局域网、个域网与体域网按照不同的应用定位快速发展，并形成了各自的技术特点。随着网络互联技术的发展，局域网、城域网、个域网与体域网都能够通过广域网互联，组成不同规模和结构的互联网络。

1.3 各种类型网络的特点

1.3.1 广域网

1. 广域网的基本概念

广域网(WAN)又称为远程网，覆盖的地理范围从几十千米至几千千米，可以覆盖一个国家、地区,或者横跨几个洲,形成国际性的远程计算机网络。广域网的通信子网可以利用公用分组交换网、卫星或无线分组交换网,将分布在不同地区的城域网、局域网与主机互联,实现资源共享与信息交互的目的。

初期的广域网设计目标是将分布在很大地理范围内的多台大型机、中型机或小型机互联,用户通过连接在主机上的终端访问本地主机或远程主机的计算、存储资源。随着互联网应用的发展,广域网作为核心主干网的地位日益清晰,广域网设计目标逐步转移到将分布在不同地区的城域网、局域网互联,构成大型的互联网络系统。

2. 广域网的基本结构

图 1-12 给出了通过广域网互联形成的大型互联网络系统结构。广域网 1 通过广域网路由器与光纤构成覆盖城市 A~H 等的广大地区。下面,以城市 A 为例,说明广域网如何将某个城市的城域网接入互联网,成为互联网的基本组成单元。

1) 广域网与广域网的互联

城市 A 的广域网路由器的一侧作为城市的宽带出口,通过光纤与城市 B、D、E 的路由器连接。广域网 1 通过城市 C 的广域网路由器、光纤与广域网 2、广域网 3 互联。通过更多广域网的互联可以形成大型的网际网。

2) 广域网与城域网的互联

城市 A 的广域网路由器的另一侧与城域网的计算机网络、有线与无线的电信网、电视传输网互联。理解广域网与城域网的互联,需要注意以下几个问题。

- 从计算机网络接入的角度,城市 A 的学校、办公楼、家庭用户的计算机、智能终端设备或可穿戴计算设备直接通过局域网或者通过个域网、体域网接入有线局域网的以太网或无线局域网的 WiFi,再接入城市 A 的城域网接入层路由器;多个城域网接入层路由器汇聚到城域网汇聚层路由器;城域网汇聚层路由器通过城域网核心交换层路由器接入城市 A 的广域网路由器。
- 从电信网接入的角度,城市 A 的广域网路由器通过网关连接城市 A 的移动通信网(3G/4G/5G)或电话交换网。
- 从电视传输网接入的角度,城市 A 的广域网路由器通过网关连接城市 A 的有线电视网。

城市 A 的广域网路由器连接城市内部的计算机网络、电信网与电视传输网 3 种异构的网络,实现三网融合。这种网络结构保证用户无论使用台式机、笔记本电脑、智能终端、智能手机、电视机或可穿戴技术设备,无论通过计算机网络、移动通信网、固定电话网或有线电视网接入,无论通过有线方式或无线方式接入,都可以通过互联的广域网接入互联网,并使用各种互联网服务。

3. 广域网的主要技术特征

从以上分析中可以看出,广域网具有以下两个基本的技术特征。

(1) 广域网是一种公共数据网络。局域网、个域网、体域网通常属于一个单位或个人,组建成本低,易于建立与维护,通常是自建、自管、自用。广域网建设投资很大,管理困难,通常由电信运营商负责组建、运营与维护。有特殊需要的国家部门与大型企业可组建自己使用和管理的专用广域网。

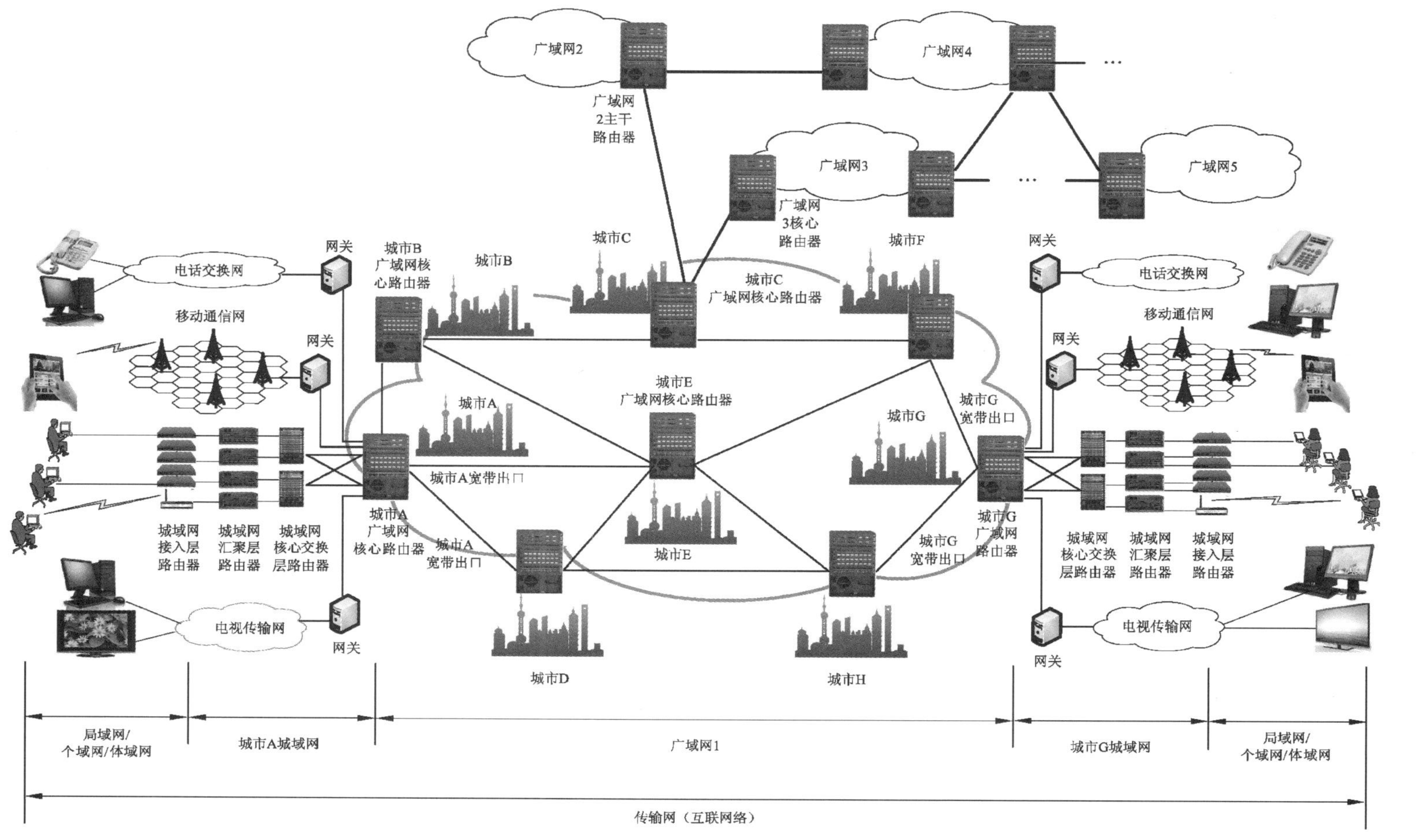

图1-12 通过广域网互联形成的大型互联网络系统结构

网络运营商组建的广域网为广大用户提供高质量的数据传输服务,因此这类广域网属于公共数据网(Public Data Network,PDN)性质。用户可以在公共数据网上开发各种网络服务系统。如果用户要使用广域网服务,需要向网络运营商租用通信线路或其他资源。网络运营商需要按照合同的要求,为用户提供电信级的 7×24 服务。

(2) 广域网研发的重点是宽带核心交换技术。早期的广域网主要用于大型机、中型机、小型机系统的互联。这些主机的用户终端接入本地主机系统,本地主机系统再接入广域网。用户通过终端登录到本地主机系统之后,才能实现对异地联网的其他主机系统的硬件、软件或数据资源的访问和共享。针对这样的工作方式,人们提出了资源子网与通信子网的两级结构。随着互联网应用的发展,广域网更多地作为覆盖地区、国家、洲际地理区域的核心交换网络平台。

目前,大量用户计算机通过局域网或其他接入技术接入城域网,再通过城域网接入连接不同城市的广域网,大量广域网互联形成了互联网的宽带、核心交换平台,从而构成了具有层次结构的大型互联网络。因此,简单地描述单个广域网的通信子网与资源子网的两级结构概念,已不能准确地反映当前复杂的互联网络结构。随着网络互联技术的发展,广域网作为互联网的宽带、核心交换平台,其研究重点已从开始阶段的如何接入不同类型的异构计算机系统,转变为如何提供能够保证服务质量的宽带核心交换服务。因此,广域网研究重点是保证服务质量(Quality of Service,QoS)的宽带核心交换技术。

1.3.2 城域网

1. 城域网概念的演变

20 世纪 80 年代后期,IEEE 802 委员会提出了城域网的概念,对城域网的概念与特征的表述是:以光纤为传输介质,提供 45~150Mb/s 传输速率,支持数据、语音与视频综合业务的数据传输,可覆盖 50~100km 的城市范围,实现高速数据传输。早期城域网的首选技术是光纤环网。

随着互联网新应用的不断出现,以及三网融合的发展趋势,城域网的业务扩展到几乎能够覆盖所有的信息服务领域,城域网的概念也随之发生变化。宽带城域网的定义是:以 IP 协议为基础,通过计算机网络、电信网、有线电视网的三网融合,形成覆盖城市区域的网络通信平台,为语音、数据、图像、视频传输与大规模用户接入提供高速与保证质量的服务。

2. 宽带城域网业务范围

应用是推动宽带城域网技术发展的真正动力。宽带城域网的应用和业务主要有:大规模互联网用户的接入,网上办公、视频会议、网络银行等办公应用,网络电视、网络电话、网络游戏、网络聊天、网络购物等交互式应用,家庭网络应用,以及物联网应用。由于宽带城域网涉及多种技术与业务的交叉,因此具有重大应用价值和产业发展前景。

3. 宽带城域网的技术特征

宽带城域网的技术特征主要表现在以下几方面:

- 完善的光纤传输网是宽带城域网的基础。
- 传统电信、有线电视与 IP 业务的融合成为宽带城域网的核心业务。
- 高端路由器和多层交换机是宽带城域网的核心设备。
- 扩大宽带接入的规模与服务质量是发展宽带城域网应用的关键。

如果说广域网设计重点是保证大量用户共享主干链路的容量，那么城域网设计重点是保证交换节点的性能与容量。城域网的每个交换节点都要保证大量用户的接入质量。当然，城域网连接每个交换节点的通信链路带宽也必须保证。因此，不能简单地认为城域网是广域网的缩微，也不能简单地认为城域网是局域网的自然延伸。宽带城域网是一个在城市区域内为大量用户提供接入和各种信息服务的高速网络。

4. 宽带城域网的功能结构

宽带城域网的结构特征需要从功能结构与网络层次结构两个方面来认识。宽带城域网的功能结构可以概括为“三个平台与一个出口”，即管理平台、业务平台、网络平台以及城市宽带出口。图 1-13 给出了宽带城域网的功能结构。

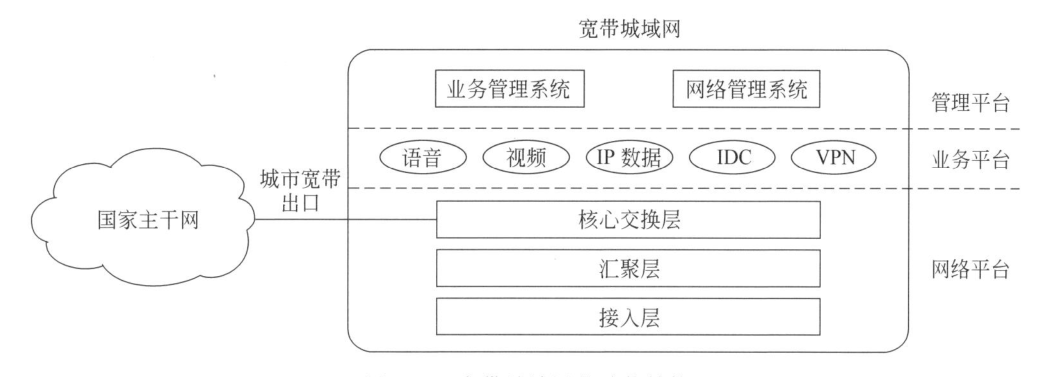

图 1-13　宽带城域网的功能结构

组建的宽带城域网一定是可管理的。作为一个实际运营的宽带城域网，需要有足够的网络管理能力。管理平台的作用主要表现在用户认证与接入管理、业务管理、网络安全、计费能力、IP 地址分配、QoS 保证等。组建的宽带城域网一定是可赢利的。宽带城域网的业务平台可以为用户提供互联网接入业务、虚拟专网业务、语音业务、视频与多媒体业务、内容提供业务等。

5. 宽带城域网的网络层次结构

宽带城域网采用层次结构的优点是：结构清晰，各层功能实体之间的定位明确，接口开放，标准规范，便于组建和管理。图 1-14 给出了典型的宽带城域网层次结构。

宽带城域网的核心交换层需要具备以下几个基本功能。

- 将多个汇聚层连接起来，为汇聚层提供高速分组转发，为整个城域网提供一个高速、安全、保证 QoS 的数据传输环境。
- 实现与地区或国家主干网络的互联，提供城市的宽带 IP 数据出口。
- 提供宽带城域网用户访问互联网所需的路由服务。
- 核心交换层的设计重点是可靠性、可扩展性与开放性。

宽带城域网的汇聚层需要具备以下基本功能：

- 汇聚接入层的用户流量，实现 IP 分组的汇聚、转发与交换。
- 根据接入层的用户流量，进行本地路由、过滤、流量均衡、QoS 优先级管理以及安全控制、IP 地址转换、流量整形等处理。

接入层解决的是“最后一公里”问题。接入层通过各种接入技术连接用户，为它所覆盖

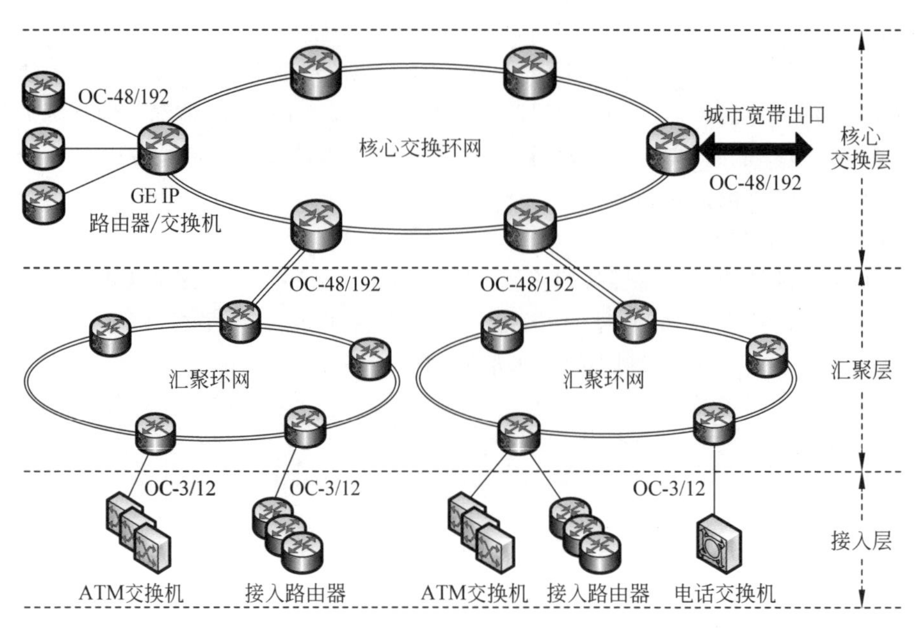

图 1-14　典型的宽带城域网层次结构

的范围内的用户提供访问互联网以及其他信息的服务。

组建城域网的目的是满足一个城市范围内的各类用户接入互联网的需求。城市宽带出口是连接城域网与地区级或国家级主干网,进而接入互联网的重要通道。

1.3.3　局域网

1. 局域网的定义

局域网(LAN)通过有线或无线信道,将有限范围内(例如一个实验室、一幢大楼、一个校园)的各种计算机、智能终端与外部设备构成网络。按照采用的技术、应用范围和协议标准不同,局域网可分为共享式局域网与交换式局域网。局域网技术发展迅速,应用日益广泛,是计算机网络中最活跃的领域之一。

2. 局域网的技术特征

从应用的角度来看,局域网的技术特征主要表现在以下几方面:

- 局域网的通信信道可以是有线或无线信道,局域网也可以分为有线与无线两类,应用最广泛的局域网是以太网与 WiFi。
- 局域网覆盖有限的地理范围,它适用于机关、学校、企业等有限范围内的计算机、智能终端、外部设备的联网需求。
- 局域网能够提供高速率(10Mb/s～100Gb/s)、低误码率的高质量数据传输环境。无线局域网发展迅速,应用广泛。
- 局域网一般属于一个单位或个人所有,易于建立、维护与扩展。
- 决定局域网性能的 3 个因素是:网络拓扑、传输介质与介质访问控制方法。从介质访问控制方法的角度来看,局域网可分为共享式局域网与交换式局域网。
- 局域网可用于办公室、家庭的个人计算机接入,园区、企业与学校的主干网络,以及大型服务器集群、存储区域网、云计算服务器集群的后端网络。

1.3.4 个域网

1. 个域网的基本概念

随着笔记本电脑、智能手机、PDA与信息家电的广泛应用，人们逐渐提出自身附近10m范围内的个人操作空间(Personal Operating Space，POS)的移动数字终端设备的联网需求。由于个域网(PAN)主要以无线技术实现联网设备之间的通信，因此就出现了无线个域网(Wireless PAN，WPAN)的概念。目前，WPAN主要使用IEEE 802.15.4、蓝牙与ZigBee标准。

IEEE 802.15工作组致力于WPAN的标准化工作，它的任务组TG4制定了IEEE 802.15.4标准，主要考虑低速无线个域网(Low-rate WPAN，LR-WPAN)应用问题。2003年，IEEE批准了LR-WPAN(Low-Rate WPAN，低速无线个域网)标准——IEEE 802.15.4，为近距离内不同移动办公设备之间的低速互联提供了统一标准。物联网应用的发展更凸显了WPAN技术与标准研究的重要性。

2. 个域网技术研究现状

WPAN技术、标准与应用是当前网络技术研究的热点之一。尽管IEEE希望将IEEE 802.15.4推荐为近距离内移动办公设备之间低速互联标准，但是业界已经存在两个有影响力的无线个人区域网技术，即蓝牙技术与ZigBee技术。

1) 蓝牙技术

1997年，当电信业与便携设备制造商提出以无线方法替代近距离缆线的蓝牙(Bluetooth)技术时，并没有意识到它的出现会引起整个业界的强烈反响。蓝牙技术确立了实现近距离无线语音和数据通信的规范。

蓝牙技术主要有以下几个特点：

- 开放的规范。为了促进人们广泛接受这项技术，电信业与便携设备制造商成立了蓝牙特别兴趣小组(Bluetooth SIG)，其目标是为蓝牙技术制定一个开放的、免除申请许可证的无线通信规范。
- 近距离无线通信。在计算机的外部设备与通信设备中，有很多近距离连接的缆线，如打印机、扫描仪、键盘、鼠标、投影仪与计算机的连接线。这些缆线与连接器的形状、尺寸、引脚数与电信号的不同为用户带来很多麻烦。蓝牙技术的设计初衷有两个：一是解决10m内的近距离通信问题；二是实现低功耗，以适用于使用电池的小型便携式个人设备。
- 语音和数据传输。随着iPhone、iPad的出现，计算机与智能手机、PDA之间的界限越来越不明显。业界当时预测：未来各种与互联网相关的移动终端设备数量将超过计算机。蓝牙技术希望成为各种移动终端设备与计算机之间的近距离通信标准。
- 在世界任何地方都能通信。世界上很多地方的无线通信是受限制的。无线通信频段与传输功率的使用需要许可证。蓝牙通信选用的频段属于工业、科学与医药专用频段(ISM band)，不需要申请许可证。

2) ZigBee技术

ZigBee的基础是IEEE 802.15.4标准，早期的名字是HomeRF或FireFly。它是一种面向自动控制的近距离、低功耗、低速率、低成本的无线网络技术。2001年8月，ZigBee联盟成立。2002年,摩托罗拉、飞利浦、三菱等公司加入ZigBee联盟,开始研究下一代无线网络通信标准,并将其命名为ZigBee。

2005年,ZigBee联盟公布了第一个规范——ZigBee Specification v1.0,它的物理层与MAC层采用了IEEE 802.15.4标准。

ZigBee适应于数据采集与控制节点多、数据传输量不大、覆盖面广、造价低的应用领域。基于ZigBee的无线传感器网已在家庭网络、安全监控、汽车自动化、消费类家用电器、儿童玩具、医用设备控制、工业设备控制、无线定位等领域,特别是在家庭自动化、医疗保健与工业控制中展现出重要的应用前景,并引起产业界的高度关注。

1.3.5 体域网

1. 体域网的研究背景

作为一种近距离无线通信技术,虽然已经存在个域网的概念,但是物联网智能医疗应用有它的特殊性。这类应用需要将人体携带的传感器设备或移植到人体内的生物传感器节点组成体域网(BAN),将采集的人体生理信号(如温度、血糖、血压、心跳等)、人体活动或动作信号以及人所在的环境信息,通过无线方式传送到附近的基站。因此,用于智能医疗的体域网是一种特殊的无线个域网。

智能医疗应用系统不需要有很多节点,节点之间距离一般在1m以内,并且对传输速率要求不高。无线体域网(Wireless BAN,WBAN)的研究目标是为智能医疗应用提供一个集成硬件、软件的无线通信平台,特别强调要适用于可穿戴与可植入的生物传感器尺寸以及低功耗的无线通信要求。因此,WBAN又称为无线个人传感器网络(Wireless Body Sensor Network,WBSN)。图1-15给出了无线体域网的结构。

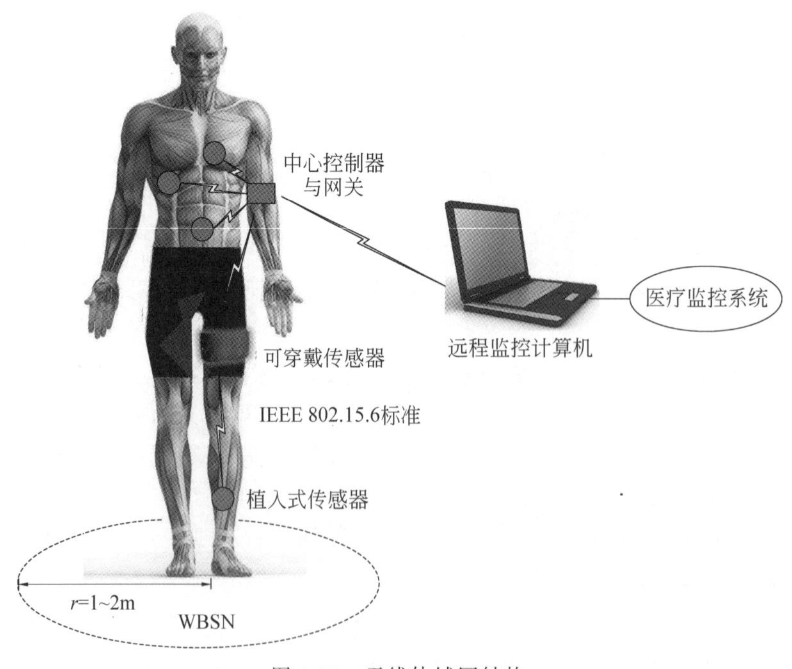

图1-15 无线体域网结构

2. 无线体域网与 IEEE 802.15.6 标准

随着物联网智能医疗应用的迅速发展，IEEE 于 2007 年 11 月成立了专门致力于医疗保健服务的 IEEE 802.15 工作组(TG6)，研究适用于人体及周边无线通信的无线体域网通信技术及标准，并于 2012 年 3 月公布了 IEEE 802.15.6 标准的正式版本。IEEE 802.15.6 标准具有短距离、低功耗、低成本、实时性好、安全性高等特点，除了可以应用于智能医疗领域之外，还可以应用于航空、个人娱乐、体育运动、环境智能、军事、社会公共安全等领域。

1.4 计算机网络的组成与结构

1.4.1 早期计算机网络的组成与结构

从计算机网络的发展历史可以知道，最早出现的计算机网络是广域网。广域网的设计目标是将分布在世界各地的计算机互联起来。早期的计算机主要是指大型机、中型机或小型机。用户通过连接在主机上的终端访问本地主机与远程主机。联网主机主要有两个基本功能：一是为本地的终端用户提供服务；二是通过通信线路与路由器连接，完成计算机之间的数据交互功能。

从逻辑功能上看，广域网由两个部分组成：资源子网与通信子网。资源子网主要包括主机与终端、终端控制器、联网外设、各种网络软件与数据资源。资源子网负责全网的数据处理业务，向网络用户提供各种网络资源与服务。通信子网主要包括路由器、各种互联设备与通信线路。通信子网负责完成数据传输、路由与分组转发等通信处理任务。

1.4.2 ISP 的层次结构

1. ISP 的基本概念

互联网是由分布在世界各地的广域网、城域网、局域网通过路由器互联而成的。从网络结构角度来看，互联网是一个结构复杂并且不断变化的网际网。同时，互联网并不是由任何一个国家组织或国际组织来运营的，而是由一些私营公司分别运营各自组建的网络。用户接入与使用各种网络服务都需要经过互联网服务提供商(ISP)。

ISP 向互联网管理机构申请大量 IP 地址，铺设大量的通信线路，购置高性能路由器与服务器，组建 ISP 网络，对外提供互联网接入服务。ISP 一般根据流量向用户收取费用。只要家庭或企业用户向 ISP 提出申请并交纳一定的费用，ISP 就会为用户提供接入服务，并以动态或静态方式提供 IP 地址。小的 ISP 可以向电信运营商租用通信线路来提供接入服务。

随着互联网应用的发展，出现了互联网内容提供商(Internet Content Provider，ICP)。按照提供的业务类型不同，ICP 可以划分为门户新闻信息服务类、搜索引擎服务类、即时通信类、移动互联网服务类等类型。

2. ISP 的层次

图 1-16 给出了 ISP 的层次结构示意图。

1) 第一层 ISP

第一层(最顶层)的 ISP 数量很少，它们被称为 tier-1 ISP。1994 年，美国出现了第一层 ISP，它们是 Sprint、MCI、AT&T、Qwest 等。实际上，并没有一个组织正式批准哪些 ISP 属

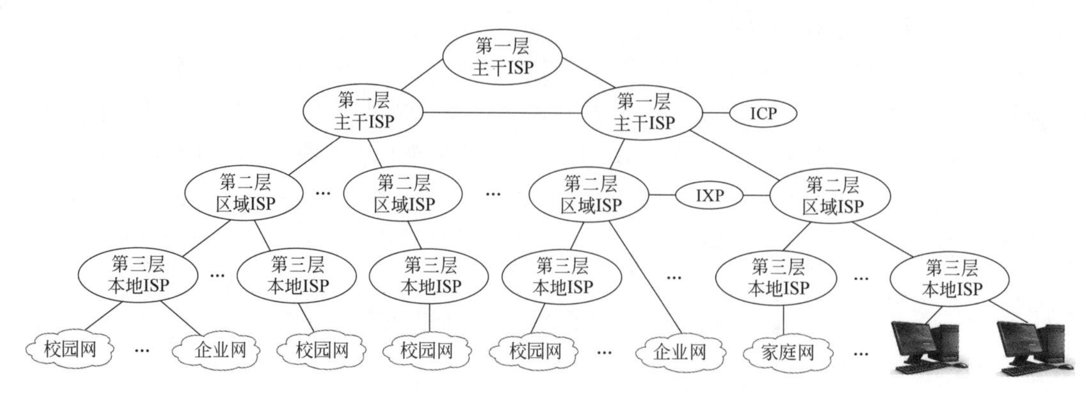

图 1-16 ISP 的层次结构示意图

于第一层,但是从 3 个特征(规模、连接位置与覆盖范围)可确定这些 ISP 是否处于第一层 ISP 的位置。第一层 ISP 的基本特征如下:

- 通过路由器组直接与其他第一层 ISP 连接,形成互联网的主干网。
- 与大量的第二层 ISP、其他网络连接。
- 覆盖世界区域。

2) 第二层 ISP

第二层一般是区域 ISP(Regional ISP),它们的主要特征是仅与少数的第一层 ISP 连接。第二层 ISP 是第一层 ISP 的客户。很多大学、大公司和机构直接与第一层 ISP 或第二层 ISP 连接。第二层 ISP 也可以与另一个第二层 ISP 连接,流量在两个第二层 ISP 的网络之间流动,而不经过第一层 ISP 的网络。

3) 第三层 ISP

第三层(及更低层)的接入 ISP 一般是本地 ISP(也称接入 ISP),或者是校园网与企业网。它们与一个或几个第二层 ISP 连接。当两个 ISP 之间直接连接时,它们的关系是对等的。本地 ISP 是专门提供互联网接入服务的公司。

为了提高分组转发速度,ISP 通过一个或多个路由器与其他同层、高层 ISP 连接。随着互联网用户规模的扩大与网络流量的剧增,为了降低分组转发延迟与成本,出现了由第三方组建的互联网交换点(Internet Exchange Point,IXP),直接与第一层 ISP、区域 ISP、本地 ISP 以及 ICP 的网络连接。

1.4.3 互联网的网络结构

1. 互联网的逻辑结构

随着互联网的广泛应用,简单的资源子网、通信子网的两级结构模型已很难描述现代互联网的结构。如果借鉴层次型 ISP 的逻辑结构,并结合近年来国家级主干网、各地区的宽带城域网设计与建设的思路,可给出如图 1-17 所示的互联网结构示意图。

互联网结构具有以下几个主要特点:

- 大量的用户计算机与移动终端设备通过 IEEE 802.3 标准的局域网、IEEE 802.11 标准的无线局域网、IEEE 802.16 标准的无线城域网、无线自组网(Ad hoc)、无线传感器网(WSN)或者有线电话交换网(PSTN)、移动通信网(4G/5G)、有线电视网

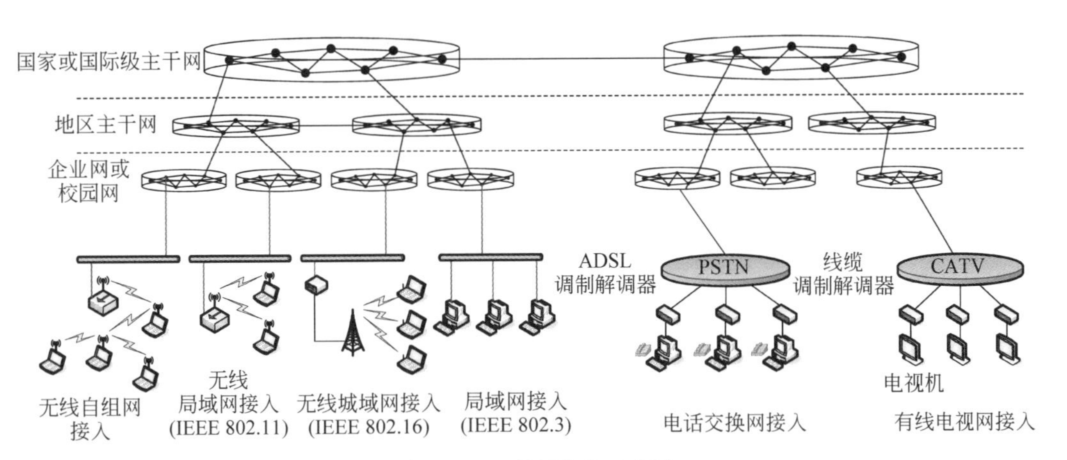

图 1-17　互联网结构示意图

(CATV)接入本地 ISP、企业网或校园网。

- ISP、企业网或校园网汇聚到作为地区主干网的宽带城域网。宽带城域网通过城市宽带出口连接到国家或国际级主干网。
- 大型主干网由大量分布在不同地理位置、通过光纤连接的高端路由器构成，提供高带宽的传输服务。国家或国际级主干网组成互联网的主干网。国家或国际级主干网与地区主干网上连接了很多服务器集群，为接入用户提供各种互联网服务。

2. 互联网边缘部分与核心交换部分的抽象方法

研究人员必须对复杂的互联网结构进行简化和抽象。在各种简化和抽象方法中，将互联网系统分为边缘部分与核心交换部分是最有效的方法之一。互联网系统可看成是由边缘部分与核心交换部分两部分组成的。网络应用程序运行在边缘部分，核心交换部分为应用进程之间的通信提供服务。图 1-18 给出了互联网的边缘部分与核心交换部分。

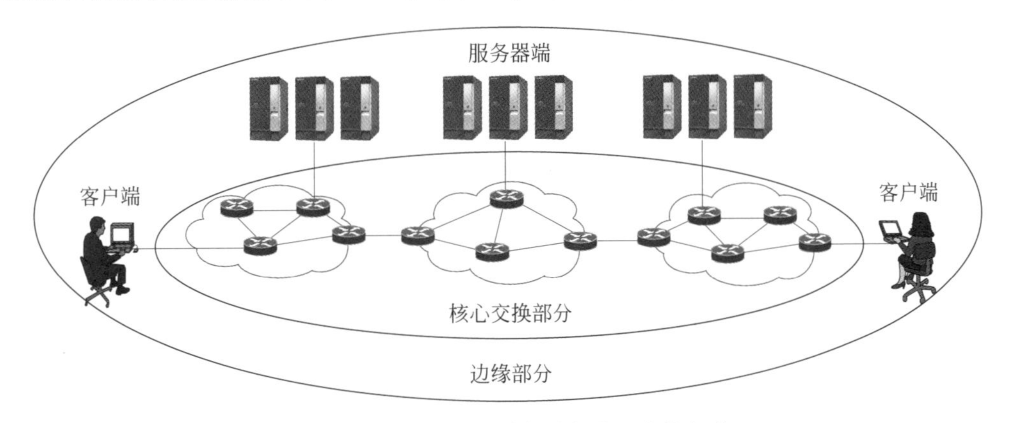

图 1-18　互联网的边缘部分与核心交换部分

互联网边缘部分主要包括大量接入互联网的主机和用户设备，核心交换部分包括由大量路由器互联的广域网、城域网和局域网。边缘部分利用核心交换部分所提供的数据传输服务，使得接入互联网的主机之间能够相互通信和共享资源。

边缘部分的用户设备也称为端系统(end system)。端系统是能运行传统的 E-mail、

Web应用或基于P2P的文件共享、即时通信等应用的计算机和各种数字终端设备。端系统分为客户端与服务器端,统称为主机。需要注意:在未来的网络应用中,端系统类型将从计算机扩展到所有接入互联网的设备,例如PDA、智能手机、智能家电,以及物联网的WSN节点、RFID节点、视频监控设备、可穿戴计算设备、智能机器人等。

1.5 计算机网络拓扑结构

1.5.1 计算机网络拓扑的定义

无论现代互联网的结构多么庞大和复杂,它总是由很多个广域网、城域网、局域网、个域网互联而成的,而各种网络的结构都会具备某种网络拓扑所共有的特征。为了研究复杂的网络结构,需要掌握网络拓扑(network topology)的概念。

理解网络拓扑的概念,需要注意以下几个问题:

- 拓扑学是几何学的一个分支,它是从图论演变而来的。拓扑学是将实体抽象成与其大小、形状无关的点,将连接实体的线路抽象成线,进而研究点、线、面之间的关系。
- 计算机网络拓扑通过网中节点与通信线路之间的几何关系表示网络结构,反映出各个网络实体之间的结构关系。
- 计算机网络拓扑是指通信子网的拓扑结构。
- 设计计算机网络的第一步就是要解决以下问题:在给定了计算机位置,保证一定的网络响应时间、吞吐量和可靠性的条件下,通过选择适当的通信线路、带宽与连接方式,使整个网络的结构合理。

1.5.2 计算机网络拓扑的分类与特点

基本的网络拓扑有5种:星状、环状、总线、树状与网状。图1-19给出了网络拓扑结构示意图。

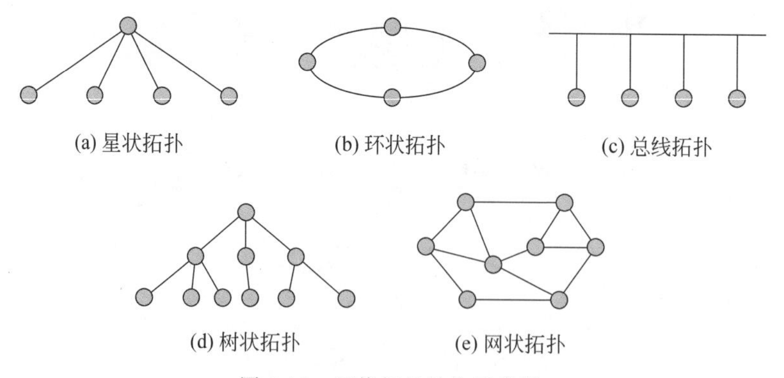

图1-19 网络拓扑结构示意图

1. 星状拓扑

图1-19(a)给出了星状拓扑的结构示意图。星状拓扑结构的主要特点如下:

- 节点通过点-点通信线路与中心节点连接。
- 中心节点控制全网的通信,任何两个节点之间的通信都要通过中心节点。

- 星状拓扑结构简单,易于实现,便于管理。
- 中心节点是全网性能与可靠性的瓶颈,中心节点故障可能造成全网瘫痪。

2. 环状拓扑

图 1-19(b)给出了环状拓扑的结构示意图。环状拓扑结构的主要特点如下:

- 节点通过点-点通信线路连接成闭合环路。
- 环中数据将沿一个方向逐站传送。
- 环状拓扑结构简单,传输延时确定。
- 环中每个节点与连接节点之间的通信线路都会成为网络可靠性的瓶颈。环中任何一个节点或线路出现故障,都可能造成网络瘫痪。
- 为了方便节点的加入和撤出环,控制节点的数据传输顺序,保证环的正常工作,需要设计复杂的环维护协议。

3. 总线拓扑

图 1-19(c)给出了总线拓扑的结构示意图。总线拓扑结构的主要特点如下:

- 所有节点连接到一条作为公共传输介质的总线,以广播方式发送和接收数据。
- 当一个节点利用总线发送数据时,其他节点只能接收数据。
- 如果有两个或两个以上的节点同时发送数据,就会出现冲突,造成传输失败。
- 总线拓扑结构的优点是结构简单,缺点是必须解决多个节点访问总线的介质访问控制问题。

4. 树状拓扑

图 1-19(d)给出了树状拓扑的结构示意图。树状拓扑结构的主要特点如下:

- 节点按层次进行连接,主要在上、下层节点之间交换数据,相邻及同层节点之间通常不交换数据,或数据交换量较小。
- 树状拓扑可以看成星状拓扑的一种扩展。树状拓扑网络适用于汇集信息。

5. 网状拓扑

图 1-19(e)给出了网状拓扑的结构示意图。网状拓扑又称为无规则型。广域网一般都采用网状拓扑。网状拓扑结构的主要特点如下:

- 节点之间的连接是任意的,没有规律。网状拓扑的优点是系统可靠性高。
- 网状拓扑结构复杂,必须采用路由选择算法、流量控制与拥塞控制方法。

1.6 分组交换技术的基本概念

在讨论计算机网络的定义、分类、拓扑等基本概念之后,需要进行计算机网络的核心技术(即数据交换方式)的讨论。

1.6.1 数据交换方式的分类

计算机网络的数据交换方式对数据传输及性能影响很大。掌握网络数据交换方式的分类以及不同数据交换方式的特点,对于理解计算机网络的工作原理十分重要。

计算机网络的数据交换方式可分为两类:线路交换与存储转发交换。存储转发交换可分为两类:报文存储转发交换(简称为报文交换)与报文分组存储转发交换(简称为分组交换)。

分组交换可分为两类：数据报交换与虚电路交换。数据交换方式的分类如图1-20所示。

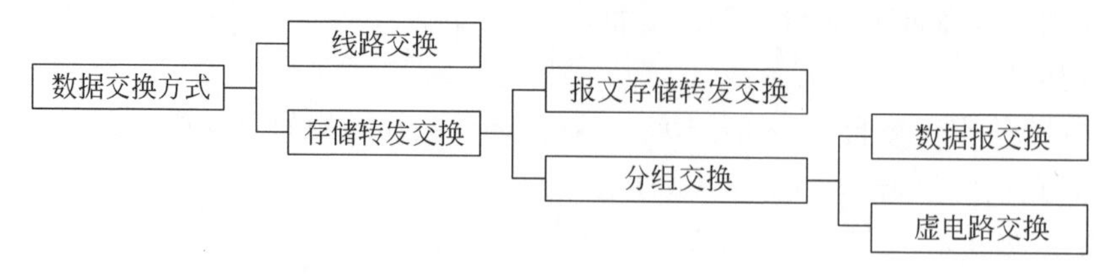

图1-20　数据交换方式的分类

1.6.2　线路交换

1. 线路交换的过程

线路交换(circuit switching)方式与电话交换的工作方式类似。在两台计算机通过通信子网进行数据交换之前，首先在通信子网中建立一个实际的物理线路连接。线路交换方式的通信过程分为线路建立、数据传输和线路释放3个阶段。图1-21给出了线路交换的工作原理。

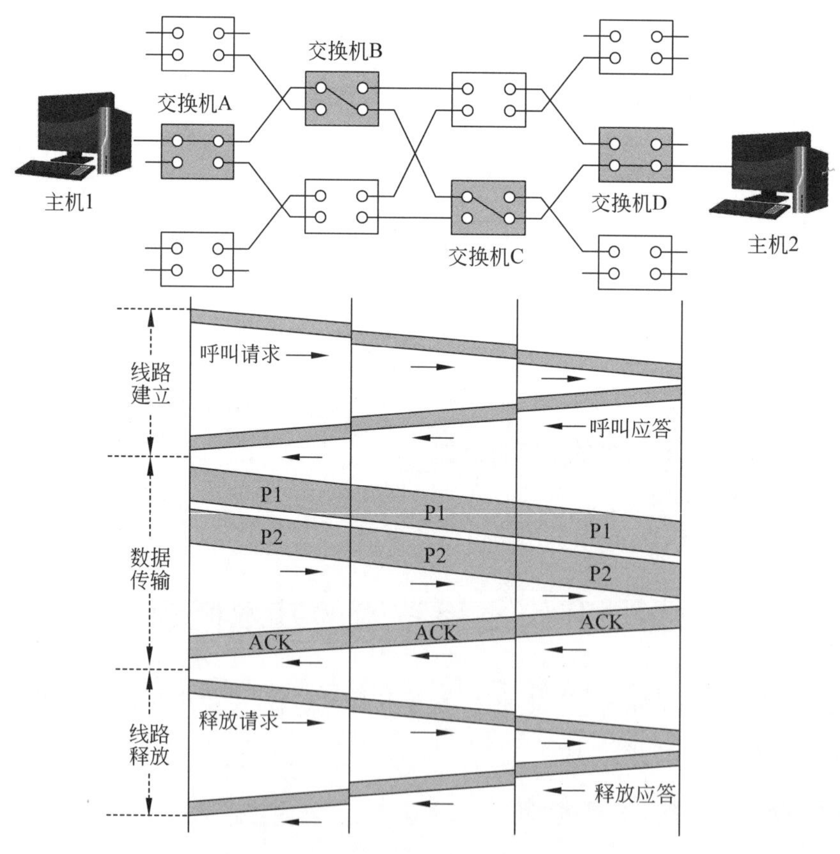

图1-21　线路交换的工作原理

1）线路建立阶段

如果主机1要向主机2传输数据，需要在主机1与主机2之间建立线路连接。首先，主机1向通信子网中交换机A发送呼叫请求包，其中含有需要建立线路连接的源主机与目的主机地址。交换机A根据路由选择算法进行路径选择，如果选择下一个交换机为B，则向交换机B发送呼叫请求包。当交换机B接到呼叫请求后，同样根据路由选择算法进行路径选择，如果选择下一个交换机为C，则向交换机C发送呼叫请求包。当交换机C接到呼叫请求后，也要根据路由选择算法进行路径选择，如果选择下一个交换机为D，则向交换机D发送呼叫请求包。当交换机D接到呼叫请求后，向其直接连接的主机2发送呼叫请求包。如果主机2接受主机1的呼叫请求，则通过交换机D、C、B、A向主机1发送呼叫应答包。至此，从主机1通过交换机A、B、C、D与主机B的物理线路连接就建立了，该物理连接专用于主机1与主机2之间的数据交换。

2）数据传输阶段

在主机1与主机2通过通信子网的物理线路连接建立后，主机1与主机2就可以通过该连接双向交换数据。需要注意的是：交换机仅有线路交换与连接的作用，它并不存储传输的数据，也不对数据做任何检测和处理。因此，线路交换的传输实时性好，但是不具备差错检测、平滑流量的能力。

3）线路释放阶段

在数据传输完成后，就要进入路线释放阶段。主机1向主机2发出释放请求包，如果主机2同意释放线路，则向交换机D发送释放应答包，然后按交换机C、B、A的次序，依次释放物理连接。至此，本次数据通信结束。

2. 线路交换方式的优点

线路交换方式主要有以下几个优点：

- 两台主机之间建立的物理线路连接为此次通信专用，通信实时性强。
- 适用于交互式会话类通信。

3. 线路交换方式的缺点

线路交换方式主要有以下几个缺点：

- 不适用于计算机之间的突发性通信。
- 没有数据存储能力，不能平滑流量。
- 没有差错控制能力，无法发现与纠正传输差错。

因此，在线路交换的基础上，人们提出了存储转发交换方式。

1.6.3 存储转发交换

1. 存储转发交换的特点

存储转发交换（store and forward switching）方式具有以下几个特点：

- 发送的数据与目的地址、源地址、控制信息一起，按照一定的格式组成一个数据单元（报文或报文分组）再发送出去。
- 路由器可以动态选择传输路径，可以平滑通信量，提高线路利用率。
- 数据单元在通过路由器时需要进行差错校验，以提高数据传输的可靠性。
- 路由器可对不同通信速率的线路进行速率转换。

由于存储转发交换方式具有以上优点，因此在计算机网络中得到广泛应用。

2. 报文与分组的比较

在利用存储转发交换方式传送数据时，被传送的数据单元可以分为两类：报文(message)与分组(packet)。根据数据单元的不同，存储转发交换方式可以分为两类：报文交换(message switching)与分组交换(packet switching)。

在计算机网络中，如果不对传输的数据块长度作限制，直接封装成一个包进行传输，那么封装后的包称为报文。报文可能包含很小的文本数据，也可能包含很大的视频文件的数据。将报文作为一个数据单元来传输的方法称为报文交换。

报文交换方式主要存在以下几个缺点：

- 当一个路由器将一个长报文传送到下一个路由器时，必须保留发送报文副本，以备出错时重传。长报文传输所需时间较长。路由器必须等待报文正确传输的确认后，才能删除报文副本。这个过程需要花费较长的等待时间。
- 在误码率相同的情况下，报文越长，传输出错的可能性越大，重传花费的时间越多。
- 由于每次传输的报文长度都可能不同，在每次传输报文时都必须对报文的起始与结束字节进行判断与处理，因此报文处理的时间比较长。
- 由于报文长度总在变化，路由器必须根据最长的报文来预定存储空间，如果出现一些短报文，会造成路由器存储空间的利用率降低。

因此，报文交换在计算机网络中不是最佳的方案。在这种背景下，人们提出了分组交换的概念。图 1-22 给出了报文与分组的结构关系。

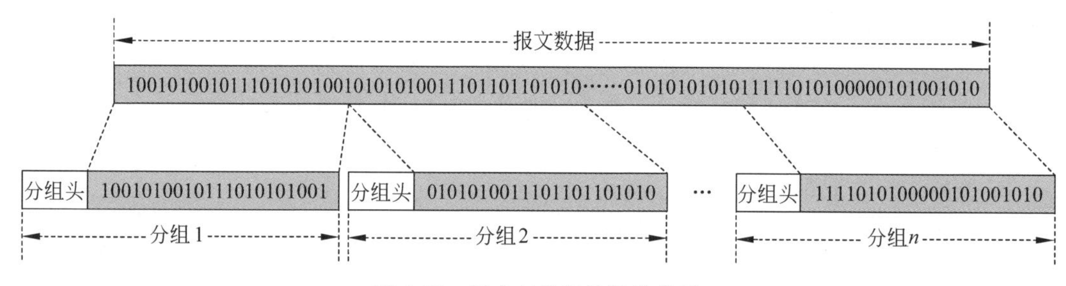

图 1-22 报文与分组的结构关系

如果一个报文的数据部分长度为 3500B，协议规定每个分组的数据字段长度最大为 1000B，那么可将 3500B 分为 4 个分组，前 3 个分组的数据字段长度为 1000B，第 4 个分组的数据字段长度为 500B。按协议规定格式在数据字段之前加上一个分组头，可以构成 4 个分组。

需要注意的是：在讨论数据长度时，使用比特(bit)或字节(byte)。通常比特简写为 b，字节简写为 B。

3. 报文交换与分组交换的比较

图 1-23 给出了报文交换与分组交换过程的比较。

分组交换方法主要有以下两个优点。

- 将报文划分为有固定格式和最大长度限制的分组进行传输，有利于提高路由器检测接收分组是否出错，提高重传处理过程的效率，以及提高路由器存储空间利用率。
- 路由选择算法可以根据链路通信状态、网络拓扑变化，为不同的分组动态选择不同的传输路径，有利于减小分组传输延迟，提高数据传输的可靠性。

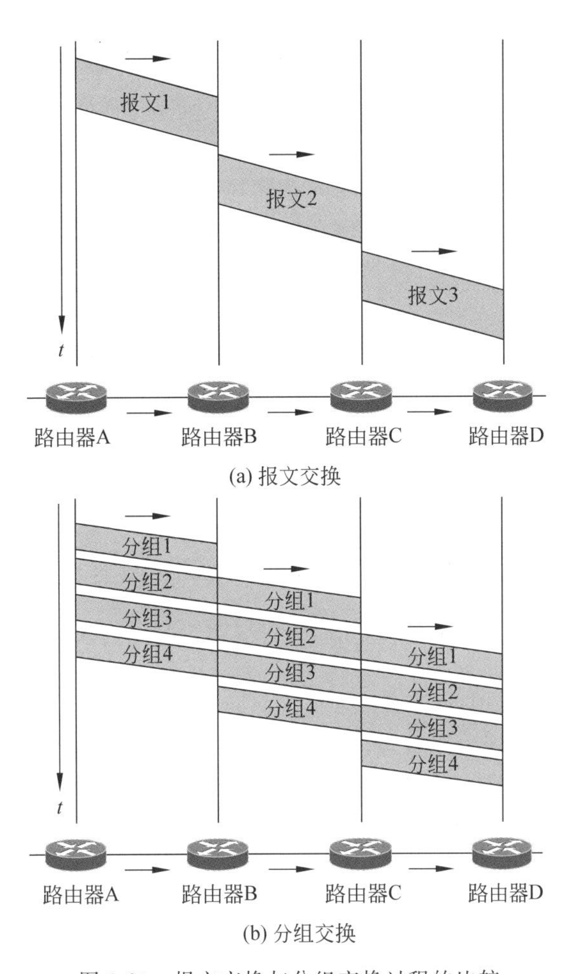

图 1-23　报文交换与分组交换过程的比较

1.6.4　数据报方式与虚电路方式

在实际应用中，分组交换技术可以分为两类：数据报（Datagram，DG）与虚电路（Virtual Circuit，VC）。

1. 数据报方式

数据报是报文分组存储转发的一种方式。在数据报方式中，分组传输前不需要在源主机与目的主机之间预先建立线路连接。源主机发送的每个分组都可以独立选择一条传输路径，每个分组在通信子网中可能通过不同的传输路径到达目的主机。图 1-24 给出了数据报方式的工作原理。

1）数据报方式的工作过程

数据报方式的工作过程分为以下步骤：

（1）源主机（主机 1）将报文分成多个分组 P1，P2，…，并依次发送到相连的路由器 A。

（2）路由器 A 每接到一个分组都要进行差错检测，以保证主机 1 与路由器 A 之间的数据传输正确；路由器 A 接到分组 P1，P2，…之后，需要为每个分组进行路由选择。由于网络通信状态不断变化，分组 P1 的下一跳可能选择路由器 C，分组 P2 的下一跳可能选择路由器

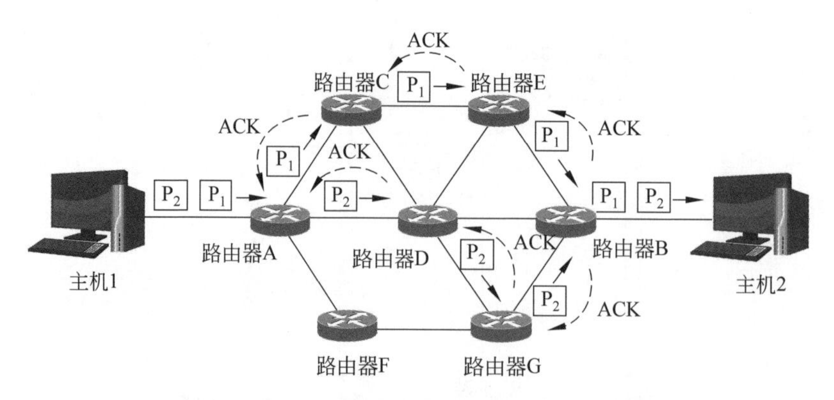

图 1-24 数据报方式的工作原理

D,因此一个报文中的不同分组通过子网的传输路径可能不同。

(3) 路由器 C 对接收的分组 P1 进行差错检测。如果 P1 传输正确,路由器 C 向路由器 A 发送 ACK 报文;路由器 A 接收到 ACK 报文后,就可以丢弃 P1 的副本。分组 P1 通过通信子网中多个路由器的存储转发,最终正确到达目的主机 2。

2) 数据报方式的特点

数据报方式主要有以下几个特点:

- 同一报文的不同分组可以经过不同的传输路径通过通信子网。
- 同一报文的不同分组到达目的主机时可能出现乱序、重复与丢失现象。
- 每个分组在传输过程中都必须带有目的地址与源地址。
- 数据报方式的传输延迟较大,适用于突发性通信,不适用于长报文、会话式通信。

在研究数据报方式的特点的基础上,人们进一步提出了虚电路方式。

2. 虚电路方式

虚电路方式试图将数据报与线路交换相结合,发挥这两种方法各自的优点,以达到最佳的数据交换效果。图 1-25 给出了虚电路方式的工作原理。

1) 虚电路方式的工作过程

数据报方式在发送分组之前,发送方与接收方之间不需要预先建立连接。虚电路方式在发送分组之前,发送方和接收方需要预先建立一条逻辑连接的虚电路。在这一点上,虚电路方式与线路交换方式相同。虚电路方式的工作过程分为 3 个阶段:虚电路建立阶段、数据传输阶段与虚电路释放阶段。

(1) 在虚电路建立阶段,路由器 A 使用路由选择算法确定下一跳为路由器 B,然后向路由器 B 发送呼叫请求分组;同样,路由器 B 使用路选算法确定下一跳为路由器 C;以此类推,呼叫请求分组经过 A、B、C 的路径到达路由器 D。路由器 D 向路由器 A 发送呼叫应答分组,至此虚电路建立。

(2) 在数据传输阶段,利用已建立的虚电路以存储转发方式顺序传送分组。

(3) 在所有的数据传输结束后,进入虚电路释放阶段,将按照 D、C、B、A 的顺序依次释放虚电路。

2) 虚电路方式的特点

虚电路方式主要有以下几个特点:

- 在每次分组传输之前,需要在源主机与目的主机之间建立一条虚电路。
- 所有分组都通过虚电路按顺序传送,分组不必携带目的地址、源地址等信息。分组到达目的主机时不会出现丢失、重复与乱序的现象。
- 分组通过虚电路上的每个路由器时,路由器仅进行差错检测,而不进行路由选择。
- 路由器可以为多个主机之间的通信建立多条虚电路。

虚电路方式与线路交换方式的主要区别是:虚电路是在传输分组时建立的逻辑连接,它被称为虚电路是因为这种电路不是专用的。每个主机可以同时与多个主机建立虚电路,每条虚电路支持两个主机之间的数据传输。由于虚电路方式具有分组交换与线路交换的优点,因此在计算机网络中得到了广泛的应用。

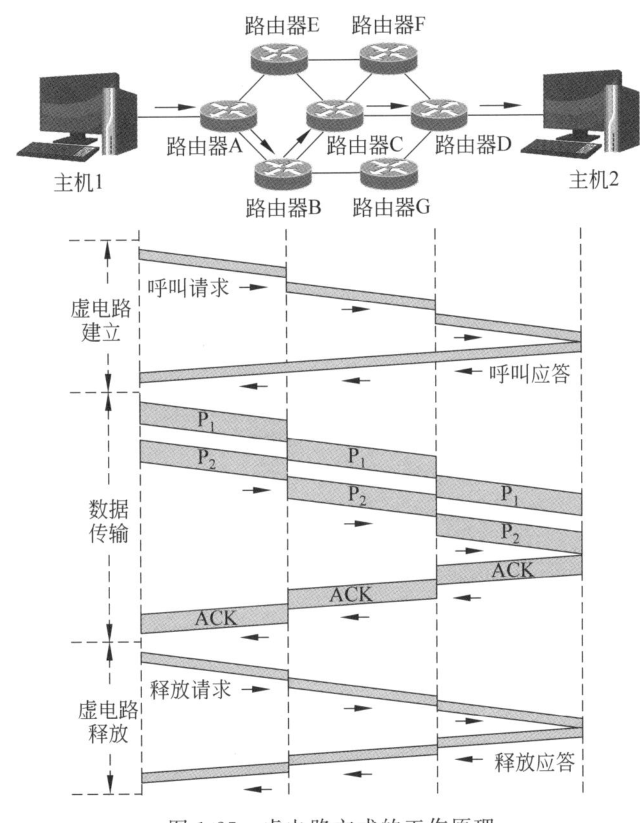

图 1-25　虚电路方式的工作原理

1.6.5　分组交换网中的延时

在计算机网络性能的讨论中,度量计算机网络性能的指标主要包括速率、误码率、吞吐率、延时、往返时间、利用率与服务质量等。本书将结合各章节讨论的需要,分别在不同章节安排相关内容进行讨论。例如,在物理层讨论速率的问题,在数据链路层讨论误码率的问题,在介质访问控制层讨论吞吐率的问题,在网络层讨论往返时间的问题,在传输层会涉及利用率与服务质量的问题。本节将重点讨论分组交换网的延时问题。

1. 网络延时的概念

分组交换网延时是指一个分组从源主机发出,经过分组交换网(或链路)到达目的主机所需的时间。因此,分组交换网延时统称为网络延时。分组交换网为联网主机之间的进程通信提供服务,数据通过分组交换网的延时决定了分布式进程通信的质量,直接影响网络应用软件与应用系统的性能。因此,网络延时是描述网络性能的重要指标之一。

在理想状态下,源主机(或路由器)发送的数据分组能够瞬间通过分组交换网到达目的主机,因此分组传输没有延时,也不存在分组丢失与传输出错。显然,这在现实中是不可能做到的。源主机发出的分组经过传输路径上的每个路由器转发时都会产生不同类型的延时,这些延时主要包括以下 4 种:

- 处理延时(nodal processing delay)。
- 排队延时(queuing delay)。
- 发送延时(transmission delay)。
- 传播延时(propagation delay)。

分组在网络中产生的总延时(total delay)等于以上 4 种延时的总和。

这个过程和现实生活中的车辆在高速公路上行驶的情况相似。当人们开车进入一个收费站时,第一步是车辆进入收费通道,收费站人员必须确定是否允许车辆进入高速公路。这个过程相当于路由器在接收到分组时首先检查分组头中的目的地址、源地址及是否出现差错。这个过程产生的延时相当于路由器的处理延时。第二步,当多个车辆通过收费站时,需要排队缴费,也需要有一个等待时间。这个过程产生的延时相当于分组通过路由器等待发送的排队延时。第三步,当收费站人员完成收费并允许车辆进入高速公路时,车辆才能通过收费站入口驶入高速公路。这个过程产生的延时相当于路由器发送一个分组的发送延时。第四步,从一个收费站到下一个收费站,车辆需要行驶一段时间。这个过程需要的行驶时间相当于分组从一个路由器通过传输介质传播到下一个路由器的传播延时。

图 1-26 给出了分组通过一个路由器所产生的总延时。如果分别用 d_{proc}、d_{queue}、d_{trans} 与 d_{prop} 表示处理延时、排队延时、发送延时与传播延时,那么分组通过一个路由器所产生的总延时 d_{total} 等于处理延时、排队延时、发送延时与传播延时之和。

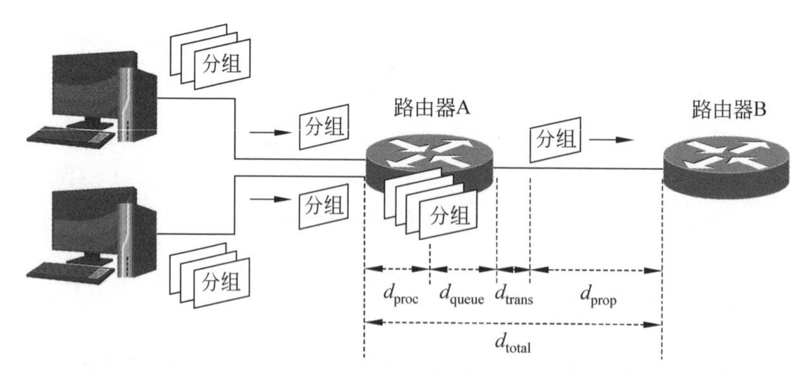

图 1-26 分组通过一个路由器所产生的总延时

2. 节点延时的类型及特点

1) 处理延时

当路由器 A 接收到一个分组时,需要分析该分组的头部与数据部分。通过检查头校验和字段,确定分组传输是否出错。如果出现差错,就丢弃该分组;如果没有出现差错,就需要进一步检查源地址与目的地址，进行路由选择，确定下面应发送到哪个路由器。这些处理需要花费的时间称为处理延时(d_{proc})。显然，一个路由器节点处理延时的大小取决于路由器的计算能力以及通信协议的复杂度。

2）排队延时

当路由器A处理完一个分组后，就将该分组加入连接路由器B链路的输出端口的队列中，等待链路空闲时发送该分组。分组从进入输出队列等待发送到开始发送的时间称为排队延时(d_{queue})。图1-27给出了排队延时示意图。

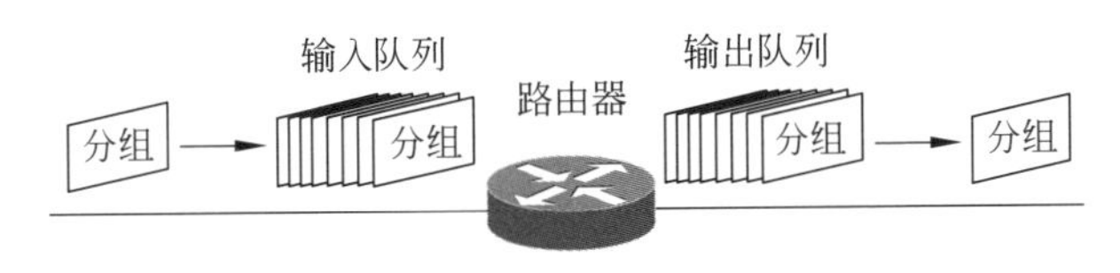

图1-27 排队延时示意图

排队延时的长短取决于队列长度与端口发送速度。如果输出队列是空的，那么进入的分组就可以立即被发送，此时排队延时为0。实际的路由器排队延时可达到微秒到毫秒量级。如果等待发送的队列长，那么分组排队延时就会变长。如果输出缓冲区已被等待发送的分组占满，此后进入的分组将因队列溢出而被丢弃。

3）发送延时

路由器的端口发送速率是一定的。如果端口的数据发送速率是S(单位为b/s)，分组长度为N(单位为b)，那么节点发送延时=分组长度/发送速率，即$d_{trans}=N/S$。图1-28给出了发送延时示意图。

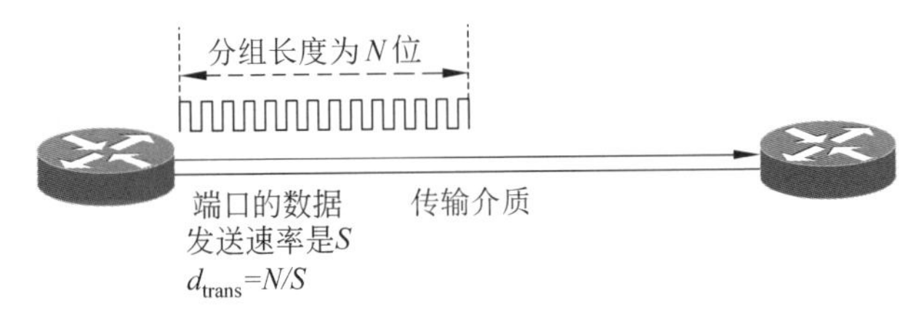

图1-28 发送延时示意图

假如路由器端口的数据发送速率为1Gb/s，也就是说该端口每秒能够发送1×10^9b，那么发送长度为1500B(即$1500B\times8=1.2\times10^4$b)的分组需要12μs，那么节点的发送延时$d_{trans}$为12μs。

4）传播延时

电磁波传播是需要时间的。电磁波在空间中的传播速度为3×10^8m/s，而在传输介质(如双绞线、光纤)中的传播速度为$2\times10^8\sim3\times10^8$m/s。如果发送节点与接收节点之间的传输介质长度为D，信号传播速度为V，那么信号通过该介质所需的传播时间是D/V，这个时间就是数据信号的传播延时，即$d_{prop}=D/V$。图1-29给出了传播延时示意图。

例如，传播距离$D=500m$，信号在双绞线中的传播速度$V=2\times10^8$m/s，那么电信号的传播延时d_{prop}为2.5μs。

理解节点延时的概念时，需要注意以下两个问题。

第一，发送延时与传播延时概念上的区别。

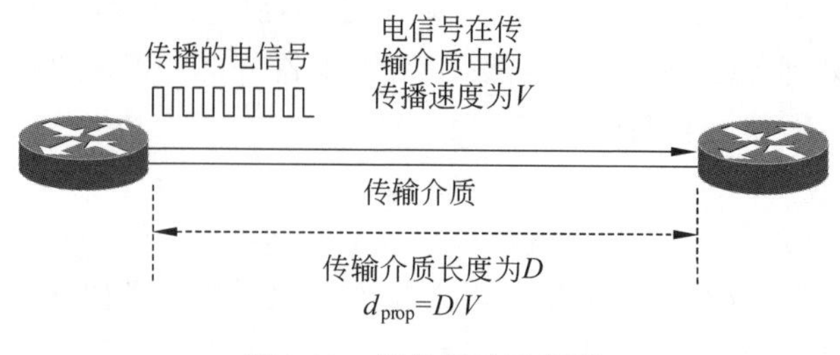

图 1-29 传播延时示意图

初学者经常会在发送延时与传播延时概念上产生混淆。发送延时是指节点(路由器或主机)的发送端口将一个分组的第一个比特发送到传输介质,到将该分组的最后一个比特发送到传输介质所用的时间。发送延时 d_{trans} 的长短取决于分组长度与节点端口网卡的发送速率。例如,发送的分组长度一定,分别用发送速率 R 为 1Gb/s 与 10Gb/s 的以太网端口发送该分组时,由于 10Gb/s 的以太网端口发送速率高,因此发送同样长度的分组时,它仅需 1Gb/s 的以太网端口发送时间的 1/10 就可完成发送。

传播延时是指分组的第一比特从发送端口通过传输介质到达目的节点的接收端口所用的时间。传播延时(d_{prop})的长短与传输介质的长度、电磁波在传输介质中的传播速度等物理参数相关,与分组的长度、节点网卡的发送速率无关。无论是用 1Gb/s 还是用 10Gb/s 的网卡发送长度相同或长度不同的分组,只要传输介质不变,电磁波通过 10km 长的双绞线所产生的传播延时一定是通过 1km 长的双绞线所产生的传播延时的 10 倍。这就像高速公路上,从一个收费站到距离 80km 的下一个收费站,只要汽车运行速度保持为 80km/h,无论仅坐一个人的小轿车还是坐 30 个人的公交车,都需要用一小时才能到达。

我们平时所说的高速网络是指节点发送速率高。提高节点发送速率只能减少节点的分组发送延时,不可能影响分组通过传输介质的传播延时。高速通信链路是指传输介质的带宽较大。在采取多路复用技术之后,在一个传输介质上可以并发传输多路信号。只要传输介质的长度不变,无论传输介质的带宽是多少,通过该传输介质的传播延时均不变。

第二,在不同的网络环境中,不同类型延时的变化很大。

节点延时包括处理延时、排队延时、发送延时与传播延时,而这 4 种延时的数值在不同的网络环境中变化很大。构成节点总延时的 4 种延时本身的数值变化就很大。例如,对于处理延时来说,高端路由器的处理延时(d_{proc})值一般可达到微秒(μs)甚至更小的量级;而中低端路由器的处理延时一般只能达到毫秒(ms)量级。影响排队延时的因素很复杂。如果端口没有排队等待发送的分组(或者很少),排队延时(d_{queue})一般可达到微秒至毫秒量级;如果等待发送的分组队列增长,则排队延时必然要增加;如果排队队列已经被占满,那么后续进入的分组就要被丢弃。对于发送延时来说,分组长度一般都受到具体通信协议的限制,典型的分组数据长度为 1500B。如果节点端口发送速率为 100Mb/s～10Gb/s,那么发送延时(d_{trans})一般可控制为 1.2～120μs。传播延时(d_{prop})在局域网与广域网中差异很大。例如,局域网中的双绞线长度为 100m,信号在双绞线中的传播速度为 2×10^8m/s,那么传播延时为 0.5μs;广域网中的光纤长度为 100km,信号在光纤中的传播速度为 3×10^8m/s,那么传播延时约为 333μs。

从 4 种延时对节点总延时影响的角度可看出,影响节点总延时的因素很多,并且与网络运行状态直接相关。例如,对于局域网中使用的中低端路由器,节点处理延时可控制在毫秒量级,发送延时可控制在微秒量级,传播延时可控制在微秒量级,那么节点总延时主要看排队延时(d_{queue})的长短。同样,对于广域网中的高端路由器,节点处理延时可控制在微秒量级,发送延时可控制在微秒量级,传播延时可控制在微秒到毫秒量级,则节点总延时仍然取决于排队延时的大小。如果节点流量大,排队延时达到秒(s)的量级,则其他 3 种延时对节点总延时的影响可忽略。

1.7 网络体系结构与网络协议

网络体系结构与网络协议是计算机网络技术中两个最基本的概念。网络体系结构的概念与研究方法对互联网、移动互联网与物联网的研究具有重要的指导意义。

1.7.1 网络体系结构的基本概念

1. 网络协议的基本概念

计算机网络由多台主机组成,主机之间需要不断地交换数据。为了做到有条不紊地交换数据,每台主机都必须遵守一些事先约定好的通信规则。协议就是一组控制数据交换过程的通信规则。这些规则明确地规定数据的格式和时序。这些为网络数据交换制定的通信规则、约定与标准称为网络协议。

实际上,人们对于通信协议一点也不陌生。一种语言本身就是一种协议,它包括语义、语法和时序。例如,要向国际会议投稿,就必须严格按照英文科技论文写作规范来书写论文。如果稿件中有语义或语法错误,审稿人一定会要求作者修改后重新提交。人们在日常交流中,不管是书面或口头交流,都必须符合所用语言的语义、语法和时序,也就是说,在日常的人与人交流中,人们都严格地遵循"通信协议"。

网络协议同样由以下 3 个要素组成:语义、语法和时序。其中,语义规定了需要发出的控制信息类型、完成的动作及做出的响应,语法规定了用户数据与控制信息的格式以及这些数据出现的顺序,时序规定了事件的发生顺序。人们形象地将这 3 个要素描述为:语义表示做什么,语法表示怎么做,时序表示做的顺序。

计算机网络是一个复杂的系统。为了保证计算机网络有条不紊地工作,就必须制定一系列通信协议。每种协议都是针对某个特定目的与过程,以及在数据交换过程中需解决的问题而设计的。目前,已经有很多种网络协议,它们构成一个完整的体系。网络协议需要不断发展和完善。当一种新的网络服务出现时,就需要为这种服务制定新的协议。

2. 协议、层次、接口与网络体系结构的概念

邮政系统与计算机网络的工作原理十分相似,两个系统的设计、组建与运行都建立在协议、层次、接口与网络体系结构这几个重要概念的基础上。

1) 协议

协议(protocol)是一种通信规则。为了保证邮政系统正常和有序地运行,就必须制定和执行各种通信规则。

协议的一个例子是信封的书写规范。图 1-30 给出了信封书写规范的比较。国内与国际的信封书写规范不同。如果收信人是国内某所大学的老师,则信封书写应该符合图 1-30(a)

所示的规范;如果收信人是住在美国的朋友,则信封书写应该符合图1-30(b)所示的规范。它本身也是一种关于信封书写规范的协议。对于负责收集信件的邮递员来说,他仅需按时收集信件并交给邮政枢纽局,由分拣员或机器来识别信件的收信人,并根据该地址来确定每封信件的传输路线。

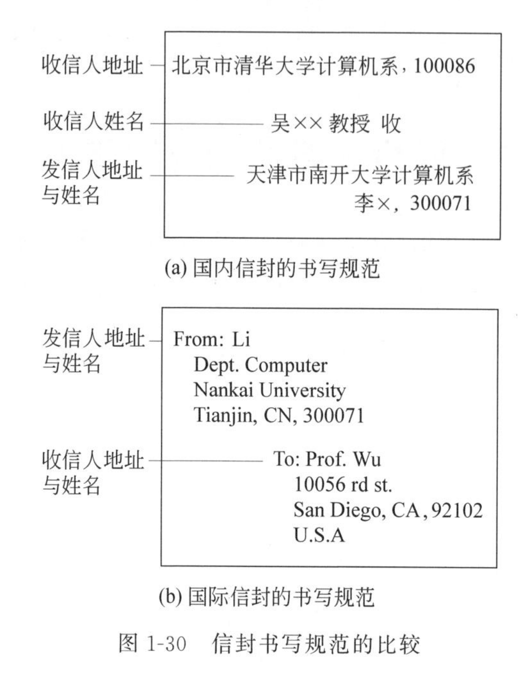

图1-30　信封书写规范的比较

从广义的角度来看,人们之间的交往也是一种信息交互的过程,每做一件事都必须遵循事先约定好的规则。为了保证全世界的邮政系统畅通无阻,必须制定发信人与收信人、发信者与邮局、邮局与邮局之间的一系列协议。为一个特定系统所制定的一组协议称为协议栈(protocol stack)。同样,为了保证大量计算机之间有条不紊地交换数据,也必须事先制定一系列网络通信协议。因此,协议是网络中的一个基本概念。

2) 层次

层次(layer)结构是处理计算机网络问题的基本方法。对于一些难以处理的复杂问题,通常采用分解为多个容易处理的小问题,以"化整为零、分而治之"的方法解决。邮政系统采用的解决方法如下:

- 将全球邮政系统要实现的多个功能分配在不同层次,每个层次对要完成的服务及实现的过程都有明确的规定。
- 不同地区邮政系统具有相同的层次。
- 不同地区邮政系统的同等层具有相同功能。
- 从发信人投递信件直至最终传送给收信人,他们享受到邮政系统所提供的服务,但是并不需要知道服务具体由谁、采用什么方法实现。
- 邮政系统的用户都要遵守信封书写、邮资支付、投递与收信方法的规定。

邮政系统的层次结构设计方法体现出处理复杂问题的基本思路,它可以极大地降低复杂问题的处理难度。计算机网络从中吸取了有益的经验,因此,层次是计算机网络中的另一个重要概念。

3）接口

在邮政系统中，邮箱就是发信人、收信人与邮递员之间交互的接口（interface）。发信人需要找到一个公共邮箱，并将信件投进邮箱中，至此发信人的动作完成。接下来，邮递员从邮箱中取走信件，经过邮政系统的转发，并将信件投到收信人的邮箱。收信人从自己的邮箱中取出信件，则信件的传输过程完成。不管这封信是从本市还是从遥远的异国他乡寄来的，正常情况下都会顺利地到达收信人的手中。显然，规定邮箱这样一个"接口"是简单、有效的方法。在计算机网络中也引入了接口的概念。接口是同一主机的相邻层之间交换信息的连接点。

为了理解接口的概念，需要注意以下两个基本问题：

- 同一主机的相邻层之间存在明确规定的接口，相邻层之间通过接口来交换信息。
- 低层通过接口向高层提供服务。只要接口条件不变，低层功能不变，即使实现低层协议的技术发生变化，也不会影响整个系统的工作。

因此，接口是计算机网络实现技术中的一个重要概念。

4）网络体系结构

从协议的讨论中可以看出，为了保证大量计算机之间有条不紊地交换数据，人们必须为计算机网络制定多种协议，构成一套完整的协议体系。对于结构复杂的网络协议体系来说，最好的组织方式是采用层次结构模型。计算机网络引入了一个重要的概念，即网络体系结构（network architecture）。

理解网络体系结构的概念，需要注意以下几问题：

- 网络体系结构是网络层次结构模型与各层协议的集合。
- 网络体系结构对计算机网络应实现的功能进行精确定义。
- 网络体系结构是抽象的，而实现网络协议的技术是具体的。

网络体系结构采用层次结构的优点表现在以下几个方面：

- 各层之间相互独立。高层无须知道低层的功能是采取硬件还是软件技术实现的，它仅需要知道通过与低层的接口可以获得所需的服务。
- 灵活性好。各层都可以采用最适当的技术来实现，如果某层的实现技术发生了变化，例如用硬件代替了软件，只要该层的功能与接口不变，实现技术的变化就不会对其他各层以及整个系统的工作产生影响。
- 易于实现和标准化。由于采用了规范的层次结构去组织网络功能与协议，因此可以将计算机网络复杂的通信过程划分为有序的连续动作与交互过程，有利于将网络复杂的通信过程分解为一系列可控制和实现的功能模块，使复杂的计算机网络变得易于设计、实现和标准化。

1.7.2 OSI参考模型

1. OSI参考模型研究背景

1974年，IBM公司提出了第一个网络体系结构，即系统网络体系结构（System Network Architecture，SNA）。此后，很多计算机公司也提出了自己的网络体系结构，如DEC公司的数字网络体系结构（Digital Network Architecture，DNA）、UNIVAC公司的分布式计算机体系结构（Distributed Computer Network，DCA）。不同公司提出的网络体系结构的共同点是都采用分层体系结构,但是在层次划分、每层功能分配以及实现技术等方面差异很大。采用不同结构与协议的网络称为异构网络。异构网络的互联是困难的。大量异构网络的存在必然为计算机网络的广泛应用带来困难。OSI参考模型研究就是在这样的背景下提出。

在网络标准化方面起到重要作用的两大国际组织是:国际电报电话咨询委员会(Consultative Committee on International Telegraph and Telephone,CCITT)与国际标准化组织(International Standards Organization,ISO)。CCITT与ISO的工作领域不同,CCITT主要研究与制定通信标准,而ISO的研究重点在网络体系结构方面。

1974年,ISO发布了著名的ISO/IEC 7498标准,它定义了网络互联的7层框架,即开放系统互连参考模型(Open Systems Interconnection/Reference Model,OSI/RM,以下简称OSI参考模型)。在OSI参考模型框架下,进一步详细规定了每层的功能,以实现开放系统中的互连性(interconnection)、互操作性(interoperation)与应用的可移植性(portability)。

2. OSI参考模型的基本概念

理解OSI参考模型的基本概念,需要注意以下几个问题。

- 在术语"开放系统互连参考模型"中,"开放"是指只要一台联网计算机遵循OSI参考模型标准,它就可以与位于世界任何地方、遵循同样协议的另一台联网计算机进行通信。
- OSI参考模型定义了开放系统的层次结构、各层之间的关系以及各层可能提供的服务。OSI参考模型的服务定义详细说明了各层提供的服务,但是不涉及具体的实现方法。OSI参考模型并不是一个标准,而是一种在制定标准时使用的概念性框架。研究OSI参考模型的制定原则与设计思想,对于理解计算机网络的工作原理非常有益。

3. OSI参考模型层次划分的原则

OSI参考模型研究与制定的时间是20世纪80年代。如果将广域网发展、网络结构与OSI参考模型研究的时间加以对比,就会发现制定OSI参考模型时主要参考了广域网技术。图1-31给出了广域网结构与OSI参考模型。

OSI参考模型将整个通信功能划分为7个层次,层次划分的主要原则如下:

- 网络中的各个主机都具有相同的层次。
- 不同主机的同等层具有相同的功能。
- 同一主机的相邻层之间通过接口来通信。
- 每层可以使用下层提供的服务,并向其上层提供服务。
- 不同主机通过协议来实现同等层之间的通信。

4. OSI参考模型各层的主要功能

OSI参考模型结构包括以下7层:物理层、数据链路层、网络层、传输层、会话层、表示层和应用层。

1) 物理层

理解物理层(physical layer)的基本概念,需要注意以下几个问题:

- 物理层是参考模型的最低层。
- 物理层利用传输介质为通信的主机之间建立、管理和释放物理连接,实现比特流的

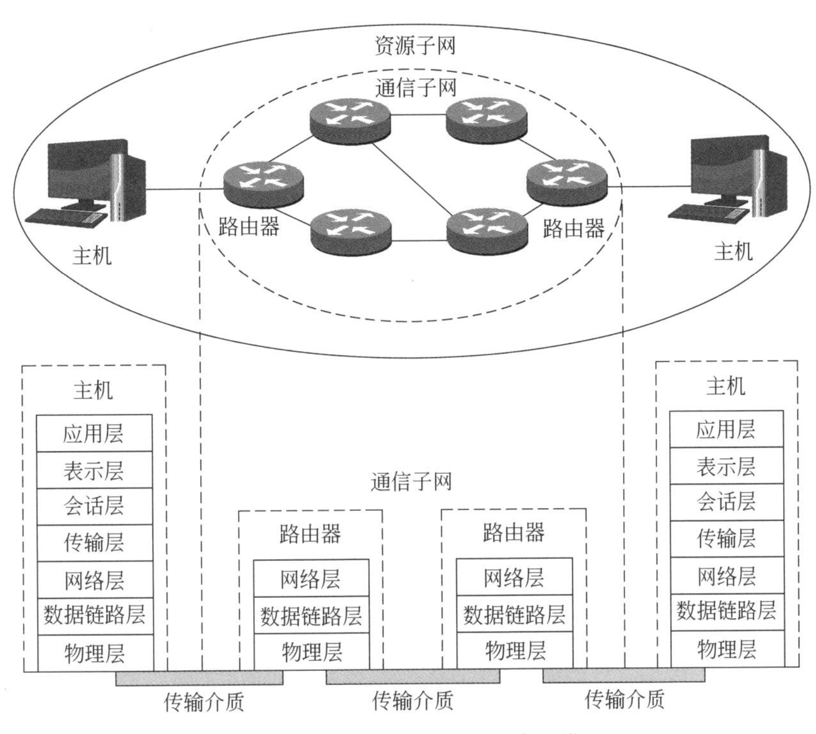

图 1-31　广域网结构与 OSI 参考模型

透明传输，为数据链路层提供数据传输服务。

- 物理层的数据传输单元是比特。

2）数据链路层

理解数据链路层（data link layer）的基本概念，需要注意以下几个问题：

- 数据链路层的低层是物理层，相邻高层是网络层。
- 数据链路层在物理层提供的比特流传输服务的基础上，通过建立数据链路，采用差错控制与流量控制方法，将有差错的物理线路变成无差错的数据链路。
- 数据链路层的数据传输单元是帧。

3）网络层

理解网络层（network layer）的基本概念，需要注意以下几个问题。

- 网络层的相邻低层是数据链路层，相邻高层是传输层。
- 网络层通过路由选择算法为分组通过通信子网选择适当的传输路径，实现流量控制、拥塞控制与网络互联等功能。
- 网络层的数据传输单元是分组。

4）传输层

理解传输层（transport layer）的基本概念，需要注意以下几个问题：

- 传输层的相邻低层是网络层，相邻高层是会话层。
- 传输层为分布在不同地理位置的计算机之间的进程通信提供可靠的端-端（end-to-end）连接与数据传输服务。
- 传输层向高层屏蔽了低层数据通信的细节。

• 传输层的数据传输单元是报文。

5）会话层

理解会话层(session layer)的基本概念,需要注意以下几个问题：

• 会话层的相邻低层是传输层,相邻高层是表示层。
• 会话层负责维护两个主机之间会话的建立、管理和终止以及数据的交换。

6）表示层

理解表示层(presentation layer)的基本概念,需要注意以下几个问题：

• 表示层的相邻低层是会话层,相邻高层是应用层。
• 表示层负责通信系统之间的数据格式变换、加密与解密、压缩与解压缩。

7）应用层

理解应用层(application layer)的基本概念,需要注意以下几个问题。

• 应用层是参考模型的最高层。
• 应用层实现协同工作的应用程序之间的通信过程控制。

5. OSI 环境中的数据传输过程

1）什么是 OSI 环境

在研究 OSI 参考模型时,需要搞清它所描述的作用范围,这个范围称为 OSI 环境(OSI Environment,OSIE)。图 1-32 给出了 OSI 环境示意图。

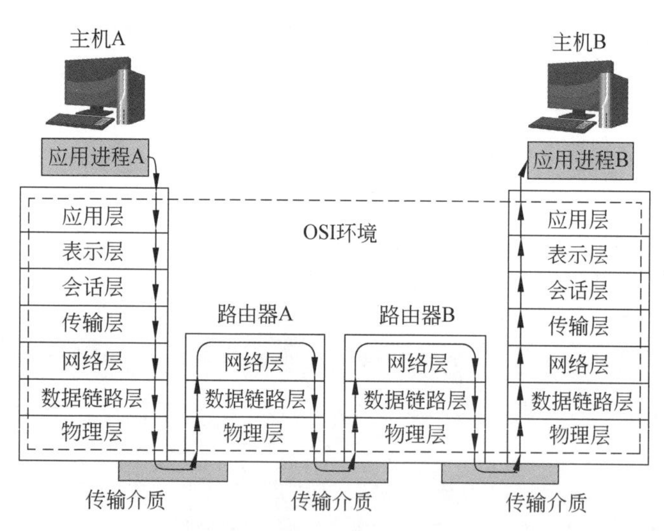

图 1-32　OSI 环境示意图

理解 OSI 环境的基本概念,需要注意以下几个问题：

• OSI 环境包括主机从应用层到物理层的 7 层,以及通信子网中的网络设备从网络层到物理层的 3 层。
• OSI 环境不包括连接主机与网络设备的传输介质。
• 如果主机 A 和 B 不联入计算机网络,不需要实现从物理层到应用层功能的硬件与软件;如果它们联入计算机网络,就必须增加相应的硬件和软件,在本机操作系统的控制下完成联网功能。
• 假设应用进程 A 与 B 之间交换数据。应用进程 A 与 B 分别由主机 A 与 B 的本地操作系统控制，它们不属于 OSI 环境。

当应用进程 A 与 B 之间需要通信时，应用进程 A 通过主机 A 的操作系统调用应用层软件形成数据，并将数据向下逐层传送到物理层。主机 A 的物理层通过传输介质将数据传送到路由器 A。路由器 A 接收到数据后，将其交给数据链路层，检查传输是否出错；如果没有出错，通过网络层的路由算法确定下一跳节点，然后将数据传送到路由器 B。路由器 B 采用同样方法将数据传送到主机 B。主机 B 的物理层将数据向上逐层传送到应用层。应用进程 B 通过主机 B 的操作系统调用应用层软件获得数据。

2）OSI 环境中的数据传输过程

图 1-33 给出了 OSI 环境中的数据传输过程示意图。

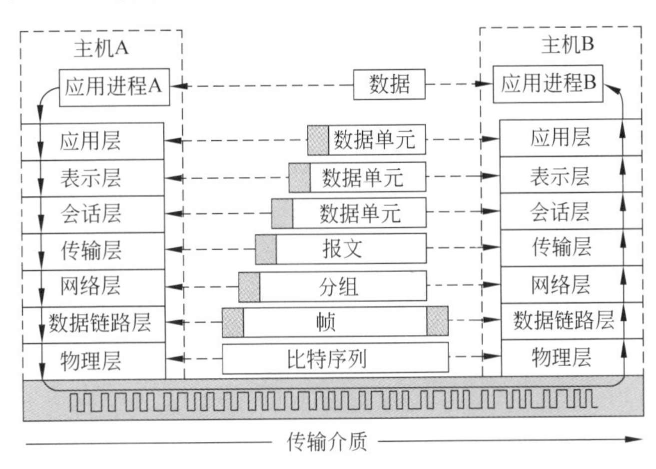

图 1-33　OSI 环境中的数据传输过程示意图

在 OSI 环境中，数据发送过程经过以下几个步骤：

（1）当应用进程 A 的数据传送到应用层时，加上应用层报头，组成应用层协议数据单元（Protocol Data Unit，PDU），然后传送到表示层。图 1-33 中将 PDU 简称为数据单元。

（2）表示层接收到应用层数据单元之后，加上表示层报头，组成表示层协议数据单元，然后传送到会话层。表示层对数据进行格式变换、加密或压缩等处理。

（3）会话层接收到表示层数据之后，加上会话层报头，组成会话层协议数据单元，然后传送到传输层。会话层报头用于协调主机进程之间的通信。

（4）传输层接收到会话层数据之后，加上传输层报头，组成传输层协议数据单元，然后传送到网络层。传输层协议数据单元称为报文（message）。

（5）网络层接收到报文之后，由于网络层协议数据单元的长度有限制，需要将长报文分成多个较短的报文段，加上网络层报头，组成网络层协议数据单元，然后传送到数据链路层。网络层协议数据单元称为分组（packet）。

（6）数据链路层接收到分组之后，加上数据链路层报头与报尾，组成数据链路层协议数据单元，然后传送到物理层。数据链路层协议数据单元称为帧（frame）。

（7）物理层接收到帧之后，将组成帧的比特序列（也称为比特流），通过传输介质传送给下一个主机的物理层。

当比特序列到达主机 B 时，从物理层逐层上传，每层处理自己的协议数据单元报头，按协议规定的语义、语法和时序解释,并执行报头信息,然后将用户数据交给相邻高层,最终将进程A的数据准确传送给主机B的应用进程B。

通过上述关于OSI环境的讨论,可以得出以下几个结论:

- 源主机进程产生的数据从应用层向下逐层传送,物理层通过传输介质横向将表示数据的比特流传送到下一个主机,直至目的主机。到达目的主机的数据从物理层向上逐层传送,最终传送给目的主机进程。
- 源主机进程的数据从应用层向下传送到数据链路层,逐层按照相应的协议加上各层的报头。目的主机的数据从数据链路层向上到应用层,逐层按照相应的协议读取各层的报头,根据协议规定解释报头的意义,并执行协议规定的动作。
- 尽管源主机进程的数据在OSI环境中,经过多层处理才能够传送到目的主机进程,但是整个处理过程对用户是透明的。OSI环境中各层执行网络协议的硬件或软件自动完成处理,整个过程不需要用户介入。对于应用进程来说,数据好像是直接传送过来的。

1.7.3 TCP/IP参考模型

1. TCP/IP与参考模型的研究

在讨论OSI参考模型的基本内容之后,必须回到现实的网络技术发展状况中。OSI参考模型的研究初衷是希望为网络体系结构与协议发展提供一种国际标准。OSI参考模型研究对促进计算机网络理论体系的形成起到了重要作用,但是它也受到TCP/IP的挑战。TCP/IP的广泛应用对互联网的形成起到了重要的推动作用,而互联网的发展进一步扩大了TCP/IP的影响。目前,TCP/IP已成为公认的与事实上的互联网协议标准。

在TCP/IP研发的初期,并没有提出参考模型。1974年,Kahn定义了最早的TCP/IP参考模型;1985年,Leiner等人进一步开展研究;1988年,Clark完善了TCP/IP参考模型。TCP/IP中的IP共出现过6个版本。目前使用的TCP/IP是版本4,即IPv4。版本5是基于OSI模型提出,因此它一直处于建议阶段,并没有形成标准。IETF提出了TCP/IP的版本6,即IPv6。IPv6被称为下一代IP。

TCP/IP是互联网的重要通信规则。它规定了计算机通信所使用的协议数据单元、格式、报头与相应的动作。TCP/IP体系具有以下主要特点:

- 开放的协议标准。
- 独立于特定的计算机硬件与操作系统。
- 独立于特定的网络硬件,可以运行在局域网和广域网中,更适用于互联网。
- 统一的网络地址分配方案,所有网络设备在互联网中都有唯一的IP地址。
- 标准化的应用层协议,可以提供多种拥有大量用户的网络服务。

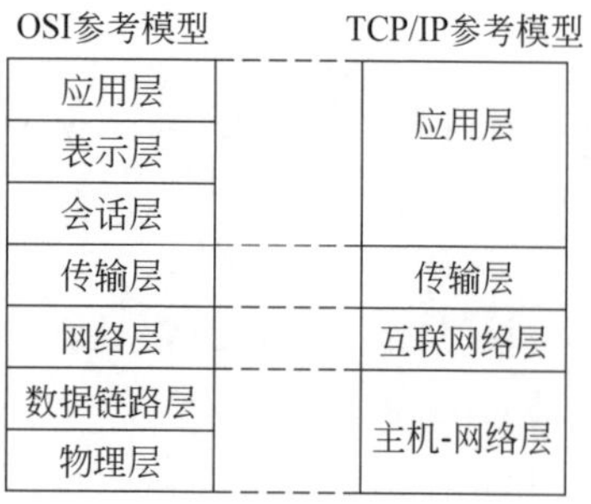

OSI参考模型	TCP/IP参考模型
应用层	应用层
表示层	
会话层	
传输层	传输层
网络层	互联网络层
数据链路层	主机-网络层
物理层	

图1-34 OSI参考模型与TCP/IP参考模型

2. TCP/IP参考模型的层次

图1-34给出了OSI参考模型与TCP/IP参考模型的层次对应关系。TCP/IP参考模型可以分为4个层次:

应用层(application layer)、传输层(transport layer)、互联网络层(internet layer)与主机-网络层(host-to-network layer)。

从功能的角度来看,TCP/IP 参考模型的应用层与 OSI 参考模型的应用层、表示层、会话层对应,TCP/IP 参考模型的传输层与 OSI 参考模型的传输层对应,TCP/IP 参考模型的互联网络层与 OSI 参考模型的网络层对应,TCP/IP 参考模型的主机-网络层与 OSI 参考模型的数据链路层、物理层对应。

3. TCP/IP 各层的主要功能

1) 主机-网络层

主机-网络层是 TCP/IP 参考模型的最低层,它负责发送和接收 IP 分组。TCP/IP 对主机-网络层并没有规定具体的协议,它采取开放的策略,允许使用广域网、城域网与局域网的各种协议。任何一种流行的低层传输协议都可用于 TCP/IP 互联网络层。这正体现了 TCP/IP 体系的开放性、兼容性的特点,也是 TCP/IP 成功应用的基础。

2) 互联网络层

互联网络层使用的是 IP。IP 是一种不可靠、无连接的数据报传输协议,它提供的是一种尽力而为(best-effort)的服务。互联网络层的协议数据单元是 IP 分组。

互联网络层的主要功能如下:

- 处理来自传输层的数据发送请求。在接收到报文发送请求后,将传输层报文封装成 IP 分组,启动路由选择算法,选择适当的发送路径,并将分组转发到下一跳节点。
- 处理接收的分组。在接收到其他节点发送的 IP 分组后,检查目的 IP 地址。如果目的 IP 地址为本节点的 IP 地址,则除去分组头,将分组数据交送传输层处理;如果需要转发,则通过路由算法为分组选择下一跳节点,并转发分组。
- 处理网络的路由选择、流量控制与拥塞控制。

3) 传输层

传输层负责在会话进程之间建立和维护端-端连接,实现网络环境中的分布式进程通信。传输层定义两种不同的协议:传输控制协议(Transport Control Protocol,TCP)与用户数据报协议(User Datagram Protocol,UDP)。TCP 是一种可靠、面向连接、面向字节流(byte stream)的传输层协议,提供了比较完善的流量控制与拥塞控制功能。而 UDP 是一种不可靠、无连接的传输层协议。

4) 应用层

应用层是 TCP/IP 参考模型的最高层。应用层包括各种标准的网络应用协议,并且不断有新的协议加入。应用层的基本协议主要包括远程登录协议(TELNET)、文件传输协议(FTP)、简单邮件传输协议(SMTP)、超文本传输协议(HTTP)、域名系统(DNS)、简单网络管理协议(SNMP)等。

1.7.4 OSI 参考模型与 TCP/IP 参考模型的比较

OSI 参考模型与 TCP/IP 参考模型虽然都采用层次结构,但是在层次划分与协议内容上有很大区别。OSI 参考模型的设计初衷是制定一个适用于全世界计算机网络的统一标准。从技术上追求一种理想的状态。20 世纪 80 年代,几乎所有专家都认为 OSI 参考模型与协议将风靡世界,但是事实却与人们预想的相反。造成 OSI 参考模型与协议不能流行的一个重要原因是其自身的缺陷。OSI参考模型与协议结构复杂,实现周期长,运行效率低,缺乏市场与商业推动力,这是它没有达到预期目标的主要原因。

TCP/IP自诞生以来,已经历40多年的实践检验,并且已经成功赢得大量的用户和投资。TCP/IP的成功促进了互联网的发展,互联网的发展又进一步扩大了TCP/IP的影响。TCP/IP首先在学术界争取了一大批用户,同时越来越受产业界的青睐。UNIX、Windows、Linux等操作系统陆续支持TCP/IP。相比之下,OSI参考模型与协议显得势单力薄。人们普遍希望做到网络标准化,但是OSI迟迟没有推出成熟的产品,从而影响了OSI研究成果的影响力与发展。

1.7.5 网络协议标准化组织和管理机构

1. 网络协议标准化组织

在世界范围内组建大型网络系统,通信协议与接口的标准化非常重要,很多标准化组织致力于网络和通信标准的制定、审查与推广工作。目前,在计算机网络领域有影响的主要是以下4个标准化组织。

1) 国际电信联盟

1992年,国际电报电话咨询委员会(CCITT)更名为国际电信联盟(ITU),负责电信方面的标准制定。ITU标准主要用于国家之间的互联,而各个国家均有自己的标准。例如,美国在接入国际电话网时采用ITU标准,而在美国国内则采用ANSI标准。

2) 国际标准化组织

1946年,国际标准化组织(ISO)成立,其成员是来自世界各地的标准化组织。ISO致力于制定国际标准。ISO负责数据通信标准的是第97技术委员会(TC97)。OSI参考模型就是由ISO的TC97制定的。

3) 电子工业协会

电子工业协会(Electronic Industries Association,EIA)制定的RS-232接口标准在通信系统中应用广泛。近年来,EIA在移动通信领域的标准制定方面表现活跃,很多蜂窝移动通信网采用的标准就是由EIA制定的。

4) 电气电子工程师协会

电气电子工程师协会(Institute of Electrical and Electronics Engineers,IEEE)是国际电子与电信行业最大的专业学会,其成员主要是工程技术人员。局域网中最重要的IEEE 802系列标准就是由IEEE制定的。

2. RFC文档、互联网草案与互联网协议标准

RFC文档是网络技术研究人员获取技术资料的重要来源之一。最早出现的RFC文档的名字为*RFC* 1: *Host Software*,它是1969年4月7日由参与ARPANET研究的UCLA研究生Steve Crocker发布的。Steve Crocker最初的设想是:希望创造一种非官方的、所有ARPANET研究人员之间交流研究成果的方式,以系列文档的形式发布各种网络技术与标准的研究文档,并取名为请求评论(Request for Comment,RFC)。这种形式很快受到所有ARPANET研究人员的欢迎,并逐步成为有关互联网技术研究成果、标准讨论的主要方式,在互联网标准从研究到修改、确定过程中发挥了重要作用,也是当前网络技术研究人员了解技术动态与标准内容的重要信息来源。各种RFC文档都可通过http://www.rfc-editor.org网站找到。

理解 RFC 文档对网络研究的作用时，需要注意以下几个问题：

(1) 任何研究人员都可以提交 RFC 文档。管理 RFC 文档的机构根据收到文档之后，经过 IETF 专家审查并认为可以发布时，将按照接收文档的时间先后进行排序。第一个 RFC 文档序号为 1，即 *RFC 1：Host Software*，之后很快出现了 B.Duvall 关于主机软件讨论的文档，即 *RFC 2：Host Software*。从 1969 年 4 月第一个 RFC 文档的出现到 2020 年 9 月的 51 年中，发布的 RFC 文档已达到 8918 个。2019 年 12 月发布的 *RFC 8700：50 Years of RFC* 总结了 RFC 文档 50 年的发展过程。读者在查询 RFC 文档时需要注意两个问题：一是注意 RFC 文档类型；二是确定是否为最新文档。

(2) 互联网标准的制定需要经过 4 个阶段：草案、建议标准、草案标准、标准。草案阶段的文档是提供给大家讨论的。当研究人员提交的文档经过 IETE 专家审查，认为有可能成为协议标准时，将被接受为建议标准阶段的文档。处于草案标准阶段的文档是正在按协议标准的要求进行审查的文档。处于标准阶段的文档是已经成为互联网协议标准的文档。不是所有 RFC 文档都会成为互联网协议标准，只有一小部分成为标准。

(3) RFC 文档有 3 种形式：实验性文档、信息性文档与历史性文档。实验性文档是某项技术研究当前的进展报告。信息性文档是互联网相关的一般性或指导性信息。历史性文档是已被新的文档取代的文档，或者是从未使用的标准。

(4) 一种网络协议可能出现很多相关的 RFC 文档。例如，讨论 TCP 的第一个 RFC 文档 *RFC 793：Transmission Control Protocol* 是 1981 年发布的。为了解决 TCP 在网络拥塞下的恢复性能以及选择传输窗口、接收窗口、超时数值、报文段长度等问题，在之后的 20 多年陆续发布了十几个对 TCP 的功能扩充、调整的 RFC 文档。因此，如果读者要系统地了解一个协议标准的细节时，可能需要阅读多个 RFC 文档。

另外，对于同一个网络协议，可能由新的文档取代了以前的旧文档。例如，*Internet Official Protocol Standard* 存在两个 RFC 文档，其中 2003 年 11 月发布的 RFC 3600 明确表示它取代 2002 年 11 月发布的 RFC 3300。这种情况比较多。

3. 互联网管理机构

实际上，没有任何组织、企业或政府能够拥有互联网，它是由一些独立的机构管理的，这些机构都有自己特定的职能。图 1-35 给出了互联网管理机构的关系结构。大多数互联网管理和研究机构都有两个共同点：一是它们都是非营利的；二是它们都是自下向上的结构，这种结构的优点是能够体现互联网资源与服务的开放性与公平性原则。

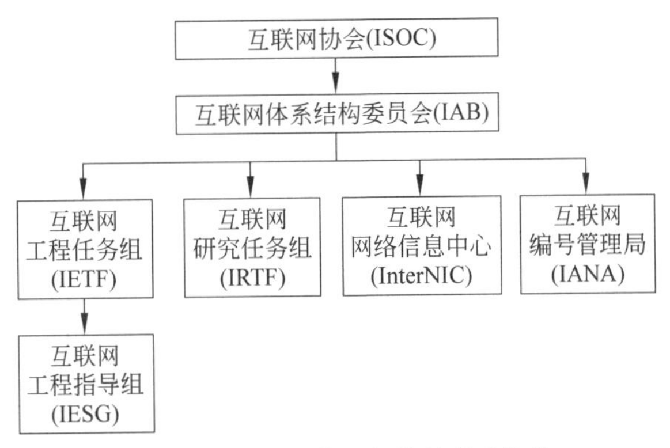

图 1-35 互联网管理机构的关系结构

互联网的管理和研究主要由以下几个机构承担。

1) 互联网协会

1992 年,互联网协会(Internet Society,ISOC)创立,它是一个权威的互联网全球协调与合作的国际化组织。ISOC 是由互联网专业人员和专家组成的协会,致力于调整互联网的生存能力和规模。ISOC 的重要任务是与其他组织合作,共同完成互联网标准与协议的制定。

2) 互联网体系结构委员会

1992 年 6 月,互联网体系结构委员会(Internet Architecture Board,IAB)创立,它是 ISOC 的技术咨询机构。RFC 1601(《IAB 章程》)中规定了 IAB 的权力。IAB 负责监督互联网协议体系结构和发展,提供创建互联网标准的步骤,管理互联网标准与草案的 RFC 文档,管理各种已分配的互联网端口号。IAB 包括两个下属机构:互联网工程任务组(IETF)与互联网研究任务组(IRTF)。

3) 互联网工程任务组与互联网工程指导组

互联网工程任务组(Internet Engineering Task Force,IETF)的责任是为互联网工程和发展提供技术及其他支持,包括简化现有标准与开发新的标准,以及向互联网工程指导组(Internet Engineering Steering Group,IESG)推荐标准。

4) 互联网研究任务组

互联网研究任务组(Internet Research Task Force,IRTF)是 ISOC 的执行机构。根据 IRTF 指导方针和程序的规定,它致力于互联网相关的长期项目研究,主要包括互联网协议、体系结构、应用程序及相关技术领域。

5) 互联网网络信息中心

互联网网络信息中心(Internet Network Information Center,InterNIC)负责互联网域名注册和域名数据库的管理。

6) 互联网编号管理局

互联网编号管理局(Internet Assigned Numbers Authority,IANA)负责组织、监督 IP 地址的分配,以及 MAC 地址中的公司标识等编码的注册管理工作。

1.7.6 本书采用的参考模型

无论是 OSI 参考模型还是 TCP/IP 参考模型,都会有各自的成功与不足之处。ISO 本来计划通过推动 OSI 参考模型与协议的研究来促进网络标准化,但是事实上它的目标并没有达到。TCP/IP 参考模型利用正确的策略,抓住有利的时机,伴随着互联网的发展而成为目前公认的工业标准。OSI 参考模型由于要照顾各方面的因素,使模型变得大而全,效率很低。尽管这样,它的概念、研究方法与成果对网络技术的发展仍然有很高的指导意义。TCP/IP 参考模型的应用广泛,但是对参考模型理论的研究相对薄弱。

应用层
传输层
网络层
数据链路层
物理层

图 1-36 本书采用的简化的参考模型

为了保证计算机网络教学的科学性与系统性,本书将采用 Andrew S. Tanenbaum 建议的一种参考模型。这种参考模型仅包括 5 层。它比 OSI 参考模型少了表示层与会话层,并用数据链路层与物理层代替了 TCP/IP 参考模型的主机-网络层。本书采用的是图 1-36 所示的简化参考模型。

小　　结

计算机网络正在沿着互联网、移动互联网、物联网的方向发展。

可以用开放、互联、共享来描述互联网的特点,用移动、社交、群智来描述移动互联网的特点,用泛在、融合、智慧来描述物联网的特点。

按照覆盖范围与规模分类,计算机网络可以分为广域网、城域网、局域网、个域网与体域网5种类型。

为了保证计算机网络中大量计算机系统之间有条不紊地交换数据,人们必须制定大量的协议,构成一套完整的协议体系。

网络体系结构包括网络层次结构模型与各层协议。

目前讨论计算机网络时常用的是融合OSI参考模型与TCP/IP参考模型特点的5层结构的参考模型。

习　　题

1. 请比较电路交换、报文交换与分组交换的主要优缺点。

2. 为什么分组通过通信子网到达目的节点时会出现重复、丢失或乱序现象?

3. 请查看CNNIC最新发布的《中国互联网络发展状况统计报告》,给出我国互联网的网民规模与互联网普及率。排在移动互联网前十位的应用是哪些?

4. 请检索物联网应用现状,分析最感兴趣的一个物联网应用实例。

5. 如何理解术语Internet与internet、Intranet的区别?

6. 请结合WiFi使用的切身体会,简述局域网最主要的3个特点。

7. 请根据自己的切身体会,说明生活中哪些应用使用蓝牙技术。

8. 无线人体区域网今后在哪些方面有很好的应用前景?为什么?

9. 已知应用层数据通过传输层加上20B的TCP报头,通过网络层加上60B的IP分组头,通过数据链路层加上18B的以太网帧头与帧尾。

① 应用层数据长度为8B。

② 应用层数据长度为536B。

请计算上述两种条件下的传输效率。

10. 已知主机之间传输介质长度为1000km,电磁波传播速度为2×10^8m/s。

① 数据长度为1×10^3b,发送速率为100kb/s。

② 数据长度为1×10^8b,发送速率为10Gb/s。

请计算两种条件下的发送延时与传播延时。

11. 如图1-37所示,主机A向主机B发送一个长度为300KB的报文,发送速率为10Mb/s,传输路径上经过8个路由器。连接路由器的链路长度为100km,信号在链路上的传播速度为2×10^8m/s。每个路由器的排队等待延时为1ms。路由器发送速率为10Mb/s。忽略主机接入路由器的链路长度,路由器排队等待延时与数据长度无关,假设信号在链路上传输没有出现差错和拥塞。请计算:

① 采用报文交换方法,报文头长度为60B,这个报文从主机A到主机B所需的时间。

② 采用分组交换方法,分组头长度为20B时,分组数据长度为2KB,这个分组从主机A到主机B所需的时间。

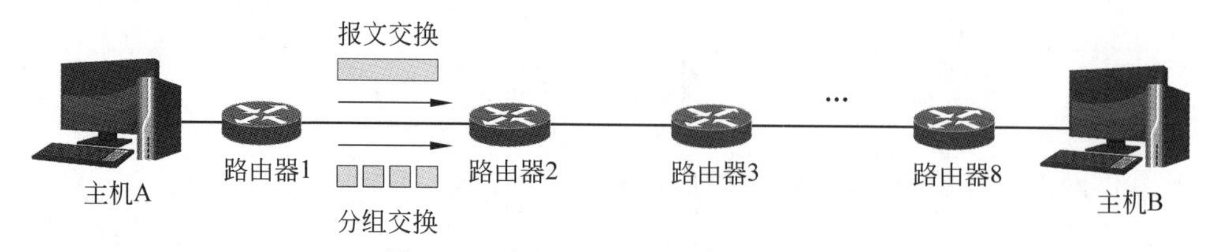

图 1-37　主机 A 向主机 B 发送报文

12. 假设在地球与火星移动站之间建立一条 128kb/s 的点-点链路。已知地球与火星之间最短距离为 5500×10^7 km,光速为 3×10^8 m/s。请计算该链路的最小往返传播延时。

13. 假设火星移动站拍摄火星环境的照片,每张照片大小为 5MB,每张照片拍摄之后必须完整地通过点-点链路传回地面站。请计算火星移动站向地面站传输一张照片的总延时。

14. 如图 1-38 所示,4 个 1Gb/s 的以太网通过 3 个交换机互联。每条链路的传播延时为 10μs,数据帧长度为 5000b,每个交换机在完整地接收一帧之后才转发。

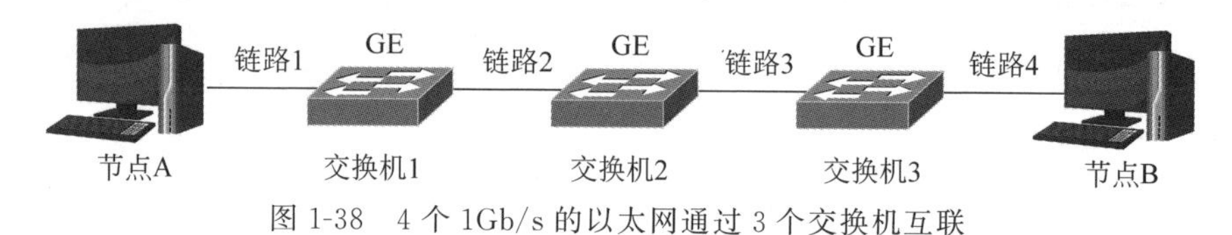

图 1-38　4 个 1Gb/s 的以太网通过 3 个交换机互联

请计算节点 A 向节点 B 传输一帧的总延时。

15. 计算排队延时。

① 如果所有数据包长度均为 S,传输速率为 T,当前正发送的数据包已发送出的数据长度为 X,队列中还有 n 个数据包。请写出发送出所有数据包的排队延时的计算公式。

② 如果所有数据包长度均为 1200B,传输速率为 3Mb/s,当前正在发送的数据包已经发送出一半,队列中还有 4 个数据包。请计算发送出所有数据包的排队延时。

16. 请举例说明“协议”与“协议栈”的含义。

17. 请举例说明“协议”“层次”“接口”与“体系结构”的含义。

18. 请举例说明“协议”的“语法”“语义”与“时序”的含义。

19. 如何理解 OSI 环境中数据流的传输过程?

20. 请检索 RFC 791 文档,注明文档的名称与发布时间。

第 2 章 物理层

本章在介绍物理层概念的基础上，系统地讨论数据通信的基本概念、传输介质类型与特点、数据编码方法、多路复用技术、同步数字体系以及接入技术的基本概念。

本章学习要求

- 理解物理层与物理层协议的基本概念。
- 理解数据通信的基本概念。
- 掌握传输介质类型及主要特点。
- 掌握数据编码类型与基本方法。
- 掌握基带传输与频带传输的基本概念。
- 掌握多路复用类型及主要特点。
- 掌握同步数字体系的基本概念。
- 掌握接入技术的基本概念。

2.1 物理层与物理层协议的基本概念

2.1.1 物理层的基本服务功能

理解物理层的服务功能，需要注意以下几个问题。

1. 物理层与数据链路层的关系

物理层处于 OSI 参考模型的最低层，它向数据链路层提供比特流传输服务。发送端的数据链路层通过与物理层的接口，将待发送的帧传送到物理层；物理层不关心帧的结构，它将构成帧的数据仅看成待发送的比特流。物理层的主要任务是：保证比特流通过传输介质的正确传输，为数据链路层提供数据传输服务。

2. 传输介质与信号编码的关系

连接物理层的传输介质可以有不同的类型，如电话线、同轴电缆、光纤、无线信道等。不同传输介质对于被传输的信号要求也不同。例如，电话线只能传输模拟语音信号，不能直接传输计算机产生的二进制数字信号。如果要通过电话线来传输数字信号，那么要在发送端将数字信号转换成模拟信号，再通过电话线来传输；在接收端将模拟信号还原成数字信号。如果要通过光纤来传输数字信号，那么要在发送端将电信号变换为光信号；在接收端将光信号还原成电信号。物理层的一个重要功能是:根据使用传输介质的不同,制定相应的物理层协议,规定数据信号编码方式、传输速率以及相关通信参数。

3. 设置物理层的目的

计算机网络使用的传输介质与通信设备种类繁多,各种通信线路、通信技术存在很大的差异。随着通信技术的快速发展,新的通信设备与技术不断涌现。为了适应通信技术的变化,研究人员需要针对不同传输介质与通信技术的特点,制定与其相适应的物理层协议。因此,设置物理层的目的是:屏蔽物理层采用的传输介质、通信设备与技术的差异,使数据链路层只需要考虑如何使用物理层的服务,而无须考虑物理层功能具体是通过哪种传输介质、通信设备与技术来实现的。

2.1.2 物理层协议的类型

为了理解物理层的基本概念与物理层协议的基本内容,首先需要研究物理层协议的分类问题。

计算机网络使用的通信线路分为两类:点-点线路和广播线路。点-点线路用于连接两个通信的主机,而广播线路作为一条公共线路可以连接多个主机。需要注意的是,广播线路可分为两种类型:有线与无线。因此,物理层协议相应可分为两类:基于点-点线路的物理层协议与基于广播线路的物理层协议。

1. 基于点-点线路的物理层协议

早期流行的物理层协议标准是 EIA-232-C,它是美国电子工业协会(Electronic Industries Association,EIA)在 1969 年制定的。EIA-232-C 是基于点-点电话线的串行、低速、模拟设备的物理接口标准,目前很多低速的数据通信设备仍然采用这种标准。

随着互联网接入技术的发展,家庭接入主要通过 ADSL 调制解调器与电话线接入,以及通过线缆调制解调器(cable modem)与有线电视同轴电缆接入。ADSL 物理层协议定义了上行与下行速率标准、传输信号的编码格式与电平、同步方式、接口装置的物理尺寸等内容。有线电视接入物理层标准主要有线缆数据业务接口规范与 IEEE 802.14 物理层标准,规定了线缆调制解调器的频带、上行与下行速率、信号调制方式与电平、同步方式等内容。通信技术的变化必将引起物理层协议的变化。目前,基于光纤的物理层协议发展迅速。

2. 基于广播线路的物理层协议

广播线路又可以分为两类:有线线路与无线线路。

早期以太网在作为公共总线的同轴电缆上以广播方式发送数据,后期以太网基于交换机在双绞线上以交换方式发送数据。因此,以太网的 IEEE 802.3 标准要针对不同的传输介质、传输速率制定多个物理层协议。

无线网络采用广播方式发送数据。无线局域网 IEEE 802.11 标准、无线城域网 IEEE 802.16 标准以及无线个人区域网 IEEE 802.15.4 标准根据所采用的通信频段、调制方式、传输速率、覆盖范围的不同,分别制定了多种物理层协议标准。

只要计算机网络采用一种新的通信技术,就要相应地制定一种或多种新的物理层标准。因此,与数据链路层、网络层与传输层相比,物理层协议类型增加得较快,且技术相差较大。

2.2　数据通信的基本概念

2.2.1　信息、数据与信号

在物理层基本概念与功能的基础上，需要讨论物理层数据传输实现技术。为了深入理解计算机网络与数据通信的内在关系，首先要理解信息、数据与信号之间的联系与区别。

1. 信息、数据与信号的基本概念

信息、数据与信号是3个不同的概念。

1）信息

组建计算机网络的目的是实现信息（information）共享。信息的载体可以是文字、语音、图形、图像或视频。传统的信息主要是指文本或数字类信息。随着网络电话、网络电视、网络视频技术的发展，计算机网络传送的信息从最初的文本信息逐步发展到包含语音、图形、图像与视频等多种类型的多媒体（multimedia）信息。

2）数据

计算机为了存储、处理和传输信息，首先将表达信息的字符、数字、语音、图形、图像或视频用二进制的数据（data）表示。计算机存储与处理的是二进制代码。

3）信号

在通信系统中，二进制代码0、1比特序列必须变换成用不同的电平或频率变化的信号（signal）之后，才能够通过传输介质传输。

2. 信息与编码

目前，应用最广泛的是美国信息交换标准编码（American Standard Code for Information Interchange，ASCII）。ASCII本来是一个信息交换编码的国家标准，后来被国际标准化组织（ISO）接受成为国际标准ISO 646，又称为国际5号码。因此，它被用于计算机内码，也是数据通信中的编码标准。

二进制编码按从高位到低位（$b_6b_5b_4b_3b_2b_1b_0$）的顺序排列，而b_7位一般用于字符的校验。如果采用奇校验，则英文单词NETWORK的ASCII码的二进制比特序列为11001110 01000101 01010100 01010111 01001111 01010010 11001011。如果主机A将这个比特序列准确地传送到主机B，并且主机A、B都采用ASCII码，那么主机B可以将接收的比特序列正确地解释为英文单词NETWORK。

3. 信息、数据与信号的关系

图2-1给出了信息、数据与信号的关系。假如在一次屏幕会话中，发送端计算机发送英文单词NETWORK，计算机按照ASCII编码规则用一组特定的二进制比特序列的数据记录下来。但是，二进制比特序列不符合传输介质的传输要求，不能够直接通过传输介质传输。为了正确实现收发双方之间的比特流传输，首先将计算机产生的二进制比特序列通过数据信号编码器转换为特定的电信号，再由发送设备通过传输介质将电信号传送到接收端。接收端的接收设备接收到电信号之后，传送给数据信号解码器，还原出二进制数据。接收端按ASCII码规则解释收到的二进制数据，并在计算机屏幕上显示出NETWORK这个英文单词。因此，会话双方之间交换的是信息，计算机将信息转换为计算机能识别、处理、存储与

传输的数据,而计算机网络的物理层之间通过传输介质传输的是信号。

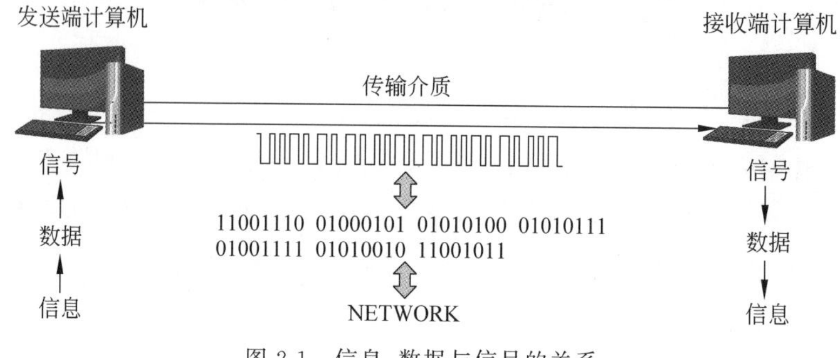

图 2-1 信息、数据与信号的关系

2.2.2 数据通信方式

图 2-2 给出了计算机网络中两台主机之间的通信过程。在数据通信技术的讨论中,经常将发送数据的一方称为信源、源主机、发送端或发送主机,将接收数据的一方称为信宿、目的主机、接收端或接收主机。如果主机 1 要与主机 2 进行通信,主机 1 首先将数据传送给路由器 A;路由器 A 以存储转发方式接收数据,由它决定通信子网中的数据传送路径。由于源主机与目的主机之间没有直接连接,因此数据可能需要通过路由器 A、E、D、B 到达目的主机。实际上,路由器本身是一种特殊的计算机。因此,计算机网络中两台主机之间的通信可看成多段点-点线路连接的计算机之间的通信。

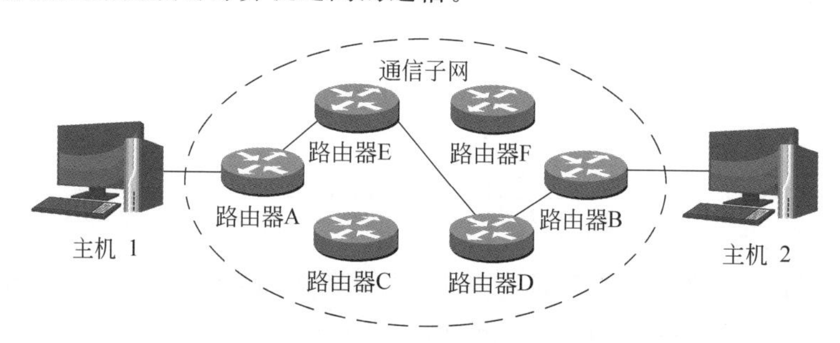

图 2-2 计算机网络中两台计算机之间的通信过程

要理解计算机网络的通信过程,需要注意数据传输类型和数据通信方式这两个基本问题。

1. 数据传输类型

计算机系统关心的是信息用怎样的数据编码表示。例如,如何用 ASCII 码表示字母、数字与符号,如何用双字节表示汉字,如何表示语音、图形、图像与视频。数据通信技术研究如何将表示各类信息的二进制比特序列通过传输介质在不同计算机之间传输。物理层需要根据使用的传输介质与传输设备来确定表示数据的二进制比特序列采用哪种信号编码方式传输。传输介质上传输的信号类型有两种:模拟信号与数字信号。

图 2-3 给出了模拟信号(analog signal)与数字信号(digital signal)的波形。电平幅度连续变化的电信号称为模拟信号。人的语音信号属于模拟信号。传统的电话线路是用来传输模拟信号的。计算机产生的电信号是用两种不同的电平表示 0、1 比特序列电压跳变的脉冲

信号,这种脉冲信号称为数字信号。

数据在计算机中以离散的二进制数字表示,但是在数据通信过程中以数字信号方式或模拟信号方式表示,取决于通信线路所允许传输的信号类型。如果通信信道不允许直接传输数字信号,那么就要在发送端将数字信号变换成模拟信号,在接收端再将模拟信号还原成数字信号,这个过程称为调制/解调。如果通信线路允许直接传输计算机产生的数字信号,为了解决收发双方的同步与具体实现中的问题,也需要对数字信号进行波形变换。因此,在研究数据通信技术时,首先要讨论数据在传输过程中的表示方式与数据传输类型问题。

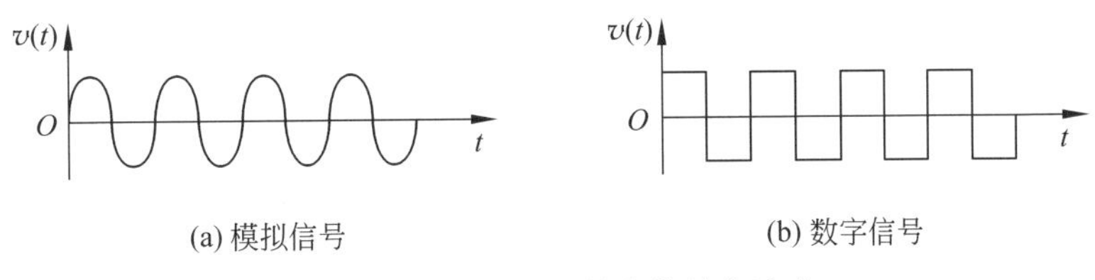

(a) 模拟信号　　(b) 数字信号

图 2-3　模拟信号与数字信号的波形

2. 数据通信方式

在讨论数据通信时经常用到信道这个术语。信道(channel)与线路(circuit)是不同的。例如,如果用一条光纤去连接两台路由器,那么将这条光纤称为一条通信线路。由于光纤本身的带宽很大,因此就需要采用多路复用的方法,在一条通信线路上划分出多条通信信道,分别用于发送与接收数据。因此,一条通信线路通常包含一条或多条发送或接收信道。在讨论利用信道发送、接收数据时,需要了解以下重要概念:串行通信与并行通信,单工、半双工与全双工通信,以及同步技术。

1) 串行通信与并行通信

数据通信按照使用的信道数可以分为两种类型:串行通信与并行通信。图 2-4 给出了串行通信与并行通信的工作原理。在计算机中,通常用 8 位的二进制代码来表示一个字符。在数据通信中,将表示一个字符的二进制代码按由低位到高位的顺序依次发送的方式称为串行通信;将表示一个字符的 8 位二进制代码同时通过 8 条并行的通信信道发送,每次发送一个字符代码的方式称为并行通信。

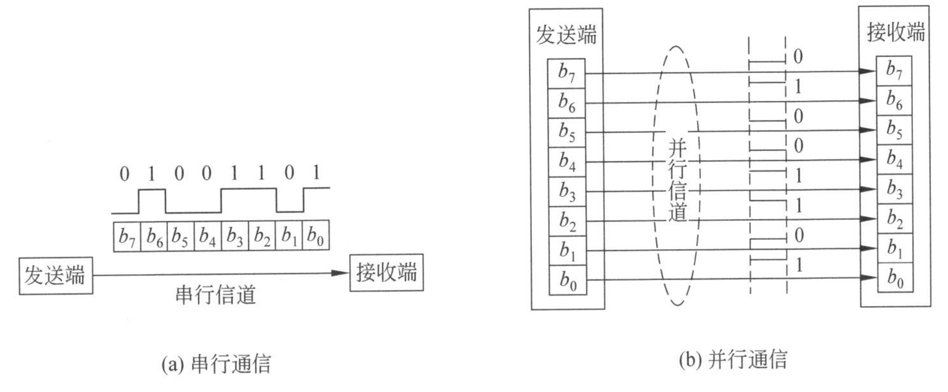

(a) 串行通信　　(b) 并行通信

图 2-4　串行通信与并行通信的工作原理

显然,采用串行通信方式仅需在收发双方之间建立一条通信信道,而采用并行通信方式需要在收发双方之间建立多条通信信道。对于远程通信来说,在传输速率相同的情况下,并行通信在单位时间内传送的码元数是串行通信的 n 倍(在上面的例子中 $n=8$)。由于并行通信方式需要建立多条通信信道,造价较高,因此,在远程通信中一般采用串行通信方式。

2) 单工、半双工与全双工通信

按照信号传送方向与时间的关系,数据通信可分为 3 种类型:单工通信、半双工通信与全双工通信。图 2-5 给出了单工、半双工与全双工通信的工作原理。在单工通信中,信号只能向一个方向传输,任何时候都不能改变信号传送方向。在半双工通信中,信号可以双向传送,但是必须交替进行,同一时刻只能向一个方向传送。在全双工通信中,信号可以同时双向传送。

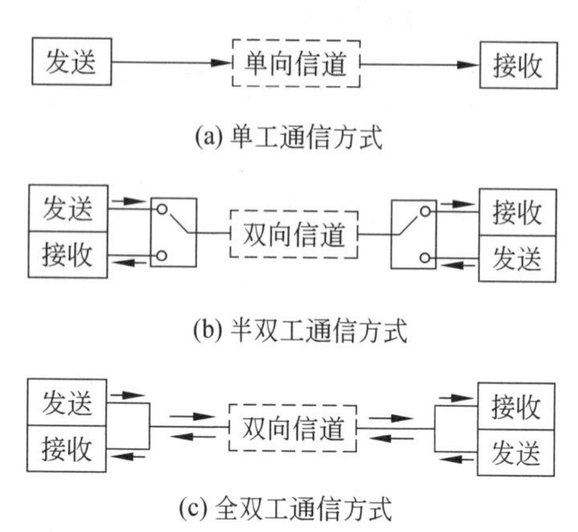

图 2-5 单工、半双工与全双工通信的工作原理

3) 同步技术

同步是数字通信中必须解决的一个重要问题。同步是指通信双方在时间基准上保持一致的过程。计算机通信与人们使用电话通话的过程有很多相似之处。在正常的通话过程中,在拨通电话并确定对方是要找的人之后,双方可以进入通话状态。在通话过程中,说话人要讲清楚每个字,讲完每句话需要停顿;听话人也要适应说话人的说话速度,听清对方讲的每个字,并根据说话人的语气和停顿判断一句话的开始与结束,这样才能听懂对方所说的每句话。这就是在电话通信中要解决的同步问题。如果在数据通信中收发双方同步不良,会造成通信质量下降,严重时甚至造成系统不能工作。

在数据通信过程中,收发双方同样要解决同步问题,但是问题更复杂一些。数据通信的同步包括以下两种类型:位同步与字符同步。

如果通信双方是两台计算机,尽管它们的时钟频率相同,然而实际上不同计算机的时钟频率也有误差。这种时钟频率的差异将导致不同计算机发送和接收的时钟周期误差。尽管这种差异是微小的,但是在大量数据的传输过程中,其积累误差足以造成接收比特取样周期和传输数据的错误。因此,数据通信首先要解决收发双方的时钟频率一致性问题。解决这个问题的基本方法是:要求接收端根据发送端发送数据的时钟频率与比特流的起始时间校正自己的时钟频率与接收数据的起始时间,这个过程就称为位同步(bit synchronization)。

实现位同步的方法主要有两种:

- 外同步法是在发送端发送一路数据信号的同时,另外发送一路同步时钟信号。接收端根据接收到的同步时钟信号来校正时间基准与时钟频率,实现收发双方的位同步。
- 内同步法则是从自含时钟编码的发送信号中提取同步时钟的方法。曼彻斯特编码与差分曼彻斯特编码都属于自含时钟编码。

在解决了位同步问题之后,第二个要解决的问题是字符同步(character synchronization)问题。标准的ASCII字符是由8位二进制0、1组成的。发送端以8位为一个字符单元来发送,接收端也以8位为一个字符单元来接收。保证收发双方正确传输字符的过程称为字符同步。实现字符同步的方法主要有两种：同步传输与异步传输。

采用同步方式进行数据传输称为同步传输(synchronous transmission)。同步传输将字符组织成组，以组为单位连续传送。每组字符之前加上一个或多个用于同步控制的同步字符(SYN)，每个数据字符中不加附加位。接收端接收到SYN之后，根据SYN来确定数据字符的起始与终止，以实现同步传输的功能。图2-6给出了同步传输的工作原理。

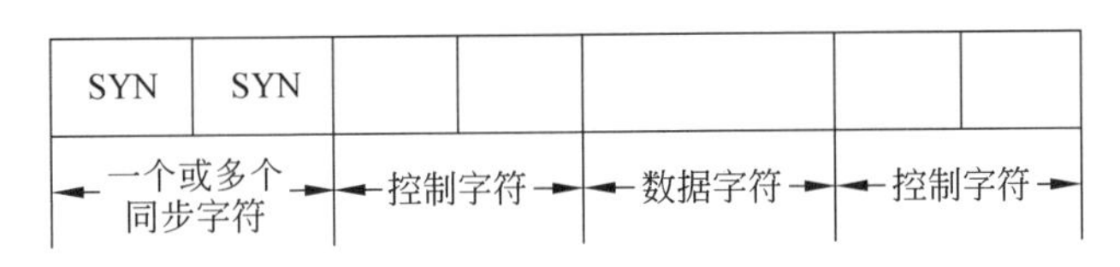

图2-6　同步传输的工作原理

采用异步方式进行数据传输称为异步传输(asynchronous transmission)。异步传输的特点是：每个字符作为一个独立的整体来发送，字符之间的时间间隔可以是任意的。为了实现字符同步，每个字符的第一位前加一位起始位(逻辑1)，字符的最后一位后加一位或两位终止位(逻辑0)。图2-7给出了异步传输的工作原理。在实际问题中，人们又将同步传输称为同步通信，将异步传输称为异步通信。由于同步通信比异步通信的传输效率高，因此同步通信更适用于高速数据传输。

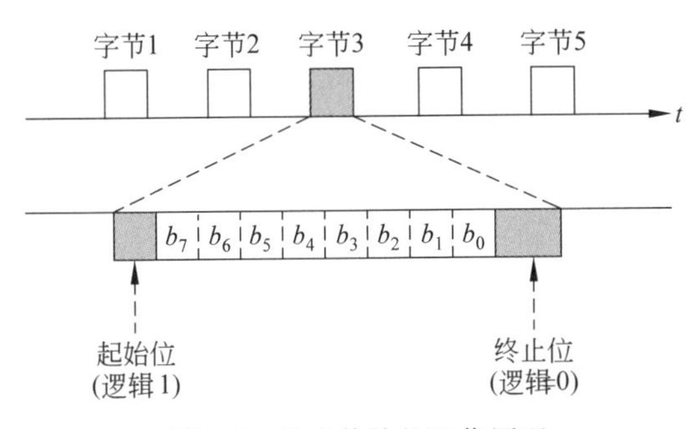

图2-7　异步传输的工作原理

2.2.3　传输介质类型及主要特点

传输介质是网络中连接收发双方的物理通路，也是通信中实际传送信息的载体。网络中常用的传输介质有双绞线、同轴电缆、光纤、无线与卫星信道。

1. 双绞线的主要特性

双绞线是局域网中最常用的传输介质。图2-8给出了双绞线的基本结构。双绞线可以由1对、2对或4对相互绝缘的铜导线组成。一对导线可以作为一条通信线路。每对导线相互绞合的目的是使通信线路之间的电磁干扰达到最小。

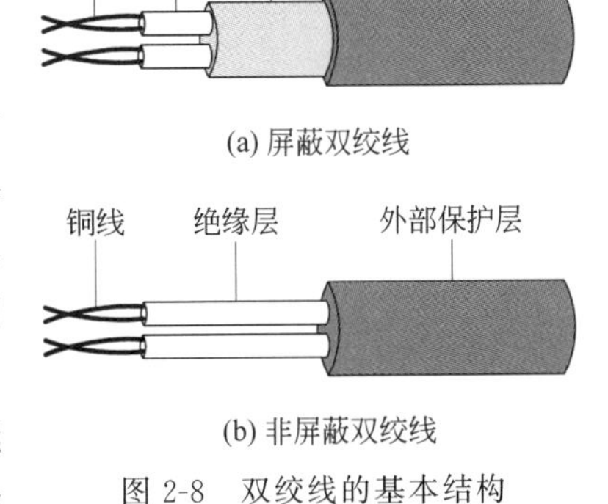

图2-8　双绞线的基本结构

局域网中使用的双绞线分为两类：屏蔽双绞线(Shielded Twisted Pair，STP)与非屏蔽双绞线

(Unshielded Twisted Pair,UTP)。屏蔽双绞线由外部保护层、屏蔽层与多对双绞线(每一对双绞线均有绝缘层)组成,非屏蔽双绞线由外部保护层与多对双绞线组成。在典型的以太网中,常用的非屏蔽双绞线有3类线与5类线。随着千兆以太网等高速局域网的出现,各种高带宽的双绞线不断推出,如超5类线、6类线与7类线。

2. 同轴电缆的主要特性

尽管目前的局域网组网中,双绞线与光纤已经替代了同轴电缆,但早期以太网是在同轴电缆的基础上发展起来的。因此,了解同轴电缆的结构有利于理解局域网的工作原理。

同轴电缆由内导体、绝缘层、屏蔽层及外部保护层组成。同轴介质的特性参数由内导体、绝缘层及屏蔽层的电参数与机械尺寸决定。同轴电缆的特点是抗干扰能力较强。图2-9给出了同轴电缆的基本结构。

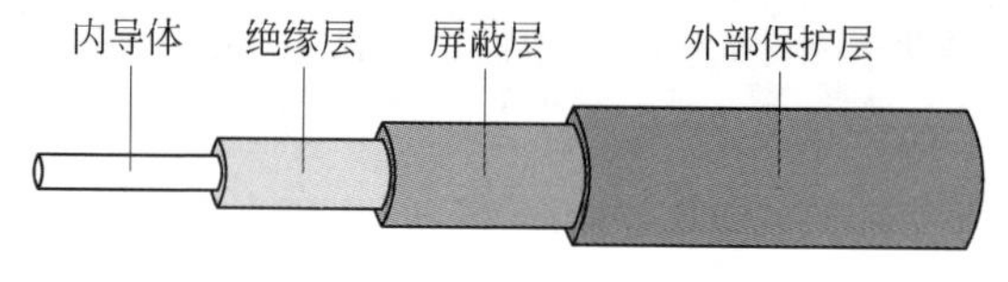

图2-9　同轴电缆的基本结构

3. 光纤的主要特性

1) 光纤结构与传输原理

光纤在点-点传输介质中性能最好,应用前景十分广泛。光纤的纤芯是一种直径为8~100μm的柔软、能传导光波的玻璃或塑料,其中用超高纯度石英玻璃纤维制作的纤芯传输损耗最低。在折射率较高的纤芯外面,用折射率较低的包层包裹起来,外部再包裹涂覆层,这样就构成一根光纤。多根光纤组成一束,构成一根光缆。光纤结构如图2-10(a)所示。由于纤芯的折射系数高于外部包层的折射系数,因此可以形成光波在纤芯与包层界面上的全反射。光纤通过内部的全反射来传输一束经过编码的光信号。图2-10(b)给出了光波在光纤内部全反射的光信号传输原理。

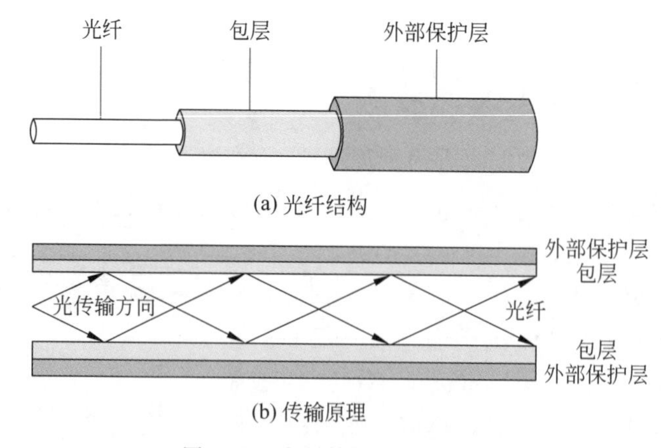

图2-10　光纤结构与传输原理

2) 光纤传输模式

根据传输模式不同,光纤可以分为两类:单模光纤与多模光纤。单模光纤是指光信号仅与光纤轴成单个可分辨角度的单路光载波传输。多模光纤是指光信号与光纤轴成多个可分辨角度的多路光波传输。单模光纤的性能优于多模光纤。图 2-11 给出了单模光纤与多模光纤传输模式的比较。

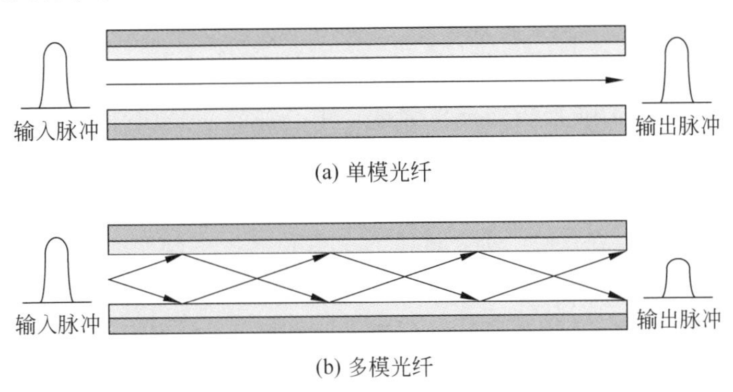

图 2-11　单模光纤与多模光纤传输模式的比较

光纤最基本的连接方式是点-点方式，在某些实验系统中可以采用多点连接方式。光纤信号的衰减非常小，最大传输距离可达到几十千米。光纤不受外界电磁干扰与噪声的影响，在长距离、高速率的传输中能保持低误码率。

3）光纤物理层标准

由于光纤传输速率高、误码率低、安全性好，因此成为计算机网络中最有发展前景的传输介质。随着光纤通信技术的发展，光纤组网的成本降低，光纤已从主要用于连接广域网核心路由器逐渐发展到城域网、局域网组网，目前正在向着光纤直接接入办公室、家庭的方向发展。

随着光纤在局域网中的广泛应用，出现了多种以光纤为传输介质的物理层标准。例如，目前针对高速以太网物理层已经有了多个关于光纤的物理层标准，其中涉及光纤的传输速率、距离等性能参数。理解有关光纤的物理层标准时需要注意以下几个问题。

- 影响光纤传输距离的因素主要是传输模式、光载波频率和光纤尺寸。
- 计算机产生的电信号需要变换成光载波信号在光纤上传播。由于光纤只能够单方向传输光载波信号，因此，要实现计算机与交换机之间的双向传输，就需要使用两根光纤。
- 在物理层协议中，从计算机向交换机传送信号的光纤称为上行光纤，从交换机向计算机传送信号的光纤称为下行光纤。上行与下行光纤使用不同的光载波频率。
- 物理层协议规定的物理参数主要包括传输模式、上行与下行光纤的光载波频率、光纤尺寸、光接口以及最大传输距离。

例如，在千兆以太网的物理层 1000Base-LX 标准中有以下规定：传输介质采用单模光纤，光纤直径大于 10μm，上行光纤与下行光纤的光载波频率分别为 1270nm 与 1355nm，光纤的最大长度为 5km。

4）光缆结构

尽管在制作过程中，可通过在纤芯外面以包层与涂覆层包裹的方法使得单根光纤具有一定的抗拉强度，但是单根光纤仍然会因为弯曲、扭曲等外力作用产生形变，甚至发生断裂。

因此,需要将多根光纤与其他高强度保护材料组合起来构成光缆,以便适应各种工程环境的要求。1976年,第一个光纤通信实验系统使用的光缆由144根光纤组成。典型的光缆由3部分构成:缆芯、中心加强芯与护套。

光缆结构具有以下几个主要特点:

- 缆芯是光缆的主体,它包含多根光纤。
- 中心加强芯用来加强光缆的抗拉强度。中心加强芯是用高强度、低膨胀系数、抗腐蚀、有一定弹性的材料(如钢丝、钢绞线或钢管)制作的。但是,在强电磁干扰和易受闪电雷击的区域,则需要采用高强度的非金属材料。
- 护套是光缆的外部保护层,使光缆在各种敷设条件下都能够具有很好的抗拉、抗压、抗弯曲能力。

按照光缆的使用环境不同,光缆可以分为多种类型:架空光缆、直埋光缆、海底光缆、野战光缆等。目前,光缆在广域网、城域网与局域网以及电信传输网、广播电视传输网中都得到广泛的应用。

4. 无线与卫星通信技术

1)电磁波谱与通信类型

图2-12描述了电磁波谱与通信类型的关系。从电磁波谱中可以看出,按照频率由低向高排列,不同频率的电磁波可分为无线电波、微波、红外线、可见光、紫外线、X射线与γ射线。目前,用于通信的主要有无线电波、微波、红外线与可见光。在图的底部,ITU根据不同频率(或波长),将不同波段进行划分与命名。

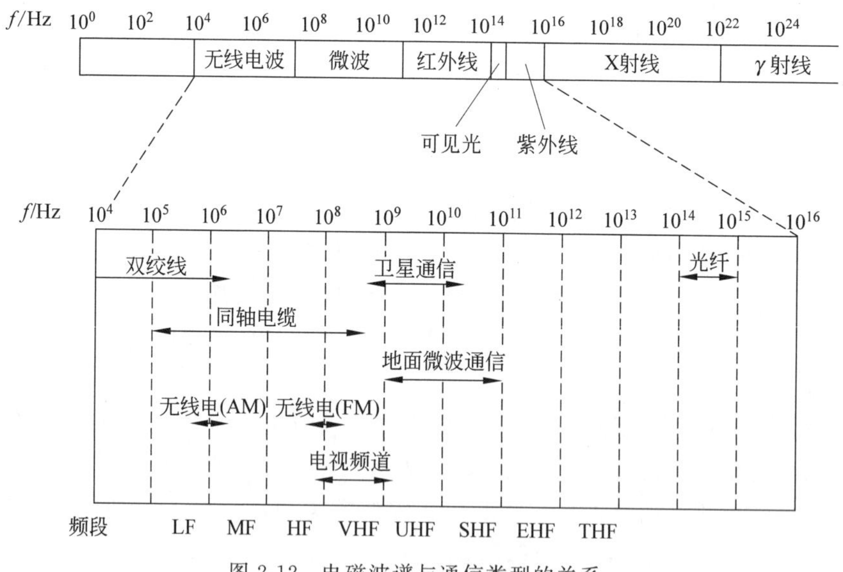

图2-12 电磁波谱与通信类型的关系

描述电磁波的参数有3个:波长(λ)、频率(f)与光速(C)。三者之间的关系为$\lambda \times f = C$,其中,光速C为3×10^8m/s,频率f的单位为Hz。电磁波的传播有两种方式:一种是在自由空间中传播,即无线方式传播;另一种是在有限制的空间中传播,即有线方式传播。通过双绞线、同轴电缆、光纤传输电磁波的方式属于有线方式。在同轴电缆中,电磁波传播的速度约等于光速的2/3。不同的传输介质可传输不同频率的信号。例如,普通双绞线可传输低频与中频信号,同轴电缆可传输低频到特高频信号,光纤可传输可见光信号。

2）移动通信的基本概念

移动物体与固定物体之间、移动物体之间的通信都属于移动通信,例如人、汽车、轮船、飞机等移动物体之间的通信。支持移动物体之间通信的系统主要有无线通信系统、微波通信系统、蜂窝移动通信系统、卫星移动通信系统等。在讨论无线通信技术时,需要注意以下两个问题。

(1) ISM 专用频段的问题。

为了维护无线通信的有序性,防止不同通信系统之间的干扰,世界各国都要求用户向政府管理部门申请特定的无线频段,获得批准后才可以使用。但是,管理部门也会专门划出无须申请的频段,如工业、科学与医药专用的 ISM 频段,用户使用 902～928MHz(915MHz 频段)、2.4～2.485GHz(2.4GHz 频段)、5.725～5.825GHz(5.8GHz 频段),只要发送功率小于规定值(例如在 2.4GHz 频段的发送功率小于 1W),可以不用申请。无线网络的工作频率都选择在 ISM 频段。图 2-13 给出了 ISM 频段分配示意图。

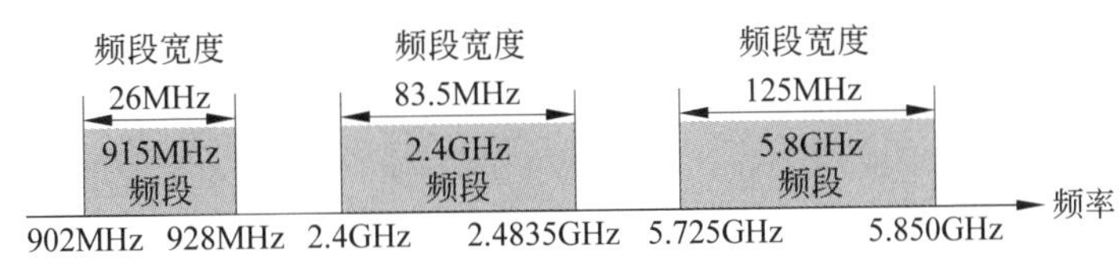

图 2-13 ISM 频段分配示意图

(2) 信号频率、功率与覆盖范围问题。

在无线通信中,描述无线信号的参数主要是频率与信号强度。接收主机通过接收机来接收无线信号。接收机能接收和发送信号有两个条件：一是发送信号频率在接收机的频率范围内;二是收到的信号强度不低于接收机的灵敏度。

图 2-14 给出了无线通信的示意图。例如,主机 B 与 C 的接收机频段为 2.45～2.48GHz,主机 A 发送信号频率为 2.465GHz,主机 A 处于主机 B 与 C 的接收信号频段内,则满足第一个基本条件。主机 B、C 的接收灵敏度为－60dBm;主机 B 接收的无线信号强度为－50dBm,高于接收机的灵敏度;而主机 C 接收的无线信号强度为－70dBm,低于接收机的灵敏度。那么,主机 B 能接收主机 A 发送的无线信号,而主机 C 不能接收主机 A 发送的无线信号。这样就可以说：主机 B 在主机 A 的信号覆盖范围内,主机 C 在主机 A 的信号覆盖范围外。

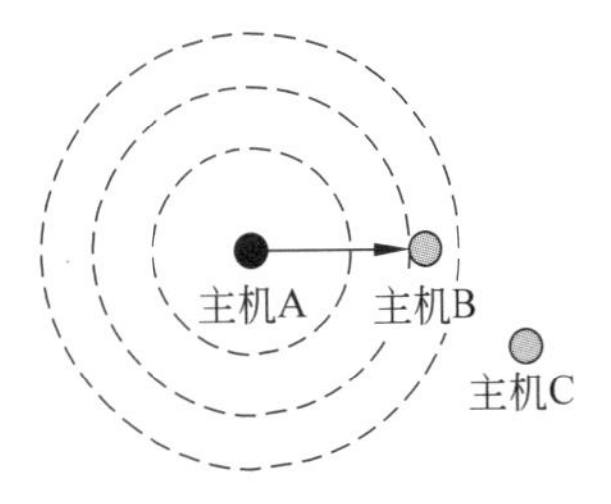

图 2-14 无线通信覆盖范围

这里说的信号强度是指信号功率。信号功率单位是瓦(W)或毫瓦(mW)。在无线局域网 IEEE 802.11 协议的讨论与实际组网中,通常使用的是信号功率的相对值,即 dBm。这里,1dBm 是指信号功率相对于 1mW 的 dB 值。计算公式为 $P_{dBm}=10\lg P_{mW}$,其中,P_{dBm}是以 dBm 为单位的信号功率相对值,P_{mW}是以 mW 为单位的信号功率值。

3）无线通信

从电磁波谱中可以看出,无线通信使用的频段覆盖从低频到特高频。其中,调频无线电通信使用中波(MF),调频无线电广播使用甚高频,电视广播使用甚高频到特高频。国际通信组织对各个频段都规定了特定的服务。以高频(HF)为例,其频率为3～30MHz,被划分成多个特定的频段,分别分配给移动通信(空中、海洋与陆地)、广播、无线电导航、业余电台、宇宙通信与射电天文等应用。

4）微波通信

在电磁波谱中,频率为100MHz～10GHz的信号称为微波,对应的信号波长为3m～3cm。微波信号传输有以下几个主要特点:

- 只能进行视距传播。由于微波信号传播时不能绕射,因此两个微波信号只能在可视的情况下才能够正常接收。
- 大气对微波信号的吸收与散射影响较大。由于微波信号的波长较短,利用机械尺寸较小的抛物面天线,可将微波信号能量集中在很小的波束中发送出去,因此可以用很小的发射功率来进行远距离通信。由于微波信号的频率很高,因此可以获得较大的通信带宽,特别适用于卫星通信与城市建筑物之间的通信。

由于微波天线的方向性,因此在地面一般用于点-点通信。如果传输距离较远,微波接力可作为城市之间的电话中继干线。在卫星通信中,微波通信可用于点对多点通信。

5）蜂窝无线通信

微电子学与超大规模集成电路技术的发展促进了蜂窝移动通信的迅速发展和手机的广泛使用。为了提高覆盖区域的容量与充分利用频率资源,人们提出了小区制的概念。小区制是将一个大区覆盖的区域划分成多个小区(cell),每个小区通常设立一个基站(base station),用户手机通过基站接入移动通信网。小区覆盖的半径较小(一般为1～20km),可以用较小的发射功率实现手机与基站之间的双向通信。

若干个小区构成的覆盖区称为区群。由于区群的结构酷似蜂窝,因此小区制移动通信系统又称为蜂窝移动通信系统。图2-15描述了蜂窝移动通信系统结构。区群中各小区的基站之间通过电缆、光缆或微波链路与移动交换中心连接。移动交换中心再与市话交换局连接,从而构成一个实现手机之间通信以及手机与固定电话通信的蜂窝移动通信网。

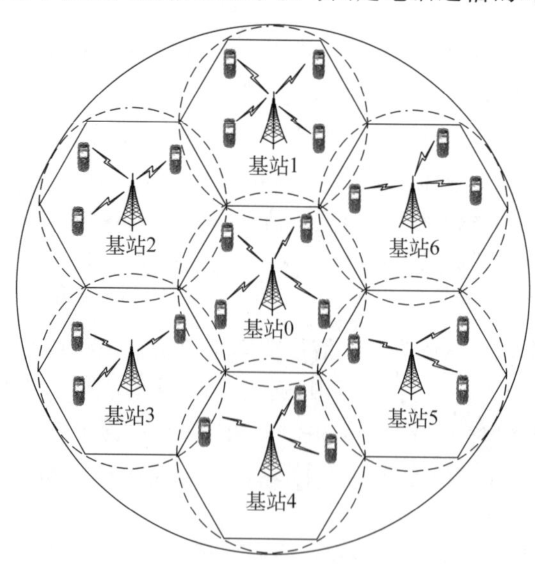

图2-15　蜂窝移动通信系统结构

移动通信经历了从语音业务到移动宽带数据业务的快速发展，促进了移动互联网应用的高速发展。移动互联网应用不仅深刻地改变了人们的生活方式，也极大地影响着当今社会经济与文化的发展。在过去的40多年中，移动通信大约每10年就会出现新一代革命性技术，推动了信息技术、产业与应用的革新。

1982年推出的第一代移动通信(1G)采用模拟通信方式，用户的语音信息以模拟信号方式传输。

1992年出现的第二代移动通信(2G)采用数字通信方式，但仍然仅提供通话和短信功能。

2001年出现的第三代移动通信(3G)技术可以用“移动＋宽带”来描述，能够在全球范围内更好地实现互联网的无缝漫游。3G手机支持高速数据传输，处理音乐、图像与视频，浏览网页，实现网上购物与支付。3G加速了移动互联网应用的快速发展。

2012年出现的第四代移动通信(4G)技术的设计目标是更快的传输速度、更短的传输延时与更好的兼容性。4G网络能够以100Mb/s的速度传输高质量的视频图像数据，通话只是4G手机一个最基本的功能。基于4G的移动互联网技术广泛应用于医疗、教育、交通、金融、城市管理等行业。

2020年，第五代移动通信(5G)开始商用。5G具有高传输速率、低传输延时、高可靠性等技术优势，可应用于三大主要的应用场景：增强移动宽带通信(如3D超高清电视、虚拟现实/增强现实应用)，大规模机器类通信(如智慧城市、环境监测、智慧农业应用)，超可靠低延时通信(如车联网、工业控制、移动医疗应用)。

在移动通信领域中，“没有最快，只有更快”。目前，5G正在紧锣密鼓地部署商用，而人们已经开始研究性能更高的6G技术。如果说5G是在2020年赴“十年之约”，那么6G技术将在2030年再赴“十年之约”。

6) 卫星通信

卫星通信由于具有通信距离远、覆盖面积大、不受地理条件限制、费用与通信距离无关、可进行多址通信与移动通信等优点，因此在近年来得到迅速发展，成为现代主要的通信手段之一。

图2-16描述了卫星通信的工作原理。图2-16(a)为点-点卫星通信，它由两个地球站(发送站、接收站)与一颗通信卫星组成。卫星上可以有多个转发器，其作用是接收、放大与发送信息。目前，通常是12个转发器拥有一个36MHz带宽的信道，不同转发器使用不同频率。地面发送站使用上行链路向卫星发射微波信号。卫星起到中继器的作用，它接收通过上行链路发送的微波信号，经过放大后再通过下行链路发送回地面接收站。由于上行链路与下行链路使用的频率不同，因此可以区分发送信号与接收信号。图2-16(b)为卫星广播通信。

2.2.4 数据编码分类

计算机内部的二进制数据在传输过程中的数据编码类型主要取决于通信线路支持的数据通信类型。图2-17给出了主要的数据编码方法。

常用的通信线路可分为两类：模拟通信线路与数字通信线路。因此，数据编码方式也相应地分为两类：模拟数据编码与数字数据编码。模拟数据编码可分为3类：幅移键控、频移键控与相移键控。根据同步方式不同,数字数据编码可分为两类:外同步编码与内同步编码。外同步编码主要有非归零码编码;内同步编码可分为两类:曼彻斯特编码与差分曼彻斯特编码。

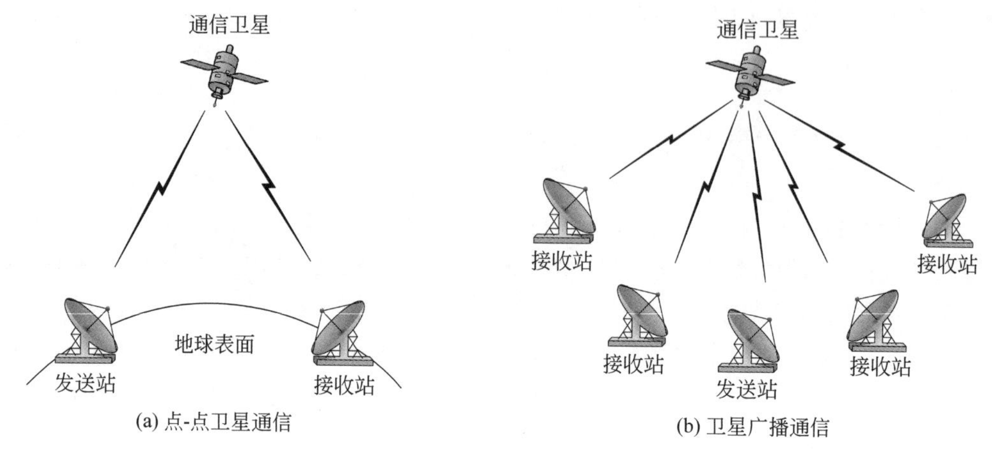

图 2-16 卫星通信的工作原理

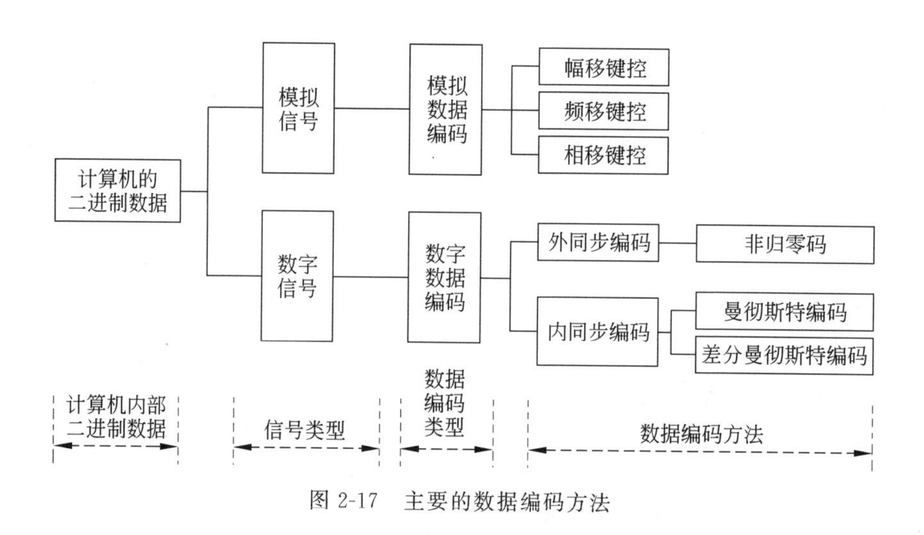

图 2-17 主要的数据编码方法

2.3 频带传输技术

2.3.1 频带传输的基本概念

1. 模拟通信信道的特点

电话线路是典型的模拟通信线路,它是目前世界上覆盖面最广、应用最普遍的通信线路。无论网络与通信技术如何发展,电话仍是一种基本的通信手段。传统的电话线是为传输语音信号而设计的,只适用于传输音频范围(300~3400Hz)的模拟信号,无法直接传输计算机的二进制数字信号。为了利用电话交换网实现计算机的数字信号的传输,必须首先将数字信号转换成模拟信号。

2. 调制解调器的作用

发送端将数字信号变换成模拟信号的过程称为调制(modulation),实现调制功能的设备称为调制器(modulator);接收端将模拟信号还原成数字信号的过程称为解调(demodulation),实现解调功能的设备称为解调器(demodulator)。同时具备调制与解调功能的设备称为调制解调器(modem)。

2.3.2 模拟数据编码方法

在调制过程中,首先选择音频范围内的某一角频率 ω 的正弦(或余弦)信号作为载波,该正弦(或余弦)信号可以写为 $u(t)=u_{\mathrm{m}}\sin(\omega t+\varphi_0)$。在载波 $u(t)$ 中,有 3 个可以改变的电参量(振幅 u_{m}、角频率 ω 与相位 φ)。通过改变这 3 个电参量可以实现模拟数据信号的编码。图 2-18 给出了模拟数据信号的编码方法。

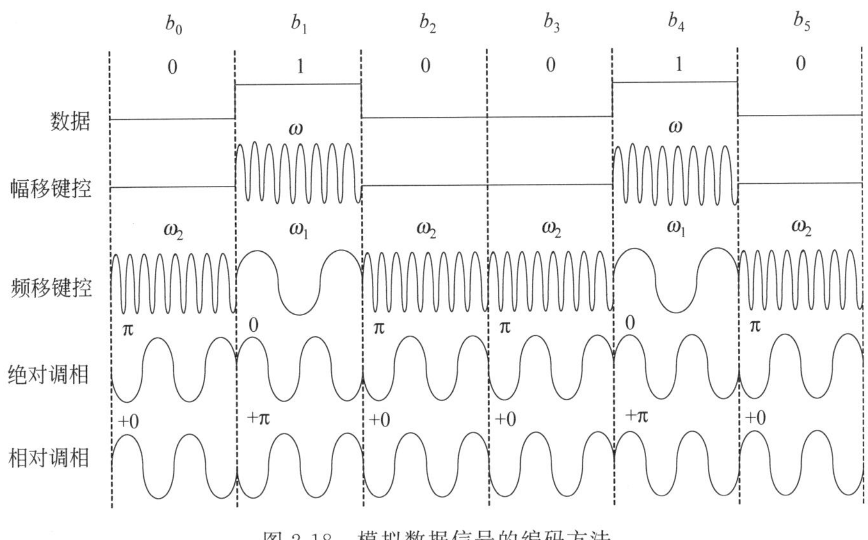

图 2-18 模拟数据信号的编码方法

1. 幅移键控

幅移键控(Amplitude Shift Keying,ASK)方法是通过改变载波信号振幅来表示数字信号 1、0。例如,用载波幅度为 u_{m} 表示数字 1,用载波幅度为 0 表示数字 0。图 2-18 中第 2 行为幅移键控信号波形,其数学表达式为

$$u(t)=\begin{cases}U_{\mathrm{m}}\sin(\omega_1 t+\varphi_0), & \text{数字 } 1\\ 0, & \text{数字 } 0\end{cases}$$

幅移键控信号实现容易,技术简单,但是抗干扰能力较差。

2. 频移键控

频移键控(Frequency Shift Keying,FSK)方法是通过改变载波信号角频率来表示数字信号 1、0。例如,用角频率 ω_1 表示数字 1,用角频率 ω_2 表示数字 0。图 2-18 中第 3 行为频移键控信号波形,其数学表达式为

$$u(t)=\begin{cases}U_{\mathrm{m}}\sin(\omega_1 t+\varphi_0), & \text{数字 } 1\\ U_{\mathrm{m}}\sin(\omega_2 t+\varphi_0), & \text{数字 } 0\end{cases}$$

频移键控信号实现容易,技术简单,抗干扰能力较强,是目前最常用的调制方法之一。

3. 相移键控

相移键控(Phase Shift Keying,PSK)方法是通过改变载波信号的相位值来表示数字信号1、0。如果用相位的绝对值表示数字信号1、0,则称为绝对调相;如果用相位的相对偏移值表示数字信号1、0,则称为相对调相。

1) 绝对调相

在载波信号$u(t)$中,φ_0为载波信号的相位。最简单的情况是:用相位的绝对值来表示它对应的数字信号。图2-18中的第4行为绝对调相的信号波形。当表示数字1时,取$\varphi_0=0$;当表示数字0时,取$\varphi_0=\pi$。绝对调相的数学表达式为

$$u(t)=\begin{cases}U_m\sin(\omega t+0), & \text{数字 } 1\\ U_m\sin(\omega t+\pi), & \text{数字 } 0\end{cases}$$

2) 相对调相

相对调相用载波在两位数字信号的交接处产生的相位偏移来表示它对应的数字信号。最简单的相对调相方法是:两比特信号交接处遇到0,载波信号相位不变;两比特信号交接处遇到1,载波信号相位偏移π。图2-18中的第5行为相对调相的信号波形。

在实际使用中,相移键控可采用多相调制方法达到高速传输目的。相移键控的抗干扰能力强,但是实现技术比较复杂。

3) 多相调制

以上讨论的是二相调制方法,用两个相位值分别表示二进制数0、1。在模拟数据通信中,为了提高数据传输速率,人们常采用多相调制方法,称为正交相移键控(Quadrature Phase Shift Keying,QPSK)。例如,将发送的数字信号按两比特分组,则可以有4种组合:00、01、10与11。每组是一个两比特码元,用4个不同相位表示4种码元。在调相信号传输过程中,相位每改变一次,传输两比特信号。这种调相方法称为四相调制。同理,如果将发送的数据按3比特分组,则可以有8种组合,用8个不同相位表示8种码元,这种调相方法称为八相调制。在八相调制中,相位每改变一次,可以传输3比特信号。

2.3.3 波特率的基本概念

1. 波特率的定义

早期在模拟线路上用调制解调器进行数据通信时,曾经使用过波特率的概念。

波特率描述在模拟线路上传输模拟数据信号过程中,从调制解调器输出的调制信号每秒载波调制状态改变的数值,单位是波特(baud)。波特率也称为调制速率。波特率描述的是码元传输的速率。

传输速率描述在计算机通信中每秒传送的构成编码的二进制比特数,单位是b/s,因此也可以称为比特率。

2. 波特率与传输速率的关系

传输速率S(单位为b/s)与波特率B(单位为baud)之间关系可表示为$S=B\ \log_2 k$,式中,k为多相调制的相数,$\log_2 k$表示一次调制状态变化传输的二进制比特数。表2-1给出了波特率与传输速率的关系。在多相调制方法中,当波特率为2400baud,多相调制的相数$k=8$时,$\log_2 8=3$,表示调制解调器的相位状态每变化一次传输3比特二进制数,因此传输

速率应该为7200b/s。

表2-1 波特率与传输速率的关系

波特率/baud	k	$\log_2 k$ 的值	传输速率/(b/s)
2400	2	1	2400
2400	4	2	4800
2400	8	3	7200
2400	16	4	9600

在实际应用中,人们经常将不同调制方法组合起来,以提高频带通信中的数据传输速率。例如,将ASK与PSK方法相结合,形成正交幅移键控(Quadrature Amplitude Shift Keying,QASK),例如QAM-64、QAM-128等编码方法。如果在2400baud的线路上使用QAM-64编码,则传输速率可达到$2400\times\log_2 64=2400\times 6=14.4$kb/s。

2.4 基带传输技术

2.4.1 基带传输的基本概念

在数据通信中,表示二进制比特序列的数字信号是矩形脉冲信号。人们将矩形脉冲信号称为基带信号。在数字信道上直接传送基带信号的方法称为基带传输。

在发送端,二进制比特序列经过编码器变换为曼彻斯特编码或差分曼彻斯特编码信号;在接收端,由解码器还原成与发送端相同的二进制比特序列。

2.4.2 数字数据编码方法

图2-19给出了基带传输中的数字数据编码方法。

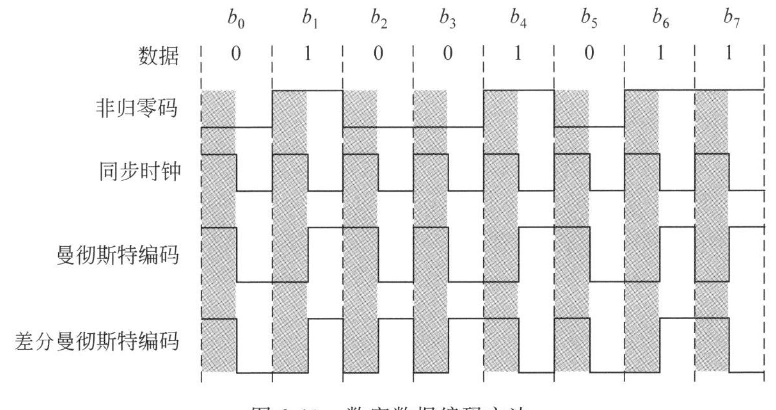

图2-19 数字数据编码方法

1. 非归零码

图2-19的第2行给出了非归零(Non Return to Zero,NRZ)码波形。NRZ码可以规定用低电平表示数字0,用高电平表示数字1,也可以有其他表示方法。

NRZ码的缺点是无法判断一位的开始与结束,收发双方不能保持同步。为了保证收发双方的同步,必须在发送NRZ码的同时,用另一个信道传送同步信号。如果信号中的1与0个数不相等,则存在直流分量(即“非归零”),在数据传输中是不希望存在的。

2. 曼彻斯特编码

曼彻斯特编码是目前应用最广泛的编码方法之一。图2-19的第4行给出了曼彻斯特编码波形。

1) 曼彻斯特编码的规则

曼彻斯特编码的规则如下:

(1) 每比特的周期 T 分为前 $T/2$ 与后 $T/2$ 两部分。

(2) 前 $T/2$ 传送该比特的反码。

(3) 后 $T/2$ 传送该比特的原码。

根据曼彻斯特编码的基本规则,可以画出曼彻斯特编码信号波形图。$b_0=0$,前 $T/2$ 取0的反码(高电平),后 $T/2$ 取0的原码(低电平);$b_1=1$,前 $T/2$ 取1的反码(低电平),后 $T/2$ 取1的原码(高电平);$b_2=0$,前 $T/2$ 为高电平,后 $T/2$ 为低电平;$b3=0$,前 $T/2$ 为高电平,后 $T/2$ 为低电平。

2) 曼彻斯特编码的特点

曼彻斯特编码的主要特点是:每比特的中间有一次电平跳变,两次电平跳变的时间间隔可以是 $T/2$ 或 T,利用电平跳变可产生收发双方的同步信号。曼彻斯特编码信号属于自含时钟编码,发送曼彻斯特编码时无须另外发同步信号。

曼彻斯特编码的缺点是传输效率较低。如果信号传输速率是100Mb/s,则发送时钟信号频率应为200MHz,这将给电路实现技术带来困难。

3) 讨论曼彻斯特编码需注意的问题

IEEE 802.3标准规定的曼彻斯特编码规则是:数据与时钟进行异或运算,造成每比特前 $T/2$ 取该比特的反码,后 $T/2$ 传送该比特的原码。不同教科书在曼彻斯特编码波形的表述中存在两种方法,差别是第一个码元的前 $T/2$ 取反码或原码。有些教科书采用第一个码元前 $T/2$ 取原码的方法,因此出现曼彻斯特编码信号波形的差异。图2-19的第4行是按IEEE 802.3标准规定的曼彻斯特编码规则画出的波形图。

3. 差分曼彻斯特编码

图2-19的第5行给出了差分曼彻斯特编码波形。差分曼彻斯特编码与曼彻斯特编码的区别如下:

- 每比特的中间跳变仅用于同步。
- 根据每比特的开始边界是否跳变来决定该比特的值。
- 如果每比特开始处发生电平跳变,表示传输0;如果不发生跳变,表示传输1。

用例子来说明差分曼彻斯特编码与曼彻斯特编码的区别:b_0 之后的 b_1 为1,在两个比特波形的交接处不发生电平跳变;$b_2=0$,在 b_1 与 b_2 交接处要发生电平跳变;$b_3=0$,在 b_2 与 b_3 交接处仍然要发生电平跳变。研究差分曼彻斯特编码的原因是:从电路的角度来看,差分曼彻斯特解码比曼彻斯特解码更容易实现。

2.4.3 脉冲编码调制方法

1. PCM 的基本概念

由于数字信号传输失真小、误码率低、速率高，因此网络中除了计算机直接产生的数字信号之外，语音、图像信息的数字化已成为发展趋势。脉冲编码调制（Pulse Code Modulation，PCM）是模拟数据数字化的主要方法。

PCM 技术的典型应用是语音信号的数字化。语音信号是频率为 300～3400Hz 的模拟信号。为了将语音信号与计算机的文字、图像、视频信号同时传输，就必须首先将语音信号数字化。发送端通过 PCM 编码器将语音信号转换为数字信号，通过传输介质传送到接收端；接收端通过 PCM 解码器将数字信号还原成语音信号。数字化语音数据可以存储在计算机中，进行必要的处理。图 2-20 给出了 PCM 的工作原理。

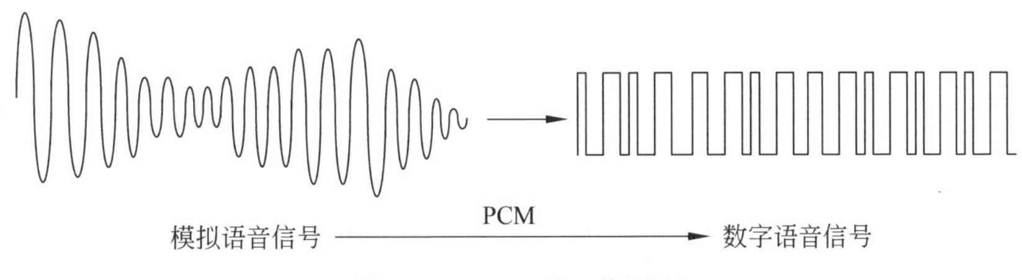

图 2-20 PCM 的工作原理

2. PCM 的工作过程

图 2-21 给出了 PCM 采样、量化与编码过程。

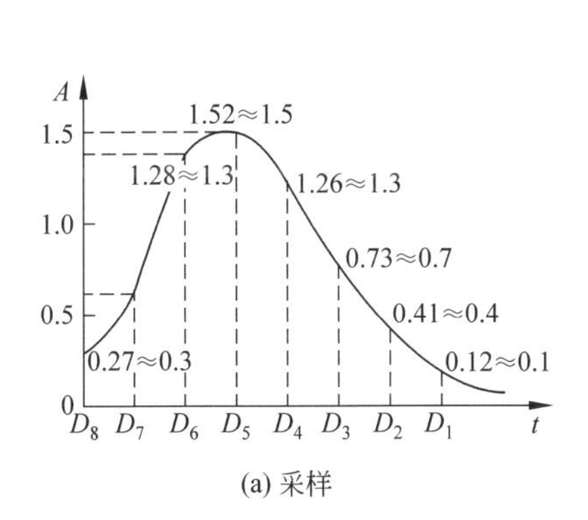

(a) 采样

样本	量化	二进制编码	编码信号
D_1	1	0001	
D_2	4	0100	
D_3	7	0111	
D_4	13	1101	
D_5	15	1111	
D_6	13	1101	
D_7	6	0110	
D_8	3	0011	

(b) 量化与编码

图 2-21 PCM 采样、量化与编码过程

1）采样

模拟信号数字化的第一步是采样。模拟信号是电平连续变化的信号。采样是每隔一定的时间间隔将模拟信号的电平幅度作为测量幅度的样本。采样频率 f 应为 $f \geqslant 2B$ 或 $f = 1/T \geqslant 2f_{\max}$。其中，$B$ 为信道带宽，T 为采样周期，$f_{\max}$ 为信道允许通过的信号最高频率。研究结果表明：如果以大于或等于信道带宽 2 倍的频率对信号采样，其样本就能包含足以重构原模拟信号的所有信息。

2）量化

量化是将样本幅度按量化级取值的过程。经过量化后的样本幅度为离散的量化级值，已不是连续值。量化前规定将信号分为若干量化级,例如可以分为8级或16级,这要根据精度要求决定。同时,规定每级对应的幅度范围,将样本幅度与上述量化级值相比。例如,1.28取值为1.3,1.52取值为1.5,即通过取整来定级。

3) 编码

编码是用相应位数的二进制代码表示量化后的样本量级。如果有k个量化级,则二进制位数为log_2k。例如,量化级k为16,需要4位编码。在常用的语音数字化系统中,通常采用$k=128$,需要7位编码。编码后的样本用相应编码脉冲表示。例如D_5的取样幅度为1.52,取整后为1.5,量化级为15,样本编码为1111。将二进制编码1111发送到接收端,接收端可以还原成量化级15,对应的电平幅度为1.5。

当PCM用于数字化语音系统时,它将声音分为128个量化级,每个量化级采用8位二进制编码表示。由于每秒采样8000次,因此传输速率可达到8×8000=64kb/s。另外,PCM可用于计算机的图形图像数字化与传输处理中。PCM的缺点是二进制编码位数较多,因此PCM的编码效率比较低。

3. 调制器、曼彻斯特编码器与PCM编码器的比较

图2-22给出了调制器、曼彻斯特编码器与PCM编码器比较示意图。

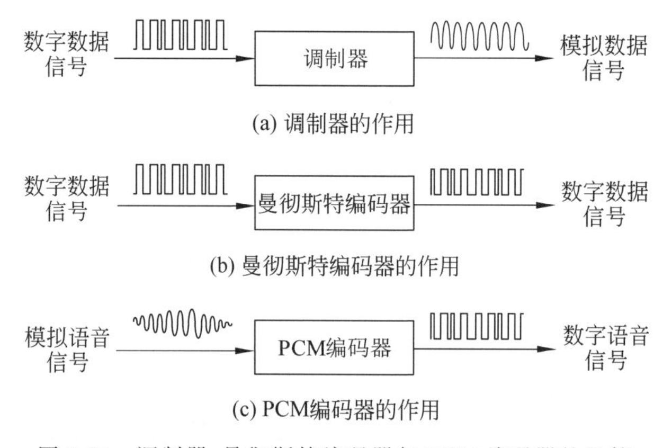

图2-22 调制器、曼彻斯特编码器与PCM编码器的比较

理解调制器、曼彻斯特编码器与PCM编码器的区别时需要注意以下几个问题:

- 调制器用于频带传输,通过调制器将计算机产生的二进制数字数据信号转换成模拟数据信号,通过模拟线路来传输。
- 在基带传输中,曼彻斯特编码器将计算机产生的二进制比特序列转换成适合数字通信系统传输的数字数据信号。
- 在基带传输中,传输语音信号需要选用PCM编码器,它用于将模拟语音信号转换成数字语音信号。

2.4.4 传输速率的基本概念

传输速率是描述数据传输系统的重要技术指标之一。传输速率在数值上等于每秒传输的二进制比特数,单位为比特/秒,记为b/s。对于二进制数据,其传输速率为

$$S=1/T$$

其中，T 为发送一比特所需的时间。例如，发送一比特 0、1 信号所需的时间为 1ms，则传输速率为 1000b/s。在实际应用中，常用的传输速率单位有 kb/s、Mb/s、Gb/s 与 Tb/s。以下是传输速率单位的换算关系：

$$1\text{kb/s} = 1\times10^{3}\text{b/s}$$
$$1\text{Mb/s} = 1\times10^{6}\text{b/s}$$
$$1\text{Gb/s} = 1\times10^{9}\text{b/s}$$
$$1\text{Tb/s} = 1\times10^{12}\text{b/s}$$

在讨论数据传输速率时，需要注意以下两个问题：

- 传输速率是指主机向传输介质发送数据的速率。例如，以太网传输速率为 10Mb/s，表示网卡每秒可以向传输介质发送 1×10^{7}b；如果一帧长度为 1500B（1.2×10^{4}b），则以太网发送一帧的时间为 1.2ms。
- 在计算二进制数据的长度时，1Kb＝1024b；在计算通信速率时使用十进制，则 1kb/s＝1000b/s，而不是 1024b/s。这个区别是计算机与通信学科采用不同进制引起的，也是经常容易被忽略和引起误解的问题。

2.5 多路复用技术

2.5.1 多路复用的基本概念

1. 多路复用与通信信道

多路复用（multiplexing）是数据通信中的一个重要概念。研究多路复用技术的原因主要有两点：一是用于通信线路架设的费用相当高，需要充分利用通信线路的容量；二是网络中传输介质的容量都会超过单一信道所需的带宽，例如一条线路的带宽为 10Mb/s，而两台计算机通信所需的带宽为 100kb/s。如果两台计算机独占 10Mb/s 的线路，那么将浪费大量带宽。为了充分利用传输介质的带宽，需要在一条物理线路上建立多条信道。通过多路复用技术，发送端将多个用户数据通过复用器（multiplexer）汇集，并将汇集数据通过一条通信线路传给接收端；接收端通过分用器（demultiplexer）将数据分离成各路数据，并分发给接收端的多个用户。同时具备复用器与分用器功能的设备称为多路复用器。多路复用器在一条物理线路上划分出多条信道。图 2-23 给出了多路复用与通信线路、信道的关系。

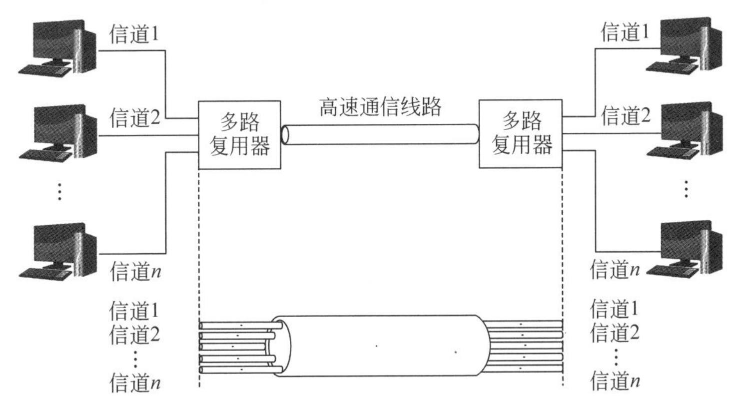

图 2-23　多路复用与通信线路、信道的关系

2. 多路复用技术的分类

多路复用技术可分为以下4种基本形式。

(1) 时分多路复用(Time Division Multiplexing,TDM):以信道传输时间为对象,通过为多个信道分配互不重叠的时间片,达到同时传输多路信号的目的。

(2) 频分多路复用(Frequency Division Multiplexing,FDM):以信道频率为对象,通过设置多个频带互不重叠的信道,达到同时传输多路信号的目的。

(3) 波分多路复用(Wavelength Division Multiplexing,WDM):在一根光纤上复用多路光载波信号,它是光频段上的频分多路复用。

(4) 码分多址(Code Division Multiplex Access,CDMA):为每个用户分配一种码型,使多个用户同时使用一个信道而不互相干扰。CDMA是3G移动通信中共享信道的基本方法。

2.5.2 时分多路复用

1. 时分多路复用的基本概念

时分多路复用将信道用于传输的时间划分为多个时间片,每个用户可以分得一个时间片,用户在其占有的时间片内使用信道的全部带宽。目前,应用最广泛的时分多路复用方法是贝尔系统的T1载波,它将24路音频PCM编码器信号复用在一条通信线路上。

2. 时分多路复用分类

时分多路复用技术可以分为两类:同步时分多路复用与异步时分多路复用。图2-24给出了时分多路复用的工作原理。

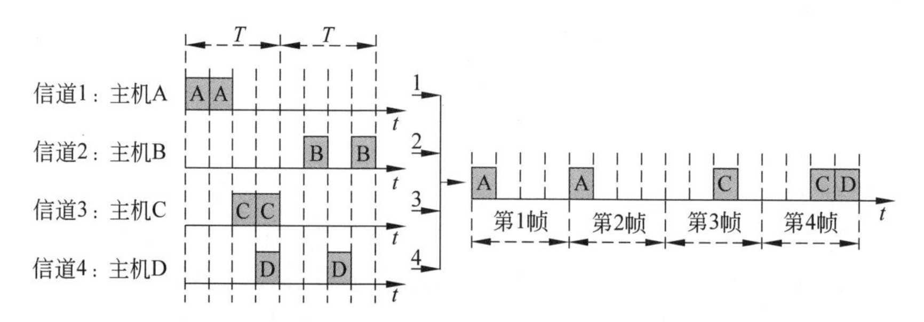

(a) 同步时分多路复用

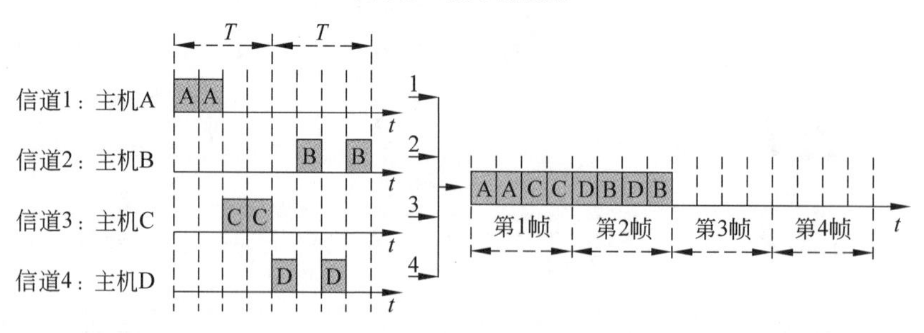

(b) 异步时分多路复用

图2-24 时分多路复用的工作原理

1) 同步时分多路复用

同步时分多路复用(Synchronous TDM,STDM)将通信线路的传输时间分成n个时间片，每个时间片固定分配给一个信道，每个信道供一个用户使用。

图 2-24(a)给出了同步时分多路复用的工作原理。其中 $n=4$，传输的单位时间 T 定为 1s，则每个时间片是 1/4s。一个周期的第 1 个时间片(1/4s)分配给信道 1，第 2 个时间片分配给信道 2，第 3 个时间片分配给信道 3，第 4 个时间片分配给信道 4。此后，每个周期都按这个规律循环。这样，接收端仅需采用严格的时间同步，按照相同顺序接收，就能够将多路信号分离与复原。

同步时分多路复用的主要优点是方法简单、易于实现。STDM 的主要缺点是：由于时间片被固定分配给信道，而不考虑这些信道是否有数据要发送，因此可能出现很多的空闲时间片，并造成信道资源的浪费。

2) 异步时分多路复用

为了克服这个缺点，可以采用异步时分多路复用(Asynchronous TDM，ATDM)，又称为统计时分多路复用。异步时分多路复用允许动态地分配时间片。图 2-24(b)给出了异步时分多路复用的工作原理。

考虑到每个信道并不是总有数据发送，为了提高通信线路的利用率，每个周期内的时间片只分配给需要发送的信道。例如，在第一个周期，根据实际需要发送数据的情况，将第 1、2 个时间片分配给信道 1，将第 3、4 个时间片分配给信道 3；在第二个周期，将第 1 个时间片分配给信道 4，将第 2 个时间片分配给信道 2，将第 3 个时间片分配给信道 4，将第 4 个时间片分配给信道 2。异步时分复用可提高通信线路的利用率。

由于异步时分路复用可以没有周期的概念，因此各信道发出的数据都要带有双方地址，由线路两端的多路复用设备识别地址，并确定输出信道。多路复用设备也可以采用存储转发方式，调节通信线路的传输速率，以提高通信线路的利用率。

需要注意的是，在时分多路复用的讨论中使用术语“帧”。这里所说的帧实际上是物理层的比特流传输单元，与数据链路层的帧的概念与作用不同。

2.5.3 频分多路复用

频分多路复用是在一条通信线路上设置多个信道，各个信道的中心频率不同，而且各个信道的频率范围互不重叠，这样，一条通信线路可划分为不同通信频率的多个信道，用于同时传输多路信号。

图 2-25 给出了频分多路复用的工作原理。信道 1 的载波频率为 60～64kHz，中心频率为 62kHz，带宽为 4kHz；信道 2 的载波频率为 64～68kHz，中心频率为 66kHz，带宽为 4kHz；信道 3 的载波频率为 68～72kHz，中心频率为 70kHz，带宽为 4kHz。信道 1、2、3 的载波频率不会重叠。

如果这条通信线路的可用带宽为 96kHz，按每个信道占用 4kHz 计算，则这条通信线路可以复用 24 个信号。两个相邻信道之间都按规定保持一定的隔离带宽，以便防止相邻信道之间产生干扰，这样就可以将一个信道分配给一个用户，让这条通信线路同时为 24 对用户提供通信服务。

2.5.4 波分多路复用

波分复用是在一根光纤上复用多路光载波信号。波分复用是光波段上的频分多路复用，

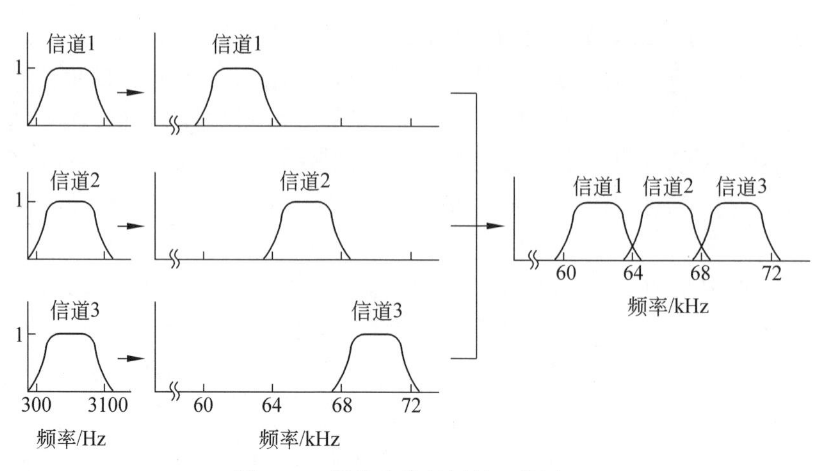

图 2-25 频分多路复用的工作原理

只要每个信道的光载波频率互不重叠,即可以多路复用方式通过共享光纤来远距离传输。

图 2-26 给出了波分多路复用的工作原理。设两束光载波的波长分别为 λ_1 和 λ_2。它们通过光栅之后,经共享光纤传输到目的主机,再通过光栅重新分成两束光载波。波分多路复用利用衍射光栅来实现多路不同频率光载波信号的合成与分解。从光纤 1 进入的光载波将传送到光纤 3,从光纤 2 进入的光载波将传送到光纤 4。

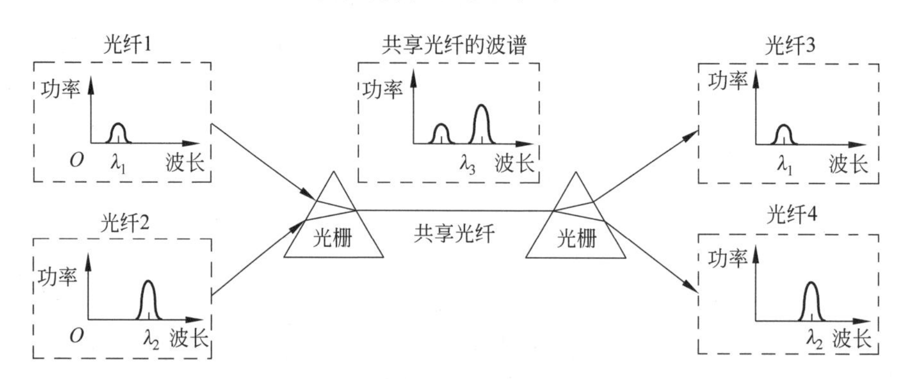

图 2-26 波分多路复用的工作原理

随着光学工程技术的快速发展,当前可复用 80 路或更多路的光载波信号。这种复用技术又称为密集波分复用(Dense Wavelength Division Multiplexing,DWDM)。如果将 8 路 2.5Gb/s 的光信号经过密集波分复用,则一根光纤上的总带宽可达 20Gb/s。目前,这种系统已广泛应用于高速主干网中。

2.6 同步光纤网与同步数字体系

2.6.1 SONET 与 SDH 的基本概念

早期的电话运营商在电话交换网中使用光纤时,时分多路复用设备是专用的,并且各个运营商的时分多路复用标准不同。1985 年,美国贝尔实验室提出了同步光纤网(Synchronous Optical Network,SONET)的概念。研究 SONET 的目的是解决光接口标准问题，以便不同厂家的产品可以互联，从而建立大型的光纤网络。

ITU 在 SONET 的基础上制定了同步数字体系(Synchronous Digital Hierarchy，SDH)标准，进而统一了国际通信传输速率、接口标准体制。SDH 标准不仅适用于光纤传输系统，也适用于微波与卫星传输体系。

2.6.2 基本速率标准的制定

在系统地讨论 SDH 速率之前，有必要回顾数据通信研究初期出现过的多种基本的速率标准，如 T1 载波速率、E1 载波速率。

1. T1 载波速率

北美的 T1 载波速率是针对 PCM 的时分多路复用而设计的。图 2-27 给出了时分多路复用 T1 载波帧结构。

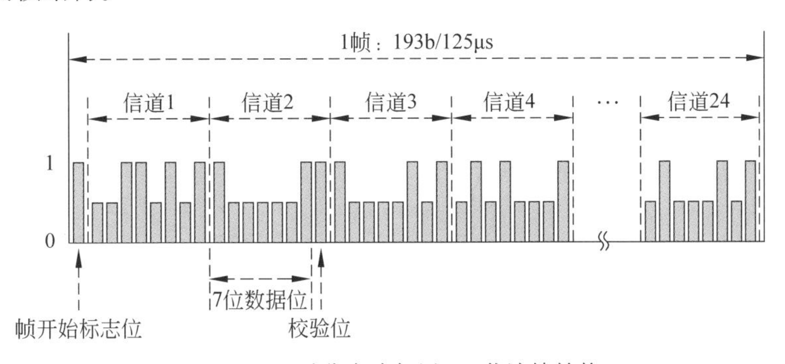

图 2-27　时分多路复用 T1 载波帧结构

T1 系统将 24 路数字语音信道复用在一条通信线路上。每路模拟语音信号通过 PCM 编码器轮流将 24 路、每个信道 8b 数字语音信号插入帧中的指定位置。那么，每个 T1 载波帧长度为 24×8=192b，附加 1b 作为帧开始标志位，因此每帧共有 193b。发送一个帧所需的时间为 1/8000=125μs。因此，T1 载波的传输速率为(193/125)×10^6=1.544Mb/s。

2. E1 载波速率

由于历史上的原因，除了北美的 24 路数字语音信道复用的 T1 载波之外，还存在欧洲的 30 路数字语音信道复用的 E1 载波。

E1 标准是 CCITT 标准，它将 30 路数字语音信道和 2 路控制信道复用在一条通信线路上。每个信道在一帧中插入 8b 数据，这样一帧要传送的数据共(30+2)×8=256b。传送一帧的时间为 125μs。因此，E1 载波的传输速率为(256/125)×10^6=2.048Mb/s。

2.6.3 SDH 速率体系

图 2-28 给出了 SDH 的复用结构。

1. STS 速率、OC 速率与 STM 速率

在实际使用中，速率体系涉及 3 种速率：SONET 的 STS 速率、OC 速率和 SDH 的 STM 速率。它们之间的区别如下：

- OC 速率定义的是光纤上传输的光信号速率。
- STS 速率定义的是数字电路接口的电信号传输速率。

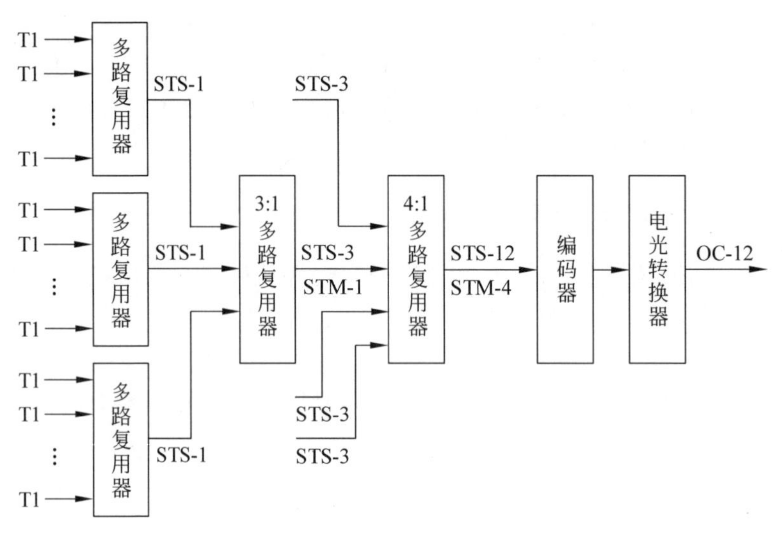

图 2-28 SDH 的复用结构

- STM 速率是电话主干线路的数字信号速率。

在讨论 PCM 技术时已计算过,如果每秒采样 8000 次,每次采样幅值用 8 位二进制编码表示,那么一路电话语音信号的传输速率应该为 64kb/s。由于 STS-1 复用 810 路数字语音信道,因此 STS-1 的传输速率为 $810\times64\times10^3=51.84$Mb/s。

2. STS 速率、OC 速率与 STM 速率的对应关系

SONET 定义的线路速率标准是以第 1 级同步传输信号 STS-1(51.84Mb/s)为基础的,与其对应的是第 1 级光载波(Optical Carrier-1,OC-1)。

SDH 信号中最基本的模块是 STM-1,对应于 STS-3,其速率为 $51.84\times3=155.52$Mb/s。更高等级的 STM-*n* 是将 STM-1 同步复用而成的。4 个 STM-1 构成一个 STM-4(622.08Mb/s),16 个 STM-1 构成一个 STM-16(约为 2.5Gb/s),64 个 STM-1 构成一个 STM-64(约为 10Gb/s)。

表 2-2 给出了 3 种速率的对应关系。

表 2-2 3 种速率的对应关系

传输速率/(Mb/s)	OC 级	STS 级	STM 级
51.84	OC-1	STS-1	
155.52	OC-3	STS-3	STM-1
466.56	OC-9	STS-9	
622.08	OC-12	STS-12	STM-4
933.12	OC-18	STS-18	
1244.16	OC-24	STS-24	STM-8
1866.24	OC-36	STS-36	STM-12
2483.32	OC-48	STS-48	STM-16
9953.28	OC-192	STS-192	STM-64

2.7 接入技术

2.7.1 接入技术的分类

接入技术关系到如何将成千上万的住宅、办公室、企业用户的计算机与移动终端设备接入互联网，关系到用户能够获得的网络服务的类型、应用水平、服务质量、资费等切身利益，同时也是城市网络基础设施建设中需要解决的一个重要问题。

用户接入可以分为4类：家庭接入、校园接入、机关接入与企业接入。接入技术可以分为两大类：有线接入与无线接入。图2-29给出了接入技术示意图，其中简化了核心交换层与汇聚层的结构细节，突出了不同接入技术的区别。

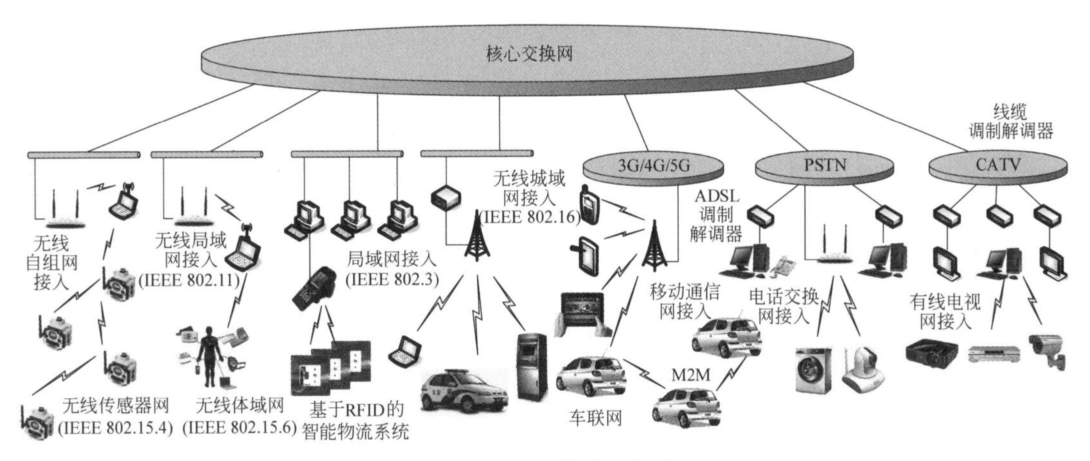

图2-29 接入技术示意图

从实现技术的角度来看，宽带接入技术主要包括数字用户线接入、光纤同轴电缆混合网接入、光纤接入、无线接入、局域网接入等。无线接入又可以分为无线局域网接入、无线城域网接入、无线自组网接入、移动通信网接入等。

本节介绍ADSL接入技术、HFC接入技术和光纤接入技术，其他接入技术在相关章节中讨论。

2.7.2 ADSL接入技术

1. 数字用户线的基本概念

在家庭用户计算机接入互联网的早期，人们想到利用电话网是最方便的方法，这是因为电话的普及率很高。如果通过电话线既能通话又能上网，那将是一种理想的方法。数字用户线(Digital Subscriber Line，DSL)是为了达到这个目的而对传统电话线路进行改造的产物。DSL是指从家庭、办公室到本地电话交换中心的一对电话线。以DSL实现通话与上网有多种技术方案，如非对称数字用户线(Asymmetric DSL，ADSL)、高速数据用户线(High-speed DSL，HDSL)、甚高速数据用户线(Very-high-speed DSL，VDSL)等。因此，人们通常用前缀x来表示不同DSL技术方案，统称为xDSL。

由于家庭用户主要通过ISP从互联网下载文档，而向互联网发送信息的数据量不会很大,如果将从互联网下载文档的信道称为下行信道,向互联网发送信息的信道称为上行信道,则家庭用户需要的下行信道与上行信道的带宽不对称。因此,ADSL技术很快在家庭计算机联网中获得广泛的应用。

ADSL最初由Intel、Compaq和Microsoft公司成立的特别兴趣组(Special Interest Group,SIG)提出,如今这个组织已包括多数的主流ADSL设备制造商和网络运营商。电话交换网是唯一可以在全球范围内向住宅和商业用户提供接入的网络,通过ADSL可以最大限度地保护电信运营商组建电话交换网的投资,同时能够满足用户方便地接入互联网的需求。

2. ADSL接入技术的特点

图2-30给出了家庭使用ADSL接入互联网的结构。

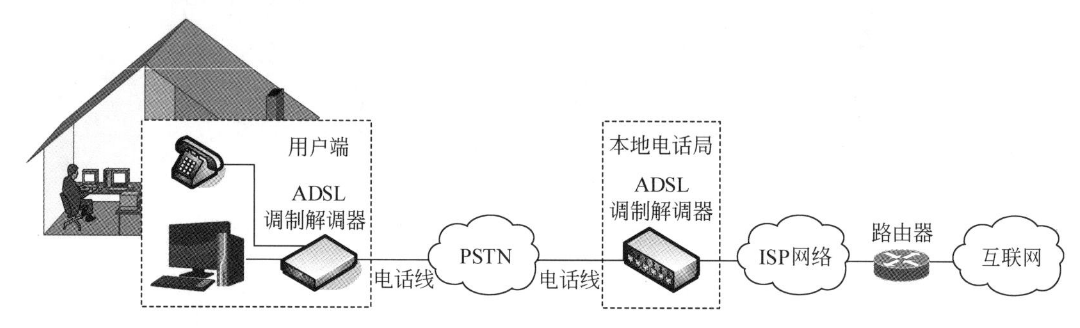

图2-30　家庭使用ADSL接入互联网的结构

ADSL可以在现有电话线上通过电话交换网,以不干扰传统电话业务为前提,同时提供高速数字业务。数据业务包括互联网在线访问、远程办公、视频点播等。由于用户无须专门为获得ADSL服务而重新铺设线缆,因此ADSL用户端投资相当小,运营商推广起来非常容易。

ADSL提供的带宽是非对称的。ADSL在电话线路上划分出3个信道:语音信道、上行信道与下行信道。图2-31给出了ADSL对电话线的带宽分配。在5km的范围内,上行信道的速率为16～640kb/s,下行信道的速率为1.5～9Mb/s。用户可根据需要选择上行与下行速率。

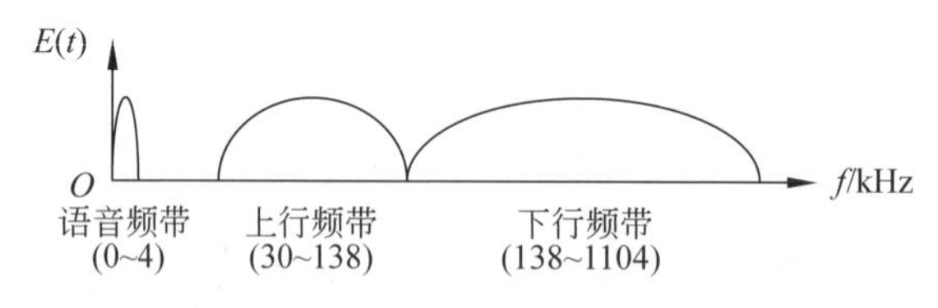

图2-31　ADSL对电话线的带宽分配

实际上,ADSL用户端的分路器(splitter)是一组滤波器,其中的低通滤波器将低于4000Hz的语音信号传送到电话机,高通滤波器将计算机传输的数据信号传给ADSL调制解调器。家庭用户的计算机通过网卡、100Base-T双绞线与ADSL调制解调器连接。

ADSL调制解调器又称为接入端接单元(Access Termination Unit,ATU)。ADSL调制解调器是成对使用的。用户端ADSL调制解调器称为远端ATU,记为ATU-R;电话局ADSL调制解调器称为局端ATU,记为ATU-C。在ADSL通信中,ATU-R通过上行信道发送数据信号，通过下行信道接收数据信号。

3. ADSL 标准

1992 年，ANSI T1E1.4 工作组制定了 6Mb/s 视频点播的 ADSL 标准。1997 年，ADSL 应用重点开始从视频点播转向互联网接入。1999 年，ITU 制定了 G.992.2 标准，其下行速率为 1.5Mb/s。近年来，ITU 公布了多个更高速率的 ADSL 标准，例如 G.993 与 G.994 的 ADSL2 标准、G.995 的 ADSL2＋标准。其中，ADSL2＋标准将频谱从 1.1MHz 扩大到 2.2MHz，下行速率可达 16Mb/s，上行速率可达 800kb/s。

2.7.3 HFC 接入技术

1. HFC 接入技术研究背景

与电话交换网一样，有线电视网络(CATV)也是一种覆盖面广的传输网，被视为解决互联网宽带接入"最后一公里"问题的最佳方案。

20 世纪 70 年代，有线电视网仅能提供单向的广播业务，当时网络以简单共享同轴电缆的分支或树状拓扑结构组建。随着交互式视频点播、数字电视技术的推广，用户点播与电视节目播放必须使用双向传输的信道，产业界对有线电视网络进行了大规模双向传输改造。光纤同轴电缆混合网(Hybrid Fiber Coax，HFC)就是在这样的背景下产生的。图 2-32 给出了 HFC 结构示意图。

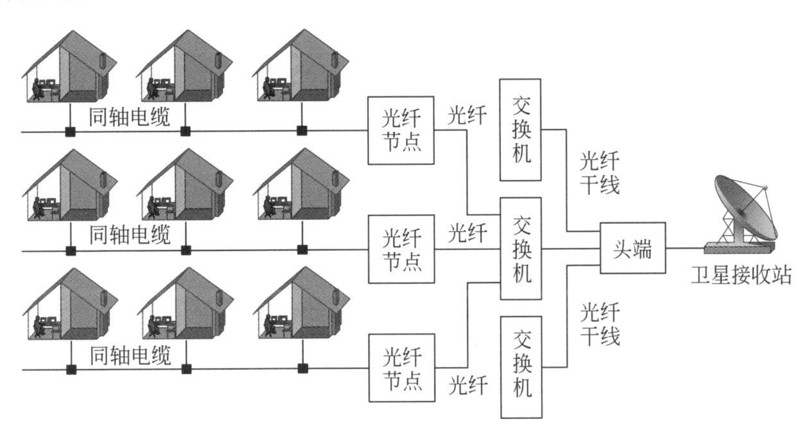

图 2-32　HFC 结构示意图

为了理解 HFC 接入技术的特点，需要注意以下几个问题：

- HFC 本质上是用光纤取代有线电视网中的干线同轴电缆，光纤接到居民小区的光纤节点之后，小区内部接入用户家庭仍然使用同轴电缆，这样就形成了光纤与同轴电缆混合使用的传输网络。传输网形成以头端为中心的星状结构。
- 在光纤线路上采用波分复用方法，形成上行和下行信道，在保证电视节目播放与交互式视频点播服务的同时，为家庭用户计算机接入互联网提供服务。
- 从头端向用户传输的信道称为下行信道，从用户向头端传输的信道称为上行信道。下行信道进一步分为传输电视节目的下行信道与传输计算机数据的下行信道。
- 我国的有线电视网的覆盖面很广，通过对有线电视网的双向传输改造，可以为很多家庭宽带接入互联网提供一种经济、便捷的方法。HFC 已成为一种极具竞争力的宽带接入技术。

2. HFC 接入技术的特点

HFC 下行信道与上行信道频段划分有多种方案,既有下行信道与上行信道带宽相同的对称结构,也有两个信道带宽不同的非对称结构。用户端的电视机与计算机连接到线缆调制解调器。它与入户的同轴电缆连接,将下行电视信道的电视节目传送给电视机,将下行数据信道的数据传送给计算机,将上行数据信道的数据传送给头端。图 2-33 给出了 HFC 接入的工作原理。

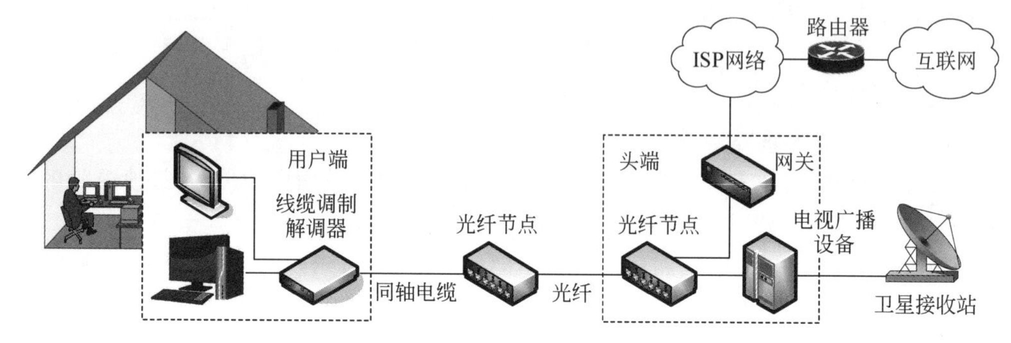

图 2-33 HFC 接入的工作原理

HFC 系统的头端又称为线缆调制解调器终端。一般的文献中仍然沿用传统有线电视系统使用的"头端"这个术语。头端的光纤节点对外连接大带宽的主干光纤,对内连接有线广播设备与计算机网络的 HFC 网关(HFC Gateway,HGW)。有线广播设备实现电视节目播放与交互式点播。HGW 为接入 HFC 的计算机提供互联网访问。

光纤节点将光纤干线和同轴电缆连接起来。光纤节点通过同轴电缆下引线为几千个用户服务。HFC 采用非对称的传输速率,上行信道的最大速率可达到 10Mb/s,下行信道的最大速率可达到 36Mb/s。

HFC 对上行信道与下行信道的管理不同。由于下行信道只有一个头端,因此下行信道是无竞争的。上行信道由接到同一根同轴电缆的多个线缆调制解调器共享。如果是 10 个用户共同使用,则每个用户平均获得 1Mb/s 带宽,因此上行信道属于有竞争信道。图 2-34 给出了 HFC 上行信道与下行信道的情况。

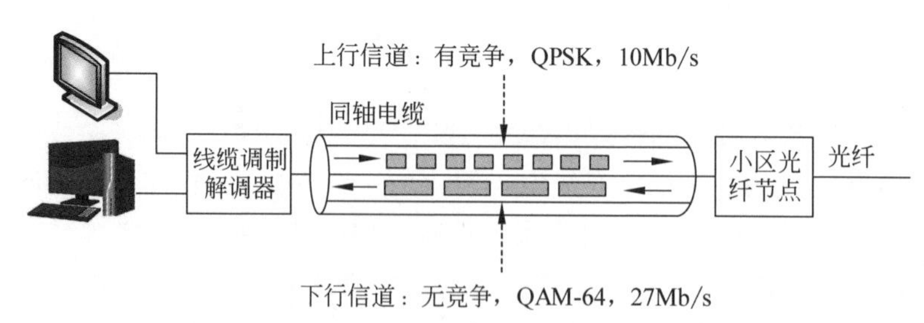

图 2-34 HFC 上行信道与下行信道的情况

2.7.4 光纤接入技术

1. 光纤接入与 FTTx 的基本概念

光纤接入是指局端与用户端之间全部以光纤作为传输介质的接入方式。光纤接入可分为两类：有源光网络(Active Optical Network,AON)接入与无源光网络(Passive Optical Network,PON)接入。SONET属于有源光网络。互联网接入主要采用无源光网络接入，在局端与用户端之间没有任何有源电子设备，通过无源的光器件构成光传输网。

在讨论ADSL与HFC宽带接入方式时已经介绍了：远距离的传输介质已经都采用光纤，只有临近用户家庭、办公室的地方仍然使用电话线或同轴电缆。光纤接入是将最后接入用户端的电话线与同轴电缆全部用光纤取代。人们将多种光纤接入方式称为FTTx，这里的x表示不同的光纤接入点。根据光纤深入用户的程度，光纤接入进一步分为以下几类：

- 光纤到家(Fiber To The Home,FTTH)：将光纤直接连接到家庭，省去整个铜线设施(馈线、配线与引入线)，增加用户可用带宽，减少网络系统维护工作量。
- 光纤到楼(Fiber To The Building,FTTB)：采用光纤到楼下、高速局域网到户(即FTTB+LAN)，它是一种更经济实用的接入方式。这种方式类似于专线接入，用户无须拨号，开机即可接入互联网。
- 光纤到路边(Fiber To The Curb,FTTC)：一种基于xDSL优化(即FTTC+xDSL)的接入方式，适用于小区家庭普遍使用ADSL的情况。FTTC可提高用户可用带宽，而不需要改变ADSL使用方法。FTTC采用小型ADSL复用器(DSLAM)，部署在电话分线盒的位置，一般可覆盖24～96个用户。
- 光纤到节点(Fiber To The Node,FTTN)：与FTTC很类似，区别是DSLAM部署位置与覆盖用户数不同。FTTN将光纤延伸到电缆交接盒，一般覆盖200～300个用户。FTTN更适合用户相对分散的场景。
- 光纤到办公室(Fiber To The Office,FTTO)：与FTTH很类似，只是FTTO主要针对小型企业用户。显然，FTTO不仅能提供更大带宽，简化网络安装与维护，而且能够快速引入各种新业务。

2. FTTx接入的结构特点

由于光纤接入形成从一个局端到多个用户端的传输链路，多个用户可共享一条主干光纤的带宽，因此它是一种点到多点的接入系统。

PON由局端的光线路终端(Optical Line Terminal,OLT)、用户端的光网络单元(Optical Network Unit,ONU)、无源光分路器(Passive Optical Splitter,POS)组成，它们共同构成光配线网(Optical Distribution Network,ODN)。POS与用户端有两种连接方法：一种是通过POS连接ONU,ONU通过铜缆连接用户端的网络终端(Network Terminal,NT)；另一种是直接通过光纤连接用户端的光网络终端(Optical Network Terminal,ONT)。图2-35给出了PON接入结构。

ODN采用的是光波分复用方式，上行信道、下行信道使用不同波长的光。在光信号的传输中，经常采用功率分割型无源光网络(Power-Splitting PON,PSPON)，下行传输采用广播方式，上行传输采用时分多路复用(TDMA)方式。

局端的主干光纤发送的下行光信号功率经过POS以1∶N的分路比进行功率分配后，再通过接入用户端的光纤将光信号广播到ONU。POS的分路比包括1∶2、1∶8、1∶32、1∶64等。POS的分路越多，每个ONU分配到的光信号功率越小。因此，POS的分路比受到ONU对最小接收功率的限制。

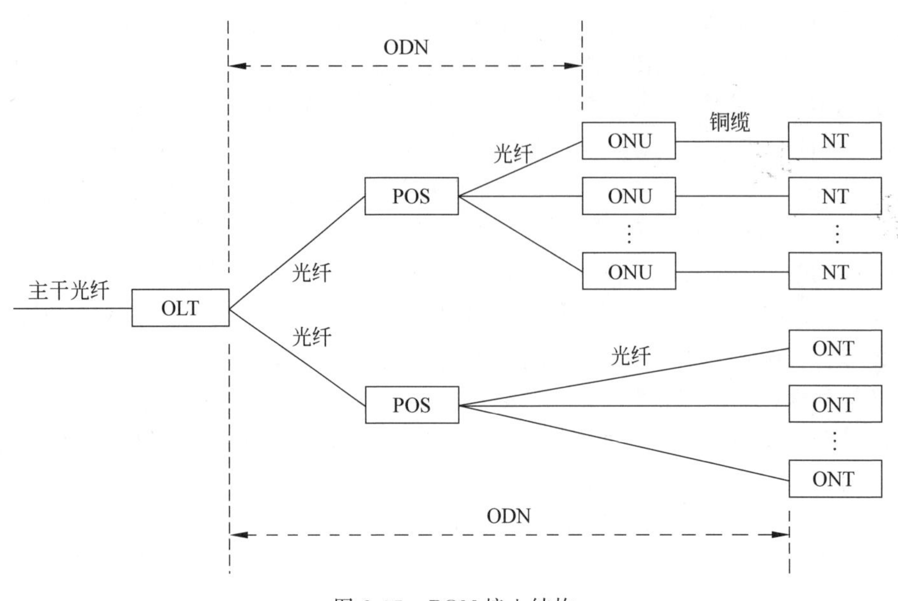

图 2-35　PON 接入结构

3. EPON 标准与应用

PON 与广泛应用的以太网相结合形成以太网无源光网络(Ethernet PON,EPON),它是目前发展最快、部署最多的 PON 技术。IEEE 从 1998 年开始研究 EPON 标准,直到 2001 年形成 IEEE 802.3ah 标准,支持固定的上行、下行速率 1.25Gb/s。为了适应更高速率的以太网技术,IEEE 后续制定了 IEEE 802.3av 标准。它将下行速率提高到 10Gb/s,并与 IEEE 802.3ah 标准保持了很好的兼容性,使 10Gb/s 与 1Gb/s 的 ONU 可以共存于一个 ODN 中,以便最大限度地保护运营商的投资。

2.7.5　移动通信网接入技术

1. 空中接口与标准

图 2-36 给出了移动通信网接入示意图。移动通信网接入的术语主要包括移动台、基站、无线信道和空中接口等。

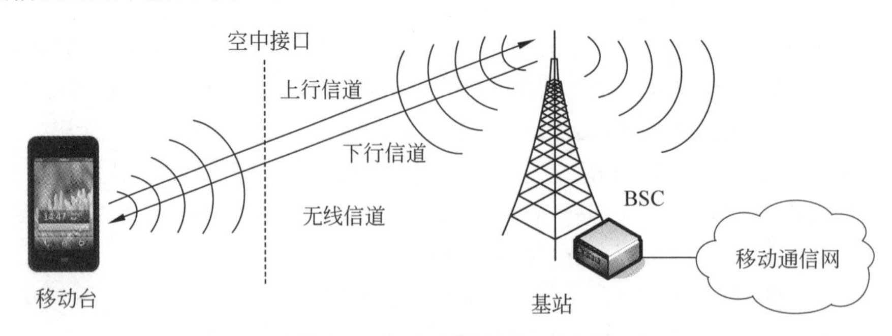

图 2-36　移动通信网接入示意图

1) 移动台

所有通过空中接口与基站通信的移动终端设备统称为移动台。移动台包括各种手持或车载移动终端设备,如手机、PDA、笔记本计算机、可穿戴计算设备等。

2）基站

基站包括天线、无线收发机与基站控制器(Basic Station Controller,BSC)。基站一端通过空中接口与移动台通信,另一端通过基站控制器接入移动通信网。

3）无线信道

移动台与基站之间通过无线信道进行通信,移动台向基站发送信号使用上行信道,基站向移动台发送信号使用下行信道。为了防止上行与下行信号之间相互干扰,两个信道使用的频段不同。例如,在2G的GSM移动通信中,上行信道采用935～960MHz频段,下行信道采用890～915MHz的频段。

4）空中接口

移动台与基站通信的接口称为空中接口(简称空口)。蜂窝移动通信网1G到5G技术的区别主要表现在无线信道采用不同的空中接口标准。

2. 5G空中接口技术指标

5G空中接口技术指标主要包括以下几项：

- 峰值数据速率(peak data rate)：简称峰值速率,是在理想信道条件下单用户能达到的最大速率,单位为Gb/s。5G单用户理论上的峰值速率一般为10Gb/s,在特定条件下能够达到20Gb/s。
- 用户体验数据速率(user experienced data rate)：简称用户速率,是在实际网络负荷下可保证的用户速率,单位为Gb/s。在实际网络使用中,用户速率与无线环境、接入用户数、用户位置等因素相关,因此一般采用95%比例统计方法来评估。在不同的场景下,5G支持不同的用户速率,在连续广覆盖场景下需要达到0.1Gb/s,在热点高流量场景下希望达到1Gb/s。
- 延时(latency)：在保证一定可靠性的前提下,包括空口延时在内的端到端延时(单位为ms)。5G的空口延时低于1ms。
- 移动性(mobility)：在满足特定QoS与无缝移动切换的条件下,可以支持的最大移动速度。移动性指标主要针对地铁、高铁、高速公路等特殊场景,单位为km/h。在特定的移动场景中,5G允许用户最大的移动速度为500km/h。
- 区域流量密度(area traffic capacity)：在网络繁忙时典型区域单位面积上总的数据吞吐量,单位为Mb/(s・m^2)。流量密度是衡量典型区域内数据传输能力的重要指标,如大型体育场、露天会场等局部热点区域的覆盖需求,具体与网络拓扑、用户分布、传输模型等密切相关。5G的流量密度为10Mb/(s・m^2)。
- 连接密度(connection density)：单位面积上可支持的在线终端数的总和。在线是指终端正在以特定的QoS进行通信。5G的连接密度为每平方千米可支持100万个在线设备。

5G的应用将为互联网、移动互联网与物联网的发展提供技术支持。

小　　结

物理层的设计目的是屏蔽物理传输介质、设备与技术的差异性。物理层的基本服务功能是实现主机之间的比特序列传输。

点-点连接的两个实体之间的通信方式可分为全双工通信、半双工通信与单工通信，还可分为串行传输与并行传输以及同步传输与异步传输。

网络中常用的传输介质包括双绞线、同轴电缆、光纤、无线与卫星信道。

在传输介质上传输的信号类型可分为模拟信号与数字信号。

数据传输速率等于每秒传输构成数据编码的二进制比特数，单位为 b/s。

多路复用技术可分为频分多路复用、波分多路复用、时分多路复用与码分多址。

同步数字体系是一种数据传输体制，它规范了数字信号的帧结构、复用方式、传输速率等级、接口码型等特征。

宽带接入技术主要包括数字用户线接入、光纤同轴电缆混合网接入、光纤接入、无线接入、局域网接入等。

习　题

1. 物理层与传输介质是什么关系?
2. 设置物理层的目的是什么?
3. 请从数据通信方式的角度，分析人与人之间会话的特点。
4. 请结合远程教育的例子，解释"信息""数据"与"信号"之间的关系。
5. 已知 3 个频率的波长分别为 5.19cm、12.24cm 与 33.3cm。经计算，哪个频率不在 ISM 频段中?
6. 无线网卡接收到的信号功率为 0.001mW，以 dBm 为单位的信号功率是多少?
7. 无线局域网 WiFi 使用 2.4GHz，对应的信号波长是多少?
8. 请根据 QAM 调制中的波特率与相数，计算对应的数据传输速率并填入表 2-3 中。

表 2-3　QAM 调制中的波特率、相数与数据传输速率

波特率/baud	多相调制的相数	数据传输速率/(b/s)
3600	QPSK-8	
3600	QPSK-16	
3600	QPSK-64	
3600	QPSK-256	

9. 图 2-37 是一个 8b 数据的曼彻斯特编码波形(前 $T/2$ 传送该比特的反码)。

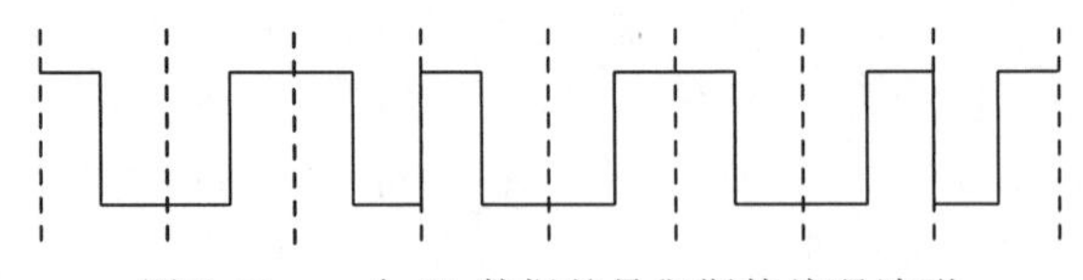

图 2-37　一个 8b 数据的曼彻斯特编码波形

① 请写出这个 8b 数据的二进制编码。

② 请画出对应的差分曼彻斯特编码波形。

10. 已知 FDM 系统的一条通信线路带宽为 200kHz，每路信号带宽为 4.2kHz，相邻信道之间的隔离带宽为 0.8kHz。请计算这条线路可传输多少路信号?

11. 已知主机的数据发送速率为 100Mb/s，采用曼彻斯特编码方式。请计算信号传输至少需要占用的信道带宽。

12. 为什么 1Kb/s≠1024b/s?
13. 已知 SONET 定义的 OC-1 速率为 51.84Mb/s。请计算 STM-4 对应的速率。
14. 为什么 ADSL 系统在电话线路上要划分语音、上行与下行 3 个信道?
15. HFC 上行信道与下行信道哪个是有竞争的? 为什么?
16. FTTx 接入方式最主要的特点是什么?
17. 为什么说蜂窝移动通信网 1G 到 5G 的区别主要表现在无线信道的空中接口标准?
18. 请说明 5G 的峰值速率与用户体验速率的区别。
19. 请说明 5G 的流量密度与连接数密度的区别。
20. 如果说 5G 允许用户最大的移动速度为 500km/h,其前提是什么?

第 3 章 数据链路层

本章在介绍数据链路层概念的基础上，以以太网与 WiFi 为例，系统地讨论局域网的基本概念、MAC 层协议的工作原理，并从计算机体系结构与操作系统的角度介绍计算机接入网络的原理与实现技术。

本章学习要求

- 掌握数据链路层的基本概念。
- 掌握误码率的定义与差错控制方法。
- 理解 MAC 层协议的基本概念。
- 掌握 IEEE 802.3 协议与以太网工作原理。
- 掌握 IEEE 802.11 协议与 WiFi 工作原理。

3.1 差错产生的原因与差错控制方法

3.1.1 设计数据链路层的原因

在讨论数据链路层的基本概念与协议之前，首先需要讨论一个问题：为什么要设计数据链路层？这个问题可以从以下 3 个方面来回答：

(1) 物理线路由传输介质与通信设备组成。在实际物理线路的传输过程中，人们需要进行测试，计算出各种物理线路的平均误码率，或给出某些特殊情况下的平均误码率。对于电话线路，传输速率为 300～2400b/s 时，平均误码率为 10^{-4}～10^{-6}；传输速率为 4800～9600b/s 时，误码率为 10^{-2}～10^{-4}。计算机网络对数据通信的要求是误码率必须低于 10^{-9}。因此，在不采取差错控制措施的条件下，普通电话线不能满足计算机网络的要求。

(2) 设计数据链路层的主要目的是在物理线路的基础上，采取差错检测、差错控制、流量控制等方法，将有差错的物理线路改进成无差错的数据链路，以便向网络层提供高质量的数据传输服务。

(3) 从参考模型的角度来看，物理层以上各层都有改善数据传输质量的责任，而数据链路层是其中最重要的一层。

3.1.2 差错产生的原因和差错类型

通过物理线路传输之后，接收数据与发送数据不一致的现象称为传输差错(简称差错)。

差错的产生是不可避免的。需要分析差错产生的原因与类型，研究发现是否出错及如何纠正错误的差错控制方法。

图 3-1 给出了差错的产生过程。其中，图 3-1(a)给出了数据通过信道的过程；图 3-1(b)给出了数据传输过程中的噪声影响。当数据信号在物理线路上传输时，由于物理线路上必然存在噪声，因此接收端收到的信号是数据信号与噪声信号的叠加。接收端对叠加后的信号进行判断，以便确定数据信号的二进制 0、1 值。如果信号叠加结果在电平判断时引起错误，这时就会产生传输数据的错误。

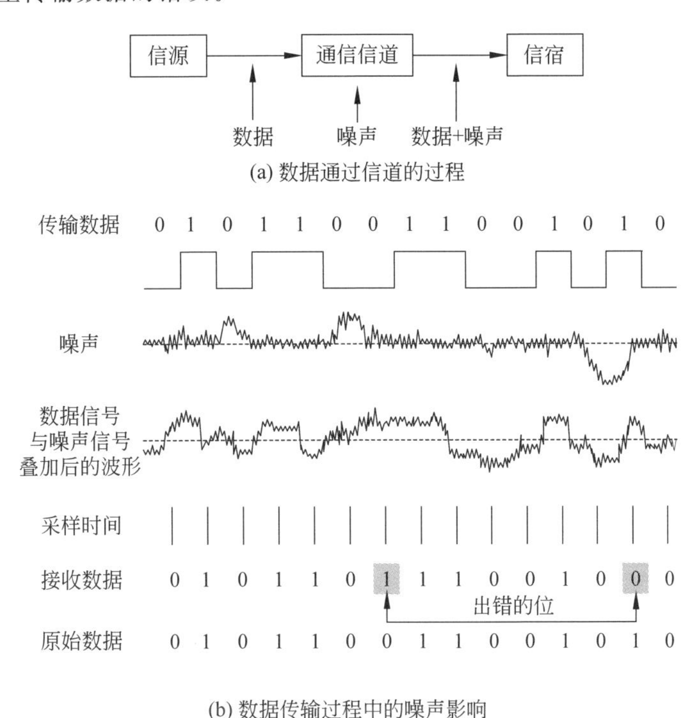

(a) 数据通过信道的过程

(b) 数据传输过程中的噪声影响

图 3-1 差错的产生过程

物理线路的噪声分为两类：热噪声和冲击噪声。热噪声是由传输介质的电子热运动而产生的。热噪声的主要特点是：时刻存在，幅度较小，强度与频率无关，但是频谱很宽。热噪声是一种随机噪声，它引起的差错是一种随机差错。冲击噪声是由外界电磁干扰引起的。与热噪声相比，冲击噪声的幅度较大，它是引起传输差错的主要原因。与数据传输中每比特的发送时间相比，冲击噪声的持续时间较长。冲击噪声造成相邻多个比特出错，它引起的差错是一种突发差错。因此，通信过程中的差错由随机差错与突发差错构成。

3.1.3 误码率的定义

误码率是指二进制比特在数据传输系统中传错的概率，用 P_e 表示，它在数值上近似等于 N_e/N。其中，N_e 为传错的比特数，N 为传输的二进制比特总数。

在理解误码率的定义时，需要注意以下几个问题：

- 误码率是衡量数据传输系统在正常工作状态下的传输可靠性的参数。在物理线路上进行传输时，数据一定会由于噪声、干扰等原因出错，差错是不可避免的，但是一定要控制在允许的范围内。

- 对于一个实际的数据传输系统,不能笼统地说误码率越低越好,应根据实际的传输要求提出误码率要求。在数据传输速率确定之后,要求传输系统的误码率越低,则传输系统的设备就越复杂,相应的造价也就越高。
- 如果传输的数据不是二进制数,需要折合成二进制数来计算。
- 差错的出现具有随机性。在实际测量一个数据传输系统时,只有被测量的二进制比特数越多,才会越接近真实的误码率值。

3.1.4 检错码与纠错码

在数据传输系统中,检测与纠正数据传输错误的方法称为差错控制。差错控制的目的是减少物理线路上的传输错误,目前还不可能检测和纠正所有差错。在设计差错控制方法时,通常采用以下两种策略之一:

- 检错码:为传输的每个数据单元添加一定的冗余信息,接收端根据这些冗余信息发现差错,但不能确定哪个或哪些比特出错,并且不能自动纠正差错。
- 纠错码:为传输的每个数据单元添加足够的冗余信息,接收端根据这些冗余信息发现并纠正差错。

检错码虽然通过重传来纠正错误,但是工作原理简单,容易实现,因此获得广泛的使用。纠错码虽然有自己的优点,但是实现起来困难,在一般通信场景很少采用。

3.1.5 循环冗余编码工作原理

检错码主要包括奇偶校验码和循环冗余码。奇偶校验码是一种常见的检错码,它分为垂直奇偶校验码、水平奇偶校验码和水平垂直奇偶校验码(方阵码)。奇偶校验方法简单,但是检错能力较差,一般仅用于要求较低的环境。目前,循环冗余码(Cyclic Redundancy Code,CRC)是应用最广泛的检错码,具有检错能力强、实现容易的特点。

1. CRC 基本工作原理

CRC 检错方法的工作原理可以从发送端与接收端两个方面进行描述。

(1) 发送端将发送数据比特序列当作一个多项式 $f(x)$,除以一个双方预先约定的生成多项式 $G(x)$,求得一个余数多项式 $R(x)$。然后,将余数多项式加到多项式 $f(x)$之后,一起发送到接收端。

(2) 接收端将接收数据比特序列当作一个多项式 $f'(x)$,除以一个相同的生成多项式 $G(x)$,求得一个余数多项式 $R'(x)$。如果余数多项式 $R'(x)$与 $R(x)$相同,表示传输没有出错;否则,表示传输出错,并通知发送端重传数据,直至正确接收为止。

图 3-2 给出了 CRC 校验的工作原理。

CRC 校验中的生成多项式 $G(x)$由协议来规定,$G(x)$结构及检错效果是经过严格的数学分析与实验后确定的。目前,有多种生成多项式称为国际标准,例如:

- CRC-12:$G(x)=x^{12}+x^{11}+x^3+x^2+x+1$。
- CRC-16:$G(x)=x^{16}+x^{15}+x^2+1$。
- CRC-CCITT:$G(x)=x^{16}+x^{12}+x^5+1$。
- CRC-32:$G(x)=x^{32}+x^{26}+x^{23}+x^{22}+x^{16}+x^{12}+x^{11}+x^{10}+x^8+x^7+x^5+x^4+x^2+x+1$。

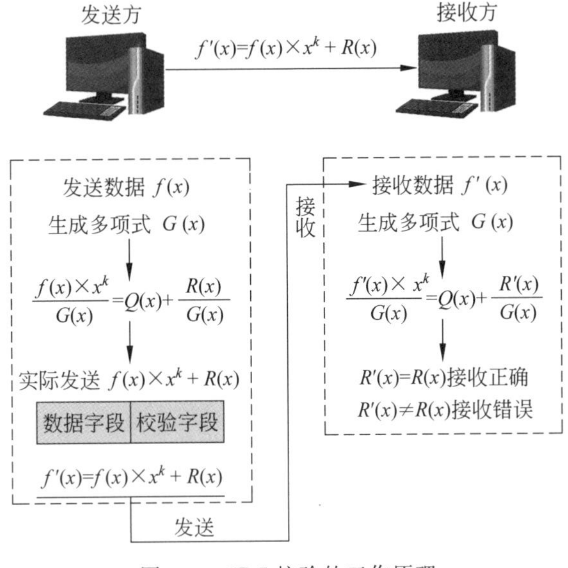

图 3-2　CRC 校验的工作原理

2. CRC 校验的工作过程

CRC 校验的工作过程如下：

(1) 发送端将发送数据比特序列 $f(x)$乘以 x^k 发送出去，其中 k 为生成多项式的最高幂值。通过这个计算将发送数据比特序列左移 k 位，用于放入余数多项式。

(2) 发送端将 $f(x)\times x^k$ 除以生成多项式$G(x)$，求得

$$\frac{f(x)\times x^k}{G(x)}=Q(x)+\frac{R(x)}{G(x)}$$

其中，$R(x)$为余数多项式。

(3) 发送端将余数多项式加到多项式 $f(x)$之后，一起发送到接收端。

(4) 接收端将接收数据比特序列 $f'(x)$采用步骤(1)与(2)的运算，求得

$$\frac{f'(x)\times x^k}{G(x)}=Q(x)+\frac{R'(x)}{G(x)}$$

其中，$R'(x)$为余数多项式。

(5) 如果余数多项式 $R'(x)$与 $R(x)$相同，表示传输没有出错；否则，表示传输出错。

3. CRC 检错方法举例

在实际生成 CRC 校验码时，通常以模二算法(即减法不借位、加法不进位)计算，这是一种异或操作。下面通过例子进一步解释 CRC 的工作原理。

在以模二算法生成 CRC 校验码时，需要注意以下几个问题：

(1) 以 CRC-12 为例，$G(x)=x^{12}+x^{11}+x^3+x^2+x+1$ 可以写为

$$G(x)=1\times x^{12}+1\times x^{11}+0\times x^{10}+0\times x^9+0\times x^8+0\times x^7+0\times x^6$$
$$+0\times x^5+0\times x^4+1\times x^3+1\times x^2+1\times x^1+1\times x^0$$

CRC-12 的最高位是 x^{12}。在实际使用二进制表示时，其位数 $N=13$，用二进制表示 $G(x)$应该为 1100000001111。因此，$k=13-1=12$。

(2) 如果例子给出的生成多项式比特序列为 11001，则生成多项式应该写为

$$G(x)=1\times x^4+1\times x^3+0\times x^2+0\times x^1+1\times x^0$$

对于这个生成多项式，$N=5$，$k=5-1=4$。

下面通过一个例子来说明 CRC 校验码的生成过程。

(1) 发送数据为 110011(6 比特)。

(2) 生成多项式的值为 11001($N=5$、$k=4$)。

(3) 将发送数据乘以 2^4，求得的乘积为 1100110000。

(4) 将这个乘积除以生成多项式，按模二算法求得余数多项式为 1001。

```
                      100001      ←— Q(x)
G(x) —→ 11001  √1100110000      ←— f(x) · x^k
                 11001
                 ──────────
                     10000
                     11001
                     ──────
                      1110      ←— R(x)
```

(5) 将余数多项式加到发送数据之后，求得带 CRC 校验码的发送数据比特序列：

$$\underbrace{110011}_{\text{发送数据比特序列}}\qquad\underbrace{1001}_{\text{CRC校验码比特序列}}$$

(6) 如果在数据传输过程中没有出错，接收端接收的数据一定能被相同的生成多项式整除：

```
          100001
11001  √1100111001
         11001
         ──────────
             11001
             11001
             ─────
                 0
```

在实际应用中，CRC 校验码的生成与检验可用软件或硬件来实现。目前，很多超大规模集成电路芯片可实现复杂的 CRC 校验功能。

4. CRC 的检错能力

CRC 校验码的检错能力很强，除了能够检查出随机差错外，还能够检查出突发差错。突发差错是指在接收比特序列中突然出现连续几位错误。CRC 具有以下校验能力：

- 能够检查出全部离散的一位差错。
- 能够检查出全部离散的两位差错。
- 能够检查出全部奇数位差错。
- 能够检查出全部长度小于或等于 k 位的突发差错。
- 能够以 $1-(1/2)^{k-1}$ 的概率检查出长度为 $k+1$ 位的突发差错。

如果 $k=16$，CRC 校验码能检查出小于或等于 16 位的所有突发差错，并且以 $1-(1/2)^{16-1}\approx 99.997\%$ 的概率检查出 17 位的突发差错，漏检概率约为 0.003%。

3.1.6 差错控制机制

接收端通过检错码检查数据是否出错。当发现错误时，通常采用自动请求重发(Automatic Request for Repeat，ARQ)方法来纠正。

ARQ纠错的工作过程如下：

(1) 发送端用校验码编码器为数据生成校验字段，并将数据与校验字段一起发送到接收端。为了适应ARQ的需求，发送端要缓存发送数据的副本。

(2) 接收端通过校验码译码器判断数据传输中是否出错。如果数据传输正确，接收端向发送端发送ACK(传输正确)。发送端接收到ACK之后，不再保留发送数据的副本。如果数据传输错误，接收端向发送端发送NAK(传输错误)。

(3) 发送端接收到NAK之后，将保留的数据副本重新发送，直至接收端正确接收为止。ARQ规定了最大重发次数。如果超过最大重发次数，接收端仍无法正确接收，那么发送端停止重发，并向高层协议报告出错信息。

3.2 数据链路层的基本概念

3.2.1 链路与数据链路

链路(link)与数据链路(data link)的含义不同。图3-3给出了链路与数据链路的关系。

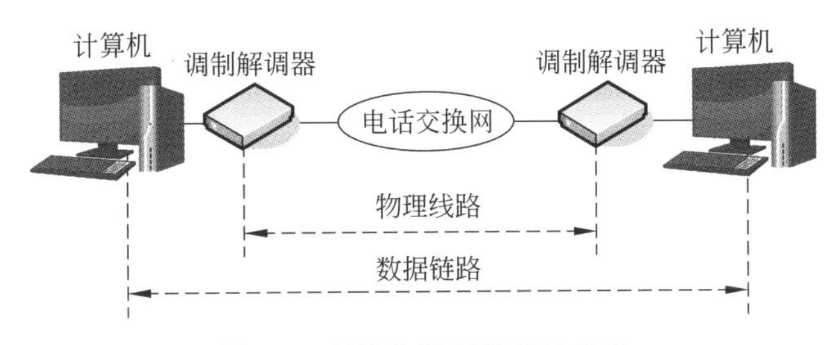

图3-3 链路与数据链路的关系

理解链路与数据链路的区别与联系时需要注意以下几个问题：

(1) 链路是由物理线路与通信设备构成。物理线路可以是有线或无线的，用于连接相邻的两个节点。例如，连接通信双方的物理线路是电话线。为了在电话线上传输计算机的数字信号，需要用调制解调器实现数字信号与模拟信号之间的转换。这里，电话线与调制解调器构成收发双方的物理层，它就是用于完成比特流传输的链路。

(2) 在没有采取差错控制机制的链路上传输比特流可能出错。设计数据链路层的目的就是为了发现和纠正传输中可能出现的差错，将有差错的链路变成无差错的数据链路。数据链路由实现数据链路层协议的硬件、软件与链路构成。

3.2.2 数据链路层的主要功能

数据链路层主要包括以下几个功能。

1. 数据链路管理

当收发双方开始进行通信时，发送端需要确认接收端已做好准备。为了做到这一点，收发双方必须事先交换必要的信息,以便建立数据链路;在数据传输过程中,需要维护好数据链路;在通信结束之后,需要释放数据链路。数据链路管理功能主要包括数据链路的建立、维护与释放。

2. 帧同步

数据链路层传输的数据单元是帧。物理层的比特流是封装在帧中传输的。帧同步是指接收端能够从接收的比特流中正确判断出一帧的开始与结束。

3. 流量控制

如果发送端发送的数据量超过物理线路的传输能力,或者超出接收端的帧接收能力,这时将造成链路拥塞。因此,数据链路层必须提供流量控制功能。

4. 差错控制

为了发现和纠正链路上的传输差错,将有差错的链路变成无差错的数据链路,数据链路层必须提供差错控制功能。

5. 透明传输

如果传输的帧数据中出现某些控制字符的比特序列,那么有必要采取适当的措施,避免接收端将这些比特序列误认为控制字符。数据链路层必须保证帧数据可以包含任意比特序列,即保证帧传输的透明性。

6. 寻址

在点-多点链路连接的情况下,数据链路层要保证将每帧传送到正确的接收端。因此,数据链路层也需要提供寻址能力。

3.2.3 数据链路层与网络层、物理层的关系

1. 数据链路层与网络层的关系

在 OSI 参考模型中,数据链路层处于网络层与物理层之间。网络层的功能是为联网计算机之间的通信寻找一条好的传输路径。图 3-4 给出了数据链路层与网络层的关系。如果主机 A 需要向主机 B 传送数据,则主机 A 的网络层启动路由选择算法,找出一条可到达主机 B 的传输路径(例如路由器 1、2、3)。这条传输路径由多段链路组成。

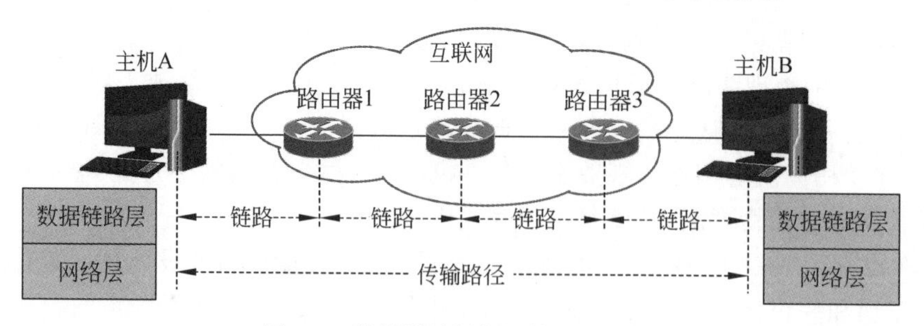

图 3-4 数据链路层与网络层的关系

理解数据链路层与网络层的关系时需要注意以下两个问题:

- 网络层路由选择算法找出的传输路径一般是由多段链路组成的。如果数据链路层能够保证网络层数据经过每段链路传输时都不会出错,则网络层数据经过多段链路传输也不会出错。因此,数据链路层要为保证网络层数据传输的正确性提供服务。

- 由于数据链路层的存在，网络层无须知道物理层具体使用哪种传输介质与设备、采用模拟通信还是数字通信方法、使用有线信道还是无线信道。只要接口关系与功能不变，物理层采用的传输介质与设备的变化对网络层就不会产生影响。因此，数据链路层要为网络层屏蔽物理层传输技术的差异性提供服务。

2. 数据链路层与物理层的关系

数据链路连接建立在物理线路连接之上。在物理层完成物理线路连接并提供比特流传输能力的基础上，数据链路层才能够传输数据链路层协议数据单元——帧。数据链路层协议软件控制数据链路建立、帧传输与释放过程，并通过流量控制与差错控制来保证数据在数据链路上的正确传输，为网络层提供服务。图 3-5 给出了数据链路层与物理层的关系。

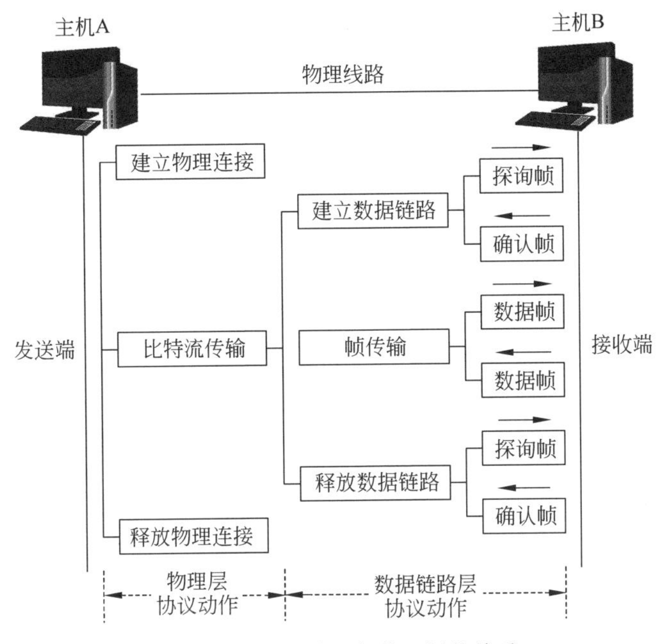

图 3-5　数据链路层与物理层的关系

理解数据链路层与物理层的关系时，需要注意以下几个问题：

- 主机 A 与主机 B 之间要传输数据，首先需要建立物理线路连接。
- 在建立物理线路连接之后，才能够传输比特流；只有传输比特流之后，才能够传输数据链路层的控制帧；控制帧通过协商来建立数据链路。
- 数据帧在数据链路上传输。
- 在数据帧传输结束之后，数据链路层的控制帧通过协商来释放数据链路。
- 在数据链路释放之后，物理线路连接应该还存在，最后才释放物理线路连接。
- 在释放物理线路连接之后，主机 A 与主机 B 之间的通信关系才完全解除。

从以上讨论中可以看出，数据链路层在物理层比特流传输功能的基础上为网络层提供服务。

3.2.4　数据链路层协议的发展与演变

为了实现数据链路层的功能，就需要制定相应的数据链路层协议。20 世纪 70 年代，计算机网络采用的物理层技术不够成熟,数据传输速率低,误码率高,因此需要制定比较复杂的数据链路层协议来弥补物理层的缺陷。了解数据链路层协议的发展与演变,需要从点-点链路与局域网的数据链路层协议两个方向入手。

1. 点-点链路数据链路层协议的发展

早期计算机网络主要是广域网。在广域网中,连接计算机与路由器以及路由器之间的物理层线路主要是点-点链路,如电话线、电缆与光纤。最早用于点-点链路的数据链路层协议是面向字符型协议。它的特点是利用已定义好的一种标准字编码(如 ACSII 码或 EBCDIC 码)的一个子集来执行数据链路层的通信控制功能。典型的面向字符型协议是二进制同步通信(Binary Synchronous Communication,BSC)协议。面向字符型协议有 3 个明显缺点:一是不同类型的计算机的控制字符可能不同;二是不能实现透明传输;三是协议效率低。针对这些缺点,人们提出了面向比特型协议。典型的面向比特型协议主要包括高级数据链路控制(High-level Data Link Control,HDLC)协议与点-点协议(Point-to-Point Protocol,PPP)。

最初,由于物理层的误码率高,因此需要设计复杂的数据链路层协议,以弥补物理层存在的缺陷。1974 年,ISO 在 IBM 公司的 HDLC 基础上制定了数据链路层协议 ISO 3309。随着物理层通信大量使用光纤,传输速率高,误码率低,数据链路层不再需要复杂的协议,HDLC 逐渐被 PPP 协议所取代。1994 年,RFC 1661、RFC 1662 与 RFC 1663 详细说明了 PPP 的帧结构、差错处理、IP 地址动态分配、身份认证等。PPP 除了包括链路控制协议(Link Control Protocol,LCP)之外,还有涉及网络层的网络控制协议(Network Control Protocol,NCP)。这样设计 PPP 的主要原因是:早期计算机网络的网络层除了 IP 协议之外还有 NetWare IPX 等多种协议。随着 IP 成为网络层主流协议,PPP 再有 NCP 协议就显得多余了。尽管如此,PPP 在很长一段时间内仍在应用,始终未找到一种协议可取代 PPP。

这种情况在高速以太网出现之后发生了变化。对于千兆以太网(Gigabit Ethernet,GE)与 10GE、40GE、100GE 物理层,除了局域网物理层(LAN PHY)标准之外,还需要制定远距离、点-点光纤线路的广域网物理层(WAN PHY)标准,如 1000Base-ZX(单模光纤,最大长度为 70km)、10GBase-ZR(单模光纤,最大长度为 80km)等。因此,用高速以太网取代 PPP 已是大势所趋。其优点主要表现在两个方面:一是互联网络与远距离光纤链路都使用以太网协议,组网方便,协议运行效率高;二是光纤链路物理层采用高速以太网的广域网物理层标准,可获得很高的数据传输速率。

目前,宽带接入技术(如 ADSL、线缆调制解调器、FTTx)使用 PPPoE(PPP over Ethernet,运行在以太网上的 PPP)。1999 年,RFC 2516 文档给出了 PPPoE 的内容。PPPoE 是将 PPP 帧封装在以太网帧中,使多个使用点-点线路的 PPP 用户可以共享一条高带宽的以太网链路。

2. 局域网数据链路层协议的发展

20 世纪 80 年代,广域网技术的成熟与微型机的广泛应用推动了局域网技术研究的发展。早期的局域网主要是令牌环网,如 1972 年美国加州大学研究的 Newhall 环网和 1974 年英国剑桥大学研究的 Cambridge Ring 环网,随后出现以以太网为代表的总线型局域网。无论是环形局域网还是总线型局域网,都存在多台联网主机需要共享传输介质发送和接收数据的多路访问问题。如果有多台联网主机同时争用公共传输介质,那么就会产生冲突,导致数据发送失败。因此,有必要研究分布式介质访问控制(Medium Access Control,MAC)算法。局域网的数据链路层的研究重点是MAC算法。以太网采用的是带冲突检测的载波侦听多路访问(Carrier Sense Multiple Access with Collision Detection,CSMA/CD)控制算法,而令牌总线网和令牌环网采用的是令牌控制算法。

20世纪80年代,局域网领域出现以太网与令牌总线网、令牌环网三足鼎立的局面,并且各自形成了国际标准。20世纪90年代,以太网开始被业界认可和广泛应用。进入21世纪,IEEE 802.3标准与以太网成为局域网领域"一枝独秀"的主流技术,高速以太网、交换以太网与无线以太网成为研究重点。目前,广泛应用的无线以太网——WiFi的MAC层介质访问控制算法与IEEE 802.11标准,MAC层采用的是带冲突避免的载波侦听多路访问(CSMA with Collision Avoidance,CSMA/CA)算法。

因此,IEEE 802.3的MAC层CSMA/CD与IEEE 802.11的MAC层CSMA/CA控制算法与实现技术是数据链路层学习的重点。

3.2.5 局域网参考模型与协议标准

1. 局域网参考模型

图3-6给出了OSI参考模型与IEEE 802参考模型的对应关系。

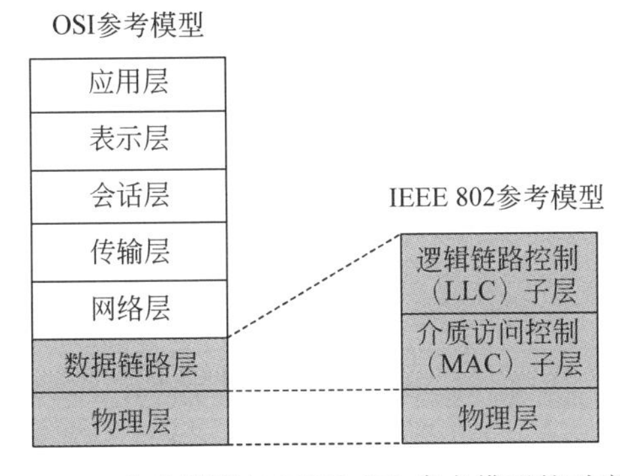

图3-6 OSI参考模型与IEEE 802参考模型的对应关系

1980年2月,IEEE成立致力于局域网标准化的IEEE 802委员会。IEEE 802标准的研究重点是解决局部范围内计算机的组网问题。因此,研究者仅需面对OSI参考模型的数据链路层与物理层,而网络层及高层不属于局域网研究范围。

最初,局域网领域有3类典型技术与产品,即以太网、令牌总线网与令牌环网。市场上有很多不同厂家的局域网产品,其数据链路层与物理层协议各不相同。面对这样的复杂局面,需要为多种局域网技术建立一个共用的协议模型,IEEE 802标准将数据链路层划分为两个子层:逻辑链路控制(Logical Link Control,LLC)子层与介质访问控制(MAC)子层。不同局域网的MAC子层和物理层采用不同协议,而在LLC子层必须采用相同协议。LLC子层将MAC帧封装到统一结构的LLC帧中。LLC子层与物理层采用的传输介质、MAC方法无关,网络层不考虑低层采用的传输介质、MAC方法与拓扑构型。

从目前局域网的实际应用情况来看,几乎所有办公自动化应用的局域网环境(例如企业网、办公网、校园网)都采用以太网,局域网中是否使用LLC子层已变得不重要,很多硬件和软件厂商已经不再使用LLC协议,而直接将数据封装在MAC帧中。网络层的IP协议直接将分组封装到以太网帧中,整个协议处理过程变得简洁,因此人们已很少讨论LLC协议。目前,教科书与文献也不再讨论LLC协议的问题。

2. IEEE 802协议标准

1) IEEE 802协议标准的分类

为了研究不同的局域网标准,IEEE 802委员会成立了一系列工作组(Work Group,WG)或技术行动组(Technical Action Group,TAG),它们制定的标准统称为IEEE 802标准。随着局域网技术的发展,目前活跃的工作组是IEEE 802.3WG、IEEE 802.11WG、IEEE 802.15WG等。

IEEE 802委员会公布了很多标准,这些标准可以分为3类:

- 定义了局域网体系结构、网络互联以及网络管理与性能测试的IEEE 802.1标准。
- 定义了逻辑链路控制子层功能与服务的IEEE 802.2标准。
- 定义了不同介质访问控制技术的相关标准。

2) 介质访问控制标准的发展

不同介质访问控制技术的相关标准曾多达16个。随着局域网技术的发展,一些过渡性技术在市场的检验中逐步被淘汰或很少使用,当前应用最多、正在发展的标准主要有4个,其中3个是无线网络标准(如图3-7所示)。这4个网络协议标准如下:

- IEEE 802.3标准:定义以太网的MAC子层与物理层标准。
- IEEE 802.11标准:定义无线局域网的MAC子层与物理层标准。
- IEEE 802.15标准:定义近距离无线个域网的MAC子层与物理层标准。
- IEEE 802.16标准:定义宽带无线城域网的MAC子层与物理层标准。

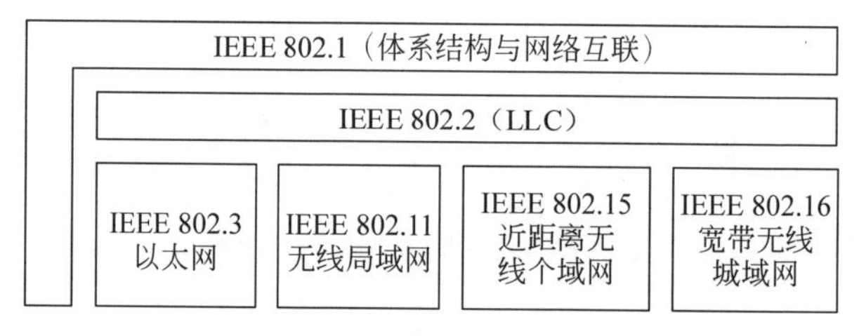

图3-7 IEEE 802协议结构

3. 局域网技术发展趋势

根据局域网技术研究与应用情况,可以总结出以下几个发展趋势:

- 以太网已成为办公环境组网的首选技术,大量计算机通过以太网接入互联网。传统的共享式以太网向交换式以太网、高速以太网与无线以太网发展。
- 由于高速以太网(GE、10GE、40GE与100GE)保留了传统以太网的帧结构、最小帧长度等特征,因此与传统以太网有很好的兼容性,采用光纤、点-点的全双工方式,增大了以太网的覆盖范围。
- 高速以太网应用从局域网逐步扩大到城域网,正在向全覆盖的方向发展,从组建办公环境的局域网向组建近距离的高性能计算机集群、存储区域网、云计算中心与互联网数据中心等机房后端网络发展。

3.3 以太网与 IEEE 802.3

3.3.1 以太网技术的发展背景

1. ALOHANET 研究的背景

以太网的核心技术是共享总线的介质访问控制方法 CSMA/CD,而它的设计思想来源于 ALOHANET。ALOHANET 出现在 20 世纪 60 年代末期。夏威夷大学为实现位于不同岛屿校区之间的计算机通信研究了一种无线分组交换网。最初设计时的数据传输速率为 4800b/s,以后提高到 9600b/s。ALOHANET 中心主机是一台位于瓦胡(Oahu)岛校园的 IBM 360 主机,它要通过学校的无线通信系统与分布在各个岛屿的计算机终端通信。因此,设计这样一个无线分组网,首先要解决的问题是:如何实现多个主机对一个共享无线信道多路访问的控制。ALOHANET 规定从 IBM 360 主机到终端的传输信道为下行信道,而从终端到 IBM 360 主机的传输信道为上行信道。下行信道是一台 IBM 360 主机向多个终端广播数据,不会出现冲突;但是,当多个终端利用上行信道向 IBM 360 主机传输数据时,就可能出现两个或两个以上终端同时争用一个信道而产生冲突的情况。解决冲突的办法只有两种:一种是集中控制方法;另一种是分布控制方法。集中控制方法在系统中设置一个中心控制主机,由中心节点决定哪个终端可使用共享的上行信道发送数据,从而避免出现多个终端争用一个上行信道的冲突现象。但是,控制中心有可能成为系统性能与可靠性的瓶颈。ALOHANET 采用的是分布式控制方法。

2. ALOHANET 访问控制的工作原理

理解 ALOHANET 访问控制的工作原理时需要注意以下几个问题:

- 每台主机在发送数据之前都需要监听无线信道是否空闲。如果没有其他主机利用无线信道传输数据,信道是空闲的,那么这台主机才可以发送数据。
- 主机发送结束之后,要等待中心主机返回正确传输的确认。如果主机在规定时间内没有接收到确认,则认为出现冲突,传输失败。主机需要重新监听信道,等到空闲时才能够重新发送。
- 由于冲突的概率与主机传输数据的频繁程度相关,因此 ALOHANET 采用的分布式控制方法是一种随机访问控制方法。

3. 以太网技术的产生过程

1973 年 5 月,Robert Metcalfe 与 David Boggs 提出以太网设计方案。他们受到 19 世纪物理学家解释光在空间传播的介质——以太(ethre)这一概念的影响,将这种局域网命名为 Ethernet。1976 年 7 月,Metcalfe 与 Boggs 发表了具有里程碑意义的论文——*Ethernet: Distributed Packet Switching for Local Computer Networks*。连接在以太网中的每台主机都称为节点。由于以太网中不存在集中控制节点,联网的多个节点必须平等地争用发送时间,这种多个节点争用同一传输介质的控制方法属于随机争用方法。以太网的核心技术是介质存取访问控制方法 CSMA/CD。

1977 年,Metcalfe 等申请了以太网的专利。1978 年,他们开发了以太网中继器(repeater)。1980 年,Xerox、DEC 与 Intel 公司合作,首次公布以太网物理层、数据链路层规范。1981 年,公布 Ethernet V2.0 规范。IEEE 802.3 标准是在 Ethernet V2.0 的基础上制定的,它推动了以太网技术的发展。1982 年,第一片支持 IEEE 802.3 标准的超大规模集成电路芯片——以太网控制器问世。多家软件公司开发支持 IEEE 802.3 标准的操作系统及应用软件。

20 世纪 80 年代,以太网与令牌环网和令牌总线网之间的竞争非常激烈。早期的以太网使用的传输介质是同轴电缆,传输介质造价较高,故障率也较高。1990 年,随着物理层标准 10Base-T 的推出,非屏蔽双绞线成为 10Mb/s 的以太网传输介质。在使用非屏蔽双绞线之后,以太网组网造价降低,可靠性提高,性价比提升,以太网在竞争中占据优势。同年,以太网交换机面世,标志着交换式以太网的出现。1993 年,Kalpana 公司设计了全双工以太网,改变了传统的半双工模式,将以太网带宽增加一倍。在此基础上,以光纤为传输介质的物理层 10Base-F 标准推出,使以太网最终从三足鼎立中脱颖而出。高性价比、适应于办公环境的应用使以太网得到硬件与软件厂商的广泛支持。NetWare、Windows NT Server、IBM LAN Server 及 UNIX 操作系统的支持使以太网技术逐渐进入成熟阶段。

4. 高速以太网的发展背景

图 3-8 给出了以太网的结构。主机 A～E 都连接在一条共享总线(如同轴电缆、双绞线等)上。当主机 A 向 C 发送数据信号时,电信号沿着传输介质向两个方向传播,除主机 C 之外的其他主机都能收到主机 A 发出的电信号。如果其他主机也向共享总线上发送信号,多路信号的叠加使主机 C 不能正确接收主机 A 发出的电信号,导致此次数据传输失败。介质访问控制方法保证每个主机都能公平使用共享的总线介质。

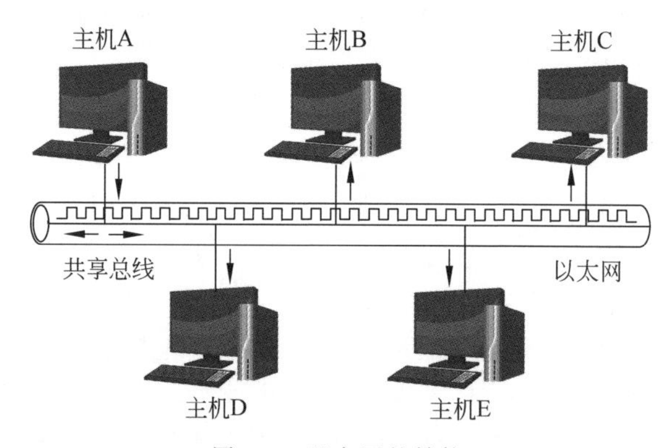

图 3-8 以太网的结构

传统的局域网技术建立在共享介质的基础上,所有网络节点共享一条公用的传输介质。介质访问控制方法用来保证每个节点都能公平使用传输介质。在网络技术讨论中,可粗略做一个估算,如果以太网中有 N 个节点,那么每个节点获得的平均带宽为 $10/N$(单位为 Mb/s)。显然,随着局域网规模的不断扩大,节点数 N 不断增加,每个节点分配的平均带宽越来越小。当网络节点数 N 增大时,网络通信负荷加重,冲突和重发次数大幅增长,传输介质利用率急剧下降,传输延迟明显增加,服务质量将显著下降。为了克服网络规模与性能之间的矛盾,人们提出了 3 种解决方案:高速、交换与互联。

1) 高速

第一种解决方案是将以太网的数据传输速率从 10Mb/s 提高到 100Mb/s,甚至是 1Gb/s、10Gb/s、40Gb/s 或 100Gb/s,这推动了高速局域网技术的发展。在这个方案中,无论局域网传输速率提高到多少,仍保持以太网的基本特征(帧结构、最大与最小帧长度)。

这里从传播延时带宽积的角度去认识提高传输速率的必要性。评价网络性能的两个参数是传播延时与带宽。这两个参数的乘积称为传播延时带宽积,经常简称为延时带宽积。延时带宽积=传播延时×带宽。图3-9给出了延时带宽积的物理意义。

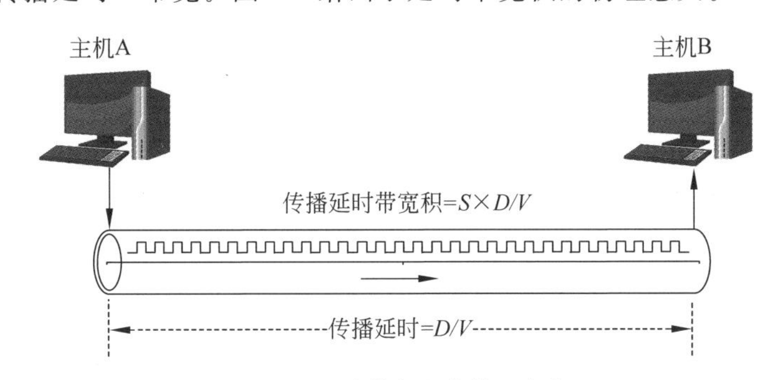

图3-9 延时带宽积的物理意义

如果以太网的总线长度 D=500m,电磁波在总线中的传播速度为 $V=2\times10^8$m/s,那么主机A发送的信号经过500m的传播,到达主机B的传播延时为2.5μs。如果主机A的发送速率为10Mb/s,那么经过2.5μs,在传输介质上可连续发送的比特数为10Mb/s×2.5μs=25b。对于总线长度为500m、电磁波传播速度为 2×10^8m/s、传输速率为10Mb/s的以太网,延时带宽积仅能达到25b;速率提高到100Mb/s,那么延时带宽积将达到250b;速率提高到1Gb/s,延时带宽积将达到2500b;速率提高到10Gb/s,延时带宽积将达到25 000b。因此,提高延时带宽积对改善网络性能至关重要。

2) 交换

第二种解决方案是将共享介质方式改为交换方式,这推动了交换式局域网(switched LAN)技术的发展。交换式局域网的核心设备是局域网交换机,支持在交换机多个端口之间同时建立多个并发连接。从这个角度,局域网被分为两类:共享式局域网(shared LAN)与交换式局域网。

3) 互联

第三种解决方案是将一个大型局域网划分成多个用网桥或路由器互联的小型局域网,这推动了局域网互联技术的发展。网桥、交换机与路由器可以隔离子网之间的广播通信量。通过减少每个子网的节点数的方法,使每个局域网的网络性能得到改善。

1995年,100Mb/s的快速以太网(Fast Ethernet)标准发布。1998年,1Gb/s以太网(1 Gigabit Ethernet GE)标准发布。1999年,GE的产品问世,并成为局域网主干的首选方案。2002年,10Gb/s以太网(10 Gigabit Ethernet,10GE)标准发布。2010年,40Gb/s以太网(40 Gigabit Ethernet,40GE)与100Gb/s以太网(100 Gigabit Ethernet,100GE)标准完成。这些标准进一步增强了以太网在网络建设中的竞争优势。通常将快速以太网、1Gb/s以太网、10Gb/s以太网、40Gb/s以太网与100Gb/s以太网分别称为FE、GE、10GE、40GE与100GE,而将10Mb/s以太网称为传统以太网或以太网。

在高速以太网发展的同时,以太网技术进一步向无线以太网、工业以太网与电信级以太网方向发展,以太网从局域网向城域网、广域网和无线网络等领域扩展,并成为公认的主流组网技术之一。

5. 以太网物理地址

理解以太网物理地址的概念时需要注意以下3个问题。

1) 对以太网物理地址的管理方法

48位地址称为EUI-48。EUI(Extended Unique Identifier)表示扩展的唯一标识符。按48位以太网物理地址的编码方法,可分配的以太网物理地址为2^{47}个,这个数量可保证全球任何一个以太网物理地址是唯一的。为了统一管理以太网物理地址,IEEE注册管理委员会(Registration Authority Committee,RAC)为每个网卡生产商分配以太网物理地址的前三字节,即公司标识(commpany-id),又称为机构唯一标识符(Organizationally Unique Identifier,OUI)。后三字节由网卡的厂商自行分配。

2) 以太网物理地址的表示方法

当某个网卡生产商获得一个前三字节地址分配权后,它可以生产的网卡数量是2^{24}(16 777 216)块。例如,IEEE分配给某个公司的以太网物理地址前三字节可能有多个,其中一个是020100。表示方法是在两个十六进制数之间用一个连字符隔开,即02-01-00。该公司可以为其生产的每块以太网网卡分配一个后三字节地址值,例如2A-10-C3。那么,这个网卡的物理地址应该是02-01-00-2A-10-C3,也可以写为0201002A10C3。

3) 以太网物理地址的唯一性

在网卡的生产过程中,物理地址写入网卡的只读存储器中。将这块网卡安装在任意一台计算机中,这块网卡的以太网物理地址都是02-01-00-2A-10-C3。不管这台计算机放在何处,连接到哪个局域网中,这块网卡的物理地址都是不变的,并且不会与全球任何一台计算机中的网卡的物理地址相同。

3.3.2 以太网数据发送流程分析

有人将CSMA/CD的工作过程形象地比喻成很多人在一间黑屋子中举行会议,参加会议的人只能听到其他人的声音。每个人在说话前必须倾听,只有等会场安静下来后,他才能发言。人们将发言前监听以确定是否有人发言的动作称为载波侦听;在会场安静的情况下,每人都有平等的机会讲话称为多路访问;如果同一时刻有两人或两人以上说话,大家无法听清其中任何一人的发言,这种情况称为冲突;发言人在发言过程中要及时发现冲突,这个动作称为冲突检测。如果发言人发现冲突,他需要停止讲话,然后随机延迟,再次重复上述过程,直至讲话成功。如果失败次数太多,也许他就会放弃这次发言的想法。

为了有效实现多个节点访问公共传输介质的控制策略,CSMA/CD的发送流程可以简单概括为4步:先听后发,边听边发,冲突停止,延迟重发。图3-10给出了以太网节点的数据发送流程。

1. 载波侦听过程

以太网中的任何一个节点在发送数据帧之前都要首先侦听总线的忙/闲状态。以太网网卡的收发器一直在接收总线上的信号。如果总线上有其他节点发送的信号,则曼彻斯特解码器的接收时钟一直有输出;如果总线上没有数据信号发送,则曼彻斯特解码器的接收时钟输出为0。因此,接收电路的曼彻斯特解码器的接收时钟输出能够反映出总线的忙/闲状态,如图3-11所示。

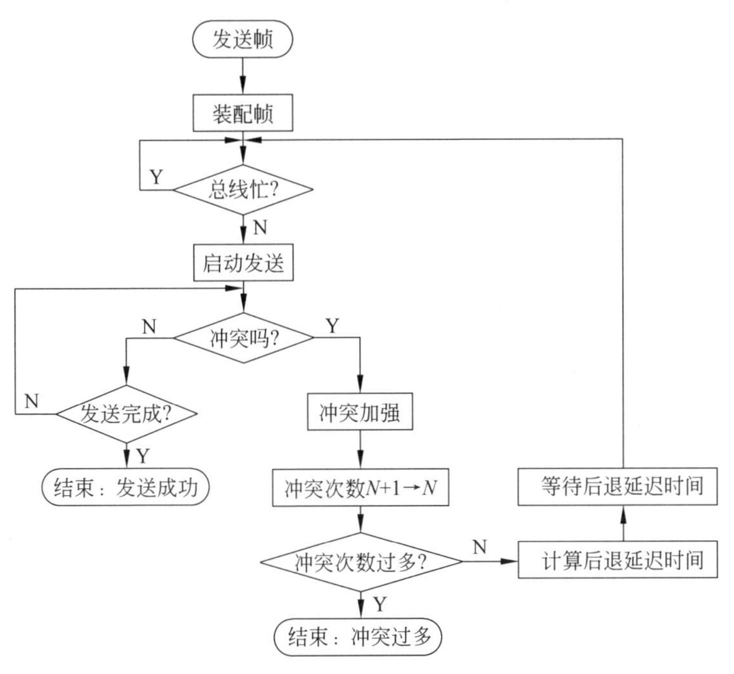

图 3-10　以太网节点的数据发送流程

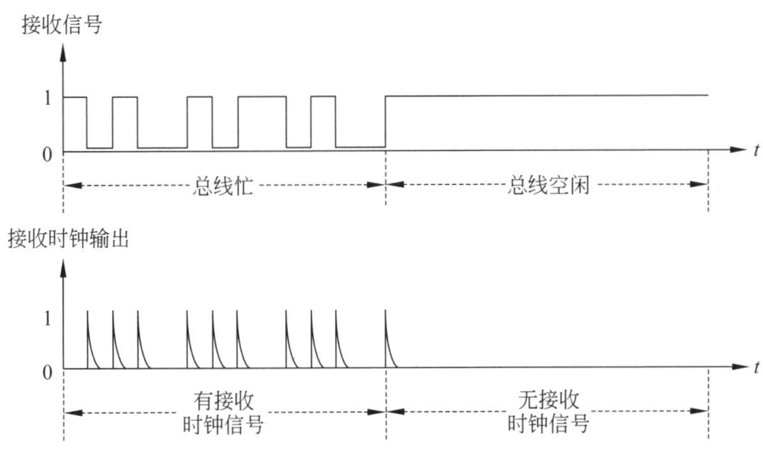

图 3-11　接收时钟输出与总线忙/闲状态

2. 冲突检测方法

载波侦听并不能完全消除冲突。数字信号以一定速度在介质中传输。电磁波在同轴电缆中传播速度只有光速的 2/3 左右，即大约 2×10^8m/s。例如，局域网中相隔最远的两个节点 A 和 B 相距 1000m，那么节点 A 向 B 发送一帧数据要经过大约 5μs 传播延时。也就是说，在节点 A 开始发送数据 5μs 后，节点 B 才可能接收到这个数据帧。在这 5μs 的时间内，节点 B 并不知道节点 A 已发送数据，它就有可能也向节点 A 发送数据。当出现这种情况时，节点 A 与 B 的此次发送就发生冲突。因此，多个节点在公共传输介质上发送数据需要进行冲突检测。

极端的情况是：节点 A 向 B 发送了数据，当数据信号快达到节点 B 时，节点 B 也发送了数据,此时发生冲突。当冲突的信号传送回节点 A 时,经过 2 倍的传播延时(2τ),其中 $\tau=D/V$,D 为总线介质的最大长度,V 为电磁波在传输介质中的传播速度。在 2 倍的传播延时中,冲突的帧可以传遍整个缆段。整个缆段连接的所有节点都应该检测到冲突。一个缆段是一个冲突域(collision domain)。如果超过 2 倍的传播延时没有检测出冲突,就认为该节点已取得总线访问权。因此,$2D/V$ 被定义为冲突窗口(collision window)。冲突窗口是指连接在一个缆段上的所有节点都能检测到冲突的最短时间。由于以太网物理层协议规定了总线的最大长度,电磁波在介质中的传播速度是确定的,因此冲突窗口的大小也是确定的。图 3-12 给出了冲突域与冲突窗口的概念。

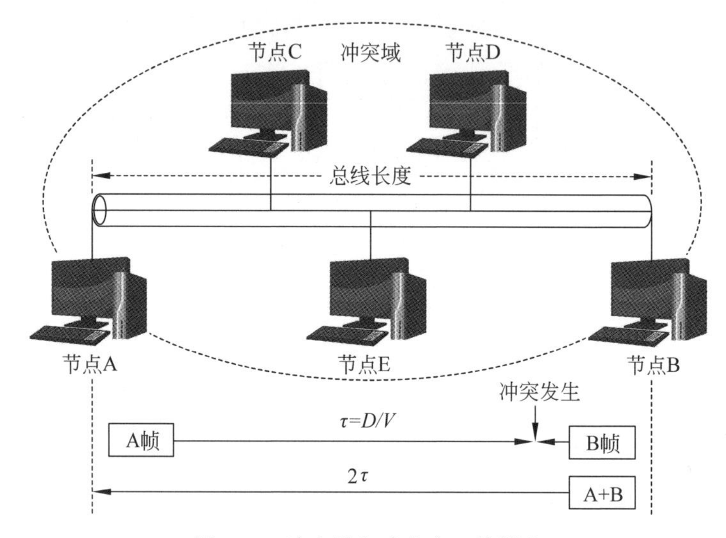

图 3-12　冲突域与冲突窗口的概念

理解冲突与冲突窗口的概念时,需要注意以下两个问题。

(1) 最小帧长度与总线长度、发送速率之间的关系。为了保证任何一个节点在发送一帧的过程中都能够检测到冲突,就要求发送一个最短帧的时间都要超过冲突窗口大小。如果最短帧长度为 $L_{\min}$,节点发送速率为 S,则发送最短帧所需的时间为 $L_{\min}/S$。冲突窗口值为 $2D/V$。要求发送一个最短帧的时间都要超过冲突窗口大小,即

$$L_{\min}/S \geqslant 2D/V$$

那么,总线长度与最小帧长度、发送速率之间的关系为

$$D \leqslant VL_{\min}/2S$$

可以根据总线长度、发送速率与电磁波传播速度计算出最小帧长度。

(2) 在网络环境中如何检测到冲突。从物理层来看,冲突是指总线上同时出现两个或两个以上发送信号,它们叠加后的信号波形将不等于任何节点输出的信号波形。例如,总线上同时出现了节点 A 与 B 的发送信号,它们叠加后的信号波形将既不是节点 A 的信号,也不是节点 B 的信号。节点 A 与 B 的信号都采用曼彻斯特编码,叠加后的信号波形既不符合曼彻斯特编码的信号波形,也不是任何一路信号的波形。图 3-13 给出了曼彻斯特编码信号的波形叠加情况。

从电子学实现方法的角度,冲突检测可以有两种方法:比较法和编码违例判决法。比较法是指发送节点在发送帧的同时将发送信号波形与从总线上接收到的信号波形进行比

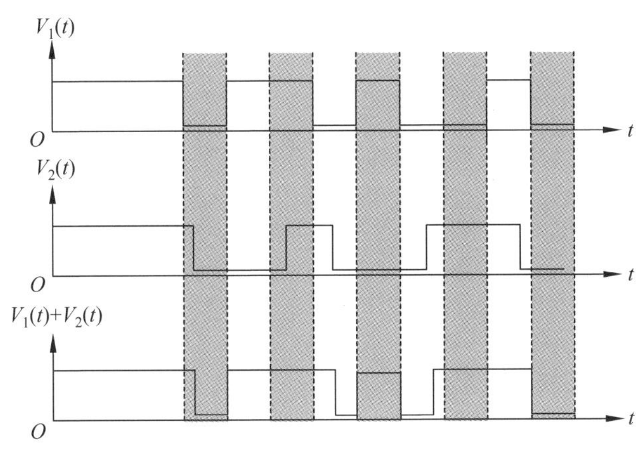

图 3-13 曼彻斯特编码信号的波形叠加情况

较。如果发送节点发现这两个信号波形不一致,表示总线上有多个节点同时发送数据,即可判定已经发生冲突。编码违例判决法是指接收节点检查从总线上接收的信号波形。如果接收的信号波形不符合曼彻斯特编码规律,就说明已经出现了冲突。

以太网协议规定的冲突窗口大小为 51.2μs。以太网传输速率为 10Mb/s,冲突窗口的 51.2μs 可发送 512b(64B)数据。64B 是以太网最小帧长度。这意味着当一个节点发送一个最小帧或一个帧的前 64B 时没有发现冲突,则表示该节点已获得总线发送权,并可以继续发送后续的字节。因此,冲突窗口又称为争用期(contention period)。

如果在发送数据过程中没有检测出冲突,在发送完所有数据之后报告发送成功,进入"接收正常"的结束状态。

3. 发现冲突时停止发送

如果在发送数据过程中检测出冲突,为了解决信道争用问题,发送节点要进入停止发送数据、随机延迟后重发的流程。第一步是发送冲突加强干扰序列(jamming sequence)信号。冲突加强干扰序列信号长度规定为 32b。这样做的目的是:确保有足够的冲突持续时间,使以太网中所有节点都能检测出冲突的存在,并立即丢弃冲突帧,减少因冲突而浪费的时间,提高信道的利用率。

4. 随机延迟重发

以太网协议规定一个帧的最大重发次数为 16。如果重发次数超过 16,则认为线路故障,进入"冲突过多"结束状态。如果重发次数不超过 16,则允许节点随机延迟再重发。

为了公平地解决信道争用问题,需要确定后退延迟算法。典型的算法是截止二进制指数后退延迟(truncated binary exponential backoff)算法。该算法可以表示为

$$\tau = 2^k Ra$$

其中,τ 为重新发送所需的后退延迟时间,a 是冲突窗口值,R 是随机数。如果一个节点需要计算后退延迟时间,则以其地址为初始值产生随机数 R。

节点重发后退的延迟时间是冲突窗口值的整数倍,并与以冲突次数为二进制指数的幂值成正比。为了避免延迟过长,截止二进制指数后退延迟算法限定二进制指数 k(即 2^k)的范围,定义 $k=\min(n,10)$。如果重发次数 $n<10$,则 k 取值为 n;如果重发次数 $n\geqslant 10$,则 k 取值为 10。例如,如果第一次冲突发生,则重发次数 $n=1$,取 $k=1$,即在冲突后两个时间片

后重发。如果第二次冲突发生,则重发次数 $n=2$,取 $k=2$,即在冲突后 4 个时间片后重发。在 $n<10$ 时,随着 n 的增加,重发延迟时间按 2^n 增长。当 $n\geqslant 10$ 时,重发延迟时间不再增长。由于限制二进制指数 k 的范围,则第 n 次重发延迟分布在 0 与$[2^{\min(n,10)}-1]$个时间片内,最大可能延迟时间为 1023 个时间片。在后退延迟时间到达后,节点重新判断总线忙/闲状态,重复发送流程。当冲突次数超过 16 时,表示发送失败,放弃发送该帧。

从上述讨论可以看出,任何节点发送数据都要通过 CSMA/CD 方法争取总线使用权,从准备到开始发送的等待时间不确定。因此,CSMA/CD 方法是一种随机争用型介质访问控制方法。

3.3.3 以太网数据接收流程分析

1. 以太网帧结构

为了分析以太网的数据接收流程,首先需要了解以太网帧结构。这时,需要注意 Ethernet V2.0 标准与 IEEE 802.3 标准以太网帧结构的区别。

Ethernet V2.0 标准是在 DEC、Intel 与 Xerox 公司合作研究的以太网协议的基础上改进的结果,有些文献将 Ethernet V2.0 帧结构称为 DIX 帧结构。IEEE 802.3 标准也规定了以太网帧结构,通常将它称为 IEEE 802.3 帧。DIX 帧和 IEEE 802.3 帧的结构有差异。图 3-14 给出了 DIX 帧与 IEEE 802.3 帧的结构比较。

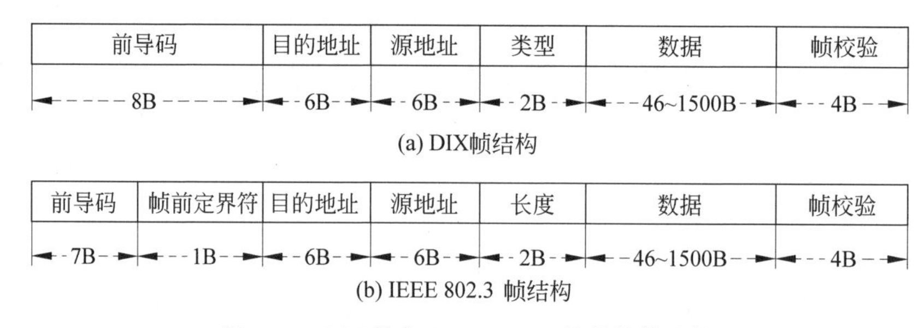

图 3-14　DIX 帧与 IEEE 802.3 帧的结构比较

DIX 帧与 IEEE 802.3 帧的结构差异主要表现在以下两点。

1) 前导码部分

DIX 帧与 IEEE 802.3 帧在前导码部分的差异如下:

(1) DIX 帧的前 8B 是前导码,每个字节都是 10101010。接收电路通过提取曼彻斯特编码的自含时钟实现收发双方的比特同步。

(2) IEEE 802.3 帧规定 7B 前导码由 7 个 10101010 组成,之后是 1B 的帧前定界符,为 8 位的 10101011。从物理层的角度来看,由于接收电路在曼彻斯特解码时需要采用锁相电路,而锁相电路从开始接收状态到达同步状态需要 10~20μs 的时间。设置 7B 前导码的目的是保证接收电路在接收帧目的地址字段之前已进入稳定接收的状态,能够正确地接收。如果将前导码与帧前定界符结合起来看,在 62 位比特序列后出现 11,在 11 之后开始出现以太网帧的目的地址字段。

2) 类型字段与长度字段

DIX 帧与 IEEE 802.3 帧在类型字段与长度字段部分的差异如下:

(1) DIX 帧规定了一个 2B 的类型字段。类型字段表示网络层使用的协议类型。例如，类型字段值等于 0x0800，表示网络层使用 IPv4 协议；类型字段值等于 0x8106，表示网络层使用 ARP 协议；类型字段值等于 0x86DD，表示网络层使用 IPv6 协议。

(2) IEEE 802.3 帧规定对应的字段为长度字段。数据字段是网络层发送的数据部分。由于帧最小长度为 64B，帧头部分长度为 18B(6B 的目的地址字段，6B 的源地址字段，2B 的长度字段，4B 的帧校验字段)，因此数据字段最小长度为 64－18＝46B。数据字段最大长度为 1500B。因此，数据字段长度为 46～1500B，长度不是固定的。从这个角度来看，设置长度字段是合理的。

由于 DIX 帧没有设定长度字段，因此接收方只能根据帧间间隔判断一帧是否完成接收。当一帧发送结束时，物理线路上不会出现表示一帧发送结束的电平跳变。如果接收方认为已经完整地接收了一帧，那么除去最后的 4B 校验字段，就能够取出数据字段。

由于 Ethernet V2.0 标准已得到广泛应用，因此 IEEE 802.3 标准修订中采用了折中方案，将 2B 的长度字段改为长度/协议字段。同时表示长度和协议并不矛盾。以太网帧的最大长度小于 1518B，如果用十六进制表示，长度字段值一定小于 0x0600。定义的协议字段值最小为 0x0800(IP 协议)。接收方的 MAC 层可根据该字段的值来解释其含义。这样做就消除了 IEEE 802.3 与 Ethernet V2.0 标准之间存在的差异。目前，DIX 帧结构已得到广泛应用，本节将以 DIX 帧为对象分析以太网帧结构的特点。

2. 以太网帧结构分析

以太网帧结构由 6 个部分组成：前导码字段、目的地址字段、源地址字段、类型字段、数据字段和帧校验字段。

1) 前导码字段

前导码由 8 个 10101010 比特序列组成，共 8B。前导码的作用是实现收发双方的比特同步与帧同步。前导码在接收后不需要保留，也不计入帧头的长度。

2) 目的地址与源地址字段

目的地址与源地址分别表示帧的接收节点与发送节点的硬件地址。硬件地址通常称为物理地址、MAC 地址或以太网地址。地址长度为 6B。源地址必须是 48 位的 MAC 地址，目的地址可以是单播地址、多播地址或广播地址。

3) 类型字段

类型字段表示网络层使用的协议类型。

4) 数据字段

数据字段是网络层发送的数据部分。数据字段的长度为 46～1500B。加上帧头部分的 18B，以太网帧最大长度为 1518B。因此，以太网帧最小长度为 64B，最大长度为 1518B。如果发送方数据长度小于 46B，则在组帧之前要填充到最小数据长度。

在 DIX 帧中，由于没有设置长度字段，接收方不知道发送方是否对数据字段做了填充以及填充了多少个字节。如果高层使用的是 IP 协议，IP 协议分组头有总长度字段，该字段值表示发送方发送的 IP 分组长度。接收方根据总长度字段值就可以方便地确定填充字节的长度，并且删除填充字节。

5) 帧校验字段

帧校验字段采用 4B(32 位)的 CRC 校验。CRC 校验的范围包括目的地址、源地址、长

度、LLC数据等字段。CRC校验的生成多项式为

$$G(X)=X^{32}+X^{26}+X^{23}+X^{22}+X^{16}+X^{12}+X^{11}+X^{10}+X^{8}+X^{7}+X^{5}+X^{4}+X^{2}+X+1$$

3. 以太网接收流程的分析

图3-15给出了以太网节点的数据接收流程。

理解以太网的数据接收流程时需要注意以下几个问题。

(1) 所有节点只要不发送数据,就应该处于接收状态。当某个节点完成一帧数据接收后,首先需要判断接收的帧长度,这是由于IEEE 802.3规定了帧最小长度。如果接收帧长度小于规定的帧最小长度,则表明冲突发生,节点应丢弃该帧,重新进入等待接收状态。

(2) 如果没有发生冲突,则节点完成一帧接收后,首先检查帧的目的地址。如果目的地址为单一节点的物理地址,并且是本节点地址,则接收该帧;如果目的地址是组地址,并且接收节点属于该组,则接收该帧;如果目的地址是广播地址,则接收该帧;如果目的地址不符合上述情况,则丢弃该帧。

(3) 接收节点进行地址匹配之后,如果确认是应该接收的帧,下一步进行CRC校验。如果CRC校验正确,帧长度检查也正确,则将该帧中的数据部分交给网络层,报告"成功接收",进入帧接收结束状态。

(4) 以太网协议将接收出错分为3种:帧校验错、帧长度错与帧比特错。如果CRC校验正确,则进一步检测帧长度是否正确。在CRC校验之后,可能有以下3种情况:

- CRC校验正确,但是帧长度不对,则报告"帧长度错",进入结束状态。
- CRC校验出错,首先判断帧长度是否8比特的整数倍。如果是整数倍,表示传输过程没有比特丢失或出错,则报告"帧校验错",进入结束状态。
- 如果帧长度不是8比特的整数倍,则报告"帧比特错",进入结束状态。

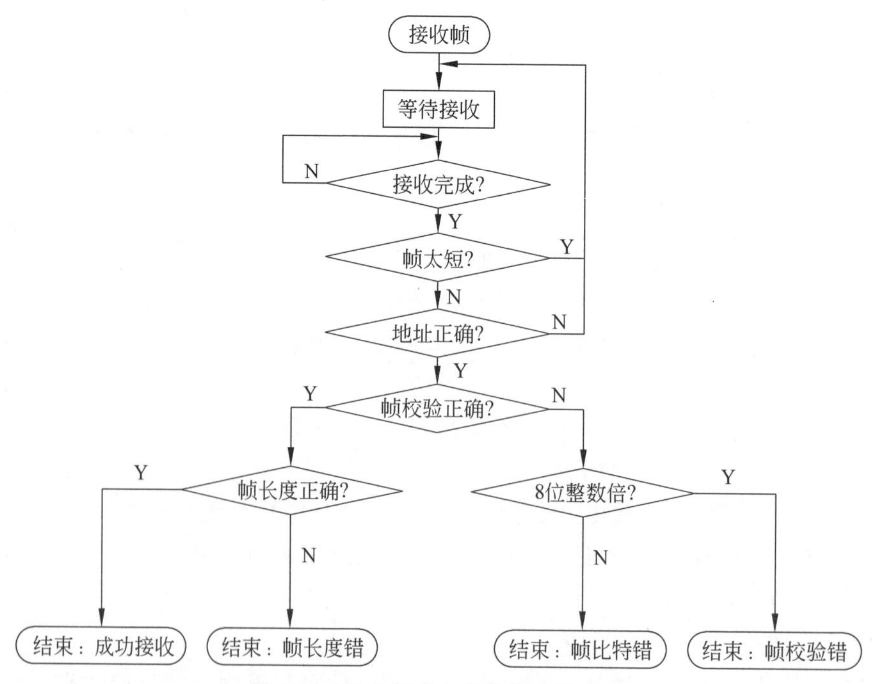

图3-15　以太网节点的数据接收流程

4. 帧间最小间隔

从接收流程的讨论中可以看出，网卡在接收一帧时需要做一系列检测和处理。为了保证网卡能正确、连续地处理接收帧，IEEE 802.3 标准规定了帧间的最小间隔。这个最小间隔值为 9.6μs，相当于发送 96b 的时间。接收节点可以利用这段时间处理已接收的帧，并准备好接收下一帧，或从接收状态转入发送状态。

3.3.4 从计算机组成原理的角度认识以太网工作原理

1. 以太网网卡的基本结构

在讨论了以太网基本工作原理之后，需要进一步讨论计算机通过以太网网卡接入局域网的实现方法。网卡的全称是网络接口卡（Network Interface Card，NIC）或网络接口适配器（Network Interface Adapter）。

图 3-16 给出了以太网网卡原理性结构。以太网网卡由 3 部分组成：网卡与传输介质的接口、以太网数据链路控制器（Ethernet Data Link Controller，EDLC），以及网卡与主机的接口。其中，收发器实现网卡与传输介质的电信号连接，完成数据发送与接收、冲突检测任务。目前，常用的方法是通过网卡上的 RJ-45 接口利用非屏蔽双绞线连接到以太网交换机或集线器。

网卡要插入联网计算机的 I/O 扩展槽中，作为计算机的一个外设工作。网卡在计算机 CPU 的控制下进行数据的发送和接收。在这一点上，网卡与其他 I/O 外设卡（如显示卡、磁盘控制器卡、异步通信接口适配器卡）没有本质的区别。

网卡实现发送数据的编码、接收数据的解码、CRC 产生与校验、帧装配与拆封以及 CSMA/CD 介质访问控制等功能。实际的网卡可以实现介质访问控制、CRC 校验、曼彻斯特编码与解码、收发器与冲突检测等功能。

2. 以太网网卡的工作原理

结合以太网数据发送流程与网卡结构，下面给出网卡发送一帧数据需要经过的步骤：

(1) 当计算机有数据要发送时，首先将数据通过 I/O 总线写到网卡的发送缓冲区，并给网卡的发送控制器发送请求控制信号（在图 3-16 中用 e 表示）。

(2) 发送缓冲区数据准备好后，通知发送控制器（在图 3-16 中用 d 表示）。

(3) 发送控制器首先检查接收电路的曼彻斯特解码器的接收时钟（在图 3-16 中用 a 表示），以判断传输介质的忙/闲状态。

(4) 如果传输介质空闲，发送控制器向发送移位寄存器、CRC 生成器以及曼彻斯特编码器发送信号（在图 3-16 中用 f 表示）。缓冲区数据通过发送移位寄存器变成比特流，再通过 CRC 生成器与曼彻斯特编码器封装成帧，并通过收发器发送到传输介质上。

(5) 在帧发送过程中，发送控制器仍然通过冲突检测电路判断是否冲突。如果在一个冲突窗口内没有检测到冲突，表示该帧发送成功；否则，进入延迟重发阶段。

(6) 冲突检测电路向发送控制器发出冲突发生信号（在图 3-16 中用 b 表示）。发送控制器向冲突计数器发出控制信号，冲突计数器、延迟生成器与随机数发生器协同执行后退延迟算法。当延迟到时，延迟生成器向发送控制器发出重发指示信号（在图 3-16 中用 c 表示），发送控制器发出发送信号（在图 3-16 中用 f 表示）。

(7) 当冲突检测电路发现帧重发次数达到 16 次时，通知发送控制器丢弃该帧，不再重

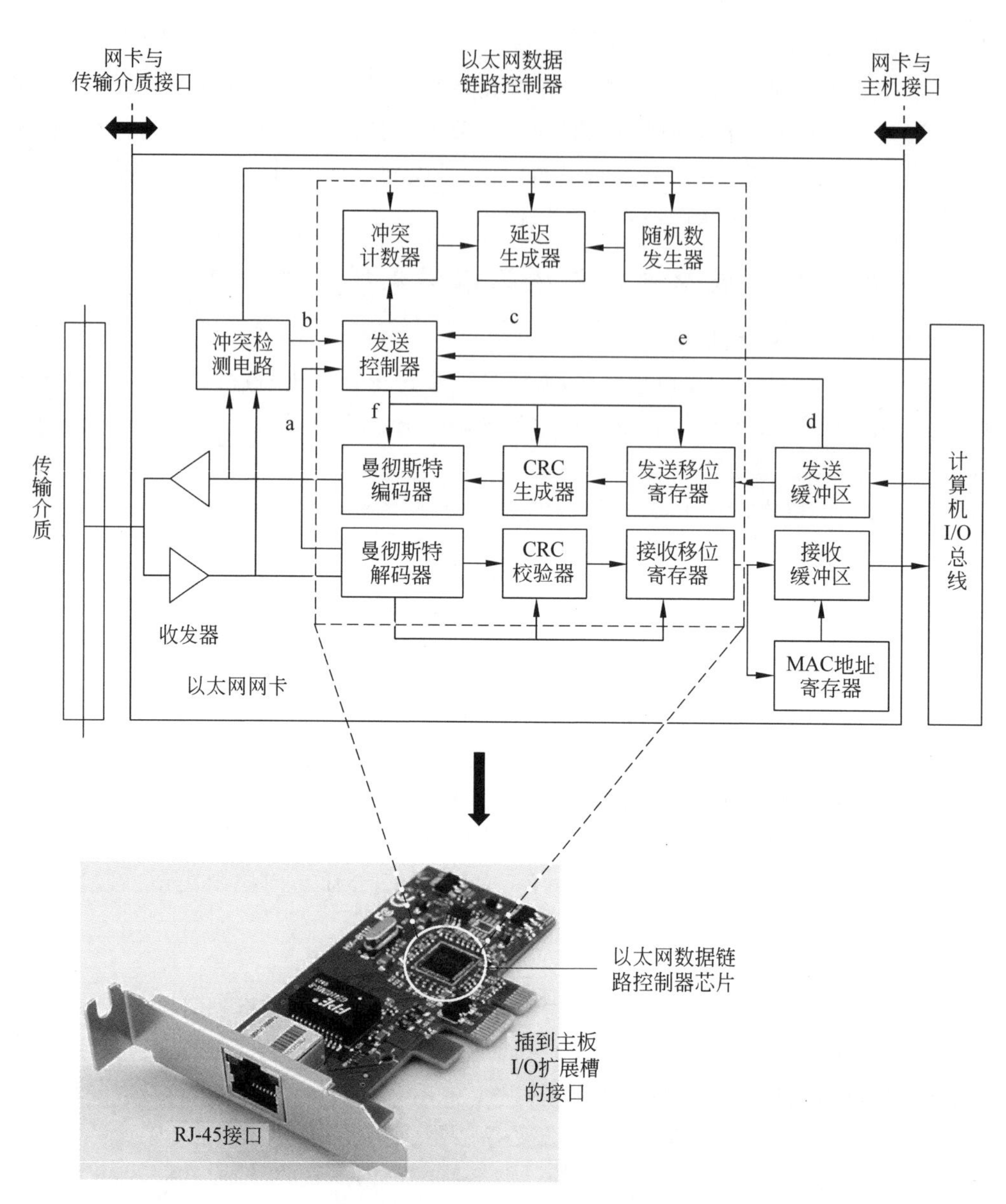

图 3-16 以太网网卡原理性结构

发,并向本节点网络层发出"冲突过多,发送失败"的报告。

网卡的 CSMA/CD 控制算法、收发器与冲突检测、CRC 校验、曼彻斯特编码与解码等功能都由专用芯片实现。Intel、AMD、Motorola 等公司都能提供以太网网卡的专用芯片。例如,用 Intel 公司的 82586 以太网协处理器与 82501 以太网串行接口、82502 以太网收发器芯片可以方便地构成以太网网卡,实现 IEEE 802.3 协议的 MAC 子层与物理层的功能。图 3-17 给出了以太网网卡电路结构。

网卡将收到的数据通过计算机的 I/O 总线以直接存储器访问(Direct Memory Access, DMA)方式传送到计算机内存中。待发送数据从计算机内存传送到网卡的缓冲区。网卡的 CPU 独立于主机的 CPU,自主地控制数据发送与接收过程。从计算机接口软件编程的角

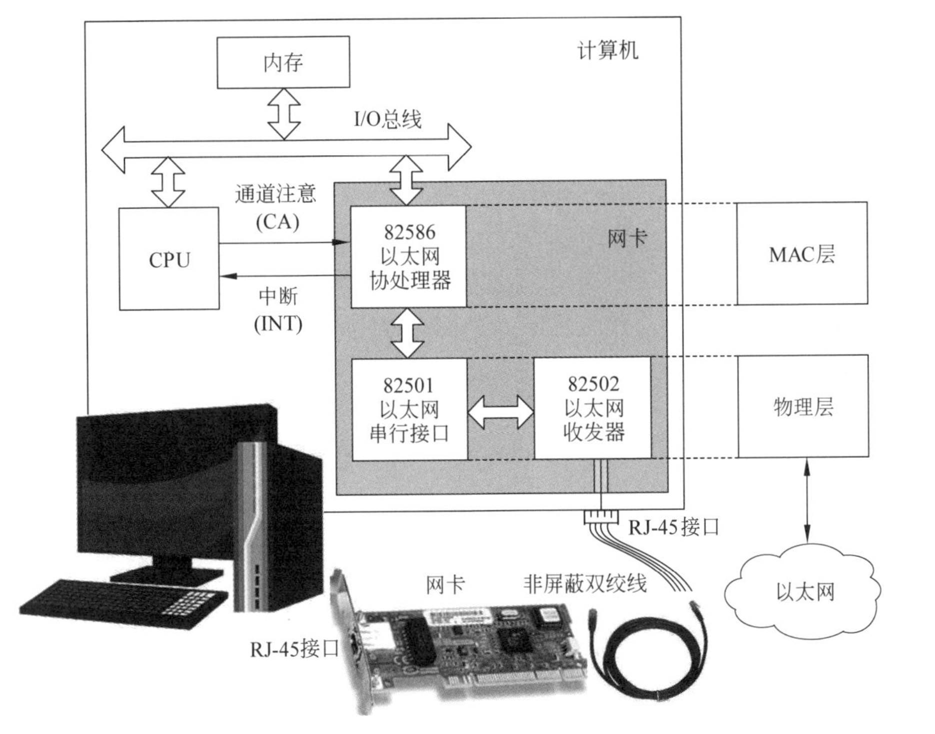

图 3-17　以太网网卡电路结构

度，网卡驱动程序与异步通信适配器、打印机等外设驱动程序的编程方法类似。图 3-18 给出了从计算机组成原理的角度认识以太网工作原理的示意图。

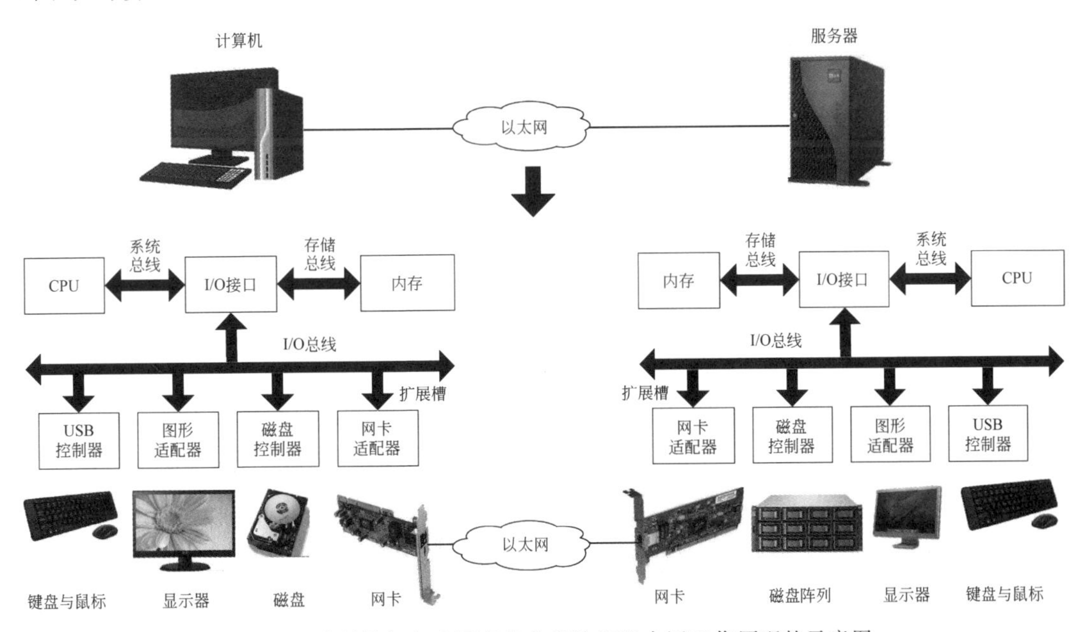

图 3-18　从计算机组成原理的角度认识以太网工作原理的示意图

从计算机外设驱动程序的角度，以太网网卡通过计算机主板的 I/O 总线与 CPU、内存交换信息和数据。由于以太网数据链路控制器独立于计算机的 CPU，控制网卡的发送和接收功能,因此网卡驱动程序编程不涉及网卡与传输介质的接口部分。

3.3.5 从操作系统的角度认识以太网工作原理

在计算机网络中,客户程序与服务器程序运行在不同计算机中,它们各自在本地主机的操作系统管理下,通过协同工作实现分布式进程通信。下面通过一台个人计算机(PC)接入以太网的例子来说明这个问题。

如果一台PC不需要接入以太网,那么这台PC在本地操作系统的控制下完成单机环境下的各种应用。这台PC不必配置网卡及其驱动程序,无须执行传输层TCP或UDP协议的程序;无须执行网络层IP协议的程序,无须分配IP地址;无须执行MAC协议的硬件和软件,无须使用MAC地址。

如果一台PC需要接入以太网,应该在PC中添加一块以太网网卡,通过10Base-T标准的RJ-45接口与非屏蔽双绞线接入以太网交换机。在计算机操作系统中要配置以太网网卡驱动程序,增加执行网络层IP协议的软件并分配IP地址,增加执行传输层TCP或UDP协议的软件。

早期解决方案是在传统操作系统的基础上增加网卡以及网络功能配置、网络监控、用户与用户组管理、安全管理功能,这种操作系统称为网络操作系统(Network Operating System,NOS)。随着计算机网络技术的普及,网络功能已成为各类操作系统的基本功能,不再使用网络操作系统术语。图3-19给出了带网络功能的操作系统结构。

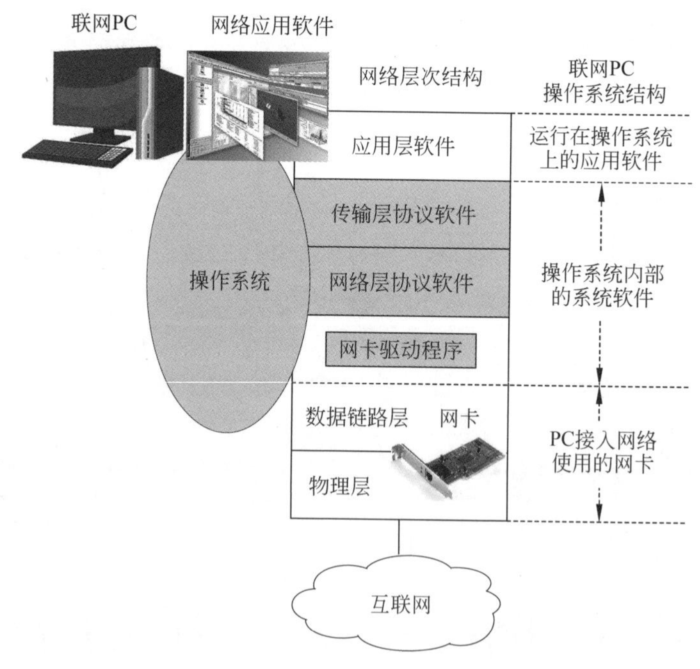

图3-19 带网络功能的操作系统结构

为了理解带网络功能的操作系统,需要注意以下两个问题:

- 在传统操作系统的基础上增加的执行传输层TCP/UDP协议与网络层IP协议的网络协议软件都属于操作系统内部的系统软件。

- 应用层的各种网络应用软件不属于操作系统的系统软件，而是运行在操作系统上的应用软件。网络应用软件在计算机操作系统的管理下，有条不紊地使联网的不同计算机应用进程协同工作，实现各种网络服务功能。

3.4 交换式局域网与虚拟局域网技术

3.4.1 交换式局域网技术

1. 交换式局域网的基本概念

局域网交换技术在高性能局域网中占据重要的地位。在传统的共享介质局域网中，所有节点共享一条传输介质，因此不可避免地会发生冲突。随着局域网规模的扩大，网络中的节点数量不断增加，网络通信负荷加重，网络效率就会急剧下降。为了克服网络规模与性能之间的矛盾，人们提出将共享介质方式改为交换方式。交换机（switch）是一种工作在数据链路层的网络设备，它根据接入交换机帧的MAC地址、过滤、转发数据帧。交换机可以将多台计算机以星状拓扑形成交换式局域网。

交换机具有以下4个基本功能：

- 建立和维护一个表示交换机端口号与MAC地址对应关系的映射表。
- 在发送节点与接收节点端口之间建立虚连接。
- 完成帧的过滤与转发。
- 执行生成树协议，防止出现环路。

2. 局域网交换机的工作原理

交换式局域网的核心设备是交换机，它相当于局域网桥。网桥利用存储转发的方式实现连接在不同缆段节点之间帧的交互；而交换机则利用集成电路交换芯片在多个端口之间同时建立多个虚连接，实现多对端口之间帧的并发传输。

图3-20给出了交换机结构与工作原理。其中的交换机有6个端口，其中端口1、4、5、6分别连接节点A、B与C、D、E。端口/MAC地址映射表（简称为端口转发表或地址表）记录端口号与节点MAC地址的对应关系。如果节点A与E同时要发送数据，它们分别在帧的目的地址（DA）字段填上目的地址。例如，节点A要向节点D发送帧，该帧的目的地址写入节点D的MAC地址0E1002000013；节点E要向节点B发送，该帧的目的地址写入节点B的MAC地址0C21002B0003。节点A、E通过交换机端口1和6发送帧时，交换控制机构根据端口转发表的对应关系找出对应的输出端口号，节点A将帧转发到端口5，发送给节点D；同时，节点E将帧转发到端口4，发送给节点B。节点A向节点D、节点E向节点B同时发送数据帧，而相互不干扰。

交换机端口可以连接单一的节点，也可以连接交换机、集线器或路由器。例如，端口1仅与节点A连接，端口1是节点A的独占端口；端口4通过集线器与节点B、C连接，则端口4是节点B、C的共享端口。

3. 端口转发表的建立与维护

由于交换机根据端口转发表来转发帧，因此端口转发表的建立和维护十分重要。建立和维护端口转发表需要解决两个问题：一是交换机如何知道哪个节点连接到哪个端口；二

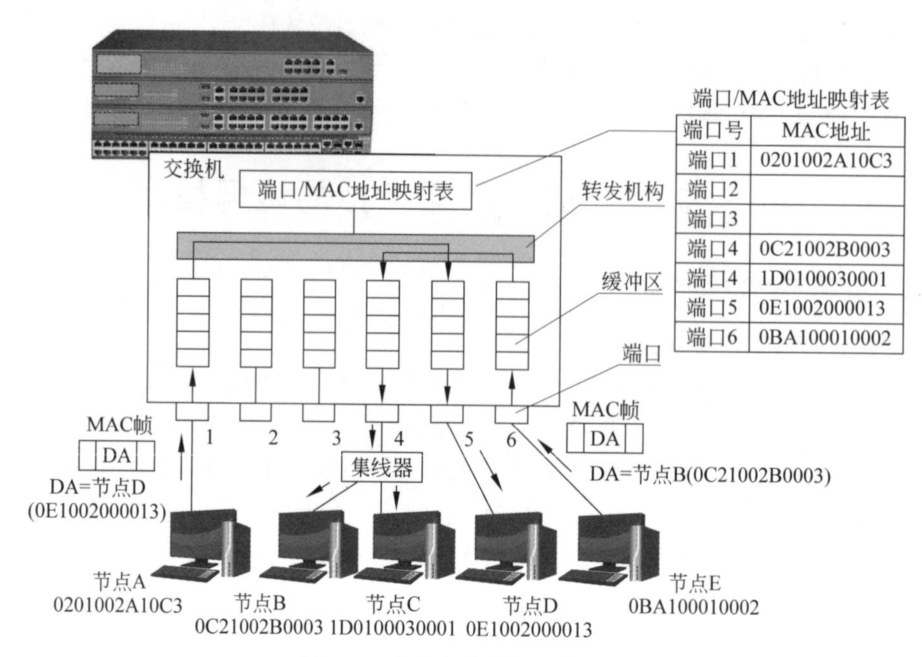

图 3-20 交换机结构与工作原理

是当节点从交换机的一个端口转移到另一个端口时,交换机如何更新端口转发表。解决这两个问题的基本方法是地址学习。

地址学习是交换机通过检查帧的源地址与帧进入的端口号之间的对应关系,不断完善端口转发表的方法。例如,节点 A 通过端口 1 发送帧。这个帧的源地址是 0201002A10C3,则交换机可以建立端口 1 与 MAC 地址 0201002A10C3 的对应关系。在获得 MAC 地址与端口号的对应关系之后,交换机检查端口转发表中是否存在该关系。如果该关系不存在,交换机将该关系加入端口转发表;如果该关系已存在,交换机将更新该表项的记录。

在每次添加或更新端口转发表项时,添加或更改的表项被赋予一个计时器,使得该端口与 MAC 地址的对应关系能存储一段时间。如果在计时器到时没有再次捕获该端口与 MAC 地址的对应关系,该表项将被删除。通过不断删除过时的或已经不使用的表项,交换机能够维护一个动态的端口转发表。

4. 交换机的交换方式

交换机的交换方式主要有 3 种类型。

1) 直接交换方式

在直接交换(cut through)方式中,交换机只要接收并检测到目的地址字段,就立即转发该帧,而不进行差错校验。帧出错检测任务由节点完成。直接交换方式的优点是交换延迟时间短。它的缺点是缺乏差错检测能力。

2) 存储转发交换方式

在存储转发(store and forward)交换方式中,交换机首先完整地接收帧,并进行差错检测。如果接收帧正确,则根据帧的目的地址选择对应的输出端口并转发。存储转发交换方式的优点是:具有帧差错检测能力,支持不同输入速率与输出速率的端口之间的帧转发。它的缺点是交换延迟时间将会增长。

3）改进的直接交换方式

改进的直接交换方式则将前两者相结合，在接收到帧的前 64B 后，判断帧头字段是否正确，如果正确就转发。对于短帧来说，改进的直接交换方式的交换延迟与直接交换方式接近；对于长帧来说，由于仅对地址字段与控制字段进行差错检测，因此改进的直接交换方式的交换延迟较小。

图 3-21 给出了 3 种交换方式的比较。

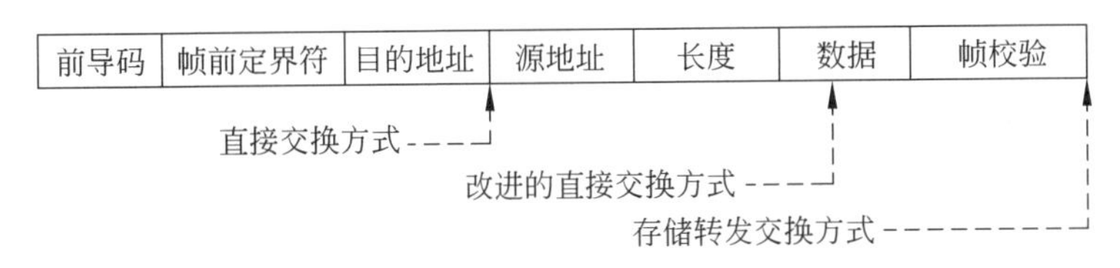

图 3-21　3 种交换方式的比较

5. 交换机交换带宽

交换机交换带宽的计算方法是：端口数×相应端口速率（全双工模式再乘以 2）。例如，一台交换机有 24 个 100Mb/s 全双工端口和 2 个 1Gb/s 全双工端口，由于所有的端口都工作在全双工状态，那么交换机交换带宽是

$$
\begin{aligned}
S &= 24\times 2\times 100\text{Mb/s}+2\times 2\times 1000\text{Mb/s}\\
&= 4800\text{Mb/s}+4000\text{Mb/s}\\
&= 8800\text{Mb/s}=8.8\text{Gb/s}
\end{aligned}
$$

需要注意的是：

- 这是一个理想状态，没有考虑任何丢帧的情况，按每个端口可能达到的线速来计算，因此交换机交换带宽也称为背板线速带宽。如果一个端口是全双工端口，端口使用两块 100Mb/s 以太网网卡，那么这个端口的线速就是 200Mb/s。
- 从交换机的结构来看，交换机背板相当于计算机总线，交换机端口与转发机构的数据交换都是通过交换机背板来实现的。因此，交换机背板带宽决定了交换机交换带宽。背板带宽的定义是接口处理器、接口卡和数据总线之间单位时间内能交换的最大数据量。背板带宽标志着交换机总的数据交换能力。一台交换机的背板带宽越高，交换机处理、交换、转发数据的能力就越强。

总结以上讨论的内容可以看出：交换式以太网以交换机取代集线器；以交换机的并发连接取代共享总线方式；以全双工模式取代半双工模式；以独占方式取代共享方式；由于不存在冲突，不采用 CSMA/CD 控制方法。为了保持与传统共享式以太网的兼容性，交互式以太网保留传统以太网的帧结构、最大与最小帧长度等根本特征。这些技术极大地提高了局域网的性能，使交互式局域网得到广泛的应用。

3.4.2　虚拟局域网技术

1. 虚拟局域网技术研究背景

在组建一个公司的局域网时，如果公司的财务总监在四楼办公，财务报销办公室在一楼，财务结算办公室在三楼，为了将这几个办公室的计算机接入同一个局域网，需要在一到四楼之间布线。但是，如果财务结算办公室从三楼搬到五楼，就需要重新布线。如果一个公司在财务、市场、销售、设计与仓库各个部门分别建立局域网，这种布线、管理的工作量很大，造价很高。技术人员提出了两个解决思路：一是在盖这座办公楼时，预先在所有可能用计算机的位置布线，计算机只要连接到接口中就可以连入局域网；二是将各计算机组成逻辑工作组，通过软件设置方法来实现。解决这两个问题分别需要两项技术：结构化布线技术与虚拟局域网(Virtual LAN，VLAN)技术。

2. 虚拟局域网与传统局域网的区别

1999年，IEEE发布关于VLAN的IEEE 802.1q标准。虚拟局域网建立在局域网交换机之上，以软件方式来实现逻辑工作组的划分与管理。图3-22给出了传统局域网与虚拟局域网组网结构比较。

图3-22(a)给出了3个楼层分别用集线器组建局域网，再通过交换机将3个局域网互联的结构。所有节点可以相互通信。如果出于网络安全的需要，将它们隔离成几个相对独立的局域网则很难，只能按楼层的物理位置来划分。但是，如果将一个节点从LAN1改接到LAN2，就只能重新布线。VLAN技术可方便地解决这个问题。

如图3-22(b)所示，12个节点分别连接在交换机1、2、3的3个网段，分布于3个楼层。如果希望将N1-1、N2-1、N3-1组成VLAN1，将N1-2、N2-2、N3-2组成VLAN2，将N1-3、N2-3、N3-3组成VLAN3，将N1-4、N2-4、N3-4组成VLAN4，建立4个逻辑工作组，分别成为用于财务、市场、销售、设计的4个内部网络，那么最简单的办法就是通过软件在交换机上设置4个VLAN。

3. VLAN的划分方法

VLAN可以根据交换机端口、节点MAC地址、节点IP地址与网络层协议等进行划分。

1) 基于交换机端口的VLAN划分方法

基于交换机端口划分VLAN是静态VLAN划分最常用的方法。图3-23给出了基于交换机端口的VLAN划分。例如，网络管理员将端口1、4、7、11、15连接的5个节点组成VLAN1，将端口2、5、9、13连接的4个节点组成VLAN2，建立相对隔离的两个虚拟工作组。交换机中保存的VLAN/端口映射表也叫作VLAN成员列表。

2) 基于节点MAC地址的VLAN划分方法

基于节点MAC地址划分VLAN是VLAN划分常用的方法之一。图3-24给出了基于节点MAC地址的VLAN划分。网络管理员指定属于某个VLAN的节点的MAC地址，而不管这个节点连接在哪个端口上。

3) 基于节点地址或网络层协议的VLAN划分方法

可以基于节点IP地址或网络层协议划分VLAN。图3-25给出了基于节点IP地址的VLAN划分。网络管理员将属于一个子网的所有节点划分在一个VLAN中。例如，属于子网202.1.2.0/24的节点划分在VLAN1中，属于子网202.1.12.0/24的节点划分在VLAN2中。假如子网1的网络层使用IP，而子网2的网络层使用Novell网的IPX协议，那么网络管理员可以用同样方法将分别使用这两个协议的子网划分为两个VLAN。

4. IEEE 802.1q的基本内容

IEEE 802.1q通过添加标记的方法扩展标准的以太网帧结构。图3-26给出了扩展后的以太网帧结构。

1) 标记协议标识符

IEEE 802.1q用4B来扩展以太网帧。第一个字段是2B的标记协议标识符(Tag Protocol Identifier，TPID)，表示该帧是IEEE 802.1q协议扩展的以太网帧。TPID取值为0x8100(10000001 00000000)。

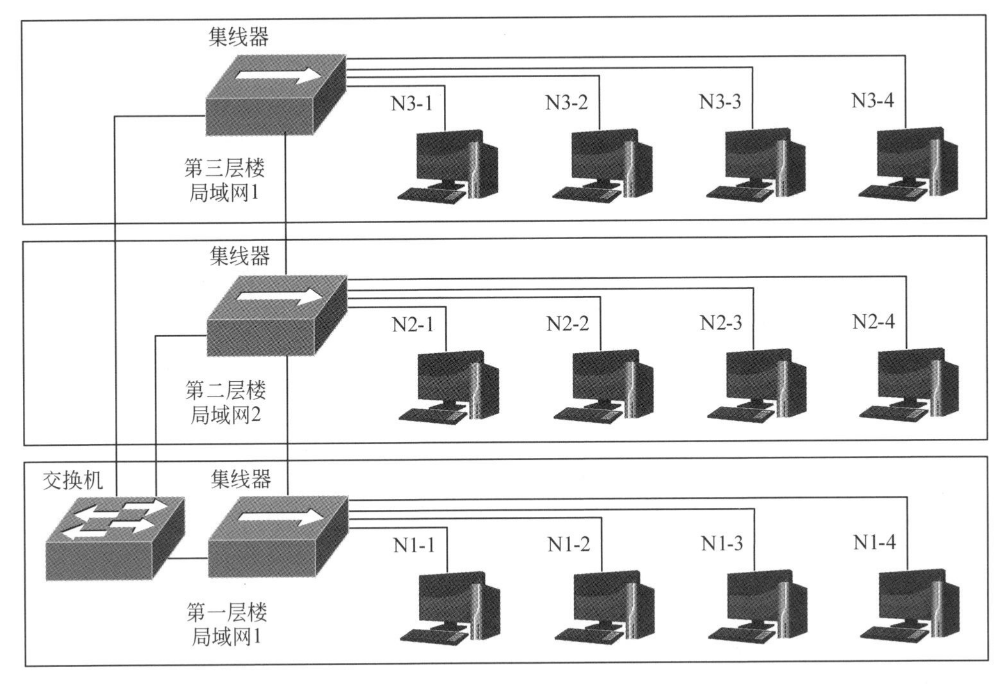

(a) 用交换机互联的3个局域网

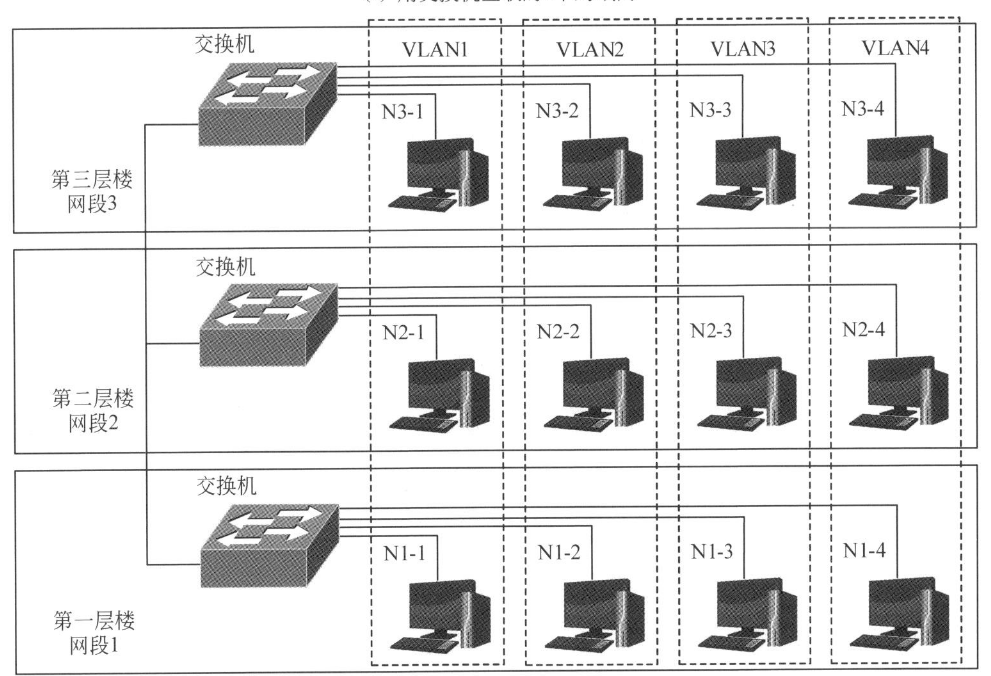

(b) 用交换机组建的4个VLAN

图 3-22　传统局域网与虚拟局域网组网结构比较

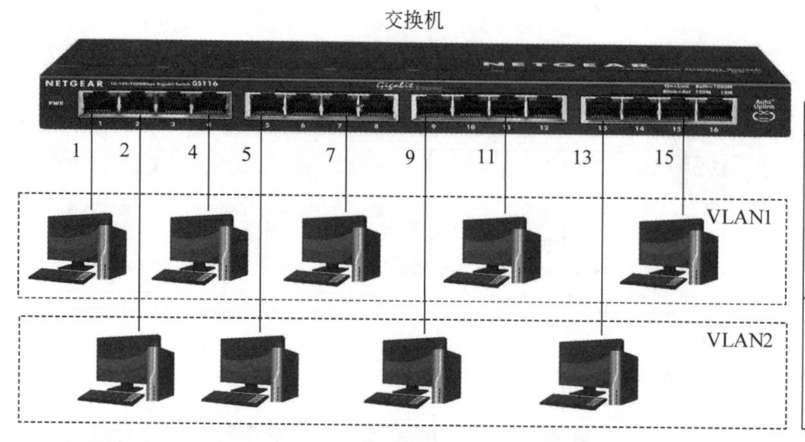

VLAN/端口映射表

VLAN	端口号
VLAN1	1
	4
	7
	11
	15
VLAN2	2
	5
	9
	13

图 3-23 基于交换机端口的 VLAN 划分

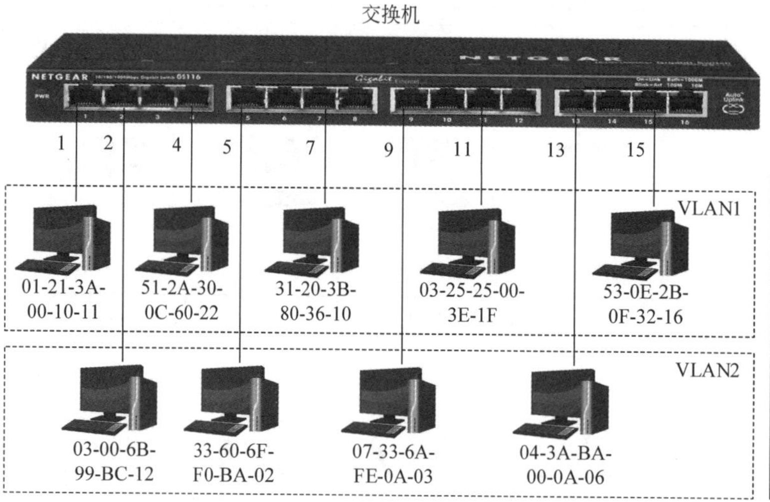

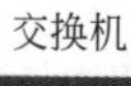

VLAN/MAC地址映射表

VLAN	MAC地址
VLAN1	01-21-3A-00-10-11
	51-2A-30-0C-60-22
	31-20-3B-80-36-10
	03-25-25-00-3E-1F
	53-0E-2B-0F-32-16
VLAN2	03-00-6B-99-BC-12
	33-60-6F-F0-BA-02
	07-33-6A-FE-0A-03
	04-3A-BA-00-0A-06

图 3-24 基于节点 MAC 地址的 VLAN 划分

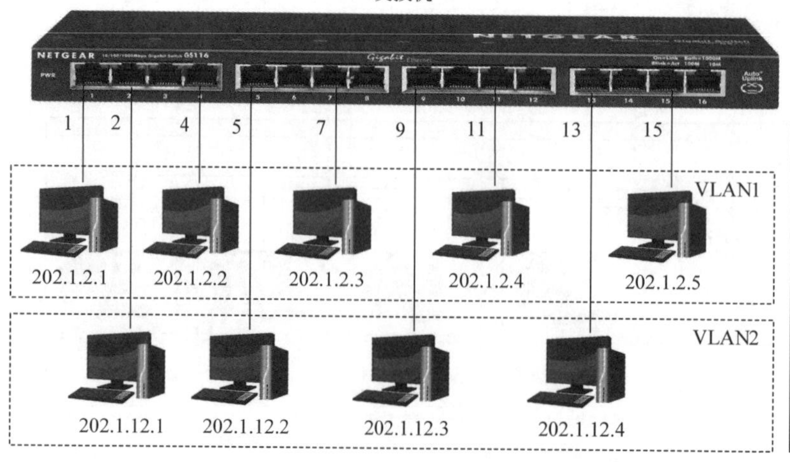

VLAN/IP地址映射表

VLAN	IP地址
VLAN 1	202.1.2.1
	202.1.2.2
	202.1.2.3
	202.1.2.4
	202.1.2.5
VLAN 2	202.1.12.1
	202.1.12.2
	202.1.12.3
	202.1.12.4

图 3-25 基于节点 IP 地址的 VLAN 划分

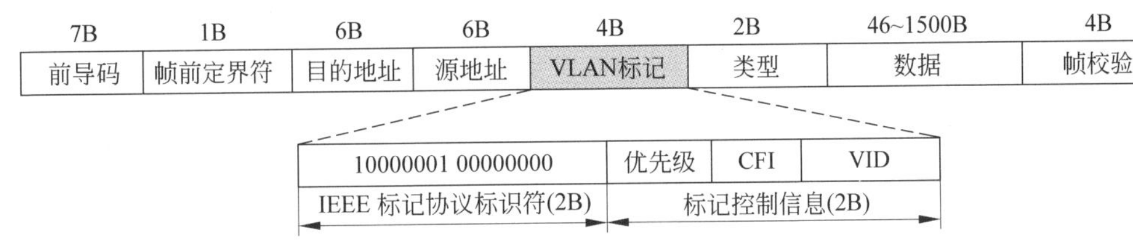

图 3-26　扩展后的以太网帧结构

2）标记控制信息

第二个字段是 2B 的标记控制信息(Tag Control Information,TCI)。这个字段又分为 3b 的优先级(priority)、1b 的规范格式指示符(Cananical Format Indication,CFI)与 12b 的 VLAN 标识符(VLAN Identifer,VID)。优先级(priority)将用户分为 8 个级别。CFI 表示该帧是否符合以太网规范。在以太网交换机中,该位总是被置 0。VID 取值为 1～4094。

5. VLAN 数据帧交换过程分析

图 3-27 给出了 VLAN 数据帧交换过程。在 VLAN 组网过程中,网络管理员可以将交换机的一个端口设置为中继端口,也可以设置为普通端口。中继端口支持 IEEE 802.1q,普通端口不支持 IEEE 802.1q。

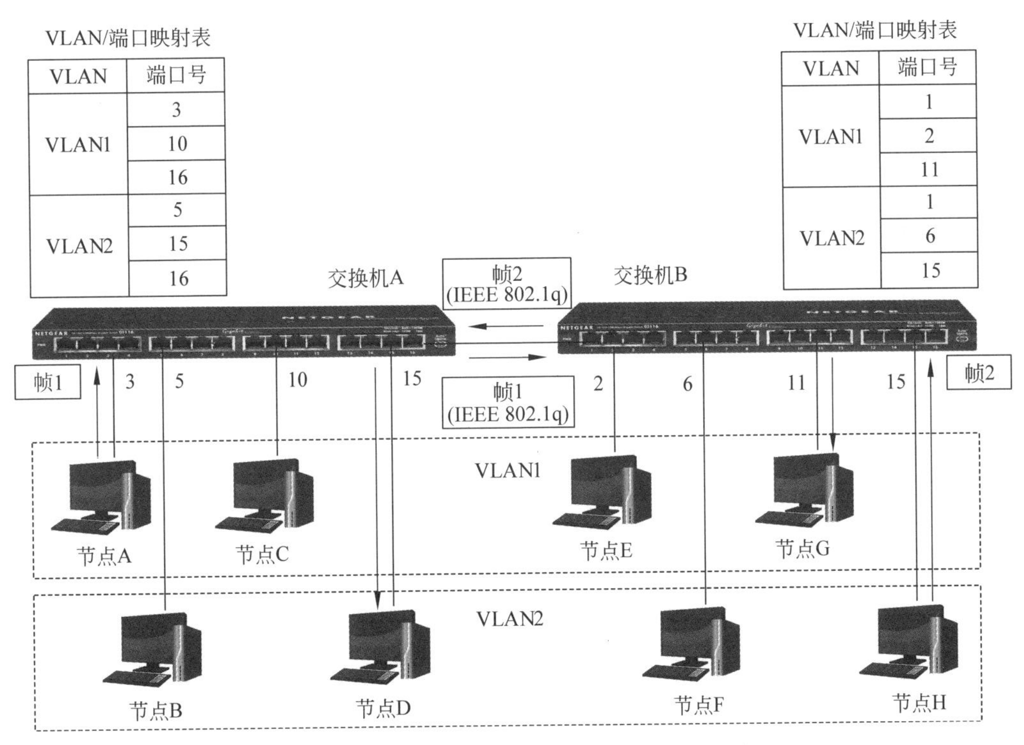

图 3-27　VLAN 数据帧交换过程

假设交换机 A 的端口 16 与交换机 B 的端口 1 设置为中继端口,那么交换机 A 通过中继端口 16 与交换机 B 的中继端口 1 连接,它们支持 IEEE 802.1q 协议。属于 VLAN1 与 VLAN2 的节点分别连接在交换机 A 和交换机 B 的普通端口。交换机转发 VLAN 数据帧的过程可以归纳为以下几个步骤:

(1) 当节点A向节点G发送帧1时,由于节点连接在交换机A的普通端口3,节点A发送的帧1应该是没有经过IEEE 802.1q协议扩展的普通以太网帧。

(2) 交换机A在端口3接收到帧1之后,确定连接在端口3的节点A是VLAN1成员。交换机A用IEEE 802.1q协议扩展帧1,在VID字段置为VLAN1,形成带有VLAN标记的扩展帧1,图3-27中表示为"帧1(IEEE 802.1q)"。

(3) 交换机A通过VLAN/端口映射表与本地端口/MAC地址映射表查找帧1(IEEE 802.1q)发送的目的节点是否连接在交换机A。如果该帧是发送给连接在交换机A上的VLAN1节点,那么交换机A通过对应的端口直接转发。本例中该帧是发送给连接在交换机B上的VLAN1节点G,那么交换机A将通过中继端口16转发到交换机B端口1。

(4) 交换机B从端口1接收到帧1(IEEE 802.1q)之后,首先通过VLAN标识判断该帧是否属于VLAN1。如果属于VLAN1,交换机B通过VLAN/端口映射表与端口/MAC地址映射表查找目的地址对应的端口。在本例中节点G连接在端口11。交换机B删除IEEE 802.1q添加的VLAN标识之后,通过端口11将帧1转发给节点G。

理解VLAN的工作原理时有两个问题需要注意:

- 当交换机接收到一个帧时,同样需要判断目的地址是广播地址还是单播/多播地址。如果是广播地址,那么将帧向VLAN中的所有节点发送。如果是单播或多播地址,必须在VLAN/端口映射表与端口/MAC地址映射表中查找目的地址是否属于同一VLAN的节点,如果不是则丢弃;如果属于同一VLAN,则查找转发端口。本例的帧1的目的地址是单播地址。
- IEEE 802.1q标准是在以太网的基础上发展起来的,目的是为以太网组网提供更多方便,同时能够提高系统的安全性。因此,VLAN是一种新的局域网服务,而不是一种新型的局域网。

6. VLAN技术的优点

从上述讨论中可以看出,VLAN技术具有以下几个优点:

- 通过软件设置方法灵活组织逻辑工作组,方便局域网的管理。
- 限制局域网中的广播通信量,有效提高局域网性能。
- 通过制定交换机转发规则提高局域网的安全性。

3.5 高速以太网研究与发展

3.5.1 FE

1. FE的发展

快速以太网(FE)是在传统以太网基础上发展起来的一种高速局域网。1995年9月,IEEE 802委员会批准了快速以太网标准——IEEE 802.3u。

2. FE协议结构

了解IEEE 802.3u标准的内容与特点时需要注意以下几个问题:

(1) FE传输速率达到100Mb/s,但是它保留着传统10Mb/s以太网的基本特征,即相同的帧格式与最小、最大帧长度等。这样做的目的是:局域网中同时存在在10Mb/s的传统以太网与100Mb/s的快速以太网。那么,在局域网速率提升之后,只在物理层出现不同,高层软件不需要做任何变动。

(2) IEEE 802.3u标准定义了介质独立接口(Media Independent Interface,MII),将MAC层与物理层分隔开。这样,物理层在实现100Mb/s传输速率时,传输介质和信号编码方式的变化不会影响MAC子层。

(3) FE主要有3种物理层标准:

- 100Base-TX:使用两对5类非屏蔽双绞线或两对1类屏蔽双绞线。其中,1对双绞线用于发送,1对双绞线用于接收。100Base-TX支持全双工方式。
- 100Base-T4:使用4对3类非屏蔽双绞线,其中3对用于数据传输,1对用于冲突检测。100Base-T4支持半双工方式。
- 100Base-FX:使用2芯的多模或单模光纤,主要用于高速主干网。100Base-FX支持全双工方式。

(4) 支持半双工与全双工方式。

传统以太网工作在半双工方式。除了支持半双工方式之外,FE也支持全双工方式。网卡与交换机之间通过两对双绞线连接,1对双绞线用于发送,1对双绞线用于接收。全双工方式不存在争用问题,MAC层无须使用CSMA/CD方法。

(5) 增加速率自动协商功能。

为了更好地与大量现存的以太网兼容,FE具有10Mb/s与100Mb/s网卡共存的速率自动协商(auto-negotiation)机制。速率自动协商与其他网卡交换工作参数,自动协商和选择共有性能最高模式。例如,当两个节点接入一台交换机时,网卡支持100Base-TX与10Base-T4两种模式,则自动协商两块网卡工作在100Base-TX模式。协议规定自动协商过程在500ms内完成。

在自动协商过程中,按照性能从高到低的选择排序如下:

- 100Base-TX或100Base-FX全双工。
- 100Base-T4。
- 100Base-TX。
- 10Base-T全双工。
- 10Base-T。

3.5.2 GE

1. GE的发展

尽管FE具有高可靠性、易扩展、成本低等优点,但是在数据仓库、视频会议、三维图形与高清晰度图像应用中,以及在高性能计算机、存储区域网与云计算硬件平台建设时,人们不得不寻求更高带宽的局域网。千兆以太网(GE)就是在这种背景下产生的。

从局域网组网的角度来看,传统以太网、FE与GE有很多相同之处,并且很多企业已大量使用10Mb/s的以太网,当局域网从传统以太网升级到FE或GE时,网络技术人员无须重新培训。如果将以太网与ATM网互联,将会出现两个问题:一是以太网与ATM网工作原理存在较大差异,将会出现异构网络互联的复杂局面,其协议变换必然造成网络性能下降。二是熟悉以太网的人员不熟悉ATM技术,网络技术人员需要重新培训。因此,随着以太网技术的成熟,GE已成为大、中型局域网主干网的首选方案。

2. GE协议标准

1996年,IEEE成立了IEEE 802.3z工作组,研究多模光纤与屏蔽双绞线的GE物理层标准。1997年,IEEE成立了IEEE 802.3ab工作组,研究单模光纤与非屏蔽双绞线的GE物理层标准。1998年,IEEE 802委员会正式批准了GE标准——IEEE 802.3z。

理解IEEE 802.3z标准的特点时需要注意以下几个问题:

(1) GE的传输速率达到了1Gb/s,但是它仍然保留了传统以太网的帧格式与最小、最大帧长度等特征。

(2) IEEE 802.3z标准定义了千兆介质独立接口(Gigabit MII,GMII),将MAC子层与物理层分隔开。这样,物理层在实现1Gb/s传输速率时,传输介质和信号编码方式的变化不会影响MAC层。

(3) GE主要有6种物理层标准:

- 1000Base-CX:使用两对屏蔽双绞线,最大长度为25m。
- 1000Base-T:使用4对5类非屏蔽双绞线,最大长度为100m。
- 1000Base-SX:使用多模光纤,最大长度为550m。
- 1000Base-LX:使用单模光纤,最大长度为5km。
- 1000Base-LH:使用单模光纤,最大长度为10km。
- 1000Base-ZX:使用单模光纤,最大长度为70km。

后来出现的1000Base-CX标准主要用于高性能计算机集群和云计算平台环境中,其双绞线最大长度为25m。另外,1000Base-ZX标准主要用于宽带城域网与广域网中,其光纤最大长度为70km。

3.5.3 10GE

1. 10GE的主要特点

1999年3月,IEEE成立高速研究组(High Speed Study Group,HSSG),致力于十千兆以太网技术与标准研究。十千兆以太网(10GE)又称万兆以太网,很多英文文献中采用10GE的缩写。10GE标准由IEEE 802.3ae委员会制定,正式标准IEEE 802.3ae在2002年完成。

10GE并非将GE的速率简单提高到10倍,还有很多复杂的技术问题需要解决。10GE主要具有以下几个特点:

(1) 10GE保留了传统以太网的帧格式与最小、最大帧长度的特征。

(2) 10GE定义了万兆介质独立接口(10 Gigabit MII,10GMII),将MAC子层与物理层分隔开。这样,物理层在实现10Gb/s传输速率时,传输介质和信号编码方式的变化不会影响MAC子层。

(3) 10GE仅工作在全双工方式,例如计算机与交换机之间使用两根光纤连接,分别完成发送与接收工作,无须再采用CSMA/CD方法。这样,10GE覆盖范围不受传统以太网冲突窗口限制,传输距离仅取决于光纤通信的性能。

(4) 10GE应用领域已经从局域网组网逐渐扩展到城域网与广域网组网。

(5) 10GE物理层标准分为两大类:局域网物理层标准与广域网物理层标准。

2. 局域网物理层标准

根据使用的传输介质不同，局域网物理层标准又分为两类：光纤与双绞线。

1）基于光纤的物理层协议

基于光纤的物理层协议主要有以下几个：

- 10GBase-LRM：使用多模光纤，最大长度为220m。
- 10GBase-SR：使用多模光纤，最大长度为300m。
- 10GBase-LX4：使用单模光纤，最大长度为10km。
- 10GBase-LR：使用单模光纤，最大长度为25km。
- 10GBase-ER：使用单模光纤，最大长度为40km。
- 10GBase-ZR：使用单模光纤，最大长度为80km。

2）基于双绞线的物理层协议

基于双绞线的物理层协议主要有以下两个：

- 10GBase-CX4：使用6类双绞线，最大长度为15m。
- 10GBase-T：使用6类双绞线，最大长度为100m。

3. 广域网物理层标准

实现广域网物理层标准的技术路线主要有两种：使用SONET/SDH光纤通道技术，或直接采用光纤密集波分复用(DWDM)技术。

对于广域网应用来说，如果10GE使用光纤通道技术，广域网物理层应符合SONET/SDH的OC-192/STM-64速率标准。OC-192/STM-64速率为9.953 28Gb/s，而不是精确的10Gb/s。如果直接采用DWDM技术，10GE速率保持为10Gb/s。

随着10GE技术的出现与成熟，以太网工作范围已从校园网、企业网等主流的局域网扩展到城域网与广域网组网领域。同样规模的10GE造价只有SONET的1/5与ATM的1/10。从10Mb/s的以太网到10Gb/s的10GE都使用相同帧格式，有利于保护在组建网络方面的已有投资，以及减少网络培训的工作量。

3.5.4 40GE与100GE

1. 40GE与100GE研究背景

在相关标准与技术文献中，40Gb/s以太网与100Gb/s以太网分别缩写为40GE与100GE。随着用户对网络接入带宽的要求不断提升，伴随着4G/5G与移动互联网应用、三网融合的高清视频业务的增长，以及云计算、物联网应用的兴起，城域网与广域网主干网带宽面临着巨大挑战，现有的10GE技术开始难以应对日益增长的需求，更高速率的40GE与100GE研究开始提上议事日程，并且呈现从10GE向40GE、100GE平滑过渡的技术发展趋势。

1996年，40Gb/s的波分复用(WDM)技术出现。2004年，有些路由器开始提供40Gb/s接口。2007年，多个厂商开始提供40Gb/s的WDM设备。同时，电信业对40Gb/s波分复用系统的需求增多。40GE将大量应用于高性能计算机集群、云计算平台与互联网数据中心(Internet Data Center，IDC)。

2004年，100Gb/s技术开始出现，并受到广泛的关注。100GE并不是单一的技术，而是一系列技术的综合，包括以太网、DWDM及相关技术标准等。

为了满足数据中心、运营商网络与其他流量密集的高性能计算环境的需求,适应数据中心内部虚拟化及虚拟机数量的快速增长,满足三网融合、视频点播与社交网络的需求,IEEE于2007年12月成立IEEE 802.3ba工作组,开始研究40GE与100GE的标准。2010年6月,IEEE通过100GE的IEEE 802.3ba标准。

2. 100GE物理接口类型

100GE物理接口主要有3种类型:

(1) 10×10GE短距离互联的LAN接口技术。这种方案采用并行的10根光纤,每根光纤提供的速率为10Gb/s,以实现100Gb/s的传输速率。它的优点是可沿用现有的10GE器件,技术比较成熟。

(2) 4×25GE中短距离互联的LAN接口技术。这种方案采用波分复用方法,在一根光纤上复用4路25Gb/s信号,以实现100Gb/s的传输速率。该方案主要考虑性价比,目前技术尚不成熟。

(3) 10m的铜缆接口和1m的系统背板互联技术。这种方案采用并行互联的10根铜缆,每根铜缆提供的速率为10Gb/s,以实现100Gb/s的传输速率。该方案主要针对电接口的短距离和内部互联。

3.5.5 光以太网与城域以太网

综合上述讨论,可以看出:经过近30年的发展,以太网技术发生了根本性的变化。光以太网(optical Ethernet)与城域以太网(metro Ethernet)就是最有代表性的成果,它们标志着以太网应用已经从局域网向城域网、广域网领域扩展。光以太网与城域以太网概念都是在2000年前后提出的。实际上,光以太网与城域以太网是密不可分的。但是,光以太网的概念偏重于技术,而城域以太网的概念偏重于应用。

1. 光以太网的基本概念

光以太网由北电网络等电信设备制造商于2000年提出,获得了网络设备制造与电信行业的认同和支持。

传统以太网的基本特征是:通过双绞线与集线器组网,采用共享介质与半双工方式,后期增加了光纤及物理层标准。快速以太网的基本特征是:采用共享介质与交换式、半双工与全双工方式共存的思路。GE主要采用交换方式,但基于光纤的物理层标准比重增大,并开始用于宽带城域网建设。在10GE、40GE、100GE等更高速的以太网中,仅采用全双工方式,传输介质以光纤为主。

10GE、40GE、100GE仍保留了传统以太网帧结构等基本特征,以便保持与大量使用的低速以太网之间的兼容性。由于全双工的以太网无须采用CSMA/CD方法,因此传输介质长度不受冲突窗口的限制。研究人员可以将以太网与SDH、MPLS、DWDM等成熟的光通信技术融合,以提升以太网的服务质量、安全性与可靠性,使光以太网成为能够满足电信级服务要求的网络技术。光以太网研究的核心思想是:利用光纤的带宽资源与成熟、广泛应用的以太网技术,为网络运营商组建新一代宽带城域网提供技术支持。

2. 城域以太网的基本概念

在传统的城域网领域中,电信运营商已经建成很多网络系统,铺设了大量光纤,建设SDH环网、帧中继网、DDN专线或ATM交换网,网络带宽包括2Mb/s、34Mb/s、155Mb/s、

622Mb/s、2.5Gb/s、10Gb/s 等。将这些线路资源延伸到用户端，线路接口标准与技术差异很大，终端设备成本很高。随着以太网技术的成熟与广泛应用，将传统的电信传输网与以太网相结合是一条很好的途径。如果说宽带城域网选择网络方案的三大驱动因素是成本、扩展性与易用性，那么选择以太网技术作为下一代构建宽带城域网的主要技术是恰当的。以太网技术成熟，造价低廉，目前已拥有上亿用户。以太网具有良好的扩展性，容易实现从10Mb/s 到 100Gb/s 的平滑升级，并覆盖从几十米到上百千米的范围。

从构造电信级宽带城域网的角度来看，传统以太网技术还存在很多不足。例如，以太网无法提供端-端传输延时和丢包率控制，不支持优先级服务，不能保证服务质量；不能分离网管数据和用户数据；不具备对用户的认证能力，对按时间或流量计费造成困难。以太网存在这些问题是很容易理解的，因为在最初设计以太网时，只考虑了它如何在局部范围内工作。可运营的城域以太网必须满足电信网的高可用性。

为了克服传统以太网的不足，城域以太网应具备以下几个特征：

- 根据终端用户的实际应用需求分配带宽，保证带宽资源的充分、合理应用。
- 提供认证与授权功能，用户访问网络资源必须经过认证和授权，以确保用户与网络资源的安全及合法使用。
- 提供计费功能，及时获得用户的上网时间与流量记录，支持按上网时间、用户流量计费，支持实时计费。
- 支持 VPN 和防火墙，可以有效保证网络安全。
- 支持 MPLS，提供分等级的 QoS 网络服务。
- 能够方便、快速、灵活地适应用户和业务的扩展。

因此，可运营的光以太网不是单一技术研究，而是提出了城域以太网的解决方案。光以太网研究与城域以太网应用将改变网络运营商的规划、建设与管理思想。

3.6 以太网组网设备与组网方法

3.6.1 以太网基本组网方法

在讨论以太网组网方法与组网设备时，必然涉及 10Base-5、10Base-2、10Base-T 等标准以及集线器、交换机、网桥等设备。

在早期的以太网组网中，主要使用粗同轴电缆与细同轴电缆，这时使用中继器较多。随着 10Base-T 标准的出现，以非屏蔽双绞线与 RJ-45 接口可实现 10Mb/s 速率，它推动了以太网的广泛应用。在采用 10Base-T 标准组网时，集线器的作用很重要。

在实际的局域网组建中，基于传统的 10Base-5、10Base-2 标准，采用同轴电缆作为总线连接多个节点的方法已很少使用。基于 10Base-T 标准，使用非屏蔽双绞线、RJ-45 接口与集线器已成为基本组网方法。

图 3-28 给出了集线器工作原理与组网结构。集线器是局域网组网的基本设备之一，它作为以太网的中心连接设备时，所有节点通过非屏蔽双绞线与集线器连接。这种以太网在物理结构上是星状结构，但在逻辑上仍然是总线型结构，在 MAC 层仍然采用 CSMA/CD 介质访问控制方法。

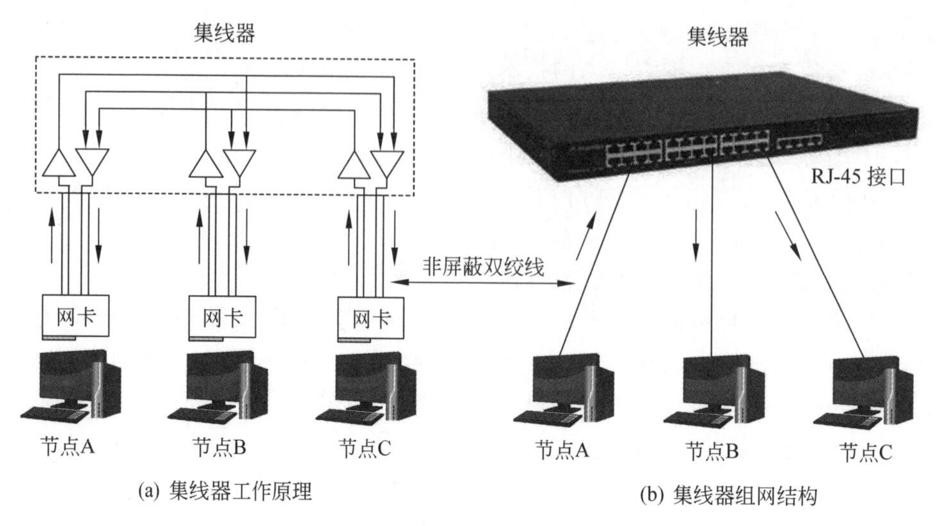

图 3-28 集线器工作原理与组网结构

当集线器接收到某个节点发送的帧时,立即将该帧通过广播方式转发到其他端口,连接在一个集线器上的所有节点都能接收到该帧。对于连接在集线器上的多个节点,在任何时刻都只能有一个节点发送,如果有两个或两个以上的节点同时发送,就会产生冲突。因此,连接在集线器上的所有节点属于同一个冲突域。

典型的单一集线器一般支持4～24个RJ-45接口。如果联网节点数超过单一集线器的端口数时,可以采用多集线器的级联结构。普通集线器一般都提供两类端口:一类是用于连接节点的RJ-45接口;另一类是上连端口。当采用多集线器的级联结构时,通常采用以下两种方法:一是使用双绞线,通过集线器的RJ-45接口实现级联;二是使用同轴电缆或光纤,通过集线器的上连端口实现级联。在级联结构中,多个集线器上的节点属于同一个冲突域。

3.6.2 交换以太网与高速以太网组网方法

FE的组网方法与普通以太网基本相同。为了组建FE,需要使用以下硬件设备:100Mb/s集线器或交换机、10/100Mb/s网卡、双绞线或光纤。

GE的组网方法与普通以太网有一定区别。为了组建GE,需要使用以下硬件设备:1Gb/s交换机、1Gb/s网卡、双绞线或光纤。GE各部分的带宽分配很重要,需要根据具体网络的规模与布局,选择合适的两级或三级网络结构。图3-29给出了典型的GE组网方法。

在设计GE时,需要注意以下几个问题:

- 在网络主干部分,通常使用高性能的GE甚至10GE交换机,以解决主干部分的带宽瓶颈问题。
- 在网络分支部分,考虑使用价格与性能较低的GE交换机,以满足实际应用对网络带宽的需要。
- 在楼层或部门一级,可根据实际需要选择FE交换机。
- 在用户端,使用100Mb/s网卡将计算机连接到FE交换机。

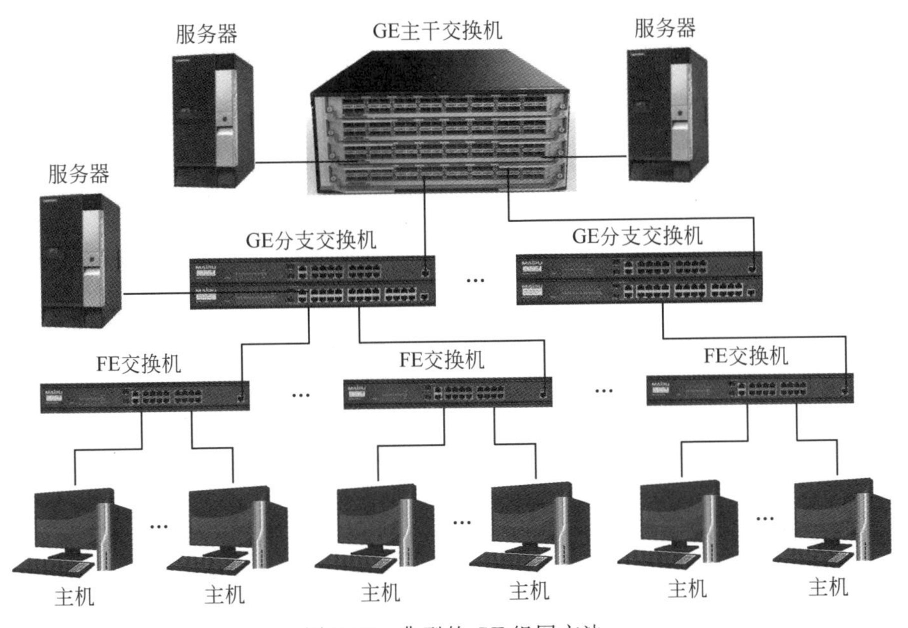

图 3-29　典型的 GE 组网方法

3.6.3　以太网网桥

1. 局域网互联与网桥的基本概念

在很多实际的网络中，经常需要将多个局域网互联起来。网桥(bridge)是实现多个以太网互联的网络设备。网桥作为 MAC 层的互联设备，其结构、工作原理与交换机有些相似，同时具有一定的代表性。掌握网桥的工作原理与设计方法，可以为学习路由器(router)与网关(gateway)的工作原理与设计方法奠定基础。

1）网桥的主要功能

网桥主要有两大功能：

- 记录端口号与对应 MAC 地址的转发表的生成与维护。
- 帧的接收、过滤与转发。

2）网桥的工作原理

图 3-30 给出了网桥结构与工作原理。网桥可以实现两个或两个以上的同构局域网(如两个以太网)的互联，也可以实现两个或两个以上的异构局域网(如以太网与令牌环网)的互联。网桥通过两个以太网网卡分别连接局域网 1 与局域网 2。两块网卡成为网桥，连接局域网 1 的端口 1 与连接局域网 2 的端口 2。网桥有一个记录网桥端口与不同节点 MAC 地址对应关系的转发表，又称为端口转发表或 MAC 地址表。

当局域网 1 中的节点 A 与 B 通信时，节点 A 发出源 MAC 地址为 0201002A10C3、目的 MAC 地址为 0C21002B0003 的帧。网桥可以接收到该帧。然后，网桥根据帧的目的地址在转发表中查询，确定节点 A 与 B 在同一局域网中，无须转发，则丢弃该帧。当局域网 1 中的节点 A 与局域网 2 中的节点 D 通信时，节点 A 发出源 MAC 地址为 0201002A10C3、目的 MAC 地址为 0E1002000013 的帧。网桥根据帧的目的地址在转发表中查询，确定该帧应该转发到局域网 2，于是网桥将帧从端口 2 转发到局域网 2，节点 D 就能接收到该帧。

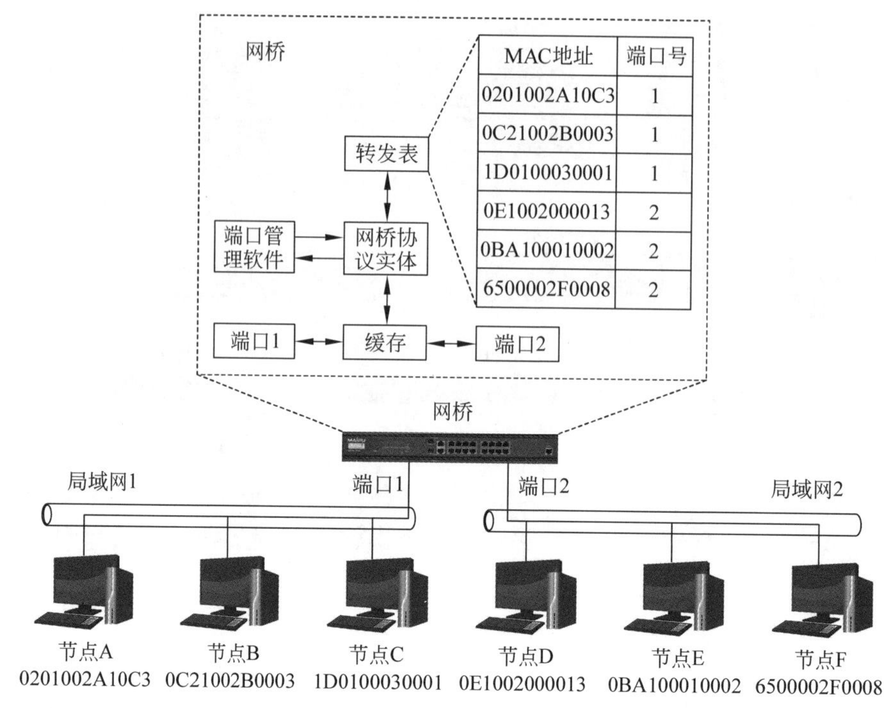

图 3-30　网桥结构与工作原理

2. 网桥转发表的生成与自学习算法

按照转发表的建立方法,网桥可以分为以下两类：源路由网桥与透明网桥。源路由网桥(source route bridge)的帧传输路径是由源节点确定的,而透明网桥(transparent bridge)的转发表是由网桥通过自学习方法实现的。

1）源路由网桥

源路由网桥由发送帧的源节点负责路由选择。每个节点在发送帧时,将详细的路由信息写在帧头部,网桥根据源节点确定的路由来转发帧。这个方法看起来简单,但是存在一个问题：源节点如何选择路由。

为了发现合适的路由,源节点以广播方式向目的节点发送用于探测的发现帧(discovery frame)。发现帧通过以网桥互联的局域网时,会沿着所有可能的路由传送。在传送过程中,每个发现帧记录经过的网桥。当这些发现帧到达目的节点时,就沿着各自的路由返回源节点。在源节点得到这些路由信息后,从可能的路由中选择一个最佳路由。常用的方法是：如果有多条路由,源节点将选择中间经过网桥数最少的路由。发现帧的另一个作用是帮助源节点确定整个网络可通过的帧最大长度。

2）透明网桥

通过透明网桥互联局域网时,网桥的转发表最初是空的。透明网桥采用与交换机类似的方法——自学习(self-learning)方法。自学习方法的基本思路是：如果网桥从端口 1 收到一个源 MAC 地址为 0201002A10C3(节点 A)的帧,当网桥收到一个目的 MAC 地址为 0201002A10C3 的帧时,一定可通过端口 1 发送给节点 A。按照这种推理方式,网桥就可以记录源 MAC 地址与进入网桥的端口号。网桥在转发帧的过程中逐渐建立和更新转发表。

因此,这种方法也称为反向学习(backward learning)方法。

透明网桥的转发表需要记录3个信息：MAC地址、端口与时间。为了使转发表能反映整个网络的最新拓扑,需要记录每个帧到达网桥某个端口的时间。网桥端口管理软件周期性地扫描转发表。只要是在一定时间之前的记录都要删除,这就使得网桥的转发表能够反映当前互联网络拓扑的变化。

透明网桥的主要特点是通过自学习方法生成和维护网桥转发表,是一种即插即用的局域网互联设备。局域网节点不负责帧传输路径的选择。互联的局域网节点不需要知道网桥的存在,也不需要了解网桥之间的连接关系,网桥对节点是透明的。

3. 网桥的工作流程

图3-31给出了网桥的工作流程。网桥的工作流程可以分成学习过程与帧转发过程两个阶段来进行讨论。

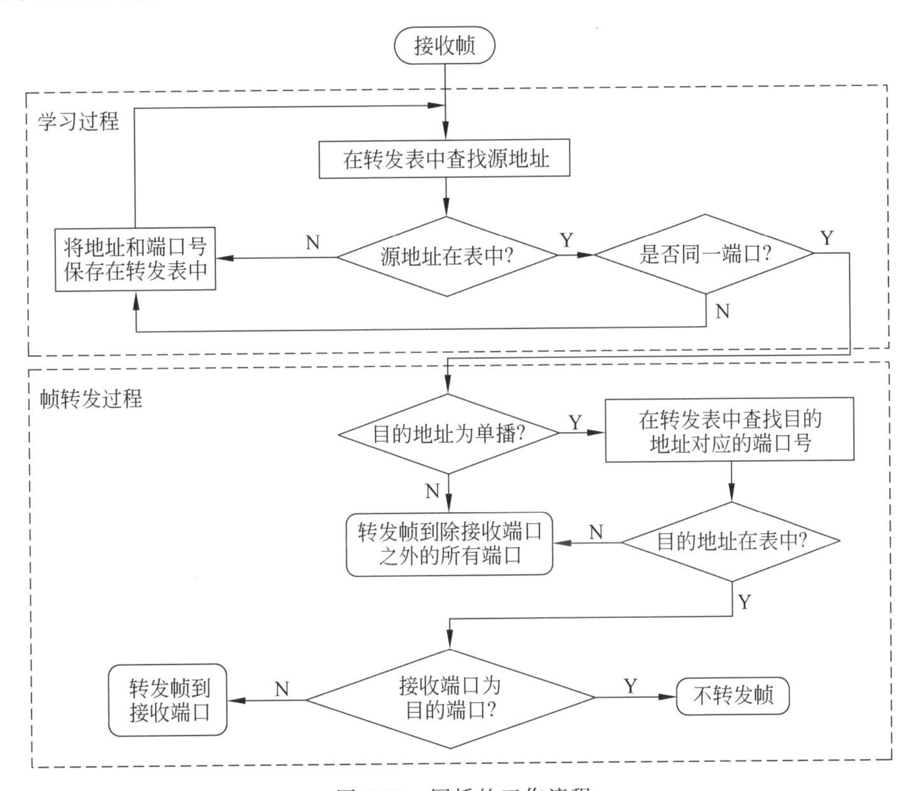

图3-31　网桥的工作流程

1）学习过程

生成和维护转发表是网桥实现局域网互联功能的基础。网桥开始连接局域网时,网桥的转发表是空的。网桥通过自学习方法在帧转发过程中逐渐建立起转发表。网桥在整个工作过程中不断维护转发表,使转发表能反映互联网络拓扑变化。可以结合图3-30与图3-31分析转发表的维护和更新过程。

(1）当网桥从端口1接收到一帧时,首先读取帧的源MAC地址。如果源MAC地址是A201B02A10C3,网桥在转发表中没有找到该地址,说明这是一个新接入的与端口1连接的节点MAC地址。那么,网桥将MAC地址A201B02A10C3与端口1的对应关系添加到转发表中。

(2) 当网桥从端口2接收到一帧时,如果源MAC地址是A201B02A10C3,网桥在转发表中找到该地址,则将该帧的接收端口与转发表记录进行比较。如果接收端口与转发表记录不一致,说明这个节点已从局域网1撤出,并接入局域网2。那么,网桥将MAC地址021002A10C3与端口2的对应关系记录到转发表中,并删除已过时的记录。

(3) 当网桥从端口1接收到一帧时,如果源MAC地址是A201B02A10C3,网桥在转发表中找到该地址,则将该帧的接收端口与转发表记录进行比较。如果接收端口与转发表记录一致,说明网络拓扑结构没有变化,不需要修改转发表,则转入帧转发过程。

2) 帧转发过程

帧转发过程如下:

(1) 判断帧的目的MAC地址是单播地址还是多播地址或广播地址。

(2) 如果目的MAC地址是单播地址,那么网桥在转发表中查找该地址对应的输出端口号。例如,目的MAC地址为6500002F0008,对应的端口号为2,那么网桥将从端口2将该帧转发到局域网2。

(3) 如果目的MAC地址为AB1000020456,在转发表中查不到这个地址,网桥只能将该帧从端口1之外的其他端口(端口2、3或4)转发出去。

(4) 如果网桥有4个连接端口,该帧从端口1进入网桥。同时,网桥判断帧的目的MAC地址是多播地址或广播地址,此时网桥将该帧从端口1之外的其他端口(端口2、3或4)转发出去。

(5) 如果接收帧的源MAC地址为0C21002B0003,目的MAC地址为1D0100030001,这两个地址对应的端口号均为1,这说明源地址为0C21002B0003的节点与目的地址为1D0100030001的节点属于同一局域网,不需要转发,此时网桥将丢弃该帧。

4. 生成树协议

1) 生成树协议的研究背景

在很多实际的应用(例如企业内部网或校园网)中,通过透明网桥互联的网络结构有可能出现环路,如图3-32所示。环路使网桥反复复制和转发同一帧,从而增加不必要的网络负荷。为了防止出现这种现象,透明网桥和交换机使用生成树协议(Spanning Tree Protocol,STP)以防止出现环路,同时又提供传输路径的备份功能。IEEE 802.1d标准详细定义了生成树协议。

2) 生成树协议的基本概念

理解生成树协议的概念时需要注意以下几个问题:

(1) 生成树协议作为一种链路管理协议,能够自动控制局域网系统的拓扑,形成一个无环路(loop-free)的逻辑结构,使任意两个网桥或交换机之间以及任意两个局域网之间只有一条有效的帧传输路径。当局域网拓扑发生变化时,生成树协议能重新计算并形成新的无环路的结构。

(2) 网桥之间通过网桥协议数据单元(Bridge Protocol Data Unit,BPDU)交换各自的状态信息。生成树协议通过BPDU提供的各个网桥状态信息,选出根网桥与根端口,自动完成无环路结构最佳路径计算与网桥端口配置任务。根网桥每隔2s发送一个BPDU,接收到BPDU的网桥回复根网桥,或主动发送BPDU,向根网桥报告拓扑变化。

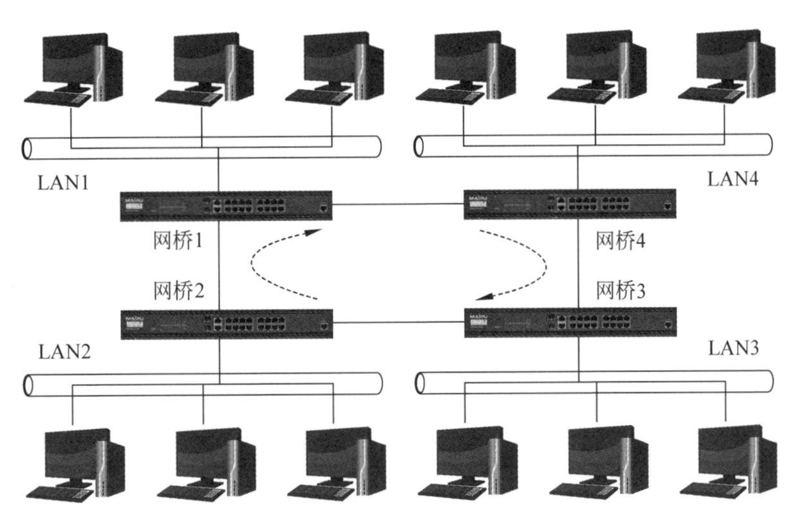

图 3-32　网桥互联形成环路

图 3-33 给出了有环路的网络结构。在分析生成树协议的实现方法时，首先需要了解根网桥、网桥优先级、端口优先级与路径成本这几个基本概念。

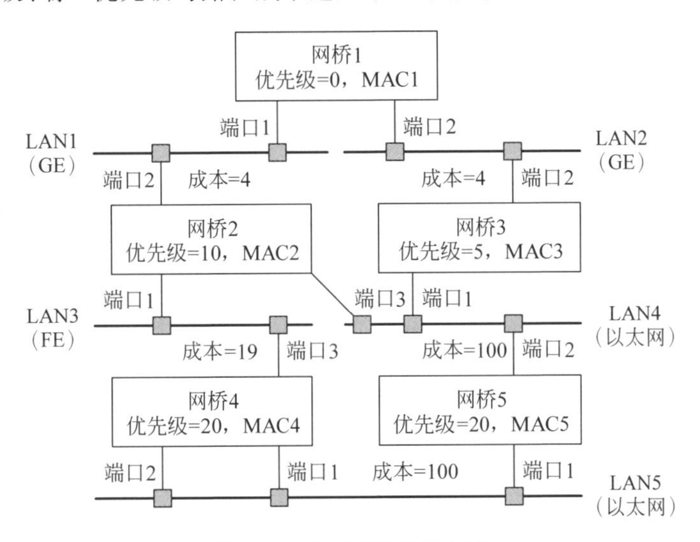

图 3-33　有环路的网络结构

生成树协议执行的第一步是选择一个网桥作为根网桥。无环路的逻辑结构是从根网桥出发并通向每个网桥与局域网的树状结构。选择根网桥时需要完成以下几个工作：

(1) 每个网桥需要有一个网桥地址，一般选择端口号最小的 MAC 地址作为网桥地址，例如网桥 1 有两个端口(端口 1 与 2)，端口 1 的网卡 MAC 地址为 A201102A1001，则网桥 1 的网桥地址就是 A201102A1001。MAC1 到 MAC5 分别表示网桥 1 到网桥 5 的网桥地址。

(2) 网络管理员需要为每个网桥分配一个优先级。优先级加上 MAC 地址就构成网桥标识。例如，网桥 1 的优先级为 0，加上其 MAC 地址 0A201102A1001 就构成网桥 1 的标识。

(3) 选择根网桥的方法是比较网桥的优先级,如果优先级相同,则选择 MAC 地址最小的网桥作为根网桥。由于图中网桥 1 的优先级最小,因此必然是选择网桥 1 作为根网桥。

从网络管理的角度考虑,网络管理员通过分配最小优先级来选择根网桥,需要注意以下几个因素:

- 根网桥一般选择在互联局域网的中心位置,便于向各个网桥发送和接收 BPDU。
- 根网桥一般位于互联局域网的主干网,并且局域网的传输速率足够高。
- 对根网桥设备的要求是配置高、可靠性好,便于网络管理员维护。

生成树协议希望形成一个延迟最小的传输路径,需要为每个局域网按带宽选择一个路径传输成本(图 3-33 中简称为成本)。表 3-1 给出了不同带宽局域网的推荐成本值。

表 3-1 不同带宽局域网的推荐成本值

传输速率	推荐成本值的范围	推荐成本值
10Mb/s	50～600	100
100Mb/s	10～60	19
1Gb/s	3～10	4
10Gb/s	1～5	2

网络管理员可根据具体情况来选择成本值。例如,对于堆叠式 10Mb/s 集线器组成的大型以太网,成本值可选择 300;对于一个负荷较小的以太网,成本值可选择 100;对于一个全双工的以太网,成本值可选择 50。在一般情况下,100Mb/s 的 FE 推荐成本值为 19,1Gb/s 的 GE 推荐成本值为 4,10Gb/s 的 10GE 推荐成本值为 2。

5. 生成树算法的实现方法

在完成以上准备工作之后,可以进一步分析最佳路径的计算问题。路径成本是路径通过的局域网成本之和,成本最低的路径最佳。

(1) 从根网桥(网桥 1)到网桥 2 的成本为 4,从根网桥到网桥 3 的成本为 4。需要注意的是:网桥 2 与网桥 3 都与 LAN4 连接,并且路径成本相同,这时通过比较网桥 2 与网桥 3 的优先级来选择一个网桥,阻塞另一个网桥的端口,以消除环路。在这个例子中,网桥 3 的优先级低于网桥 2,因此选择网桥 3,阻塞网桥 2 的端口 3。

(2) 从根网桥到网桥 4 的最佳路径是通过 LAN1、LAN3,总的路径成本为 23。

(3) 从根网桥到网桥 5 的最佳路径是通过 LAN2、LAN4,总的路径成本为 104。

(4) 从根网桥到 LAN5 有两条路径。第一条是根网桥→网桥 2→网桥 4,路径成本为 23;第二条是根网桥→网桥 3→网桥 5,路径成本为 104。因此,选择第一条路径,即选择网桥 4,阻塞网桥 5 的端口 1。

(5) 在网桥 4 与 LAN5 连接的两个端口中,通过比较优先级,选择端口 2,阻塞端口 1。

这样就获得了从根网桥出发的无环路的有效拓扑结构,如图 3-34 所示。

从联网计算机的角度来看,由生成树协议生成的无环路网络结构可以在任意两个节点之间提供一条最佳的帧传输路径,如图 3-35 所示。

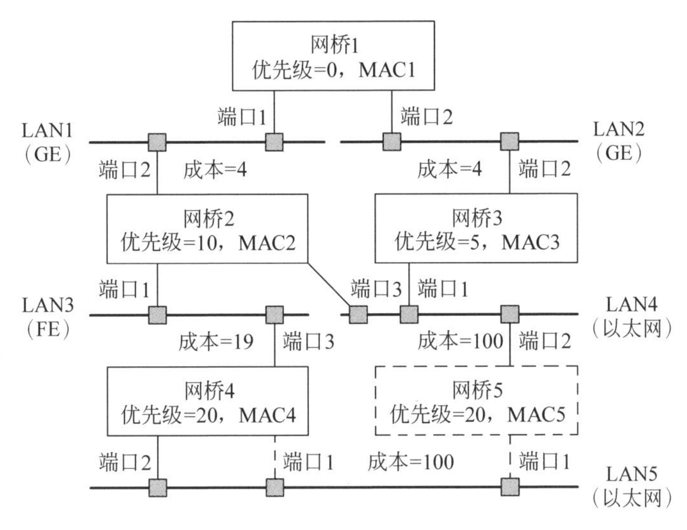

图 3-34　从根网桥出发的无环路的有效拓扑结构

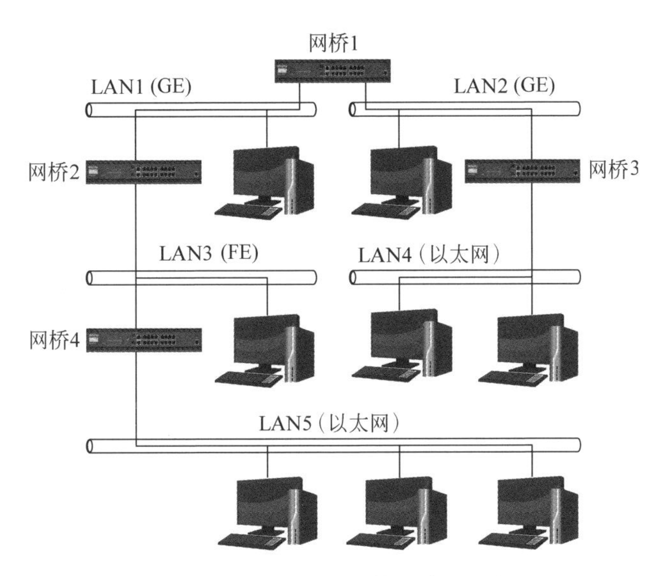

图 3-35　节点之间的帧传输路径示意图

3.7　IEEE 802.11

3.7.1　无线局域网的基本概念

1. 无线局域网的发展背景

无线局域网(WLAN)是支持移动计算与物联网发展的关键技术之一。无线局域网以微波、激光与红外线等无线信道作为传输介质,以代替传统局域网中的同轴电缆、双绞线与光纤,实现无线局域网的物理层与介质访问控制(MAC)子层功能。

1997 年,IEEE 公布了 IEEE 802.11 无线局域网标准。由于该标准在实现的技术细节上不可能规定得很周全,因此不同厂商设计和生产的无线局域网产品出现不兼容的问题。针对这个问题,1999年8月,350家业界主要公司(如Cisco、Intel与Apple等)组成了致力于推广IEEE 802.11标准的WiFi联盟(WiFi alliance)。其中,术语WiFi(Wireless Fidelity)涵盖了"无线兼容性认证"的含义。WiFi联盟是一个非营利的组织,授权在8个国家建立14个独立的测试实验室,对不同厂商生产的IEEE 802.11无线局域网设备以及采用IEEE 802.11接口的笔记本电脑、平板电脑、智能手机、数码相机、电视、RFID读写器进行互操作测试,以解决不同厂商设备之间的兼容性问题。凡是测试通过的设备都准许使用WiFi Certified标记。尽管WiFi只是厂商联盟在推广IEEE 802.11标准时使用的标记,但是人们已习惯将WiFi作为IEEE 802.11无线局域网的名称,将WiFi接入点(Access Point,AP)设备称为无线基站(base station)或无线热点(hot spot),由多个无线热点覆盖的区域称为热区(hot zone)。接入无线局域网的移动终端设备称为无线节点。无线节点可以是移动的,也可以是固定的;可以是台式计算机、笔记本电脑,也可以是智能手机、家用电器、可穿戴计算设备、智能机器人或物联网移动终端设备。目前,在大学校园、机场、车站、宾馆、餐厅、体育场、购物中心,甚至是公交车上,随处可见WiFi标识或WiFi Free提示。

人们自然会提出一个问题:既然已经有广泛覆盖的3G/4G移动通信网,为什么要发展无线局域网。回答很简单:电信业要获得移动通信网服务的资格,需要为购买3G/4G频谱使用权花费大笔资金,移动通信网不可能提供免费服务,必然要走收费的商业运营模式。而WiFi恰恰选用了免于批准的ISM频段,因此它可能成为供广大网民以移动方式免费接入互联网的重要信息基础设施。目前,已出现了一批无线互联网服务提供商(Wireless ISP,WISP),为用户通过无线方式接入互联网提供服务。

部署在公共场所的WiFi网络一般是免费使用的,用户的移动终端(如笔记本电脑、平板电脑、智能手机等)不用密码就可接入;家庭或办公室的WiFi网络一般要用密码才能接入。现在人们到达宾馆与餐厅,首先做的一件事是问服务人员是否有WiFi以及密码是什么。很多宾馆甚至在房卡上写明房间的WiFi名与密码。目前,有些农村网络基础设施建设中采用光缆到村、无线到户方式,通过WiFi提供方便、快捷、低价的宽带入户方式,有效推进了农村信息化建设。有人认为:WiFi已成为与水、电、气、路相提并论的第五类社会公共设施。目前,WiFi覆盖范围已成为我国无线城市建设的重要考核指标之一。

2. IEEE 802.11标准的发展过程

1) IEEE 802.11标准

1997年6月,IEEE公布了第一个无线局域网标准(IEEE Std.802.11—1997),此后出现的其他无线局域网标准都是以它为基础而修订的。IEEE 802.11标准定义了使用ISM的2.4GHz频段、最大传输速率为2Mb/s的无线局域网物理层与介质访问控制层协议。

2) IEEE 802.11a/b/g标准

此后,IEEE陆续成立了新的任务组,对IEEE 802.11标准进行补充和扩展。1999年,公布了IEEE 802.11a标准,使用5GHz频段,最大传输速率为54Mb/s。同年,又公布了IEEE 802.11b标准,使用2.4GHz频段,最大传输速率为54Mb/s。由于IEEE 802.11a产品造价比IEEE 802.11b高得多,同时IEEE 802.11a与IEEE 802.11b产品不兼容,因此IEEE在2003年又公布了IEEE 802.11g标准。IEEE 802.11g标准采用与IEEE 802.11b相同的2.4GHz频段,最大传输速率提高到54Mb/s。当用户从IEEE 802.11b过渡到IEEE 802.

11g 时，只需要购买 IEEE 802.11g 接入点设备，原有 IEEE 802.11b 无线网卡仍可使用。由于 IEEE 802.11g 与 IEEE 802.11b 兼容，又能够提供与 IEEE 802.11a 相同的速率，并且造价比 IEEE 802.11a 低，这就迫使 IEEE 802.11a 的产品逐渐淡出市场。

3) IEEE 802.11n 标准

尽管从 IEEE 802.11b 过渡到 IEEE 802.11g 已经使 WiFi 带宽升级了，但是 WiFi 仍然需要解决带宽不够、覆盖范围小、漫游不便、网管不强、安全性差等问题。2009 年发布的 IEEE 802.11n 标准对于 WiFi 是一次换代。

IEEE 802.11n 标准具有以下几个特点：

(1) IEEE 802.11n 可以工作在 2.4GHz 与 5GHz 两个频段，最大传输速率可达到 600Mb/s。

(2) IEEE 802.11n 采用智能天线技术，通过多组独立的天线组成天线阵列，可以动态调整天线的方向图，达到减少噪声干扰、提高无线信号稳定性、扩大覆盖范围的目的。一个 IEEE 802.11n 接入点的覆盖范围可达到几平方千米。

(3) IEEE 802.11n 采取软件无线电技术解决不同频段、信号调制方式带来的系统不兼容问题。IEEE 802.11n 不但能够与 IEEE 802.11a/b/g 标准兼容，而且可实现与 IEEE 802.16 无线城域网标准的兼容。

由于 IEEE 802.11n 具有以上特点，因此它已成为无线城市建设中的首选技术，并大量进入家庭与办公室环境中。

4) IEEE 802.11ac 与 IEEE 802.11ad 标准

IEEE802.11ac 与 IEEE 802.11ad 修正草案被称为千兆 WiFi 标准。其中，2011 年发布的 IEEE 802.11ac 草案是工作频段为 5GHz、传输速率为 1Gb/s 的 WiFi 标准。2012 年发布的 IEEE 802.11ad 草案抛弃了拥挤的 2.4GHz 与 5GHz 频段，定义了工作频段为 60GHz、传输速率为 7Gb/s 的 WiFi 标准。这些技术都考虑了与 IEEE 802.11a/b/g/n 标准兼容的问题。由于 IEEE 802.11ad 使用的工作频段在 60GHz，因此它的信号覆盖范围比较小，更适合家庭高速互联网接入应用。目前，千兆 WiFi 标准 IEEE 802.11ac 与 IEEE 802.11ad 仍在研发过程中，更多关于 IEEE 802.11ac/ad 研究进展的信息可以从无线千兆联盟(Wireless Gigabit Alliance，Wi-Gig)的网站获取。

表 3-2 给出了主要的 IEEE 802.11 标准(或草案)，包括标准的名称、工作频段、最大传输速率、公布时间等数据。

表 3-2 主要的 IEEE 802.11 标准

IEEE 标准名称	工作频段	最大传输速率	公布时间
IEEE 802.11	2.4GHz	2Mb/s	1997
IEEE 802.11a	5GHz	54Mb/s	1999
IEEE 802.11b	2.4GHz	11Mb/s	1999
IEEE 802.11g	2.4GHz	54Mb/s	2003
IEEE 802.11n	2.4GHz、5GHz(可选或同时支持)	600Mb/s	2009
IEEE 802.11ac	5GHz	1Gb/s	2011
IEEE 802.11ad	60GHz	7Gb/s	2012

除此之外,IEEE 还成立了多个工作组,对 IEEE 802.11 标准的服务质量、互联与安全性进行了补充和完善,推出了包括 IEEE 802.11c～IEEE 802.11x 在内的多个 WiFi 标准与草案。

每种 IEEE 802.11 标准都规定了多个传输速率,例如 IEEE 802.11b 有 11Mb/s、4.5Mb/s、2Mb/s、1Mb/s 4 种速率。无线网络的传输速率与接入点(AP)的覆盖范围相关。当无线节点在移动过程中离 AP 的距离增大时,无线网卡收到的 AP 信号强度随之减小,传输速率随之降低。在室外环境中,无线节点与 AP 之间距离达到 250m 时,接收信号强度为 －79dBm,可用的传输速率为 11Mb/s;距离达到 277m 时,接收信号强度为－83dBm,可用的传输速率为 5.5Mb/s;距离达到 287m 时,接收信号强度为－84dBm,可用的传输速率为 2Mb/s;距离达到 290m 时,接收信号强度为－87dBm 时,可用的传输速率为 1Mb/s。

图 3-36 给出了 AP 覆盖范围与传输速率的关系。在无线节点的移动过程中,无线网卡和 AP 之间的距离在变化,无线网卡接收到的信号质量随之改变,这样就造成无线网卡与 AP 之间的传输速率随距离增大而降低的现象。这个过程称为动态速率调整(Dynamic Rate Switching,DRS)。

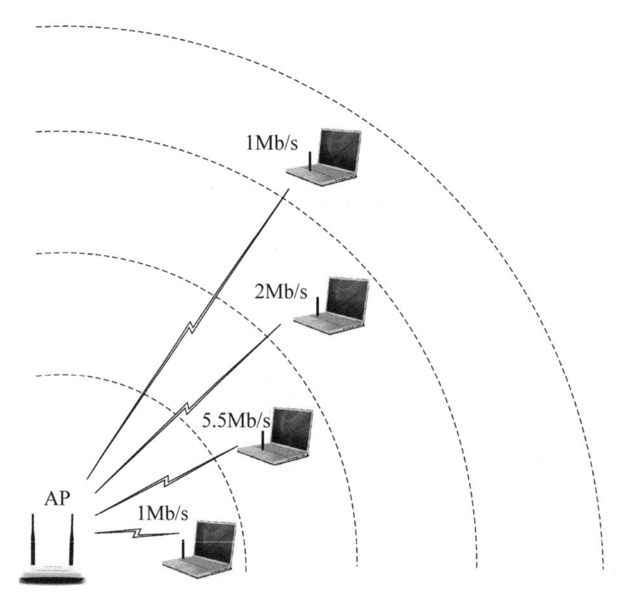

图 3-36　AP 覆盖范围与传输速率的关系

这里,需要注意以下两个问题:

(1) DRS 是移动节点中的无线网卡发送数据速率随着接收到发送端 AP 信号质量下降而下调的一种反馈控制机制。设计 DRS 的目的是通过协调传输距离与数据传输速率的矛盾,保证无线节点与 AP 之间的数据传输质量。但是,IEEE 802.11 标准没有对 DRS 算法作具体规定,而是由无线网络设备生产厂商自行定义。多数厂商的 DRS 机制是根据节点的无线网卡接收信号的强度、信噪比与传输错误率决定数据传输速率的调整策略。

(2) 以不同的传输速率发送相同长度的数据,占用信道的时间是不同的。例如,发送一个长度为 1500B 的数据帧,采用 11Mb/s 的速率要占用信道 300ms,而采用 1Mb/s 的速率要占用信道 3300ms。如果一个无线局域网中多数节点的无线网卡采用低速率,那么采用高速率的无线节点等待时间必然会变长，这就会大大降低无线网络的带宽利用率。

3. IEEE 802.11 无线信道划分方法

1）2.4GHz 频段的信道划分方法

为了理解 IEEE 802.11 物理层标准的特点，需要了解 IEEE 802.11 标准对频道划分的基本方法。IEEE 802.11 标准将 2.4GHz 频段划分为 14 个独立信道，图 3-37 给出了其频率分配情况。

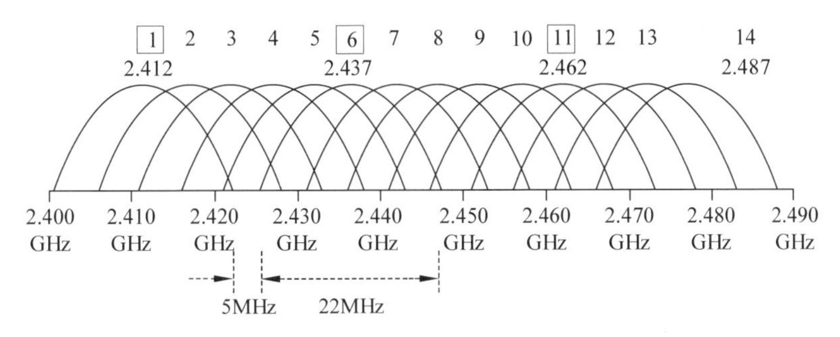

图 3-37 IEEE 802.11 标准对 2.4GHz 频段的划分

已知每个信道带宽为 22MHz，相邻两个信道之间的频率间隔为 5MHz。各信道的中心频率与频率范围如下：

信道 1：中心频率是 fc_1＝2.412GHz，频率范围是 2.401～2.423GHz。

信道 2：中心频率是 fc_2＝2.417GHz，频率范围是 2.406～2.428GHz。

信道 3：中心频率是 fc_3＝2.422GHz，频率范围是 2.411～2.433GHz。

信道 4：中心频率是 fc_4＝2.427GHz，频率范围是 2.416～2.438GHz。

信道 5：中心频率是 fc_5＝2.432GHz，频率范围是 2.421～2.443GHz。

信道 6：中心频率是 fc_6＝2.437GHz，频率范围是 2.426～2.448GHz。

……

信道 14：中心频率 fc_{14}＝2.487GHz，频率范围是 2.466～2.488GHz。

信道 1 的频率范围是 2.401～2.423GHz，信道 2 的频率范围是 2.406～2.428GHz，两者有重叠的部分。如果同时选用信道 1 与信道 2，则会产生干扰。

从信道 1 到信道 14，相邻信道之间频率都有重叠部分，都存在干扰问题。

为了降低相邻信道因频率重叠造成的信号干扰，IEEE 选择信道的原则是相隔 5 个信道。按这个原则，从以上 14 个信道中选出 3 个信道，只能是信道 1、6 与 11。

- 信道 1：中心频率是 fc_1＝2.412GHz，频率范围是 2.401～2.423GHz。
- 信道 6：中心频率是 fc_6＝2.437GHz，频率范围是 2.426～2.448GHz
- 信道 11：中心频率是 fc_{11}＝2.462GHz，频率范围是 2.451～2.473GHz。

采用信道 1、6、11 发送数据信号，相邻信道之间的信号干扰可降低到最小。美国、加拿大与多数无线网络制造商采用信道 1、6、11。也有些国家使用信道 1、6、12。

信道 14 也可以提供一个非重叠信道，但是大部分国家并不使用。

图 3-38 给出了一个使用信道 1、6 与 11 的 2.4GHz 信道复用结构。WiFi 的信道复用又称为多信道结构。WiFi 信道复用结构与蜂窝移动通信网结构类似。

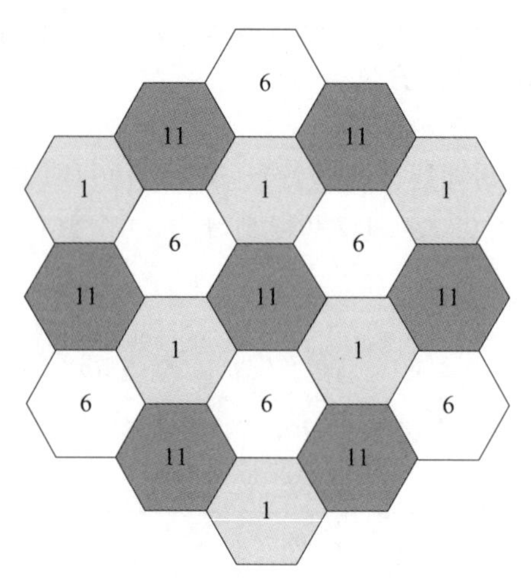

图 3-38　使用信道 1、6、11 的 2.4GHz 信道复用结构

2) 5GHz 频段的信道划分方法

IEEE 802.11 在 5GHz 的无须许可的国家信息基础设施(Unlicensed National Information Infrastructure,UNII)频段定义了 23 个可用信道,在 5GHz 的 ISM 频段定义了 165 个信道。其中,IEEE 802.11a 定义了 3 个 5GHz 频段用于数据传输,这 3 个 5GHz 频段称为 UNII 频段,分别为 UNII-1(低频段)、UNII-2(中频段)、UNII-3(高频段)。每个频段包括 4 个信道。

- UNII-1 属于 UNII 低频段,频率范围是 5.150～5.250GHz,宽度为 100MHz。该频段一般用于室内通信,最大输出功率为 40mW。
- UNII-2 属于 UNII 中频段,频率范围是 5.250～5.350GHz,宽度为 100MHz。该频段一般用于室内或室外通信,最大输出功率为 200mW。
- UNII-3 属于 UNII 高频段,频率范围是 5.725～5.825GHz,宽度为 100MHz。该频段一般用于室外点对点的桥接,不过美国等一些国家也允许室内无线局域网使用,最大输出功率为 800mW。

表 3-3 给出了 IEEE 802.11a 的信道编号与使用频率。早期的无线网卡不支持信道 149 以上的高频率。当遇到这种情况时,不需要更换网卡,而是仅用信道 36,40,…,64 这 8 个信道。

表 3-3　IEEE 802.11a 的信道编号与使用频率

信道编号	使用频率/GHz	信道编号	使用频率/GHz
36	5.180	60	5.300
40	5.200	64	5.320
44	5.220	149	5.745
48	5.240	153	5.765
52	5.260	157	5.785
56	5.280	161	5.805

无论是2.4GHz的3个信道，还是5GHz的8个或12个信道，对于二维空间的WiFi信道复用规划都足够了。

3.7.2 IEEE 802.11 网络拓扑类型

1. IEEE 802.11 组网类型

IEEE 802.11—2007 标准定义了两类组网模式：基础设施模式(infrastructure mode)与独立模式(independent mode)。基础设施模式也称为基础结构型，进一步分为基本服务集(Basic Service Set，BSS)与扩展服务集(Extended Service Set，ESS)。对应于独立模式的是独立基本服务集(Independent BSS，IBSS)。2011年，IEEE 802.11s—2011 修正案增加了混合模式，对应的是Mesh基本服务集(Mesh BSS，MBSS)。

1) 基本服务集

无线局域网的基本构建单元是BSS，它由一个基站与多个依赖基站的无线节点组成。BSS覆盖的范围称为基本服务区(Basic Service Area，BSA)。图3-39给出了BSS的结构。一个BSS覆盖范围一般为几十米到几百米，可以覆盖一个实验室、教室或家庭。为了保证BSS覆盖用户活动的范围，使所有无线节点可以在BSA内自由移动，需要事先对AP的位置进行勘察、选择与安装。BSS中的所有节点通过AP交换数据，形成一个以AP为中心节点的星状拓扑构型。

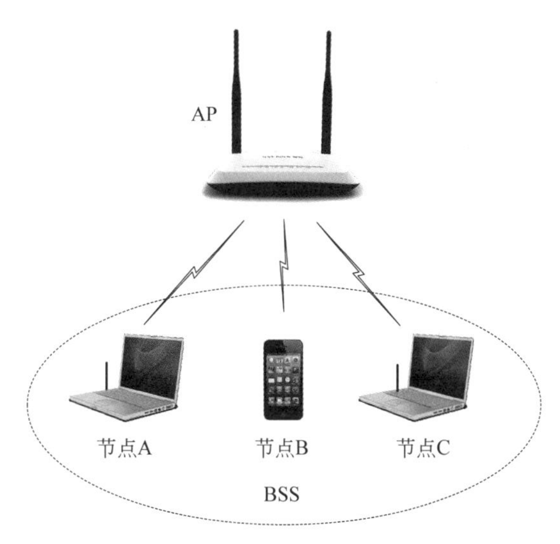

图3-39 BSS的结构

2) 扩展服务集

为了扩大无线局域网的覆盖范围，可通过以太网交换机将多个BSS互联起来，构成一个ESS，并可以通过路由器接入互联网。典型的ESS结构可覆盖一座教学楼、一家公司或一个校园的教室、图书馆、宿舍、运动场。所有无线节点可以在ESS中自由移动。图3-40给出了由两个BSS组成的ESS的结构。例如，无线节点A可通过基站AP1、交换机和基站AP2与ESS中的任何一个无线节点通信；也可以通过基站AP1、交换机和路由器接入主干网，访问互联网中的Web服务器或节点，这样就构成了一个更大的分布式系统(Distribution System，DS)。

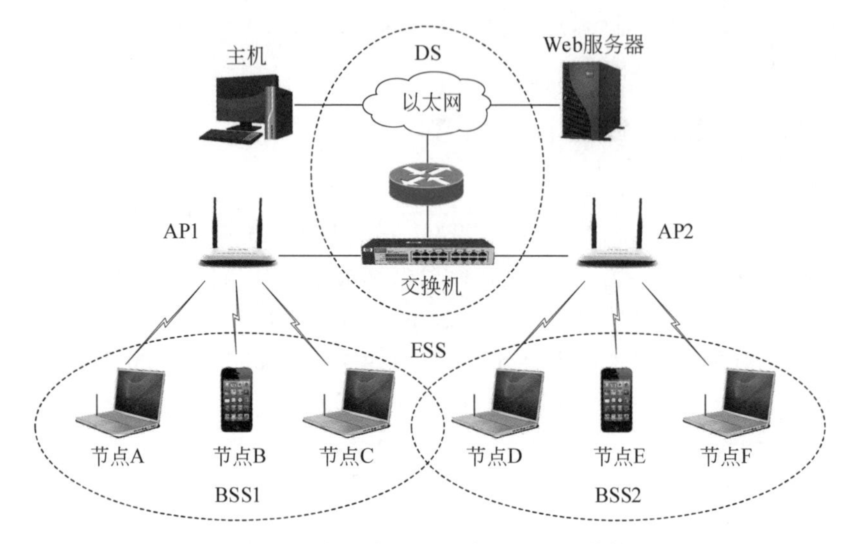

图 3-40 由两个 BSS 组成的 ESS 的结构

理解 ESS 结构的基本概念时需要注意以下两个问题:

(1) 由于以太网应用非常广泛,因此一般用以太网连接多个 BSS,但是也可通过无线网桥、无线路由器连接多个 BSS,构成一个无线分布式系统(Wireless DS,WDS)。在 ESS 结构中,AP 的角色就是无线节点访问 DS 的接入设备。从这个角度出发,对 IEEE 802.11 标准在描述帧交互过程时将"无线节点向 AP 发送数据帧"定义为"去往 DS"以及将"AP 向无线节点发送数据帧"定义为"来自 DS"就容易理解了。

(2) 由于 ESS 是由多个 BSS 构成的,为了保证节点在 ESS 覆盖范围内无缝漫游,相邻 BSS 覆盖的区域之间必然要有重叠。大部分厂商的建议是:BSS 覆盖区域之间的重叠面积至少保持在 15%~20%。相邻 BSS 之间的信号干扰问题需要采用信道复用的方法解决。

3) 独立基本服务集

IBSS 对应以自组织方式构成的无线自组网(Ad hoc)。图 3-41 给出了 Ad hoc 的结构。Ad hoc 中没有无线基站,无线节点之间采用对等的点-点方式通信。不相邻的无线节点之间的通信必须通过相邻节点以多跳转发的方式完成。

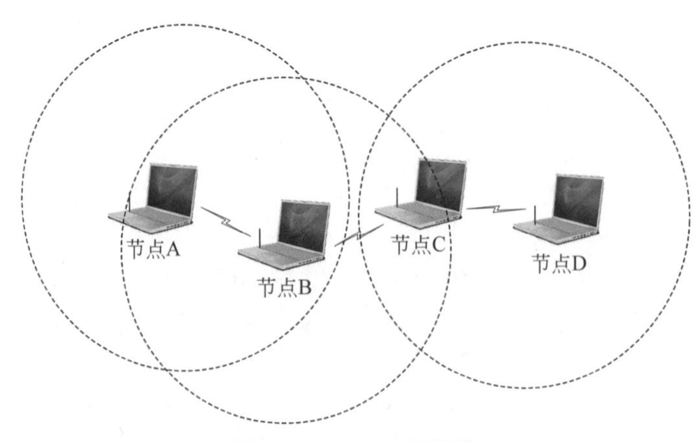

图 3-41 Ad hoc 的结构

Ad hoc 具有以下几个主要特点：

(1) 自组织与自修复。Ad hoc 不需要任何预先架设的无线通信基础设施，所有节点均通过分层协议体系与分布式路由算法协调相邻无线节点之间的通信关系。无线节点可以快速、自主和动态地组网。当新的节点接入、已有节点退出或节点之间的无线信道发生故障时，无线节点能够寻找新的相邻节点，重新组网。

(2) 无中心。Ad hoc 是一种对等结构的无线网络。网络中所有节点的地位平等，没有专门的路由器。任何节点都可以随时加入或离开网络，任何节点出现故障时都不会影响整个网络。

(3) 多跳路由。受到无线发射功率的限制，每个无线节点的覆盖范围有限。在覆盖范围之外的节点之间通信时，必须通过中间节点以多跳转发方式完成。每个节点同时要承担路由器与客户机的功能。

(4) 动态拓扑。Ad hoc 允许节点根据自己的需要而开启或关闭，允许节点在任意时间、以任意速度、在任意方向上移动。同时，节点受信号灵敏度、天线覆盖范围、节点之间障碍物遮挡以及信号多径传输、信道之间干扰等因素的影响，节点之间的通信关系会不断变化，造成拓扑的动态改变。为了保证 Ad hoc 正常工作，必须采取特殊的路由协议与算法。

4) Mesh 基本服务集

无线 Mesh 网又称为 Mesh 基本服务集(MBSS)或无线网状网(Wireless Mesh Network，WMN)。图 3-42 给出了典型的 MBSS 结构。无线 Mesh 网中的 AP 称为 Mesh AP。其中，3 个 2.4GHz 信道用于无线节点接入 AP，5 个 5GHz 信道用于 Mesh AP 之间的通信。在图 3-42 中，C1、C6 和 C11 表示 2.4GHz 频段中的信道 1、6 和 11，C48、C56、C64、C153 和 C161 表示 5GHz 频段中的信道 48、56、64、153 和 161。

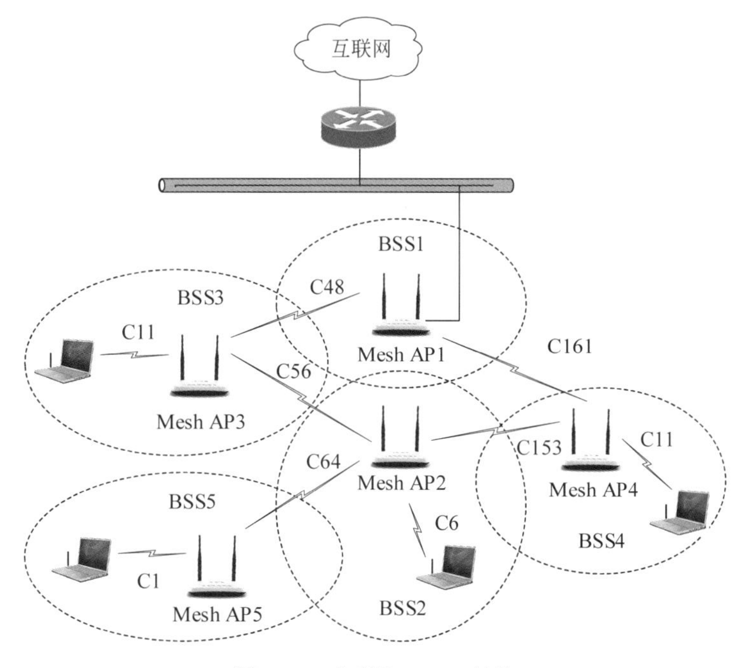

图 3-42　典型的 MBSS 结构

无线 Mesh 网的特点可以归纳为以下几点:

(1) 无线 Mesh 网是由一组呈网状分布的 AP 组成的,这些 AP 之间通过点-点的无线信道连接,形成具有自组织、自修复特点的多跳网络。

(2) 从接入的角度看,每个 AP 可形成自己的 BSS;从多跳网络结构的角度看,AP 具有接收、转发相邻 AP 发送帧的功能。与传统的 AP 相比,Mesh AP 增加了 MAC 层路由与自组织的功能。

(3) Mesh AP 可形成自己的 BSS,实现无线节点的接入功能,这一点与 BSS、ESS 相同;从自组织与多跳的角度看,它与 Ad hoc 相同。因此,无线 Mesh 网被归入混合型网络。

(4) 无线 Mesh 网与 Ad hoc 的区别是:无线 Mesh 网通过 Mesh AP 之间的点-点信道形成网状网,而 Ad hoc 直接由节点之间的点-点信道形成网状网。因此,无线 Mesh 网适用于大面积、快速与灵活组网的需求,而 Ad hoc 适用于多节点在移动状态下自主组网的需求。

2. IEEE 802.11 网络中无线通信的特殊性

1) BSS 中的冲突现象

在 AP 作为基站的传输模式下,无线节点之间的帧转发过程如图 3-43(a)所示。当节点 A 向节点 D 发送数据帧时,首先将帧发送给 AP,再由 AP 将帧转发给节点 D。这种传输方式主要有 3 个特点:

(1) 事先安装一个作为基站的 AP 设备。节点以点-点方式将数据帧发送给 AP。

(2) AP 利用共享的无线信道,通过广播方式发送该帧出去,在 AP 覆盖范围内的所有节点都能接收到该帧。AP 发送的是单播帧,只有与帧中目的地址相同的节点才接收并处理该帧,其他节点会丢弃该帧。

(3) AP 利用共享信道以广播方式转发数据帧,这就存在与传统以太网类似的冲突问题。如果两个或两个以上的节点同时通过共享信道发送帧,则会发生冲突。因此,IEEE 802.11 的 MAC 层协议同样要解决多个无线节点对共享信道的争用问题。

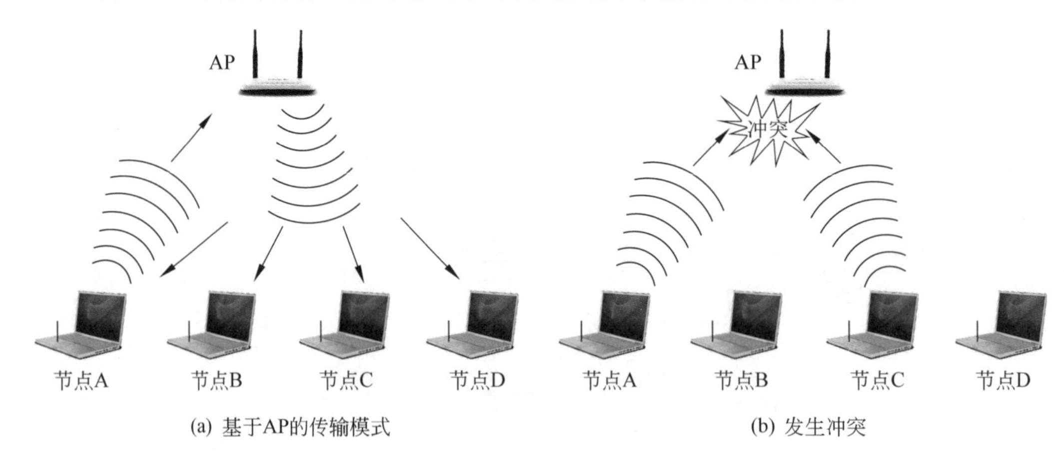

图 3-43 BSS 中的冲突问题

2) 隐藏节点与暴露节点

在无线通信中,要实现两个节点之间的正常通信,需要满足两个基本条件:一是发送节点与接收节点使用的频率相同;二是接收节点接收到的发送信号功率要大于或等于它的接收灵敏度。由于无线信号发送与接收过程中存在干扰与信道争用问题,因此无线局域网中就会出现隐藏节点和暴露节点的问题，如图 3-44 所示。

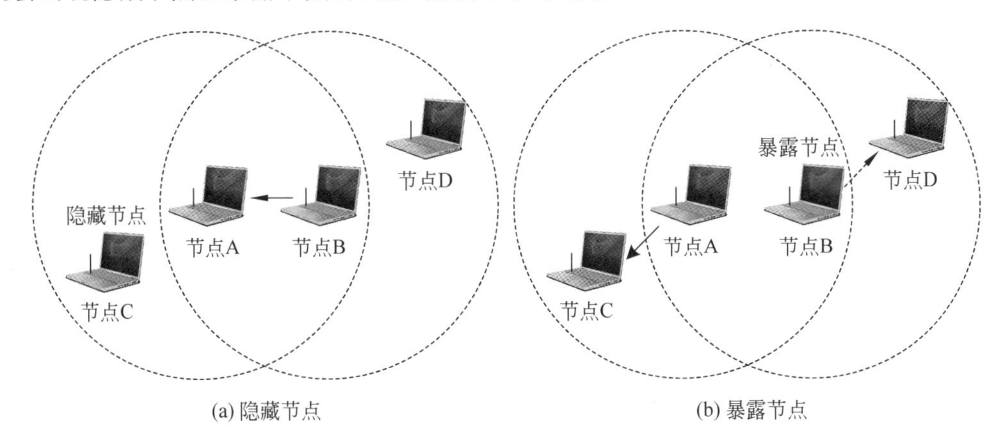

图 3-44　隐藏节点和暴露节点

以无线自组网为例，在图 3-44(a)中，节点 B 正在向节点 A 发送数据，而节点 C 不在节点 B 的覆盖范围之内，节点 C 不能检测到节点 B 正在发送数据，那么节点 C 可能作出错误判断：信道空闲，可以发送。如果此时节点 C 向节点 A 发送数据，则会产生冲突，导致节点 B 向节点 A 的发送失败。这时，节点 C 对于节点 B 来说就是隐藏节点。

在图 3-44(b)中，节点 A 正在向节点 C 发送数据，而节点 B 也要向节点 D 发送数据，节点 B 检测信道时认为信道忙，作出不向节点 D 发送数据的决定，实际上此时节点 D 可以接收数据。这时，节点 B 对于节点 A 来说就是暴露节点。一些文献中将隐藏节点、暴露节点称为隐藏站(hidden station)、暴露站(exposed station)。

需要注意的是，无线自组网与 BSS 都存在隐藏节点、暴露节点的问题，而它们的存在就会造成以下两种错误判断：检测到信道忙，实际上信道并不忙；检测到信道闲，实际上信道并不闲。MAC 层协议必须解决隐藏节点与暴露节点的问题，以提高无线信道的利用率。

3）SSID 与 BSSID

在无线局域网中，必须解决 AP 设备与接入节点的识别问题。IEEE 802.11 定义了 AP 的服务集标识符(Service Set Identifier，SSID)与基本服务集标识符(Basic SSID，BSSID)的概念。当网络管理员安装一个 AP 设备时，首先要为这个 AP 分配一个 SSID 与通信信道，如图 3-45 所示。

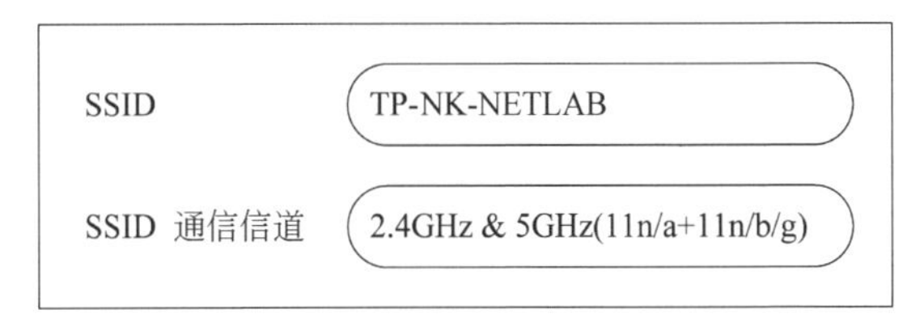

图 3-45　为 AP 分配 SSID 与通信信道

按照 IEEE 802.11 的规定，AP 的名字最长为 32 个字符，并且区分字母的大小写。SSID 表示以 AP 作为基站的 BSS 的逻辑名，它与 Windows 工作组名类似。例如，南开大学网络实验室教师办公室 AP1 的 SSID 为 TP-NK-NETLAB，那么，由这个 AP1 组成的 BSS

的 SSID 就是 TP-NK-NETLAB

如果说 SSID 是一个 AP 的一层标识,那么 BSSID 就是这个 AP 的二层标识。AP 与无线节点之间的通信是通过内部的无线网卡实现的。在大部分情况下,BSSID 就是无线网卡的 MAC 地址。但是,有的网络设备生产商也允许使用虚拟 BSSID。

无线网卡 BSSID 与以太网网卡的 MAC 地址相似,长度都是 6B(48b)。它们的不同点在于:IEEE 802.11 规定无线网卡 BSSID 第一字节最低位为 0,倒数第 2 位为 1,其余 46 位按照一定的算法随机产生,以很高的概率保证了产生的 MAC 地址是唯一的。因此,SSID 是用户为 AP 配置的 BSS 的逻辑名,BSSID 是设备生产商为 AP 配置的精确的二层标识符。例如,南开大学网络实验室教师办公室 AP1 的 SSID 为 TP-NK-NETLAB,对应的 MAC 地址为 00-0C-25-60-A2-1D。BSSID 作为 AP 设备唯一的二层标识,在无线节点的漫游中起到重要的作用。

如图 3-46 所示,南开大学网络实验室的 ESS 由教师办公室的 BSS1 与学生工作室的 BSS2 组成。在这个 ESS 中,AP1 与 AP2 的 SSID 相同,都是 TP-NK-NETLAB,但 AP1 的 BSSID 是 00.0C.24.6B.D2.1A,而 AP2 的 BSSID 是 00.1C.00.0B.AB.20;同时,AP1 使用的是 2.4GHz 频段的信道 1,AP2 使用的是 2.4GHz 频段的信道 6。

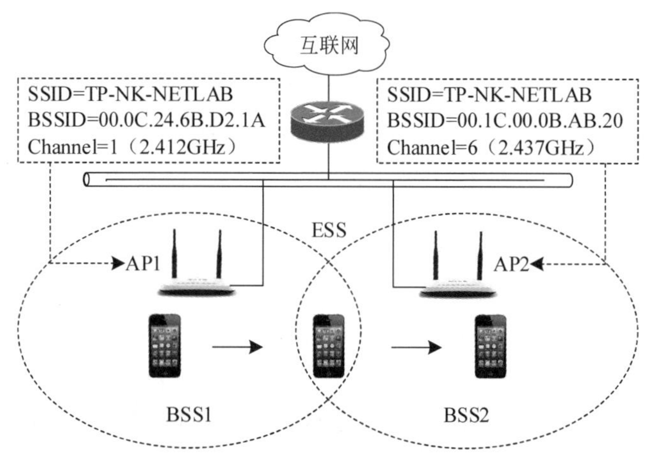

图 3-46 ESS 中的 SSID 与 BSSID

3. IEEE 802.11 的 MAC 层协议的访问控制方法

图 3-47 给出了 IEEE 802.11 的协议层次结构模型。其中,物理层定义了红外与微波频段的扩频通信标准;MAC 层的主要功能是实现对多节点共享无线信道的访问控制,为无线通信提供安全与服务质量保证服务。

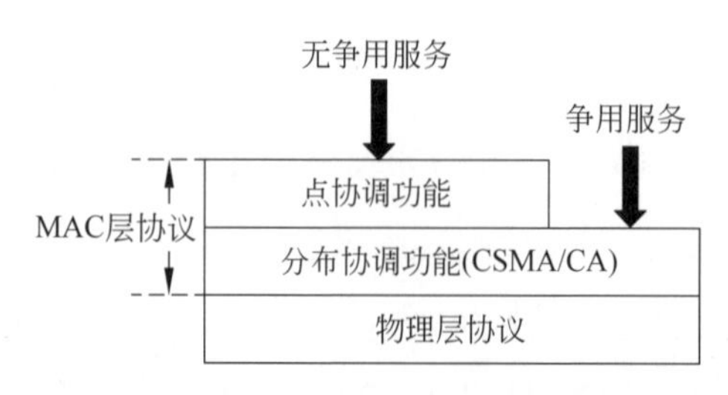

图 3-47 IEEE 802.11 的协议层次结构模型

IEEE 802.11 的 MAC 层协议支持两种基本的访问控制方式。

1）无争用服务

无争用服务系统的中心是基站，即 AP。在点协调功能（Point Coordination Function，PCF）模式中，AP 控制多个无线节点对共享无线信道的无冲突访问，形成了以基站为中心的星状网络结构。因此，PCF 模式提供的是无争用服务。

2）争用服务

IEEE 802.11 的 MAC 层可以采用载波侦听多路访问/冲突避免（Carrier Sense Multiple Access with Collision Avoidance，CSMA/CA）的介质访问控制方法。IEEE 802.11 提供的争用服务能力被称为分布协调功能（Distributed Coordination Function，DCF）。IEEE 802.11 标准规定 MAC 层都必须支持 DCF，而 PCF 是可选的。在默认状态下，IEEE 802.11 的 MAC 层工作在 DCF 模式下；只有在延时要求高的视频、音频会话类应用时，才会启用 PCF 模式。

有些应用需要 WiFi 提供比“尽力而为”的 DCF 更高一级的服务，但是又不需要 PCF 的集中控制服务，人们开始研究混合协调功能（Hybrid Coordination Function，HCF）模式。但是，HCF 模式目前仍处于研究阶段，没有出现相应的协议标准。

3.7.3 CSMA/CA 的基本工作原理

1. 传统以太网与 IEEE 802.11 无线局域网的异同点

传统以太网与无线局域网的相同点是都存在多个节点对共享介质（双绞线、同轴电缆或无线信道）的争用问题，因此两者的 MAC 层都要研究如何有效解决多个节点对共享介质的访问控制问题。以太网的 MAC 层采用 CSMA/CD 方法，而 IEEE 802.11 的 MAC 层采用 CSMA/CA 方法。它们都使用分布式控制——载波侦听多路访问（CSMA）方法，区别是一个采用冲突检测（CD），另一个采用冲突避免（CA）。

无线局域网不能采用以太网的 CSMA/CD 方法，主要原因是无线信道与有线介质的信号传输存在差异。IEEE 802.3 设计 CSMA/CD 算法的前提是：在总线的传输介质上，可根据最小帧长度、最大总线长度来确定冲突窗口大小。IEEE 802.3 确定的冲突窗口值为 51.2μs。在冲突窗口时间内，无论传输介质是双绞线还是同轴电缆，以太网网卡一边向总线发送信号，一边接收总线上的信号，通过比较发送信号和接收信号，可检测出是否冲突。只要在冲突窗口时间内节点没有检测出冲突，就可以确定发送成功。这一点在无线局域网中很难做到。无线通信环境的复杂性表现在：无线网卡的发送与接收功率一般相差很大。网卡在发送信号的同时，要求它处理微弱的接收信号并判断是否冲突，从电路实现角度来看难度很大，即使可实现，成本也很高。另外，无线信号可能是经过绕射、折射、反射的多路径才到达接收端的，不能简单地根据不同节点之间的直线距离去估算传输延时和冲突窗口。

2. 帧间间隔的规定

IEEE802.11 规定：所有的无线网卡从检测到信道空闲到真正发送一帧，或者是发送一帧之后到发送下一帧，都需要间隔一段时间，这个时间间隔称为帧间间隔（Inter Frame Space，IFS）。IEEE 802.11 规定了 4 种帧间间隔：

- 短帧间间隔（Short IFS，SIFS）。
- 点协调帧间间隔（Point coordination IFS，PIFS）。

- 分布协调帧间间隔(Distributed coordination IFS,DIFS)。
- 扩展帧间间隔(Extended coordination IFS,EIFS)。

帧间间隔的长短取决于发送帧的类型。高优先级帧的等待时间短,可以优先获得信道的发送权;低优先级帧的等待时间长,如果低优先级帧处于等待发送时间,空闲信道已被高优先级帧占用,信道从空闲变成忙,低优先级帧只能继续等待,延迟发送。IEEE 802.11 规定的 SIFS 长度为 28μs。使用 SIFS 间隔的主要有预约信道的 ACK 帧、CTS 帧以及属于一次对话的各个帧。IEEE 802.11 规定的 DIFS 长度为 128μs。在 DCF 方式中,发送数据帧、管理帧用到 DIFS。

3. CSMA/CA 基本模式的工作原理

IEEE 802.11 的 DCF 支持两种工作模式:基本模式与可选的 RTS/CTS 预约模式。CSMA/CA 设计目标是尽可能减小冲突发生概率。图 3-48 给出了 CSMA/CA 基本模式的工作过程。CSMA/CA 的工作过程可总结为信道监听、推迟发送、冲突退避。

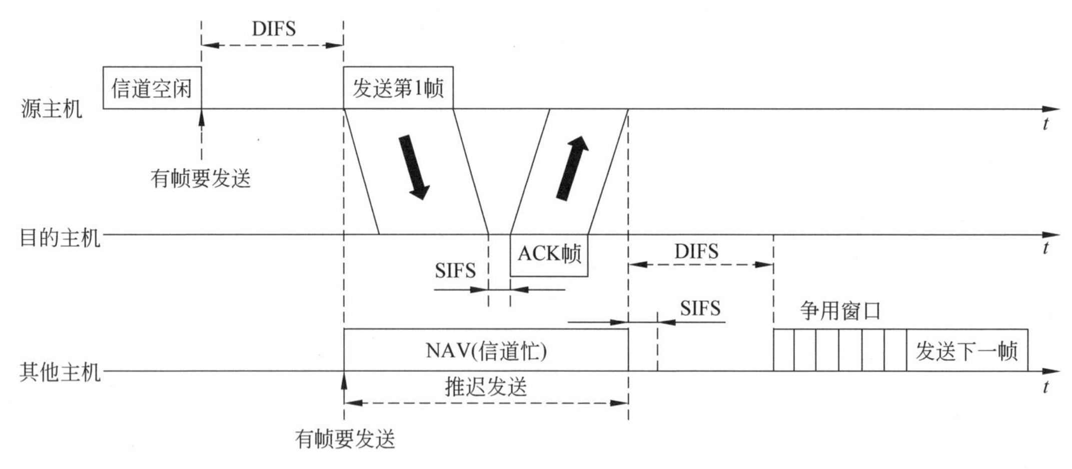

图 3-48 CSMA/CA 基本模式的工作过程

1) 信道监听

CSMA/CA 要求物理层对无线信道进行载波监听。根据接收的信号强度来判断是否有节点正在利用无线信道发送数据。当源节点确定信道空闲时,首先等待一个 DIFS;如果信道仍然空闲,则发送第一个帧。源节点在帧发送结束后,等待目的节点返回的 ACK(确认)帧;目的节点正确接收到一个帧,并等待 SIFS 之后,向源节点发送一个 ACK 帧。如果源节点在规定时间内接收到 ACK 帧,说明没有发生冲突,第一帧发送成功。

2) 推迟发送

IEEE 802.11 的 MAC 层还采用一种虚拟载波监听(Virtual Carrier Sense,VCS)与网络分配向量(Network Allocation Vector,NAV)机制,以达到主动避免冲突发生,进一步减小冲突发生概率的目的。帧头的第 2 个字段是持续时间(Duration/ID)。发送节点在发送一帧时,在该字段填入以 μs 为单位的值(例如 216),表示在该帧发送结束后,还要占用信道 216μs。这个时间包括目的节点返回 ACK 帧的时间。其他节点在收到帧中的持续时间后,如果该值大于自己的 NAV 值,根据接收的持续时间值来修改自己的 NAV 值。NAV 值随着时间推移而递减,只要 NAV 不为 0,节点就认为信道忙。

3）冲突退避

可能有多个节点 NAV 同时为 0，即它们都认为信道空闲，这时多个节点同时发送数据帧而出现冲突，因此 IEEE 802.11 规定：所有节点在 NAV 为 0 时，再等待一个 DIFS 之后，执行二进制指数退避算法，以进一步减少出现冲突的概率。二进制指数退避算法规定：第 i 次退避时间可在 2^{2+i} 个时间片（$0 \sim 2^{2+i}-1$）中随机选择。在第 1 次退避时，$i=1, 2^{2+1}=8$，则在 0，1，…，7 共 8 个时间片中随机选择一个退避时间（如 5 个时间片）。在第 1 次冲突之后，主动延时 5 个时间片。在第 2 次退避时，$i=2, 2^{2+2}=16$，则在 0，1，…，15 共 16 个时间片中随机选择一个退避时间（如 12 个时间片）。在第 2 次冲突之后，主动延时 12 个时间片。在第 6 次退避时，$i=6$ 时，$2^{2+6}=256$，则在 0，1，…，255 共 256 个时间片中随机选择一个退避时间。IEEE 802.11 将退避时间变量 i 定义为退避变量，退避变量的最大值 $i_{\max}=6$。

当无线节点有数据帧准备发送时，它必须执行退避算法，选择一个退避时间值，并启动退避计时器（backoff timer）。当退避计时器的时间减小到 0 时，可能会出现两种情况：

- 如果信道为闲，则该节点可以发送一帧。
- 如果信道为忙，则该节点冻结退避计时器值，重新等待信道变为闲，再经过 DIFS 之后，继续启动退避计时器，从剩下的时间开始计时。当退避计时器的时间为 0 时，如果信道为闲，此时该节点可以发送一帧。

图 3-49 给出了 IEEE 802.11 的节点退避过程。在这个无线局域网中，有 5 个节点的无线网卡执行退避算法。为了简化问题讨论，在讨论帧发送过程时，忽略等待 SIFS 与回送 ACK 帧的时间。假设 5 个节点分别在不同时间准备发送数据帧。节点 1 在信道空闲的 t_1 时刻发送了帧 1-1。节点 2、3、4 分别在 t_2、t_3、t_4 时刻有帧要发送。由于这时帧 1-1 正在发送，所以节点 2、3、4 分别选择各自的退避时间。

从图 3-48 中可以看出，在帧 1-1 发送结束、经过 1 个 DIFS 之后，节点 2、4 的退避时间没有结束，节点 3 的退避时间已结束，节点 3 发送了帧 3-1。这时，如果节点 2 的退避时间还有 70 个时间片，那么节点 2 冻结 70 个时间片（在图 3-49 中用“冻结 2-1”表示），在帧 3 发送结束再经过 1 个 DIFS 之后，节点 2 将“冻结 2-1”的 70 个时间片作为退避时间。

如果节点 4 在 t_4 时刻要发送帧，节点 4 与节点 3 竞争信道。如果节点 4 在帧 3-1 发送结束之后，退避时间还有 36 个时间片，那么节点 4 冻结 36 个时间片（在图 3-49 中用“冻结 4-1”表示），在帧 3 发送结束再经过 1 个 DIFS 之后，节点 4 将“冻结 2-1”的 36 个时间片作为退避时间。

在下一个争用窗口中，由于节点 4 的退避时间是 36 个时间片，而节点 2 的退避时间是 70 个时间片，因此节点 4 在 1 个 DIFS 与 36 个时间片之后可发送帧 4-1。这时，节点 2 的退避时间仍没有结束，再次冻结 34（70－36＝34）个时间片（在图 3-49 中用“冻结 2-2”表示）。

如果节点 5 在 t_5 时刻要发送帧，节点 5 再次与节点 2 竞争信道。如果节点 5 在帧 4-1 发送时，退避时间还有 18 个时间片。节点 4 就冻结 18 个时间片（在图 3-49 中用“冻结 5-1”表示）。在帧 4-1 发送结束再经过 1 个 DIFS 之后，节点 5 将“冻结 5-1”的 18 个时间片作为退避时间。

在下一个争用窗口中，由于节点 5 的退避时间是 15 个时间片，而节点 2 的退避时间是 34（70－36＝34）个时间片，因此节点 5 在 1 个 DIFS 与 15 个时间片之后发送帧 5-1。这时，节点 2 的退避时间仍未结束，再次冻结 19（34－15＝19）个时间片（在图 3-49 中用“冻结 2-3”

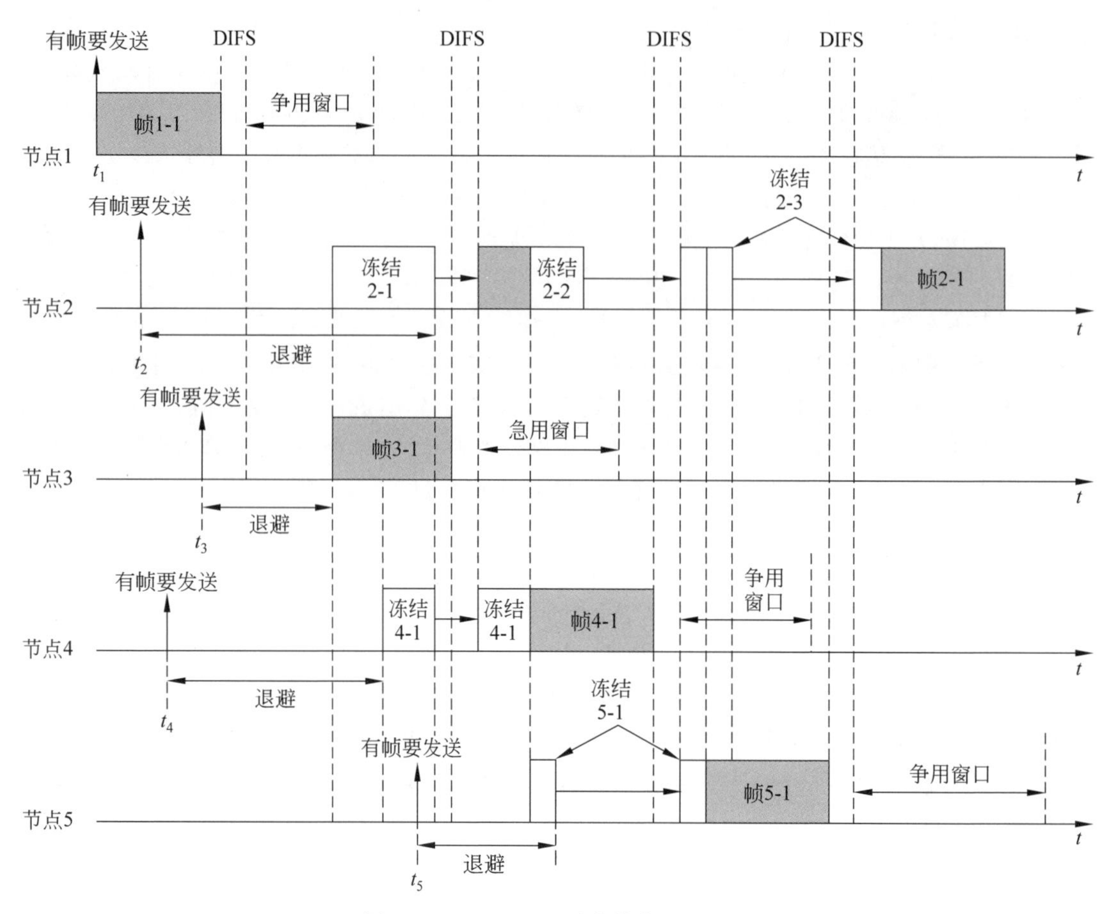

图 3-49 IEEE 802.11 的节点退避过程

表示)。

那么,节点 2 将 19 个时间片作为下一个退避时间。在帧 5-1 发送结束再等待 1 个 DIFS 与 19 个时间片之后,如果信道空闲,节点 2 发送帧 2-1。

从上述讨论中可以看出:IEEE 802.11 采用 CSMA/CA 介质访问控制方法,通过分布式控制算法,由无线网卡的 MAC 芯片自主、随机地选择退避时间,以达到协调不同节点的帧发送时间,减小冲突发生概率的目的。

4. CSMA/CA 发送与接收流程

1) CSMA/CA 发送流程

图 3-50 给出了 IEEE 802.11 的 CSMA/CA 节点发送流程。

CSMA/CA 发送数据帧需要经过以下几个步骤:

(1) 启动发送,组装一个数据帧,并检测信道状态。

(2) 如果信道空闲,等待一个帧间间隔时间之后,检测信道状态。如果信道空闲,执行二进制指数退避算法,随机产生一个退避时间。

(3) 等待一个退避时间之后,检测信道状态。如果信道忙,重新检测信道状态;如果信道空闲,则发送数据帧。

(4) 发送一个数据帧之后,等待接收目的主机返回 ACK 帧。

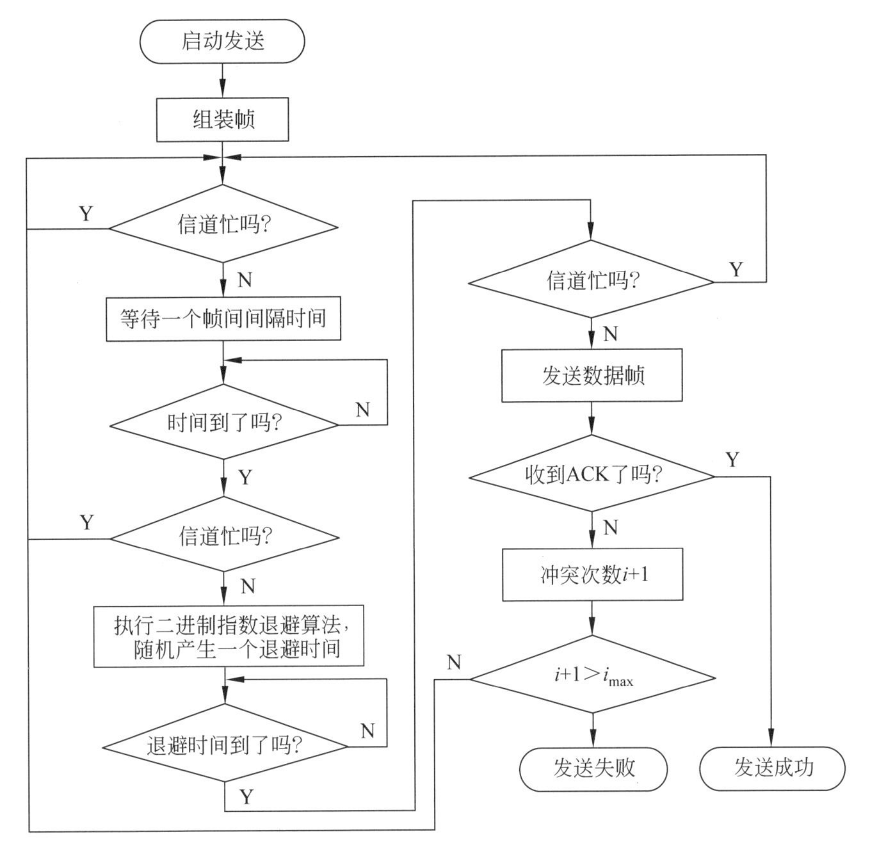

图 3-50 CSMA/CA 节点发送流程

(5) 如果收到 ACK 帧，表示此次数据帧发送成功；否则，将冲突次数加 1，判断 $i+1$ 是否大于 i_{max}。如果 $i+1>i_{max}$，表示冲突过多，发送失败；如果 $i+1<i_{max}$，再次执行退避算法，随机产生一个退避时间，再将冲突次数加 1。

2) CSMA/CA 接收流程

图 3-51 给出了 IEEE 802.11 的 CSMA/CA 节点接收流程。

接入 IEEE 802.11 无线局域网中的节点只要不发送数据，就随时准备接收数据。CSMA/CA 接收数据帧需要经过以下几个步骤：

(1) 无线网卡随时检测信道上是否有数据在传输。如果有，则接收数据，直到发送停止。

(2) 按照 IEEE 802.11 帧结构，判断接收的帧长度是否太短。如果帧长度太短，则丢弃该帧，重新进入准备接收的状态。如果帧长度在规定范围之内，则判断目的地址是否本节点地址。如果地址不匹配，则丢弃该帧。

(3) 如果地址匹配，则判断 FCS 字段是否正确。如果 FCS 值错误，表明帧接收出错，则丢弃该帧。

(4) 如果 FCS 值正确，表示帧接收正确，则此次接收成功。

5. IEEE 802.11 的 CSMA/CA 与 IEEE 802.3 的 CSMA/CD 的比较

1) CSMA/CA 与 CSMA/CD 的共同点

CSMA/CA 与 CSMA/CD 的共同点表现在以下几方面：

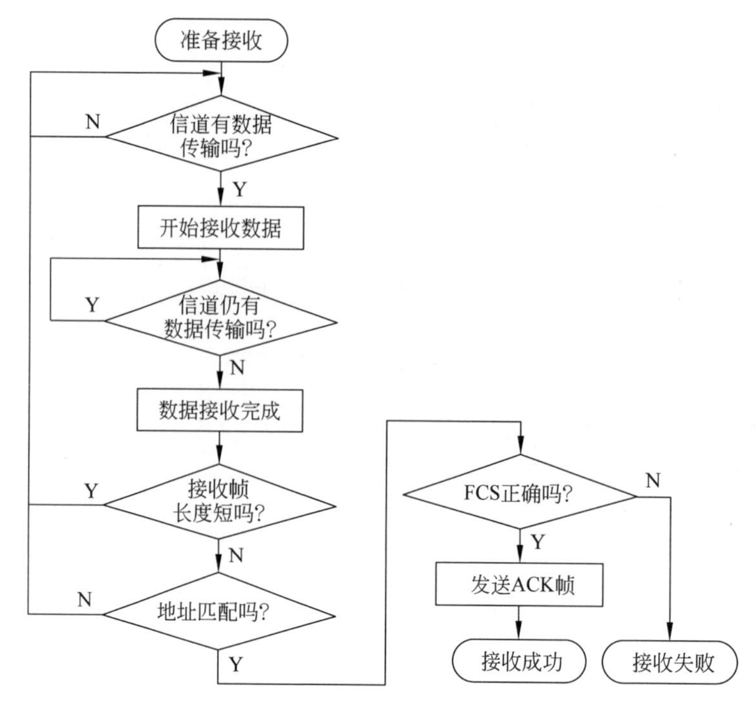

图 3-51　CSMA/CA 节点接收流程

(1) 两者都采用分布式控制的思路来解决多个节点对共享信道的争用问题。

(2) 两者都不存在一个中心控制节点,而是由网卡根据共享信道的状况判断最佳的帧传输时间。

(3) 两者的 MAC 层协议与物理层协议都是由网卡实现的。从计算机组成原理的角度,以太网网卡与无线网卡在网卡结构、计算机接口的实现方法、驱动程序的编程方法上都相同。

在关于 IEEE 802.11 的讨论中,"节点与 AP 之间通信"与"节点无线网卡与 AP 之间通信"的含义相同。

2) CSMA/CA 与 CSMA/CD 的区别

CSMA/CA 与 CSMA/CD 的区别表现在以下几方面:

(1) IEEE 802.3 采用的是 CSMA/CD 方法,发送节点监听到总线空闲时,立即发送帧。IEEE 802.11 采用的是 CSMA/CA 方法,在无线信道从忙转到闲时,无线网卡不是立即发送帧,而是要求所有准备发送帧的节点都执行退避算法。

(2) IEEE802.3 采用的是截止二进制指数退避算法, IEEE 802.11 采用的是二进制指数退避算法,两个算法的计算公式不同。IEEE 802.3 规定帧重发的最大次数为 16,IEEE 802.11 规定帧重发的最大次数为 6。

(3) IEEE 802.3 依靠以太网网卡的载波侦听来判断共享总线的忙闲状态。IEEE 802.11 设置了 VCS 与 NAV,发送节点通过发布 NAV 来通知其他节点预约无线信道的占用时间,接收节点根据接收到的发送节点的 NAV 随机调整各自的退避时间,进一步减小冲突发生的概率。

(4) IEEE 802.3 不要求目的节点在接收帧之后发送 ACK 帧，以太网网卡在发送帧的过程中仅监测是否出现冲突，如果没有发现冲突，则认为帧发送成功。MAC 协议不保证发送帧被目的节点正确接收。如果在其他传输环节造成帧丢失，这类问题只能靠高层协议解决。IEEE 802.11 要求源节点等待目的节点返回 ACK 帧，才能够判断该帧是否发送成功，因此 IEEE 802.11 的 MAC 协议属于停止等待类协议。

停止等待协议的优点是传输可靠性较高，缺点是工作效率较低。由于 IEEE 802.11 无线信道在一个时刻只能被一个无线节点占用，用于发送数据，CSMA/CA 算法、帧分片、帧加密与解密会产生额外的开销，提供给用户的吞吐量不超过设备标识的 50%。例如，标称数据传输速率为 54Mb/s，那么提供给用户的吞吐量仅有 20Mb/s。

3.7.4 IEEE 802.11 管理帧与漫游管理

传统以太网仅定义了一种数据帧，而 IEEE 802.11 定义了 3 种帧：管理帧、控制帧与数据帧。管理帧主要有 14 种，如信标(beacon)帧、探测(probe)帧、关联(association)帧、认证(authentication)帧等，用于无线节点与 AP 之间建立关联。

1. 信标帧

信标帧是无线局域网的心跳(beat)。在 BSS 模式中，AP 以 0.01～0.1s 周期性地广播信标帧。信标帧的作用主要表现在以下几方面：

- 无线节点从接收到的信标帧可以发现可用的 AP。
- 信标帧为无线节点接入 AP 提供必要的配置信息。
- 无线节点从信标帧的时间戳中提取 AP 时钟，使无线节点与 AP 之间保持时钟同步。

图 3-52 给出了一个信标帧的例子。在信标帧中，包含 AP1 的主要信息：SSID 为 NK-NETLAB，BSSID 为 00-02-6A-60-B2-85，模式为 BSS 的 Master，使用 2.4GHz 频段的信道 6 (2.437GHz)，节点接收的 AP 信号强度为 −28dBm，信噪比为 −256dBm，使用 WPA Version 1 协议，传输速率为 1～54Mb/s。

```
AP1 Beacon:
  SSID:  NK-NETLAB
  BSSID:  00-02-6A-60-B2-85
  Mode: Master
  Channel: 6
  Frequency: 2.437GHz
  Signal level= −28dBm
  Noise Level= −256dBm
  Encryption Key:on
  IE: WPA Version 1
  Bit Rates: 1Mb/s, 2Mb/s; 5.5Mb/s; 11Mb/s;
             6Mb/s; 12Mb/s; 24Mb/s; 36Mb/s; 48Mb/s;
             9Mb/s; 18Mb/s; 54Mb/s
```

图 3-52　信标帧信息

在 BSS 模式中，AP 发送信标帧；只有在 Ad hoc 模式中，才由无线节点发送信标帧。IEEE 802.11 允许 AP 管理员改变信标帧的广播周期，但是不能禁用信标帧。

2. 被动扫描与主动扫描

无线节点在接入一个 AP 之前，可通过被动扫描或主动扫描来发现 AP。图 3-53 给出了被动扫描与主动扫描过程。

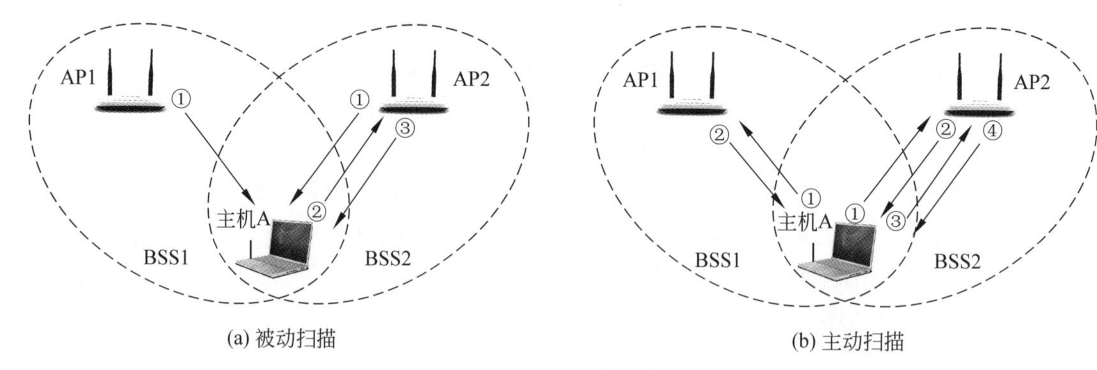

(a) 被动扫描　　(b) 主动扫描

图 3-53　被动扫描与主动扫描过程

无线节点可以扫描信道与监听 AP 发送的信标帧,这个过程称为被动扫描(passive scanning)。如图 3-53(a)所示,在被动扫描状态下,AP1 与 AP2 向节点 A 发送信标帧①;节点 A 选择 AP2,并向 AP2 发送关联请求帧②;AP2 向节点 A 发送关联应答帧③。

无线节点可以向其覆盖范围内的所有 AP 广播探测帧,这个过程称为主动扫描(active scanning)。如图 3-53(b)所示,在主动扫描状态下,节点 A 对外广播探测请求帧①;接收到探测请求帧的 AP1 与 AP2 都向节点 A 发送探测应答帧②;节点 A 选择 AP2,并向 AP2 发送关联请求帧③;AP2 向节点 A 返回关联应答帧④。

3. 无线节点与 AP 之间的关联过程

由于无线信道的开放性,其覆盖范围内的所有节点都能接收到 AP 发送的信号。从提高安全性的角度出发,无线节点只有通过链路认证才能够加入 BSS,只有加入 BSS 才能够发送数据帧。图 3-54 给出了无线节点与 AP 之间的关联过程。

IEEE 802.11 支持两种级别的链路认证:开放系统认证和共享密钥认证。

1) 开放系统认证

开放系统认证是默认的认证方式。无线节点与 AP 之间交换一次链路认证请求帧与链路认证应答帧。无线节点将自己的 MAC 地址通知 AP。AP 与无线节点之间不进行身份信息识别,所有请求链路认证的节点无线网卡都可通过认证。因此,只有在 WiFi Free 的公开、免费使用状态,才能够使用开放系统认证。

2) 共享密钥认证

共享密钥认证采用的是有线等效保密(Wired Equivalent Privacy,WEP)协议或无线保护访问(WiFi Protected Access,WPA)协议。通过实践证明,WEP 协议的安全性较差,IEEE 802.11i 工作组以安全性高的 WAP 取代了 WEP。

无线节点要接入无线局域网,必须与特定的 AP 建立关联。当无线节点通过指定的 SSID(例如 SSID=TP-LINK_WU)选择无线局域网并通过链路认证之后,就要向 AP 发送关联请求帧,其中包含无线节点的传输速率、帧间间隔、SSID 等。AP 根据关联请求的信息来决定是否接受关联。如果 AP 接受关联,则发送关联应答帧。

在讨论管理帧的功能时,需要注意以下几个问题:

(1) 关联只能由无线节点发起,并且一个无线节点一个时刻只能与一个 AP 关联。关联属于一种记录保持的过程,帮助 DS 记录每个无线节点的位置,保证将帧传送到目的节

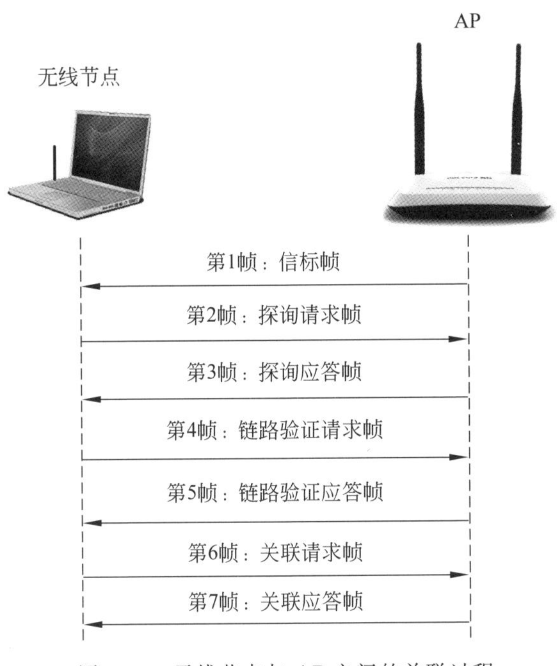

图 3-54　无线节点与 AP 之间的关联过程

点。当无线节点从原 AP 移动到新 AP 的覆盖范围时，需要进行重关联。AP 与无线节点都可以发送解除关联帧断开当前的关联。无线节点离开无线网络时，应该主动执行解除关联的操作。如果 AP 发现关联的无线节点信号消失，就采取超时机制解除与该无线节点的关联。在 IEEE 802.11 中，解除关联和解除认证是通告，而不是请求。如果相互关联的无线节点与 AP 中的一方发送解除关联帧或解除认证帧，另一方不能拒绝，除非启用了管理帧的保护功能。

(2) IEEE 802.11 协议没有对节点选择 AP 的关联条件进行规范，而是由 AP 设备的生产商决定。常用的方法是考虑两个主要因素。一是从关联请求帧了解无线节点是否具有以传输速率与 AP 通信的能力，例如，AP 要求无线节点以 1Mb/s、2Mb/s 的低速率来通信，或者以 4.5Mb/s、11Mb/s 的高速率来通信。二是 AP 能否为申请关联的无线节点提供所需的缓冲空间。当一个节点关联了一个 AP 时，节点向 AP 通告它选择了可以接收和发送数据的主动模式还是节能模式。当选择节能模式的节点处于休眠状态时，所有向该节点发送的数据帧都要先缓存在 AP 上。聆听间隔(listen interval)是 AP 为关联的节点缓冲数据的最短时间。AP 根据关联请求帧中聆听间隔的时间长短预测无线节点需要的缓冲空间大小。如果 AP 能够提供足够的缓存空间，则接受关联；否则，拒绝关联。满足以上基本条件，AP 就会同意与该节点建立关联，并回送一个关联应答帧。

4. 漫游与重关联

1) 漫游与重关联的基本概念

漫游(roaming)是指无线节点在不中断通信的前提下在不同 AP 覆盖范围之间移动的过程。ESS 结构对支持无线节点的漫游至关重要。从 MAC 层来看，漫游就是无线节点转换 AP 的过程；从网络层及更高层来看，漫游就是在转换 AP 的同时仍维持原有网络连接的过程。在 IEEE 802.11 中,无线节点通过发送重关联请求帧来启动漫游过程。

2)无线节点启动重关联的过程

图 3-55 给出了无线节点启动重关联的过程。当无线节点在 ESS 中移动并且从 A 点逐渐远离已关联的 AP1 到达 B 点时,接收到的 AP1 的信道 1 的信号强度为 -85dBm,已经低于信号阈值。当无线节点继续移动到 C 点时,接收到的 AP2 的信道 6 的信号强度为 -65dBm,它将尝试与 AP2 建立关联。这时,无线节点需要启动与 AP2 的重关联过程。

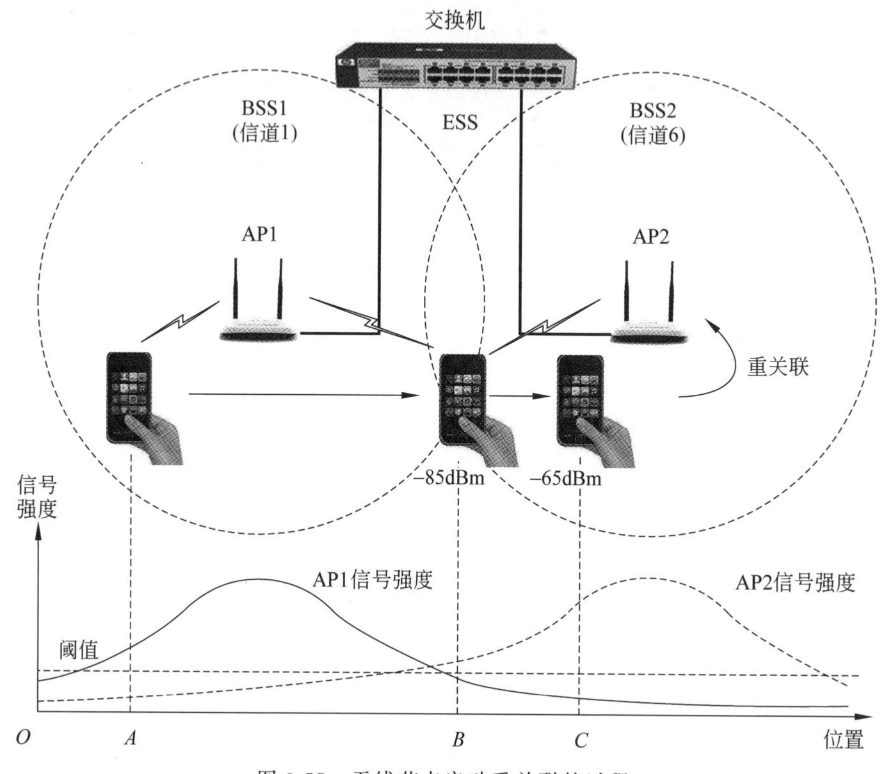

图 3-55 无线节点启动重关联的过程

图 3-56 给出了重关联过程。重关联过程可分为以下 6 个步骤:

(1) 无线节点通过信道 6 向 AP2 发送重关联请求帧,包含 AP1 的 MAC 地址。

(2) AP2 接收到重关联请求帧之后,通过信道 6 向无线节点发送 ACK 帧。

(3) AP2 通过 DS 向 AP1 发送重关联确认帧,通知 AP1:该节点正在漫游,将缓存在 AP1 的节点数据发送给 AP2。

(4) AP1 通过 DS 将缓存的节点数据发送给 AP2。

(5) AP2 通过信道 6 向无线节点发送重关联应答帧,表示该节点已加入新的 BSS。

(6) 无线节点接收到 AP1 通过信道 6 向 AP2 发送的 ACK 帧。

至此,无线节点的重关联过程结束,AP2 通过信道 6 将缓存的节点数据发给无线节点。

理解重关联的过程时,需要注意以下几个问题:

(1) 漫游的决定权由无线节点掌握,IEEE 802.11 没有对节点在什么情况下要启动漫游作出明确的规定。无线节点是否漫游的规则是由无线网卡制造商制定的。无线网卡一般根据信号质量来决定是否启动漫游和重关联的过程。这里的信号质量主要包括信号强度、信

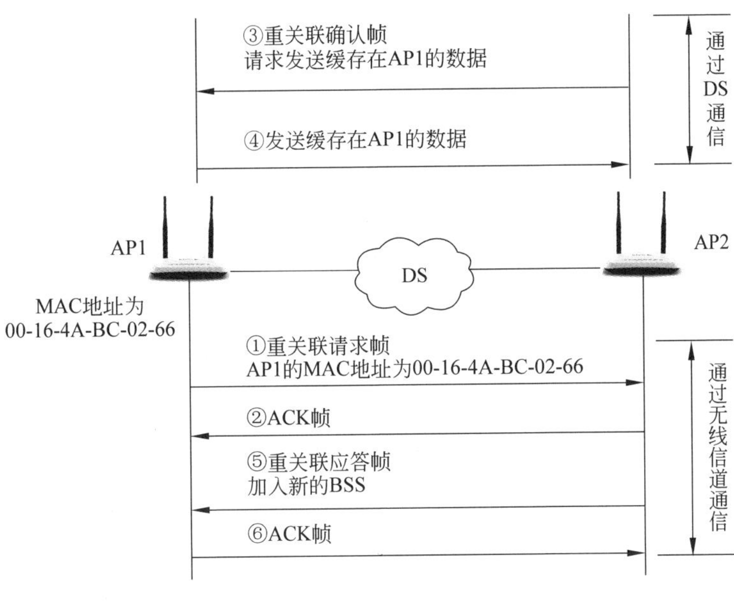

图 3-56　重关联过程

噪比与信号传输的误码率。

(2) 无线网卡在通信过程中每隔几秒就在其他信道上发送探询帧。通过持续的主动扫描,无线节点可以维护和更新已知 AP 列表,以便在漫游时使用。无线节点可以与多个 AP 认证,但是仅与一个 AP 关联。

(3) 通过重关联过程的讨论可以看出,由于 AP1 与 AP2 之间通过连接它们的 DS 交换了漫游节点的信息,因此不需要发送解除关联帧。

(4) 由于无线节点在 ESS 中从一个 AP 漫游到另一个 AP 的过程仅涉及第二层的 MAC 地址的寻址问题,因此它又称为二层漫游。跨网络的无线节点漫游称为三层漫游。

(5) 无线节点从同一 ESS 的 AP1 漫游到 AP2 的前提: AP1 与 AP2 的覆盖范围有重叠,无线节点在漫游中始终与 AP1、AP2 通信,这样,无线节点在转换接入点时仍维持原有网络连接,实现无缝漫游。

3.8　WiFi 组网方法

随着无线网络技术的发展,出现了多种无线局域网设备,主要包括无线网卡、接入点(AP)、无线网桥、无线路由器等。

3.8.1　IEEE 802.11 无线网卡

1. IEEE 802.11 无线网卡结构

IEEE 802.11 无线网卡的设计方法、基本结构与以太网网卡相同,它提供 MAC 层与物理层的主要功能。IEEE 802.11 无线网卡由 3 部分组成: 网卡与无线信道的接口、MAC 控制器以及网卡与主机的接口,如图 3-57 所示。

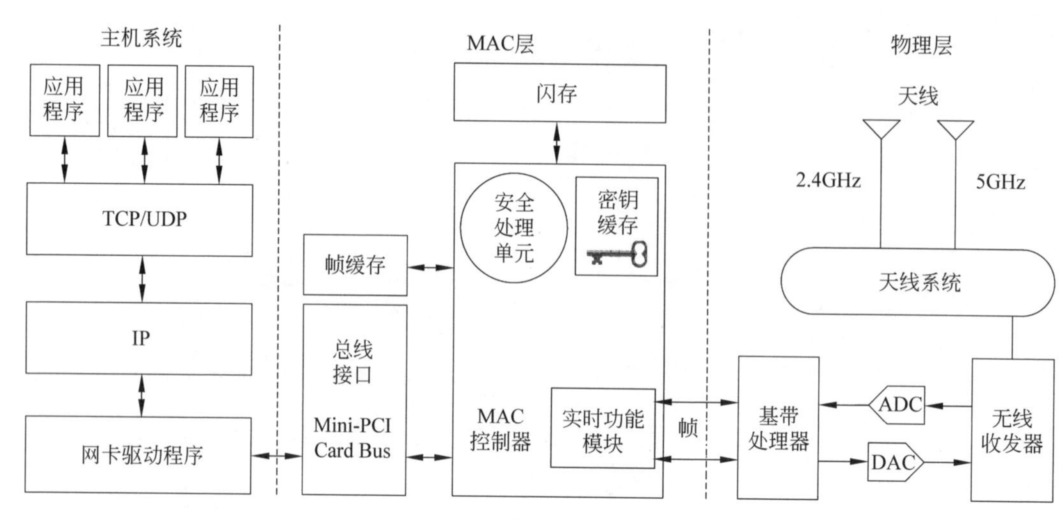

图 3-57　无线网卡结构示意图

在主机系统中,应用软件由操作系统来控制。当应用软件要向网络中其他节点发送数据时,首先经过传输层(TCP 或 UDP 协议)与网络层(IP 协议)处理,然后通过网卡驱动程序来控制主机总线与网卡的接口,将数据传送给无线网卡。无线网卡有可能需要同时处理多个数据帧,它通过设置帧缓存来存储正处理的数据。

MAC 控制器是无线网卡的核心,它负责将待发送的数据封装成帧,同时根据 CSMA/CA 算法,确定何时通过基带处理器和数字模拟转换器(DAC)将计算机产生的数字信号转化成适合无线信道发送的信号,然后通过无线收发器和天线发送出去。

从上述讨论中可以看出,IEEE 802.11 无线网卡独立于节点操作系统,自主完成 IEEE 802.11 规定的 MAC 层、物理层与通信安全等功能。这一点与以太网网卡的工作原理相同。

2. IEEE 802.11 无线网卡分类

无线网卡的分类主要有两种方法:一种是按网卡支持的协议标准分类,另一种是按网卡的接口类型分类。按协议标准进行分类,无线网卡可以分为 IEEE 802.11b 无线网卡、IEEE 802.11a 无线网卡、IEEE 802.11g 无线网卡、IEEE 802.11n 无线网卡等;按接口类型进行分类,无线网卡可以分为外置无线网卡、内置无线网卡与内嵌无线网卡。下面,按接口类型讨论不同无线网卡的特点。

1) 外置无线网卡

外置无线网卡可以进一步分为 PCI 无线网卡、PCMCIA 无线网卡与 USB 无线网卡。其中,PCI 无线网卡适用于台式计算机,可以直接插在 PC 主板的扩展槽中。PCMCIA 无线网卡适用于笔记本计算机。USB 无线网卡适用于笔记本电脑或台式计算机。多数的外置无线网卡支持热拔插,可以方便地实现移动 WiFi 接入。

为了将各种 PDA 通过外置无线网卡接入 WiFi 网络中,市场上出现过一些利用 SD 插槽的 SD 无线网卡。传统的 SD 插槽只能插入存储卡。典型 SD 无线网卡的尺寸为 40mm×24mm×2.1mm,支持 IEEE 802.11b 标准,传输速率可达 11Mb/s。SD 无线网卡比普通 SD 存储卡长 6mm,多出的部分是天线。尽管 SD 无线网卡的传输距离一般不超过 10m,但是它为移动终端接入 WiFi 提供了一种便捷的解决方法。

图 3-58 给出了外置无线网卡的类型。

图 3-58 外置无线网卡的类型

2）内置无线网卡

为了满足笔记本电脑的需要，生产商在 PCI 无线网卡的基础上扩展出内置 Mini-PCI 无线网卡，以及更小的 Mini-PCI Express 无线网卡。由于 Mini-PCI 无线网卡与 Mini-PCI Express 无线网卡都没有集成天线，因此需要借助安装在笔记本电脑内的天线来接收和发送无线信号。笔记本电脑本身空间就很狭小，若天线位置选择不恰当，将严重影响无线网卡信号发射与接收质量。目前，在显示屏上方或在周边内置天线是较好的解决方法。图 3-59 给出了笔记本电脑内置无线网卡的结构。

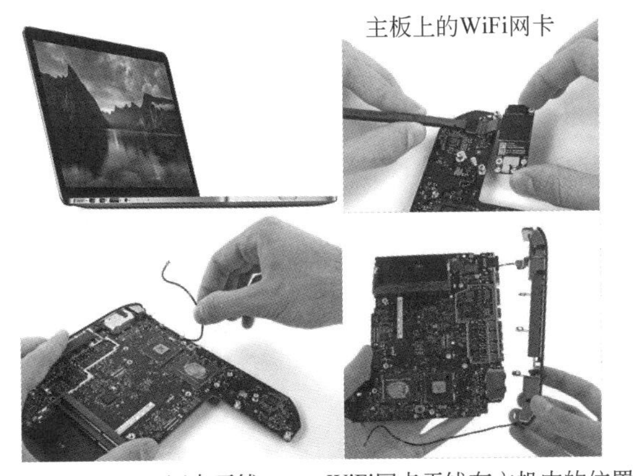

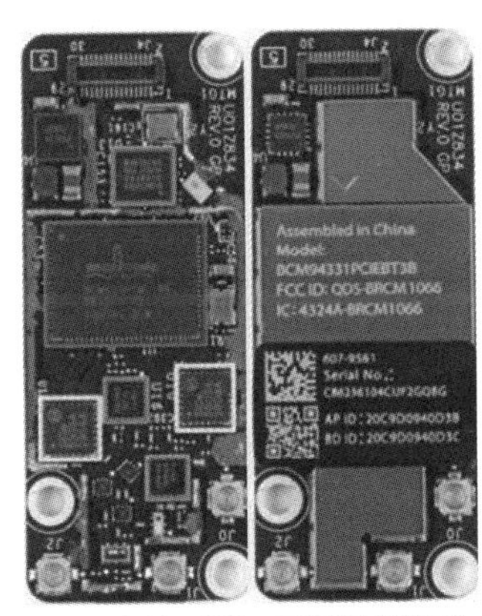

图 3-59 笔记本电脑内置无线网卡的结构

3）内嵌无线网卡

随着智能手机、平板电脑、RFID 读写器、智能家电、可穿戴计算设备、智能机器人等设备大量使用 IEEE 802.11 技术，推动了支持 IEEE 802.11 标准的片上系统（System on Chip，SoC）芯片的问世，促进了内嵌无线网卡的发展。随着 IEEE 802.11 芯片功能增强、体积减小、价格降低及应用软件日趋丰富，IEEE 802.11 在各种小型移动终端中的应用将大规模增长。

和传统的以太网一样，IEEE 802.11 芯片组对无线网卡性能影响很大。由于 IEEE 802.11 协议处于不断发展的状态，因此早期支持 IEEE 802.11a/b/g 的芯片组不支持 IEEE 802.

11n。同时,一些芯片组仅支持2.4GHz频段,一些芯片组仅支持5GHz频段,也有一些芯片组同时支持2.4GHz与5GHz两个频段。

3.8.2 IEEE 802.11 无线接入点

1. AP设备的发展

接入点(AP)是一种常见的无线局域网组网设备。AP设备的发展可归纳为3代。第一代AP相当于以太网中的集线器。AP通过无线信道与多个无线节点关联,作为BSS的中心节点执行CSMA/CA算法,实现无线节点之间通信功能。第二代AP将无线接入与管理功能结合到以太网交换机中,构成了ESS结构的无线局域网。第三代AP与无线局域网控制器相结合,构建更大规模、集中管理的统一无线网络。

AP也可以作为无线网桥,通过无线信道实现两个以上的无线局域网或无线局域网与有线以太网的无线桥接与中继功能。为了方便接入更多的PC与手机,可以利用一个接入以太网的节点下载相关应用软件,将该节点的一块无线网卡改造成一个虚拟AP,为其他无线节点或无线终端设备提供接入服务。

2. 双频多模AP的研究与应用

IEEE 802.11a、IEEE 802.11b与IEEE 802.11g等标准的物理层协议不同,导致不同标准的无线设备之间存在兼容性问题。IEEE 802.11a工作在5GHz,而IEEE 802.11b、IEEE 802.11g工作在2.4GHz;IEEE 802.11a与IEEE 802.11b发送信号采用的调制方式也不同。那么,一个无线节点漫游到不同标准的BSS区域时必须使用不同的无线网卡,这显然是不合适的。

为了解决这个问题,AP设备向双频多模(dual band and multimode)方向发展。其中,双频是指可支持2.4GHz与5GHz两种频率,多模是指可自动识别和支持IEEE 802.11a、IEEE 802.11b与IEEE 802.11g等物理层协议。随着IEEE 802.11标准的不断完善,双频多模成为AP研发与应用的重要方向,它可以适应多种工作环境,最大限度地发挥WiFi的优势与特点,有效地解决无线节点的无缝漫游问题。

小　　结

以太网正在向交换以太网与高速以太网的方向发展,并且已经成为组建办公局域网与家庭局域网的主流技术。

交换以太网正在取代传统的共享介质以太网,基于交换以太网的虚拟局域网正在得到广泛的应用。

高速以太网的应用领域已经从局域网扩大到宽带城域网与广域网,同时也成为支撑高性能计算机、IDC与云计算平台建设的核心技术之一。

无线以太网,即WiFi,已经成为与水、电、气、路相提并论的第五类社会公共设施。WiFi覆盖范围已成为我国智慧城市建设的重要考核指标之一。

习　题

1. 已知数据字段为11100011，生成多项式为$G(x)=x^5+x^4+x+1$。请写出发送的比特序列，并画出曼彻斯特编码波形图。

2. 已知数据通信系统采用CRC校验，生成多项式$G(x)$的二进制比特序列为11001，目的主机接收到的二进制比特序列为110111001(含CRC校验码)。请判断传输过程中是否出现差错。

3. 在以太网协议标准中，规定冲突窗口长度为51.2μs的理论依据是什么?

4. 已知以太网采用CSMA/CD方式，总线长度为1000m，传输速率为100Mb/s，电磁波在总线介质中的传播速度为2×10^8m。主机A连接在总线的一端，设它最先发送帧，并在检测冲突时还有数据要发送。请计算：

① 主机A检测出冲突所需的时间。

② 主机A检测出冲突时已发送数据的位数。

5. 已知以太网采用CSMA/CD方式，传输速率为500Mb/s，电磁波在总线介质中的传播速度为2×10^8m，帧长度为1250B。请计算总线的最大长度。

6. 已知以太网采用CSMA/CD方式，总线长度为100m，传输速率为1Gb/s，电磁波在总线介质中的传播速度为2×10^8m。请计算以太网帧的最小长度。

7. 在CSMA/CD的截止二进制指数后退延迟算法$\tau=2^k\cdot R\cdot a$中，为什么要限制指数k?

8. IEEE 802.3帧头为什么要设置长度字段?

9. IEEE 802.3帧校验字段的校验范围是什么?

10. 请结合以太网网卡结构分析，解释计算机是如何接入局域网。

11. 请根据自己的理解，描述网卡驱动程序的基本功能与编程方法。

12. 如果要为传统操作系统增加网络功能，在操作系统内部软件中应该增加哪些模块?

13. 如果网卡生产商获得一个前3字节地址分配权，可以获得多少个MAC地址?

14. 已知一台交换机具有12个10/100Mb/s全双工端口和2个1Gb/s全双工端口，并且所有端口都工作在全双工状态下。请计算交换机总带宽。

15. 为什么VLAN是一种新的局域网服务，而不是一种新型的局域网?

16. 为什么1GE、10GE等高速以太网都在物理层增加介质专用接口标准?

17. 城域以太网具有哪些不同于传统以太网的技术特征?

18. 在图3-60所示的网络结构中，6台主机通过透明网桥B1、B2连接在互联的局域网中。网桥初始转发表是空的。假设主机发送帧的顺序为：H1发送给H5，H5发送给H4，H3发送给H6，H2发送给H4，H6发送给H2，H4发送给H3。请根据网桥的自学习原理，生成网桥B1与B2的转发表。

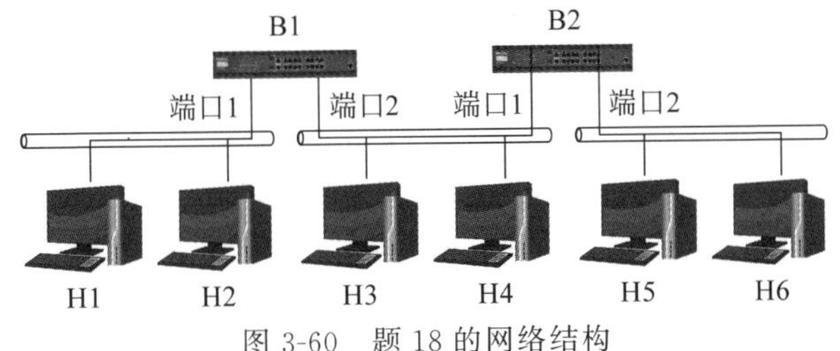

图3-60　题18的网络结构

19. 为什么WiFi网络要有动态速率调整机制?

20. 请根据2.4GHz信道复用规划方法，填上图3-61空白区域的信道号。

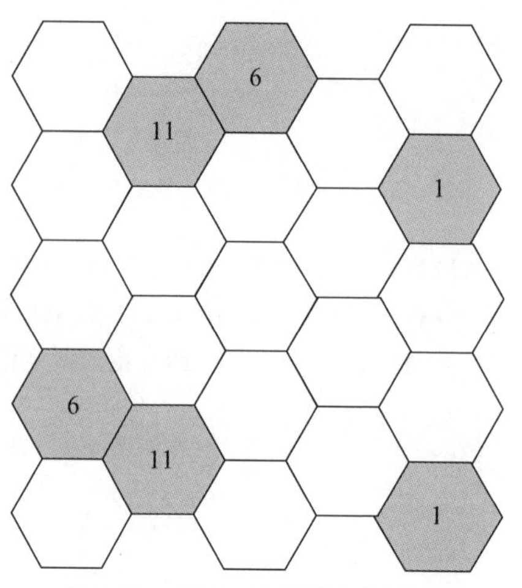

图 3-61 题 20 的信道复用结构

21. 请结合自己使用 WiFi 的经验，说明 AP 的 SSID 与 BSSID 的区别。

22. 请比较 IEEE 802.11 的 CSMA/CA 方法与 IEEE 802.3 的 CSMA/CD 方法的异同点。

23. 请比较无线节点在接入 AP 时的被动扫描与主动扫描的区别。

24. 无线节点要从 ESS1 漫游到 ESS2，但是 ESS1 与 ESS2 覆盖范围没有重叠。用户从 ESS1 漫游到 ESS2 时，能否维持原有的网络连接？

第4章 网络层

本章在介绍网络层概念的基础上，系统地讨论网络层的基本功能、IP协议的主要内容，以及网络互联、路由选择与路由器的基本概念。

本章学习要求

- 理解网络层与网络互联的基本概念。
- 掌握IPv4的基本内容。
- 掌握IP地址、路由算法与路由协议的基本概念。
- 掌握ARP的基本概念。
- 掌握IPv6的基本内容。
- 掌握移动IP协议的基本概念。
- 掌握ICMP与IGMP的基本概念。
- 掌握MPLS与VPN的基本概念。

4.1 网络层与IP协议

4.1.1 网络层的基本概念

设计与组建网络不仅要覆盖一个校园、一家公司或一个政府机关，更重要的是接入覆盖全球的互联网。

在互联网环境中，你向远在欧洲的同学发一封电子邮件，并不知道这封邮件通过怎样的传输路径，如何在很短时间内就可以传送给对方。当你通过Google搜索关于物联网的资料时，并不知道自己浏览的Web服务器位于哪里。你是南开大学计算机系的一个学生，正在与美国MIT计算机系的一个伙伴协同完成一项WSN软件开发工作，并不需要知道双方通信是通过哪些网络来传输的。

人们能方便地在互联网上享受各种网络服务，正是因为有网络层的IP协议支持。网络层通过路由选择算法，为分组从源主机到目的主机选择一条合适的传输路径，为传输层提供端-端的数据传输服务。

4.1.2 IP 协议的发展与演变

1. IPv4 研究的背景

在 1981 年,首次描述 IPv4 的文档——RFC 791 出现。那时的互联网规模很小,计算机网络主要用于科研与参与研究的大学。在这样的背景下产生的 IPv4 不可能适应以后互联网规模的扩大和应用范围的扩张,加以修改和完善是必然的。伴随着互联网规模的扩大和应用的深入,作为互联网核心协议之一的 IPv4 一直处于不断补充、完善的过程中。但是,各 IPv4 版本的主要内容没发生任何实质性的变化。实践证明,IPv4 是健壮和易于实现的,并且具有很好的可操作性。它本身也经受住了互联网从一个小型科研网络发展到今天这样的全球性大规模网际网的考验,这些都说明 IPv4 的设计是成功的。

2. IPv4 研究与发展过程

图 4-1 给出了 IPv4 研究与发展过程。

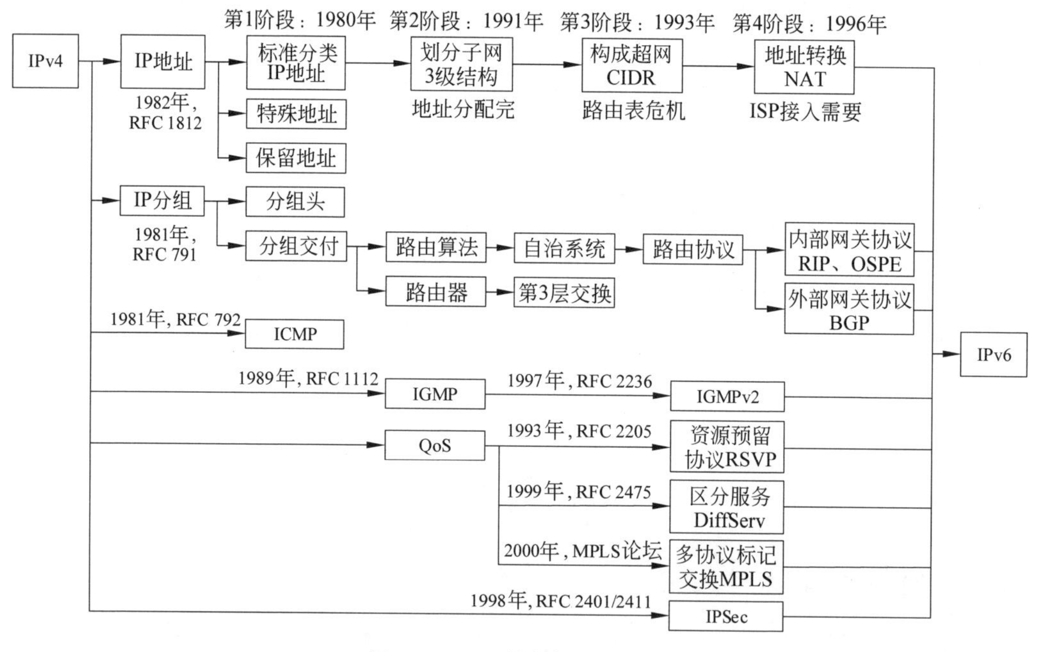

图 4-1 IPv4 研究与发展过程

在讨论 IPv4 时,需要注意以下几个问题:

- 在讨论 IPv4 研究与发展过程时,首先应该肯定 IPv4 对互联网发展有重要的作用。早期设计的 IP 分组结构、IPv4 地址、QoS 都不能满足互联网大规模发展的要求。后来,除了各类计算机之外,智能手机及各种移动终端都要在 IP 网络环境中工作。因此,IP 协议必然要加以改进。
- IPv4 发展过程可以从不变和变化两部分去认识。IPv4 中对于分组结构与分组头结构的规定是不变的;变化的部分可以从 IP 地址处理方法、分组交付的路由算法与路由选择协议以及如何提高协议可靠性、服务质量与安全性等方面来认识。
- 凡事都有一个限度。当互联网发展到一定规模时,仅靠修改与完善 IPv4 已经无济于事了,最终人们不得不研究一种新的网络层协议,以解决 IPv4 面临的所有困难,这个新的协议就是IPv6。

2011年,国际IP地址管理机构宣布:在2011年2月的美国迈阿密会议上,最后5块IPv4地址被分配给全球5大区域的互联网注册机构之后,IPv4地址全部分配完毕。现实让人们深刻地认识到:IPv4向IPv6的过渡已经迫在眉睫。

4.2 IPv4的基本内容

4.2.1 IP协议的主要特点

IP协议主要具有以下几个特点。

(1) IP协议是一种无连接、不可靠的分组传送服务协议。

IP协议提供的是一种无连接的分组传送服务,它不提供对分组传输过程的跟踪。因此,它提供的是一种尽力而为(best-effort)的服务。

- 无连接(connectionless)意味着IP协议不维护IP分组发送后的任何状态信息。各分组的传输过程是相互独立的。
- 不可靠(unreliable)意味着IP协议不能够保证每个IP分组都正确、不丢失和按顺序到达目的主机。

分组通过互联网的传输过程是很复杂的,IP协议设计者必须采用一种简单方法去处理这样复杂的问题。IP协议的设计重点应该放在系统的适应性、扩展性与可操作性上,而在分组交付的可靠性方面只能做出一定的牺牲。

(2) IP协议是点-点的网络层通信协议。

网络层在互联网中为两台主机之间通信寻找一条路径,而这条路径通常由多个路由器与点-点链路组成。IP协议保证分组从一个路由器到另一个路由器,通过多条传输路径从源主机到达目的主机。因此,IP协议是针对源主机-路由器、路由器-路由器、路由器-目的主机的点-点线路的网络层协议。

(3) IP协议屏蔽互联网络在底层协议与实现技术上的差异。

网络层协议针对的是互联网环境,它必然面对各种异构的网络和协议。IP协议设计者充分考虑了这一点。互联的网络可能是广域网、城域网或局域网。即使这些网络都是局域网,其数据链路层、物理层协议也可能不同。IP协议设计者想通过IP分组来统一封装不同的数据。网络层通过IP协议向传输层提供统一的IP分组,传输层无须考虑互联的网络在底层协议与实现技术上的差异,IP协议使得异构网络的互联变得容易。IP协议对物理网络的差异起到屏蔽作用,如图4-2所示。

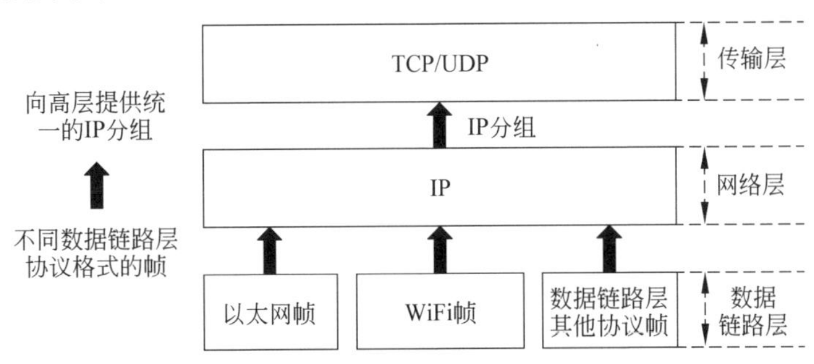

图4-2 IP协议对物理网络的差异起到屏蔽作用

4.2.2 IPv4 分组格式

1. IPv4 分组结构

RFC791 是最早的 IPv4 文档,它对 IPv4 分组结构有明确的规定。早期的协议将 IP 分组称为 IP 数据报。在不同的文献和教材中,有些使用 IP 分组,有些使用 IP 数据报,但它们在概念上是相同的。

图 4-3 给出了 IPv4 分组的结构。IPv4 分组由两部分组成:分组头和数据。分组头也称为报头、头部或首部,其长度是可变的。人们习惯用 4B 为基本单元表示分组头中的字段。图 4-3 中,分组头的每行宽度是 4B,前 5 行是每个分组头必须有的字段,从第 6 行开始是选项字段。因此,IPv4 分组头的基本长度为 20B。如果加上最长 40B 的选项字段,则 IPv4 分组头的最大长度为 60B。

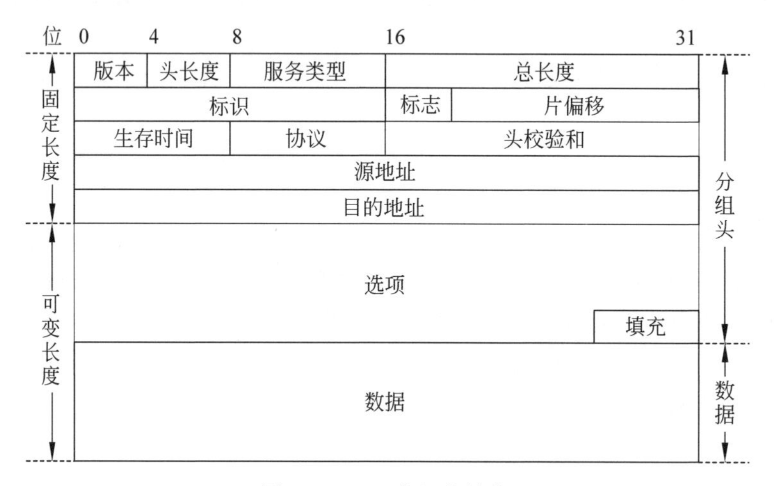

图 4-3　IPv4 分组的结构

2. IPv4 分组头格式

1) 版本

版本(version)字段长度为 4b,表示使用的网络层 IP 协议版本号。版本字段值为 4,表示 IPv4;版本字段值为 6,表示 IPv6。IP 软件在处理分组之前必须检查版本号,以避免错误解释分组的内容。

2) 头长度

头长度(header length)字段长度为 4b,它定义以 4B 为单位的分组头的长度。除了选项字段与填充字段之外,分组头中其他字段都是固定长度的。由于分组头的固定长度部分为 20B,因此分组头长度的最小值为 5(即 5×4B=20B)。如果分组头中存在选项字段,那么 IP 分组的长度大于 20B。IPv4 规定:分组头长度必须是 4B 的整数倍;如果不是 4B 的整数倍,则由填充字段添 0 补齐。

3) 区分服务

RFC 791 规定了一个长度为 8b 的服务类型(Type of Service,ToS)。ToS 字段使用了 4b:D(延迟)、T(吞吐量)、R(可靠性)与 C(成本)。但是,ToS 字段在路由器中并没有被很好地利用。1998 年,RFC 2474、RFC 3168 与 RFC 3260 重新定义了这个字段,前 6 位为区分服务(DiffServ,DS)字段,后 2 位为显式拥塞通知(Explicit Congestion Notification, ECN)字段。DS 字段仅在 IP 网络提供区分服务时起作用。路由器转发分组时设置了 ECN 字段,当一个设置 ECN 字段的分组被目的节点接收时,有些协议(如 TCP)会发现分组被标识,并通知发送方降低发送速度,以在路由器因过载而丢弃分组之前缓解拥塞。

4) 总长度

总长度(total length)字段长度为 16b,它定义以字节为单位的 IP 分组总长度,包括分组头与数据部分的长度之和。IPv6 分组最大长度为 65 535(即 $2^{16}-1$)B。数据部分的长度等于分组总长度减去分组头长度。由于 IPv4 分组头长度可变,因此要利用总长度字段计算出数据部分的长度,并确定数据部分的开始位置。

5) 生存时间

IP 分组从源主机到达目的主机的传输延迟是不确定的。如果出现路由器的路由表错误,则可能造成分组在网络中循环转发。为了避免这种情况的出现,IPv4 设计了一个 8b 的生存时间(Time-To-Live,TTL)字段。TTL 用来设定分组在互联网中的"寿命",通常用转发路由器的跳数(hop)来度量。TTL 的初始值由源主机设置,经过一个路由器转发之后 TTL 值减 1。当 TTL 值为 0 时,路由器将丢弃该分组,并向源主机发送 ICMP 报文。

6) 协议

协议(protocol)字段长度为 8b,表示使用 IP 协议的高层协议类型。表 4-1 给出了协议字段值表示的高层协议类型。

表 4-1 协议字段值表示的高层协议类型

协议字段值	高层协议类型	协议字段值	高层协议类型
1	ICMP	17	UDP
2	IGMP	41	IPv6
6	TCP	89	OSPF
8	EGP		

7) 头校验和

头校验和(header checksum)字段长度为 16b。设置头校验和字段是为了保证分组头的完整性。IPv4 分组仅校验分组头,而不包括数据部分,其原因主要有以下两点:

(1) 分组头之外的数据部分属于高层数据,有相应的校验字段。因此,IPv4 可以不对高层数据进行校验。

(2) IPv4 分组每经过一个路由器,分组头的生存时间都会改变,但是数据部分并不改变。因此,头校验和仅校验变化部分是合理的,这样可以减少路由器处理每个分组的时间,提高路由器的运行效率。

8) 地址

地址(address)字段有两个:源地址(source address)与目的地址(destination address)。源地址与目的地址字段长度都是 32b。源地址是发送分组的源主机的 IP 地址,目的地址是接收分组的目的主机的 IP 地址。在分组的传输过程中,无论采用怎样的传输路径或分片,源地址与目的地址都始终保持不变。

3. IP 分组的分片与组装

图4-4给出了IP分组的分片过程。作为互联网络中网络层的数据,IP分组必然要通过数据链路层,封装成帧,再通过物理层来传输。如图4-4(a)所示,如果主机A向主机B发送IP分组,那么分组要经过路由器R1、R2、R3互联的局域网Ethernet1、Ethernet2、Ethernet3以及使用PPP协议的点-点链路。不同网络的数据链路层最大传输单元(Maximum Transmission Unit,MTU)的长度可能不同,当路由器接收到分组并准备转发时,首先根据下一个网络的数据链路层MTU决定在转发该分组之前是否需要分片。

假设主机A向主机B发送IP分组的长度为1420B(分组头没有选项,长度为20B;数据部分长度为1400B)。由于Ethernet1、Ethernet2的MTU均为1500B,因此该分组从主机A(Host A)经过Ethernet1、路由器R1与Ethernet2被R2接收的过程都不需要分片处理。但是,假设PPP链路协议规定的MTU长度为532B,那么路由器R2在发送该分组时就需要对分组进行分片处理。图4-4(b)表示不同网络的MTU是不同的。

PPP链路协议规定的MTU的长度为532B,当它组成第一个分片的IP分组时,仍然要保留20B的分组头,数据部分的长度为512B。第二个分片的IP分组由20B的分组头与512B的数据部分组成。第三个分片的IP分组由20B的分组头与376B的数据部分组成。3个分片的IP分组数据部分的长度总和为1400B。图4-4(c)给出了分组拆分的结果,其中的ETH表示以太网帧头,IP表示IP分组头。

片偏移(fragment offset)字段长度为13b,表示分片在整个分组中的相对位置。由于片偏移值以8B为单位来计数,因此选择分片长度应为8B的整数倍。例如,第一个分片的偏移值为0,第二个分片的偏移值为512/8=64,第三个分片的偏移值为(512+512)/8 =128。图4-4(d)给出了未分片与分片后的IP分组头。

IP报头中有3个字段与分片相关,即标识、标志与片偏移字段。标识(identification)字段长度为16b,最多可以分配65 535个ID值。主机在发送每个IP分组时,将一个内部计数器值加1来产生标识字段值。标识字段表示属于同一IP分组的分片。例如,本例中主机A为发送的IP分组分配的标识字段值为6205,那么当这个分组被分片时,3个分片的标识字段值均为6205;主机B在接收到多个分片时,将标识字段值为6205的分片挑出,重新组装成一个IP分组。

标志(flags)字段共3位,最高位为0,该值应复制到所有分组中。不分片(Do-not Fragment,DF)位表示是否允许分片。DF为0,表示可分片;DF为1,表示不能分片。如果一个IP分组长度超过MTU,并且又不能分片,那么路由器只能丢弃该分组,并向源主机发送ICMP差错报文。分片(More Fragment,MF)位表示当前分片是否最后一个分片。MF为0,表示当前分片是最后一个分片;MF为1,表示当前分片不是最后一个分片。

DF位通知路由器不能对分组进行分片。最初设计DF位主要是考虑到有些主机能力较弱,没有能力对分片进行重组。现在DF位可用于发现路径MTU。例如,主机A发送一个探测分组,数据长度为1500B,DF=0,表示路径上的路由器2不能对该分组进行分片。路由器2发现连接的PPP链路MTU小于探测分组长度,就会丢弃该分组,并向源主机发送ICMP差错报文。

4. IP 分组头选项

1) 设置IP分组头选项的主要目的

IP分组头选项主要用于控制与测试。理解IP分组头选项时需要注意以下几个问题:

(1) 用户可以不使用选项字段。但是,作为IP分组头的组成部分,所有实现IP协议的

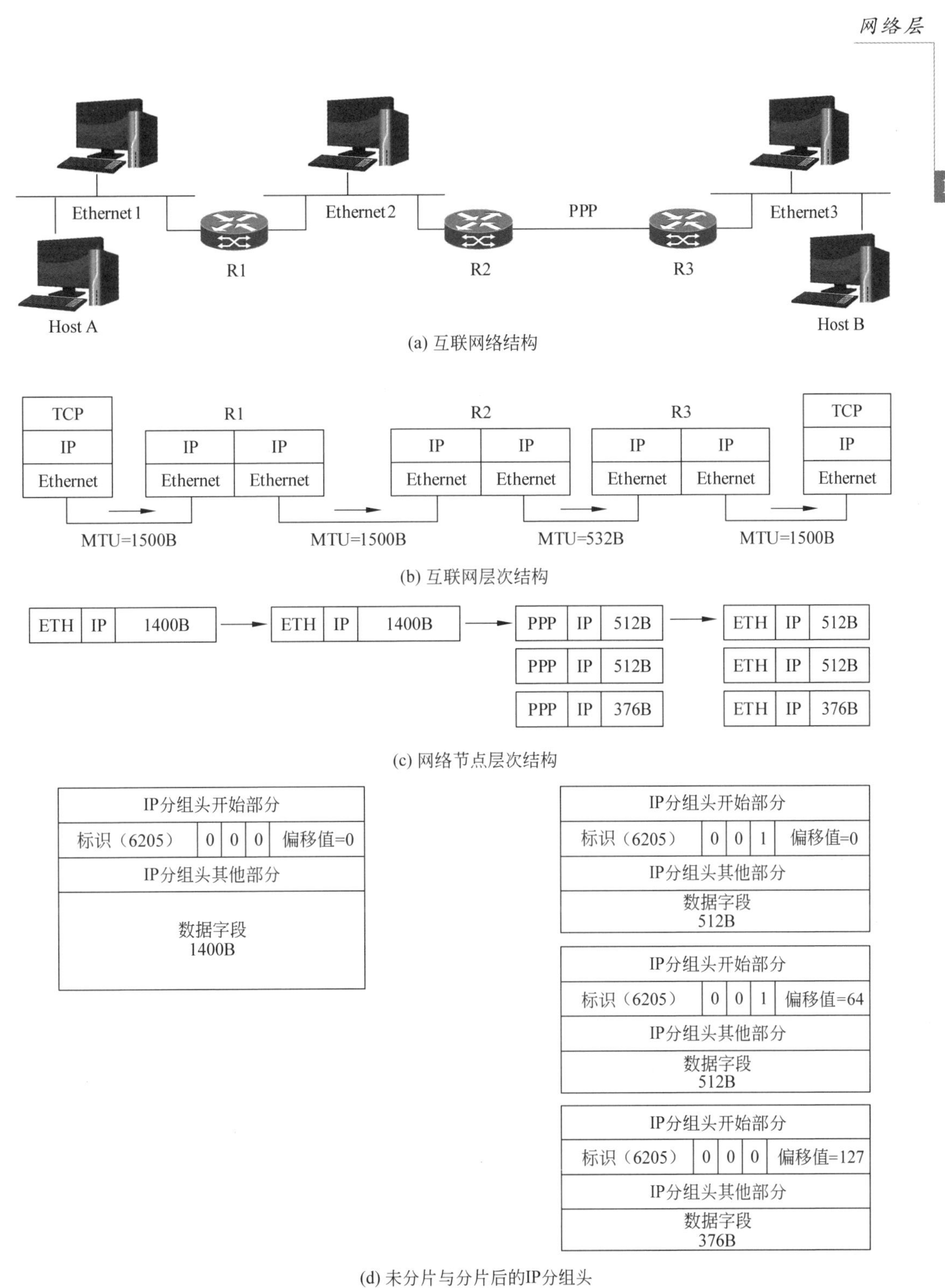

图 4-4 IP 分组的分片过程

硬件或软件应该能处理它。

(2) 选项字段的最大长度为 40B。如果选项长度不是 4B 的整数倍,则需要在填充字段添 0 补齐。

(3) 选项由3部分组成：选项码、长度与选项数据。选项码用于确定该选项的功能，如源路由、记录路由、时间戳等。长度表示选项数据的大小。

2) 源路由选项

源路由是指由发送分组的源主机确定的传输路径，以区别由路由器通过路由选择算法确定的路径。源路由主要用于测试某个网络的吞吐量，避开出错的网络，也可以用于保证分组传输安全的应用。源路由可分为两类：

(1) 严格源路由(Strict Source Route，SRR)。严格源路由规定分组经过路径上的每个路由器，相邻路由器之间不能加入其他路由器，并且路由器顺序不能改变。严格源路由主要用于网络测试，网络管理员应了解网络拓扑，在创建这类IP分组头时，将第一个测试点地址设定为目的地址，将最后一个测试点地址设定为选项数据字段中的最后一个地址。

(2) 松散源路由(Loose Source Route，LRR)。松散源路由规定分组一定要经过的路由器，但它不是一条完整的传输路径，中途可以经过其他路由器。

3) 记录路由选项

记录路由是将分组经过的每个路由器的IP地址记录下来的结果。记录路由选项常用于网络测试，例如某个分组经过哪些路由器到达目的主机，以及互联网络中的路由器配置是否正确。

4) 时间戳选项

时间戳(Time Stamp，TS)记录分组经过每个路由器的本地时间。时间戳采用格林尼治时间，单位是毫秒(ms)。网络管理员可以利用它追踪路由器的运行状态，分析网络吞吐率、拥塞情况与负荷情况等。

5. 校验和计算方法

IP分组头的校验和采取二进制反码求和算法。它的具体计算方法如下：

(1) 将IP分组头看成16位字构成的二进制比特序列，计算之前将校验和字段置0。

(2) 对16位字进行求和运算。如果最高位出现进位，则将进位加到结果的最低位。

(3) 对最终求和结果取反，获得校验和值。

在计算结束之后，将计算出的校验和填写入IP分组的校验和字段。校验和方法的检验能力不是很强，但是算法简洁，运算速度快。图4-5给出了校验和计算过程的例子。

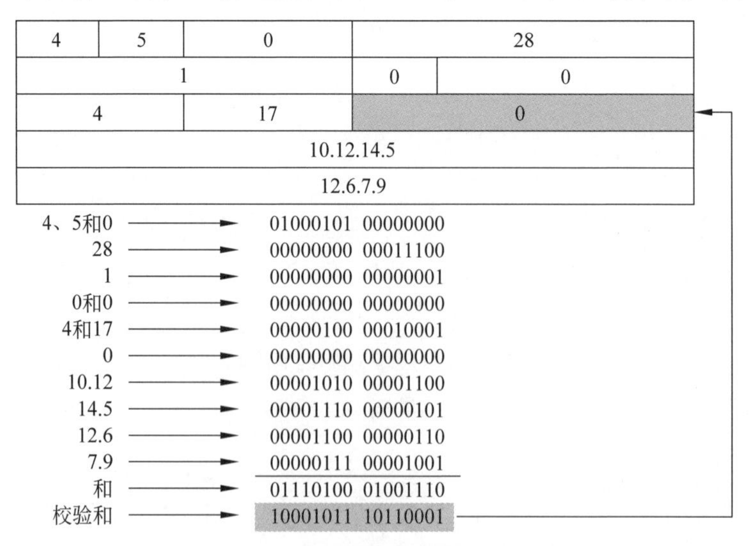

图4-5 校验和计算过程的例子

4.3 IPv4 地址

4.3.1 IP 地址的基本概念

1981 年,最初的 IPv4 地址方案产生。那时的网络规模较小,用户通常是在终端上经过大、中、小型机接入 ARPANET。初期的 ARPANET 是一个研究性网络,即使将美国约 2000 所大学与一些研究机构以及其他国家的一些大学接入 ARPANET,主机总数也不会超过 16 000 个。IPv4 的 A 类、B 类与 C 类地址总数在当时足够分配。IPv4 设计者最初没有预见到互联网发展得如此之快,近年来,人们对 IP 地址的匮乏极为担忧。1987 年,有人预言:互联网主机数可能增加到 10 万个,大多数专家都不相信,但是第 10 万台计算机已经于 1996 年接入互联网。2011 年 3 月,在最后 5 块 IPv4 地址被分配出去之后,已经没有新的 IPv4 地址可供分配了。对 IPv4 地址与地址划分技术的研究大致可分为 4 个阶段。

1. 标准分类的 IP 地址

在第一阶段,IPv4 采用标准分类的 IP 地址。按照这种分类方法,A 类地址的网络号长度为 7 位,实际允许分配 A 类地址的网络仅有 125 个;B 类地址的网络号长度为 14 位,实际允许分配 B 类地址的网络仅有 16 384 个。

2. 划分子网的三级地址结构

在第二阶段,在标准分类 IP 地址的基础上增加了子网号,形成三级地址结构。标准分类的 IP 地址在使用过程中暴露的第一个问题是地址利用率低。针对这个问题,研究人员在 1991 年提出了子网(subnet)和掩码(mask)的概念。构成子网是将一个大的网络划分为几个较小的子网,将传统的“网络号-主机号”两级地址结构变为“网络号-子网号-主机号”三级地址结构。

3. 构成超网的无类别域间路由技术

第三阶段的标志是 1993 年提出的无类别域间路由(Classless Inter-Domain Routing,CIDR)技术。CIDR 不采用标准的地址分类规则,而是将剩余地址按可变大小的地址块来分配,并且 CIDR 地址涉及 IP 寻址与路由选择。正是因为具有这两种重要的特征,CIDR 被称为无类别域间路由技术。

4. 网络地址转换技术

第四阶段的标志是 1996 年提出的网络地址转换(Network Address Translation,NAT)技术。此时,IP 地址短缺已经是很严重的问题了,而互联网迁移到 IPv6 进程缓慢。人们需要一个短期内快速缓解地址短缺的方法,以便支持 IP 地址的重用。NAT 技术就是在这样的背景下产生的。

4.3.2 标准分类 IP 地址

1. 网络地址的基本概念

理解网络地址时需要注意以下几个问题。

1) 名字、地址与路径

RFC791 指出了名字(name)、地址(address)与路径(route)概念的区别。名字说明对象是谁,地址说明该对象在哪里,路径说明如何找到该对象。

2）MAC 地址与 IP 地址

互联网络是由多个网络互联而成的。例如，校园网是将多个学院、系、实验室的局域网通过路由器互联而成的。校园网中的每台计算机都有一块网卡，也就是说，每台计算机有一个 MAC 地址。这个 MAC 地址称为物理地址。IP 地址是网络层的地址，主要用于路由器的寻址。相对于数据链路层的固定、不变的物理地址来说，网络层地址是由网络管理员分配的，因此它也被称为逻辑地址。

3）网络接口与 IP 地址

IP 地址标识的是一台主机或路由器与网络的接口。理解这一点很重要。图 4-6 给出了网络接口与 IP 地址的关系。

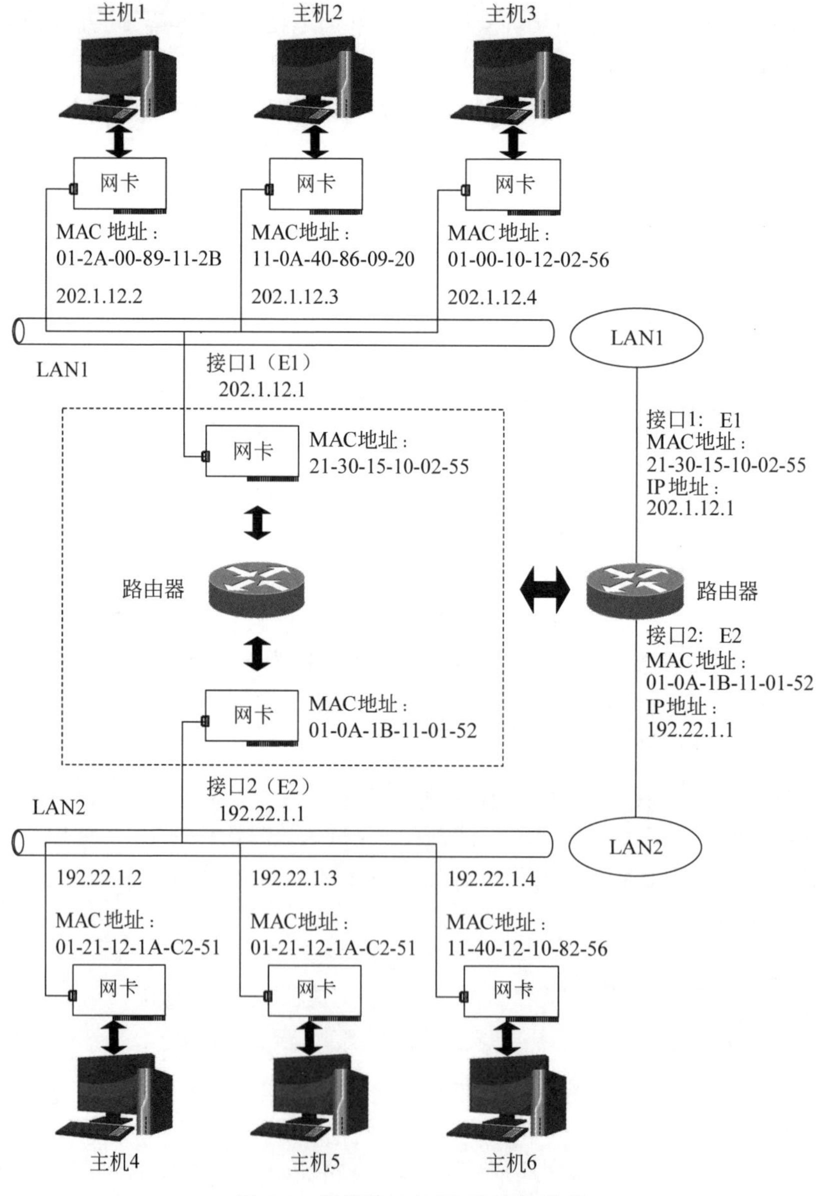

图 4-6　网络接口与 IP 地址的关系

局域网 LAN1 与 LAN2 是以太网，它们之间通过路由器互联。主机 1～3 通过网卡连接 LAN1，主机 4～6 通过网卡连接 LAN2。以主机 1 为例，网卡插入主机的主板扩展槽，并通过 RJ-45 端口与双绞线连接 LAN1。主机 1 的网卡 MAC 地址是 01-2A-00-89-11-2B。网络管理员为主机 1 连接 LAN1 接口分配的 IP 地址是 202.1.12.2。这样，主机 1 的 MAC 地址 01-2A-00-89-11-2B 与 IP 地址 202.1.12.2 形成了对应关系。主机 2～6 也会形成 MAC 地址与 IP 地址的对应关系。

实际上，路由器是一台专门处理网络层路由与转发功能的计算机。路由器通过接口 1 的网卡连接 LAN1，通过接口 2 的网卡连接 LAN2。这两块网卡都有固定的 MAC 地址。网络管理员需要给它们分配 IP 地址。路由器接口 1 的网卡连接 LAN1，它与主机 1～3 在同一网络中，需要分配属于 LAN1 的 IP 地址 202.1.12.1。路由器接口 1 通常记为 E1。这样，E1 的 MAC 地址为 21-30-15-10-02-55，对应的 IP 地址为 202.1.12.1。同样，接口 E2 的 MAC 地址为 01-0A-1B-11-01-52，对应的 IP 地址为 192.22.1.1。

4）IP 地址的分配方法

IP 地址的分配可以分为以下 3 种情况。

（1）当一台计算机通过网卡接入网络时，管理员为这个网络接口分配一个 IP 地址。IP 地址与 MAC 地址一一对应，并且在互联网中是唯一的。

（2）如果一台路由器或计算机要通过多块网卡分别连接多个网络，那么这几块网卡就是连接这台主机到多个网络的网络接口，这类有多个接口的主机称为多归属主机或多穴主机。管理员必须为每个网络接口分配一个 IP 地址。因此，多归属主机可以有多个 IP 地址。

（3）如果一个小公司开发了一个网站。初期仅在公司局域网中安装一台服务器，同时提供 Web、FTP、E-mail 及公司 DNS 服务。随着公司业务的扩展，该公司需要为每种服务安装一台服务器。在这种情况下，网络管理员有两种办法：一是仅给现有的这台服务器分配一个 IP 地址，增加服务器时再分配新的 IP 地址；二是为服务器分配 4 个 IP 地址，每个 IP 地址对应一台新的服务器，并在 DNS 上建立 IP 地址与服务器对应关系的条目。这种为一个网络接口分配多个 IP 地址的过程称为多网化或二级地址管理。例如，Cisco 路由器的 IOS 配置命令可以为一个以太网接口分配多个 IP 地址：

```
interface ethernet 0
ip address 201.2.2.51 255.255.255.0
ip address 201.2.3.16 255.255.255.0 secondary
ip address 201.2.6.15 255.255.255.0 secondary
ip address 201.2.6.26 255.255.255.0 secondary
```

那么，对应于以太网接口 E0 有 4 个 IP 地址。其中，201.2.2.51 是主 IP 地址，其余 3 个是次 IP 地址。

通过上述讨论，可以得出以下几点结论：

- 连接到互联网的每台主机（计算机或路由器）至少有一个 IP 地址。
- IP 地址是分配给网络接口的。
- 多归属主机可以有多个 IP 地址。
- 一个网络接口也可以分配多个 IP 地址。
- 交换机、网桥属于数据链路层设备，不需要分配 IP 地址。

2. IP 地址的点分十进制表示方法

IPv4 地址长度为 32 位,用点分十进制(dotted decimal)表示。通常采用 x.x.x.x 的格式来表示,每个 x 为 8 位值为 0~255,例如 202.113.29.119。图 4-7 给出了标准分类的 IP 地址。

3. 标准分类的 IP 地址

标准分类的 IP 地址如图 4-7 所示。

图 4-7　标准分类的 IP 地址

1) A 类地址

A 类地址网络号的第一位为 0,其余 7 位可以分配。因此,A 类地址分为大小相同的 128(2^7)块,每块的网络号不同。

第一块覆盖的地址为 0.0.0.0~0.255.255.255(网络号为 0)。

第二块覆盖的地址为 1.0.0.0~1.255.255.255(网络号为 1)。

……

最后一块覆盖的地址为 127.0.0.0~127.255.255.255(网络号为 127)。

但是,第一块和最后一块地址保留作特殊用途,网络号为 10 的 10.0.0.0~10.255.255.255 用于专用地址,其余 125 块可以分配给一些机构。因此,能获得 A 类地址的机构只有 125 个。A 类地址的主机号长度为 24 位,主机号为全 0 和全 1 的两个地址保留,那么每个 A 类网络可分配的主机号为 $2^{24}-2=16\ 777\ 214$ 个。

A 类地址覆盖范围为 1.0.0.0~127.255.255.255。

2) B 类地址

B 类地址网络号的前两位为 10,其余 14 位可以分配,那么可分配的网络号为 $2^{14}=16\ 384$ 个。B 类地址主机号长度为 16 位,主机号为全 0 和全 1 的两个地址保留,那么每个 B 类网络可分配的主机号为 $2^{16}-2=65\ 534$ 个。

B 类地址覆盖范围为 128.0.0.0~191.255.255.255。

3) C 类地址

C 类地址网络号的前 3 位为 110,其余 21 位可以分配,那么可分配的网络号为 $2^{21}=2\ 097\ 152$ 个。C 类地址主机号长度为 8 位,主机号为全 0 和全 1 的两个地址保留,那么每个 C 类网络可分配的主机号为 $2^8-2=254$ 个。

C 类地址覆盖范围为 192.0.0.0~223.255.255.255。

4) D 类地址

D 类地址不用于标识网络,地址覆盖范围为 224.0.0.0~239.255.255.255。D 类地址用于其他特殊的用途，如多播(multicasting)地址。

5) E类地址

E类地址暂时保留，地址覆盖范围为240.0.0.0～247.255.255.255。E类地址用于某些实验用途或供将来使用。

4. 特殊地址形式

特殊地址主要包括以下4种类型：

1) 直接广播地址

在A类、B类与C类地址中，主机号为全1的地址是直接广播(directed broadcasting)地址。例如，B类地址191.1.255.255是一个直接广播地址，路由器将该分组以广播方式发送给特定网络(191.1.0.0)的所有主机。

2) 受限广播地址

32位网络号与主机号为全1的地址(255.255.255.255)为受限广播(limited broadcasting)地址。它用来将一个分组以广播方式发送给本网络中的所有主机。当路由器接收到目的地址为全1的分组时，不向外转发该分组，而是在网络内部以广播方式发送。

3) "这个网络的特定主机"地址

在A类、B类与C类地址中，网络号为全0(如0.0.0.25)地址是"这个网络的特定主机"地址。当路由器接到这样的分组时，不向外转发该分组，而是直接交付给本网络中的主机号为25的主机。

4) 回送地址

A类地址中127.0.0.0是回送地址(loopback address)，它是一个保留地址。回送地址用于网络软件测试和本地进程之间通信。IP协议规定：目的地址为回送地址的分组不出现在任何网络中，主机和路由器不为该地址广播任何寻址信息。ping程序可发送一个目的地址为回送地址的分组，测试IP软件能否接收或发送一个分组。一个进程可以向另一个进程发送一个目的地址为回送地址的分组，测试本地进程之间的通信状况。

5. 专用地址

RFC 1918提出在A类、B类、C类地址中各保留一部分地址作为专用地址。这种地址用于不接入互联网的内部网络。当内部网络的主机向互联网发送分组时，需要将专用地址转换成全局地址。表4-2给出了保留的专用地址。

表4-2 保留的专用地址

类	网络号	总数
A	10.	1
B	172.16～172.31	16
C	192.168.0～192.168.255	256

理解专用地址时需要注意以下两个问题：

- 如果IP分组使用10.1.0.1、172.16.1.12或192.168.0.2地址，那么路由器就认为它是内部网络使用的专用地址，不会向互联网转发该分组。
- 如果一个组织出于安全等原因，希望组建一个专用的内部网络，不准备连接到互联网,或者在转发分组到互联网时使用网络地址转换(NAT)技术,那么该组织就可以使用专用地址。

4.3.3 划分子网的三级地址结构

1. 子网的概念

标准分类的 IP 地址存在两个主要问题:地址的有效利用率与路由器的工作效率。为了解决这两个问题,人们提出了子网的概念。RFC 940 文档说明了子网概念和划分子网的标准。子网划分的基本思想是:借用主机号的一部分作为子网的子网号,以划分出更多的子网地址,而对于外部路由器的寻址没有影响。

2. 划分子网的技术要点

划分子网的技术要点如下:

- 三级结构的 IP 地址是网络号、子网号与主机号,增加了子网号。
- 同一子网中的所有主机必须使用相同的网络号与子网号。
- 子网的概念可用于 A 类、B 类或 C 类地址。
- 子网之间距离必须很近。分配子网是一个组织和单位内部的事,既不需要向 IANA 申请,也无须改变任何外部路由器的数据库。

要求子网之间的距离必须很近,主要是从路由器工作效率的角度考虑。采用子网最好是在一个大的校园网或公司网中,因为外部主机只要知道网络地址,就可以通过校园网或公司网的路由器方便地访问校园网或公司网的多个子网。

3. 子网掩码的概念

对于一个标准分类的 IP 地址,无论用二进制或点分十进制表示,都可以从数值上直观地判断类别,并指出它的网络号和主机号。但是,在包括子网号的三层地址结构出现之后,一个很现实的问题是:如何从 IP 地址中提取出子网号。为了解决这个问题,人们提出子网掩码(subnet mask)的概念,简称掩码(mask)。在有些文献中,子网掩码又被称为子网屏蔽码。

掩码的概念同样适用于没有划分子网的 A 类、B 类或 C 类地址。图 4-8 给出了标准的 A 类、B 类或 C 类地址掩码。

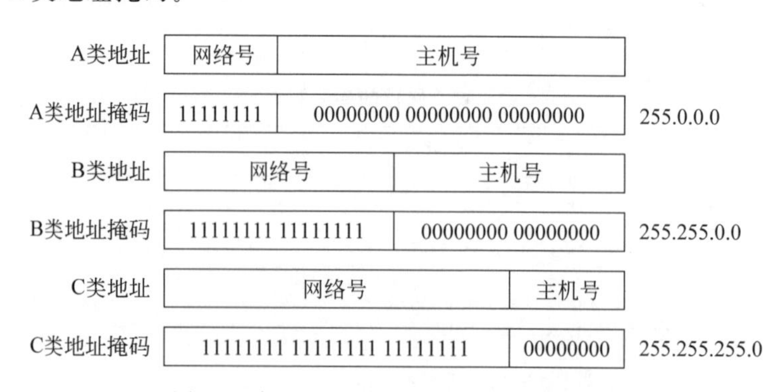

图 4-8 标准的 A 类、B 类或 C 类地址掩码

如果路由器处理的是一个标准分类的 IP 地址,只要判断 IP 地址的二进制前两位,如果为 10,则它是一个 B 类地址。B 类地址网络号长度为 16 位,该地址的前 16 位表示网络号,

后16位表示主机号。如果路由器处理的是划分子网之后的IP地址，需要为该地址计算一个子网掩码。图4-9给出了B类地址划分为64个子网的例子。B类地址的16位网络号不变，如果需要划分64(2^6)个子网，可借用16位主机号的6位，该子网的主机号变成10位。由于B类地址为190.1.2.26，因此其子网掩码为255.255.252.0。子网掩码的另一种表示方法为190.1.2.26/22。

B类地址	10 网络号	子网号	主机号
子网掩码 (255.255.255.0)	1111111111111111	111111	0000000000
/22	16位	6位	10位

图4-9 B类地址划分为64个子网的例子

4. 子网规划与地址空间划分的基本方法

下面通过例子说明子网规划与地址空间划分的方法。一个校园网要对B类地址(156.26.0.0)进行子网划分。该校园网由近210个局域网组成。考虑到校园网的子网数量不超过254个，可行方案是子网划分时子网号长度为8位。这样的子网掩码为255.255.255.0。在上述子网划分的方案中，校园网可用的IP地址如下：

子网1：156.26.1.1～156.26.1.254。

子网2：156.26.2.1～156.26.2.254。

……

子网254：156.26.254.1～156.26.254.254。

由于子网地址与主机号不能使用全0或全1，因此校园网只能有254个子网，每个子网只能有254台主机。

在确定子网长度时，应该权衡两方面的因素：子网数与每个子网中的主机与路由器数。在子网划分过程中，不能简单追求子网数量，通常以满足基本要求并考虑留一定的余量为原则。

5. 可变长度子网掩码技术

在某种情况下，需要在子网划分时考虑不同的子网号长度。RFC 1009文档说明了变长子网掩码(Variable Length Subnet Masking，VLSM)的划分原则。

例如，某公司申请了C类地址202.60.31.0。该公司的销售部门有100名员工，财务部门有50名员工，设计部门有50名员工，并且要求为销售部门、财务部门与设计部门分别组建子网。

针对这种情况，通过VLSM技术可以将一个C类地址分为3部分，其中子网1的地址空间是子网2、子网3之和。

(1) 使用子网掩码255.255.255.128将一个C类地址划分为两半，计算过程如下：

主机IP地址	11001010 00111100 00011111 00000000	(202.60.31.0)
子网掩码	11111111 11111111 11111111 10000000	(255.255.255.128或/25)
与运算结果	11001010 00111100 00011111 00000000	(202.60.31.0)

将202.60.31.1～202.60.31.126作为子网1的IP地址，而将其余部分进一步划分为两半。202.60.31.127第4字节是全1，保留作为广播地址，不能使用。

(2) 子网1与子网2和子网3的地址空间交界点在202.60.31.128,子网掩码为255.255.255.192。子网2与子网3地址空间的计算过程如下:

主机IP地址	11001010 00111100 00011111 10000000	(202.60.31.128)
子网掩码	11111111 11111111 11111111 11000000	(255.255.255.192 或/26)
与运算结果	11001010 00111100 00011111 10000000	(202.60.31.128)

平分后的两个较小的地址空间分配给子网2与子网3。

对于子网2来说,第一个可用地址是202.60.31.129,最后一个可用地址是202.60.31.190。子网2的可用地址范围是202.60.31.129~202.60.31.190。

下一个地址202.60.31.191中191是全1,保留作为广播地址,不能使用。

再下一个地址202.60.31.192是子网3的第一个地址。子网3的可用地址范围是202.60.31.192~202.60.31.254。

因此,采用变长子网划分的3个子网的IP地址如下:

子网1:202.60.31.1~202.60.31.126。

子网2:202.60.31.129~202.60.31.190。

子网3:202.60.31.192~202.60.31.254。

其中,子网1使用的子网掩码为255.255.255.128(/25),能容纳126台主机;子网2与子网3的子网掩码均为255.255.255.192(/26),各能容纳62台主机。

图4-10给出了可变长度子网划分的结构。变长子网划分的关键是找到合适的可变长度子网掩码。

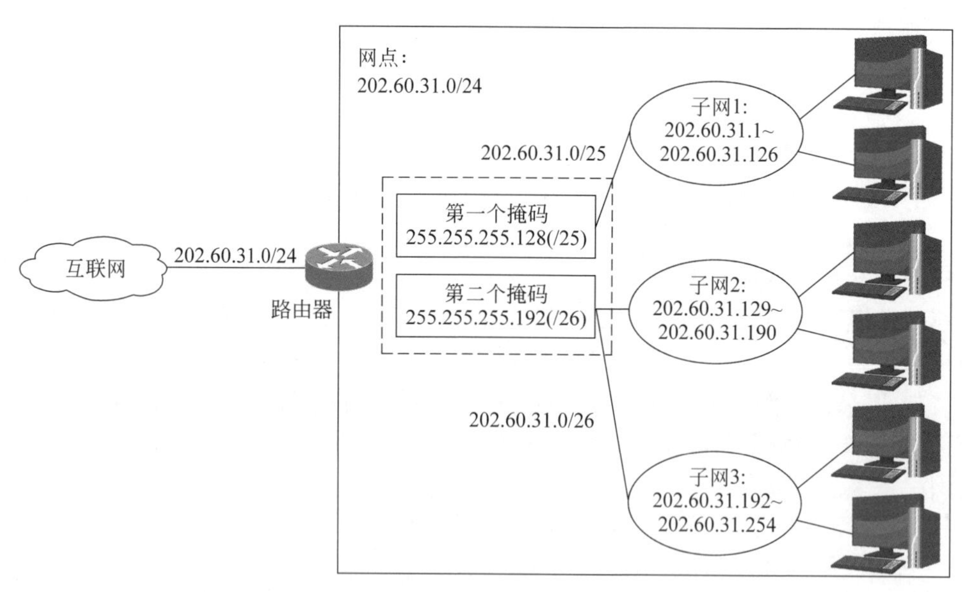

图4-10 可变长度子网划分的结构

4.3.4 无类别域间路由

1. 无类别域间路由的概念

在可变子网掩码的基础上,出现了无类别域间路由(CIDR)的概念。RFC 1517~RFC

1520 描述了 CIDR 技术，并且已形成互联网建议标准。

理解 CIDR 的技术特点时需要注意以下几个问题：

(1) CIDR 将剩余地址按可变大小的地址块来分配。与传统的标准分类 IP 地址与子网地址划分方式相比，CIDR 是以任意二进制倍数的大小来分配地址的。

(2) CIDR 不采用标准的 IP 地址分类方法，无法从地址本身来判定网络号长度。CIDR 地址采用斜线记法，即“网络前缀/主机号”。例如，以 CIDR 给出的地址块中的一个 IP 地址是 200.16.23.1/20，它表示该地址的前 20 位是网络前缀，后 12 位是主机号，其地址结构如下：

200.16.23.0/20＝11001000 00010000 0001 0111 00000001

在这个地址中，前 20 位(加下画线的部分)是网络前缀，后 12 位是主机号。

(3) CIDR 将网络前缀相同的连续 IP 地址组成一个 CIDR 地址块。200.16.23.1/20 的网络前缀为 20 位，那么该地址块可容纳的主机可达到 2^{12}(4096)台。

(4) CIDR 地址块由块起始地址和前缀表示。块起始地址是指地址块中地址数最小(即主机号为全 0)的一个。例如，200.16.23.1/20 地址块中起始地址的主机号为全 0，那么这个地址块的最小地址结构为

200.16.16.0/20＝11001000 00010000 0001 0000 00000000

这个地址块的最大地址是主机号为全 1 的地址，其结构为

200.16.31.255/20＝11001000 00010000 0001 1111 11111111

因此，200.16.23.0/20 所在的地址块由初始地址与前缀表示，即 200.16.16.0/20。

(5) 与标准分类 IP 地址一样，主机号为全 0 的网络地址与主机号为全 1 的广播地址不分配给主机。因此，该 CIDR 地址块中可分配的地址为 200.16.16.1/20～200.16.31.254/20。

2. 无类别域间路由的应用

如果一个校园网获得地址块 200.24.16.0/20，希望将它划分为 8 个等长的较小地址块，网管人员可以采取前面介绍的方法，继续借用 CIDR 地址中 12 位主机号的前 3 位，进一步划分地址块。图 4-11 给出了划分 CIDR 地址块的例子。

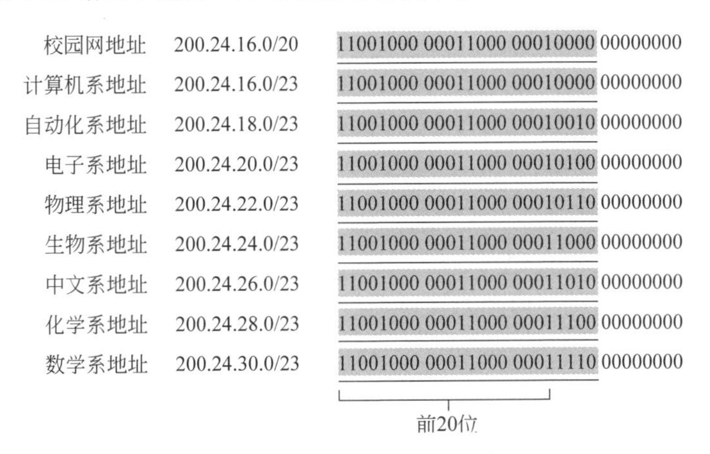

图 4-11 划分 CIDR 地址块的例子

从图 4-11 可以看出，对于计算机系来说，为它分配的地址块为 200.24.16.0/23，网络地址为 23 位的 11001000 00011000 0001000，该地址块的起始地址为 200.24.26.0，可分配的地

址数为 2^9 个;对于自动化系来说,为它分配的地址块为200.24.18.0/23,网络地址为23位11001000 00011000 0001001,该地址块的起始地址是200.24.18.0,可分配的地址数为 2^9 个。总之,8个系获得同等大小的地址空间。

再看计算机系和自动化系的网络地址:

11001000 00011000 0001000

11001000 00011000 0001001

为这两个系分配的网络地址前20位相同。实际上,这8个地址块的网络地址前20位都相同。这个结论说明CIDR地址具有地址聚合(address aggregation)和路由聚合(route aggregation)的能力。

图4-12给出了划分CIDR地址块的校园网结构。在这个结构中,接入互联网的主路由器向外部网络发送一个通告,说明它接收目的地址前20位与200.24.16.0/20相符的所有分组。外部网络无须知道200.24.16.0/20地址块的校园网内部还有8个系级网络。

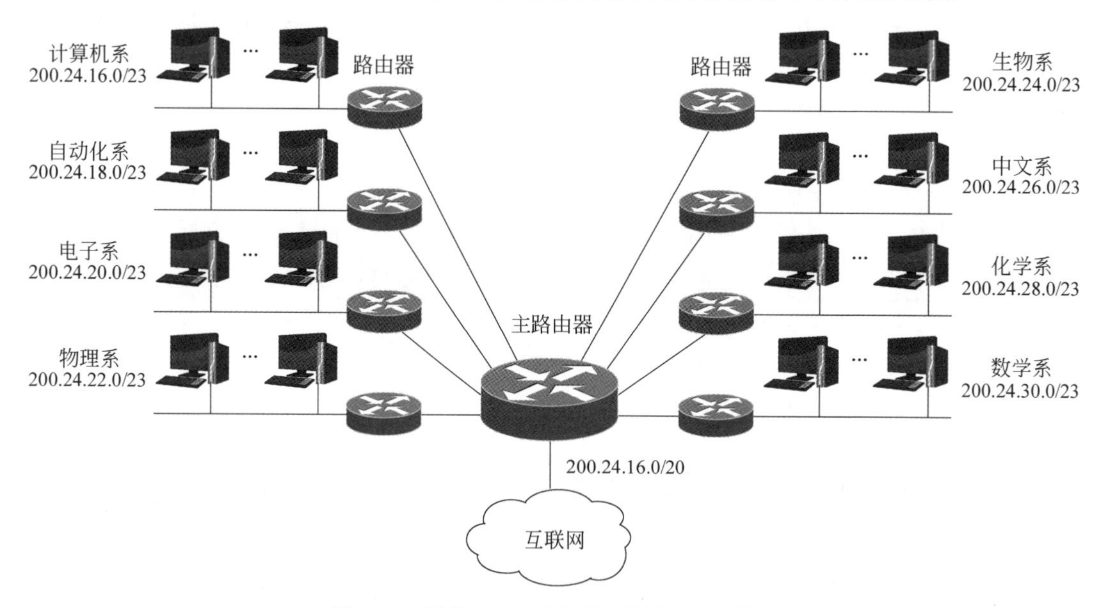

图4-12 划分CIDR地址块后的校园网结构

CIDR常用于将多个C类地址归并到单一网络中,并且在路由表中使用一项来表示这些地址。表4-3给出了CIDR及对应的掩码。网络前缀越短,地址块所包含的地址数越多。

表4-3 CIDR及对应的掩码

CIDR	对应的掩码	CIDR	对应的掩码
/8	255.0.0.0	/20	255.255.240.0
/9	255.128.0.0	/21	255.255.248.0
/10	255.192.0.0	/22	255.255.252.0
/11	255.224.0.0	/23	255.255.254.0
/12	255.240.0.0	/24	255.255.255.0
/13	255.248.0.0	/25	255.255.255.128

续表

CIDR	对应的掩码	CIDR	对应的掩码
/14	255.252.0.0	/26	255.255.255.192
/15	255.254.0.0	/27	255.255.255.224
/16	255.255.0.0	/28	255.255.255.240
/17	255.255.128.0	/29	255.255.255.248
/18	255.255.192.0	/30	255.255.255.252
/19	255.255.224.0		

从表 4-3 可以看出，子网掩码有两种表示方式。以 190.25.100.52 的前 26 位为网络地址为例，它可以表示如下：IP 地址为 190.25.100.52，子网掩码为 255.255.255.192。另一种写法为 190.25.100.52/26。

4.3.5 网络地址转换

1. 网络地址转换的概念

1）网络地址转换技术研究背景

由于 IPv4 过渡到 IPv6 的进程很缓慢，因此需要一种短时间内缓解 IP 地址短缺的办法，那就是网络地址转换（NAT）技术。RFC 2663、2993、3022、3027、3235 等文档说明了 NAT 技术。另外，NAT 技术研究也是出于网络安全的目的。例如，一些企业内部网、政府部门专网等内部网络系统对互联网访问需要严格加以控制。NAT 与代理服务器、防火墙等技术结合使用，采用一个内部专用 IP 地址与一个全局 IP 地址一一对应的静态映射方式，达到隐藏内部网络地址的目的。

从缓解 IP 地址短缺的角度来看，NAT 技术主要用于 4 类应用领域：ISP、ADSL、有线电视、无线移动接入的动态 IP 地址分配。在使用专用 IP 地址设计的内部网络中，如果内部网络的主机要访问外部网络或互联网，则需要使用 NAT 技术。图 4-13 给出了 ISP 使用 NAT 技术的结构示意图。

2）动态 NAT 与静态 NAT

对于为 ADSL 用户提供拨号服务的 ISP，使用 NAT 技术可以实现 IP 地址的重用，节约 IP 地址。例如，某个 ISP 有 1000 个全局 IP 地址，但是它有 5000 个使用专用 IP 地址的用户。ISP 在支持 NAT 的路由器中保持一个 IP 地址池，管理着多个全局 IP 地址。需要访问互联网的用户首先向 NAT 路由器申请，由 NAT 以动态方式从 IP 地址池中临时分配一个全局地址给用户；用户访问结束后，NAT 路由器收回 IP 地址，供其他用户使用。这种方式属于多对多的动态映射方式。

3）NAT 与 NAPT

为了正确地实现 NAT 功能，NAT 设备必须维护两个地址空间——专用 IP 地址与全局 IP 地址在变换过程中的对应关系。在实际的网络应用中，存在两种实现方案：一种是仅完成专用 IOP 地址与全局 IP 地址之间的变换，这是传统的网络地址转换；另一种是在专用 IP 地址与全局 IP 地址之间变换的同时，也转换传输层的 TCP 或 UDP 端口号，这种方法称

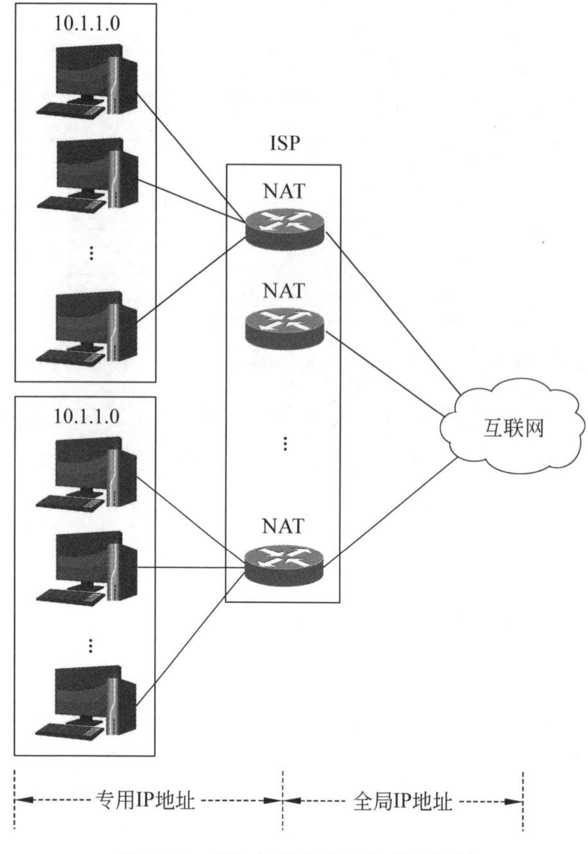

图 4-13　ISP 使用 NAT 技术的结构

为网络地址端口变换(Network Address Port Translation,NAPT)。在很多参考文献中,这两种方法被统称为 NAT。

2. 网络地址转换的工作原理

图 4-14 给出了 NAT 的工作过程。

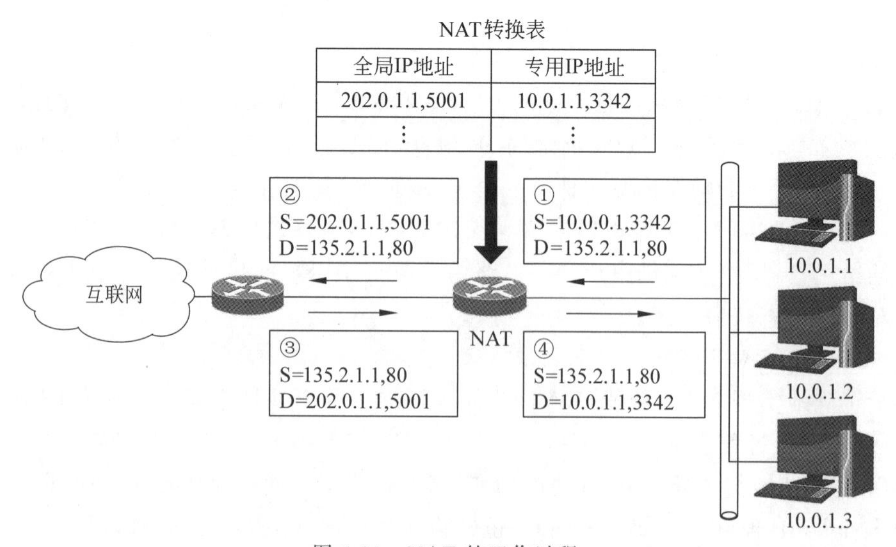

图 4-14　NAT 的工作过程

NAT 工作过程可以分为以下 4 个步骤：

- 如果一台内部主机(专用 IP 地址为 10.0.1.1)要访问一台互联网上的 Web 服务器(全局 IP 地址为 202.0.1.1)，它产生一个分组①(源地址为 10.0.1.1，源端口号为 3342；目的地址为 135.2.1.1，目的端口号为 80)。该分组在图 4-14 中表示为“S=10.0.1.1，3342，D=135.2.1.1，80”。
- 当 NAT 路由器接收到分组①时，对该分组进行网络地址转换。例如，转换后形成的分组②为“S=202.0.1.1，5001，D=135.2.1.1，80”。专用 IP 地址 10.0.1.1 被转换为全局 IP 地址 202.0.1.1。传输层的客户进程的端口号也要转换，本例中由 3342 转换为 5001。路由器向互联网发送分组②。
- 当 Web 服务器(地址为 135.2.1.1，端口号为 80)接收到分组②时，它返回的分组③为“S=135.2.1.1，80，D=202.0.1.1，5001”。
- 当 NAT 路由器接收到分组③时，对该分组进行网络地址转换，形成分组④“S=135.2.1.1，80，D=10.0.1.1，3342”，并向内部网络发送分组④。这时，内部主机(专用地址 10.0.1.1)接收分组④。

NAT 在转换 IP 地址的同时转换端口号的主要原因是为了避免一个全局地址复用多个 TCP 连接时难以识别，以及将多个专用 IP 地址隐藏为一个全局 IP 地址。

3. 对 NAT 的评价

尽管对于解决 IP 地址短缺问题，NAT 技术是一种很实用的方法，但是业界对它有很多的批评。这些意见可以归纳成以下 3 点：

- NAT 违反了 IP 协议设计的初衷，将 IP 从无连接变成面向连接。另外，在转换网络层 IP 地址的同时也转换传输层端口号，违反了网络体系结构设计中不同层之间相互独立的原则。
- 有些应用将 IP 地址插入正文的内容中，例如 FTP、VoIP 的 H.323 协议等。如果 NAT 技术与这类协议一起工作，需要根据不同协议对 NAT 进行调整。
- P2P 文件、语音共享建立在 IP 协议的基础上，NAT 的出现为 P2P 实现带来了困难。

4.4 路由选择算法与分组交付

4.4.1 分组交付和路由选择的基本概念

1. 分组交付的基本概念

1) 默认路由器的概念

分组交付(forwarding)是指在互联网中主机、路由器转发 IP 分组的过程。大多数主机首先接入一个局域网，再通过一台路由器接入互联网。在这种情况下，这台路由器就是局域网主机的默认路由器(default router)，又称为第一跳路由器(first-hop router)。当这台主机发送一个 IP 分组时，首先将该分组发送到默认路由器。因此，发送主机的默认路由器称为源路由器，与目的主机连接的路由器称为目的路由器。在早期的文献中，通常将默认路由器称为默认网关。

2) 直接交付和间接交付的概念

分组交付可以分为两类:直接交付和间接交付。路由器根据 IP 分组的目的地址与源地址是否属于同一个网络判断分组交付属于哪种交付方式。图 4-15 给出了分组交付的过程。如果分组的源主机和目的主机在同一网络中,或者是由目的路由器向目的主机传送,分组将采用直接交付方式;如果分组的源主机和目的主机不在同一网络中,分组将采用间接交付方式。

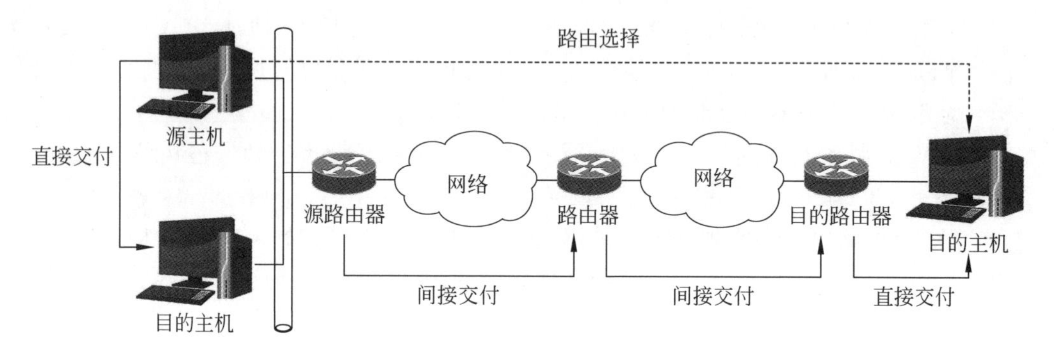

图 4-15　分组交付的过程

2. 评价路由选择的依据

分组交付的路径由路由选择算法(routing algorithm)决定。为一个分组选择从源主机传送到目的主机的路由问题可归结为从源路由器到目的路由器的路由选择问题。路由选择的核心是路由选择算法,路由选择算法是生成路由表的依据。一个理想的路由选择算法应具有以下几个特点:

(1) 算法必须正确、稳定和公平。沿着路由表所指引的路径,分组能从源主机到达目的主机。在网络拓扑与通信量相对稳定的情况下,路由选择算法应收敛于一个可接受的解。算法对所有用户是平等的。在网络投入运行之后,算法能长时间、连续和稳定地运行。

(2) 算法应该尽量简单。路由选择算法的计算必然要耗费路由器的计算资源,并且影响分组转发的延时。在设计路由器的路由选择算法时,需要在路由效果与路由计算代价之间做出选择。算法简单、有效才有实用价值。

(3) 算法必须适应网络拓扑和通信量的变化。实际的网络拓扑与通信量时刻都在变化。当路由器或链路出现故障时,算法应该能及时改变路由,绕过故障的路由器或链路。当网络通信量发生变化时,算法应该能自动改变路由,以均衡链路的负载。

(4) 算法应该是最佳的。算法的"最佳"是指以低的开销转发分组。衡量开销的因素可以是链路长度、传输速率、链路容量、延时、安全性、费用等。正是由于需要考虑很多因素,因此不存在一种绝对的最佳路由算法。"最佳"是指算法根据某种特定条件和要求,能够给出一条比较合理的路由。因此,"最佳"是相对的。

3. 路由选择算法的主要参数

在讨论路由选择算法时,将会涉及以下 6 个参数:

- 跳数(hop count):是指一个分组从源主机到达目的主机的路径上转发分组的路由器数量。一般来说,跳数越少的路径越好。
- 带宽(bandwidth):是指链路的传输速率。例如,T1 链路的传输速率为 1.544Mb/s,

也可以说T1链路的带宽为1.544Mb/s。

- 延时(delay):是指一个分组从源主机到达目的主机花费的时间。
- 负载(load):是指通过路由器或链路的单位时间内的通信量。
- 可靠性(reliability):是指传输过程中的分组丢失率。
- 开销(overhead):是指传输过程中的耗费,通常与使用的链路长度、传输速率、链路容量、延时、安全性、费用等因素相关。

路由选择是非常复杂的问题,它涉及网络中的所有主机、路由器与链路。同时,网络拓扑与通信量随时在变化,这种变化事先无法知道。当网络发生拥塞时,路由选择算法应该具有一定的缓解能力。由于路由选择算法与拥塞控制直接相关,因此只能够寻找出一条相对合理的路由。

4. 路由选择算法的分类

在互联网中,路由器采用表驱动的路由选择算法。路由表根据路由选择算法产生,其中存储可能的目的地址与如何到达目的地址的信息。路由器在传送IP分组时必须查询路由表,以决定通过哪个端口来转发分组。根据对网络拓扑和通信量变化的适应能力,路由选择算法可分为两大类:静态算法与动态算法。路由表也可以是静态或动态的。

1) 静态路由表

静态路由选择算法又称为非自适应路由选择算法,其特点是简单和开销较小,但是不能及时适应网络状态的变化。

静态路由表是由人工方式建立的,网络管理员将到每个目的地址的路径输入路由表。当网络拓扑发生变化时,静态路由表无法自动更新。静态路由表的更新必须由管理员手工完成。因此,静态路由表一般仅用于小型、结构不常改变的网络系统中,或者是用来查找故障的实验性网络中。

2) 动态路由表

动态路由选择算法又称为自适应路由选择算法,其特点是能较好地适应网络状态变化,但是实现起来比较复杂,开销也比较大。

大型互联网络通常采用动态路由表。在网络系统运行期间,路由器根据路由选择协议自动建立路由表。当网络拓扑发生变化时,例如路由器故障或链路中断,路由选择协议自动更新路由表。不同规模的网络应选择不同的动态路由选择协议。

5. 路由表的生成与使用

互联网中每台路由器都会保存一个路由表,路由选择是通过表驱动的方式完成的。在结构复杂的互联网中,不可能要求每个路由器的路由表记录到达所有网络的路径,路由表一般仅记录目的网络、子网掩码、下一跳路由器地址与路由器转发端口,而不是完整的路径。图4-16给出了小型校园网的简化网络结构。

1) 网络结构与IP地址

简化的校园网结构由3个路由器连接4个子网,校园网通过路由器3连接互联网。为了将讨论重点放在路由表的生成与使用上,假设校园网使用一个标准的C类地址。4个子网的地址分别为202.1.1.0/24、202.1.2.0/24、202.1.3.0/24与202.1.4.0/24;对于连接路由器1与路由器2的串行链路,分配的端口IP地址为202.1.5.1与202.1.5.2。在图4-16中给出了网络中主机的地址与路由器端口的地址。

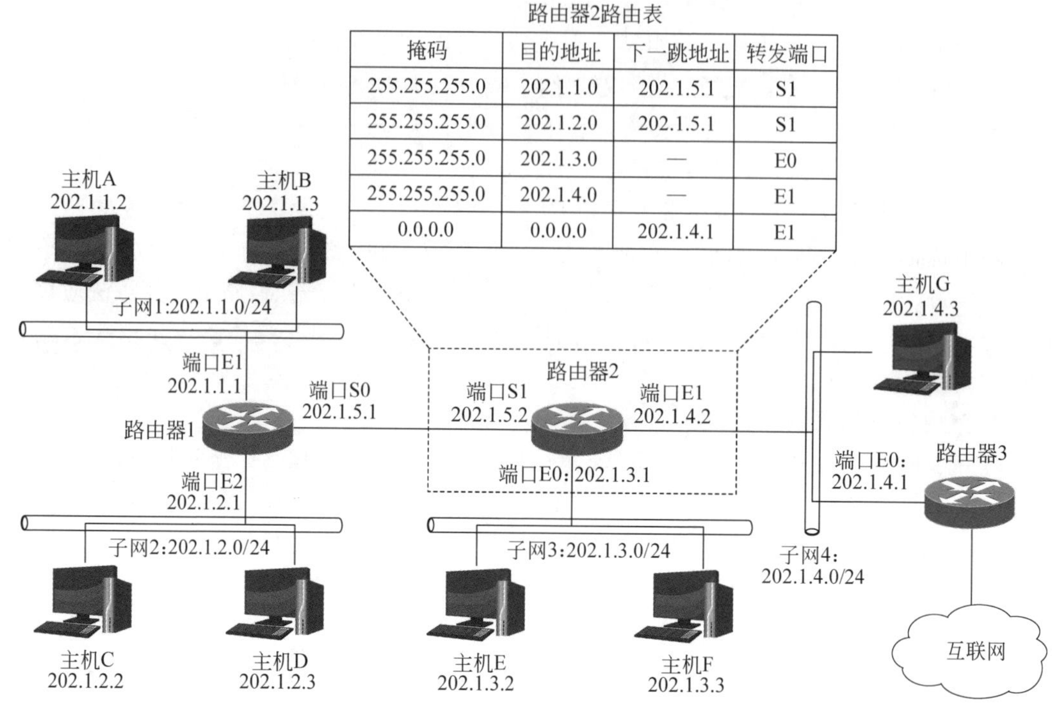
路由器2路由表

掩码	目的地址	下一跳地址	转发端口
255.255.255.0	202.1.1.0	202.1.5.1	S1
255.255.255.0	202.1.2.0	202.1.5.1	S1
255.255.255.0	202.1.3.0	—	E0
255.255.255.0	202.1.4.0	—	E1
0.0.0.0	0.0.0.0	202.1.4.1	E1

图 4-16　小型校园网的简化网络结构

2) 路由表的生成原理

下面,通过分析路由器2的路由表生成过程,说明路由表生成与应用的基本原理。连接路由器的串行线路端口用S0(serial 0)、S1(serial 1)表示,以太网端口用E0(Ethernet 0)、E1(Ethernet 1)表示。

(1) 如果路由器2接收到一个目的地址为202.1.1.2/24的分组,可根据掩码255.255.255.0确定该分组要发送到网络地址为202.1.1.0的子网1。路由器2通过转发端口S1将分组传送到路由器1。下一跳路由器的地址为202.1.5.1。这样就形成了路由表的第一项内容:掩码为255.255.255.0,目的地址为202.1.1.0,下一跳地址为202.1.5.1,转发端口为S1。

(2) 如果路由器2接收到一个目的地址为202.1.2.2/24的分组,可根据掩码255.255.255.0确定该分组要发送到网络地址为202.1.2.0的子网2。路由器2通过转发端口S1将分组传送到路由器1。下一跳路由器的地址为202.1.5.1。这样就形成了路由表的第二项内容:掩码为255.255.255.0,目的地址为202.1.2.0,下一跳地址为202.1.5.1,转发端口为S1。

(3) 如果路由器2接收到一个目的地址为202.1.3.2/24的分组,可根据掩码255.255.255.0确定该分组要发送到网络地址为202.1.3.0的子网3。路由器2与子网3直接连接。路由器2以直接交付方式,通过端口E0转发该分组。这样就形成了路由表的第三项内容:掩码为255.255.255.0,目的地址为202.1.3.0,无下一跳地址,转发端口为E0。

(4) 如果路由器2接收到一个目的地址为202.1.4.3/24的分组,可根据掩码255.255.255.0确定该分组要发送到网络地址为202.1.4.0的子网4。路由器2与子网4直接连接。路由器2以直接交付方式,通过端口E1转发该分组。这样就形成了路由表的第四项内容:掩码为255.255.255.0,目的地址为202.1.4.0,无下一跳地址,转发端口为E1。

(5) 如果路由器 2 接收到一个目的地址为 128.12.8.20/18 的分组，判断该分组的目的主机不在校园网内，需要通过接入互联网的默认路由器转发。路由器 2 以直接交付方式通过端口 E1 将该分组转发给路由器 3。这样就形成了路由表的第五项内容：掩码为 0.0.0.0，目的地址为 0.0.0.0，下一跳地址为 202.1.4.1，转发端口为 E1。

在路由选择过程中，如果路由表中没有明确指明一条到达目的网络的路由信息，就可以将该分组转发到默认路由器。在这个例子中，路由器 3 是路由器 2 的默认路由器。特殊地址 0.0.0.0/0 用来表示默认路由。

讨论：一个分组在逐跳转发过程中，分组头中的源 IP 地址与目的 IP 地址不变，但是封装该分组的以太网帧的源 MAC 地址与目的 MAC 地址有变化。例如，主机 A 向主机 G 发送一个分组，分组头的源地址 202.1.1.2 和目的地址 202.1.4.3 不变。但是，帧从主机 A 发送到路由器 1 时，帧的源 MAC 地址是主机 A 的网卡地址，目的 MAC 地址是路由器 1 端口 E1 的网卡地址；帧从路由器 1 发送到路由器 2 时，帧的源 MAC 地址是路由器 1 端口 S0 的网卡地址，目的 MAC 地址是路由器 2 端口 S1 的网卡地址。

6. IP 路由汇聚

1) 最长前缀匹配原则

路由器的路由表项数量越少，路由选择查询的时间就越短，通过路由器转发分组的延迟时间也就越短。因此，路由汇聚是减少路由表项数量的重要手段之一。

在使用无类别域间路由(CIDR)之后，IP 分组的路由通过和子网划分相反的过程汇聚。网络前缀越长，则其地址块包含的主机数越少，寻找目的主机就越容易。在使用 CIDR 的前缀表示法之后，IP 地址由网络前缀和主机号两部分组成。因此，实际使用的路由表项目也要相应改变。路由表项由网络前缀与下一跳地址组成。这样，路由选择就变成从匹配结果中选择具有最长网络前缀的路由的过程，这就是最长前缀匹配(longest-prefix matching)的路由选择原则。

2) 路由汇聚过程

图 4-17 给出了 CIDR 路由汇聚过程的例子。其中，路由器 R_G 通过两个串行接口 S0、S1 与两台汇聚路由器 R_E、R_F 连接，路由器 R_E、R_F 分别通过两个以太网接口与 4 台接入路由器 R_A、R_B、R_C、R_D 连接。R_A、R_B、R_C、R_D 分别连接网络地址为 156.26.0.0/24～156.26.3.0/24、156.26.56.0/24～156.26.59.0/24 的 8 个子网。

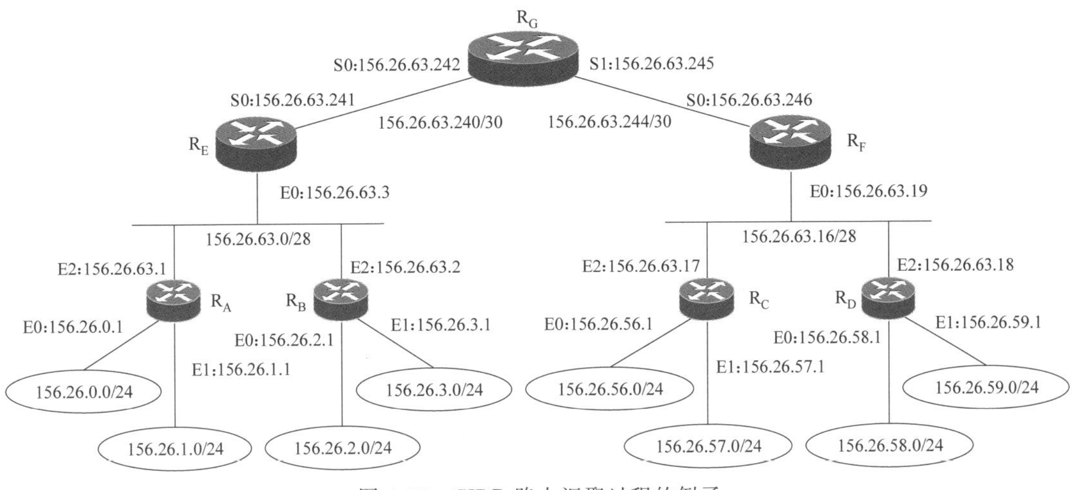

图 4-17　CIDR 路由汇聚过程的例子

图4-17中包括连接核心路由器与汇聚路由器的两个子网，共有12个子网。表4-4给出了路由器R_G的路由表，包括12个路由条目。

表4-4 路由器R_G的路由表

路 由 器	输出接口	路 由 器	输出接口
156.26.63.240/30	S0(直接连接)	156.26.2.0/24	S0
156.26.63.244/30	S1(直接连接)	156.26.3.0/24	S0
156.26.63.0/28	S0	156.26.56.0/24	S1
156.26.63.16/28	S1	156.26.57.0/24	S1
156.26.0.0/24	S0	156.26.58.0/24	S1
156.26.1.0/24	S0	156.26.59.0/24	S1

从表4-4中可以看出，路由器R_G的路由表可以简化。其中，前4项可以保留，后8项可以考虑合并成两项。

路由汇聚的方法是寻找156.26.0.0/24～156.26.3.0/24这4项的最长相同前缀。在这个例子中，只要观察地址中的第三字节：

0＝00000000

1＝00000001

2＝00000010

3＝00000011

对于这4条路径，第三字节的前6位相同，那么这4项的最长相同前缀是22位。因此，路由表中的这4项条目可以合并成：156.26.0.0/22。

同样，观察156.26.56.0/24～156.26.59.0/24的第三字节：

56＝00111000

57＝00111001

58＝00111010

59＝00111011

对于这4条路径，第三字节的前6位相同，那么这4项的最长相同前缀是22位。因此，路由表中的这4项条目可以合并成156.26.56.0/22。表4-5给出了汇聚后的路由器R_G的路由表，路由条目由12个减少到6个。

表4-5 汇聚后的路由器R_G的路由表

路 由 器	输出接口	路 由 器	输出接口
156.26.63.240/30	S0(直接连接)	156.26.63.16/28	S1
156.26.63.244/30	S1(直接连接)	156.26.0.0/22	S0
156.26.63.0/28	S0	156.26.56.0/22	S1

如果路由器R_G接收一个到目的地址为156.26.63.31的分组，需要在路由表中寻找一条最佳的匹配路由。它将分组的目的地址与每条路由比较，发现它与156.26.63.16/28地址

前缀之间的匹配长度最长，那么路由器 R_G 将该分组从 S1 接口转发。

4.4.2 路由表的建立、更新与路由选择协议

1. 互联网路由选择的思路

在讨论路由选择算法概念的基础上，应进一步研究实际网络环境中路由器路由表的建立、更新问题。在讨论路由表的建立、更新方法时，首先需要认识两个基本问题：

- 在结构如此复杂的互联网环境中，试图建立一个适用于整个互联网环境的全局性的路由选择算法是不切实际的。在路由选择问题上也必须采用分层的思路，以化整为零、分而治之的办法来解决这个复杂问题。
- 路由选择算法与路由选择协议（routing protocol）有区别。设计路由选择算法的目标是生成路由表，为路由器转发分组找出适当的下一跳路由器；而设计路由选择协议的目标是实现路由表中路由信息的动态更新。

2. 自治系统的基本概念

为了解决互联网中复杂的路由表生成与路由信息更新问题，研究人员提出了分层路由选择的概念，并将整个互联网划分为很多小的自治系统（Autonomous System，AS）。引进自治系统可使大型互联网的运行变得有序。理解自治系统的概念时需要注意以下 3 个问题：

- 自治系统的核心是路由选择的自治。由于一个自治系统中的所有网络都属于一个行政单位，例如一所大学、一个公司或政府的一个部门，因此它有权自主地决定一个自治系统内部所采用的路由选择协议。
- 一个自治系统内部的路由器之间能够使用动态路由选择协议及时交换路由信息，精确反映自治系统网络拓扑的当前状态。
- 自治系统内部的路由选择称为域内路由选择，自治系统之间的路由选择称为域间路由选择。对应于自治系统的结构，路由选择协议分为两大类：内部网关协议（Interior Gateway Protocol，IGP）与外部网关协议（External Gateway Protocol，EGP）。

3. 互联网路由选择协议的分类

1）内部网关协议

内部网关协议是在一个自治系统内部使用的路由选择协议，它与互联网中其他自治系统选用什么路由选择协议无关。目前，内部网关协议主要有路由信息协议（Routing Information Protocol，RIP）与开放最短路径优先（Open Shortest Path First，OSPF）协议。

2）外部网关协议

每个自治系统的内部路由器之间通过内部网关协议交换路由信息，连接不同自治系统的路由器之间使用外部网关协议来交换路由信息。目前，应用最多的外部网关协议是 BGP-4。图 4-10 给出了自治系统与内部网关协议、外部网关协议的关系。

理解路由选择协议时，需要注意以下几个问题。

- 内部网关协议与外部网关协议是两类路由协议各自的统称，但是早期有一种外部路由协议也叫 EGP（RFC 827），这一点容易造成混淆。近年来，一种新的协议——BGP（RFC 1771 与 RFC 1772）取代了外部网关协议，成为当前广泛使用的外部路由

协议。

- 当前内部路由协议主要是 RIP 和 OSPF,外部路由协议主要是 BGP。
- 在图 4-20 中,路由器 RA1 是自治系统 A 的边界路由器。RA1 有两个端口：端口 1 连接自治系统 C 的边界路由器 RC1,则端口 1 对应的路由协议是外部网关协议;端口 2 连接本自治系统内的 RA4 路由器,则端口 2 对应的路由协议是内部网关协议。

当前应用的各种路由协议,不是距离向量协议,就是链路状态协议。例如,RIP、RIPv2、RIPng、BGP 等属于距离向量协议,而 OSPF、IS-IS 等属于链路状态协议。

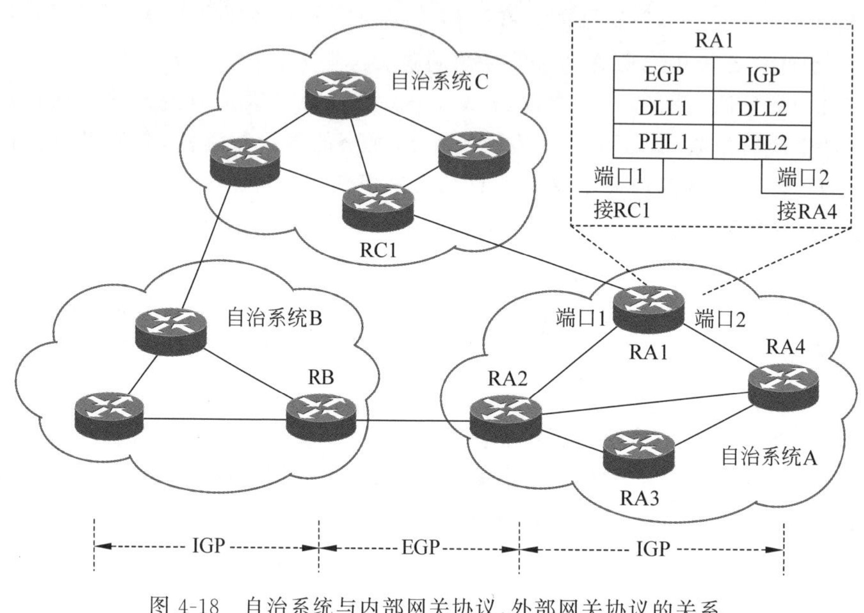

图 4-18　自治系统与内部网关协议、外部网关协议的关系

4.4.3 路由信息协议

路由信息协议是一种基于距离向量(Vector-Distance,V-D)路由选择算法的内部网关协议。距离向量路由选择算法源于 1969 年的 ARPANET。1988 年,RFC 1058 描述了 RIPv1 协议的基本内容。1993 年,RFC 1388 对 RIPv1 进行扩充,成为 RIPv2 协议。为了适应 IPv6 协议的推广,RIP 工作组于 1997 年公布了 RIPng 协议(RFC 2080)。

1. 距离向量路由选择算法

距离向量路由选择算法也称为 Bellman-Ford 算法。向量(vector)集方向与数值于一身。IP 路由就是一种向量,它有方向(指向目的网络的下一跳路由器)和数值(路由的度量值)。路由的度量值又称为路由的开销。衡量路由算法开销的参数主要有延时、带宽、跳数、可靠性、费用等。

理解距离向量路由选择算法时需要注意以下几个问题：

- 距离向量路由选择算法的设计思想比较简单,它要求路由器周期性地通知相邻路由器：自己可以到达哪些网络及到达这些网络的距离(跳数)。
- 路由更新报文主要内容是由若干(V,D)组成的表。其中 V 代表向量,指出路由器可到达的目的网络或目的主机;D 代表距离,指出路由器到达目的网络或目的主机的距离。

- 距离对应路由上的跳数。RIP 协议规定：与路由器直接连接的网络或主机无须经过中间路由器转发，距离为 0；分组每经过一个路由器转发，距离值加 1。
- 相邻路由器收到某个路由器的(V,D)报文后，按最短路径原则更新自己的路由表。

2. 距离向量路由协议的工作原理

1）路由表信息的更新方法

在路由表建立之后，路由器周期性地向相邻路由器广播路由更新报文。假设路由器 R1 收到相邻路由器 R2 发送的路由更新报文，路由器 R1 按以下规则更新路由表信息：

- 规则 1：如果 R1 的路由表中对应的一项记录比 R2 发送的距离值小或等于该距离值加 1，R1 不修改该项记录。
- 规则 2：如果 R1 的路由表中没有这项记录，R1 在路由表中增加该项记录，距离值为 R2 提供的距离值加 1，路由为 R2。
- 规则 3：如果 R1 的路由表中对应的一项记录大于 R2 发送的距离值加 1，R1 修改该项记录，距离值为 R2 提供的距离值加 1，路由为 R2。
- 规则 4：对于 R1 的路由表中比 R2 发送的报文多出的路由项，R1 保留该项记录。

2）路由表信息的更新过程

图 4-19 给出了一个自治系统中相邻路由器 R1 与 R2 的 RIP 路由信息更新过程。

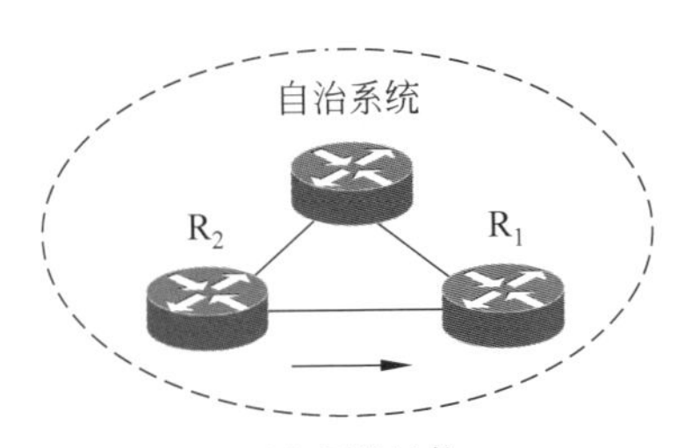

(a) 拓扑结构

目的网络	距离
10.0.0.0	3
20.0.0.0	2
30.0.0.0	4
40.0.0.0	7
120.0.0.0	5
125.0.0.0	8

(b)

目的网络	距离	路由
10.0.0.0	0	直接
30.0.0.0	7	R3
40.0.0.0	6	R6
120.0.0.0	11	R4
125.0.0.0	4	R4
212.0.0.0	10	R6

(c)

目的网络	距离	路由
10.0.0.0	0	直接
20.0.0.0	3	R2
30.0.0.0	5	R2
40.0.0.0	6	R6
120.0.0.0	6	R2
125.0.0.0	4	R4
212.0.0.0	10	R6

(d)

图 4-19　相邻路由器 R1 与 R2 的 RIP 路由信息更新过程

图 4-19(b)给出了 R2 发送的路由更新报文，图 4-19(c)给出了更新前的 R1 路由表。通过比较，R1 的路由表中有 3 项记录被修改，如图 4-19(d)所示。

- 第 1 项：图 4-19(b)中目的网络 10.0.0.0 的距离为 3，而图 4-19(c)中对应项的距离为 0，它与 R1 直接连接。根据规则 1，R1 不修改该项记录。
- 第 2 项：图 4-19(b)中目的网络为 20.0.0.0，而图 4-19(c)中没有该项记录。根据规则2,R1增加该项记录:目的网络为20.0.0.0,距离为2+1=3,路由为R2。

- 第3项:图4-19(b)中目的网络30.0.0.0的距离为4,而图4-19(c)中对应项的距离为7。根据规则3,R1修改该项记录:目的网络为30.0.0.0,距离为4+1=5,路由为R2。
- 第4项:图4-19(b)中目的网络40.0.0.0的距离为7,而图4-19(c)中对应项的距离为6。根据规则1,R1不修改该项记录。
- 第5项:图4-19(b)中目的网络120.0.0.0的距离为5,而图4-19(c)中对应项的距离为11。根据规则3,R1修改该项记录:目的网络为120.0.0.0,距离为5+1=6,路由为R2。
- 第6项:图4-19(b)中目的网络125.0.0.0的距离为8,而图4-19(c)中对应项的距离为4。根据规则1,R1不修改该项记录。
- 第7项:图4-19(c)中目的网络212.0.0.0的距离为10,而图4-19(b)中没有该项记录。按照规则4,R1保留该项记录。

3. RIP协议的计时器

路由信息协议在距离向量路由选择算法的基础上规定了自治系统的内部路由器之间的路由信息交互的报文格式与差错处理方法,同时设置了4个相关的定时器。

1) 周期更新定时器

RIP为每个路由器设置了一个更新定时器,每隔30s在相邻路由器之间交换一次路由更新信息。由于每个路由器的更新定时器相对独立,因此它们同时以广播方式发送路由更新信息的可能性很小。

2) 延时定时器

为了防止因触发更新而引起的广播风暴,RIP设置了一个延迟定时器。它为每次路由更新产生一个随机延迟时间,为1~5s。

3) 超时定时器

RIP为每个路由表项设置了一个超时定时器,从路由表中一项记录被修改之时开始计时,当该项记录在180s(等于6个RIP刷新周期)没有收到刷新信息时,表示相应的路径已经出现故障,路由表将该项路由记录置为无效,而不是立即删除该项路由记录。

4) 清除定时器

RIP还设置了一个清除定时器。如果路由表的一项路由记录设置为无效超过120s没有收到更新信息,则立即从路由表中删除该项路由记录。

4. 讨论

根据距离向量路由选择算法,只有当一个距离短的路由信息出现时,才修改路由表中的一项路由记录,否则就一直保留下去。这样有可能出现一个弊端:如果某条路径已经出现故障,而对应这条路径的路由记录可能一直保留在路由表中;同时,由于出现路径环路而使路由表的距离不断增大。这种现象在RIP中称为慢收敛。为了避免这种情况的发生,RIP采取以下4项对策:

- 限定路径的最大距离值为15,当跳数达到16时,即判定目的网络不可达。
- 如果路由器R1从相邻的路由器R2获得距离信息,R1就不再向R2发送该距离信息,这在RIP中称为水平分割。

- 路由器在得知目的网络不可达之后60s内不接收关于该目的网络可达的信息。
- 当某条路径发生故障时，最早广播该路由的路由器在若干个路由更新报文中继续保留该信息，并将距离设置为16。同时，触发路由更新，立即广播更新信息，这种方法在RIP中称为毒性逆转。

RIP的主要优点是：限制相邻路由器之间交换路由表信息，配置与部署比较简单。由于更新后的路由表使每个路由器到达每个目的网络的跳数都是最小的，因此路由是最短的。RIP的主要缺点是：允许的最大跳数为16，因此它只适用于较小的互联网络。

4.4.4 最短路径优先协议

1. 最短路径优先协议的特点

随着互联网规模的不断扩大，RIP的缺点表现得越来越明显。为了克服RIP的缺点，1989年出现开放最短路径优先(OSPF)协议。"开放"表示它是一种通用技术，而不是某个生产商专有的技术。1998年，OSPF协议第二个版本OSPF2(RFC 2328)成为互联网标准。1999年，RFC 2740文档描述了基于IPv6的OSPF协议。

同样作为内部网关协议，OSPF协议与RIP主要有以下4点区别：

(1) OSPF协议使用的是链路状态协议(Link State Protocol，LSP)，RIP使用的是距离向量路由选择算法。

(2) OSPF协议要求自治区域内的一台路由器在链路状态变化时，通过所有输出端口向连接的相邻路由器(除了刚发送该信息的路由器)发送链路状态更新分组。每个接收到链路更新分组的路由器将该分组发送给自己的相邻路由器，通过洪泛(flooding)方式使整个区域内的所有路由器都得到链路更新分组。而RIP要求周期性地向相邻的路由器发送路由信息。

(3) OSPF协议中的链路状态是指本路由器与哪些路由器相邻。链路的度量(metric)包括距离、延时、带宽与费用。度量值的范围为1～65 535，它是一种无量纲的数。OSPF协议允许网络管理员为每条链路分配不同度量值。例如，为延时要求高的实时应用(语音传输)的链路分配一个较小的度量值，为非实时应用(文本传输)的链路分配一个较大的度量值。很多OSPF协议实现根据链路带宽来计算链路的度量值。需要注意的是，根据不同度量值计算出的路由也不同。而RIP仅根据跳数来计算路由。

(4) OSPF协议使自治区域内的所有路由器最终都能形成一个跟踪网络变化的链路状态数据库(link state database)。利用链路状态数据库，每个路由器都能够以自己为根建立一棵最短路径优先树。因此，每个路由器的链路状态数据库就是一张整个区域的网络拓扑图。RIP仅根据相邻路由器的信息更新路由表，虽然路由器知道到达目的网络的跳数及下一跳路由器，但是并不知道整个区域的网络拓扑结构。

2. OSPF协议主干区域与区域的概念

为了适应更大规模网络的路由选择的需要，OSPF协议要求将自治系统进一步分为两级区域：一个主干区域(backbone area)与多个区域(area)。每个区域用一个32位的区域标识符(十进制数字或IP地址格式)，如area 0或area 0.0.0.0。这里，area 0表示主干区域。每个自治系统中不能缺少主干区域，其他区域都与主干区域直接连接，否则就要与主干区域之间建立虚链路。

每个区域内的路由器数量不能超过200个。这种分区结构可以将洪泛发送的链路状态更新分组限制在一个较小的范围内,而不是整个自治系统,这样能够有效减小每个区域内交换路由信息的通信量。图4-20给出了自治系统的内部结构。

自治系统结构的特点可以总结为以下几点:

- 主干区域由主干路由器、区域边界路由器与自治系统边界路由器组成。
- 区域由区域内部的路由器、路由器互联的网络与区域边界路由器组成。
- 区域通过区域边界路由器接入主干区域。
- 主干区域的自治系统边界路由器专门用于和其他自治系统交换路由信息。

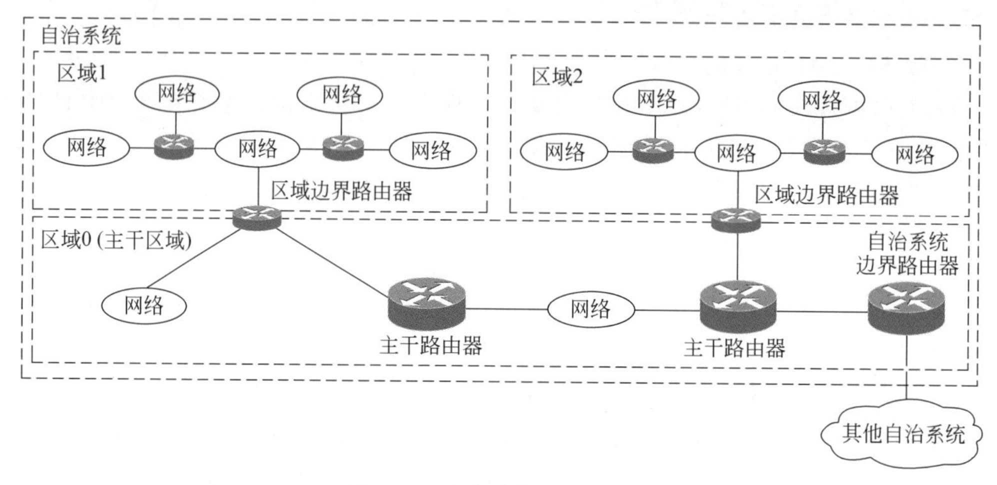

图4-20　自治系统的内部结构

3. OSPF协议分组类型

OSPF协议规定了以下5种分组:

- 问候(hello)分组:用于发现相邻路由器,并维持与相邻路由器的连接。
- 数据库描述(database description)分组:用于向相邻路由器发送本路由器的链路状态项目的摘要信息。
- 链路状态请求(link state request)分组:用于请求相邻路由器发送某些链路状态项目的详细信息。
- 链路状态更新(link state update)分组:用于向请求链路状态的相邻路由器发送完整的链路状态通报信息,以洪泛方式向区域内的路由器转发。
- 链路状态确认(link state acknowledgement)分组:用于确认链路状态更新分组。

4. OSPF协议执行过程

OSPF协议的执行过程分为以下3个阶段。

1) 确定相邻路由器可达

当一台路由器刚开始工作时,通过问候分组完成相邻路由器的发现功能,得知哪些相邻路由器可达以及将数据发往相邻路由器所需的开销。

2) 链路状态数据库同步

为了防止开销太大,OSPF协议让每个路由器用数据库描述分组与相邻路由器交换已有的链路状态摘要信息。通过与相邻路由器交换数据库描述分组,路由器可以使用链路状态请求分组向相邻路由器请求自己缺少的某些链路状态项目的详细信息。通过一系列这种分组交换，全网同步的链路数据库就建立起来了。

3）链路状态数据库更新

在网络运行过程中，如果一个路由器的链路状态发生了变化，该路由器将以洪泛方式向外发送链路状态更新分组。接收到链路状态更新分组的路由器使用链路状态确认分组来回复。OSPF 协议规定：相邻路由器之间每隔 10s 交换一次问候分组，以确认相邻路由器是否可达；如果在 40s 内没有收到问候分组，则认为该相邻路由器不可达，将立即修改链路状态数据库，并重新计算路由表；每隔一段时间（如 30min），路由器刷新数据库中的链路状态。图 4-21 给出了 OSPF 协议执行过程。

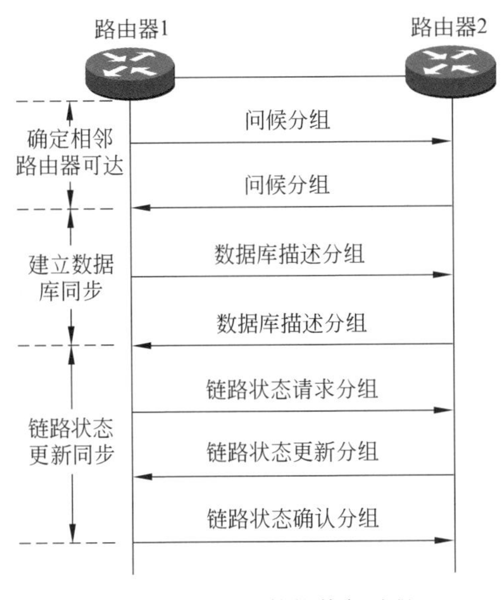

图 4-21　OSPF 协议执行过程

5. OSPF 区域最短路径选择过程

图 4-22 给出了一个自治系统划分为多个区域的结构。这些路由器执行 OSPF 协议。在自治系统中包含多个路由器，图 4-22 在连接路由器之间的链路边标出的数值表示分组传输的开销（度量值）。

在实际情况下，从 R1 到 R2 的开销是 3，而从 R2 到 R1 的开销可能是 9。为了简化讨论，假设所有链路两个传输方向的开销相同。这样，图 4-22 可转换为便于计算最短路径的拓扑图，如图 4-23 所示。

图 4-24 给出了根据最小开销计算方法得出的最短路径。这里计算的是从路由器 R8 出发到目的网络 N1～N5 的最短路径。

如果将这个结果用图 4-25 表示出来，就会发现：以最小路径优先计算的最终结果形成了以 R8 为根的最短路径树。最后可根据最短路径树计算出路由器 R8 优化的路由表。

OSPF 协议的主要优点是：能快速适应网络拓扑变化；支持包括距离、延时、带宽、费用等多种度量值，提高了网络管理的灵活性；支持层次结构，能适应较大规模网络的应用需求。OSPF 协议的主要缺点是：协议复杂，链路度量值决定路由计算结果，而度量值由网络管理员设定，存在不确定性；以洪泛法传输路由信息会占用较大带宽。目前，多数路由器设备厂

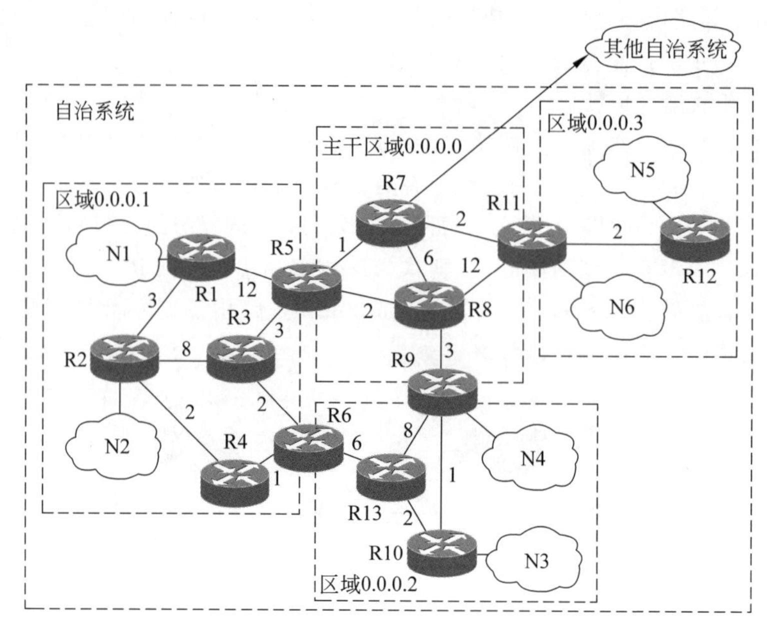

图 4-22　一个自治系统划分为多个区域的结构

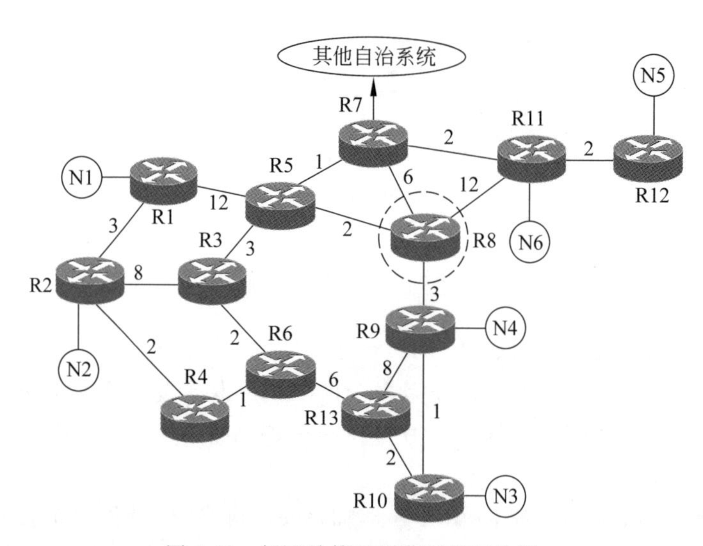

图 4-23　便于计算最短路径的拓扑图

商开始支持 OSPF 协议,并在一些网络中逐渐取代了 RIP。

6. Dijkstra 算法的计算方法

最短路径优先协议的路由选择算法来源于 Dijkstra 提出的最短路径优先(Shortest Path First,SPF)算法。图 4-26 给出了 Dijkstra 算法。图 4-26(a)给出了路由表的初始状态、5 个节点组成的网络拓扑以及节点之间的距离值。路由表包括以下 3 项内容:节点、距离与前一个节点。

下面以节点 A 生成路由表为例,说明 Dijkstra 算法的工作原理。在初始状态的路由表中,节点 A 到自身的距离为 0,未生成路由时的距离值用−1 表示。

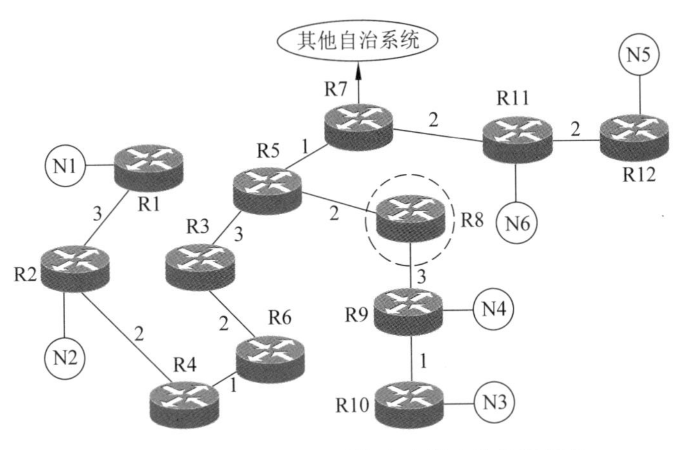

图 4-24　根据最小开销计算方法得出的最短路径

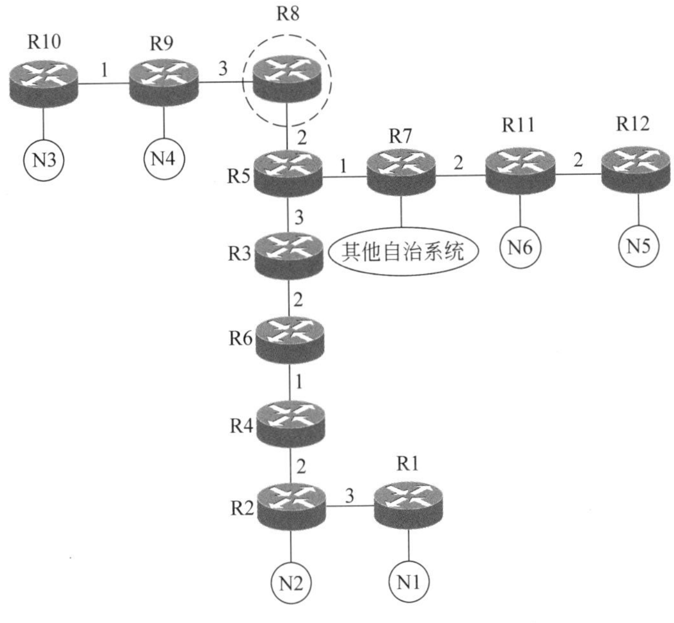

图 4-25　以路由器 R8 为根的最短路径树

(1) 求节点 A 到节点 B、C 的最短距离。从图 4-26(b)可以看出，节点 B、C 是节点 A 的相邻节点，距离分别为 4 和 1。那么，路由表中到节点 B 的距离为 4，这就是节点 A 到 B 的最短距离。同理，路由表中到节点 C 的距离为 1，这就是节点 A 到 C 的最短距离。

(2) 求节点 A 以节点 C 为转发节点到节点 B、D 的最短距离。从图 4-26(c)可以看出，从节点 A 到 B 有两条路径，一条是 A-B，距离为 4；另一条是 A-C-B，距离为 1＋2＝3，显然，路径 A-C-B 的距离比 A-B 短。因此，路由表中到节点 B 的距离值为 3，前一个转发节点为 C。同理，从节点 A 到 D 有多条路径，最短的路径是 A-C-D，距离值为 1＋4＝5。那么，路由表中到节点 D 的距离值为 5，前一个转发节点是 C。

(3) 求节点 A 以节点 C、B 为转发节点到节点 E 的最短距离。从图 4-26(d)可以看出，从节点 A 到 B 有 3 条路径：A-C-B-E、A-B-E 与 A-C-D-E，这 3 条路径的距离分别为 1＋2＋

4=7、4+4=8与1+4+4=9。显然，A-C-B-E路径的距离最短。那么，路由表中到节点E的距离值为7，前一个转发节点为B。

图4-26(e)给出了节点A的路由表与对应的最短路径树。

节点	距离	前一个节点
A	0	–
B	–1	–
C	–1	–
D	–1	–
E	–1	–

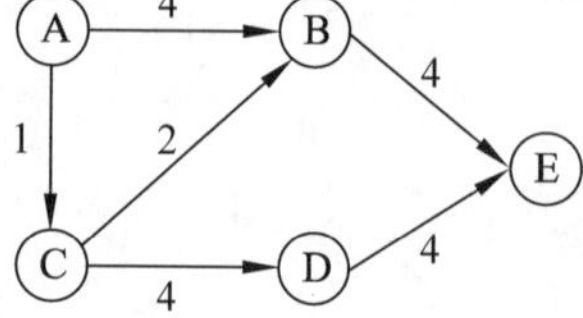

(a) 初始状态

节点	距离	前一个节点
A	0	–
B	4	A
C	1	A
D	–1	–
E	–1	–

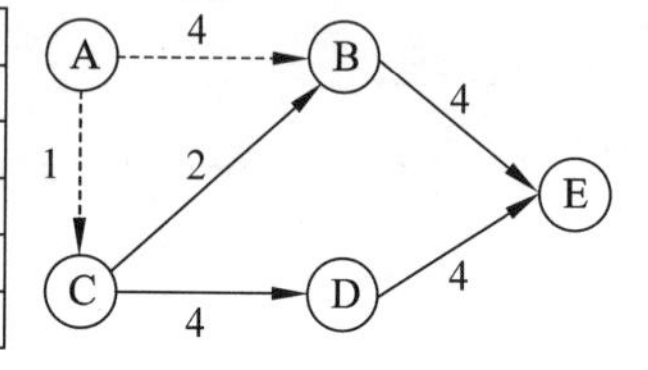

(b) 从A到达B、C

节点	距离	前一个节点
A	0	–
B	3	C
C	1	A
D	5	C
E	–1	–

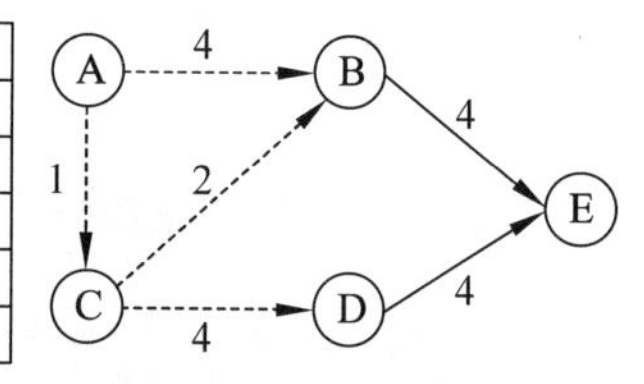

(c) 以C为转发节点到达B、D的最短距离

节点	距离	前一个节点
A	0	–
B	3	C
C	1	A
D	5	C
E	7	B

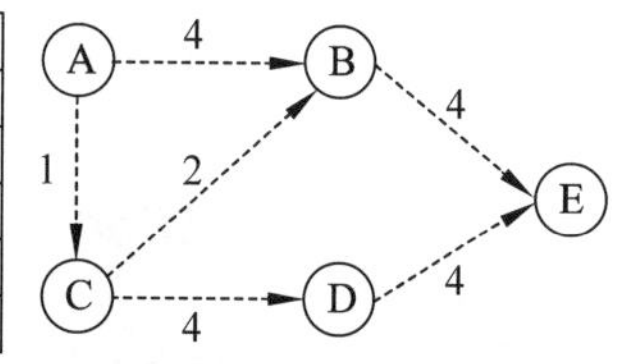

(d) 以C、B为转发节点到达E的最短距离

节点	距离	前一个节点
A	0	–
B	3	C
C	1	A
D	5	C
E	7	B

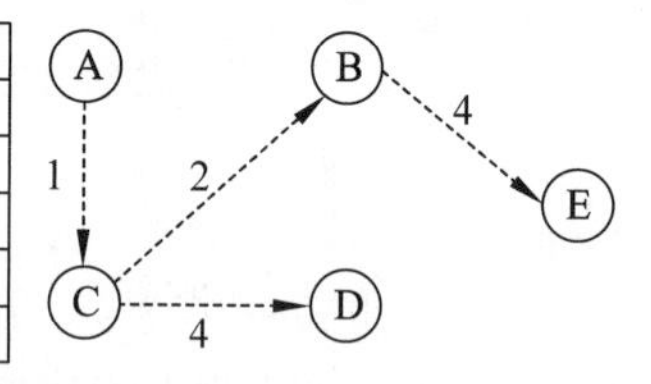

(e) 节点A的路由表与对应的最短路径树

图4-26　Dijkstra算法的工作原理示例

4.4.5　外部网关协议

外部网关协议是不同自治系统路由器之间交换路由信息的协议。1989年，主要的外部网关协议——边界网关协议(BGP)出现。1998年，RFC 2283文档描述了BGP-4。目前，BGP是运行在自治系统之间唯一的外部网关协议。

1. 外部网关协议的设计思想

BGP-4采用路径向量(path vector)路由协议。在配置BGP时,每个自治系统的管理员选择至少一个路由器(通常是BGP边界路由器)作为该自治系统的BGP发言人。一个BGP发言人与其他自治系统中的BGP发言人之间交换路由信息,如增加新的路由、撤销过时的路由、传送差错信息等。

图4-27给出了BGP发言人和自治系统的关系,其中包括3个自治系统中的5个BGP发言人。每个发言人除了必须运行BGP之外,还必须运行该自治系统的内部网关协议(如OSPF协议或RIP)。BGP发言人之间交换的网络可达性信息是到达某个网络所要经过的一系列自治系统。BGP发言人之间交换网络可达信息之后,各个BGP发言人就根据自身采用的策略,从接收的路由信息中找出到达其他自治系统的最佳路由。

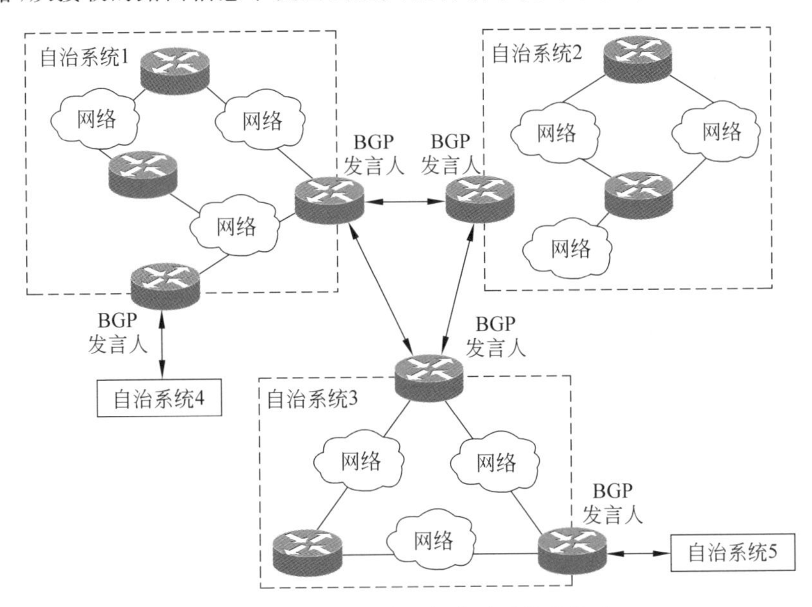

图4-27　BGP发言人与自治系统的关系

图4-28给出了自治系统连接的树状结构。BGP交换的路由信息中的主机数以自治系统数来表示,这比自治系统内部的网络数少得多。在很多自治系统之间寻找一条较好的路

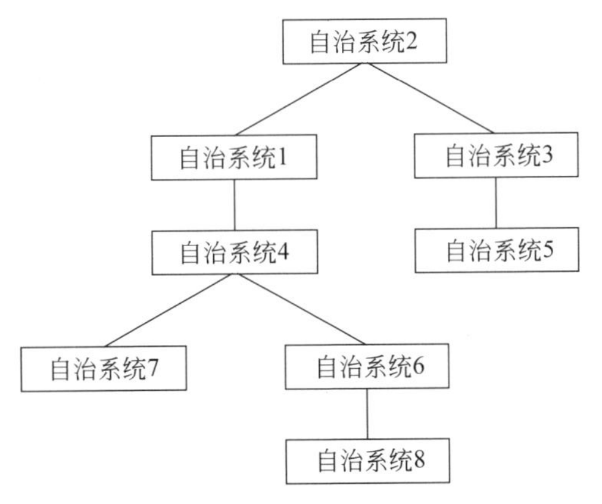

图4-28　自治系统连接的树状结构

由,就是要找到正确的BGP边界路由器,而每个自治系统中边界路由器数量很少。因此,这种方法有利于降低在互联网中选择路由的复杂度。

2. BGP的工作过程

1)边界路由器初始化过程

在BGP开始运行时,边界路由器与相邻的边界路由器之间交换整个路由表。但是,此后仅在发生变化时更新变化的部分,而不是像RIP或OSPF协议那样周期性地更新路由信息,有利于节省网络带宽和减少路由器的处理开销。

2)BGP分组类型

BGP使用以下4种分组:

- 打开(open)分组:用于与相邻BGP发言人建立关系。
- 更新(update)分组:用于发送路由更新信息或列出撤销的路由。
- 保活(keepalive)分组:用于周期性地验证相邻BGP发言人的存在。
- 通知(notification)分组:用于报告检测到的差错。

当两个BGP发言人交换路由信息时,首先需要经过一个协商过程。当一个BGP发言人开始与相邻BGP发言人协商时,需要发送打开分组。如果相邻BGP发言人接受协商,它会发送一个保活分组。这样,两个BGP发言人的连接关系就建立了,接下来需要设法维持这种关系。双方中的每一方都要确定对方的存在,并且一直保持这种相邻关系。因此,两个BGP发言人之间周期性(通常是每隔30s)地交换保活分组。

更新分组是BGP的核心。BGP发言人可以用更新分组撤销以前通知过的路由,也可以宣布增加新的路由。撤销路由时可以一次撤销多条,但是增加路由时每次仅允许增加一条。当某个路由器或链路发生故障时,由于BGP发言人可从多个其他BGP发言人处获得路由信息,因此它很容易就能选择新的路由。

当建立BGP连接的任何一方发现错误时,都需要向对方发送通知分组报告错误。在发送方发送通知分组之后,终止本次BGP连接。下一次BGP连接需要双方重新协商建立。

4.4.6 路由器与第三层交换技术

1. 路由器的主要功能

1)建立并维护路由表

为了实现分组转发功能,路由器需要建立一个路由表,其中保存了路由器每个端口对应的目的网络地址以及默认路由器的地址。路由器通过定期与其他路由器交换路由信息来自动更新路由表。

2)提供网络间的分组转发功能

当一个分组进入路由器时,路由器检查分组的目的地址,根据路由表决定该分组是直接交付还是间接交付。如果是直接交付,路由器将分组直接发送给目的网络;如果是间接交付,路由器确定转发端口与下一跳路由器地址。

当路由表很大时,如何减少路由表查找时间成为一个重要问题。最理想的状况是路由器的分组处理速率等于输入端口的线路发送速率,这种情况称路由器能够以线速(line speed)转发。

2. 路由器的结构与工作原理

路由器是一种具有多个输入输出端口，完成分组转发功能的专用计算机。路由器由两部分构成：路由选择处理机、分组处理与交换部分。图 4-29 给出了路由器的结构。

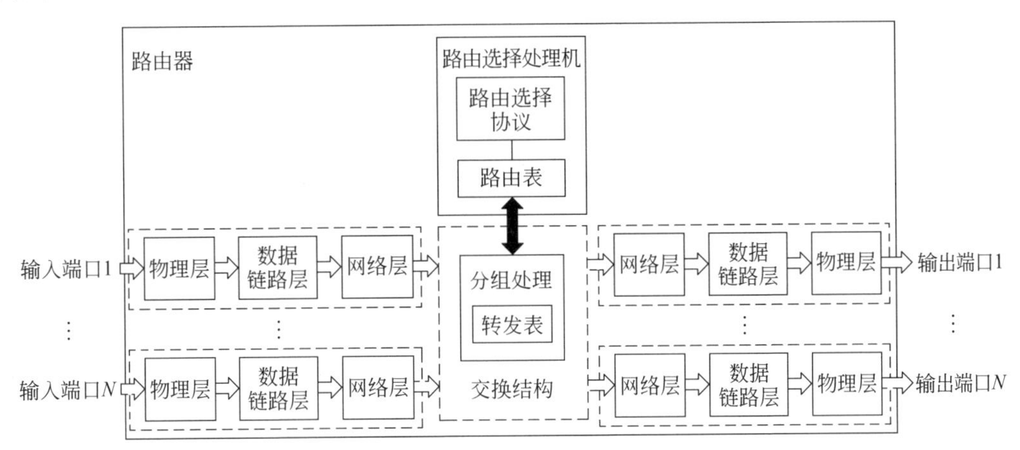

图 4-29　路由器的结构

路由选择处理机是路由器的控制部分，它的任务是生成和维护路由表。如果接收的分组是路由器之间交换的路由信息（如 RIP 或 OSPF），则将这类分组送交路由选择处理机；如果接收的分组是数据分组，则按照分组的目的地址查找转发表，以便决定合适的输出端口。

分组处理与交换部分主要包括交换结构和输入输出端口。其中，交换结构（switching fabric）根据路由表和接收分组的目的地址，选择合适的输出端口转发出去。路由器是根据转发表来转发分组的，而转发表是根据路由表形成的。路由器通常有多个输入端口和多个输出端口。每个输入或输出端口均有 3 个模块，分别对应于物理层、数据链路层和网络层。其中，物理层模块负责比特流的接收与发送，数据链路层模块负责帧的封装与拆封，网络层模块负责分组头的处理。

衡量路由器性能的指标主要包括线速转发能力、设备和端口吞吐量、路由表处理能力、丢包率、延时与延时抖动、可靠性等。其中，线速转发能力是指以最小分组长度（以太网数据为 64B，POS 数据为 40B）与最小时间间隔在路由器端口上双向传输，在不丢包的情况下每秒能传输的最大分组数，这是衡量路由器性能的最重要的指标之一。

当路由器为一个分组查找路由表准备转发时，在这个输入端口可能连续收到多个分组，因不能及时处理而必须在输入队列中排队等待。同样，输出端口从交换结构中接收分组，再将它们发送到输出端口的线路上，也需要一个缓存来存储等待转发的分组。只要路由器的接收速率、处理速率、输出速率中有一个小于线速，则输入端口、处理过程、输出端口就都会出现排队，产生分组转发延时，严重时会因队列容量不够而溢出，进而造成分组丢失。这是路由器设计、研发与使用过程中必须注意的一个问题。

3. 路由器技术演变与发展

路由器作为 IP 网络的核心设备，在网络互联技术中处于至关重要的位置。随着互联网的广泛应用，路由器体系结构也在不断发生变化。这种变化主要是从基于软件的单总线单 CPU 结构路由器向基于硬件的高性能路由器方向发展。图 4-30 给出了典型路由器的外形结构。

图 4-30　典型路由器的外形结构

最初的路由器是由一台普通计算机加载特定软件并增加一定数量的网络接口卡构成的。特定软件主要实现路由选择、分组接收和转发功能。为了满足网络大规模发展的需要，高性能、高吞吐量与低成本的路由器研究、开发与应用一直是网络设备生产商与学术界关注的问题。路由器体系结构也不断演变。

1）第一代单总线单 CPU 结构的路由器

最初的路由器采用了传统计算机体系结构，它包括 CPU、内存与连接总线的多个物理接口——网卡，其结构如图 4-31 所示。根据物理接口连接的网络类型不同，可以选择不同类型的网卡，如连接以太网需要选择以太网网卡，连接串行链路需要选择支持 PPP 的网卡。

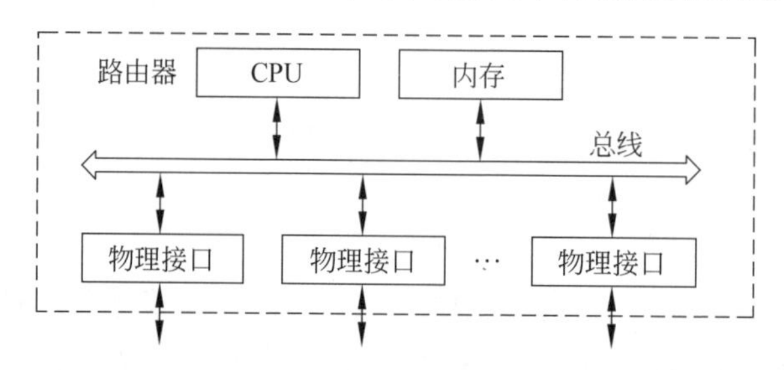

图 4-31　单总线单 CPU 的 Cisco 2501 路由器结构

Cisco 2501 是第一代单总线单 CPU 路由器的代表，其 CPU 使用 Motorola 公司的 MC68302 处理器。网卡从自己连接的网络中接收分组，CPU 查询路由表，决定该分组从哪个网卡连接的网络转发。传统路由器的控制命令与数据都通过总线传输，路由软件完成路由选择和数据转发功能。这种路由器的主要缺点是：处理速度慢，CPU 故障将导致系统瘫痪。它的主要优点是结构简单、价格便宜，适用于通信量小的网络。目前，接入网使用的多数是这类路由器。

2）第二代多 CPU 结构的路由器

为了提高路由器的性能，出现了 3 种多 CPU 结构的第二代路由器。

第一种是单总线主从 CPU 结构的路由器，两个 CPU 是非对称的主从式结构关系。一个 CPU 负责数据链路层协议处理，另一个 CPU 负责网络层协议处理。典型产品是 3COM 公司的 Net Builder2 路由器。这种路由器是单总线单 CPU 结构的简单延伸。这种路由器的系统容错能力有较大提高，但是分组转发处理速度没有明显提高。

第二种是单总线对称多CPU结构，它采用并行处理技术。在每个网络接口使用一个独立的CPU，负责接收和转发本网络接口的分组，包括队列管理、查询路由表和决定转发。主控CPU完成路由器的配置、控制与管理等任务。典型产品有Bay公司的BCN系列路由器。尽管这种路由器的网络接口处理能力有所提高，但单总线与软件实现转发仍是限制路由器性能提高的瓶颈。

第三种是将多总线多CPU结构与交换技术结合的路由器。典型产品是Cisco 7000系列路由器。这种路由器使用3种CPU与3种总线。3种CPU是接口CPU、交换CPU与路由CPU，3种总线是CxBUS、dBUS与SxBUS。图4-32给出了多总线多CPU的路由器结构。它在路由与交换技术方面采用硬件高速缓存快速查找路由表，以提高转发处理的速度。

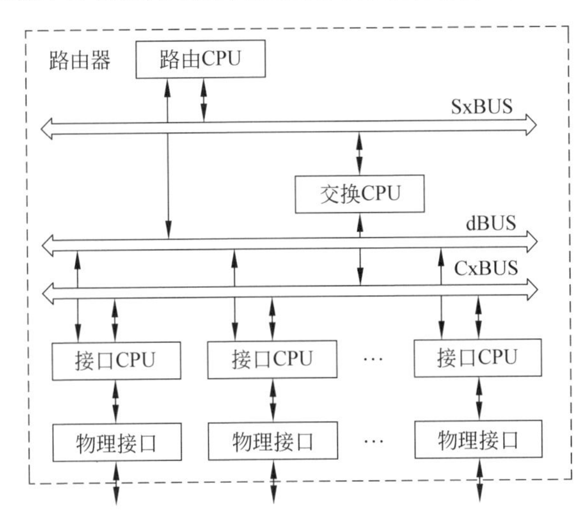

图4-32　多总线多CPU的路由器结构

3）第三代基于硬件交换结构的路由器

通过软件无法实现10Gb/s或2.5Gb/s端口的线速转发。以基于专用集成电路(Application-Specific Integrated Circuit，ASIC)芯片的交换结构代替传统计算机的共享总线是必然的发展趋势。第三代路由器是基于硬件交换结构的路由器。图4-33给出了基于硬件的交换结构。

第三代路由器的典型产品是Cisco 12000路由器，它最多可提供16个2.5Gb/s的POS(Packet Over SONET/ SDH，SONET/SDH上的分组)端口，可实现线速转发。由于不存在集中的核心CPU，所有网络接口卡都有CPU，因此这种结构的路由器扩展性好。路由与转发软件采用并行处理方法，可有效提高路由器性能。因此，基于硬件交换结构的路由器是核心路由器的首选类型。图4-34给出了第三代路由器结构。

4. 第四代多级交换路由器

第三代路由器的性能有大幅提高，但是这类路由器也存在一些问题。ASIC芯片使得系统的成本增高，硬件对新应用需求与协议变化的适应能力差。针对这种情况，研究人员提出网络处理器(Network Processor，NP)概念，通过多微处理器(multi-microprocessor)的并行处理模式，NP具有与ASIC芯片相当的功能，同时具有很好的可编程能力，基于NP的路

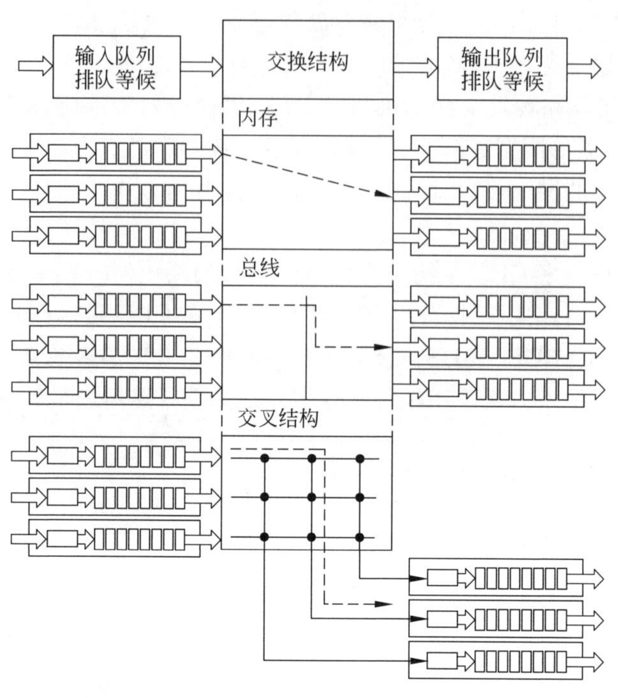

图 4-33　基于硬件的交换结构

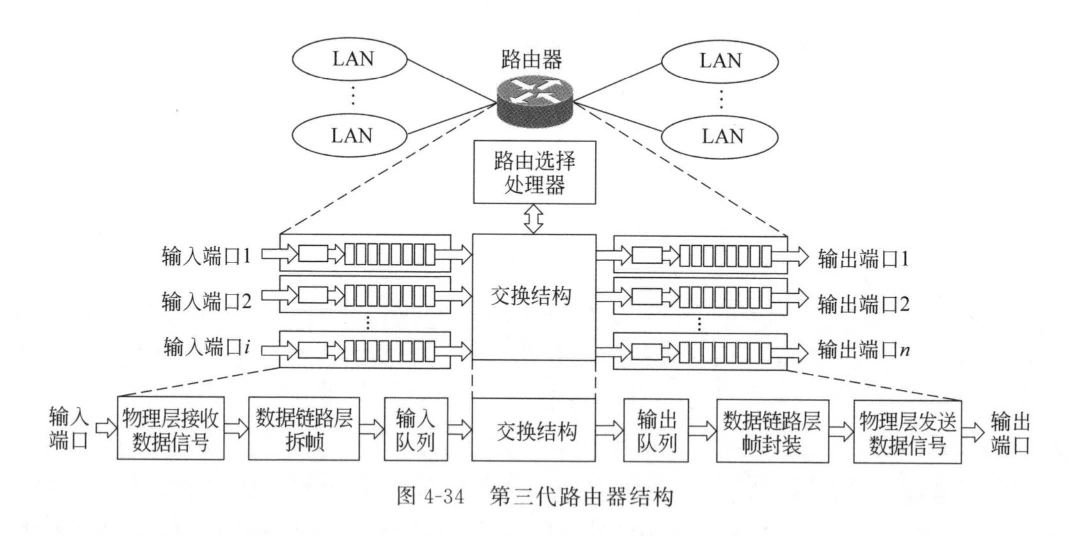

图 4-34　第三代路由器结构

由器性能获得大幅提高,又能够适应未来发展的需要。第四代路由器应该是采用并行计算、光交换技术的多级交换路由器。

5. 第三层交换的基本概念

20 世纪 90 年代中期,网络设备生产商提出第三层交换概念。最初人们将第三层交换概念限制在网络层。但是,近期有一种发展趋势:将第三层成熟的路由技术与第二层高性能的硬件交换技术相结合。Ipsilon 公司最早开发了 IP Switching 产品。其他公司随后陆续推出各自的产品,例如 Cisco 公司的标记交换(tag switching)产品、IBM 公司基于路由汇聚的 IP 交换产品、Toshiba 公司的信元交换路由产品等。

第三层交换机通过内部路由选择协议(如 RIP 或 OSPF 协议)管理路由表。出于安全方面的考虑,它通常提供防火墙的分组过滤功能。由于第三层交换机的设计重点是提高分组的接收、处理和转发速度,其功能是由硬件(ASIC 芯片)而不是路由软件来实现的。第三层交换机执行的协议是固化在硬件中的,因此它仅能支持特定的网络协议。

4.5 互联网控制报文协议

4.5.1 ICMP 的作用与特点

1. ICMP 的研究背景

IP 提供的是尽力而为的服务,这样设计的优点是简洁,缺点是缺少差错控制与查询机制。在 IP 分组发送之后,它是否到达目的主机,在传输中出现哪些错误,源主机都无法知道。如果出现某种问题,例如路由器找不到目的网络,分组超出生存时间,目的主机没有收到属于同一分组的所有分片,就无法得到处理。因此,互联网需要一种差错报告、查询与控制机制,以获取信息并决定如何处理。互联网控制报文协议(Internet Control Message Protocol,ICMP)就是为解决上述问题而设计的。ICMP 对保证 IP 的可靠运行至关重要。

2. ICMP 的主要特点

ICMP 的特点主要表现在以下 3 方面。

- ICMP 本身是网络层的一个协议,但其报文不是直接交给数据链路层,而是封装成 IP 分组后再传送给数据链路层。
- 从协议体系上看,ICMP 要解决 IP 可能出现的不可靠问题,它不能独立于 IP 而单独存在,属于 IP 的组成部分之一。
- ICMP 的设计初衷是发送 IP 执行过程中的错误报告,主要是路由器向源主机报告传输出错的原因。差错处理需要由高层协议来完成。

3. ICMP 报文结构

图 4-35 给出了 ICMP 报文结构。

理解 ICMP 报文结构时需要注意以下几个问题:

(1) 在 IP 分组头中,协议字段值为 1,表示 IP 分组的数据部分是 ICMP 报文。

(2) ICMP 报文前 4B 的格式统一:第一个字段(1B)是类型值,第二个字段(1B)是代码,第三个字段(2B)是校验和。第四个字段(4B)的内容与类型值相关。在这 4 个字段之后是 ICMP 数据部分。

(3) ICMP 报文分为两大类:差错报告报文与询问报文。不同的差错报告报文对应不同的类型值,例如目的不可达的类型值为 3。询问报文包括一方的请求报文和另一方的应答报文,这类报文的类型值是两个。例如,回送请求报文的类型值为 8,回送应答报文的类型值为 0。

(4) IP 分组仅对分组头进行校验,而不包括分组的数据部分,而 ICMP 报文正是封装在 IP 分组的数据部分中的。为了保证 ICMP 报文传输的正确性,在 ICMP 报头中设置了校验和字段。

(5) 以下 3 种情况不产生 ICMP 差错报告报文:

- 对于分片的分组,如果不是第一个分片出错,则不产生 ICMP 差错报文。
- 多播分组出错,不产生 ICMP 差错报文。
- 具有特殊地址(127.0.0.0 或 0.0.0.0)的分组出错,不产生 ICMP 差错报文。

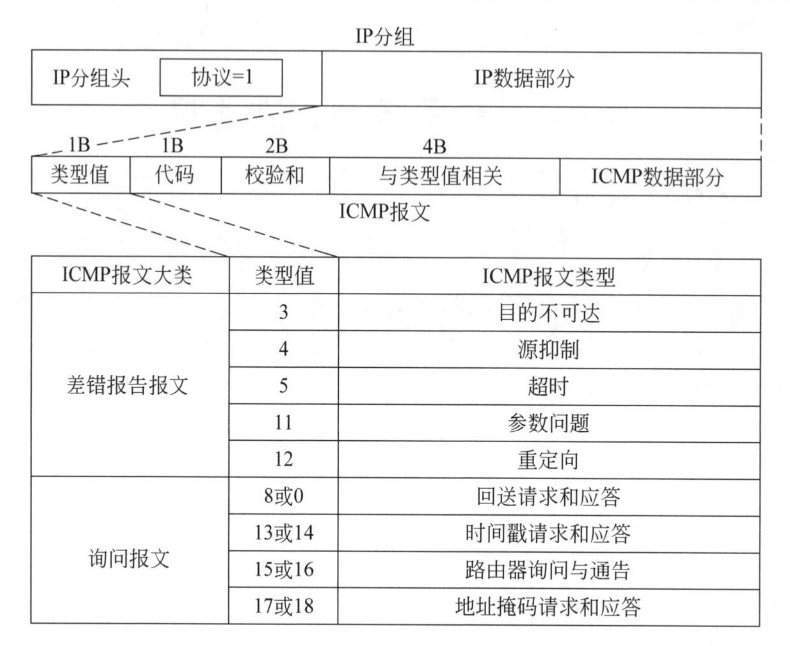

图 4-35　ICMP 报文结构

4.5.2　ICMP 报文类型

路由器或主机根据 IP 分组头的协议字段值为 1 来判断该分组的数据部分封装的是 ICMP 报文。

1. ICMP 差错报告报文

ICMP 差错报告报文主要有 5 类:目的不可达、源抑制、超时、参数问题与重定向。

1) 目的不可达报文

当路由器找不到下一跳路由器或无法向目的主机交付分组时,它将会丢弃该分组,并向源主机发出目的不可达报文。不同的代码表示不同的报文类型。目的不可达报文主要有以下 7 种类型:

- 网络不可达(network unreachable):表示路由器寻址出错,下一跳路由器可能存在故障。网络不可达报文只能由路由器产生。代码 0 表示网络不可达。
- 主机不可达(host unreachable):表示网络寻址不存在问题,可能是目的主机不工作或不存在。主机不可达报文只能由路由器产生。代码 1 表示主机不可达。
- 协议不可达(protocol unreachable):IP 分组携带的数据来自高层协议,例如 UDP、TCP、OSPF 等。如果目的主机接收分组的数据字段来自 TCP,但是目的主机的 TCP 未运行,这时目的主机不能处理 IP 分组携带的 TCP 数据,则主机将产生一个协议不可达报文,通知源主机此次传输失败。代码 2 表示协议不可达。
- 端口不可达(port unreachable):表示分组要交付的应用进程没有运行。代码 3 表示端口不可达。

- 源路由失败(source route failed):表示由源主机路由选项中规定的一个或多个路由器无法通过。代码 5 表示源路由失败。
- 目的网络不可知(unknown destination network):表示路由器根本不知道关于目的网络的信息。代码 6 表示目的网络不可知。目的网络不可知与网络不可达不同,网络不可达是知道目的网络存在,但是无法将分组送达目的网络。
- 目的主机不可知(unknown destination host):表示路由器根本不知道关于目的主机的信息。代码 7 表示目的主机不可知。

2) 源抑制报文

IP 协议提供无连接的分组传输服务,没有提供任何流量控制机制,在源主机、路由器与目的主机之间不进行通信协调。在分组发送之前,路由器或主机无须为分组预留缓冲区,如果大量分组同时涌向某个路由器或主机,则会造成拥塞(congestion)。另外,路由器或主机缓冲区队列长度有限。如果路由器的分组接收速率比转发速率快,则缓冲区队列将溢出。在这种情况下,路由器或主机只能丢弃某些分组。路由器或主机因拥塞而丢弃分组时,向源主机发送源抑制报文。源抑制可分为 3 个阶段:

- 第 1 阶段,路由器或目的主机发现拥塞,发出源抑制报文。
- 第 2 阶段,源主机收到源抑制报文之后,降低向目的主机的分组发送速率。
- 第 3 阶段,拥塞解除之后,源主机恢复分组发送速率。

3) 超时报文

分组寻址是由路由器根据路由表来决定的,如果路由表出现问题,则整个网络的寻址就会出现错误,极端情况下会造成分组在某些路由器之间循环传输。为了防止出现这种情况,IP 协议采用两点措施:一是在分组头中设置 TTL 字段,二是对分片采用定时器技术。针对这两种情况,ICMP 设计了超时报文。超时报文在以下两种情况下产生:

(1) 路由器在转发一个分组时,如果 TTL 值(减 1)为 0,则丢弃该分组,并向源主机发送超时报告报文。

(2) 一个分组的分片没有全部按时到达,目的主机不能将接收的分片重组成分组,而这些分片将长期占用主机缓冲区,甚至出现死锁现象。因此,当某个分组的第一个分片到达时,目的主机就启动一个计时器。如果目的主机在计时器时间内没有接收到所有分片,它将丢弃已经接收的分片,并向源主机发送超时报文。

4) 参数问题报文

在 IP 分组的传输过程中,出现除目的不可达、源抑制、超时与改变路由之外的错误,例如分组头中的任何一个字段出错,路由器或目的主机将丢弃该分组,并向源主机发送参数问题报文。例如,IP 分组头的前 4 位是版本字段,字段值为 4 时表示 IPv4 分组头。如果版本字段值为 5,路由器将无法处理,只能丢弃该分组。参数问题报文指出被丢弃的分组头有错误,并在参数字段中包含一个指针,指向出错字节的起始位置。

5) 重定向报文

路由器的路由表在不断地动态更新,而主机通常使用静态路由表。当主机开始联网工作时,主机的路由表中表项数目很少,一般仅知道默认路由器的 IP 地址。如果默认路由器的地址有错误,则可能出现问题。以图 4-36 为例,主机 A 要向主机 B 发送分组,路由器 2 是最有效的路由选择,但是主机A没有选择路由器2,而是将分组发送给路由器1。路由器1发现分组应发送给路由器2,则将该分组发送给路由器2,并向主机A发送改变路由的ICMP重定向报文。重定向报文可以实现主机的路由表更新。

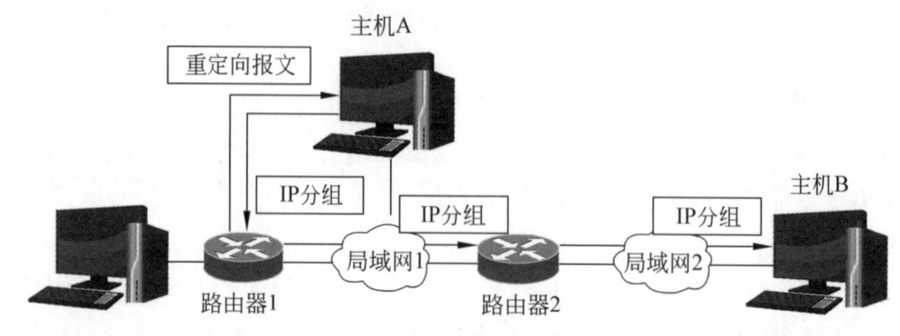

图4-36　改变路由的过程

2. ICMP查询报文

ICMP查询报文是为网络故障诊断而设计的。ICMP差错报告报文是单个出现的,而ICMP查询报文是双向、成对出现的。

1) 回送请求和应答报文

回送请求报文(类型值为8)和回送应答报文(类型值为0)用于检查目的节点是否可达。在一些网络应用中,用户调用Ping命令,通过回送请求与应答报文测试目的主机或路由器是否可达。

2) 时间戳请求和应答报文

时间戳请求报文(类型值为13)和时间戳应答报文(类型值为14)提供一个基本和简单的时钟同步协议。时间戳请求和应答报文确定IP分组在两个主机之间往返所需的时间。其中,初始时间戳是源主机发出请求的时间,接收时间戳是目的主机收到请求的时间,发送时间戳是目的主机发送应答的时间。

3) 路由器询问和通告

路由器询问报文(类型值为15)和路由器通告报文(类型值为16)用于主机查询连接的默认路由器地址。主机在其所在网络上广播路由器询问报文,收到路由器询问报文的所有路由器使用路由器通告报文广播路由信息。路由信息包括一个或多个路由器地址及对应的地址参数。如果地址参数为0x80000000,则对应的是默认路由器地址。当没有主机询问时,路由器周期性发送路由器通告报文。路由器在发送通告报文时,不仅通告自己的存在,而且通告它所知道的这个网络中的所有路由器地址。

4) 地址掩码请求和应答报文

地址掩码请求报文(类型值为17)和地址掩码应答报文(类型值18)用于主机查询其所在网络的子网掩码。主机在其所在网络上广播地址掩码请求报文,等待路由器返回带有子网掩码的地址掩码应答报文。

4.5.3 Ping与Traceroute命令

1. Ping命令的应用

Ping是测试目的主机是否可达的一种通用方法。在很多TCP/IP应用中,用户调用

Ping 命令，通过回送请求报文和回送应答报文检查和测试目的主机或路由器是否能够到达。图 4-37 给出了 Ping 命令。

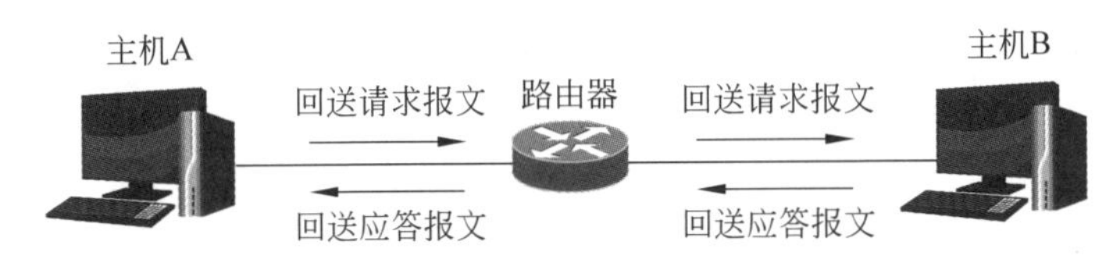

图 4-37　Ping

图 4-38 给出了 Ping 命令的执行过程。本地主机(192.168.1.20)向目的主机 www.baidu.com(119.75.217.109)发出 Ping 命令，本地主机向目的主机发送 4 个回送请求报文，目的主机回复 4 个回送应答报文，交互过程共使用了 8 个 ICMP 报文。每个报文包括 3 个参数：报文长度(bytes)、主机响应时间(time)与生存时间(TTL)。

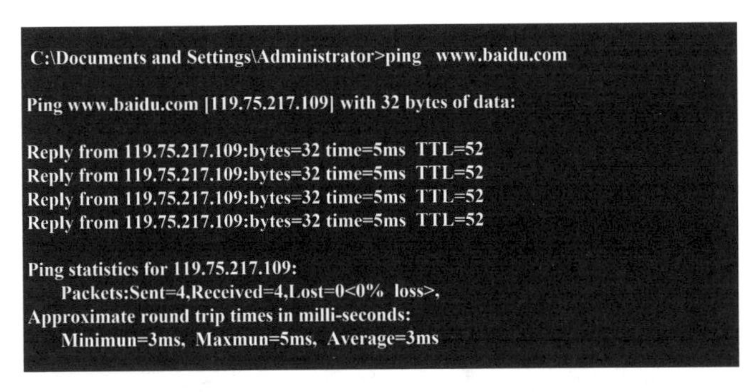
```
C:\Documents and Settings\Administrator>ping  www.baidu.com

Ping www.baidu.com [119.75.217.109] with 32 bytes of data:

Reply from 119.75.217.109:bytes=32 time=5ms  TTL=52
Reply from 119.75.217.109:bytes=32 time=5ms  TTL=52
Reply from 119.75.217.109:bytes=32 time=5ms  TTL=52
Reply from 119.75.217.109:bytes=32 time=5ms  TTL=52

Ping statistics for 119.75.217.109:
    Packets:Sent=4,Received=4,Lost=0<0%  loss>,
Approximate round trip times in milli-seconds:
    Minimun=3ms,  Maxmun=5ms,  Average=3ms
```

图 4-38　Ping 命令的执行过程

2. Tracert 命令的应用

Tracert 是网络中重要的诊断工具之一，可获得从本地主机到达目的主机的完整路径。因此，Tracert 称为路由跟踪命令。在 Windows 操作系统中，该命令名为 Tracert；在 UNIX 操作系统中，该命令名为 Traceroute。图 4-39 给出了 Tracert 命令的工作原理。

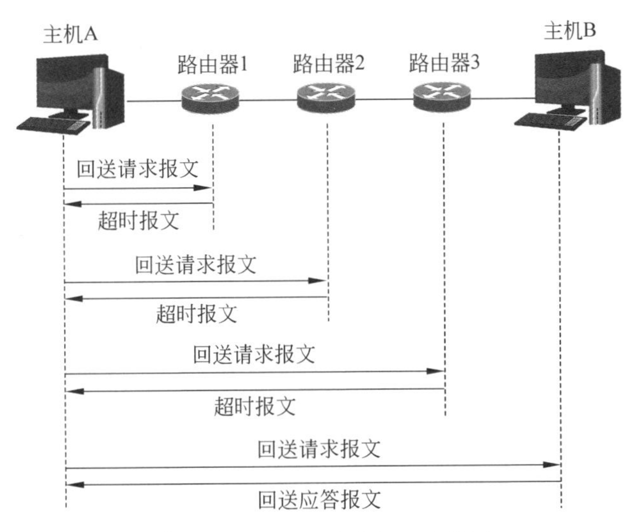

图 4-39　Tracert 命令的工作原理

(1) 主机A(源主机)向主机B(目的主机)发送一个跳数为1的回送请求报文。第1个收到分组的路由器1将跳数减1等于0的分组丢弃,并向主机A发送一个超时报文。那么,主机A就获得了路由器1的IP地址。

(2) 主机A向主机B发送一个跳数为2的回送请求报文。第1个收到分组的路由器1将跳步数减1,并将分组转发给路由器2。第2个收到分组的路由器2将跳数减1等于0的分组丢弃,并向主机A发送一个超时报文。那么,主机A就获得了路由器2的IP地址。

(3) 重复执行上述过程,直至这个回送请求报文到达主机B,则主机B将发送一个回送应答报文。这样,主机A就可以获得一个从源主机到达目的主机的完整路径。

图4-40给出了Tracert命令的执行过程。本地主机(192.168.1.20)对目的主机 www.baidu.com(119.75.217.109)发出Tracert命令,本地主机向目的主机发送4个回送请求报文,中途的路由器回复了3个超时报文,目的主机回复了1个回送应答报文,交互过程共使用了8个ICMP报文。

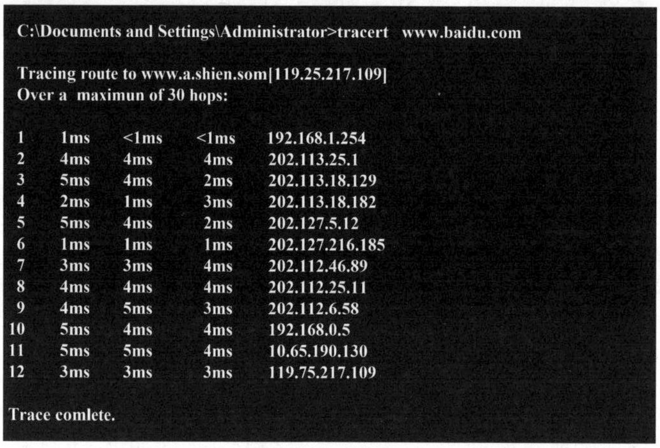

```
C:\Documents and Settings\Administrator>tracert   www.baidu.com

Tracing route to www.a.shien.som[119.25.217.109]
Over a  maximun of 30 hops:

1     1ms     <1ms     <1ms     192.168.1.254
2     4ms     4ms      4ms      202.113.25.1
3     5ms     4ms      2ms      202.113.18.129
4     2ms     1ms      3ms      202.113.18.182
5     5ms     4ms      2ms      202.127.5.12
6     1ms     1ms      1ms      202.127.216.185
7     3ms     3ms      4ms      202.112.46.89
8     4ms     4ms      4ms      202.112.25.11
9     4ms     5ms      3ms      202.112.6.58
10    5ms     4ms      4ms      192.168.0.5
11    5ms     5ms      4ms      10.65.190.130
12    3ms     3ms      3ms      119.75.217.109

Trace comlete.
```

图4-40　Tracert命令的执行过程

讨论Tracert命令时,需要注意以下几个问题:

(1) 对于每个TTL(例如TTL=1),客户端以192.168.1.20为源地址,以119.75.217.109为目的地址,发送TTL=1的回送请求报文;由于TTL=1,因此传输路径上最近的一跳路由器(192.168.1.254)返回了超时报文,报文往返传输时间是1ms。Tracert命令对每个TTL值经过3次回送请求与超时的应答过程。图4-40中给出了每个TTL值对应的3个报文往返时间,对于TTL=1,第一个是1ms,第二个与第三个都小于1ms。

(2) 从图4-40中可以看出,从本地主机(192.168.1.20)到目的主机(119.75.217.109),需要经过12个路由器。人们有一个直观的认识:经过的路由器越多,报文往返时间越长。但是,从测试主机到第2跳路由器的报文往返时间是4ms,而到第6跳路由器的报文往返时间是1ms。这种现象说明不同时间的网络流量不同,网络传输延时变化很大。

(3) Ping与Tracert是测试网络主机可达性和路由以及实现网络管理的重要方法之一,同时也是漏洞探测与网络攻击手段之一,因此在讨论网络安全技术时也会研究如何发现与防范利用Ping与Tracert进行网络攻击的问题。

4.6 IP多播与IGMP

4.6.1 IP多播的基本概念

1. IP多播发展过程

在电子邮件通信中，如果将一封邮件发送给一位朋友，这种情况属于单播；如果将一封邮件同时发送给10位朋友，这种情况属于多播。传统的IP协议规定分组的目的地址只能是单播地址。这种单播模式对于新闻、股市信息发布以及讨论组、视频会议、网络游戏等多个用户参与的交互式应用显然工作效率很低，并且浪费大量网络资源。

IP多播的概念是1988年提出的。1989年，RFC 1112定义了IP多播协议——互联网组管理协议(Internet Group Management Protocol，IGMP)。为了适应交互式音频和视频信息多播，从1992年开始试验虚拟的多播主干网(Mbone)。Mbone将分组发送到属于同一组的多台主机。1997年公布的IGMPv2(RFC 2236)已经成为互联网标准。

2. IP多播与单播的区别

图4-41给出了IP单播与多播的比较。图4-41(a)给出了IP单播的工作过程。在单播状态下，如果主机0要向主机1～20发送一个文件，它需要准备文件的20个副本，分别封装为20个源地址相同、目的地址不同的单播分组，再分别将这些分组发送给20个目的主机。图4-41(b)给出了IP多播的工作过程。在多播状态下，如果主机0要向多播组成员主机1～20发送一个文件，它只需要准备文件的一个副本，封装为一个多播分组，同时发送给多播组的20个成员。如果多播组成员达到成千上万时，多播对系统效率的提高将会更显著。支持IGMP的路由器称为多播路由器(multicast router)。

4.6.2 IP多播地址

IP多播可以分为两类：一类是在互联网中多播，另一类是在局域网中多播。目前多数计算机是通过以太网接入互联网，当一台计算机发送多播分组时，实际上是在以太网中通过硬件将分组发送给局域网多播组成员，然后在互联网上将分组发送给多播组的所有成员。因此，讨论多播通常涉及两类多播地址：IP多播地址与以太网多播地址。为了强调这两种多播地址之间的区别，通常将以太网多播地址称为硬件多播地址。

1. IP多播地址的特点

在讨论IP多播地址的特点时，需要注意以下几个问题：

(1) 用于实现IP多播的分组使用的是IP多播地址。IP多播地址仅用于目的地址，而不能用于源地址。

(2) 标准分类的D类地址是为IP多播地址而定义的。D类地址的前4位为1110，其地址范围是224.0.0.0～239.255.255.255。由于每个D类地址可以标识一个多播组，因此D类地址能够标识出2^{28}个多播组。

(3) 当某个IP分组的目的地址为IP多播地址时，对应的IP分组头的类型字段值为2，表示IP分组的数据部分是IGMP数据。多播分组的传输必然会保留IP协议的基本特征，即仅提供尽力而为的服务，不能保证多播分组传送到多播组的所有成员。

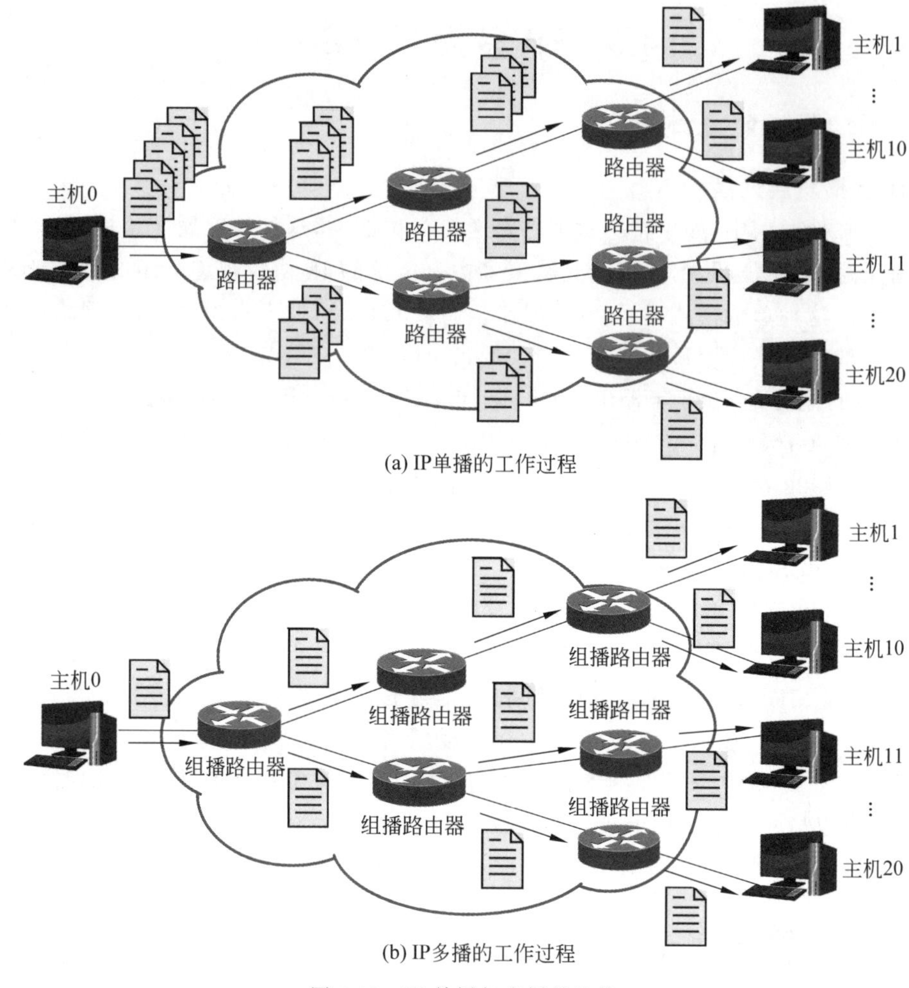

(a) IP单播的工作过程

(b) IP多播的工作过程

图 4-41　IP 单播与多播的比较

(4) IP 多播地址分为两类：永久多播地址与临时多播地址。永久多播地址需要向 IANA 申请。临时多播地址是在一段时间(如一次多播的电视会议)使用的地址。

(5) RFC 3330 对 D 类地址中多播地址的使用有以下规定：

• 224.0.0.0 被保留。
• 224.0.0.1 指定为本网中所有参加多播的主机使用。
• 224.0.0.2 指定为本网中所有参加多播的路由器使用。
• 224.0.1.0～238.255.255.255 是在全球互联网中使用的多播地址。
• 239.0.0.0～239.255.255.255 是限制在一个组织内使用的多播地址。

完整的保留多播地址表可以从 IANA 网站获取。

2. 硬件多播地址的特点

图 4-42 给出了硬件多播地址形成方法。

理解硬件多播地址的特点时需要注意以下几个问题：

(1) IANA 为多播分配的以太网物理地址高 24 位是 00-00-5E。在以太网物理地址结

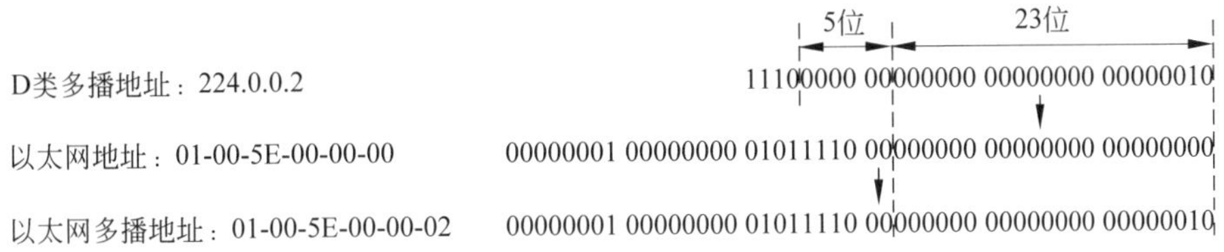

5位 23位

D类多播地址：224.0.0.2　　11100000 00000000 00000000 00000010

以太网地址：01-00-5E-00-00-00　　00000001 00000000 01011110 00000000 00000000 00000000

以太网多播地址：01-00-5E-00-00-02　　00000001 00000000 01011110 00000000 00000000 00000010

图 4-42　硬件多播地址形成方法

构中，第一字节最低位为 1 表示多播地址。考虑上述两个因素，硬件多播地址的范围是 01-00-5E-00-00-00～01-00-5E-FF-FF-FF。

(2) 由于 IANA 已经为多播分配以太网物理地址高 24 位，那么只能用 48 位物理地址的后 23 位定义一个多播组的地址。

(3) 在图 4-43 中，如果一个 D 类地址是 224.0.0.2，则将 D 类多播组地址的低 23 位映射到以太网物理地址的后 23 位，形成以太网硬件多播地址 01-00-5E-00-00-02。

(4) 由于 IP 地址长度是 32 位，D 类地址前 4 位为 1110，已经占用 4 位，因此可用于多播的地址还剩 28 位。但是，在形成 Ethernet 硬件多播地址时，仅使用了 23 位，还有 5 位没有使用，并且不能保证这 5 位一定为全 0。如果另一个 D 类多播地址是 225.0.0.2，则它映射为硬件多播地址也是 01-00-5E-00-00-02。这种映射关系是多对一的，而不是一对一的。包含相同的硬件多播地址的分组可能不属于同一多播组。因此，主机必须检查收到的多播地址，并丢弃不属于它所在多播组的分组。

4.6.3 IGMP 的基本内容

1. IP 多播的实现方法

IP 多播的基本思想是：多个目的主机可接收到从同一个或同一组源主机发送的同一分组。IP 多播模式包括以下几个内容：

- IP 多播定义了一个组地址(group address)。每个组代表一个或多个源主机与一个或多个目的主机的同一会话(session)。
- 目的主机可以用多播地址通知路由器，它希望加入或退出哪个多播组。
- 源主机使用多播地址来发送多播分组，无须了解目的主机的位置与状态。
- 路由器建立一棵以源主机为根的多播树，这棵树延伸到所有至少有一个多播组成员的网络。路由器利用这棵多播树将多播分组转发到有多播组成员的网络。

2. IGMP 的功能

1) 加入一个多播组

当某个主机加入一个新的多播组时，该主机应向多播组地址发送一个 IGMP 报文，声明自己要成为该组的成员。本地的多播路由器收到 IGMP 报文后，将组成员关系转发给互联网中的其他多播路由器。

2) 维护组成员关系

由于多播组的成员关系是动态的，因此本地的多播路由器需要周期性查询本网络，了解哪些主机仍然是多播组成员。只要某个多播组有一个主机响应，则多播路由器就认为该组是活跃的。如果某个组几次查询仍没有主机响应,则多播路由器就认为本网络的成员都离开了该组,就不再将组成员关系转发给其他多播路由器。

3) 查询组成员关系

当多播路由器查询组成员关系时,仅需向所有组发送一个查询报文,而无须向每个组发送一个查询报文。默认的查询频率是每125s发送一次。同一组的每个主机都要监听响应,只要有本组的其他主机发送响应,自己就不再发送响应。这样有利于抑制不必要的通信量。多播路由器仅需知道本网络中至少有一个组成员即可。

4) 离开一个多播组

如果某个主机收到一个查询报文而不应答,在超过一定时间之后,多播路由器就将该主机的地址从多播地址表中删除,则该主机自动离开多播组。

4.6.4 多播路由器与IP多播中的隧道技术

1. 多播路由器

当多播分组跨越多个网络时,存在关于多播分组的路由问题。多播路由器的作用是完成多播分组的转发工作,具体有两种实现方式:一种是使用专用多播路由器,另一种是在传统路由器上实现多播路由功能。

在多播传输中,当多播路由器对多播分组进行存储转发时,在任何一个多播路由器所在的网络上都可能有该多播组成员,在传送过程中随时会遇到某个目的主机。这也是多播传输的一个主要特点。

2. IP多播中的隧道技术

多播分组在传输的过程中,如果遇到不支持多播协议的路由器或网络,就需要采用隧道(tunneling)技术。图4-43给出了IP多播中隧道的工作原理。

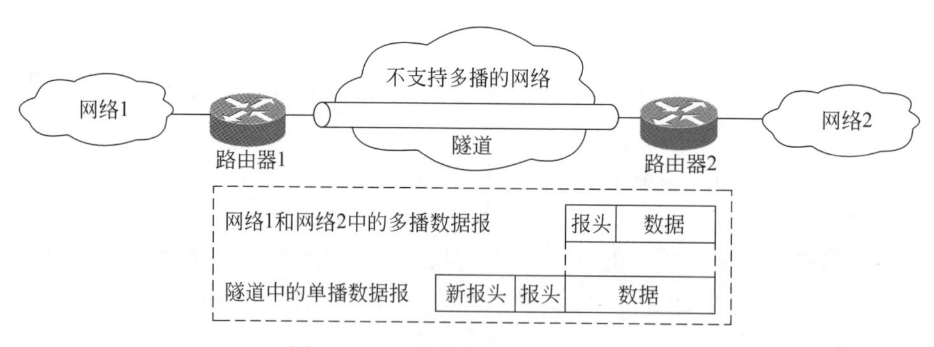

图4-43 IP多播中隧道的工作原理

例如,网络1中的主机向网络2中的一些主机进行多播。但是,路由器1或路由器2不支持多播协议,则不能按多播地址转发多播分组。因此,路由器1就必须对多播分组进行再次封装,加上普通的IP分组头,将它封装成一个单播分组,然后通过隧道从路由器1发送到路由器2。在单播分组到达路由器2之后,路由器2除去普通的IP分组头,将它又恢复成原来的多播分组,并继续向多个目的主机转发。这种用隧道技术传送IP分组的方法称为IP中IP分组(IP-in-IP)。

4.7 MPLS 协议

4.7.1 资源预留协议与区分服务

网络中不同层次都会涉及服务质量(QoS)问题。评价网络层 QoS 的参数主要是带宽与传输延时。IP 协议提供尽力而为的服务,显然不适用于多媒体网络应用。在网络层引入 QoS 保障机制的目的是:通过协商为某种网络服务提供所需的资源,防止个别应用独占共享的网络资源。实际上,QoS 保障机制是一种网络资源分配机制。在讨论 IP 网络的 QoS 问题时,陆续出现了资源预留协议(Resource Reservation Protocol,RSVP)、区分服务(Differentiated Services,DiffServ)、多协议标记交换(Multi-Protocol Label Switching,MPLS)等。

1. RSVP 的基本概念

资源预留协议的核心是为一个应用会话的数据流提供 QoS 保证。流(flow)被定义为具有相同的源 IP 地址、源端口号、目的 IP 地址、目的端口号、协议标识符与 QoS 要求的分组序列。资源预留协议的设计思想是:源主机和目的主机在会话之前建立一个连接,其路径上的所有路由器都要预留出此次会话所需的带宽与缓冲区资源。

RSVP 是基于单个数据流的端-端资源预留协议,其调度处理、缓冲区管理、状态维护机制很复杂,开销太大,不适用于大型网络。在当前网络上推行 RSVP 服务,需要对现有的路由器、主机与应用程序作出相应的调整,实现难度很大。实际上,单纯的 RSVP 结构无法让产业界接受,也无法在互联网中得到广泛的应用。

2. DiffServ 的基本概念

RSVP 应用的受阻,促进了区分服务技术的研究与发展。针对 RSVP 存在的问题,DiffServ 设计者着重解决了协议简单、有效与可扩展性问题,使它适用于骨干网的多种业务需求。

DiffServ 与 RSVP 的区别主要表现在两个方面:

(1) RSVP 是基于某个会话流的服务,而 DiffServ 是基于某类应用的服务。以 IP 电话为例,RSVP 仅为一对通话的用户提前建立连接,预约带宽与缓冲区,保证这对用户的通话质量;而 DiffServ 针对的是 IP 电话这类应用。如果 ISP 将 IP 电话设置为保证 QoS 的服务,那么 IP 电话的数据分组的服务类型字段就带有标记。当 ISP 网络接收到 IP 电话数据时,它要为这类数据分组提供高质量的传输服务。

(2) RSVP 要求所有的路由器都要修改软件,以支持基于流的传输服务;而 DiffServ 仅需一组路由器(如 ISP 网络中的路由器)支持,就可以实现其服务。

IETF 完成 RSVP 与 DiffServ 协议研究之后,有些路由器厂商提出了能够更好地改善 IP 分组传输质量的方案,那就是多协议标记交换技术。

4.7.2 多协议标记交换

1. MPLS 的基本概念

从设计思想上来看,MPLS 将数据链路层的第二层交换技术引入网络层,实现快速的 IP 分组交换。在这种网络结构中,核心网络是 MPLS 域,构成它的路由器是标记交换路由器(Label Switching Router,LSR);在 MPLS 域边缘,连接其他子网的路由器是边界标记交换路由器(Edge LSR,E-LSR)。MPLS 在 E-LSR 之间建立标记交换路径(Label Switching Path,LSP),它与 ATM 的虚电路(VC)很相似。MPLS 减少了 IP 网络中每个路由器逐个处理分组的工作量,进一步提高了路由器性能和传输网络的 QoS。

1997 年初,IETF 成立 MPLS 工作组,致力于开发一种通用的、标准化的技术。1997 年 11 月,形成 MPLS 框架文件;1998 年 7 月,形成 MPLS 结构文件;1998 年 9 月,形成 MPLS 标记分配协议(Label Distribution Protocol,LDP)、标记编码与应用等文件;2001 年,提出第一个 MPLS 建议标准。

MPLS 的设计思路是:借鉴 ATM 面向连接与保证 QoS 的设计思想,在 IP 网络中提供一种面向连接的服务。流量工程(Traffic Engineering,TE)的研究目的是合理利用网络资源,提高服务质量。流量工程不是专属于 MPLS 的产物,而是一种通用的概念和方法,它是拥塞控制中的负载均衡方法。基于 MPLS 的流量工程是面向连接的流量工程与 IP 路由技术的结合,以便动态定义路由。MPLS 引入了流的概念。流是从某个源主机发出的分组序列,利用 MPLS 可以为单个流建立路由。

MPLS 提供虚拟专网(Virtual Private Network,VPN)服务,以提高分组传输的安全性与服务质量。支持 MPLS 的路由器可以与普通的路由器、ATM 交换机、支持 MPLS 的帧中继交换机共存。因此,MPLS 可用于 IP 网络、ATM 网络、帧中继网络及多种混合型网络,同时支持 PPP、SDH、DWDM 等底层网络协议。

2. MPLS 的工作原理

在讨论标记交换的概念时,需要注意路由和交换的区别。路由是网络层的问题,是指路由器根据 IP 分组的目的地址在路由表中找出转发到下一跳路由器输出端口的过程。交换仅需使用第二层的地址,如以太网地址或虚通路号。标记交换的意义在于:LSR 不使用 IP 地址到路由器中查找下一跳地址,而是采取根据 IP 标记通过交换机硬件在第二层实现快速转发,这样就省去了分组到达每个主机时通过软件查找路由的费时过程。

图 4-44 给出了 MPLS 的工作原理。支持 MPLS 功能的路由器分为两类:标记交换路由器(LSR)与边界标记交换路由器(E-LSR)。由 LSR 构成、实现 MPLS 功能的区域称为 MPLS 域。MPLS 域中的 LSR 使用标记分配协议交换报文,找出与特定标记对应的路径,即标记交换路径,例如对应主机 A 到主机 B 的路径(依次为 E-LSR1、LSR2、LSR3、E-LSR4),形成 MPLS 标记转发表。

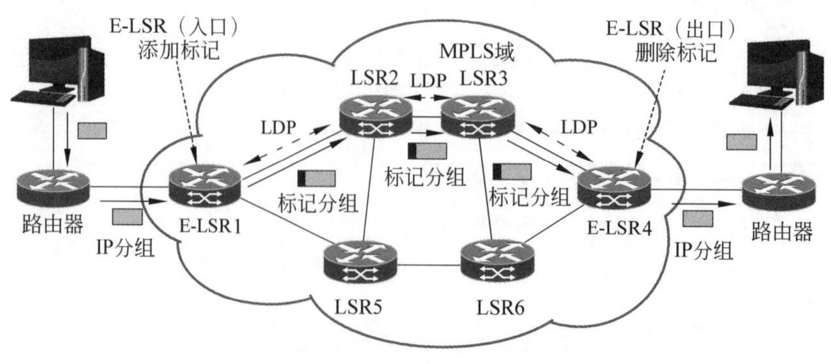

图 4-44　MPLS 的工作原理

当IP分组进入MPLS域入口的E-LSR1时，E-LSR1为该分组添加标记，并根据标记转发表将标记分组转发到下一跳路由器LSR2。LSR2不是像普通的路由器那样根据分组的目的地址在路由表中找出转发到下一跳路由器的输出端口，而是根据标识直接用硬件以交换方式传送给下一跳路由器LSR3。LSR3利用同样的方法，将标记分组快速传送到下一跳路由器。当标记分组到达MPLS域出口的E-LSR4时，E-LSR4为该分组除去标记，并根据路由表将IP分组交付给传统的路由器或主机。

MPLS工作机制的核心是：路由仍采用第三层的路由协议，而交换则采用第二层的硬件完成，这样可以将第三层成熟的路由技术与第二层快速的硬件交换相结合，达到提高主机性能和QoS的目的。例如，Cisco公司的LS1010、BPX交换机就是典型的LSR。交换机的硬件交换矩阵使用MPLS标记转发表来实现MPLS功能。

4.7.3 MPLS VPN的应用

1. VPN的基本概念

对于大型企业、跨国公司来说，构成大型网络系统的多个子网可能分布在不同地理位置。构建大型网络系统有两种基本的技术路线：一是自己建立一个大型的广域网，互联不同地区的网络；二是利用公共传输网实现不同网络、主机之间通信。显然，第一种方案的造价太高，第二种方案的安全性受到质疑。因此，吸取两种方案优势的虚拟专网（VPN）引起了人们的关注。

VPN是在公共传输网中建立虚拟的专用数据传输通道，将分布在不同地理位置的网络或主机互联，提供安全的端-端数据传输服务的网络技术。VPN概念的核心是虚拟和专用。虚拟表示VPN是在公共传输网中通过隧道或虚电路方式建立的一种逻辑的覆盖网。专用表示VPN为接入的网络与主机提供保证安全与QoS的传输服务。

对VPN系统设计的基本要求是：保证数据传输的安全性，保证网络的服务质量，保证网络操作的简便性，以及保证网络系统的可扩展性。

2. VPN实现方法

VPN实现基本上可以分为以下两种方法。

1）租用线路组建VPN

这种组建VPN的方法有以下几个特点：

(1) 通过在租用的点-点专用线路上或ATM网、帧中继网上配置虚电路或隧道，提供网络-网络、主机-主机的VPN服务。

(2) 传统的VPN技术一般是通过租用专用线路或通过ATM交换机、帧中继交换机来配置现虚拟的专用数据传输通道，这种VPN称为第二层VPN（L2VPN）。L2VPN可以提供良好的QoS和较好的安全性，适用于传输延迟敏感的语音与多媒体传输需求。

2）MPLS VPN

MPLS将面向连接的标记机制与VPN建设需求相结合，在所有连入MPLS网络的用户之间方便地建立第三层VPN（L3VPN）。图4-45给出了MPLS VPN结构。服务提供商为每个VPN分配一个路由标识符（Route Distinguisher，RD），它在MPLS网络中是唯一的。在LSR与E-LSR的标记转发表中，记录该VPN中用户IP地址与RD的对应关系。只有属于同一VPN的用户之间才能够通信。

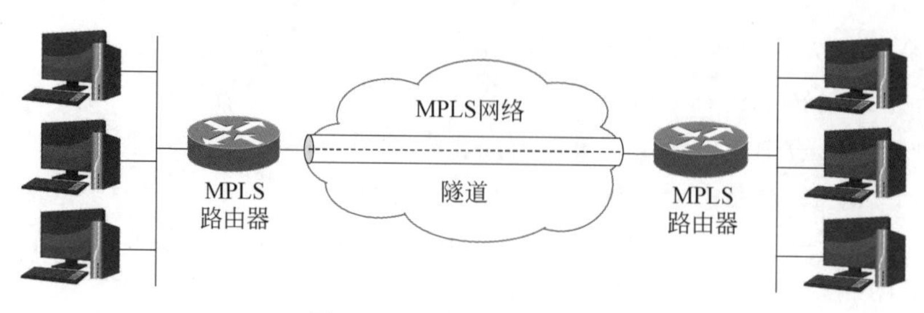

图 4-45　MPLS VPN 结构

MPLS VPN 可以满足用户在保证数据传输安全与 QoS 方面的需求，操作方便，具有良好的扩展性。目前，MPLS VPN 技术已在大型网络信息系统、物联网应用系统、云计算系统中得到广泛的应用。

4.8　地址解析协议

4.8.1　IP 地址与物理地址的映射

对于 TCP/IP 来说，主机和路由器在网络层用 IP 地址来标识，在数据链路层用物理地址(例如以太网的 MAC 地址)来标识。在描述一个网络的工作过程时，实际上是做了一个假设：已知目的主机的 IP 地址，并知道这个 IP 地址对应的物理地址。这个假设成立的条件是：在任何一台主机或路由器中必须有一个 IP 地址-MAC 地址映射表，它应该包括通信所需的主机或路由器信息。

通过静态映射的方法，可从已知的 IP 地址获得对应的 MAC 地址。但是，这是一种理想化解决方案，在一个小型网络中容易实现，但是在大型网络中难以实现。因此，互联网需要一种动态映射方法，解决 IP 地址与 MAC 地址映射的问题。

4.8.2　地址解析的工作过程

从已知的 IP 地址找出对应的 MAC 地址的映射过程称为正向地址解析，相应的协议称为地址解析协议(Address Resolution Protocol，ARP)。从已知的 MAC 地址找出对应的 IP 地址的映射过程称为反向地址解析，相应的协议称为反向地址解析协议(Reverse ARP，RARP)。图 4-46 给出了 ARP/RARP 与 IP 地址和 MAC 地址的关系。

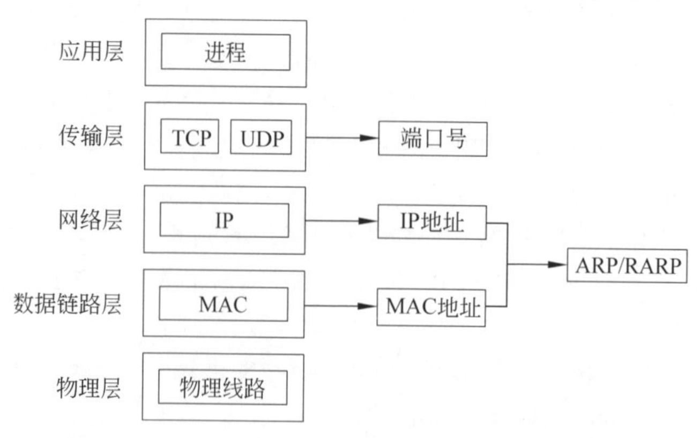

图 4-46　ARP/RARP 与 IP 地址和 MAC 地址的关系

地址解析通常将静态映射与动态映射相结合，在本地主机建立一个高速缓存，存储部分IP地址与MAC地址的映射关系。如果主机A要向主机B发送一个IP分组，它知道主机B的IP地址，但是不知道其MAC地址。那么，主机A首先在本地ARP映射表中查找。如果找到主机B的MAC地址，则无须进行地址解析；否则，执行地址解析。同一网络中的主机之间的地址解析的工作过程如下：

(1) 主机A生成一个ARP请求分组，在源IP地址字段中写入主机A的IP地址，在源MAC地址字段中写入主机A的MAC地址，在目的IP地址字段中写入主机B的IP地址，在目的MAC地址字段中写入全0。

(2) 主机A将ARP请求分组传递到下一层——数据链路层，并封装成ARP请求分组的帧。该帧的源MAC地址是发出ARP请求分组的主机A的MAC地址，目的地址是广播地址(FF-FF-FF-FF-FF-FF)。

(3) 主机A将封装了ARP请求分组的帧通过广播方式发送，包括主机B的所有主机都能收到ARP请求分组。对于收到ARP请求分组的主机，如果映射表中没有主机A的IP地址对应的MAC地址，它将主机A的IP地址、MAC地址对应关系存入映射表。每台主机通过收到的ARP请求分组不断完善自己的映射表。

(4) 主机B收到主机A的ARP请求分组之后，向主机A发送一个封装了ARP应答分组的帧，以单播方式发送给主机A。ARP应答分组中包含主机B的IP地址与MAC地址。

(5) 主机A收到ARP应答分组之后，将主机B的IP地址、MAC地址存入映射表。这样，主机A获得主机B的MAC地址，可以直接向主机B发送数据帧。

图4-47给出了ARP的执行过程。其中，源IP地址为192.168.1.20，源MAC地址为00-24-18-CD-10-AA，需解析的主机IP地址为192.168.1.86。最终解析获得对应于该IP地址的MAC地址为00-A1-9B-1C-11-D1。

Sniffer Portable - Local, Ethernet (Line speed at 100 Mbps) - [a2.cap: Filtered 3, 36/25000 Ethernet Frames, Filter: Matrix]

File Monitor Capture Display Tools Database Window Help

No.	Source Address	Destination Address	Summary
1	00-24-18-CD-10-AA	FF-FF-FF-FF-FF-FF	ARP: Who is 192.168.1.86? Tell 192.168.1.20

ARP:
Sender MAC Address: 00-24-18-CD-10-AA
Sender IP Address: 192.168.1.20
Target MAC Address: FF-FF-FF-FF-FF-FF
Target IP Address: 192.168.1.86

(a) 封装了ARP请求分组的广播帧

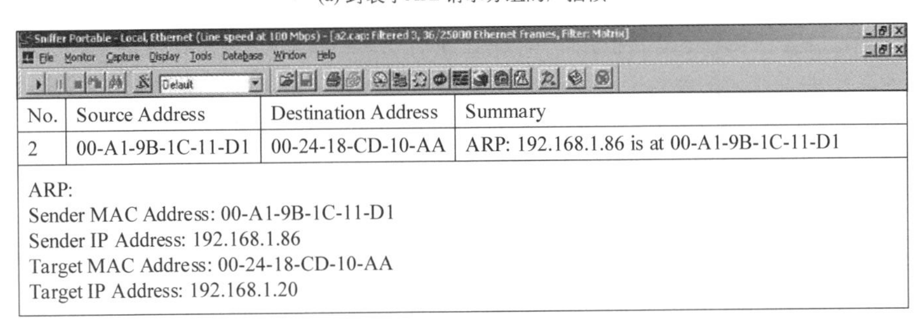

Sniffer Portable - Local, Ethernet (Line speed at 100 Mbps) - [a2.cap: Filtered 3, 36/25000 Ethernet Frames, Filter: Matrix]

File Monitor Capture Display Tools Database Window Help

No.	Source Address	Destination Address	Summary
2	00-A1-9B-1C-11-D1	00-24-18-CD-10-AA	ARP: 192.168.1.86 is at 00-A1-9B-1C-11-D1

ARP:
Sender MAC Address: 00-A1-9B-1C-11-D1
Sender IP Address: 192.168.1.86
Target MAC Address: 00-24-18-CD-10-AA
Target IP Address: 192.168.1.20

(b) 封装了ARP应答分组的单播帧

图4-47　ARP的执行过程

理解ARP时需要注意以下3个基本问题：

(1) 在实际的应用中,如果通过一台计算机访问一所国外大学的Web服务器,那么发送的HTTP服务请求需要通过多个路由器转发。在路由器每次转发时,IP分组中的源IP地址与目的IP地址是不变的,改变的是帧的源MAC地址与目的MAC地址。

(2) 用户不可能知道传输路径上所有路由器与Web服务器的MAC地址,这个转发过程是由ARP自动完成的。ARP执行过程对用户是透明的。

(3) ARP地址映射表为每个表项分配一个计时器(通常为15～20min),当某个表项超过计时值时,主机就会自动删除该表项,以保证地址映射表的时效性。

4.9 移动IP技术

4.9.1 移动IP的基本概念

早期的主机都通过固定方式接入互联网。随着移动通信技术的广泛应用,人们希望通过笔记本电脑、智能手机、PDA或其他移动终端设备,在任何地点、任何时间都能方便地访问互联网。移动IP技术就是在这个背景下产生的,它是互联网与通信技术高度发展、密切结合的产物,是一个交叉学科研究课题,也是当前和今后研究的热点问题。

移动IP在电子商务、电子政务、个人移动办公、大型展览与学术交流会、信息服务等领域都有广泛的应用前景,在军事领域也具有重要的应用价值。对于公务人员来说,他们希望在办公室、家中或者在火车、飞机上都能够使用笔记本电脑或手机方便地接入互联网,随时随地处理电子邮件、阅读新闻和处理公文。

互联网中每台主机都被分配一个唯一的IP地址,或者是被动态地分配一个IP地址。它是由网络号与主机号组成的,网络号标识出主机所连接的网络,也就明确标识出它所在的地理位置。主机之间传输分组的路由都通过网络号来决定。路由器根据分组中的目的地址,通过查找路由表来决定转发端口。

移动IP主机简称移动主机,是指从一个链路移动到另一个链路或从一个网络移动到另一个网络的主机或路由器。当移动主机在不同的网络或传输介质之间移动时,接入点随着接入位置的变化而不断改变。最初分配的IP地址已不能表示它当前所在的网络,如果仍然使用原来的IP地址,路由选择算法已不能为主机提供正确的路由。

在不改变现有IP的条件下,解决这个问题只有两种可能：一是每次改变接入点时也改变它的IP地址;二是改变接入点时不改变IP地址,而是在整个互联网中加入该主机的特定主机路由。基于这种考虑,人们提出了两种基本方案：一是在移动主机每次变换位置时,不断改变它的IP地址;二是根据特定的主机地址进行路由选择。

对这两种方案进行比较,可发现两者都有重大缺陷：第一种方案的缺点是不能保持通信连续性,特别是移动主机在两个子网之间漫游时,由于它的IP地址不断变化,导致移动主机无法与其他主机通信;第二种方案的缺点是路由器对每个分组都进行路由选择,路由表将急剧膨胀,路由器处理特定路由的负荷加重,不能满足大型网络要求。因此,必须寻找一种新的机制来解决主机移动问题。1992年,IETF成立移动IP工作组。1996年6月,IESG通过移动IPv4标准草案;1996年11月,移动IPv4成为互联网正式标准。

4.9.2 移动IP的设计目标与主要特征

1. 移动IP的设计目标

移动IP的设计目标是：移动主机在改变接入点时，无论是在不同网络之间还是在不同传输介质之间移动时，都不必改变它的IP地址，可保持已有通信的连续性。因此，移动IP研究要解决支持移动主机的IP分组转发的网络层协议问题。

移动IP研究主要解决以下两个问题：

- 移动主机可通过一个永久的IP地址连接到任何链路上。
- 移动主机切换到一个新的链路时，仍然能保持与通信对端的正常通信。

2. 移动IP的主要特征

作为网络层的一种协议，移动IP应具备以下几个特征：

- 移动IP与现有的互联网协议兼容。
- 移动IP与底层采用的物理传输介质类型无关。
- 移动IP对传输层及以上的高层协议是透明的。
- 移动IP应具有良好的可扩展性、可靠性和安全性。

4.9.3 移动IP的结构与基本术语

1. 移动IP的结构

图4-48给出了移动IP的结构。其中，图4-48(a)给出了移动IP的物理结构，图4-48(b)给出了移动IP的逻辑结构。这个逻辑结构简化了移动节点通过新的基站接入并继续访问互联网的细节，而突出了接入的链路和IP地址变化的概念。

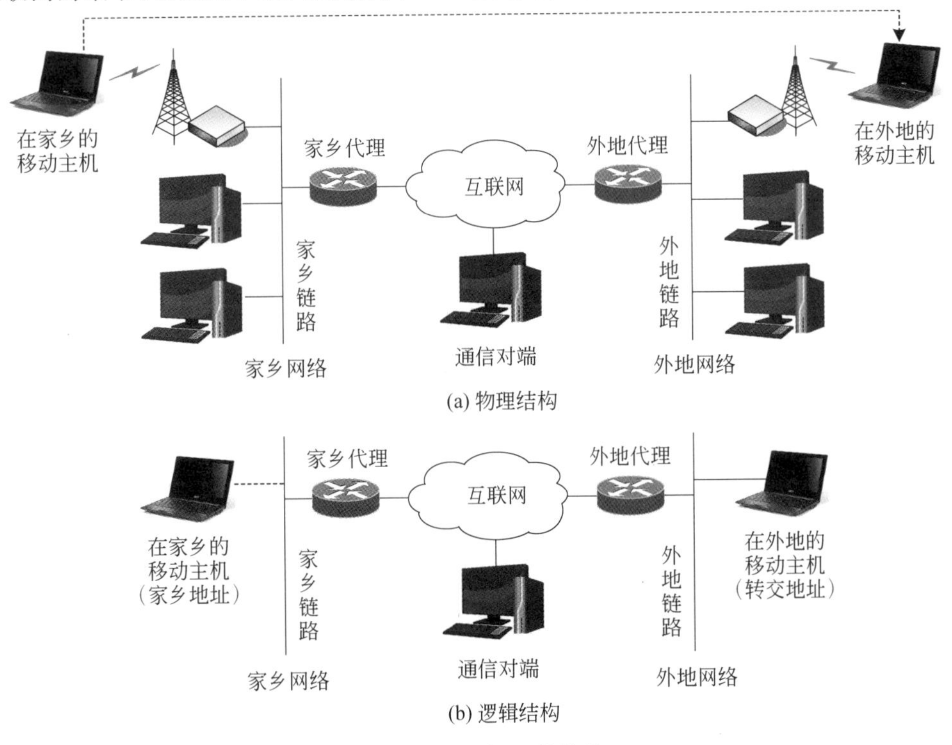

图4-48　移动IP的结构

在讨论移动IP的工作原理时,涉及构成移动IP的4个功能实体:

- 移动节点(mobile node):从一个链路移动到另一个链路的主机或路由器。移动节点在改变接入点之后,可以不改变它的IP地址,继续与其他节点通信。
- 家乡代理(home agent):移动节点的家乡网络连接到互联网的路由器。当移动节点离开自己的家乡网络时,家乡代理负责将发送给该节点的分组通过隧道转发到移动节点,并且维护移动节点当前的位置信息。
- 外地代理(foreign agent):移动节点访问的外地网络连接到互联网的路由器。外地代理负责接收家乡代理通过隧道发送给移动节点的分组,以及为移动节点发送的分组提供路由服务。家乡代理和外地代理统称为移动代理。
- 通信对端(correspondent node):移动节点在移动过程中进行通信的节点,它可以是一个固定节点,也可以是一个移动节点。

2. 移动IP的基本术语

在讨论移动IP的工作原理时,常用的基本术语主要包括家乡地址、转交地址、家乡网络、外地网络、家乡链路、外地链路、移动绑定、隧道等。

- 家乡地址(home address):家乡网络为本地的移动节点分配的一个长期IP地址。
- 转交地址(care-of address):外地网络为接入的移动节点分配的一个临时IP地址。
- 家乡网络(home network):为移动节点分配长期的家乡地址的网络。目的地址为家乡地址的IP分组,将以标准的IP路由机制发送到家乡网络。
- 外地网络(foreign network):为移动节点分配临时的转交地址的网络。
- 家乡链路(home link):移动节点在家乡网络时接入的本地链路。实际上,链路与比网络能更精确表示移动节点接入的位置。
- 外地链路(foreign link):移动节点在访问外地网络时接入的链路。
- 移动绑定(mobility binding):家乡网络维护移动节点的家乡地址与转发地址关联。
- 隧道(tunnel):家乡代理通过隧道将发送给节点的IP分组转发到移动节点。隧道的一端是家乡代理,另一端通常是外地代理,也可能是移动节点。图4-49给出了移动IP通过隧道传输IP分组的过程。

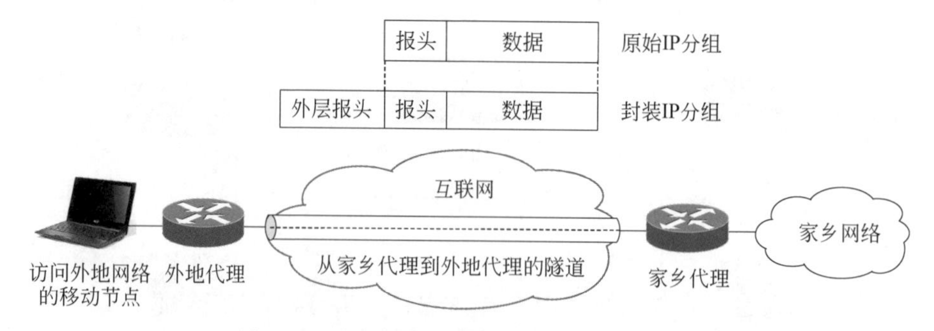

图4-49 移动IP通过隧道传输IP分组的过程

原始IP分组从家乡代理准备转发到移动节点,它的源IP地址为发送该分组的主机地址,目的IP地址为移动节点的家乡地址。家乡代理在转发分组之前加上外层报头,该报头的源IP地址为隧道入口的家乡代理地址,目的IP地址为隧道出口的外地代理地址。在隧道传输过程中,转发路由器看不到移动节点的家乡地址。

4.9.4 移动 IPv4 的工作原理

移动 IPv4 的工作过程可分为 4 个阶段：代理发现、注册、分组路由与注销。

1. 代理发现

代理发现(agent discovery)通过扩展 ICMP 路由发现机制来实现。它定义了两种新的报文：代理通告和代理请求。移动代理对外周期性广播代理通告报文,或者为响应移动节点的代理请求而发送代理通告报文。移动节点接收到代理通告报文之后,判断自己在家乡网络还是外地网络。当移动节点切换到外地网络时,选择使用外地代理提供的转交地址。

2. 注册

1）注册的概念

移动节点到达新的网络之后,通过注册(registration)将自己的可达信息通知家乡代理。注册过程主要涉及移动节点、外地代理和家乡代理。通过交换注册报文在家乡代理上创建或修改移动绑定,使家乡代理在生存期内保持移动节点的家乡地址与转发地址的关联：

通过注册过程可以达到以下几个目的。

- 移动节点获得外地代理的转发服务。
- 家乡代理知道移动节点当前的转发地址。
- 家乡代理更新即将过期的移动节点注册,或注销回到家乡的移动节点。

2）注册过程

移动 IPv4 为移动节点定义了两种注册过程：一种是通过外地代理转发移动主机的注册请求;另一种是移动节点直接在家乡代理上注册。图 4-50 给出了移动节点通过外地代理的注册过程。

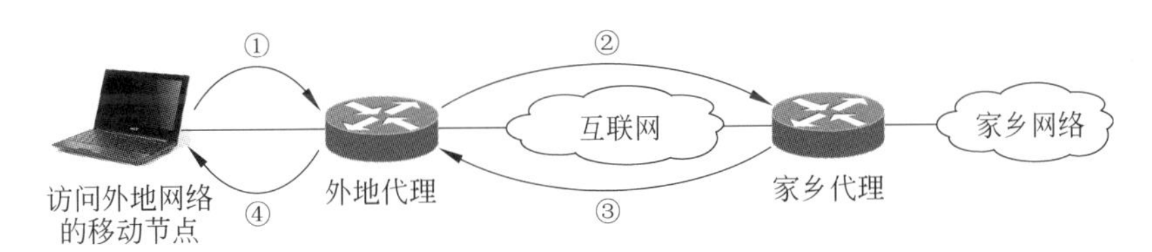

图 4-50　移动节点通过外地代理的注册过程

移动节点通过外地代理进行注册,需要经过以下 4 个步骤(对应图中的①～④)：

(1) 移动节点向外地代理发送一个注册请求报文。

(2) 外地代理将收到的注册请求报文转发给家乡代理。

(3) 家乡代理收到注册请求报文之后,决定是否同意移动节点注册,并向外地代理发送一个注册应答报文。

(4) 外地代理将收到的注册应答报文转发给移动节点。

图 4-51 给出了移动节点直接在家乡代理上注册的过程。

移动节点直接在家乡代理上注册,需要经过以下两个步骤(对应图 4-51 中的①、②)：

(1) 移动节点给家乡代理发送一个注册请求报文。

(2) 家乡代理收到注册请求报文之后,决定是否同意移动节点注册,并向移动节点发送一个注册应答报文。

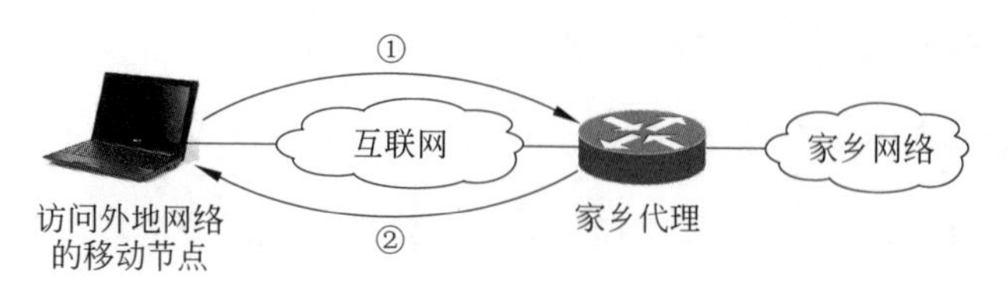

图 4-51　移动节点直接在家乡代理上注册的过程

具体采用哪种注册方法,需要按照以下规则来决定:

- 如果移动节点使用外地代理的转发地址,则它必须通过外地代理进行注册。
- 如果移动节点使用配置转交地址,并从当前链路上收到外地代理的代理通告报文,该报文的标志位 R(需要注册)置位,则它必须通过外地代理进行注册。
- 如果移动节点转发时使用配置转交地址,则它必须家乡代理上注册。

3. 分组路由

移动 IP 的分组路由可分为单播、广播与多播 3 种情况来讨论。

1) 单播分组路由

图 4-52 给出了移动节点接收单播分组的过程。在移动 IPv4 中,与移动节点通信的节点使用移动节点的 IP 地址所发送的数据分组首先会被传送给家乡代理。家乡代理判断目的节点已经在外地网络中,则利用隧道将该分组发送给外地代理。最后,由外地代理将该分组发送给移动节点。

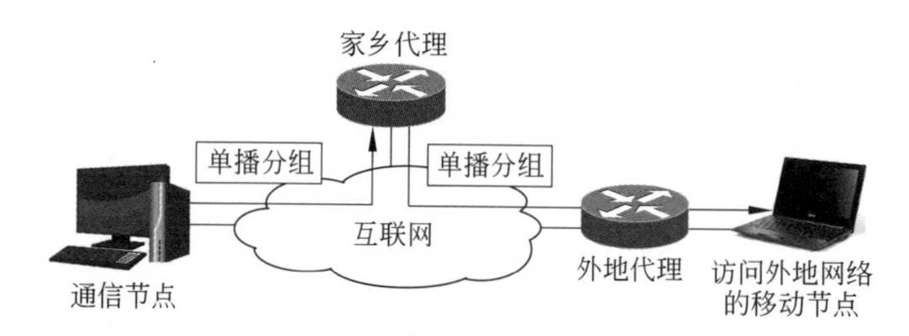

图 4-52　移动节点接收单播分组的过程

图 4-53 给出了移动节点发送单播分组的过程。移动节点发送单播分组有两种方法:一种方法是通过外地代理转发分组,如图 4-53(a)所示;另一种方法是通过家乡代理转发分组,如图 4-53(b)所示。

2) 广播分组路由

在一般情况下,家乡代理不会将广播分组转发给移动绑定列表中的每个移动节点。如果移动节点已请求转发广播分组,则家乡代理将采取 IP 封装方法来转发广播分组。

3) 多播分组路由

图 4-54 给出了移动节点接收多播分组的过程。移动节点接收多播分组有两种方法:一种方法是移动节点通过多播路由器加入多播组,如图 4-54(a)所示;另一种方法是移动节点通过与家乡代理建立双向隧道加入多播组,如图 4-54(b)所示。在后一种方法中,移动节点将 IGMP 报文通过反向隧道发送给家乡代理,家乡代理通过隧道将该分组发送给移动节点。

移动节点发送多播分组有两种方法:一种方法是移动节点通过多播路由器发送多播分

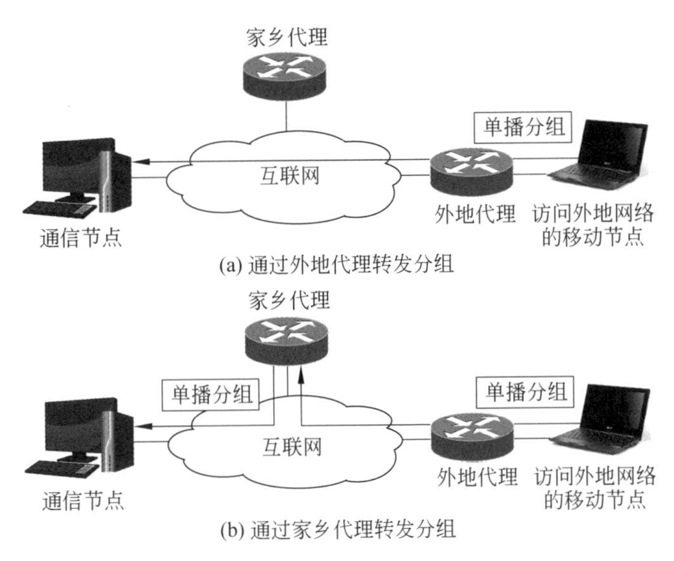

(a) 通过外地代理转发分组

(b) 通过家乡代理转发分组

图 4-53　移动节点发送单播分组的过程

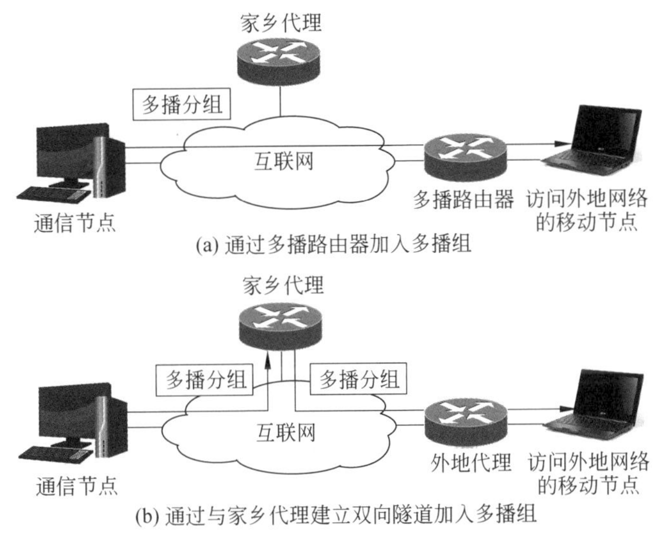

(a) 通过多播路由器加入多播组

(b) 通过与家乡代理建立双向隧道加入多播组

图 4-54　移动节点接收多播分组的过程

组;另一种方法是移动节点先将多播分组发送给家乡代理,再由家乡代理转发多播分组。

4. 注销

如果移动节点已经回到家乡网络,则需要在家乡代理上进行注销(deregistration)。

4.9.5　移动 IPv4 节点之间的通信

图 4-55 给出了移动 IPv4 节点的基本操作。

移动 IPv4 节点的基本操作可以分为以下几个步骤(对应图 4-55 中的①～④):

(1) 移动节点向当前的外地网络发送代理请求报文,用于获得一个可在外部网络中临时使用的转交地址。

(2) 外地代理收到代理请求报文之后,向移动节点发送代理通告报文。如果移动节点是通过代理通告报文获得转交地址的,则这个地址称为外地代理转交地址(foreign agent care-of address);如果它是通过 DHCP 获得转交地址的,则这个地址称为配置转交地址(co-located care-of address)。

(3) 移动节点向家乡代理发送注册请求报文,用于在家乡代理为自己的家乡地址与转交地址建立关联。

(4) 家乡代理收到注册请求报文之后,向移动节点发送注册应答报文,通知移动节点是否完成注册过程。

当家乡代理收到发送给移动节点的数据分组时,它通过隧道将截获的分组根据转交地址发送给移动节点。这时,移动节点已经知道通信对端的地址。它可以将转交地址作为源地址,将通信对端地址作为目的地址,与对方按正常的路由机制进行通信。

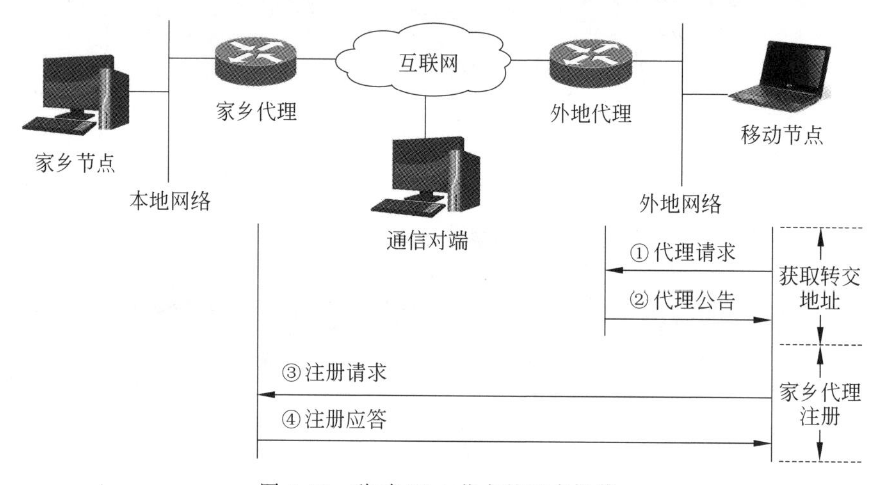

图 4-55 移动 IPv4 节点的基本操作

4.10 IPv6

4.10.1 IPv6 的基本概念

IPv4 设计者无法预见其后 20 年互联网技术发展如此快,应用如此广泛。IPv4 面临的很多问题已经无法用补丁办法解决,只能在设计新一代 IP 协议时考虑和解决。为了解决这些问题,IETF 提出了一套新的 IP 协议,即 IPv6。在 IPv6 设计中尽量减小对上、下层协议的影响,并力求考虑得更周全,避免不断做新的改变。

1993 年,IETF 成立了 IPng(IP next generation,下一代 IP)工作组,致力于研究下一代 IP 协议;1994 年,IPng 工作组提出下一代 IP 的推荐版本;1995 年,IPng 工作组完成 IPv6;1996 年,IETF 发起建立全球 IPv6 实验床 6BONE;1999 年,IETF 完成 IPv6 审定,成立 IPv6 论坛,正式分配 IPv6 地址。至此,IPv6 成为标准草案。

我国政府很重视下一代互联网的发展,积极参与 IPv6 的研究与试验,CERNET 于 1998 年加入 IPv6 实验床 6BONE,2003 年启动下一代网络示范工程——中国下一代互联网

(China's Next Generation Internet,CNGI)。国内网络运营商与网络设备制造商也纷纷开发支持 IPv6 的网络硬件与软件。2008 年,北京奥运会成功使用了 IPv6 网络,我国成为全球较早开始 IPv6 商用的国家之一。2008 年 10 月,CNGI 正式宣布从前期试验阶段转向试商用。目前,CNGI 已成为全球最大的示范性 IPv6 网络。

4.10.2 IPv6 的主要特征

IPv6 有以下 8 个主要特征。

1. 新的分组头格式

IPv6 分组头采用一种新的格式,以最大限度地减少分组头开销。为了实现这个目的,IPv6 将一些非根本性和可选择的字段移到固定分组头之后的扩展分组头中。这样,中间转发路由器在处理这种简化的 IPv6 分组时效率就会更高。IPv4 和 IPv6 的分组头不具有互操作性,也就是说 IPv6 不是 IPv4 的超集,它并不向下兼容 IPv4。新的 IPv6 地址位数是 IPv4 的 4 倍,但 IPv6 分组头长度仅是 IPv4 的 2 倍。

2. 巨大的地址空间

IPv6 的地址长度定为 128 位,可提供超过 3.4×10^{38} 个 IP 地址,用十进制数写出来是 340 282 366 920 938 463 463 374 607 431 768 211 456 个。人们经常用地球表面每平方米平均可获得多少个 IP 地址来形容 IPv6 地址数之多,地球表面按 $5.11\times10^{14}\,m^2$ 计算,则地球表面每平方米平均可获得的 IP 地址数为 665 570 793 348 866 943 898 599(即 6.65×10^{23})个。这样,今后的智能手机、智能家电、工业控制设备及各类物联网终端都可以获得 IP 地址,接入互联网的设备数量可不受限制地增长。

3. 有效的分级寻址和路由结构

确定 IPv6 地址长度为 128 位的原因当然是需要更多的可用地址,以便从根本上解决 IP 地址匮乏问题,不再使用带来很多问题的 NAT 技术。实际上,更深层次的原因是:巨大的地址空间能更好地将路由结构划分出层次,允许使用多级的子网划分和地址分配,层次划分覆盖从互联网主干网到各个部门内部子网的多级结构,更好地适应现代互联网的 ISP 层次结构与网络层次结构。一种典型的做法是:将分配给主机的 128 位 IPv6 地址分为两部分,其中 64 位作为子网地址空间,其余 64 位作为局域网硬件地址空间。64 位作为子网地址空间可满足主机到主干网之间的三级 ISP 结构,使得路由器的寻址更加简便。这种方法可增强路由层次划分和寻址的灵活性,适合当前存在的多级 ISP 结构,这正是 IPv4 地址所欠缺的。

4. 有状态和无状态的地址自动配置

为了简化主机配置,IPv6 既支持 DHCPv6 的有状态地址自动配置,也支持没有 DHCPv6 的无状态地址自动配置。在无状态的地址配置中,链路上的主机自动为自己配置适合这条链路的 IPv6 地址(链路本地地址)。在没有路由器的情况下,同一链路的所有主机自动配置它们的链路本地地址,不用手工配置 IP 地址也可以通信。链路地址在 1s 内就能自动配置完,同一链路的主机在接入网络后立即可以通信。在相同的情况下,采用 DHCPv4 的 IPv4 主机需要先放弃 DHCP 配置,然后自己配置 IPv4 地址,这个过程大概需要 1min。

5. 内置的安全性

IPv6 支持 IPSec 协议,为网络安全性提供一种基于标准的解决方案,并提高不同 IPv6 实现方案之间的互操作性。IPSec 由两种类型的扩展头和一个用于处理安全参数的协议组成,为 IPv6 分组提供数据完整性、数据验证、数据机密性和重放保护服务。

6. 更好地支持 QoS

IPv6 分组头的新增字段定义了如何识别和处理通信流。通信流采用流类型字段来区分优先级。流标记字段使路由器识别属于一个流的分组并对其进行特殊处理,以保证数据传输服务质量。

7. 用新协议处理相邻主机的交互

IPv6 邻主机发现(neighbor discovery)机制使用 IPv6 网络控制报文协议(ICMPv6),用于管理同一链路上相邻主机之间的交互过程。邻主机发现协议使用更有效的多播和单播的邻主机发现报文来代替 ARP 报文、ICMPv4 路由器发现及重定向报文。

8. 良好的可扩展性

IPv6 通过在固定分组头之后添加新的扩展分组头,可以很方便地实现功能的扩展。IPv4 分组头中的选项最多可以支持 40B 的选项。

4.10.3 IPv6 地址

1. IPv6 地址表示方法

RFC2373 文档 *IPv6 Addressing Achitecture* 定义了 IPv6 地址空间结构与地址表示方法。IPv6 的 128 位地址按每 16 位划分为一个位段,每个位段转换为一个 4 位十六进制数,并用冒号隔开,这种表示法称为冒号十六进制(colon hexadecimal)表示法。IPv6 地址表示形式的转换过程如下:

(1) 用二进制数表示的一个 IPv6 地址如下:

0010000111011010000000000000000000000000000000000000000000000000
00000010101010100000000000001111111111110000010001001110001011010

(2) 将这个 128 位的地址按每 16 位一个位段划分为 8 个位段:

0010000111011010　0000000000000000　0000000000000000　0000000000000000
0000001010101010　0000000000001111　1111111000001000　1001110001011010

(3) 将每个位段转换成十六进制数,位段间用冒号隔开,结果是

21DA:0000:0000:0000:02AA:000F:FE08:9C5A

这时,得到的冒号十六进制 IPv6 地址与最初用 128 位二进制数表示的 IPv6 地址等效。

由于十六进制和二进制之间的进制转换比十进制和二进制之间的进制转换更容易,因此 IPv6 地址表示法采用十六进制数。每位十六进制数对应 4 位二进制数。但是,128 位的 IPv6 地址实在太长,人们很难记忆。在 IPv6 网络中,主机的 IPv6 地址都是自动配置的。

2. 零压缩法

1) 零压缩的基本规则

IPv6 地址中可能出现多个二进制数 0,可以规定一种方法,通过压缩某个位段中的前导 0,进一步简化 IPv6 地址的表示。例如,000A 可简写为 A,00D3 可简写为 D3,02AA 可简写为 2AA。但是,FE08 不能简写为 FE8。需要注意的是,每个位段至少应该有一个数字,

0000 可以简写为 0。这种简写方法称为零压缩法。

下面给出了一个 IPv6 地址的例子：

21DA:0000:0000:0000:02AA:000F:FE08:9C5A

根据零压缩法，上面的地址可以进一步简化为

21DA:0:0:0:2AA:F:FE08:9C5A

有些类型的 IPv6 地址中包含一长串 0。为了进一步简化 IP 地址表示，在一个用冒号十六进制表示法表示的 IPv6 地址中，如果几个连续位段的值都为 0，则这些 0 可以简写为::，这也称为双冒号(double colon)表示法。

前面的结果又可以简化写为 21DA::2AA:F:FE08:9C5A。

根据零压缩法，链路本地地址 FE80:0:0:0:0:FE:FE9A:4CA2 可简写为 FE80::FE:FE9A:4CA2，多播地址 FF02:0:0:0:0:0:0:2 可简写为 FF02::2。

对于零压缩法，需要注意的问题有以下两点：

(1) 在使用零压缩法时，不能压缩一个位段内的有效 0。例如，不能将 FF02:30:0:0:0:0:0:5 简写为 FF2:3::5，而应该简写为 FF02:30::5。

(2) 双冒号在一个地址中仅能出现一次。例如，地址 0:0:0:2AA:12:0:0:0，一种简化的表示法是::2AA:12:0:0:0，另一种简化的表示法是 0:0:0:2AA:12::，不能将它表示为::2AA:12::。

2) 如何确定双冒号之间被压缩 0 的位数

为了确定双冒号代表被压缩的多少位 0，可以数一下地址中还有多少个位段，然后用 8 减去这个数，再将结果乘以 16。

例如，在地址 FF02:3::5 中有 3 个位段(FF02、3 和 5)，可以根据上面的方法计算：(8－3)×16＝80，则::表示有 80 位的二进制数字 0 被压缩。

3. IPv6 前缀

在 IPv4 地址中，子网掩码表示网络和子网地址长度。例如，192.1.29.7/24 表示网络和子网地址长度为 24 位，子网掩码为 255.255.255.0。由于 IPv4 地址中可用于标识子网地址长度的位数不确定，因此要使用前缀长度来区分子网 ID 和主机 ID。在上述 B 类地址的例子中，网络号为 192.1，子网号为 29，主机号为 7。

IPv6 不支持子网掩码，仅支持前缀长度表示法。前缀是 IPv6 地址的一部分，用作 IPv6 路由或子网标识。IPv6 前缀的表示方法与 IPv4 中的 CIDR 表示方法类似。IPv6 前缀可以用"地址/前缀长度"来表示。例如，21DA:D3::/48 是一个路由前缀，而 21DA:D3:0:2F3B::/64 是一个子网前缀。64 位前缀表示主机所在的子网，子网中所有主机都有相应的 64 位前缀；任何少于 64 位的前缀不是一个路由前缀，就是一个包含部分 IPv6 地址空间的地址范围。

在当前定义的 IPv6 单播地址中，用于标识子网与子网中的主机的位数是 64。尽管 RFC 2373 文档允许在 IPv6 单播地址中写明前缀长度，但在实际中前缀长度总是 64，因此无须特别表示。例如，无须将 IPv6 地址 F0C0::2A:A:FF:FE01:2A 表示为 F0C0::2A:A:FF:FE01:2A/64。根据子网和接口标识平分地址的原则，IPv6 单播地址 F0C0::2A:A:FF:FE01:2A 的子网标识是 F0C0::2A/64。

4.10.4 IPv6 分组结构与基本报头

1. IPv6 分组结构

IPv6 分组由一个基本报头、多个扩展报头与一个高层协议数据单元组成。图 4-56 给出了 IPv6 分组结构。IPv6 分组的有效载荷包括扩展报头与高层协议数据单元。

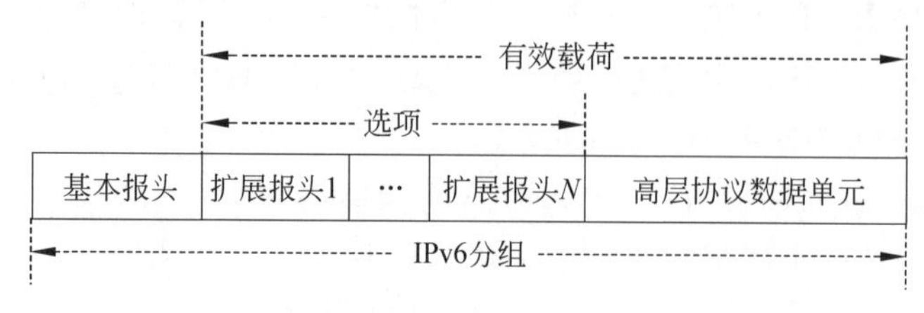

图 4-56 IPv6 分组结构

1) 基本报头

每个 IPv6 分组都有一个基本报头。基本报头长度固定为 40B。

2) 扩展报头

IPv6 分组可以没有扩展报头,也可以有一个或多个扩展报头。不同扩展报头的长度也不同。基本报头中的"下一个报头"字段指向第一个扩展报头。每个扩展报头中都包含"下一个报头"字段,它指向再下一个扩展报头。最后一个扩展报头指出高层协议数据单元中的高层协议报头。高层协议可以是 TCP、UDP 等传输层协议报文,也可以是 ICMPv6 等网络层辅助协议报文。

IPv6 基本报头与扩展报头代替了 IPv4 报头及其选项,新的扩展报头格式增强了 IP 协议的功能,使得它可以支持未来新的应用。与 IPv4 报头中的选项不同,IPv6 扩展报头没有最大长度的限制,因此可以有多个扩展报头。

3) 高层协议数据单元

高层协议数据单元(Protocol Data Unit,PDU)可以是一个 TCP 报文段、UDP 报文或 ICMPv6 报文。IPv6 分组的有效载荷是由扩展报头和高层协议数据单元构成的。有效载荷的长度最大可达到 65 535B。有效载荷长度大于 65 535B 的 IPv6 分组称为超大包(jumbogram)。

2. IPv6 报头结构与各个字段意义

图 4-57 给出了 IPv6 报头结构。RFC 2460 定义的 IPv6 基本报头包括版本、通信类型、流标记、载荷长度、下一个报头、跳数限制、源地址、目的地址 8 个字段。

1) 版本

版本(version)字段长度为 4b,表示 IP 协议版本。版本字段值为 6,表示 IPv6。

2) 流类型

流类型(traffic class)字段长度为 8b,表示 IP 分组的类型或优先级,其功能类似于 IPv4 分组头的服务类型字段。

3) 流标记

流标记(flow label)字段长度为 20b,表示 IP 分组属于源节点和目标节点之间的一个特

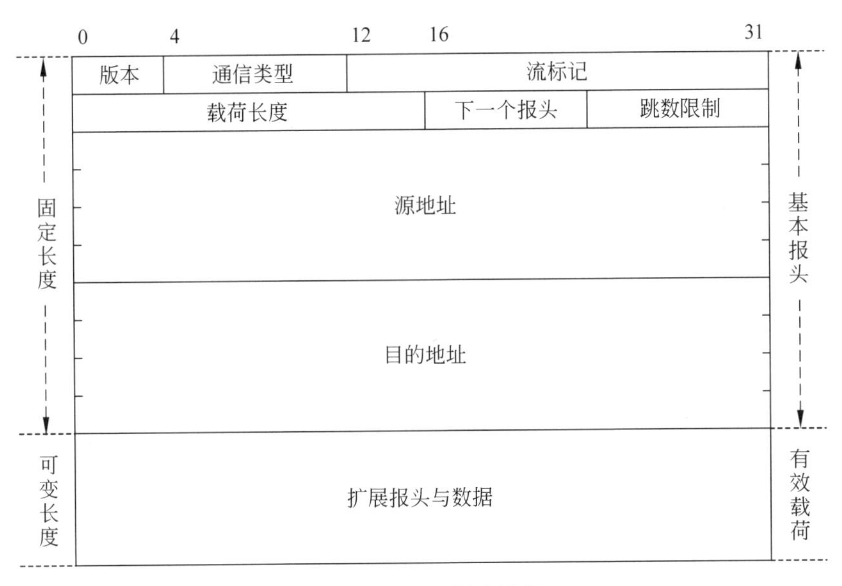

图 4-57 IPv6 报头结构

定序列，它需要由转发的路由器进行特殊处理。流标记用于非默认的 QoS 连接，例如实时数据（音频和视频）的连接。流标记字段值为 0，表示采用默认的路由器处理。在源主机和目的主机之间可能有多个数据流，它们需要用不同的流标记来区分。与流类型字段一样，RFC 2460 文档没有明确定义流标记字段的使用。

4）载荷长度

载荷长度（payload length）字段长度为 16b，表示 IPv6 有效载荷的长度。有效载荷的长度包括扩展报头和高层协议数据单元。有效载荷长度字段为 16b，它可以表示最大长度为 65 535B 的有效载荷。

5）下一个报头

下一个报头（next header）字段长度为 8b。如果存在扩展报头，下一个报头字段值表示下一个扩展报头的类型；如果不存在扩展报头，下一个报头字段值表示传输层的 TCP/UDP 报头或者网络层的 ICMP 报头。

6）跳数限制

跳数限制（hop limit）字段长度为 8b，表示 IP 分组可通过路由器转发的最大次数。IPv6 跳数限制字段与 IPv4 的 TTL 字段相似。IP 分组每经过一个路由器，则跳数限制字段值减 1。当跳数限制字段值减为 0 时，路由器丢弃该分组，并向源节点发送 ICMPv6 报文。

7）源地址与目的地址

源地址（source address）与目的地址（destination address）字段长度均为 128b，分别表示源节点与目地节点的 IPv6 地址。

图 4-58 给出了 Network Monitor 截获的一个 IPv6 分组，这是一个简化的 IPv6 基本报头的例子。它是一个 ICMPv6 协议回送请求报文，它采用默认的流量类型与流标记，跳数限制为 128。

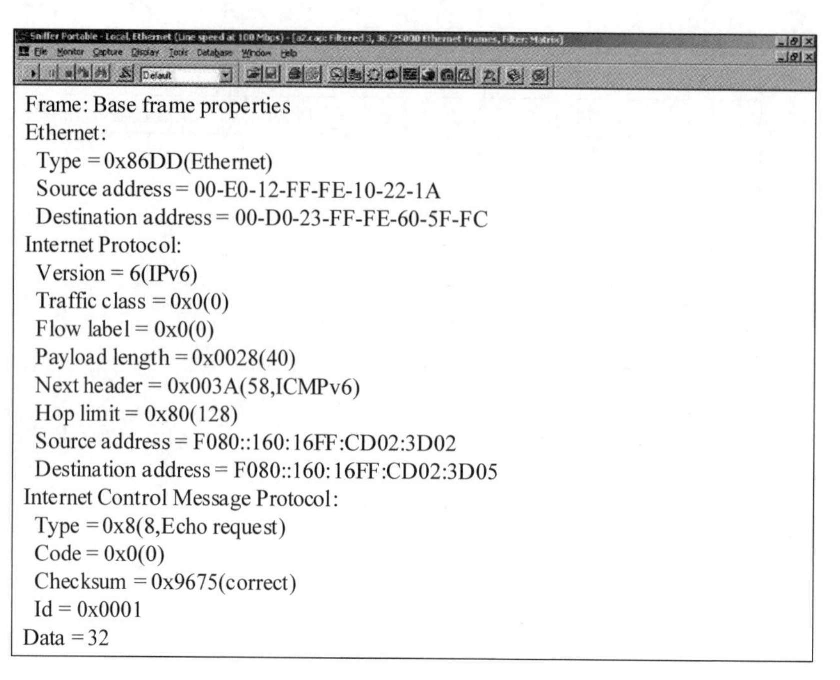

图 4-58　一个简化的 IPv6 基本报头的例子

4.10.5　IPv4 过渡到 IPv6 的基本方法

由于 IPv4 地址与互联网规模的矛盾无法缓解,因此推进 IPv6 技术应用势在必行。但是,目前大量网络应用是建立在 IPv4 之上的,人们必然在很长一段时间内面对 IPv4 与 IPv6 共存的局面。如何从 IPv4 平滑过渡到 IPv6 是需要研究的问题。

1. 双 IP 层与双协议栈

在完全过渡到 IPv6 之前,为了保证不同协议的节点之间正常通信,采用的方法主要分为两类：双 IP 层与双协议栈。其中,双 IP 层是指节点(包括路由器)安装两个协议：IPv4 与 IPv6。这种节点既能够与 IPv4 节点通信,又能够与 IPv6 节点通信。节点的 TCP 或 UDP 都可通过 IPv4 网络、IPv6 网络或 IPv6 穿越 IPv4 隧道来实现。有些操作系统(如 Windows XP)采用双协议栈结构。在 IPv4 与 IPv6 的驱动程序中,分别包含 TCP 和 UDP 的不同实现。

2. 隧道技术

隧道技术是指 IPv6 分组进入 IPv4 网络时,将 IPv6 分组封装成 IPv4 分组来传输,整个 IPv6 分组作为 IPv4 分组的数据部分;当 IPv4 分组离开 IPv4 网络时,将 IPv4 分组拆封,还原成 IPv6 分组,交给 IPv6 处理。这时,IPv4 分组头的协议字段为 41,表示经过封装的 IPv6 分组;源地址与目的地址分别为隧道端点的路由器 IPv4 地址。

隧道配置用于在 IPv4 与 IPv6 共存环境中建立隧道。RFC 2893 文档将隧道配置分为路由器-路由器、主机-路由器(或路由器-主机)和主机-主机 3 种情况。按照配置方式还可将隧道配置分为手动配置与自动配置。在实际的应用中,存在一些其他隧道技术,例如 6over4、6to4、ISATAP 等。

1）路由器-路由器隧道

图4-59给出了路由器-路由器隧道结构。在这种结构中，隧道端点都是IPv4/IPv6路由器，它是一条位于IPv4网络中的逻辑链路。IPv4/IPv6路由器有一个IPv6穿越IPv4隧道的接口及相应的路由条目。对于经过IPv4网络的IPv6分组，穿越隧道就相当于一个单跳路由。

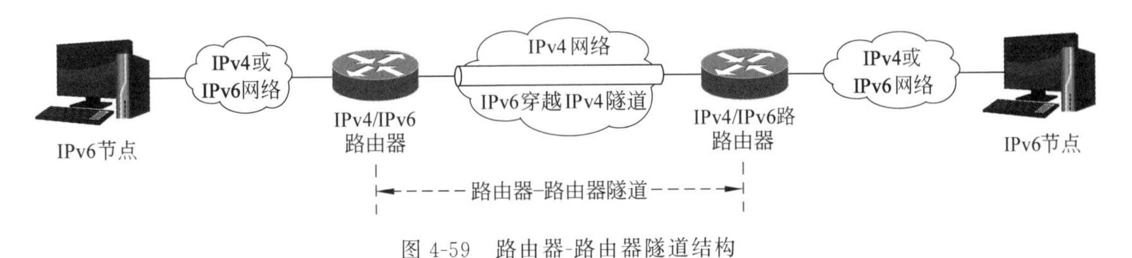

图4-59　路由器-路由器隧道结构

2）主机-路由器隧道

图4-60给出了主机-路由器隧道结构。在这种结构中，由IPv4网络中的IPv4/IPv6节点创建一个IPv6穿越IPv4隧道，作为源节点到目的节点的路径中的第一段。对于经过IPv4网络的IPv6分组，穿越隧道就相当于一个单跳路由。

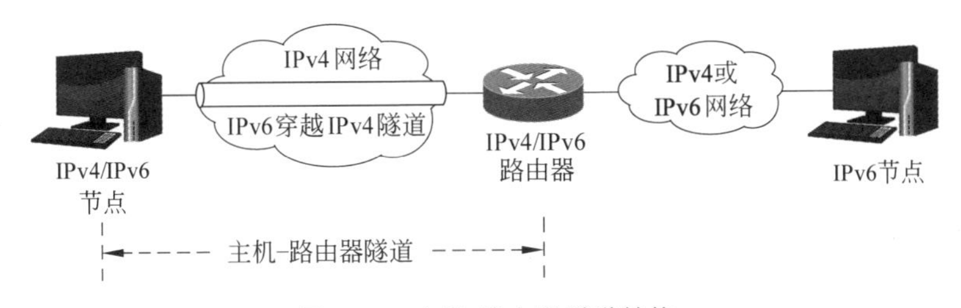

图4-60　主机-路由器隧道结构

3）主机-主机隧道

图4-61给出了主机-主机隧道结构。在这种结构中，由IPv4网络中的IPv4/IPv6节点创建一个IPv6穿越IPv4隧道，作为从源节点到目的节点的整个路径。对于经过IPv4网络的IPv6分组，穿越隧道就相当于一个单跳路由。

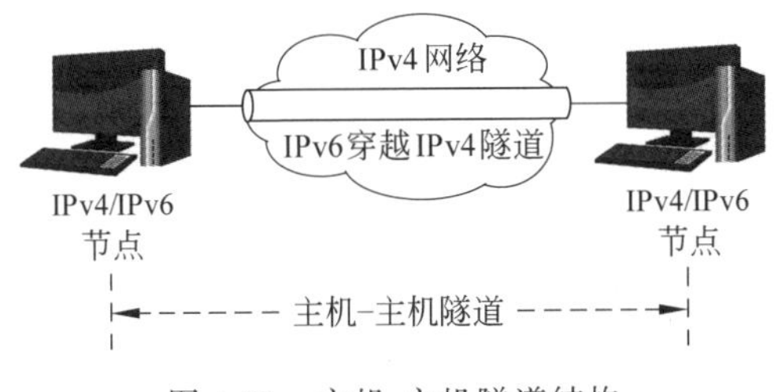

图4-61　主机-主机隧道结构

4）6over4

6over4又称为IPv4多播隧道（由RFC 2529文档定义）。6over4是一种IPv6节点穿越IPv4网络的隧道技术，包括主机-主机、主机-路由器、路由器-主机等隧道类型。6over4将每个IPv4网络看成一条有多播能力的链路。这样,邻节点发现过程的地址解析、路由器发现就像在一个物理链路上完成一样。在默认情况下,6over4节点为每个6over4接口自动配置一个链路本地地址FE80::wwxx:yyzz。

5）6to4

6to4是一种IPv6节点穿越IPv4网络的隧道技术,主要提供路由器-路由器的隧道创建功能。RFC 3056文档定义了6to4的概念。6to4地址是由自动配置机制创建的,它使用全球地址前缀2002:wwxx:yyzz::/48。RFC 3056文档定义了6to4节点、路由器、中继路由器的概念。其中,6to4节点是一个配置6to4地址的IPv6节点;6to4路由器是支持6to4接口的IPv4/IPv6路由器,用于转发带6to4地址的IPv6分组;中继路由器是指位于IPv4网络中的6to4路由器。

6）ISATAP

ISATAP(Intra-Site Automatic Tunnel Addressing Protocol,站内自动隧道寻址协议)是一种IPv6节点穿越IPv4网络的隧道技术,包括主机-主机、主机-路由器、路由器-主机等隧道类型。ISATAP地址是由自动配置机制创建的。与IPv4映射地址、6over4、6to4地址相同,ISATAP地址内嵌一个IPv4地址。

小　　结

IP协议提供的是尽力而为的服务。

IPv4分组由分组头和数据两个部分组成。IPv4分组头的基本长度为20B,选项部分最长为40B。

IPv4地址技术研究分为4个阶段:标准分类的IP地址、划分子网的三级地址结构、构成超网的无类别域间路由(CIDR)与网络地址转换(NAT)。

路由选择算法为生成路由表提供了算法依据。路由选择协议用于互联网络中路由表路由信息的动态更新。

自治系统的核心是路由选择的自治。互联网路由选择协议可分为内部网关协议与外部网关协议。内部网关协议主要有RIP与OSPF,外部网关协议主要是BGP。

路由器是具有多个输入端口和多个输出端口、转发分组的专用计算机系统,其结构可以分为路由选择和分组转发两个部分。

针对IPv4传输缺乏可靠性保证的问题,IP协议增加了ICMP;针对IPv4不能支持多播服务的问题,IP协议增加了IGMP。

移动IP要求移动主机改变接入点时不改变IP地址,以便在移动过程中保持已有通信的连续性。

IPv6协议的主要特征是新的分组头格式、巨大的地址空间、有效的分级寻址和路由结构、有状态和无状态的地址自动配置、内置的安全性、更好地支持QoS服务、用新协议处理邻主机的交互以及良好的可扩展性。

习　　题

1. 已知5种网络设备：集线器(hub)、中继器(repeater)、交换机(switch)、网桥(bridge)与路由器(router)。根据图4-62所示的信息，请在①～⑤处填入相应的网络设备名称。

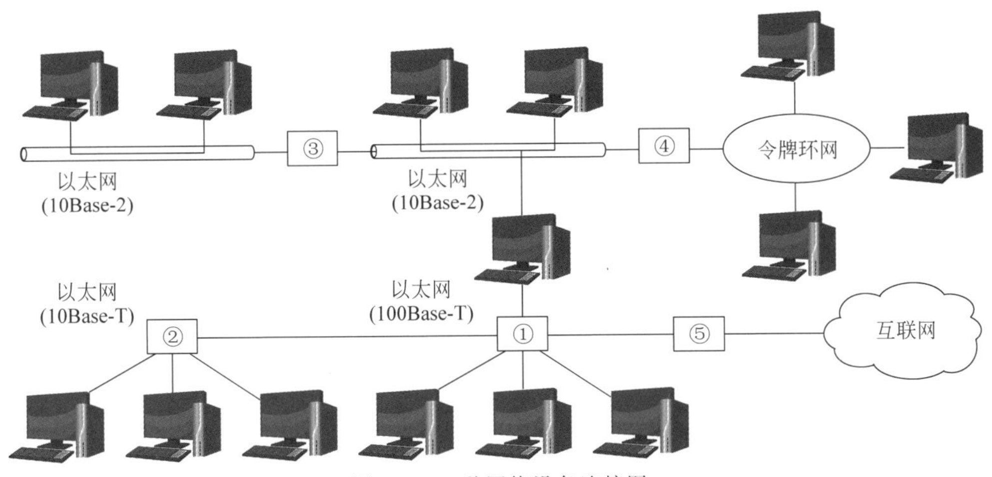

图4-62　5种网络设备连接图

2. 根据图4-63所示的信息，请在①～⑥处填入缺少的数据。

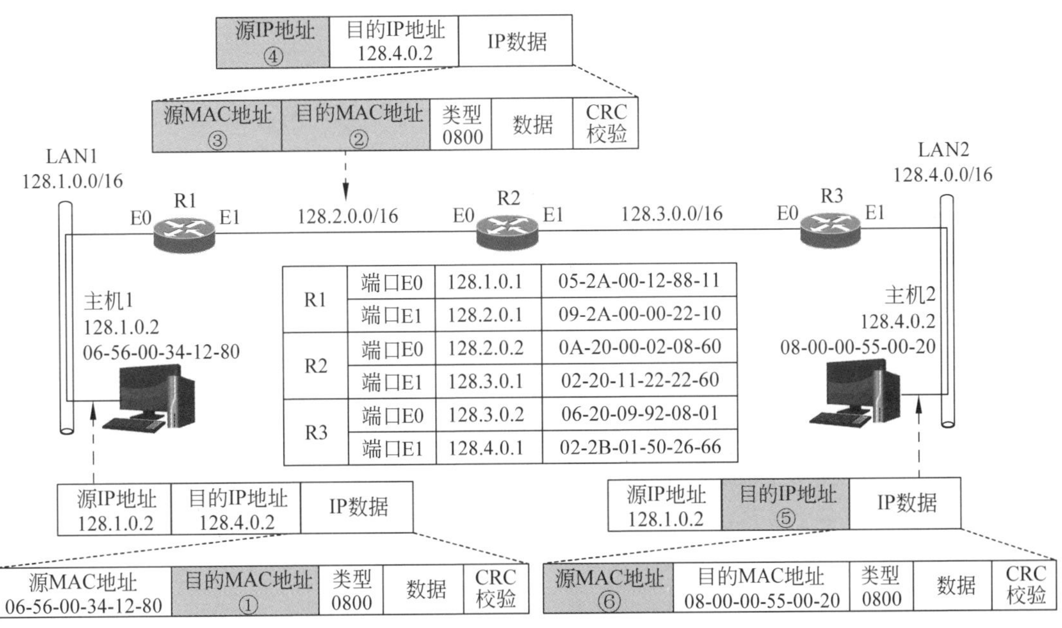

图4-63　题2网络信息数据

3. 如果网络中一个IP地址为193.12.5.1，请写出该网络的直接广播地址、受限广播地址、特定主机地址与回送地址。

4. 根据图4-64所示的信息，请在①～⑤处填入适当的路由选择协议。

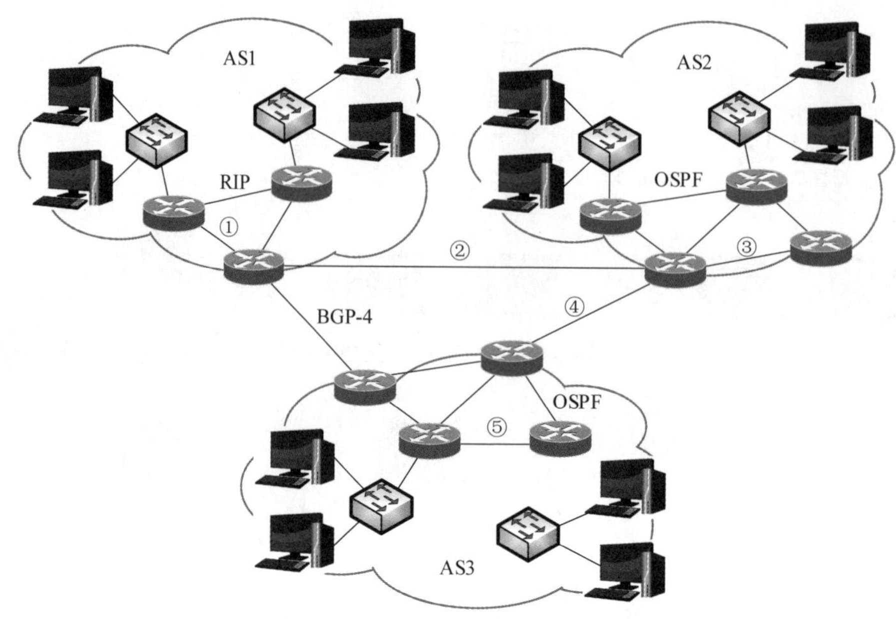

图 4-64　填写适当的路由选择协议

5. 根据表 4-6 所示的信息,请在①～⑥处填入缺少的数据。

表 4-6　填入缺少的数据

IP 地址	125.145.131.9
子网掩码	255.240.0.0
网络前缀	①
网络地址	②
主机号	③
直接广播地址	④
子网内第一个可用 IP 地址	⑤
子网内最后一个可用 IP 地址	⑥

6. 如果将 192.12.66.128/25 划分为 3 个子网,其中子网 1 容纳 50 台主机,子网 2 和子网 3 分别容纳 20 台主机,网络地址从小到大依次分配给 3 个子网。请写出 3 个子网的掩码与可用的 IP 地址段。

7. 如果路由器收到一个目的地址为 195.199.10.64 的分组,路由表中有 3 条可选的路由:

① 目的网络为 195.128.0.0/16。

② 目的网络为 195.192.0.0/17。

③ 目的网络为 195.200.0.0/18。

请判断应该选择哪条路由。

8. 根据图 4-65 所示的信息,请填写路由器 R1 的路由表。

9. 根据图 4-66 所示的信息,路由器 R1 初始的路由表仅有到达子网 202.168.1.0/24 的路由,以及 4 条可供选择的路由信息:

① 202.168.2.0,255.255.255.128,202.168.1.1。

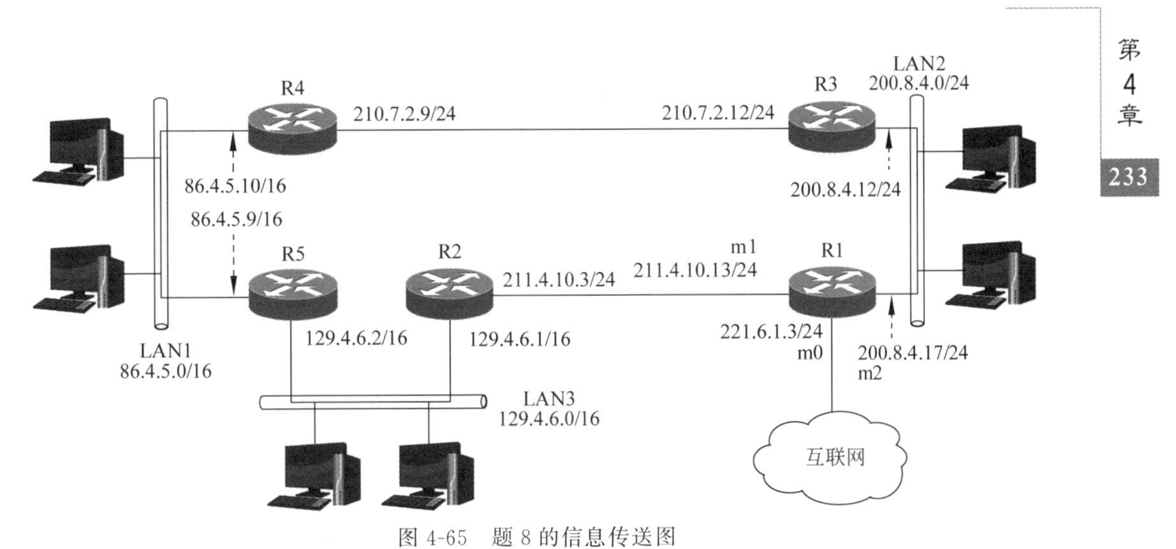

图 4-65　题 8 的信息传送图

② 202.168.2.0,255.255.255.0,202.168.1.1。

③ 202.168.2.0,255.255.255.128,202.168.1.2。

④ 202.168.2.0,255.255.255.0,202.168.1.2。

为了使 R1 可以将 IP 分组正确地路由到所有的子网,需要在 R1 路由表中增加哪条路由?

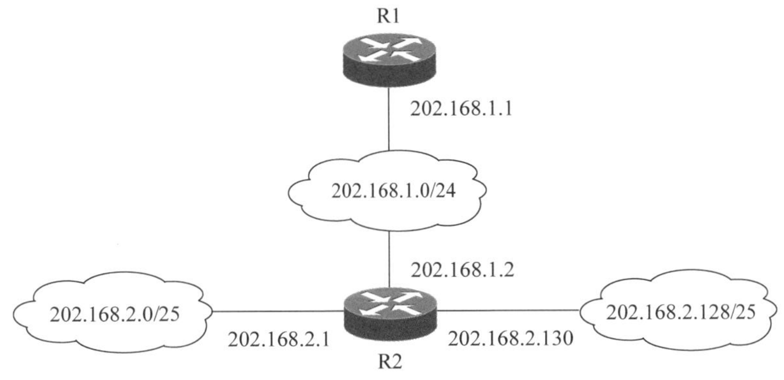

图 4-66　题 9 的数据传送图

10. 已知主机 A 的 IP 地址为 202.111.222.165,主机 B 的 IP 地址为 202.111.222.185,子网掩码为 255.255.255.224,默认网关地址设置为 202.111.222.160。请回答:

① 主机 A 与主机 B 能否直接通信?

② 主机 A 与 DNS 服务器(202.111.222.8)能否通信?如果不能,解决办法是什么?

11. 已知发送的 IP 分组使用固定分组头,每个字段的值如图 4-67 所示。

<table>
<tr><td>4</td><td>5</td><td>0</td><td colspan="2">28</td></tr>
<tr><td colspan="3">1</td><td>0</td><td>0</td></tr>
<tr><td colspan="2">4</td><td>17</td><td colspan="2">0</td></tr>
<tr><td colspan="5">10.15.16.8</td></tr>
<tr><td colspan="5">202.6.7.10</td></tr>
</table>

图 4-67　IP 分组使用固定分组头的每个字段

如果接收的校验和字段二进制值为 11001101 10101001,IP 分组头在传输过程中是否出错?

12. 根据图 4-68 所示的信息,请在②、④处填入缺少的数据。

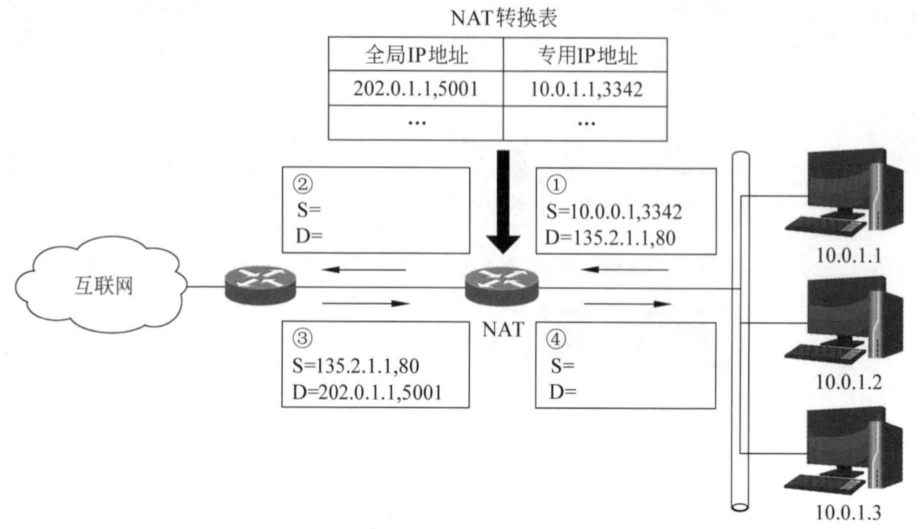

图 4-68　题 12 信息传送图

13. 图 4-69 给出了距离-向量协议工作过程,表(a)是路由器 R1 初始的路由表,表(b)是相邻路由器 R2 传送来的路由表。请写出 R1 更新后的路由表(c)。

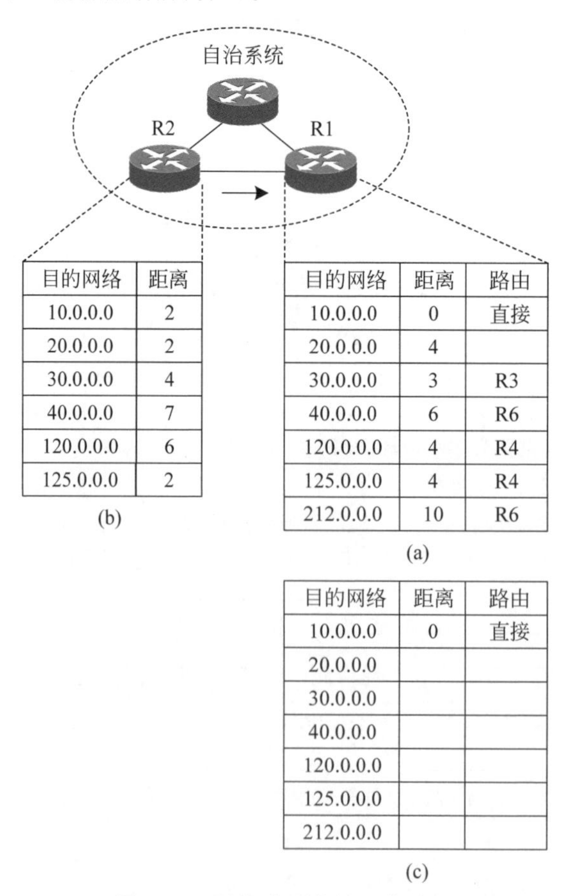

目的网络	距离
10.0.0.0	2
20.0.0.0	2
30.0.0.0	4
40.0.0.0	7
120.0.0.0	6
125.0.0.0	2

(b)

目的网络	距离	路由
10.0.0.0	0	直接
20.0.0.0	4	
30.0.0.0	3	R3
40.0.0.0	6	R6
120.0.0.0	4	R4
125.0.0.0	4	R4
212.0.0.0	10	R6

(a)

目的网络	距离	路由
10.0.0.0	0	直接
20.0.0.0		
30.0.0.0		
40.0.0.0		
120.0.0.0		
125.0.0.0		
212.0.0.0		

(c)

图 4-69　距离-向量协议工作过程

14. RIP 限定路径的最大距离值为多少？最大距离值达到时报告哪类错误？

15. OSPF 链路状态“度量”值是否有范围？通常由哪些参数计算链路“度量”值？

16. 为什么需要限制 OSPF 区域内的路由器数量？数量最多为多少？

17. OSPF 相邻路由器之间每隔多长时间交换一次问候分组？多长时间没有收到问候分组，则认为该路由器不可达？路由器每隔多长时间刷新数据库中的链路状态？

18. BGP 发言人通常由哪个路由器担任？相邻 BGP 发言人之间每隔多长时间交换一次分组？交换哪种分组？

19. 请说明衡量路由器性能的主要指标。

20. 请说明 ICMP 协议的主要特点。

21. 请列出不产生 ICMP 差错报告报文的 3 种情况。

22. 哪些标准分类的地址是 IP 多播地址？

23. 请说明 RSVP 中“流”的定义。

24. 请说明 DiffServ 与 RSVP 的两个主要区别。

25. 请说明 MPLS 中“路由”和“交换”的区别。

26. 请结合 MPLS VPN 解释“覆盖网”的概念。

27. 为什么已经有域名解析 DNS 协议，还需要制定地址解析 ARP 协议？

28. 移动 IP 协议应该具备哪些主要特征？

29. IPv6 协议具有哪些主要特征？

30. 已知 IPv6 地址为 21DA:0000:0000:0000:02A0:000F:FE08:9000，请写出 3 种正确的简化表示方法。

第 5 章 传输层

本章从网络环境中分布式进程通信的概念出发，系统地讨论传输层的基本功能、向应用层提供的服务以及传输层的 UDP 与 TCP 这两个协议，为读者进一步研究应用层与应用层协议奠定基础。

本章学习要求

- 理解网络环境中的分布式进程通信的概念。
- 掌握进程通信中的客户/服务器模式的概念。
- 掌握传输层的基本功能与服务质量的概念。
- 掌握 UDP 的基本内容。
- 掌握 TCP 的基本内容。

5.1 传输层与传输层协议

5.1.1 传输层的基本功能

网络层、数据链路层与物理层实现了网络中主机之间的数据通信，但是数据通信并不是组建计算机网络的最终目的。计算机网络的本质活动是实现分布在不同地理位置的主机之间的进程通信，以实现应用层的各种网络服务。传输层的主要功能是要实现分布式进程通信。因此，传输层是实现各种网络应用的基础。图 5-1 给出了传输层的基本功能。

理解传输层的基本功能时需要注意以下 3 个问题：

- 网络层的 IP 地址标识主机、路由器的位置信息。路由选择算法在互联网中选择一条源主机-路由器、路由器-路由器、路由器-目的主机的多段点-点链路组成的传输路径；IP 协议通过这条传输路径完成 IP 分组的传输。传输层协议利用网络层提供的服务，在源主机与目的主机的应用进程之间建立端-端连接，以实现分布式进程通信。
- 互联网中的路由器与通信线路构成传输网(或承载网)。传输网一般是由电信公司运营与管理的。传输网提供的服务有可能不可靠(例如丢失分组)，而用户又无法对传输网加以控制。解决这个问题需要从两方面入手：一是电信公司提高传输网的服务质量；二是传输层对分组丢失、线路故障进行检测，并采取相应的差错控制措施，以满足分布式进程通信的服务质量（QoS）要求。因此，在传输层要讨论如何改善 QoS，以达到计算机进程通信要求的问题。

- 传输层可以屏蔽传输网实现技术上的差异性，弥补网络层所提供服务的不足，使应用层在设计各种网络应用系统时，仅需考虑选择怎样的传输层协议以满足应用进程的通信要求的问题，而不需要考虑数据传输的细节问题。

因此，从点-点通信到端-端通信是一次质的飞跃，为此传输层需要引入很多新的概念和机制。

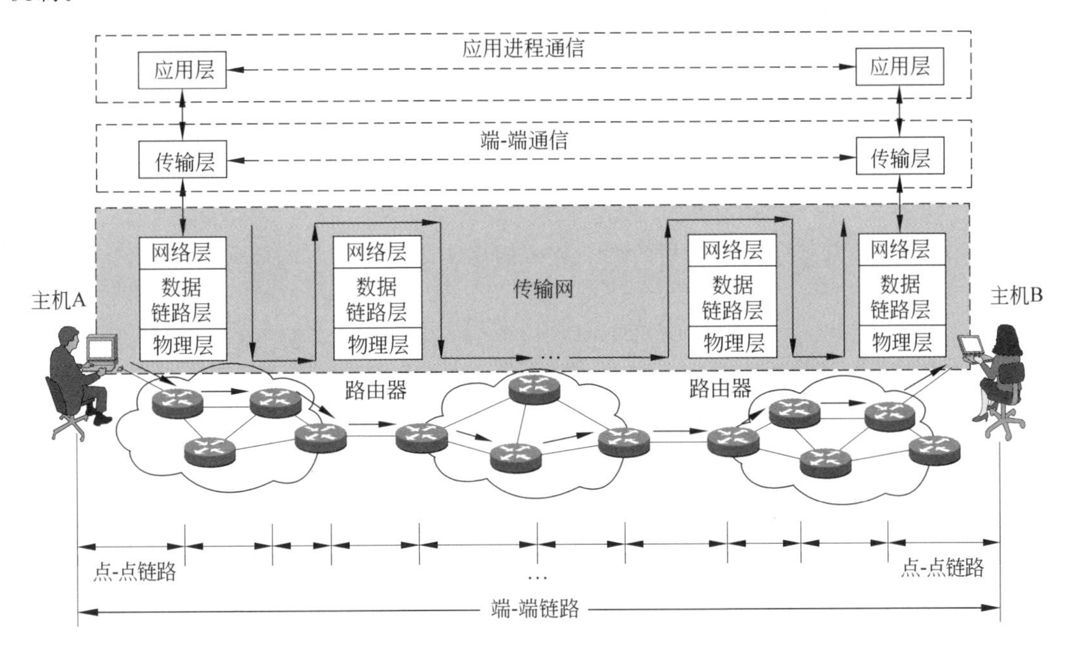

图 5-1　传输层的基本功能

5.1.2　传输协议数据单元的概念

传输层中实现传输层协议的软件称为传输实体（transport entity）。传输实体可以在操作系统内核中，也可以在用户程序中。图 5-2 给出了传输实体的概念示意图。从中可以看出传输层与应用层、网络层之间的关系。

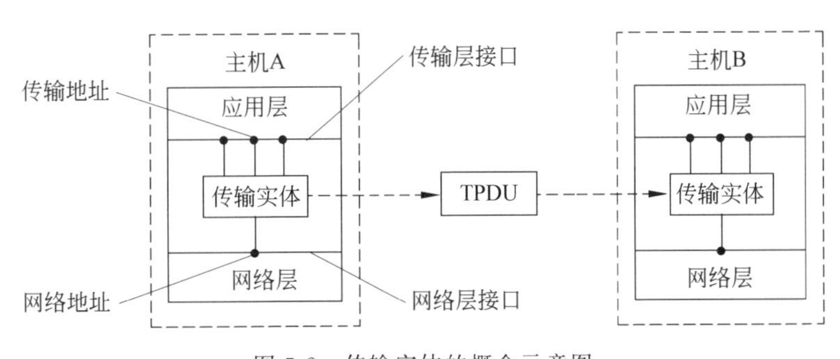

图 5-2　传输实体的概念示意图

传输层之间传输的报文称为传输协议数据单元(Transport Protocol Data Unit,TPDU)。TPDU的有效载荷是应用层数据,有效载荷之前加上TPDU头形成TPDU。当TPDU传送到网络层时,加上IP分组头形成IP分组;当IP分组传送到数据链路层时,加上帧头、帧尾形成帧。当帧通过传输介质到达目的主机时,经过数据链路层与网络层处理之后,交给传输层的数据就是TPDU,接下来读取TPDU头并按要求执行。TPDU头用于传达传输层协议的命令和响应。图5-3给出了TPDU与IP分组、帧的关系。

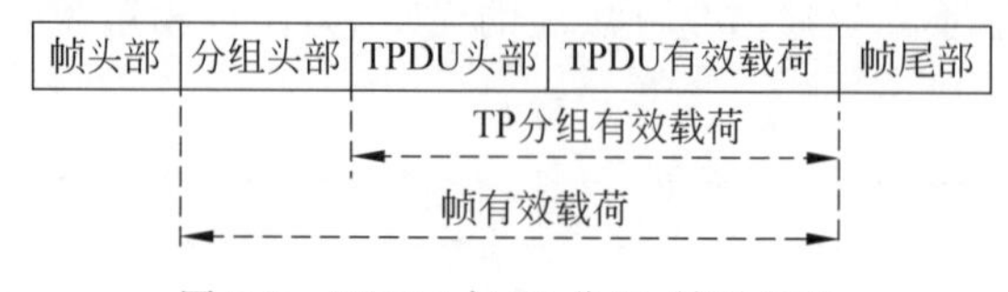

图5-3 TPDU与IP分组、帧的关系

5.1.3 应用进程、传输层接口与套接字

传输层接口与套接字是传输层的两个重要概念。图5-4给出了应用进程、套接字与IP地址的关系示意图。

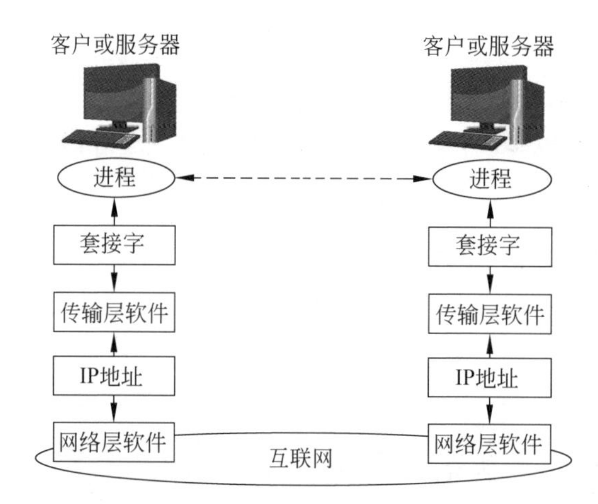

图5-4 应用进程、套接字与IP地址的关系

1. 应用程序、传输层软件与主机操作系统的关系

应用程序与TCP、UDP在主机操作系统的控制下工作。应用程序开发者只能根据需要选择TCP或UDP,设定相应的缓存、最大报文长度等参数。在传输层协议类型与参数选定之后,传输层协议软件在主机操作系统的控制下,为应用程序提供进程通信服务。

2. 进程通信与传输层端口号、网络层IP地址的关系

下面举一个例子来形象地说明进程、传输层端口号(port number)与网络层IP地址的关系。如果一位同学到南开大学计算机学院网络教研室找作者讨论问题,可以先找到计算机学院办公室进行查询,得知网络教研室位于伯苓楼501。这里,伯苓楼相当于IP地址,501相当于端口号。IP地址仅能告诉这位同学要找的教研室位于哪座楼。这位同学还必须知道是哪座楼的哪个房间,才能顺利地找到要去的地方。在这位同学找到作者之后,讨论问题的过程相当于两台主机进程之间通信的过程。在计算机网络中,只有知道IP地址与端口号,才能唯一地找到准备通信的进程。

3. 套接字的概念

传输层需要解决的一个重要问题是进程标识。在一台计算机中,不同进程可以用进程号(process ID)来标识。进程号又称为端口号。在网络环境中,标识一个进程必须同时使用IP地址与端口号。RFC 793定义的套接字(socket)由IP地址与端口号(形式为"IP地址:端口号")组成。例如,一个IP地址为202.1.2.5、端口号为30022的客户端与一个IP地址为151.8.22.51、端口号为80的Web服务器建立TCP连接,那么标识客户端的套接字为202.1.2.5:30022,标识服务器端的套接字为151.8.22.51:80。

术语socket有多种不同的含义:

- 在网络原理讨论中,RFC 793中的socket为"IP地址:端口号"。
- 在网络软件编程中,网络应用程序的编程接口(Application Programming Interface,API)又称为socket。
- 在API中,有一个函数名也是socket。
- 在操作系统讨论中,也会出现术语socket。

5.1.4 网络环境中的分布式进程标识方法

为了实现网络环境中的分布式进程通信,首先需要解决两个基本问题:进程标识与多重协议的识别。

1. 进程标识的基本方法

传输层寻址是通过TCP与UDP端口号来实现的。互联网应用程序的类型很多,例如基于客户/服务器(Client/Server,C/S)模式的FTP、E-mail、Web、DNS与SNMP应用,以及基于对等(Peer-to-Peer,P2P)模式的文件共享、即时通信类应用。这些应用程序在传输层分别选择TCP或UDP。为了区别不同的网络应用程序,TCP与UDP用不同的端口号来表示不同的应用程序。

2. 端口号的分配方法

1) 端口号的数值范围

在TCP/IP中,端口号的数值是0~65 535的整数。

2) 端口号的类型

IANA定义的端口号有3种类型:熟知端口号、注册端口号和临时端口号。图5-5给出了IANA对于端口号数值范围的划分。

0~1023	1024~49 151	49 152~65 535
熟知端口号	注册端口号	临时端口号

图5-5 IANA对于端口号数值范围的划分

TCP/UDP给每种标准的互联网服务器进程分配一个确定的全局端口号,称为熟知端口号(well-known port number)或公认端口号。每个客户进程都知道相应的服务器进程的熟知端口号。熟知端口号数值范围为0~1023,它是由IANA统一分配的。熟知端口号列表可以在http://www.iana.org中查询。

注册端口号数值范围为1024～49 151。当用户开发一种新的网络应用时,为了防止这种网络应用在互联网中使用时出现冲突,应为这种网络应用的服务器程序向IANA登记一个注册端口号。

临时端口号数值范围为49 152～65 535。客户进程使用临时端口号,它可以由TCP/UDP软件随机选取。临时端口号仅对一次进程通信有效。

图5-6给出了进程标识方法示意图。

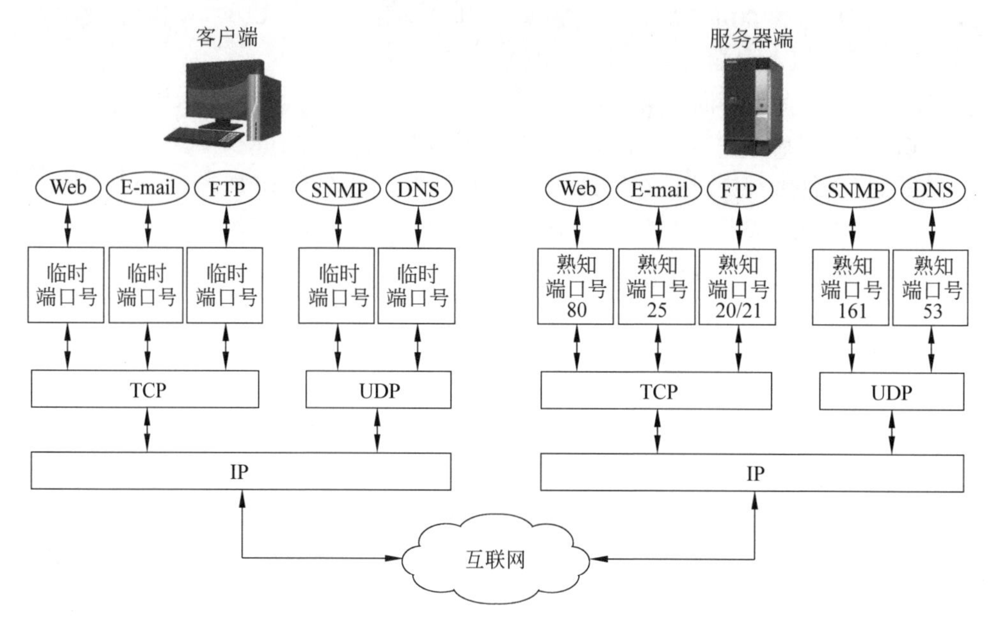

图5-6　进程标识方法示意图

3. 熟知端口号的分配方法

1) UDP的熟知端口号

表5-1给出了UDP常用的熟知端口号。UDP服务与端口号的映射表定期在RFC 768等文档中公布,并可以在多数UNIX主机的/etc/services文件中找到。

表5-1　UDP常用的熟知端口号

端口号	服务进程	说　明	端口号	服务进程	说　明
53	DNS	域名系统	161/162	SNMP	简单网络管理协议
67/68	DHCP	动态主机配置协议	520	RIP	路由信息协议
69	TFTP	简单文件传输协议			

需要注意的是,DHCP和SNMP的熟知端口号的使用与DNS不同。DHCP和SNMP的客户端和服务器端在通信时都使用熟知端口号。

2) TCP的熟知端口号

表5-2给出了TCP常用的熟知端口号。

表 5-2 TCP 常用的熟知端口号

端口号	服务进程	说　明	端口号	服务进程	说　明
20/21	FTP	文件传输协议	80	HTTP	超文本传输协议
23	TELNET	远程登录协议	110	POP	邮局协议
25	SMTP	简单邮件传输协议	179	BGP	边界路由协议

4. 多重协议的识别

实现分布式进程通信要解决的另一个问题是多重协议的识别。例如，UNIX 操作系统在传输层采用 TCP 与 UDP。Xerox 网络系统(Xerox Network System，XNS)在传输层使用自己的顺序分组协议(Sequential Packet Protocol，SPP)与网间数据报协议(Internetwork Datagram Protocol，IDP)。其中，SPP 相当于 TCP，IDP 相当于 UDP。在实际的应用中，还有其他类似的传输层协议。

网络中的两台主机要实现进程通信，必须事先约定好传输层协议类型。如果一台主机的传输层使用 TCP，另一台主机的传输层使用 UDP，两种协议的报文格式、端口号分配及协议执行过程不同，使得两个进程无法正常交换数据。因此，两台主机必须在通信之前确定都采用 TCP 或 UDP。

如果考虑到进程标识和多重协议的识别，网络中一个进程的全网唯一标识应该用三元组来表示：协议、本地 IP 地址与本地端口号。在 UNIX 操作系统中，这个三元组又称为半相关(half-association)。图 5-7 给出了三元组的结构。

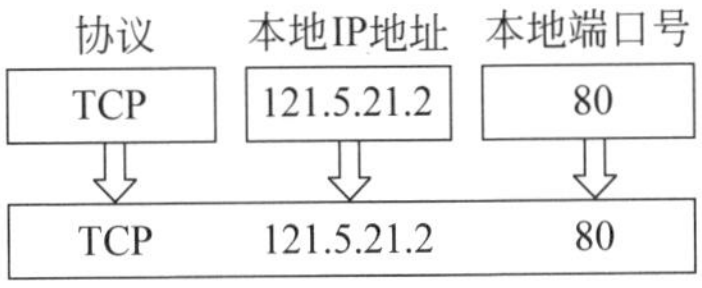

图 5-7 三元组的结构

由于分布式进程通信涉及两个主机的进程，因此一个完整的进程通信标识需要一个五元组表示。这个五元组是：协议、本地地址、本地端口号、远程地址与远程端口号。在 UNIX 操作系统中，这个五元组又称为相关(association)。例如，客户端的套接字为 202.1.2.5:30022，服务器端的套接字为 121.5.21.2:80，则客户端标识与服务器 TCP 连接的五元组为“TCP，202.1.2.5:30022，121.5.21.2:80”。

5.1.5 传输层的多路复用与分解

一台 TCP/IP 主机可能同时运行不同应用程序。如果客户端和服务器端同时运行 4 个应用程序：域名服务(DNS)、Web 服务(HTTP)、电子邮件(SMTP)与网络管理(SNMP)。其中，HTTP、SMTP 使用 TCP，DNS、SNMP 使用 UDP。TCP/IP 允许多个应用程序同时使用一个 IP 地址和物理链路来发送和接收数据。在发送端，IP 协议将 TCP 或 UDP 的 TPDU 都封装成 IP 分组来发送；在接收端，IP 协议将从 IP 分组中拆分出来的 TPDU 传送到传输层，由传输层根据 TPDU 端口号加以区分，分别交给相应的 4 个应用进程。这个过程称为传输层的多路复用(multiplexing)与多路分解(demultiplexing)。图 5-8 给出了传输层的多路复用与多路分解过程。

5.1.6 TCP、UDP 与应用层协议的关系

应用层协议依赖于某种传输层协议，这种依赖关系分为 3 类：应用层协议仅依赖于

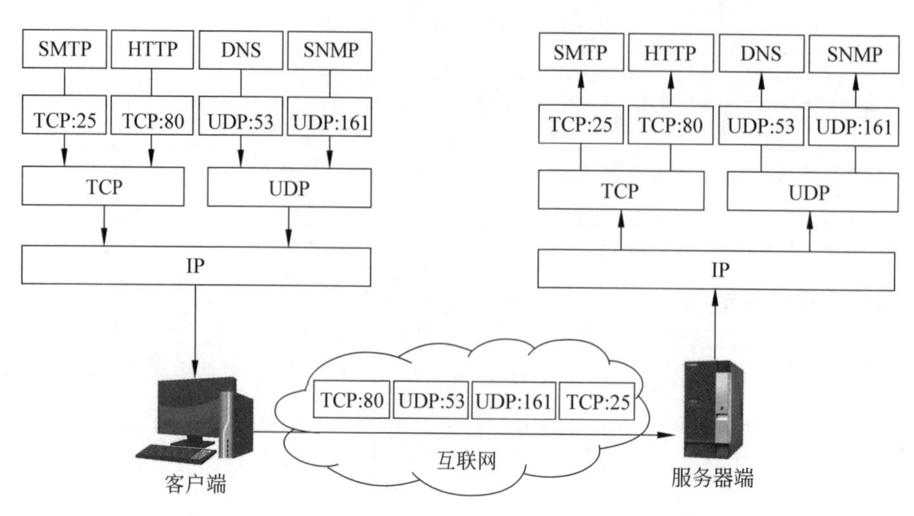

图 5-8　传输层的多路复用与多路分解过程

TCP;应用层协议仅依赖于 UDP;应用层协议可依赖于 TCP 或 UDP。图 5-9 给出了传输层协议与应用层协议的关系。

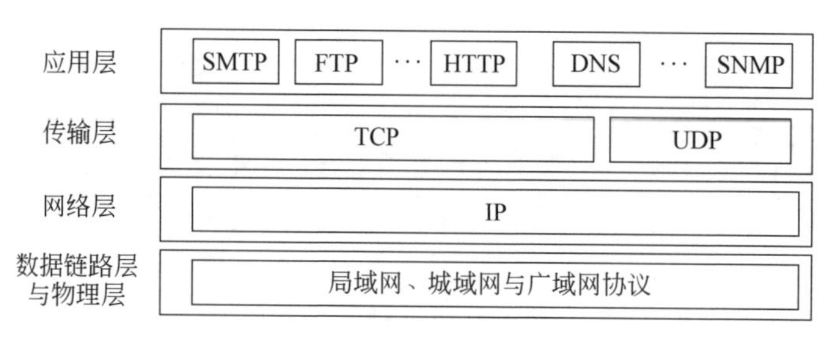

图 5-9　传输层协议与应用层协议的关系

仅依赖于 TCP 的应用层协议通常一次传输大量数据,例如 TELNET、SMTP、FTP、HTTP 等。仅依赖于 UDP 的应用层协议通常频繁交换少量数据,典型协议是 SNMP。有些应用可依赖于 TCP 或 UDP,例如 DNS。UDP 的优点是简洁、效率高、处理速度快,这在 P2P 类应用中显得更加突出。

5.2　UDP

5.2.1　UDP 的主要特点

UDP 的设计原则是协议简洁、运行快捷。1980 年,RFC 768 文档定义了 UDP 的内容,整个文档仅有 3 页。RFC 1122 文档对 UDP 进行了修订。

UDP 的特点主要表现在以下几个方面。

1. 无连接的传输层协议

理解 UDP 的无连接传输特点时需要注意以下几个问题:

- UDP 传输报文之前无须在通信双方之间建立连接,这样做有效减少了协议开销与传输延时。

- 除了为报文提供一种可选的校验和之外,UDP 几乎没有提供保证数据传输可靠性的措施。
- 如果 UDP 软件发现接收到的分组出错,它就会丢弃这个分组,既不确认又不通知发送端重传。

因此,UDP 提供的是尽力而为的传输服务。

2. 面向报文的传输层协议

图 5-10 给出了 UDP 对应用程序数据的处理方式。

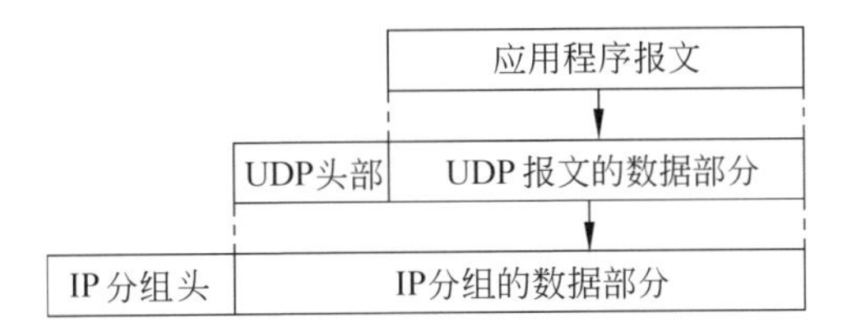

图 5-10　UDP 对应用程序数据的处理方式

理解 UDP 面向报文的传输特点时需要注意以下几个问题:

- 对于应用程序提交的报文,在添加 UDP 报头形成 TPDU 之后,就向下提交给网络层的 IP 协议。
- 对于应用程序提交的报文,UDP 既不合并也不拆分,而是保留报文的长度与格式。接收端将接收的报文原封不动地提交给应用程序。因此,应用程序必须选择好长度合适的报文。
- 如果应用程序提交的报文过短,则处理开销较大;如果应用程序提交的报文过长,则 IP 协议可能要对 TPDU 进行分片,这样也会降低处理效率。

5.2.2　UDP 报文格式

图 5-11 给出了 UDP 报文的格式。UDP 报文有长度固定为 8B 的报头。

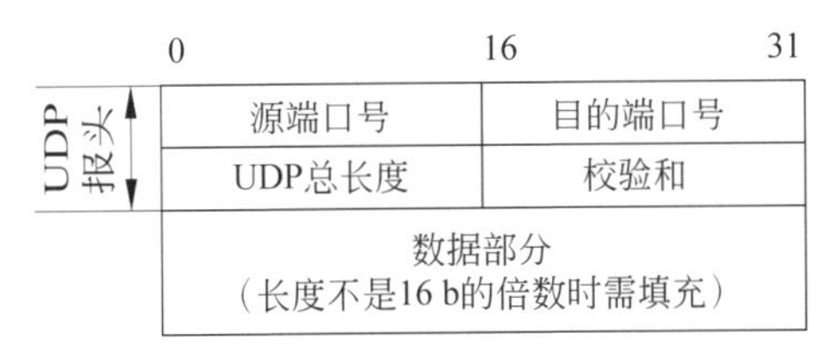

图 5-11　UDP 报文的格式

UDP 报头主要包括以下几个字段:

(1) 端口号字段。包括源端口号与目的端口号,每个字段长度均为 16b。源端口号表示发送端进程使用的端口号,目的端口号表示接收端进程使用的端口号。如果发送端进程是客户端,源端口号是 UDP 软件分配的临时端口号,目的端口号是服务器的熟知端口号。

(2) UDP 总长度字段。表示 UDP 报文的总长度,字段长度是 16b。因此,UDP 报文长度最小为 8B,最大为 65 535B。

(3) 校验和字段。用来检测整个 UDP 报文(包括伪报头)在传输中是否出错,字段长度为16b。校验和字段在UDP中是可选的字段,这反映了效率优先的思想。如果应用进程对通信效率的要求高于可靠性,应用进程可选择不使用校验和。

5.2.3 UDP校验和的概念

1. 伪报头的概念

理解在校验时增加伪报头的目的时需要注意以下几个问题:

- 伪报头不是UDP报文的真正头部,只是在计算校验和时临时增加的。
- 伪报头仅在计算时起作用,它既不向低层也不向高层传输。
- 伪报头包括IP分组头的源IP地址(32b)、目的IP地址(32b)、协议字段(8b)与UDP长度(16b),以及全0的填充字段(8b)。
- 如果没有伪报头,校验对象仅是UDP报文,也能够判断UDP报文传输是否出错。但是,设计者考虑到以下情况:如果IP分组头出错,那么IP分组可能传送到错误的主机,因此在计算UDP校验和时增加了伪报头。

2. 伪报头结构

UDP校验和主要包括3部分:伪报头(pseudo header)、UDP报头与数据。伪报头的长度为12B。图5-12给出了伪报头的结构。伪报头取自IP分组头的一部分,填充字段需要全部填0,使伪报头长度为16位的整数倍。IP分组头的协议号为17,表示一个UDP报文。UDP总长度不包括伪报头的长度。

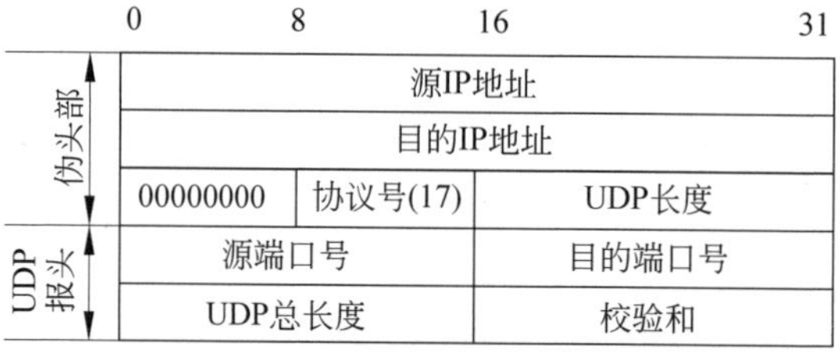

	0	8	16　　　　31
伪头部	源IP地址		
伪头部	目的IP地址		
伪头部	00000000	协议号(17)	UDP长度
UDP报头	源端口号		目的端口号
UDP报头	UDP总长度		校验和

图5-12　UDP校验和校验的伪报头与报头的结构

5.2.4 UDP的适用范围

确定应用程序在传输层是否采用UDP,应主要考虑以下3类应用。

1. 视频播放应用

用户在互联网环境中播放视频时,最关注的是视频流尽快、不间断播放,丢失个别报文对视频节目的播放效果不会产生很大影响。如果采用TCP,可能因重传丢失的报文而增大传输延迟,反而对视频播放造成不利影响。视频播放应用对数据交付实时性要求较高,而对数据交付可靠性要求相对较低,UDP更为适用。

2. 简短的交互式应用

有一类应用仅需进行频繁、简短的请求与应答报文交互,客户端发送一个简短的请求报文,服务器回复一个简短的应答报文,这时应用程序应该选择UDP。应用程序可通过定时器/重传机制来处理IP分组丢失问题,而无须选择有确认/重传机制的TCP,以提高这类网络应用的工作效率。

3. 多播与广播应用

UDP 支持一对多与多对多的交互式通信，这一点是 TCP 不支持的。UDP 报头长度只有 8B，比 TCP 报头长度短。同时，UDP 没有拥塞控制机制，在网络拥塞时不会要求源主机降低发送速率，而是丢弃个别报文。这个特点适用于 IP 电话、视频会议应用。

当然，任何事情都有两面性。UDP 的优点是简洁、快速、高效，但是没有提供必要的差错控制机制，在拥塞严重时缺乏控制与调节手段。对于使用 UDP 的应用程序来说，设计者需要在应用层设置必要的机制对上述问题加以解决。总之，UDP 是一种适用于实时语音与视频传输的传输层协议。

5.3 TCP

5.3.1 TCP 的主要特点

RFC793 文档最早描述了 TCP，此后出现了几十个 RFC 文档对 TCP 功能进行扩充与调整。例如，RFC 2415 文档补充了 TCP 的滑动窗口与确认策略，RFC 2581 文档补充了 TCP 的拥塞控制机制，RFC 2988 文档补充了 TCP 的重传定时器。

TCP 的特点主要表现在以下几个方面。

1. 支持面向连接的服务

如果将 UDP 提供的服务比作一封平信，那么 TCP 提供的服务相当于电话。UDP 是一种可满足最低要求的传输层协议，而 TCP 是一种功能完善的传输层协议。

面向连接对提高数据传输的可靠性很重要。应用程序使用 TCP 传送数据之前，必须在源进程与目的进程之间建立一条 TCP 连接。每个连接用通信双方的端口号来标识，并为双方的一次进程通信提供服务。TCP 建立在不可靠的 IP 协议之上，由于 IP 不提供任何可靠性保障机制，因此 TCP 的可靠性需要靠自己来解决。

2. 支持字节流传输

图 5-13 给出了 TCP 支持字节流传输的过程。流（stream）相当于一个管道，从一端放入什么内容，从另一端原样取出什么内容。流描述了一个没有出现丢失、重复和乱序的数据传输过程。

如果数据是通过键盘输入的，那么应用程序逐个将字符提交给发送端。如果数据是从文件中获取的，那么数据可能会逐行或逐块交付给发送端。应用程序与 TCP 每次交互的数据长度可能不同，但是 TCP 将应用程序提交的数据看成一串无结构的字节流。为了能够支持字节流传输，发送端和接收端都需要使用缓存。发送端使用发送缓存保存来自应用程序的数据。发送端不可能为每个写操作创建一个报文段，而是将几个写操作组合成一个报文段，由 IP 协议封装成 IP 分组之后发送到接收端。在接收端，IP 协议将接收的 IP 分组拆封之后，将数据部分提交给 TCP 并按字节流存储在接收缓存中，最后由应用程序通过读操作从接收缓存中读出数据。

由于 TCP 在传输过程中将应用程序提交的数据看成一串无结构的字节流，因此接收端的数据字节起始与终结位置必须由应用程序自己确定。

3. 支持全双工通信

TCP 允许通信双方的应用程序在任何时候都可以发送数据。由于通信双方都设置了

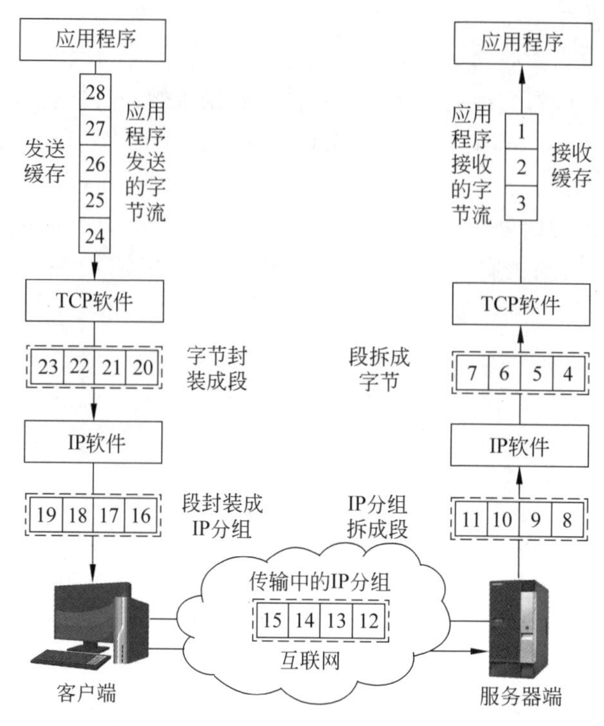

图 5-13 TCP 支持字节流传输的过程

发送缓存和接收缓存,应用程序将待发送的数据字节提交给发送缓存,数据字节的实际发送过程由 TCP 来控制;接收端在正确接收数据字节之后,将它存放到接收缓存中,由应用程序从接收缓存中读取数据。

4. 支持多个并发连接

TCP 需要支持同时建立多个连接,这个特点在服务器端表现得更突出。Web 服务器同时处理多个客户端的访问。例如,Web 服务器的套接字为 141.8.22.51: 80,同时有 3 个客户端要访问这个 Web 服务器,它们的套接字分别为 202.1.12.5: 30022、192.10.22.25: 35022 与 212.10.2.5: 71220,则服务器需要同时建立 3 个连接,用五元组表示:

TCP,141.8.22.51:80,202.1.12.5:30022

TCP,141.8.22.51:80,192.10.22.25:35022

TCP,141.8.22.51:80,212.10.2.5:71220

根据应用程序的需要,TCP 支持一个服务器端与多个客户端建立多个连接,也支持一个客户端与多个服务器端建立多个 TCP 连接。TCP 软件将分别管理多个 TCP 连接。

5. 支持可靠的传输服务

TCP 是一种可靠的传输服务协议,通过确认机制检查数据是否安全和完整地到达,并且提供拥塞控制功能。TCP 支持可靠数据传输的关键是对发送和接收的数据进行跟踪、确认与重传。需要注意的是: TCP 建立在不可靠的网络层 IP 协议之上,一旦 IP 协议及以下层出现传输错误,TCP 只能不断地进行重传,试图弥补传输中出现的问题。因此,传输层传输的可靠性是建立在网络层基础上的,同时也就会受到它们的限制。

总结以上讨论,可以看出 TCP 具有以下特点: 面向连接,面向字节流,支持全双工,支持并发连接，提供确认/重传与拥塞控制功能。

5.3.2　TCP 报文格式

TCP 报文又称为报文段(segment)。图 5-14 给出了 TCP 报文格式。

1. TCP 报头格式

TCP 报头长度为 20～60B。其中，固定部分长度为 20B；选项部分长度可变，最多为 40B。TCP 报头主要包括以下几个字段。

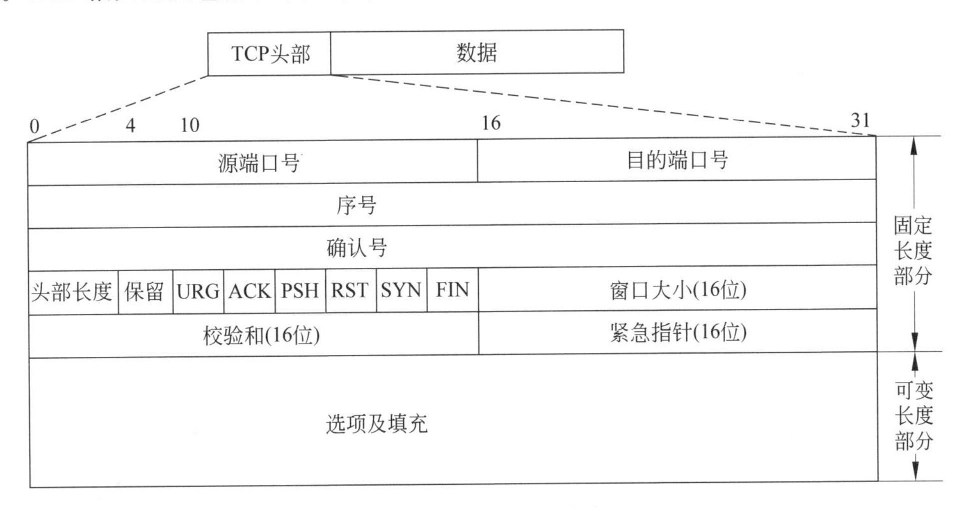

图 5-14　TCP 报文格式

1）端口号

源端口号与目的端口号字段长度均为 16b，分别表示该报文段的发送进程的端口号与接收进程的端口号。

2）序号

序号字段长度为 32b，取值范围为 $0 \sim 2^{32}-1$(4 284 967 295)。理解序号字段的用途时，需要注意以下几个问题。

- TCP 支持字节流传输服务，为发送字节流中的每个字节按顺序编号。
- 在建立 TCP 连接时，每一方都需要用随机数生成器产生一个初始序号(Initial Sequence Number，ISN)。
- 由于连接双方各自随机产生初始序号，因此一个 TCP 连接的通信双方序号不同。

例如，一个 TCP 连接需要发送 4500B 的文件，初始序号为 10010，分为 5 个报文段发送。前 4 个报文段长度为 1000B，第 5 个报文段长度为 500B。那么，根据报文段序号的分配规则，报文段 1 的第 1 字节的序号取初始序号 10010，第 1000 字节的序号为 11009。以此类推，可以得出如下结论：

- 报文段 1 的字节序号范围：10010～11009。
- 报文段 2 的字节序号范围：11010～12009。
- 报文段 3 的字节序号范围：12010～13009。
- 报文段 4 的字节序号范围：13010～14009。

• 报文段5的字节序号范围：14010～14509。

3）确认号

确认号字段长度为32b，表示接收进程已正确接收序号为 N 的字节，要求发送进程发送序号为 $N+1$ 的字节。

例如，主机A发送给主机B的报文段的字节序号为10010～11009，主机B正确接收这个报文段，那么主机B在下一个发送到主机A的报文段中将确认号设置为11010(11009+1)。当主机A接收到该报文段时，将确认号为11009理解为：主机B已正确接收序号为11009及以前的所有字节，希望接下来发送以字节序号11010开始的报文段。这是在网络协议中典型的捎带确认方法。

4）报头长度

报头长度字段长度为4b。TCP报头长度是以4B为单位来计算的，实际的报头长度为20～60B。因此，报头长度字段值为5～15。

5）保留

保留字段长度为6b。

6）控制

控制字段定义了6种不同的控制位(也称标志位)，可以同时设置一位或多位。控制字段用于TCP连接的建立与终止、流量控制以及数据传送过程控制。

(1) URG(紧急)位。发送进程将URG位设置为1，表示该报文段的优先级高，需要插到报文段的最前面，并且尽快发送。URG位与紧急指针字段一起使用。

(2) ACK(确认)位。按照TCP的规定，在TCP连接建立之后发送的所有报文段的ACK位设置为1。

(3) PSH(推送)位。当两个应用进程之间进行交互时，如果一个进程希望立即得到对方的响应，那么它需要将PSH位设置为1，并立即创建一个报文段发送到对方；对方接收到PSH位为1的报文段之后，会尽快将它交给进程并作出应答。

(4) RST(复位)位。RST位设置为1有两种含义：一是由于主机崩溃等原因造成TCP连接出错，需要立即释放连接，并重新建立连接；二是拒绝一个非法TCP报文。

(5) SYN(同步)位。SYN位在连接建立时用于同步序号。例如，SYN=1、ACK=0表示连接建立请求；SYN=1、ACK=1表示连接建立响应。

(6) FIN(终止)位。FIN位用于释放一个TCP连接。例如，FIN=1表示发送端的报文段发送完毕，并请求释放TCP连接。

7）窗口

窗口字段长度为16b，表示以字节(B)为单位的窗口大小。理解窗口字段的用途时需要注意以下几个问题：

• 窗口最大长度为 $0\sim2^{16}-1$(65 535)。
• 由于接收端的接收缓存是有限的，因此需要设置一个窗口字段，表示接收缓存还有多少空间可用于下次传输。接收端根据窗口值大小通知发送端下次最多可以发送报文段的字节数。
• 发送端根据接收端通知的窗口值调整自己发送的报文段大小。
• 窗口字段值是动态变化的。

如果主机A发送给主机B的一个报文段的确认号值是502,窗口值是1000,则表示：主机B下次向主机A发送该报文段时,第一字节序号为502,报文段最大长度为1000,最后字节序号为1501。

8）紧急指针

紧急指针字段长度为16b。仅当URG位为1时,紧急指针字段才是有效的,表示报文段中包括紧急数据。TCP软件优先处理完紧急数据之后,才能够恢复正常操作。

9）选项

TCP报头可以有最大40B的选项字段。选项包括以下两类：单字节选项和多字节选项。单字节选项有两个：选项结束与无操作。多字节选项有3个：最大报文段长度、窗口扩大因子与时间戳。

10）校验和

校验和字段长度为16b。TCP校验和的计算过程与UDP校验和相同。UDP校验和是可选的,而TCP校验和是必备的。TCP校验和同样需要伪报头,不同的是协议字段值为6。

2. TCP最大段长度

TCP对报文段数据部分的最大长度有规定。这个值称为最大段长度(Maximum Segment Size,MSS)。RFC 793没有对MSS做更多讨论,在RFC 879中讨论了MSS问题。

TCP报文段长度与窗口长度不同。窗口长度是TCP为保证字节流传输可靠性,接收端通知发送端下次可连续传输的字节数;MSS是在构成一个TCP报文段时最多可在数据部分放置的字节数量。MSS值的确定与每次传输的窗口长度无关。

MSS是TCP报文段数据部分的最大字节数限定值,不包括报头长度。如果确定MSS为100B,考虑到报头部分,整个TCP报文长度可能是120～160B。具体值取决于报头实际长度。选择MSS时应该考虑以下几个因素：

- TCP报文的长度等于报头加上数据部分。TCP报头长度是20～60B。如果报头值选择40B,而MSS值也选择40B,则每个报文段仅有50%用于传输数据。显然,选择的MSS值太小会增加协议开销。
- TCP报文要通过IP分组来传输。如果MSS值选择得较大,受到IP分组长度的限制,较长的报文段在IP层将被分片传输。这同样会增加网络层开销和传输出错概率。
- 为了保证TCP提供字节流传输,通信双方都必须设置发送和接收缓存。MSS值的大小直接影响发送和接收缓存的大小与使用效率。

基于以上几个因素,确定的默认MSS值为536B。如果考虑规定的报头长度20B,那么默认的报文段长度为556B。对于某些应用来说,默认MSS值也许不适用。如果编程者希望选择其他MSS值,可以在建立TCP连接时使用SYN报文中的最大段长度选项协商。TCP允许通信双方选择不同的MSS值。

5.3.3 TCP连接的建立与释放

图5-15给出了TCP的工作原理。TCP工作过程包括3个阶段：TCP连接建立、报文传输与TCP连接释放。

1. TCP 连接建立

TCP 连接建立需要经过三次握手(three-way handshake)过程。

(1) 最初客户端处于 CLOSED(关闭)状态。当客户端准备发起一次 TCP 连接进入 SYN-SENT(准备发送)状态时,首先向处于 LISTEN(收听)状态的服务器端发送控制位 SYN=1 的连接建立请求报文。连接建立请求报文不携带数据字段,但是需要给报文一个序号(seq=x),图 5-15 中标为"SYN=1,seq=x"。

需要注意,连接建立请求报文的序号 seq 值 x 是随机产生的,但是不能为 0。随机数 x 不能为 0 的理由是:避免 TCP 连接因非正常断开而引起混乱。当连接突然中断时,可能有一个或两个进程同时等待对方的确认应答,而此时有一个新连接的序号也是从 0 开始的,那么接收进程将会认为是对方重传的报文,这样可能造成连接出错。

(2) 服务器端接收到连接建立请求报文之后,如果同意建立连接,则向客户端发送控制位 SYN=1、ACK=1 的连接建立确认报文。确认号 ack=$x+1$,表示是对连接建立请求报文(序号 seq=x)的确认。同样,连接建立确认报文不携带数据字段,但是需要给报文一个序号(seq=y),图 5-15 中标为"SYN=1,ACK=1,seq=y,ack=$x+1$"。这时,服务器端进入 SYN-RCVD(准备接收)状态。

(3) 客户端接收到连接建立确认报文之后,则向服务器端发送控制位 ACK=1 的连接建立确认报文。由于该报文是对服务器端发送的连接建立确认报文(序号 seq=y)的确认,因此确认序号 ack=$y+1$。同样,连接建立确认报文不携带数据字段,但是需要给报文一个序号(seq=$x+1$),图 5-15 中标为"ACK=1,seq=$x+1$,ack=$y+1$"。这时,客户端进入 ESTABLISHED(已建立连接)状态。服务器端接收到 ACK 报文之后,也进入 ESTABLISHED 状态。

在经过三次握手之后,客户端与服务器端之间已建立 TCP 连接。图 5-16 给出了 TCP 连接建立中的三次握手过程。

当浏览器进程访问 Web 服务器进程时,首先要通过 DNS 查找 Web 服务器的 IP 地址,图中 No.1 和 No.2 完成域名解析的过程。需要注意的是 No.3~No.5 所示的三次握手过程中的序号改变。经过三次握手,IP 地址为 202.1.64.166、端口号 S=1298 的浏览器和 IP 地址为 211.80.20.200、端口号 D=80 的 Web 服务器建立 TCP 连接。

- 在第一个报文——连接建立请求报文(No.3)中,控制位 SYN=1,序号 seq=60029。这个报文表示:客户端使用序号 seq=60029 的 SYN 报文向服务器端请求建立 TCP 连接。
- 在第二个报文——连接建立确认报文(No.4)中,控制位 SYN=1、ACK=1,序号 seq=35601,确认号 ack=60029+1=60030。这个报文表示:服务器端用序号 seq=35601 的确认报文表示接受客户端的连接建立请求,同时用确认号 ack=60030 对上一个序号为 60029 的 SYN 报文进行确认。
- 在第三个报文——连接建立确认报文(No.5)中,控制位 ACK=1,序号 seq=60030,确认号 ack=35601+1=35602。这个报文表示:客户端用序号 ack=35602 对上一个确认报文进行确认。

服务器端接收到 No.5 的连接建立确认报文之后,双方之间的 TCP 连接已经建立,进入 HTTP 交互状态。

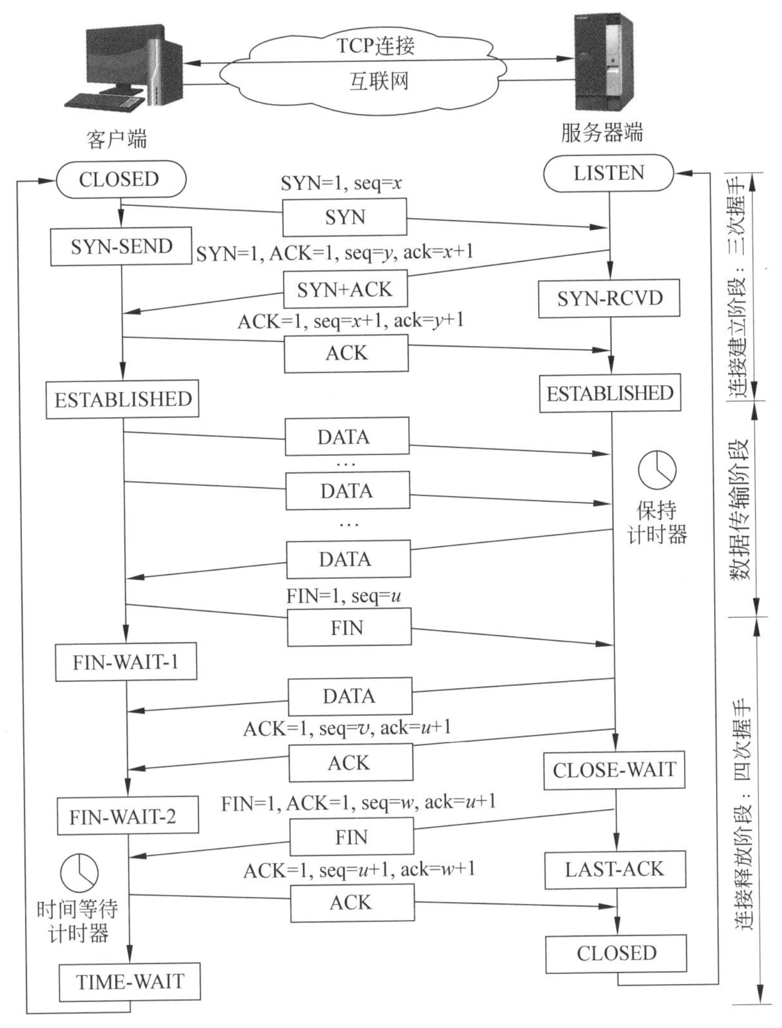

图 5-15　TCP 的工作原理

Sniffer Portable - Local, Ethernet (Line speed at 100 Mbps) - [a2.cap: Filtered 3, 36/25000 Ethernet Frames, Filter: Matrix]

File Monitor Capture Display Tools Database Window Help

No.	Source Address	Destination Address	Summary
1	202.1.64.166	211.80.20.2	DNS：NAME=www.itnk.com
2	211.80.20.2	202.1.64.166	DNS：IP=211.80.20.200 NAME=www.itnk.com
3	202.1.64.166	211.80.20.200	TCP：S=1298 D=80 SYN=1 seq=60029
4	211.80.20.200	202.1.64.166	TCP：S=80 D=1298 SYN=1 ACK=1 seq=35601 ack=60030
5	202.1.64.166	211.80.20.200	TCP：S=1298 D=80 ACK=1 seq=60030 ack=35602
6	202.1.64.166	211.80.20.200	HTTP：Port=1535 GET/HTTP/1.1

图 5-16　TCP 连接建立中的三次握手过程

2. 报文传输

客户端与服务器端之间的 TCP 连接建立之后,客户端应用进程与服务器端应用进程就可以用这个连接进行全双工的字节流传输了。

为了保证 TCP 正常、有序地工作,TCP 设置保持计时器(keep timer),以便防止 TCP 连接长期空闲。如果客户端建立了到服务器端的连接,传输了一些数据,然后停止传输,可能是这个客户端发生了故障。在这种情况下,该连接永远处于打开状态。为了解决这种问题,在服务器端设置保持计时器。当服务器端接收到客户端的报文时,就将保持计时器复位。如果超过设定时间没收到客户端的报文,服务器端就发送探测报文。如果发送 10 个探测报文(相邻报文间隔 75s),客户端仍没有响应,就假设客户端出现故障,进而终止该连接。

3. TCP 连接释放

TCP 连接释放过程较复杂,客户端与服务器端都可以主动提出连接释放请求。下面是客户端主动请求释放连接时的四次握手过程。

(1) 客户端结束传输并主动提出释放 TCP 连接时,进入 FIN-WAIT-1(释放等待 1)状态。客户端向服务器端发送控制位 FIN=1 的连接释放请求报文,提出连接释放请求,并停止发送数据。连接释放请求报文不携带数据字段,但是需要给报文一个序号,图 5-15 中标为“FIN=1,seq=u”。u 等于客户端发送的最后一个字节的序号加 1。

(2) 服务器端接收到连接释放请求报文之后,需要向客户端发回连接释放确认报文,表示对接收到的连接释放请求报文的确认,则 ack=u+1。连接释放确认报文的序号为服务器端发送的最后一个字节序号加 1,图 5-15 中标为“ACK=1,seq=v,ack=u+1”。服务器端的 TCP 进程向应用进程通知客户端请求释放 TCP 连接,则客户端到服务器端的 TCP 连接断开。但是,服务器端到客户端的 TCP 连接还没有断开,如果服务器端还有数据报文需要发送,它还可以继续发送直至完毕。这种状态称为半关闭(half-close)状态,需要持续一段时间。客户端接收到服务器端发送的 ACK 报文之后,进入 FIN-WAIT-2(释放等待 2)状态;此时,服务器端进入 CLOSE-WAIT(关闭等待)状态。

(3) 当服务器端的应用进程没有数据需要发送时,它会通知 TCP 进程释放连接,这时服务器端向客户端发送连接释放请求报文。连接释放请求报文的序号取决于在半关闭状态时服务器端是否发送过数据报文。这里,假设序号为 w,图 5-15 中标为“FIN=1,ACK=1,seq=w,ack=u+1”。服务器端经过 LAST-ACK 状态之后,回到 LISTEN(收听)状态。

(4) 客户端接收到 FIN 报文之后,向服务器端发送连接释放确认报文,表示对服务器端连接释放请求报文的确认,图 5-15 中标为“ACK=1,seq=u+1,ack=w+1”。

图 5-17 给出了 TCP 连接释放中的四次握手过程。

图 5-17 中 No.23 与 No.24 分别是浏览器向 Web 服务器、Web 服务器向浏览器发送的数据报文。No.25～No.28 是连接释放过程中的四次握手报文。

- No.25 是浏览器向 Web 服务器发送的连接释放请求报文,其中控制位 FIN=1,表示浏览器将停止发送数据。请求报文不携带数据字段,但是需要给报文一个序号,这里 seq=16752。ack 是对服务器已发送报文的确认,其值为 69836。这个请求报文可表示为“FIN=1、ACK=1,seq=16752,ack=69836”。
- No.26 是 Web 服务器向浏览器发送的连接释放确认报文,其中控制位 ACK=1,表示 Web 服务器正确接收了浏览器的连接释放请求。这个确认报文可表示为

"ACK＝1，seq＝69836，ack＝16753"。需要注意的是：浏览器到 Web 服务器的 TCP 连接已断开，而 Web 服务器到浏览器的 TCP 连接还没有断开，此时 Web 服务器仍可利用该连接向浏览器发送数据报文。

- No.27 是 Web 服务器向浏览器发送的连接释放请求报文，其中控制位 FIN＝1、ACK＝1。需要注意的是：该报文的 seq 与 ack 值与上一个报文一致。这个请求报文可表示为"FIN＝1、ACK＝1，seq＝69836，ack＝16753"。
- No.28 是浏览器向 Web 服务器发送的连接释放确认报文，其中控制位 ACK＝1。这个确认报文可表示为"ACK＝1，seq＝16753，ack＝69837"。

浏览器接收到 Web 服务器的连接释放确认报文之后，浏览器与 Web 服务器之间的双向 TCP 连接释放过程完成。

Sniffer Portable - Local, Ethernet (Line speed at 100 Mbps) - [a2.cap: Filtered 3, 36/25000 Ethernet Frames, Filter: Matrix]

No.	Source Address	Destination Address	Summary
...	...	...	...
23	202.1.64.166	211.80.20.200	HTTP：Data Len=100 S=1298 D=80 seq=16651 ack=68830
24	211.80.20.200	202.1.64.166	HTTP：Data Len=1005 S=80 D=1298 seq=68831 ack=16752
25	202.1.64.166	211.80.20.200	TCP：S=1298 D=80 FIN=1 ACK=1 seq=16752 ack=69836
26	211.80.20.200	202.1.64.166	TCP：S=80 D=1298 ACK=1 seq=69836 ack=16753
27	211.80.20.200	202.1.64.166	TCP：S=80 D=1298 FIN=1 ACK=1 seq=69836 ack=16753
28	202.1.64.166	211.80.20.200	TCP：S=1298 D=80 ACK=1 seq=16753 ack=69837

图 5-17　TCP 连接释放中的四次握手过程

4. 时间等待计时器

为了保证 TCP 连接释放过程正常进行，TCP 设置了时间等待计时器（time-wait timer）。当 TCP 关闭一个连接时，它并不认为这个连接马上关闭。这时，客户端进入 TIME-WAIT 状态，再等待两个最长段寿命（Maximum Segment Lifetime，MSL）之后，才真正进入 CLOSE（关闭）状态。

客户端与服务器端经过四次握手之后，确认双方已经同意释放连接，客户端仍然需要延迟两个 MSL 的时间，确保服务器端在最后阶段发送给客户端的数据以及客户端发送给服务器端的最后一个 ACK 报文都能正确接收，防止因个别报文传输错误导致连接释放失败。

5.3.4 TCP 滑动窗口与确认、重传机制

1. TCP 差错控制

TCP 通过滑动窗口机制来跟踪和记录字节发送状态，实现差错控制功能。理解 TCP 的差错控制原理时需要注意以下几个问题：

- TCP 的设计思想是：应用进程将数据作为一个字节流来传送，而不是限制应用层数据的长度。应用进程无须考虑发送数据的长度，由 TCP 负责将这些字节分段打包。
- 发送端利用已经建立的 TCP 连接，将字节流发送到接收端的应用进程，并且是顺序正确以及没有差错、丢失与重复的。
- TCP 发送的报文是交给 IP 协议来传输的，IP 协议只能提供尽力而为的服务，IP 分

组在传输过程中出错不可避免。TCP必须提供差错控制、确认与重传功能,以保证接收的字节流是正确的。

2. 滑动窗口机制

1) 滑动窗口的概念

TCP协议使用以字节为单位的滑动窗口协议(sliding windows protocol),以控制字节流的发送、接收、确认与重传过程。理解滑动窗口协议时需要注意以下几个问题:

- TCP使用两个缓存与一个窗口来控制字节流的传输过程。发送端的TCP进程有一个缓存,用来存储应用进程准备发送的数据。发送端为这个缓存设置一个发送窗口,只要窗口值不为0就可以发送报文段。接收端的TCP进程也有一个缓存,用来存储接收的数据,等待应用进程读取。接收端为这个缓存设置一个接收窗口,只要窗口值不为0就可以接收报文段。
- 接收端通过TCP报头通知发送端已正确接收的字节序号,以及发送端还能连续发送的字节数。
- 接收窗口大小由接收端根据接收缓存剩余空间大小以及应用进程读取数据的速度决定。发送窗口大小取决于接收窗口大小。
- 虽然TCP是面向字节流的,但不可能对传送的每个字节进行确认。TCP将字节流分成多个段,每个段的多个字节打包成一个报文段来传送、确认。TCP通过报头的序号来标识发送的字节,以确认号表示哪些字节已正确接收。

2) 字节流传输状态分类

为了达到利用滑动窗口协议控制差错的目的,TCP引入字节流传输状态的概念。图5-18给出了字节流传输状态分类。在这个例子中,假设发送的第一字节序号为1。

84 … 38 37 36 35	34 33 32 31 30 29	28 27 26 25 24 23 22 21 20	19 18 17 16 … 1
第4类 未发送且接收端未准备好接收的字节	第3类 未发送但接收端准备好接收的字节	第2类 已发送但未确认的字节	第1类 已发送且已确认的字节

图5-18 字节流传输状态分类

为了对正确传输的字节流进行确认,必须对字节流的传输状态进行跟踪。根据图5-18,发送字节的字节流传输状态可分为以下4类:

- 第1类:已发送且已确认的字节,序号为1~19。
- 第2类:已发送但未确认的字节,序号为20~28。
- 第3类:未发送但接收端准备好接收的字节,序号为29~34。
- 第4类:未发送且接收端未准备好接收的字节,序号为35~84。

3) 发送窗口与可用窗口

发送端在每次发送过程中能够连续发送的字节数取决于发送窗口的大小。图5-19描述了发送窗口与可用窗口的概念。

(1) 发送窗口。发送窗口长度等于第2类与第3类字节数之和。在图5-19中,第2类已发送但未确认的字节数为9,第3类未发送但接收端准备好接收的字节数为6,发送窗口

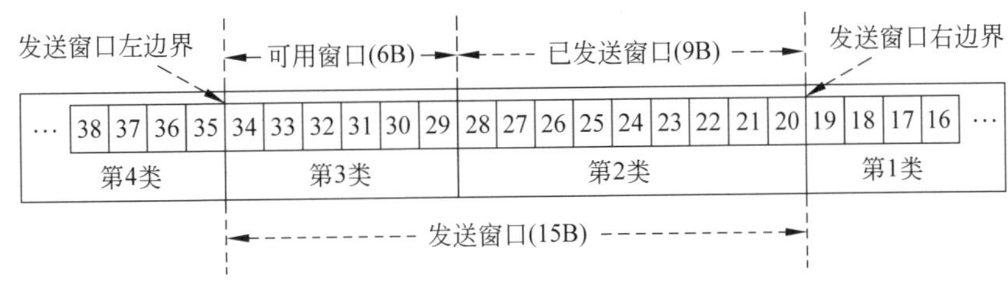

图 5-19 发送窗口与可用窗口的概念

长度应该为 9＋6＝15。

(2) 可用窗口。可用窗口长度等于第 3 类字节数,即未发送但接收端准备好接收的字节,表示发送端随时可发送的字节数。在图 5-19 中,可发送的第一字节序号为 29,可用窗口长度为 6。

4) 发送窗口的变化

如果没有出现任何问题,发送端可立即发送的字节数为 6B,第 3 类字节就变成第 2 类字节,等待接收端确认。图 5-20 给出了发送窗口与字节类型的变化。

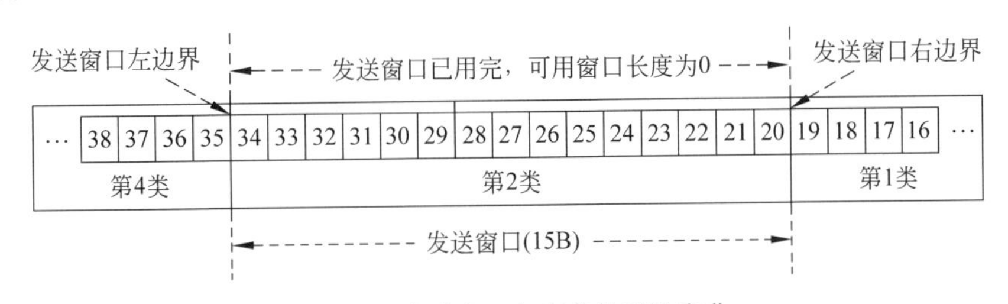

图 5-20 发送窗口与字节类型的变化

此时,4 种字节类型的情况如下:

- 第 1 类:已发送且已确认的字节,序号为 1～19。
- 第 2 类:已发送但未确认的字节,序号为 20～34。
- 第 3 类:未发送但接收端准备好接收的字节,数量为 0。
- 第 4 类:未发送且接收端未准备好接收的字节,序号为 35～84。

5) 确认并滑动窗口

经过一段时间,接收端向发送端发送一个报文,确认序号为 20～25 的字节。发送端将窗口向左滑动,以保持发送窗口长度为 15。图 5-21 给出了窗口滑动与字节类型的变化。

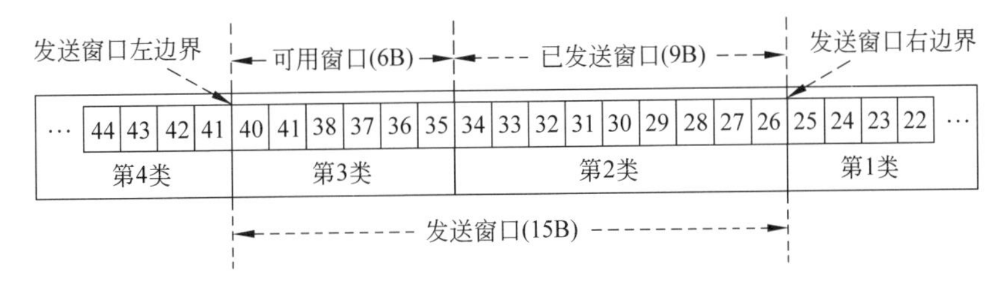

图 5-21 窗口滑动与字节类型的变化

此时,4 种字节类型的情况如下:

- 第 1 类：已发送且已确认的字节，序号为 1～25。
- 第 2 类：已发送但未确认的字节，序号为 26～34。
- 第 3 类：未发送但接收端准备好接收的字节，序号为 35～40。
- 第 4 类：未发送且接收端未准备好接收的字节，序号为 41～84。

从上述讨论中可以看出，滑动窗口协议主要有以下几个特点：

- TCP 使用发送缓存和接收缓存与滑动窗口机制来控制 TCP 连接上的字节流传输。
- TCP 滑动窗口是面向字节的，它可以起到差错控制的作用。
- 接收端可以在任何时候发送确认报文，接收窗口长度可以由接收端根据需要增大或减小。
- 发送窗口长度可以小于接收窗口长度，但是不能超过接收窗口长度。发送端可根据自身需要来决定发送窗口长度。

3. 选择重传策略

在上述讨论中，没有考虑报文段丢失的情况。但是，在互联网中报文段丢失不可避免。图 5-22 给出了接收字节序号不连续的例子。如果 5 个报文段在传输过程中丢失了两个，将造成接收的字节序号不连续的现象。

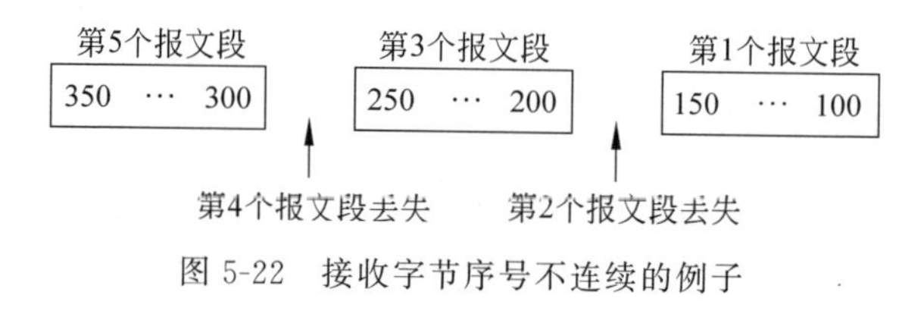

图 5-22　接收字节序号不连续的例子

对于接收字节流序号不连续的情况，处理方法有两种方式，分别为拉回方式和选择重传方式。

1) 拉回方式

如果采用拉回方式，在丢失第 2 个报文段时，不管随后的报文段接收是否正确，都要从第 2 个报文段(第一字节序号为 151)开始，重传第 2～5 个报文段。显然，拉回方式的效率很低。

2) 选择重传方式

如果采用选择重传方式，当第 1、3、5 个报文段都进入接收窗口后，首先完成接收窗口内的字节接收，然后将丢失的字节序号通知发送端。发送端仅需重传丢失的报文段，而不需要重传已正确接收的报文段。RFC 2018 文档给出了采用选择重传方式时接收端向发送端报告丢失字节信息的报文。

4. 重传计时器

1) 重传计时器的作用

TCP 协议使用重传计时器(retransmission timer)来控制报文确认与等待重传的时间。当发送端的 TCP 进程发送一个报文时，首先将报文副本放入重传队列，同时启动一个重传计时器(例如其值为 400ms)。如果重传计时器到 0 之前收到确认，表示该报文传输成功；否则，表示该报文传输失败，发送端就准备重传该报文。图 5-23 给出了重传计时器的工作过程。

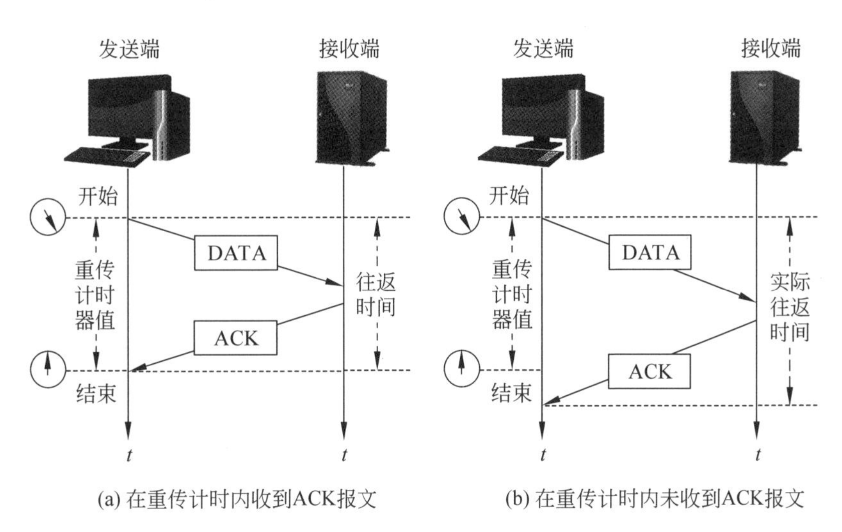

(a) 在重传计时内收到ACK报文　　(b) 在重传计时内未收到ACK报文

图 5-23　重传计时器的工作过程

2）影响重传时间的因素

设定重传计时器的时间值是很重要的。如果设定值过低，接收端已正确接收的报文可能被重传，造成报文重复的现象；如果设定值过高，在报文丢失的情况下，发送端仍在长时间等待，造成效率降低的现象。研究 TCP 超时重传方法，必须理解超时重传时间确定的复杂性以及影响重传时间的因素。为此需要注意以下几个问题：

- 如果一台主机同时与两台主机建立了 TCP 连接，那么它需要分别为每个连接启动一个重传计时器。如果一个连接是用于在局域网中传输文本文件，而另一个连接要通过互联网访问 Web 服务器中的视频文件，两个 TCP 连接的报文发送和确认信息返回的往返时间(Round Trip Time，RTT)相差很大。因此，就需要为不同连接设定不同的重传计时器时间。
- 由于互联网在不同时段的用户数量变化很大，流量与传输延迟的变化也很大，因此两台主机在不同时间建立 TCP 连接，即使完成同样的 Web 访问操作，客户端与服务器端之间的报文传输延迟也不同。
- 传输层的重发纠错机制与数据链路层有很多相似之处。两者的不同之处在于：数据链路层讨论的是点-点链路之间的帧往返时间，由于在一条链路上的帧往返时间波动通常不会太大，在设定的帧往返时间内，如果接收不到对发送帧的确认，就可以判断该帧因传输出错被丢弃；而传输层要面对复杂的互联网络结构，在仅提供尽力而为服务的 IP 协议之上处理端-端报文传输问题，报文的往返时间在数值上波动较大是很自然的事。

正是由于这些原因，在互联网中为 TCP 连接确定合适的重传计时器时间是困难的。TCP 不能采用简单的静态方法，必须采用动态的自适应方法，根据对端-端报文往返时间的连续测量，不断调整和设定重传计时器的超时重传时间。

5. 超时重传时间选择

RFC 2988 文档详细讨论了 TCP 重传计时器的计算方法。理解重传时间计算方法时需要注意以下几个问题。

1）当前往返时间的估算

TCP软件为每个TCP连接维护一个变量，表示当前往返时间估算值。当发送端发送一个报文段时，就启动一个重传计时器。重传计时器起到两个作用：一是测量该报文段从发送到被确认的RTT；二是在超时时启动重传。如果本次测量的RTT为M，前一次RTT估算值为RTT_0，那么更新后的RTT估算值RTT_E按式(5-1)计算：

$$RTT_E = \alpha \times RTT_0 + M \tag{5-1}$$

其中，α是一个常数加权因子($0 \leqslant \alpha < 1$)。α决定RTT对延迟变化的反应速度。当α接近0时，短暂的延迟变化对RTT影响不大；当α接近1时，延迟变化对RTT影响很大。RFC 2988文档建议α的参考值为0.125。

下面举一个例子来说明α的作用。例如，最初的RTT估算值RTT_0为30ms，已知收到3个确认报文，RTT测量值M分别为26ms、32ms与24ms。

根据式(5-1)可以进行以下计算：

(1) $RTT_0 = 30ms$，则

$$RTT_E = 0.125 \times 30ms + 26ms = 29.75ms$$

(2) $RTT_0 = 29.75ms$，则

$$RTT_E = 0.125 \times 29.75ms + 32ms \approx 35.72ms$$

(3) $RTT_0 = 35.72ms$，则

$$RTT_E = 0.125 \times 35.72ms + 24ms \approx 28.47ms$$

经过加权处理之后，新的RTT估计值分别为29.75ms、35.72ms与28.47ms。

2）超时重传时间

超时重传时间(Retransmission Time-Out，RTO)应略大于加权计算出的RTT估计值。RFC 2988文档建议的RTO计算公式为

$$RTO = RTT_E + 4 \times RTT_D \tag{5-2}$$

其中，RTT_D是RTT的偏差加权平均值。RTT_D值和RTT_E与测量值M之差相关。RFC 2988文档建议：

(1) 在第一次测量时，取

$$RTT_D = M/2 \tag{5-3}$$

(2) 在以后的测量中，使用式(5-4)计算RTT_D：

$$RTT_D = (1-\beta) \times (RTT_0) + \beta \times (RTT_E - M) \tag{5-4}$$

其中，β为一个常数加权因子，它很难确定。当β接近1时，TCP能够迅速检测报文丢失，及时重传报文，减少等待时间，但是可能造成多次重传报文；当β很小时，重传报文减少，但是等待确认的时间太长。RFC 2988文档建议β的参考值为0.25。

3）RTO计算举例

假设：$\beta = 0.25$，$RTT_0 = 30ms$，$RTT_E = 35ms$，$M = 32ms$。

(1) 根据式(5-4)计算RTT_D：

$$RTT_D = (1\text{-}0.25) \times 30ms + 0.25 \times (35ms - 32ms) \approx 22.5ms + 0.75ms \approx 23.25ms$$

(2) 根据式(5-2)计算RTO：

$$RTO = 35ms + 4 \times 23.25ms = 128ms$$

5.3.5 TCP 滑动窗口与流量控制、拥塞控制

1. TCP 窗口与流量控制

流量控制(flow control)的设计目的是控制发送端的发送速率,使它不超过接收端的接收速率,防止因接收端来不及接收字节流而出现报文段丢失的现象。滑动窗口协议可利用 TCP 报头中的窗口字段方便地实现流量控制功能。

1) 基于滑动窗口的流量控制

在流量控制过程中,接收窗口又称为通知窗口(advertised window)。接收端根据接收能力选择一个合适的接收窗口值(用 rwnd 表示),并将它写到 TCP 报头中,将当前接收端的接收状态通知发送端。发送端的发送窗口大小不能够超过接收窗口值。TCP 报头的窗口大小单位是字节。这里存在两种情况:

(1) 当接收端的应用进程从缓存中读取字节的速度大于或等于字节到达的速度时,接收端需要在每个确认中发送一个非零窗口通知。

(2) 当接收端的应用进程从缓存中读取字节的速度小于字节到达的速度时,缓存将被全部占用,随后到达的字节因缓存溢出而丢弃。这时,接收端需要发送一个零窗口通知。发送端接收到零窗口通知时,停止发送,直到下次接收到接收端重新发送的非零窗口通知为止。

2) 流量控制的例子

图 5-24 给出了 TCP 利用窗口进行流量控制的过程。

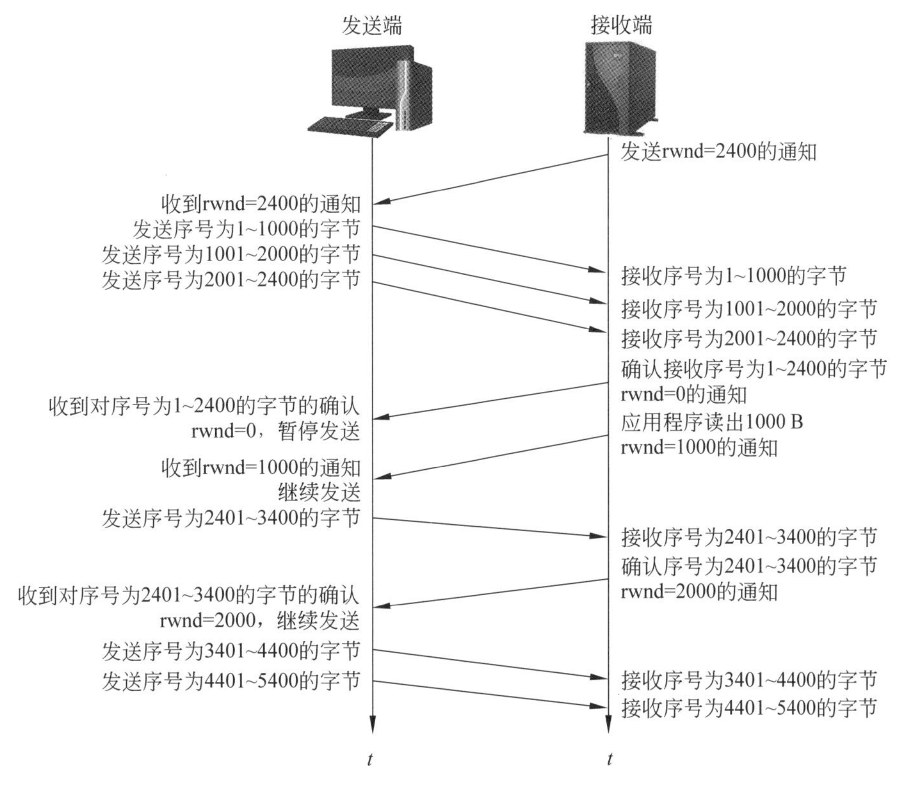

图 5-24 TCP 利用窗口进行流量控制的过程

分析TCP的流量控制过程时需要注意以下几个问题:

(1) 接收端通知发送端 rwnd=2400,表示接收端已做好连续接收2400B的准备。

(2) 发送端接收到 rwnd=2400的通知之后,准备发送2400B的数据。假设报文段的数据字段长度为1000B,则需要分成3个报文段来传输。其中,前两个报文段的数据是1000B,而第三个报文段的数据是400B。

(3) 接收端接收到序号为1～1000、1001～2000与2001～2400的3个报文段之后,保存在接收缓存中,等待应用进程读取。如果应用进程忙而不能及时读取,接收缓存被占满,不能接收新的报文段。此时,接收端向发送端发送对序号为1～2400的字节的确认,同时发送 rwnd=0的零窗口通知。

(4) 发送端接收到接收端对序号为1～2400的字节的确认之后,知道这3个报文段都已被正确接收。同时,发送端根据 rwnd=0的通知,将发送窗口设置为0,停止发送,直到接收端发送非零窗口通知为止。

(5) 接收端的应用进程从接收缓存中读取1000B的数据,空出1000B的存储空间,就发送 rwnd=1000的非零窗口通知。

(6) 发送端接收到 rwnd=1000的通知之后,向接收端发送序号为2401～3400的字节。

(7) 接收端接收到序号为2401～3400的字节之后,接收缓存中现有2000B的存储空间。接收端向发送端发送对序号为2401～3400的字节的确认,同时发送 rwnd=2000的窗口通知。

(8) 发送端接收到接收端对序号为2401～3400的字节的确认之后,根据 rwnd=2000的通知,发送字节序号为3401～4400、4401～5400的两个报文段。这个过程一直持续下去,直到数据全部传输完为止。

从上述过程可以看出,由于TCP采用了滑动窗口控制机制,使得发送端的发送速率与接收端的接收能力相协调,从而实现了流量控制的作用。

3) 坚持计时器

在滑动窗口控制的过程中,发送端在接收到零窗口通知之后就停止发送,这个过程直到接收端发送非零窗口通知为止。但是,如果这个非零窗口通知丢失,则发送端将会一直等待对方通知,这样就会造成死锁。为了防止非零窗口通知丢失而造成死锁,TCP设置了一个坚持计时器(persistence timer)。

当发送端收到零窗口通知时,就启动坚持计时器。当坚持计时器时间到时,发送端就发送零窗口探测报文。这个报文仅有1B的数据,它有一个序号,但是不需要确认。零窗口探测报文的作用是提示接收端:非零窗口通知丢失,必须重传该通知。

坚持计时器设置为重传时间值,最大为60s。如果第一个零窗口探测报文没有收到应答,则发送第二个零窗口探测报文,直至收到非零窗口通知为止。

4) 传输效率问题

发送端的应用进程将数据传送到发送缓存之后,接下来就由TCP控制整个传输过程。考虑到传输效率的问题,TCP需要注意什么时候发送多长报文段的问题。这个问题受到应用进程产生数据的速度与TCP发送能力的限制,是很复杂的问题。

另外,还存在一些极端的情况。例如,当用户采用TELNET时,可能仅发送1B数据。在这种情况下,在传输层加上20B的报头,封装到一个TCP报文段中;在网络层加上20B

的IP分组头，封装到一个IP分组中。那么，在41B的IP分组中，TCP报头占20B，IP分组头占20B，应用层数据仅有1B。即使接收端在接收之后没有数据发送，它也要返回一个40B的确认，其中，TCP报头占20B，IP分组头占20B。接下来，接收端向发送端发送一个窗口更新报文，通知将窗口向前移1B，这个分组的长度也是40B。最后，如果发送端也要发送1B的数据，那么发送端返回一个41B的分组，作为对窗口更新报文的应答。从上述过程可以看出，如果用户以较慢的速度输入字符，每个字符要发送总长度为162B的4个报文段。这种方法显然是不合适的。

针对如何提高传输效率的问题，John Nagle提出了Nagle算法：

(1) 当数据是以每次1B进入发送端时，发送端第一次仅发送1B，其他字节被存入发送缓存。在第一个报文段确认之后，发送端将缓存中的数据放在第2个报文段中发送。这种在发送与等待应答的同时缓存待发送数据的处理方法可以有效地提高传输效率。

(2) 当发送缓存中的数据字节数达到发送窗口的1/2或接近最大报文段长度(MSS)时，立即将它们作为一个报文段来发送。

还有一种情况，被称为糊涂窗口综合征(silly window syndrome)。假设TCP接收缓存已满，而应用进程每次仅从接收缓存读取1B，那么接收缓存就腾空1B，接收端向发送端发出确认报文，并将接收窗口设置为1。发送端发送的确认报文长度为40B。接下来，发送端以41B的代价发送1B的数据。接下来，应用进程每次仅从接收缓存中读取1B，接收端向发送端发出确认报文，继续将接收窗口设置为1。发送端发送的确认报文长度为40B。再接下来，发送端以41B的代价发送1B的数据。这样继续下去，必然造成传输效率很低。

解决这个问题的方法：禁止接收端发送仅有1B的窗口更新报文，让接收端等待一段时间，使缓存已有足够的空间接收一个最大长度的报文段，或者缓存空出一半之后，再发送窗口更新报文。

Nagle算法与解决糊涂窗口综合征问题的思路相同，那就是：发送端不要发送太小的报文段，接收端通知的rwnd不能太小。

2. TCP窗口与拥塞控制

1) 拥塞控制的基本概念

拥塞控制用于防止过多的报文进入网络，进而造成路由器与链路过载。需要注意的是：流量控制的重点放在点-点链路通信量的局部控制上，而拥塞控制的重点放在进入网络的报文总量的全局控制上。

网络出现拥塞(congestion)的原因很复杂，涉及链路带宽、路由器处理分组的能力、节点缓存与处理分组的能力以及路由选择、流量控制算法等一系列问题。人们通常将网络出现拥塞的条件写为

$$网络资源的需求>网络可用资源$$

如果在某段时间内，用户对某类网络资源需求多，就有可能造成拥塞。例如，一条链路的带宽为100Mb/s，而连接在该链路上的100台计算机都要求以10Mb/s的速率发送数据，显然该链路无法满足计算机对链路带宽的需求。人们就会想到将链路带宽升级到1Gb/s，以满足用户的要求。当某个节点的缓存容量过小或处理速度太慢时，进入节点的大量报文不能及时被处理，而不得不丢弃一些报文。人们就会想到将这个节点的主机升级，换成大容量的缓存、高速的处理器，使这个节点的处理能力改善，不出现报文丢失现象。但是，这些局部的

改善都不能从根本上解决网络拥塞的问题,仅是将造成拥塞的瓶颈从节点计算或存储能力转移到链路带宽或路由器上。

流量控制可以解决发送端与接收端之间的端-端报文发送和处理速度的协调问题,但是无法控制进入网络的总流量。即使发送端与接收端之间的端-端流量合适,然而对于网络整体来说,随着进入网络的流量增加,也会使网络通信负荷过重,造成报文传输延时增大或丢弃。报文的差错确认和重传又会进一步加剧网络拥塞。

图5-25给出了拥塞控制的作用。其中,横坐标是进入网络的负载(load),纵坐标是吞吐量(throughput)。负载表示单位时间进入网络的字节数,吞吐量表示单位时间内离开网络的字节数。

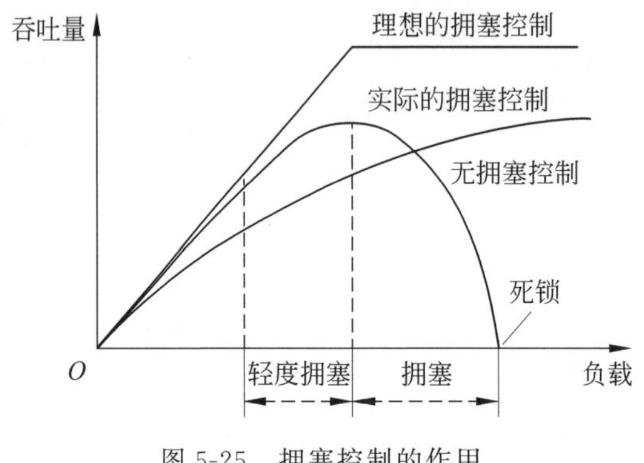

图5-25　拥塞控制的作用

从图5-25中可以看出以下几个问题:

(1) 在没有采取拥塞控制方法时,在开始阶段中,网络吞吐量随着网络负载增加呈线性增长;在轻度拥塞时,网络吞吐量增长小于网络负载的增长;当网络负载继续增加而吞吐量不变时,网络负载达到饱和状态;此后,网络吞吐量随着网络负载增加呈减小的趋势;当网络负载继续增加到一定程度时,网络吞吐量降为0,系统出现死锁(deadlock)。

(2) 对于理想的拥塞控制,在网络负载到达饱和点之前,网络吞吐量一直保持线性增长的趋势;在网络负载到达饱和点之后,网络吞吐量维持不变。

(3) 对于实际的拥塞控制,在网络负载开始增长的初期,由于拥塞控制需要消耗一定的资源,因此其网络吞吐量小于无拥塞控制的情况。但是,在网络负载继续增加的过程中,通过限制报文进入网络或丢弃部分报文,使网络吞吐量逐渐增长,而不出现下降和死锁的现象。

拥塞控制的前提是网络能承受现有的网络负载。拥塞控制算法通过动态调节用户对网络资源的需求来保证网络系统的稳定运行。拥塞控制算法设计涉及动态和全局性的问题,难度较大。有时,拥塞控制算法本身也会引起网络拥塞。在对等网络、无线网络、网络视频应用出现之后,拥塞控制仍是一个重要的研究课题。

1999年,RFC 2581文档将TCP拥塞控制方法定义为慢开始、拥塞避免、快重传与快恢复。此后的RFC 2582、RFC 3390文档作了一些改进。

2) 拥塞窗口的概念

滑动窗口是TCP实现拥塞控制的基本手段。为了简化讨论,假设报文单方向传输,并且接收端有足够的缓存空间,发送窗口大小仅由拥塞程度确定。

拥塞窗口是发送端根据网络拥塞情况确定的窗口值。发送端在确定发送窗口时，取通知窗口与拥塞窗口中的较小值。在没有发生拥塞的状态下，接收端的通知窗口和拥塞窗口应该一致。发送端在确定拥塞窗口大小时，采用慢开始与拥塞避免算法。

3. 慢开始与拥塞避免算法

1）设计思想

在一个 TCP 连接中，发送端需要维持一个称为拥塞窗口（congestion window，cwnd）的状态参数。拥塞窗口大小根据网络拥塞情况动态调整。只要网络没有出现拥塞，发送端就逐步增大拥塞窗口；当出现拥塞时，发送端立即减小拥塞窗口。这就存在一个问题：如何发现网络出现拥塞？在慢开始与拥塞避免算法中，网络是否拥塞是由路由器是否丢弃分组来确定的。这里实际上作了一个假设，那就是：通信线路质量较好，路由器丢弃分组的主要原因不是由物理层的比特流传输差错造成的，而是网络中传输的分组数量较多，以至超过了路由器的接收能力，造成路由器负载过重而丢弃分组。

2）慢开始算法

当一台主机刚开始发送数据时，它并不了解网络负载状态，这时可试探着由小到大逐步增加拥塞窗口。

将发送端发送第一个报文（最大报文段）到接收端，并且接收端在规定时间内返回确认报文作为一次往返。发送端在建立一个 TCP 连接时，将慢开始的初始值设置为 1。在第一次往返中，发送端首先将 cwnd 设置为 2，然后向接收端发送两个报文。如果接收端在规定时间内返回确认，表示网络没有出现拥塞，cwnd 按二进制指数方式增长，那么第二次往返将 cwnd 增大一倍，为 4。如果报文正常传输，那么第三次往返将 cwnd 增大一倍，为 8；第四次往返将 cwnd 增大一倍，为 16；第五次往返将 cwnd 增大一倍，为 32。但是，如果在规定时间内没有收到确认，那么表明网络开始出现拥塞。

这里，需要注意以下 3 个问题。

(1) 每次往返的 RTT 是不同的。如果在第一次往返中，cwnd 值为 2，那么本次可以连续发送两个报文。发送端接收到这两个报文的确认之后，才能够判断网络没有出现拥塞。因此，在拥塞控制过程中，每次往返的 RTT 是从连续发送多个报文到接收到所有报文的确认所需的时间。RTT 大小取决于连续发送报文的数量。

(2) 慢开始的“慢”并不是指 cwnd 从 1 开始，按二进制指数方式成倍增长的速度慢，而是指这种方法试探性地逐步增大，比突然将很多报文发送到网络要慢，意味着发送报文的数量是逐步加快的过程。

(3) 为了避免 cwnd 增长过快而引起拥塞，需要一个称为慢开始阈值（Slow-Start Threshold，SST）的参数。在慢开始与拥塞避免算法中，对 cwnd 与 SST 之间的关系有以下规定：

- 当 cwnd＜SST 时，使用慢开始算法。
- 当 cwnd＞SST 时，停止使用慢开始算法，开始使用拥塞控制算法。
- 当 cwnd＝SST 时，可以使用慢开始算法，也可以使用拥塞控制算法。

在慢开始阶段中，如果在 cwnd＝32 时出现拥塞，那么发送端可以将 SST 设置为 cwnd 值的一半，即 SST 为 16。

3）拥塞避免算法

当 cwnd＞SST 时，发送端使用拥塞控制算法，采用在下一次往返将 cwnd 值加倍的方法。在拥塞避免阶段中,cwnd 缓慢地线性增长。和慢开始阶段一样,只要发送端没有按时接收到返回的确认,它就认为出现网络拥塞,将 SST 设置为发生拥塞时的 cwnd 值的一半,并重新进入下一次慢开始过程。图 5-26 给出了 TCP 拥塞控制过程。

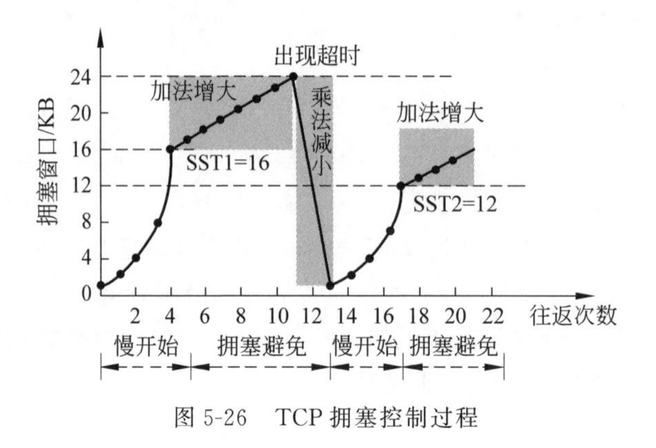

图 5-26 TCP 拥塞控制过程

(1) 最初为慢开始阶段。在 TCP 连接建立时,将 cwnd 设置为 1,SST1 设置为 16。在慢开始阶段中,在 cwnd 经过 4 个往返之后,按指数算法已增长到 16,这时进入拥塞避免阶段。这样,第 1～4 次往返使用的 cwnd 值分别为 2、4、8 与 16。

(2) 在进入拥塞避免阶段之后,cwnd 线性增长,假设当 cwnd 值达到 24 时,发送端发现对方确认超时,就将 cwnd 重新设置为 16。这样,第 5～12 次往返使用的 cwnd 值分别为 17～24。

(3) 重新进入慢开始与拥塞避免阶段。在出现一次网络拥塞之后,SST2 设置为出现拥塞时 cwnd 值的一半(即 24/2＝12),并重新进入慢开始与拥塞避免的过程。这样,第 13～16 次往返使用的 cwnd 值分别为 1、2、4 与 8。由于 SST2 值被设置为 12,第 17 次往返使用的 cwnd 值不能大于 12,因此 cwnd 只能取值为 12。接下来,第 18～20 次往返使用的 cwnd 值分别为 13、14 与 15。表 5-3 给出了这个例子中的 cwnd 值。

表 5-3 这个例子中的 cwnd 值

往返次数	拥塞窗口值	往返次数	拥塞窗口值	往返次数	拥塞窗口值
1	2	8	20	15	4
2	4	9	21	16	8
3	8	10	22	17	12
4	16	11	23	18	13
5	17	12	24	19	14
6	18	13	1	20	15
7	19	14	2		

在慢开始阶段或拥塞避免阶段,只要出现超时就将 SST 减小一半的算法称为乘法减小(Multiplicative Decrease,MD)。在执行拥塞避免之后,拥塞窗口将会缓慢增大,以防止网络很快出现拥塞,这种算法称为加法增大(Additive Increase,AI)。将这两种方法结合起来

就形成了用于 TCP 拥塞控制的 AIMD 算法。

4. 快重传与快恢复

在慢开始与拥塞避免算法的基础上，人们又提出快重传(fast retransmit)与快恢复(fast recovery)的拥塞算法。

AIMD 算法处理拥塞的思路是：如果发送端发现超时，就判断网络出现拥塞，并将 cwnd 设置为 1，执行慢开始策略；同时将 SST 减小为一半，延缓网络出现拥塞。如果出现如图 5-27 所示的情况：发送端连续发送报文 $M_1 \sim M_7$，只有 M_3 在传输过程中丢失，而 $M_4 \sim M_7$ 都被正确接收，这时不能根据 M_3 超时而简单判断网络拥塞。在这种情况下，应采用快重传与快恢复的拥塞控制算法。

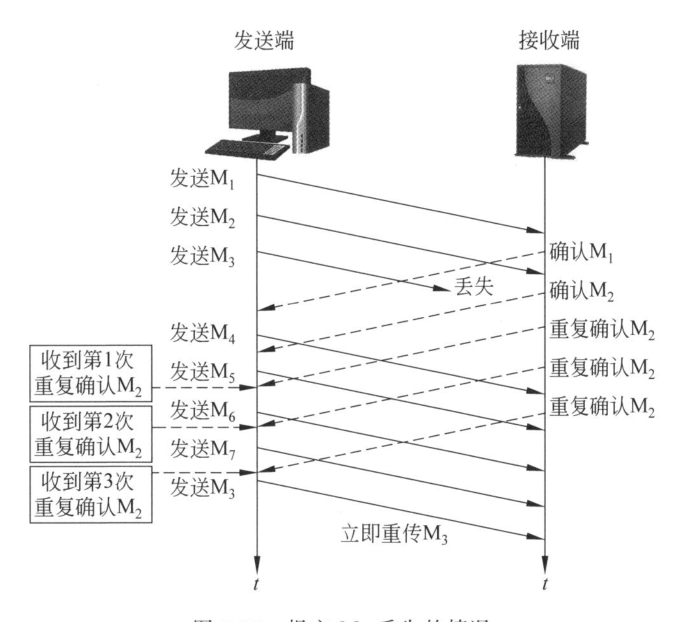

图 5-27 报文 M_3 丢失的情况

图 5-28 给出了收到 3 个重复确认 M_2 的拥塞控制过程。如果接收端正确接收报文 M_1、M_2，接收端返回对 M_1、M_2 的确认之后接收到 M_4，而没有接收到 M_3，这时接收端不能对 M_4 进行确认，这是由于 M_4 属于乱序报文。根据快重传与快恢复算法的规定，接收端应该及时向发送端连续 3 次发出对 M_2 的重复确认，要求发送端尽快重传未被确认的报文。

5. 发送窗口的概念

在讨论拥塞窗口时，作了一个假设：接收端有足够的缓存空间，发送窗口大小仅由网络拥塞程度确定。但是，实际的接收缓存空间一定是有限的。接收端需要根据自己的接收能力给出一个合适的接收窗口(rwnd)，并将它写入 TCP 报头，通知发送端。从流量控制的角度看，发送窗口的大小不能超过接收窗口。因此，发送窗口上限值应该等于接收窗口与拥塞窗口(cwnd)中较小的那个：

$$发送窗口上限值 = \mathrm{Min}(rwnd, cwnd)$$

当 rwnd＞cwnd 时，表示拥塞窗口限制发送窗口的最大值；当 rwnd＜cwnd 时，表示接收窗口限制发送窗口的最大值。因此，限制发送端的报文发送速度的是 rwnd 与 cwnd 中较小的那个。

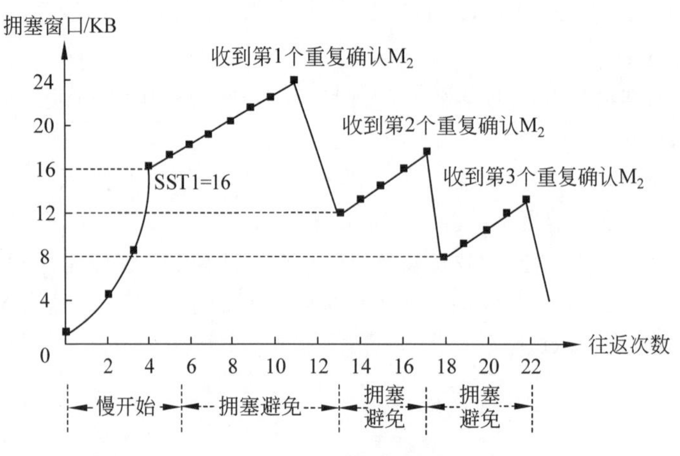

图 5-28　收到 3 个重复确认 M_2 的拥塞控制过程

小　　结

传输层的主要功能是实现端-端进程通信服务。传输层协议屏蔽低层实现技术的差异，弥补网络层提供的服务的不足。应用层协议设计时仅需选用传输层协议。

分布式进程通信需要解决进程标识的问题。IANA 定义了熟知端口号、注册端口号和临时端口号。TCP 与 UDP 用不同端口号表示不同的应用程序。

UDP 是一种无连接、不可靠的传输层协议，适用于对系统性能的要求高于数据完整性、“简短快捷”的数据交换、多播和广播的应用环境。

TCP 是一种面向连接、面向字节流、支持全双工、支持并发连接、可靠的传输层协议，它提供差错控制、拥塞控制、流量控制等功能。

习　　题

1. 已知 UDP 报头用十六进制数表示为 06320035 001CE217。请回答：

① 源端口号与目的端口号是多少？

② 数据字段长度是多少？

③ 高层数据承载的网络服务是什么？

④ 该报文的发送方是客户端还是服务器端？

2. 已知 TCP 报头用十六进制数表示为 05320017 00000001 00000055 500207FF 00000000。请回答：

① 源端口号与目的端口号是多少？

② 序号与确认号是多少？

③ 报头长度是多少？

④ 高层数据承载的网络服务是多少？

⑤ 窗口大小是多少？

3. 已知主机 A 与主机 B 的 TCP 连接的 MSS=1000B，主机 A 当前的拥塞窗口为 4000B，主机 A 连续发送两个最大报文段之后，主机 B 返回对第 1 个报文的确认，确认段中通知的接收窗口大小为 2000B。主机 A 最多能发送的字节数是多少？

4. 已知主机A连续向主机B发送3个报文段，有效载荷长度分别为300B、400B与500B，第3个报文段的序号为900。如果主机B正确接收第1个和第3个报文段。请计算主机B向主机A发送的确认号。

5. 已知信道带宽为1Gb/s，端-端延时为10ms，TCP发送窗口为65 535B。请计算该TCP连接的最大吞吐率以及信道利用率。

6. 已知TCP连接的MSS＝1000B，序号长度为8位，报文段的生存时间为30s。请计算该TCP连接支持的最大传输速率。

7. 已知接收端收到3个连续的确认报文段，它们比相应数据报文段的发送时间分别滞后26ms、32ms与24ms，假设α＝0.9。请计算3次传输的RTT。

8. 已知TCP采用AIMD算法，SST1阈值设置为8，在cwnd为12时发生超时，启用慢开始与拥塞避免。请计算第1～15次往返的cwnd。

9. 已知TCP采用AIMD算法，最大段长度为1kB，在cwnd为16kB时发生超时。如果接下来4个RTT内的端-端传输都成功，那么第4个RTT内发送的所有TCP段都得到肯定的确认。请计算该TCP连接的拥塞窗口。

10. 图5-29给出了TCP连接建立的三次握手与连接释放的四次握手过程。根据TCP协议的工作原理，请填写图5-29中①～⑧位置的序号值。

Sniffer Portable - Local, Ethernet (Line speed at 100 Mbps) - [a2.cap: Filtered 3, 36/25000 Ethernet Frames, Filter: Matrix]

File Monitor Capture Display Tools Database Window Help

No.	Source Address	Destination Address	Summary
1	202.1.64.166	211.80.20.2	DNS：NAME=www.it.com
2	211.80.20.2	202.1.64.166	DNS：IP=201.8.2.2 NAME=www.it.com
3	202.1.64.166	211.80.20.200	TCP：S=1298 D=80 SYN=1 seq=10020
4	211.80.20.200	202.1.64.166	TCP：S=80 D=1298 SYN=1 ACK=1 seq=25609 ack=①
5	202.1.64.166	211.80.20.200	TCP：S=1298 D=80 ACK=1 seq=② ack=③
6	202.1.64.166	211.80.20.200	HTTP：Port=1535 GET/HTTP/1.1

(a) TCP连接建立的三次握手过程

Sniffer Portable - Local, Ethernet (Line speed at 100 Mbps) - [a2.cap: Filtered 3, 36/25000 Ethernet Frames, Filter: Matrix]

File Monitor Capture Display Tools Database Window Help

No.	Source Address	Destination Address	Summary
…	…	…	…
23	202.1.64.166	211.80.20.200	HTTP：Data Len=100 S=1298 D=80 seq=16651 ack=68830
24	211.80.20.200	202.1.64.166	HTTP：Data Len=1005 S=80 D=1298 seq=68831 ack=16752
25	202.1.64.166	211.80.20.200	TCP：S=1298 D=80 FIN=1 ACK=1 seq=16955 ack=60036
26	211.80.20.200	202.1.64.166	TCP：S=80 D=1298 ACK=1 seq=④ ack=⑤
27	211.80.20.200	202.1.64.166	TCP：S=80 D=1298 FIN=1 ACK=1 seq=⑥ ack=16955
28	202.1.64.166	211.80.20.200	TCP：S=1298 D=80 ACK=1 seq=⑦ ack=⑧

(b) TCP连接释放的四次握手过程

图5-29 TCP连接建立的三次握手与连接释放的四次握手过程

第6章 应用层

本章在介绍互联网应用技术发展、应用分类、C/S与P2P模式的基础上，系统地讨论域名解析、远程登录、文件传输、电子邮件、Web、即时通信、动态主机配置、网络管理等服务及相关协议，并通过对典型的HTTP执行过程的解析，深入讨论网络应用系统、应用层协议的设计与实现方法。

本章学习要求

- 了解互联网应用发展与应用层协议类型。
- 掌握C/S与P2P模式的特点。
- 掌握DNS与DHCP的工作原理。
- 掌握SMTP、FTP与TELNET的工作原理。
- 掌握Web服务与搜索引擎的工作原理。
- 掌握即时通信与SIP的工作原理。
- 掌握网络管理与SNMP的工作原理。
- 掌握HTTP的执行过程分析。

6.1 互联网应用与应用层协议

6.1.1 互联网应用发展阶段

图6-1给出了互联网应用发展阶段。从中可以看出，互联网应用的发展大致可以分成3个阶段。

1. 第一阶段

第一阶段互联网应用的主要特征是提供远程登录、电子邮件、文件传输、电子公告牌、网络新闻组等基本网络服务功能。

- 远程登录(TELNET)：实现终端远程登录服务功能。
- 电子邮件(E-mail)：实现电子邮件服务功能。
- 文件传输(FTP)：实现交互式文件传输服务功能。
- 电子公告牌(BBS)：实现人与人之间的信息交流服务功能。
- 网络新闻组(Usenet)：实现人们对所关心的问题开展专题讨论的服务功能。

基本网络服务	基于Web的网络服务	新型网络服务
· 远程登录 · 电子邮件 · 文件传输 · 电子公告牌 · 网络新闻组	· Web · 电子商务 · 电子政务 · 远程教育 · 远程医疗 · 搜索引擎	· 即时通信 · 网络电话 · 网络电视 · 网络视频 · 网络直播 · 博客 · 播客 · 网络游戏 · 网络广告 · 网络地图 · 网络存储

图 6-1　互联网应用发展阶段

2. 第二阶段

第二阶段互联网应用的主要特征是基于 Web 技术的电子商务、电子政务、远程教育、远程医疗等应用以及搜索引擎技术获得快速发展。

3. 第三阶段

第三阶段互联网应用的主要特征是：P2P 技术扩展了信息共享的模式，无线网络技术提高了网络应用的灵活性，物联网技术拓宽了网络应用的领域。这个阶段出现了很多基于 P2P 与多媒体技术的新型互联网应用，包括即时通信、网络电话、网络电视、网络视频、网络直播、博客、播客、网络游戏、网络广告、网络地图和网络存储等。

6.1.2　C/S 模式与 P2P 模式比较

从互联网应用系统的工作模式角度，网络应用可以分为两类：客户/服务器（Client/Server，C/S）模式与对等（Peer-to-Peer，P2P）模式。

1. C/S 模式的基本概念

1）C/S 结构的特点

从应用程序工作模型的角度，互联网应用程序分为两部分：客户程序与服务器程序。以电子邮件应用为例，其应用程序分为客户端的邮箱程序与服务器端的邮局程序。用户在自己的计算机中安装邮箱程序，成为电子邮件系统的客户端，可以发送和接收电子邮件；服务提供者在自己的计算机中安装邮局程序，成为电子邮件系统的服务器端，为客户端提供接收、转发、存储、发送电子邮件及客户管理等服务功能。

2）采用 C/S 模式的原因

互联网应用系统采用 C/S 模式的主要原因是网络资源分布的不均匀性。网络资源分布的不均匀性表现在硬件、软件和数据 3 方面。

- 从硬件的角度来看，互联网中的主机类型、硬件结构、功能都存在很大差异。主机可以是一台大型机、一台服务器、一个服务器集群，甚至是一个云计算平台，也可以是一台个人计算机，甚至是一部智能手机、一个平板电脑或一台智能家电。它们在运算、存储能力与服务功能等方面差异很大。
- 从软件的角度来看，很多服务器软件安装在专用的服务器中，用户需要通过互联网访问这个服务器，只有合法用户才能够使用这种网络应用。

- 从数据的角度来看,某种类型的数据(文本、图像、视频或音频)存放在专用服务器中,合法用户可以通过互联网访问这些数据。

网络资源分布的不均匀性是互联网应用系统设计者的设计思想的基础。组建网络的目的就是实现资源的共享。网络节点在运算、存储能力以及数据等方面存在差异,网络资源分布不均匀。能力强、资源丰富的计算机充当服务器,能力弱或需要资源的计算机作为客户。客户使用服务器的服务,服务器向客户提供服务。因此,C/S结构反映了这种网络服务提供者与使用者的关系。在C/S模式中,客户与服务器的地位不平等,服务器在网络服务中处于中心地位。在这种情况下,客户可理解为客户端计算机,服务器可理解为服务器端计算机。云计算是一种瘦客户与胖服务器的典型代表。在云计算环境中,客户可使用个人计算机、智能手机、平板电脑或智能家电等瘦终端设备,随时、随地访问能提供巨大计算和存储能力的云服务器,而无须知道这些服务器位于什么地方,具体是什么型号的计算机,以及采用什么CPU、操作系统等细节。

2. 对等网络的基本概念

P2P是网络节点之间采取对等方式,通过直接交换信息达到共享资源和服务的工作模式。人们又将这种技术称为对等计算,将能提供对等计算功能的网络称为P2P网络。目前,P2P技术已广泛应用于即时通信、内容分发、协同工作、分布式计算等领域。据统计,当前互联网流量中的P2P流量超过60%,已成为互联网应用的重要形式,也是当前网络技术研究的热点问题之一。P2P研究主要涉及以下3方面:

- P2P通信模式:P2P网络中对等节点之间直接通信的能力。
- P2P网络:互联网中由对等节点组成的一种动态的逻辑网络。
- P2P实现技术:为实现对等节点之间直接通信功能和特定应用所涉及的协议与软件。

因此,术语P2P泛指P2P网络与实现P2P网络的技术。

3. C/S与P2P模式的区别

图6-2给出了C/S与P2P模式的区别。

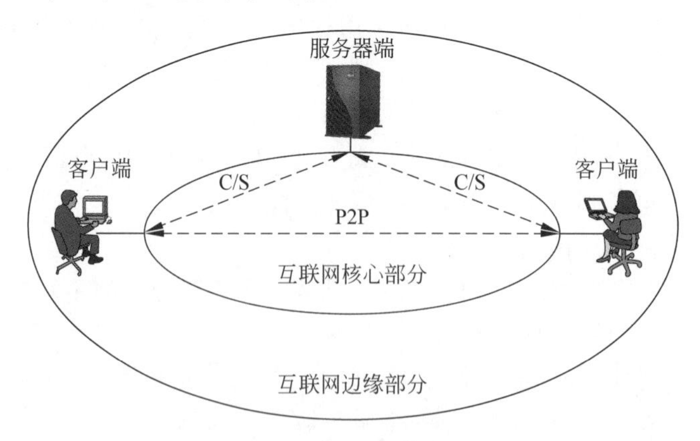

图6-2 C/S与P2P模式的区别

C/S与P2P模式的区别主要表现在以下几方面。

(1) C/S模式中信息资源的共享以服务器为中心。

以 Web 服务器为例，Web 服务器是运行 Web 服务器程序、计算与存储能力强的计算机，所有 Web 页都存储在 Web 服务器中。服务器可以为很多浏览器(客户)提供服务。但是，浏览器之间不能直接通信。显然，在传统 C/S 模式的信息资源共享关系中，服务提供者与使用者之间的界限是清晰的。

(2) P2P 模式淡化了服务提供者与使用者的界限。

在 P2P 模式中，所有节点同时身兼服务提供者与使用者的身份，以达到进一步扩大网络资源共享范围和深度，使信息共享最大化的目的。在 P2P 网络中，成千上万台计算机之间处于对等的地位，整个网络通常不依赖于专用的服务器。P2P 网络中的每台计算机既可以是网络服务的使用者，也可以向提出请求的其他客户提供数据、存储、计算与通信等资源与服务。

(3) C/S 与 P2P 模式的差别主要表现在应用层。

从网络体系结构的角度，C/S 与 P2P 模式的区别表现在：两者的传输层及以下各层协议结构相同，差别主要表现在应用层。传统 C/S 模式的应用层协议主要包括 DNS、SMTP、FTP、HTTP 等。基于 P2P 的应用层协议主要包括支持文件共享类服务(例如 BitTorrent)的协议、支持多媒体传输类服务(例如 Skype)的协议等。

(4) P2P 网络是在互联网上构建的一种覆盖网(overlay network)。

P2P 网络并不是一种新的网络结构，而是一种新的网络应用模式。构成 P2P 网络的节点通常已是互联网的节点，它们不依赖或较少依赖专门的服务器，在 P2P 应用软件的支持下以对等方式共享资源与服务，在互联网上形成一个逻辑网络。这就像在一所大学中，学生在系、学院等各级组织的管理下开展教学和课外活动，同时学校也允许学生自己组织社团，例如计算机兴趣小组、电子俱乐部、博士论坛等。因此，P2P 网络是在互联网上构建的逻辑上的覆盖网。

6.1.3 应用层协议分类

1. 应用层协议的基本概念

网络应用与应用层协议是两个重要的概念。E-mail、FTP、Web、IM、IPTV、VoIP 以及基于网络的电子商务、电子政务、远程医疗、数据存储等，都是不同类型的网络应用。应用层协议规定了应用进程之间通信所遵循的通信规则，主要涉及如何构造进程通信的报文，报文应该包含哪些字段，每个字段的意义与交互过程等问题。

对于 Web 服务来说，Web 应用程序包括两部分：Web 服务器程序与浏览器程序。作为 Web 服务的应用层协议，HTTP 定义了浏览器与 Web 服务器之间传输的报文格式、会话过程与交互顺序。对于 E-mail 服务来说，E-mail 应用程序包括两部分：邮件服务器程序与邮件客户端程序。作为电子邮件服务的应用层协议，SMTP 定义了邮件服务器之间、邮件服务器与邮件客户端程序之间传输的报文格式、会话过程与交互顺序。

2. 应用程序体系结构的概念

在实际开展一项互联网应用系统设计与研发任务时，设计者面对的不是单一的广域网或局域网环境，而是由多个路由器互联起来的局域网、城域网与广域网构成的复杂的互联网环境。一个互联网用户可能坐在位于中国天津南开大学网络教研室的一台计算机前，正在使用位于美国加州洛杉矶 UCLA 的一个合作伙伴实验室的一台超级并行机，合作完成一项

WSN路由算法的计算任务。在设计这种基于互联网的分布式计算应用系统时,设计者关心的是如何实现协同计算功能,而不是每条指令或每个数据具体是以长度为多少字节的分组以及通过哪条路径传送给对方的。

面对被抽象为边缘部分与核心部分的互联网,开发人员在设计一种新的网络应用时,仅需要考虑如何利用互联网核心部分所提供的服务,而不必涉及互联网核心部分的路由器、交换机等低层设备或通信协议软件的编程问题。开发人员的注意力可以集中于运行在多个端系统上的网络应用系统功能、工作模型的设计与应用软件的编程上,这就使得网络应用系统的开发过程变得更容易、更规范。这一点体现了网络分层结构的基本思想,也反映出网络技术的成熟。本书将网络应用程序功能、工作模型与协议结构定义为应用程序体系结构(application architecture)。图6-3给出了应用层与应用程序体系结构的关系。

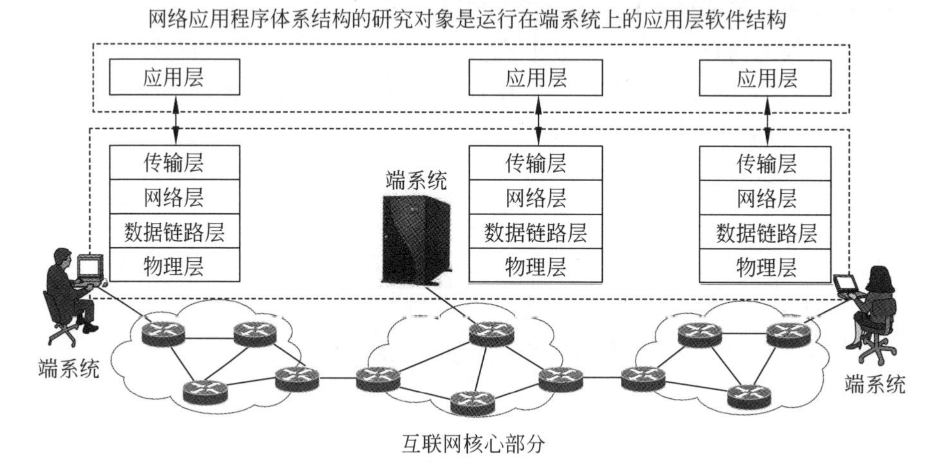

图6-3　应用层与应用程序体系结构的关系

3. 应用层协议的基本内容

应用层协议定义了运行在不同端系统上的应用程序进程交换的报文格式与交互过程。应用层协议主要包括以下内容:

- 交换报文的类型,例如请求报文与应答报文。
- 各种报文格式与包含的字段类型。
- 对每个字段意义的描述。
- 进程在什么时间、如何发送报文,以及如何应答。

4. 应用层协议的分类

根据应用层协议在互联网中的作用和提供的服务,应用层协议可以分为3种基本类型:基础设施类、网络服务类与网络管理类。图6-4给出了应用层协议的类型。

1) 基础设施类应用层协议

基础设施类应用层协议主要有以下两个:

- 支持互联网运行的全局基础设施类协议——域名系统服务(DNS)。
- 支持各个网络系统运行的局部基础设施类协议——动态主机配置协议(DHCP)。

2) 网络服务类应用层协议

网络服务类应用层协议可以分为以下两类。

- 基于C/S模式的应用层协议。包括远程登录服务的TELNET协议、E-mail服务的SMTP与POP、文件传输服务的FTP、Web服务的HTTP等。
- 基于P2P模式的应用层协议。包括文件共享服务的P2P协议、即时通信服务的P2P协议、流媒体服务的P2P协议、共享存储服务的P2P协议、分布式计算服务的P2P协议、协同工作服务的P2P协议等。目前,很多P2P协议都属于专用应用层协议。

3）网络管理类应用层协议

网络管理类应用层协议主要是简单网络管理协议(Simple Network Management Protocol,SNMP)。

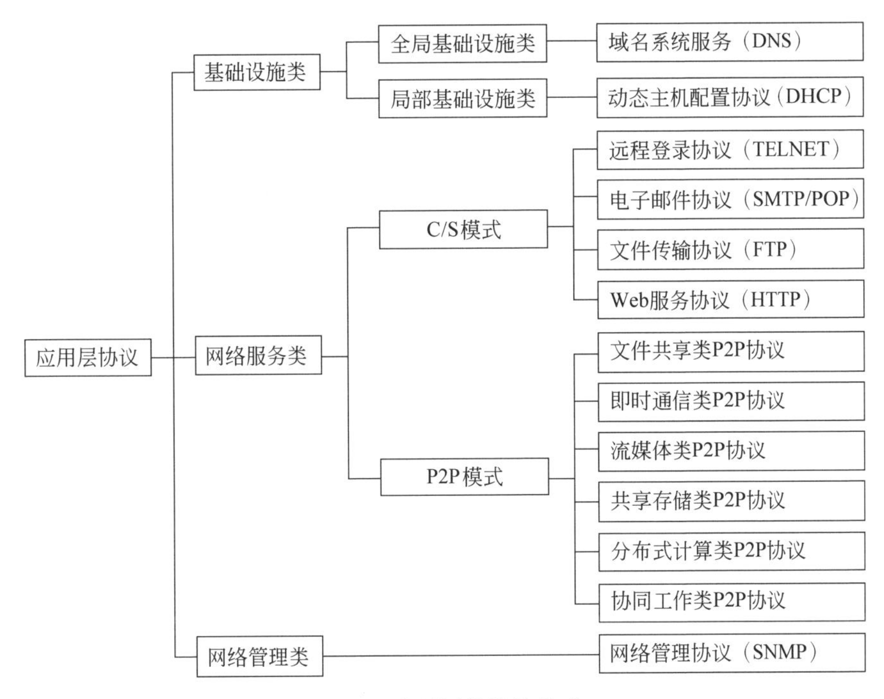

图6-4 应用层协议的类型

6.2 域名解析应用

6.2.1 域名系统研究背景

1. 早期ARPANET主机的命名方法

1971年,设计ARPANET的技术人员开始注意到网络主机命名的问题。目前可以搜索到的第一个关于分配主机名的文档——RFC 266《主机辅助记忆标准化》是在1971年9月20日公布的。RFC 952、RFC 953文档规定了互联网早期的ARPANET用户的主机命名与域名服务机制。网络信息中心的一个主机文件hosts.txt保存着用户主机名与地址的映射表。整个20世纪70年代都使用这种集中式管理的主机表。

到20世纪80年代,集中式主机名服务机制已经不适应互联网的迅速发展,主要问题表现在以下两方面。

- 早期的主机名与地址映射表存储在斯坦福研究院(SRI)的网络信息中心的一个文件(hosts.txt)中,在进行主机名到 IP 地址的解析时需要将 hosts.txt 上文件传送到各个主机。因此,消耗在传输 hosts.txt 上的网络带宽与主机数量的二次方成正比,网络信息中心主机负载过重。在主机数量剧增的情况下,难以提供人们所期望的服务。
- 初期的主机通过广域网接入 ARPANET。在后来个人计算机大规模应用时,个人计算机大部分是通过局域网接入网络的。在这种情况下,如果仍然使用主机文件,那么局域网主机也必须依靠 hosts.txt 文件。从提高系统工作效率的角度,由局域网承担分级的主机名字服务是很自然的选择。

2. 域名系统的基本概念

域名系统是互联网使用的命名系统。实际上,人们将主机的名字称为域名,原因是互联网的命名系统定义了很多域。主机需要按照其所属的域来命名。域名是互联网中的主机按照一定规则,以自然语言(英文)表示的名字,它与确定的 IP 地址互相对应。例如,南开大学计算机系网络教研室的 Web 服务器的名字有两种表示方法:一种方法是用自然语言(英文缩写的域名)表示,并且具有特定含义,例如 www.netlab.cs.nankai.edu.cn;另一种方法是直接用 IP 地址表示,例如 202.1.23.220。对于互联网中的众多主机,人们肯定不会选择后者,而会选择前者。以具有一定结构的自然语言表示主机名,人们很容易理解和记忆,因为它有一定的规律性。以 www.netlab.cs.nankai.edu.cn 为例,人们可以容易地将它理解为"Web 服务器-网络教研室-计算机系-南开大学-教育机构-中国"。显然,人们喜欢用自己熟悉的自然语言表达习惯来命名网络主机,但是计算机只能对二进制数字进行识别和处理。

3. DNS 与其他网络应用的关系

在分析互联网服务与应用层协议之前,首先需要研究域名系统(Domain Name System,DNS)的功能、原理与实现方法。DNS 的作用不同于 Web、E-mail 和 FTP,DNS 不会直接与用户打交道,但是所有互联网应用都依赖于 DNS 支持。DNS 的功能是将主机域名转换成 IP 地址,使用户方便地访问各种互联网资源与服务,它是各种互联网服务及应用层协议实现的基础。图 6-5 给出了 DNS 与其他网络应用的关系。实际上,在使用任何一种网络应用(例如浏览网页)之前,首先要通过 DNS 服务器解析 Web 服务器的 IP 地址。因此,DNS 属于互联网基础设施类的服务与协议。

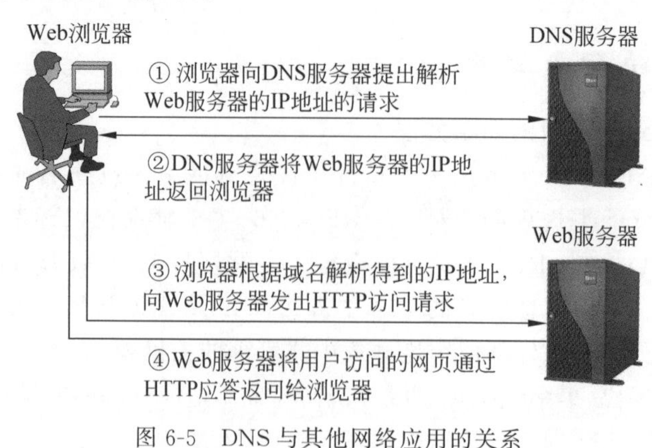

图 6-5　DNS 与其他网络应用的关系

4. DNS 需要实现的主要功能

针对接入主机数量急剧增多的情况，人们提出了 DNS 的概念。DNS 的本质是提出一种分层次、基于域的命名方案，并且通过一个分布式数据库系统，以及维护与查询机制，实现域名服务功能。DNS 需要实现以下 3 个主要功能：

- 域名空间：定义一个包括所有可能出现的主机名字的域名空间。
- 域名注册：保证每台主机域名的唯一性。
- 域名解析：提供一种有效的域名与 IP 地址之间的转换机制。

因此，DNS 包括 3 个组成部分：域名空间、域名服务器与域名解析程序。

6.2.2 域名空间的概念

理解域名空间的基本概念，需要注意以下两个问题。

- DNS 域名空间采用域与子域的层次结构，DNS 必须有一个大型的、分布式的域名数据库，用来存储层次型的域名数据。
- 域名空间层次结构可表示为如图 6-6 所示的树状结构，节点都是根的子孙。域名由一连串可回溯到其祖先的节点名组成。

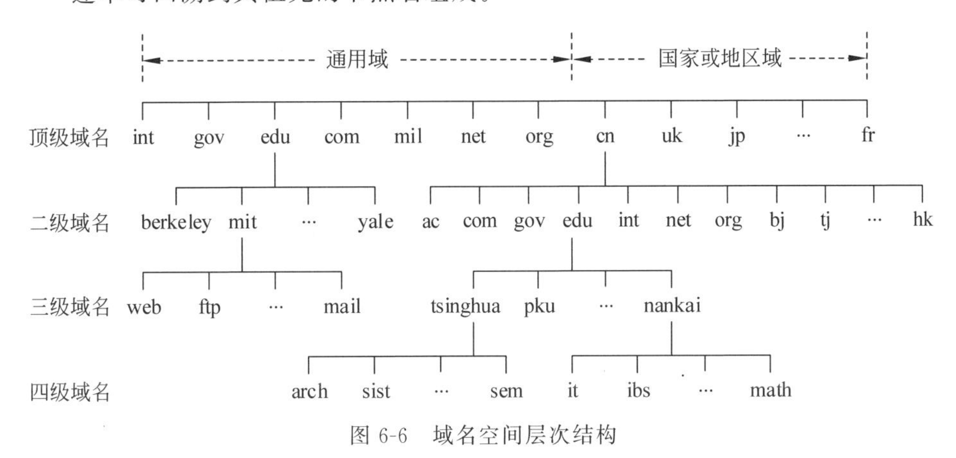

图 6-6 域名空间层次结构

域名空间层次结构具有以下几个特点。

(1) 互联网被分成 200 多个顶级域(Top Level Domain，TLD)。

每个顶级域进一步被划分为若干个子域。顶级域主要分为两类：通用域、国家或地区域。常用的通用域主要有 com(商业机构)、edu(教育机构)、gov(政府部门)、net(网络服务提供商)、org(非营利机构)、int(国际组织)与 mil(军事组织)。

(2) 每个域自己控制如何分配下级域。

国家级域名下注册的二级域名由各国自己确定。中国互联网信息中心(CNNIC)管理我国的顶级域，它将二级域名划分为两类：通用域名与行政区域名。其中，行政区域名共有 34 个。例如，bj 代表北京市，sh 代表上海市，tj 代表天津市，he 代表河北省，hl 代表黑龙江省，nm 代表内蒙古自治区，hk 代表香港特别行政区。

一个组织拥有一个域的管理权后，可以决定是否进一步划分层次。较小的公司网一般不需要进一步划分层次，较大的公司网或校园网必须选择多层结构。因此，互联网的树状层次结构的命名方法使任何一个接入互联网的主机都有全网唯一的域名。主机域名的排列原

则是：低层的子域名在前面，而它所属的高层域名在后面。互联网主机域名的一般格式为

四级域名.三级域名.二级域名.顶级域名

例如，CNNIC将我国教育机构的二级域edu的管理权授予中国教育科研网(CERNET)网络中心。CERNET网络中心将edu域划分为多个三级域，并将三级域名分配给各个大学或教育机构。例如，CERNET网络中心将edu下的nankai分配给南开大学，并将nankai域的管理权授予南开大学网络中心；南开大学网络中心又将nankai域划分为多个四级域，将四级域名分配给下属的部门或主机。例如，nankai域下的cs代表计算机系。

以下主机域名

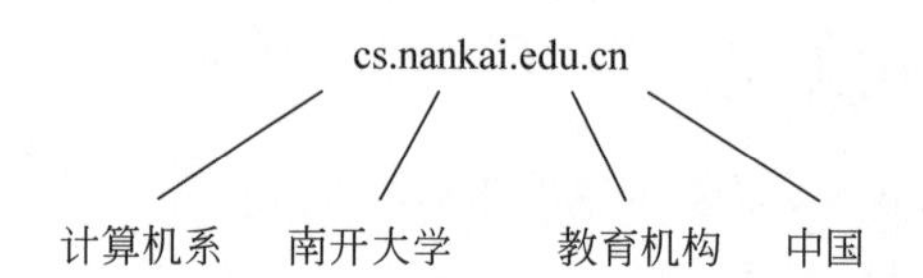

表示的是中国南开大学计算机系的主机。

在域名系统中，每个域由不同的组织管理，而这些组织又可将其子域分给下级组织。这种层次结构的优点是：各个组织在内部可以自由选择域名，只要保证组织内的唯一性即可，而不必担心与其他组织内的域名冲突。例如，南开大学是一个教育机构，学校中的主机域名都包含后缀nankai.edu.cn。如果一家公司名为nankai，则其域名只能是nankai.com.cn。两个域名nankai.edu.cn与nankai.com.cn在互联网中相互独立。

(3) 为了创建一个新的域，创建者必须获得其上级域管理员的许可。

例如，在内部机构变动之后，南开大学成立信息技术科学学院，计算机系属于学院管理。那么，在创建信息技术科学学院域名时，需要nankai.edu.cn域管理员同意创建学院域名it.nankai.edu.cn。计算机系域名由it.nankai.edu.cn域管理员分配，则计算机系域名变为cs.it.nankai.edu.cn。

(4) 域名机制遵循的是组织的边界，而不是网络的物理边界。

这里可能出现两种情况：一种情况是计算机系与自动化系同在一座教学楼，但是从域名的角度，计算机系的主机属于cs.it.nankai.edu.cn子域，而自动化系的主机属于auto.it.nankai.edu.cn子域；另一种情况是计算机系的主机分散在几座教学楼的不同局域网中，但是它们都属于cs.it.nankai.edu.cn子域。

6.2.3 域名服务器的概念

域名系统是一种命名方法，而实现域名服务的是分布在世界各地的域名服务器。域名服务器是一组用来保存域名树状层次结构和对应信息的服务器程序。

1. 域、区与域名服务器

图6-7以我国大学的域名管理为例，给出了域、区与域名服务器的关系。由于南开大学是一个独立的组织，它被CERNET网络中心授权管理nankai.edu.cn域。设置管理nankai.edu.cn域的域名服务器有一种简单的办法，那就是仅设置一个域名服务器，管理南开大学内部的所有域名。如果一个单位的规模很大，这种集中管理方法带来的问题是域名系统运行效率低，难以满足用户的服务要求。这时，更有效的方法如下：

- 根据需要将一个域(domain)划分成不重叠的多个区(zone)。

- 每个区设置相应的权限域名服务器(authoritative name server),用来保存区内的所有主机域名与IP地址的映射关系。区是权限域名服务器管辖的范围。
- 各区的权限域名服务器互相连接,构成支持整个域的域名服务器体系。

图6-7(a)是一个域没有分区的情况,那么区就等于域,仅需设置一个域名服务器。图6-7(b)是一个域分为两个区的情况,则nankai.edu.cn与it.nankai.edu.cn两个区都属于nankai.edu.cn域。图6-7(c)是两个区分别设置权限域名服务器的情况。一个权限域名服务器有权管辖的范围称为区,它是域的一个子集。

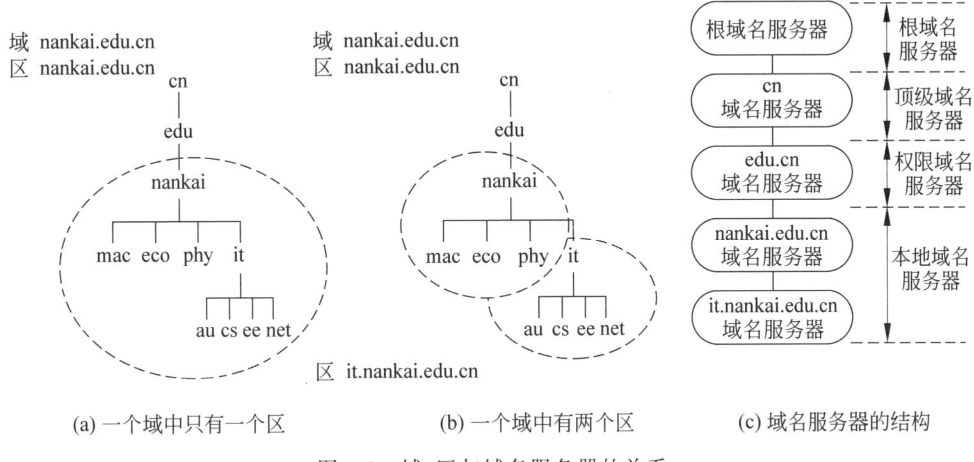

(a) 一个域中只有一个区　(b) 一个域中有两个区　(c) 域名服务器的结构

图6-7　域、区与域名服务器的关系

2. 域名服务器结构与分类

支持互联网运行的域名服务器是按层次来设置的,每个域名服务器都仅管辖域名空间中的一部分,由多个层次结构的域名服务器覆盖整个域名空间。根据域名服务器的位置与作用,域名服务器可以分为以下4种类型。

(1) 根域名服务器(root name server)。它对于DNS的整体运行具有极其重要的作用。任何原因造成根域名服务器停止运转,都会导致整个DNS的崩溃。出于安全的原因,目前全球存在13个根域名服务器,其专用域为root-server.net。大多数根域名服务器是由服务器集群组成的。有些根域名服务器是由分布在不同地理位置的多台镜像DNS服务器组成的,例如根域名服务器f.root-server.net就是由分布在40多个地方的几十台镜像DNS服务器组成的。最新的根域名服务器列表可以从ftp://ftp.rs.internic.net/domain/named.root获取。

(2) 顶级域名服务器。负责管理在该顶级域名下注册的所有二级域名。例如,CNNIC管理在cn下注册的所有通用域名与行政区域名。

(3) 权限域名服务器。负责经过授权的一个区的域名管理。

(4) 本地域名服务器(local name server)。又称为默认域名服务器。一个ISP、一所大学甚至一个系都可能有一个或多个本地域名服务器。

为了保证域名服务器系统的可靠性,域名数据通常被复制到几个域名服务器中,其中一个为主域名服务器(master name server),其他是从域名服务器(secondary name server)。主域名服务器定期将数据复制到从域名服务器。当主域名服务器出现故障时,从域名服务务器继续执行域名解析的任务。

6.2.4 DNS的工作过程

1. 域名解析的概念

将域名转换为对应IP地址的过程称为域名解析(domain name resolution),完成该功能的软件称为域名解析器(简称解析器)。在Windows操作系统中打开“控制面板”,依次选择“网络连接”→TCP/IP→“属性”,这时看到的DNS地址是自动获取的本地域名服务器地址。每个本地域名服务器配置一个域名软件。客户在进行查询时,首先向域名服务器发出一个DNS请求(DNS request)报文。由于域名信息以分布式数据库形式分散存储在很多个域名服务器中,每个域名服务器都知道根域名服务器的地址,因此无论经过几步查询,最终总会在域名树中找出正确的解析结果,除非这个域名并不存在。

2. 域名解析方法

域名解析可以用两种方法:递归解析(recursive resolution)与反复解析(iterative resolution)。当主机向本地域名服务器查询时,可以选择采用递归解析或反复解析。图6-8给出了主机向本地域名服务器查询的过程。

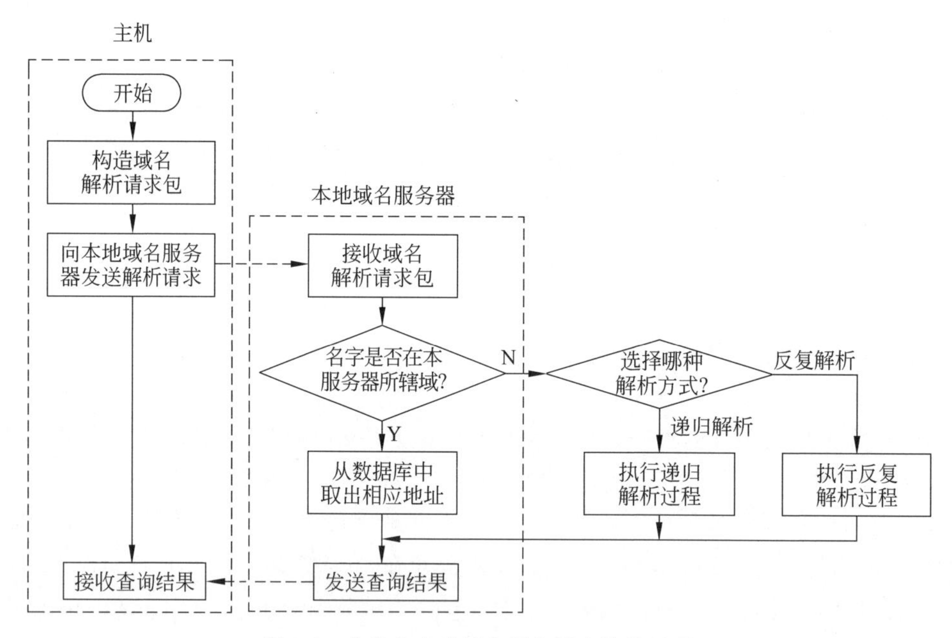

图6-8 主机向本地域名服务器查询的过程

1) 递归解析

图6-9给出了递归解析过程示例。在递归解析过程中,如果本地域名服务器没有要解析的域名的信息,那么它负责向其他域名服务器请求解析,并将最终结果返回给客户。例如,用户想访问名为netlab.cs.nankai.edu.cn的主机,客户端解析程序向本地域名服务器发出查询请求。如果本地域名服务器有该域名的信息,那么它将直接返回结果;否则,它向上层域名服务器(直至根域名服务器)提出解析请求。如果上层域名服务器也没有要解析的域名信息,则返回一个可能解析该域名的域名服务器(例如dns.cernet.edu.cn)。本地域名服

务器向 dns.cernet.edu.cn 提出解析请求，CERNET 域名服务器向 dns.nankai.edu.cn 提出解析请求，nankai 域名服务器向 dns.cs.nankai.edu.cn 提出解析请求，cs 域名服务器返回 netlab.cs.nankai.edu.cn 对应的 IP 地址 202.113.56.1。本地域名服务器将最终的解析结果返回客户端。至此，本次递归解析的域名解析过程结束。图 6-9 中省略了本地域名服务器与上层域名服务器的交互过程。

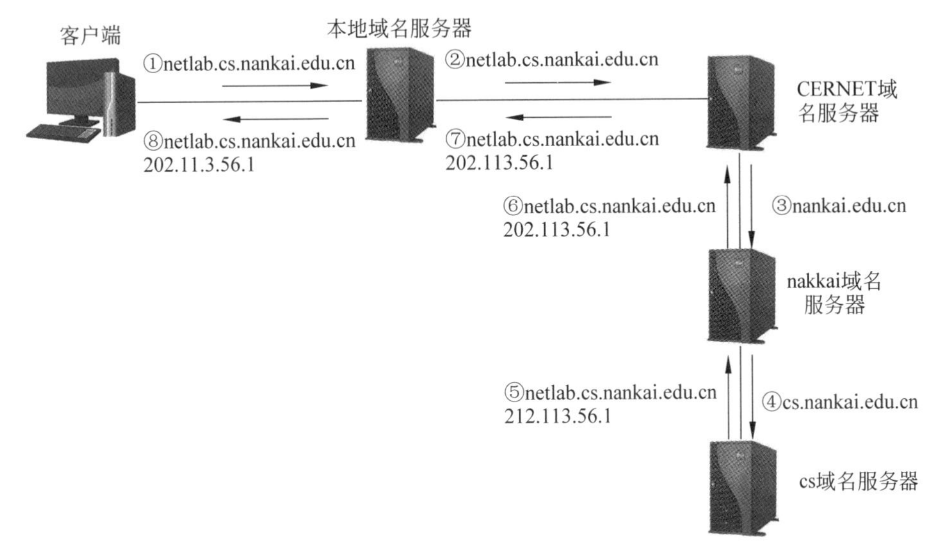

图 6-9　递归解析过程示例

2）反复解析

反复解析又称为迭代解析。反复解析是指：本地域名服务器如果不能够返回最终的解析结果，那么它返回它认为能解析该域名的域名服务器的 IP 地址。客户端解析程序向下一个域名服务器发出解析请求，直至最终获得需要的解析结果。需要注意的是：为了减轻客户端在反复解析过程中的工作负担，在软件编程实现中，通常在客户端向本地域名服务器提出解析请求之后，仍由本地域名服务器完成反复解析的任务，最后将最终解析结果返回客户端。图 6-10 给出了反复解析中的 DNS 报文交互过程。

No.	Source Address	Destination Address	Summary
1	190.10.2.16	190.10.2.1	DNS：netlab.cs.nankai.edu.cn
2	190.10.2.1	196.10.5.1	DNS：netlab.cs.nankai.edu.cn
3	196.10.5.1	190.10.2.1	DNS：dns.nankai.edu.cn 202.113.16.10
4	190.10.2.1	202.113.16.10	DNS：netlab.cs.nankai.edu.cn
5	202.113.16.10	190.10.2.1	DNS：dns.cs.nankai.edu.cn 202.113.25.1
6	190.10.2.1	202.113.25.1	DNS：netlab.cs.nankai.edu.cn
7	202.113.25.1	190.10.2.1	DNS：netlab.cs.nankai.edu.cn 202.113.56.1
8	190.10.2.1	190.10.2.16	DNS：netlab.cs.nankai.edu.cn 202.113.56.1

图 6-10　反复解析中的 DNS 报文交互过程

图 6-11 给出了反复解析过程示例。用户想访问名为 netlab.cs.nankai.edu.cn 的主机，客户端解析程序向本地域名服务器发出查询请求。如果本地域名服务器有要解析的域名的

信息,那么它将直接返回结果;否则,向上层域名服务器(直至根域名服务器)提出解析请求。如果上层域名服务器也没有要解析的域名信息,则返回一个可能解析该域名的服务器(例如dns.cernet.edu.cn)。本地域名服务器向dns.cernet.edu.cn提出解析请求,CERNET域名服务器返回一个可能解析该域名的服务器地址。本地域名服务器向dns.nankai.edu.cn提出解析请求,nankai域名服务器返回一个可能解析该域名的服务器地址。本地域名服务器向dns.cs.nankai.edu.cn提出解析请求,cs域名服务器返回netlab.cs.nankai.edu.cn对应的IP地址202.113.56.1。本地域名服务器将最终的解析结果返回客户端。图6-11中省略了本地域名服务器与上层域名服务器的交互过程。

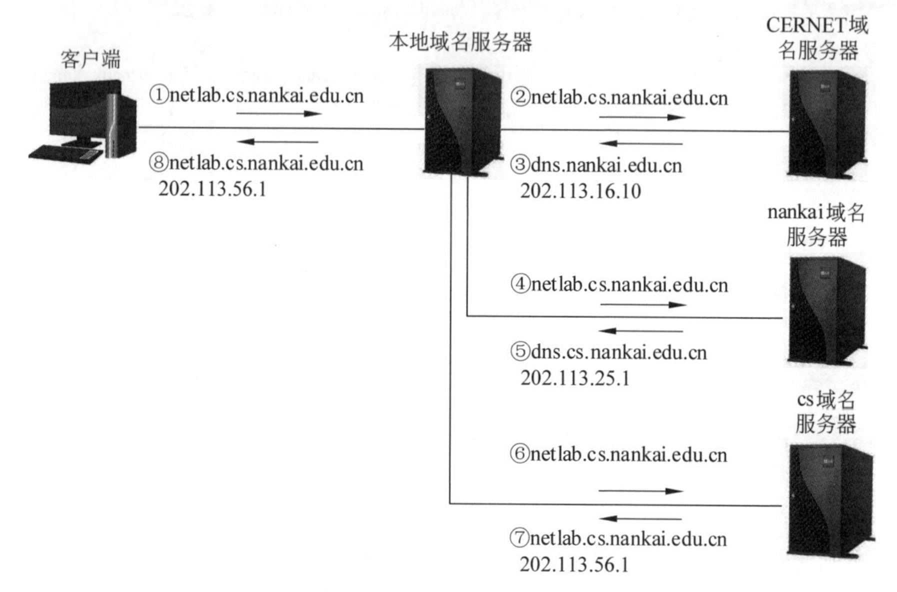

图6-11　反复解析过程示例

6.2.5　DNS性能优化

实际测试表明,上述域名系统的效率都不高。在没有优化的情况下,根域名服务器的通信量是难以忍受的,因为每次有人对远程计算机的域名进行解析时,根域名服务器都会收到一个域名解析请求。另外,一台主机可能反复发出对同一台主机的解析请求。DNS性能优化的主要方法是复制与缓存。

1. 复制

每个根域名服务器都有很多副本分布在整个网络上。当一个新的子网加入时,它在本地域名服务器中配置一个根域名服务器表。本地域名服务器可以为用户选择应答最快的根域名服务器。在实际的应用中,地理位置最近的域名服务器通常应答最好。因此,位于北京的主机倾向于使用同样位于北京的域名服务器,而南开大学的主机将选择使用天津的域名服务器。

2. 缓存

使用域名的高速缓存可优化查询的开销。每个域名服务器都保留一个域名缓存。当查找一个新的域名时,域名服务器将其副本保存在自己的缓存中。例如,当一个用户第一次查询 cs.nankai.edu.cn 时，通过域名解析获得 IP 地址为 202.113.19.122，域名服务器可以将 cs.nankai.edu.cn/ 202.113.19.122 保存在缓存中。如果有用户再次查询 cs.nankai.edu.cn，域名服务器首先查看自己的缓存，如果在缓存中已包含该域名信息，则用该域名信息生成应答。不仅本地域名服务器需要高速缓存，主机也需要使用高速缓存。很多主机在启动时从本地域名服务器下载域名数据库，保存本机最近使用的域名信息，仅在缓存中找不到域名时才访问本地域名服务器。

6.3 远程登录应用

6.3.1 远程登录的概念

TELNET 协议出现在 20 世纪 60 年代后期，那时个人计算机还没有出现。当时人们在使用大型计算机时，必须通过直接连接到主机的某个终端，输入用户名与密码，登录成为合法用户之后，才能将软件与数据输入主机，完成科学计算任务。当用户需要使用多台计算机共同完成一个较大的计算任务时，需要调用远程主机与本地主机协同工作。当这些大型计算机互联之后，需要解决一个问题，那就是不同型号计算机之间的差异性问题。TELNET 是 1969 年 ARPANET 演示的第一个应用程序。1971 年 2 月，首次定义 TELNET 协议的 RFC 97 文档发布。1983 年 5 月，作为正式标准的 RFC 854《TELNET 协议规定》发布。

不同型号的计算机系统的差异性主要表现在硬件、软件与数据格式上。最基本的问题是：不同计算机系统对终端键盘输入命令的解释不同。例如，有的系统用按回车键(return 或 enter)作为行结束标志，有的系统用 ASCII 字符集中的 CR，有的系统用 ASCII 字符集中的 LF。键盘定义的差异给远程登录带来很多问题。在中断一个程序时，有些系统使用 Ctrl+C 组合键，而有些系统使用 Esc 键。发现这个问题之后，各个厂商着手研究如何解决互操作性的方法。例如，SUN 公司制定了远程登录协议 rlogin，但该协议是专为 BSD UNIX 系统开发的，只适用于 UNIX 系统，并不能很好地解决不同计算机之间的互操作问题。

为了解决异构计算机互联的问题，人们研究了 TELNET 协议。TELNET 协议引入了网络虚拟终端(Network Virtual Terminal，NVT)的概念，它提供了一种专门的键盘定义，以屏蔽不同计算机系统对键盘输入的差异性，同时定义了客户与远程服务器之间的交互过程。TELNET 协议的优点是能解决不同计算机系统之间的互操作问题。远程登录服务是指用户使用 TELNET 命令使自己的计算机成为远程计算机的一个仿真终端的过程。用户成功实现远程登录之后，其主机就像一台与远程主机直接相连的本地终端一样工作。因此，TELNET 又称为网络虚拟终端协议、终端仿真协议或远程终端协议。

6.3.2 TELNET 协议的基本内容

远程登录服务采用典型的 C/S 模式。图 6-12 给出了 TELNET 协议的工作原理。用户的实终端(real terminal)以用户终端的格式与本地 TELNET 客户端通信；远程计算机以主机系统格式与 TELNET 服务器端通信。在 TELNET 客户端与 TELNET 服务器端进程之间，通过 NVT 标准进行通信。NVT 是一种统一的数据表示方式，可保证不同硬件、软件与数据格式的终端与主机之间通信的兼容性。

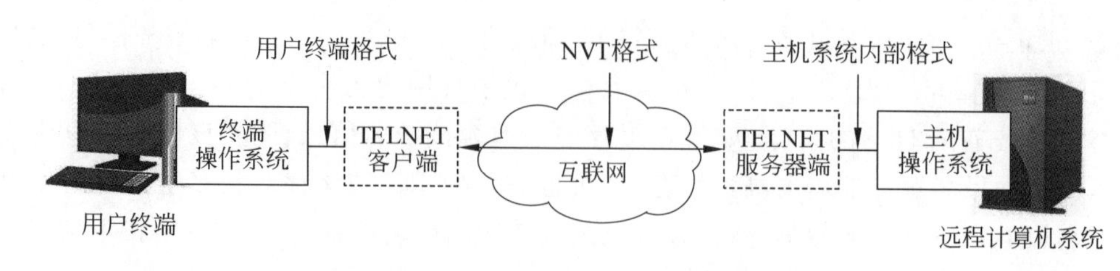

图 6-12　TELNET 协议的工作原理

TELNET 客户端进程将用户终端发出的本地数据格式转换成标准的 NVT 格式,然后通过网络传输到 TELNET 服务器端进程。TELNET 服务器端将接收的 NVT 格式数据转换成主机内部格式,再传输给主机。互联网上传输的数据都是标准的 NVT 格式。引入 NVT 的概念之后,不同的用户终端与服务器端进程将与各种不同的本地终端格式无关。TELNET 客户端与 TELNET 服务器端完成用户终端格式、主机内部格式与 NVT 格式之间的转换。

TELNET 已成为 TCP/IP 协议集的一个基本协议。尽管用户没有直接调用 TELNET 协议,但是 E-mail、FTP 与 Web 服务都建立在 NVT 的基础上。

6.4　文件传输应用

6.4.1　文件传输的概念

文件传输是互联网最早提供的服务功能之一,它允许用户将文件从一台计算机传输到另一台计算机,并且能保证传输的可靠性。最初的文件传输服务采用文件传输协议(File Transfer Protocol,FTP),这种服务又被称为 FTP 服务。在采用 FTP 传输文件时,不需要对文件进行转换,因此 FTP 服务的效率比较高。

1971 年 4 月发布的 RFC 114 是第一个 FTP 草案,定义了 FTP 基本命令和文件传输方法,它的出现早于 IP 和 TCP。1972 年 7 月发布的 RFC 354 系统地描述了 FTP 的通信模型与很多实现细节。1980 年 6 月发布的 RFC 765 是第一个纳入 TCP/IP 协议体系的 FTP 标准。1985 年 10 月发布的 RFC 959 是对 FTP 的修订,它是当前使用的 FTP 系统所遵循的协议标准。

6.4.2　FTP 的基本内容

1. FTP 的工作模型

FTP 采用典型的 C/S 模式,在传输层选择 TCP,在网络层使用 IP。FTP 的工作过程经历 3 个阶段:连接建立、传输数据与连接释放。FTP 适用于对数据传输可靠性要求较高的应用领域。图 6-13 给出了 FTP 的工作模型。

通过 FTP 传输文件需要经过以下几个步骤:

(1) FTP 客户端发起对 FTP 服务器端的控制连接(control connection)。FTP 服务器端的控制进程的熟知端口号为 21,FTP 客户端的控制进程的临时端口号假设为 15432。

(2) FTP 客户端发起对 FTP 服务器端的数据连接(data connection)。FTP 服务器端的数据进程的熟知端口号为 20,FTP 客户端的数据进程的临时端口号假设为 7180。

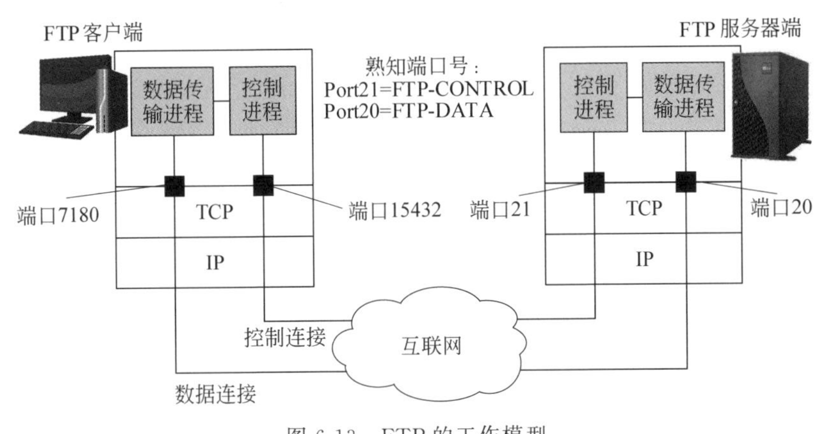

图 6-13　FTP 的工作模型

(3) 在数据传输连接建立之后，FTP 客户端可以从 FTP 服务器端下载文件，或者向 FTP 服务器端上传文件。

(4) 在数据传输结束之后，FTP 客户端首先释放数据连接，然后释放控制连接。

2. 匿名 FTP 服务

在传统的 FTP 服务中，当用户访问 FTP 服务器时，需要提供合法的用户名与密码。匿名 FTP(anonymous FTP)的实质是：服务提供者在 FTP 服务器建立一个公开账户(通常为 anonymous)，并赋予该账户访问公共目录权限，以便提供免费的服务。如果用户访问提供匿名服务的 FTP 服务器，不需要输入用户名与密码，或者以 anonymous 作为用户名，以 guest 作为密码。目前，多数 FTP 服务器提供匿名 FTP 服务。为了保证 FTP 服务器的安全，这类 FTP 服务通常仅允许用户匿名下载文件，而不允许用户匿名上传文件。

3. TFTP

为了满足文件传输的可靠性要求，以及实现控制连接与数据连接，FTP 定义了几十个命令与应答报文。FTP 在传输层必须采用面向连接的、可靠的 TCP，在实现方面比较复杂。因此，研究者在 TCP/IP 协议体系中增加了普通文件传输协议(Trivial File Transfer Protocol，TFTP)。

TFTP 是在 20 世纪 70 年代后期开始研究的。1980 年出现第一个 TFTP 草案；1981 年发布的 RFC 783 是正式的 TFTP 标准；1992 年发布的 RFC 1350 是对 TFTP 的修订，它是当前使用的 TFTP 系统所遵循的协议标准。TFTP 是一种更简单的轻型 FTP 版本，协议相对简单，实现起来容易。

与 FTP 相比，TFTP 具有以下几个特点：

- FTP 在传输层采用面向连接的、可靠的 TCP；而 TFTP 从协议简洁的角度出发，采用的是高效的、不可靠的 UDP。
- FTP 定义了包括文件发送、接收、目录操作、文件删除等功能的复杂命令集；而 TFTP 仅定义了文件发送与接收的基本命令集。
- FTP 可以指定数据类型，允许传送 ASCII 码文件、二进制文件、图像等多种格式的文件；而 TFTP 仅允许传输 ASCII 码或二进制的文本文件。
- FTP 提供登录等用户鉴别功能；而 TFTP 不提供用户鉴别功能，这是一种简化，

TFTP服务器必须严格限制文件访问,不允许客户执行删除操作。

TFTP是对FTP的一种补充。由于TFTP程序所占的内存空间较小,因此内存空间有限的设备通常采用TFTP。

6.5 电子邮件应用

6.5.1 电子邮件的概念

在日常生活中,人们都需要通过邮政系统收发信件。人们自然会想在网络上建立电子邮件系统。世界上第一个电子邮件系统是在早期大型计算机系统上开发的。在这种系统中,操作人员可以在同一台大型计算机的多个终端设备之间交换邮件信息。1971年,描述电子邮件的第一个文档——RFC 196发布。ARPANET上的电子邮件应用出现之后,立即受到广大用户的欢迎,并逐步发展为最重要的网络应用之一。

互联网邮件服务最大的优势在于:不管用户使用任何一种计算机、操作系统、邮件客户端软件或网络硬件,用户之间都可以方便地实现电子邮件的交换。目前,电子邮件仍然是互联网上使用最广泛的网络应用之一。电子邮件中可以包含附件、超链接、文本与图片。在多数情况下,电子邮件以文本为主,同时也能够传输语音与视频。

6.5.2 邮件发送与SMTP

1. 电子邮件的工作原理

电子邮件系统可以分为两部分:邮件客户端与邮件服务器端。邮件客户端包括用来发送邮件的SMTP客户代理、用来接收邮件的POP客户代理或IMAP客户代理以及与用户交互的用户接口。邮件服务器端包括用来发送邮件的SMTP服务器、用来转发邮件的SMTP客户代理、用来接收邮件的POP服务器或IMAP服务器以及用来存储邮件的电子邮箱。图6-14给出了电子邮件的工作原理。

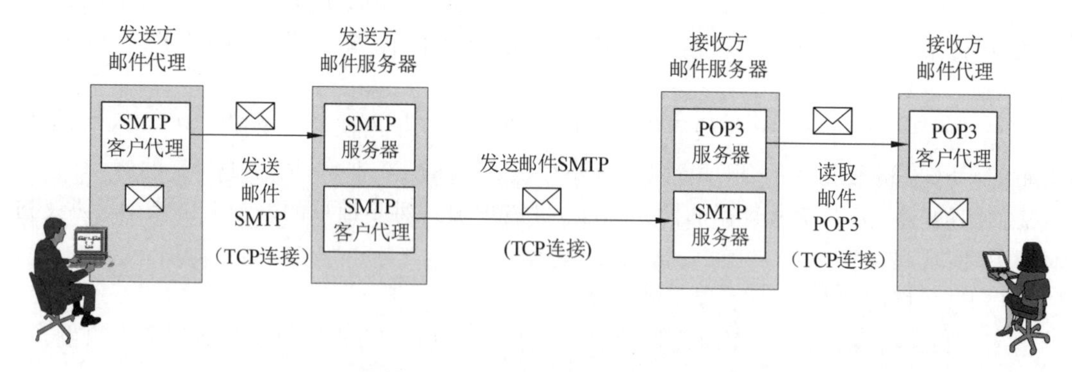

图6-14 电子邮件的工作原理

邮件客户端使用简单邮件传输协议(Simple Mail Transfer Protocol,SMTP)向收件人的邮件服务器发送邮件,使用邮局协议(Post Office Protocol,POP)的第3版(POP3)或交互式邮件存取协议(Interactive Mail Access Protocol,IMAP)从自己的邮件服务器接收邮件。至于使用哪种协议接收邮件,取决于邮件客户端与邮件服务器端支持的协议类型,它们通常都支持 POP3。1981 年,最早描述 SMTP 的 RFC 788 文档发布。1988 年,描述 POP3 的 RFC 1081 文档发布。

SMTP 可以将邮件报文封装在邮件中。邮件由信封和内容两个部分组成。实际上,信封是一种 SMTP 命令,而邮件内容是封装在信封中的邮件报文。邮件报文本身又包括两个部分:邮件头和邮件体。图 6-15 给出了邮件的结构。

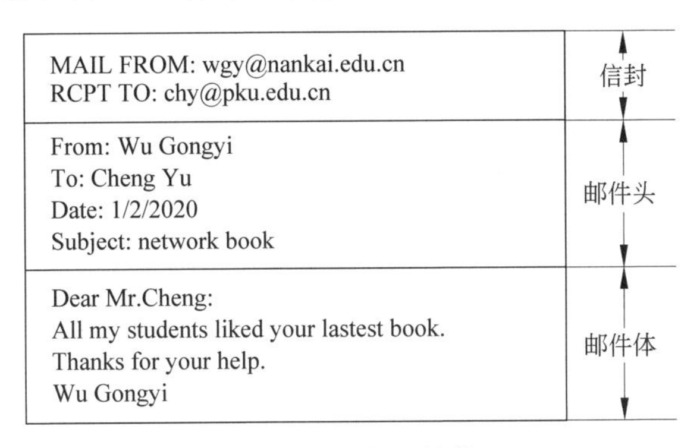

图 6-15　邮件的结构

2. SMTP 邮件传输过程

SMTP 命令和应答分别由一系列字符以及一个表示报文结束的回车换行符(CRLF)组成。邮件客户端用 SMTP 访问邮件服务器端之前,需要与邮件服务器端建立 TCP 连接。在建立 TCP 连接之后,邮件发送过程分为 3 个阶段:建立 SMTP 会话、邮件发送与释放 SMTP 会话。在释放 SMTP 会话之后,还需要释放 TCP 连接。图 6-16 给出了邮件客户端使用 SMTP 发送邮件的过程。

1) 建立 TCP 连接

报文 1～3 是邮件客户端(192.168.1.20,7180)与邮件服务器端(192.168.1.50,25)建立 TCP 连接的三次握手报文。

2) 建立 SMTP 会话

报文 4～6 是邮件客户端与邮件服务器端建立 SMTP 会话的报文。在 TCP 连接建立之后,邮件服务器端用报文 4(代码 220)通知邮件客户端"服务器准备好"。邮件客户端用报文 5(HELO 命令)通知邮件服务器端自己的主机名;邮件服务器端用报文 6(代码 250)来应答,表示"主机名正确,服务器同意进入会话阶段"。

3) 邮件发送

报文 7～17 是邮件发送会话报文。SMTP 将邮件发送分为两个部分,首先发送邮件信封(包括发件人与收件人地址),然后发送邮件报文。

邮件客户端用报文 7 发送邮件的发件人地址"MAIL FROM:〈netlab@nankai.edu.cn〉";邮件服务器端用报文 8(代码 250)来应答,表示"命令完成,继续发送"。邮件客户端用报文 9 发送邮件的收件人地址"RCPT TO:〈netlab_test@163.com〉";邮件服务器端用报文 10(代码 250)来应答,表示"命令完成,继续发送"。邮件客户端用报文 11 发送 DATA 命令,表示开始传输邮件报文;邮件服务器端用报文 12(代码 354)来应答,表示"邮件报文开始传输,以〈CRLF〉.〈CRLF〉结束"。

邮件客户端用报文 13 发送邮件报文;邮件服务器端用报文 14(ACK)来应答,表示"正

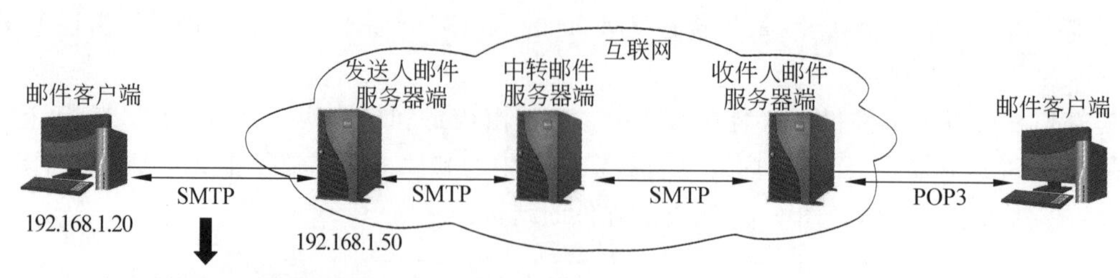

邮件客户端与邮件服务器端之间的报文交互过程

No.	Source Address	Destination Address	Summary	
1	192.168.1.20	192.168.1.50	7180=>25，SYN=1	
2	192.168.1.50	192.168.1.20	25=>7180，SYN=1 ACK=1	建立TCP连接
3	192.168.1.20	192.168.1.50	7180=>25，ACK=1	
4	192.168.1.50	192.168.1.20	220（服务器准备好）	
5	192.168.1.20	192.168.1.50	HELO	建立SMTP会话
6	192.168.1.50	192.168.1.20	250（服务器同意进入会话）	
7	192.168.1.20	192.168.1.50	MAIL FROM：邮件发件人 <netlab@nankai.edu.cn>	
8	192.168.1.50	192.168.1.20	250（继续发送）	发送邮件信封
9	192.168.1.20	192.168.1.50	RCPT TO：邮件收件人 <netlab_test@163.com>	
10	192.168.1.50	192.168.1.20	250（继续发送）	
11	192.168.1.20	192.168.1.50	DATA（发送邮件报文）	
12	192.168.1.50	192.168.1.20	354（应答）	
13	192.168.1.20	192.168.1.50	Message body（邮件体）	
14	192.168.1.50	192.168.1.20	ACK	发送邮件报文
15	192.168.1.20	192.168.1.50	EOM（邮件发送完毕）	
16	192.168.1.50	192.168.1.20	ACK	
17	192.168.1.50	192.168.1.20	250（接收完毕，准备投递）	
18	192.168.1.20	192.168.1.50	QUIT（请求结束本次会话）	释放SMTP会话
19	192.168.1.50	192.168.1.20	221（结束本次会话）	
20	192.168.1.20	192.168.1.50	7180=>25，FIN=1	
21	192.168.1.50	192.168.1.20	25=>7180，FIN=1 ACK=1	释放TCP连接
22	192.168.1.50	192.168.1.20	25=>7180，FIN=1	
23	192.168.1.20	192.168.1.50	7180=>25，FIN=1 ACK=1	

图 6-16　邮件客户端使用 SMTP 发送邮件的过程

确接收邮件报文”。邮件客户端用报文 15 通知“邮件发送完毕”；邮件服务器端用报文 16(ACK)来应答，表示“正确接收邮件报文”。邮件服务器端用报文 17(代码 250)通知邮件客户端“接收完毕，准备投递”。至此，邮件发送过程结束。

4）释放 SMTP 会话

邮件报文 18 是邮件客户端发送的 QUIT 命令，用于请求释放 SMTP 会话；报文 19 是邮件服务器端(代码 221)的应答，表示同意释放 SMTP 会话。

5）释放 TCP 连接

报文 20～23 是邮件客户端与邮件服务器端释放 TCP 连接的四次握手过程。

3. MIME 协议的基本内容

SMTP 的局限性表现在只能发送 ASCII 码报文，不支持中文、法文、德文等编码格式，也不支持语音、视频等数据。多用途互联网邮件扩展（Multipurpose Internet Mail Extension，MIME）是一种辅助性协议，它本身不是一个邮件传输协议，只是对 SMTP 的补充。MIME 使用网络虚拟终端（NVT）标准，允许非 ASCII 码数据通过 SMTP 传输。

6.5.3 POP3、IMAP4 与基于 Web 的电子邮件

邮件交付阶段不使用 SMTP，其主要原因是：在发送端，SMTP 客户采用推（push）方式，将邮件报文推送到 SMTP 服务器；在接收端，如果仍然采用推方式，那么无论收件人是否愿意，邮件也要被推送给收件人。如果改变工作方式，采取拉（pull）方式，由收件人在愿意收取邮件报文时才启动接收过程，那么邮件就必须存储在服务器的邮箱中，直到收件人读取邮件为止。因此，邮件交付阶段使用邮件读取协议，主要有 POP3 与 IMAP4。

1. POP3

POP3 是目前最流行的邮件读取协议。POP3 客户端软件安装在邮件用户的计算机中，POP3 服务器端软件安装在邮件服务器中。POP3 的会话格式与 SMTP 的会话格式类似。POP3 允许客户端以离线访问的方式从邮件服务器中下载邮件。POP3 有两种工作模式：保留模式与删除模式。保留模式在一次读取邮件后，将读取过的邮件仍保存在邮件服务器中；删除模式在一次读取邮件后，将邮件服务器中读取过的邮件删除。

邮件客户端用 POP3 访问邮件服务器之前，需要与邮件服务器端建立 TCP 连接。在建立 TCP 连接之后，邮件读取过程分为 3 个阶段：建立 POP3 会话、邮件事务处理与释放 POP3 会话。在释放 POP3 会话之后，还需要释放 TCP 连接。图 6-17 给出了邮件客户端使用 POP3 读取邮件的过程。

1）建立 TCP 连接

报文 1～3 是邮件客户端（221.22.10.10）与邮件服务器端（129.1.1.5）建立 TCP 连接的三次握手报文。

2）建立 POP3 会话

报文 4～8 是邮件客户端与邮件服务器端建立 POP3 会话的报文，在建立 POP3 会话过程中需要完成用户身份认证。

邮件服务器端用报文 4（代码 OK）来通知邮件客户端"服务器准备好"。邮件客户端用报文 4（USER 命令）报告自己的用户名 netlab_test；邮件服务器端用报文 6（代码 OK）来应答，表示"用户名正确"。邮件客户端用报文 7（PASS 命令）报告自己的密码；邮件服务器端用报文 8（代码 OK）来应答，表示"用户名与密码正确，进入邮件事务处理阶段"。

3）邮件事务处理

在成功完成用户身份认证之后，POP3 会话转入邮件事务处理阶段，邮件客户端开始访问邮件服务器。邮件客户端用报文 9（STAT 命令）请求读取自己邮箱的状态；邮件服务器端用报文 10 返回邮件数量与占用空间。邮件客户端用报文 11（LIST 命令）请求获得邮箱中的邮件列表；邮件服务器端用报文 12 返回邮件列表。邮件客户端用报文 13（RETR 1）请求读取第一封邮件；邮件服务器用报文 14～16 分 3 次向邮件客户端发送第一封邮件。邮件客户端用报文 17 来应答，表示"正确接收第一封邮件"。这个例子仅给出读取第一封邮件的

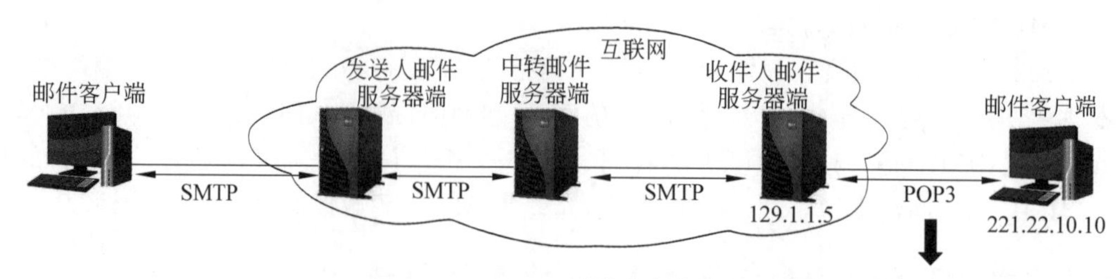

邮件客户端通过POP3读取邮件的报文交互过程

	No.	Source Address	Destination Address	Summary
建立TCP连接	1	221.22.10.10	129.1.1.5	8150=>110，SYN=1
	2	129.1.1.5	221.22.10.10	110=>8150，SYN=1 ACK=1
	3	221.22.10.10	129.1.1.5	8150=>110，ACK=1
建立POP会话	4	129.1.1.5	221.22.10.10	OK Welcome to POP3 Server
	5	221.22.10.10	129.1.1.5	USER（用户名）
	6	129.1.1.5	221.22.10.10	OK
	7	221.22.10.10	129.1.1.5	PASS（密码）
	8	129.1.1.5	221.22.10.10	OK
邮件事务处理	9	221.22.10.10	129.1.1.5	STAT（读取邮箱状态）
	10	129.1.1.5	221.22.10.10	OK（邮件数量与空间）
	11	221.22.10.10	129.1.1.5	LIST（读取邮件列表）
	12	129.1.1.5	221.22.10.10	OK（邮件列表）
	13	221.22.10.10	129.1.1.5	RETR 1（读取第一封邮件）
	14	129.1.1.5	221.22.10.10	OK（第一封邮件第一部分）
	15	129.1.1.5	221.22.10.10	第一封邮件第二部分
	16	129.1.1.5	221.22.10.10	第一封邮件第三部分
	17	221.22.10.10	129.1.1.5	OK
	18	221.22.10.10	129.1.1.5	DELE 1（删除第一封邮件）
	19	129.1.1.5	221.22.10.10	OK
释放POP会话	20	221.22.10.10	129.1.1.5	QUIT（请求释放会话）
	21	129.1.1.5	221.22.10.10	OK（同意释放会话）
释放TCP连接	22	221.22.10.10	129.1.1.5	8150=>110，FIN=1
	23	129.1.1.5	221.22.10.10	110=>8150，FIN=1 ACK=1
	24	129.1.1.5	221.22.10.10	8150=>110，FIN=1
	25	221.22.10.10	129.1.1.5	110=>8150，FIN=1 ACK=1

图 6-17　邮件客户端使用 POP3 读取邮件的过程

过程，邮件客户端还可以用 RETR 2、RETR 3 请求读取第二封、第三封邮件。邮件客户端用报文 18(DELE 1)请求删除第一封邮件。在 POP3 中，尽管邮件服务器立即用报文 19 来应答，但是实际删除邮件是在收到 QUIT 命令之后完成的。

4）释放 POP3 会话

报文 20 是邮件客户端发送的 QUIT 命令，用于请求释放 POP3 会话；报文 19 是邮件服务器端(代码 OK)的应答，表示同意释放 POP3 会话，并对有删除标记的邮件进行删除。

5）释放 TCP 连接

报文 22～25 是邮件客户端与邮件服务器端释放 TCP 连接的四次握手过程。

2. IMAP4

IMAP4 是另一种邮件读取协议。RFC 2060 文档定义了 IMAP4。IMAP4 提供的主要功能如下：

- 用户在下载邮件之前可以检查邮件头。
- 用户在下载邮件之前可以用特定字符串搜索邮件内容。
- 用户可以部分下载电子邮件，此功能对邮件中包含的多媒体信息有效。
- 用户可以在邮件服务器上创建、删除邮箱，对邮箱更名，以及创建分层的邮箱。

3. 基于 Web 的电子邮件

20 世纪 90 年代中期，Hotmail 公司开发了基于 Web 的电子邮件系统。目前，几乎每个门户网站、大学网站、公司网站都提供基于 Web 的邮件服务，越来越多的用户用浏览器来收发电子邮件。在基于 Web 的电子邮件应用中，邮件客户代理就是浏览器，邮件客户端与邮件服务器端之间的通信使用 HTTP，而不是 SMTP、POP3 或 IMAP。邮件服务器之间的通信仍然使用 SMTP。

6.6 Web 与基于 Web 的网络应用

6.6.1 Web 服务的概念

1. Web 核心技术

万维网（World Wide Web，WWW）通常简称为 Web，它是互联网应用技术发展的一个里程碑。Web 服务的图形用户界面、联想式的思维、交互与主动的信息获取方式都符合人类的行为方式和认知规律，因此 Web 应用一出现就立即受到广泛欢迎。Web 服务的核心技术是超文本传送协议（HyperText Transfer Protocol，HTTP）、超文本标记语言（HyperText Markup Language，HTML）与统一资源定位符（Uniform Resource Locator，URL）。

用 HTML 创建的网页（Web page）存储在 Web 服务器中；用户通过 Web 客户端程序（通常称为浏览器）用 HTTP 请求报文向 Web 服务器发送请求；Web 服务器根据 HTTP 请求的内容，将网页以 HTTP 应答报文的方式发送给 Web 客户端；浏览器接收到网页后对其进行解释，最终将图、文、声并茂的页面呈现给用户。用户也可以通过网页中的超链接（hyperlink）跳转到其他 Web 服务器中的网页或者访问其他类型的网络资源。

2. 主页的概念

主页（home page）是一种特殊的网页。主页通常是个人或机构的基本信息页面，它是访问个人或机构网站的入口。主页一般包含以下基本元素：

- 文本（text）：文字信息。
- 图像（image）：主要是 GIF、PNG 与 JPEG 格式的图像。
- 表格（table）：类似于 Word 的字符型表格。
- 超链接：提供到其他网页的链接。

3. URL 的概念

RFC1378 与 RFC 1808 文档定义了 URL 的概念。URL 是对互联网资源位置和访问方法的标识。互联网资源是指能够访问的任何对象,包括目录、文件、文本、表格、图像、音频、视频、动画以及邮件地址、Usenet新闻组或其中的文档。

标准的URL由3部分组成:协议类型、主机名、路径及文件名。例如,南开大学的Web服务器的URL为

```
http: //www.nankai.edu.cn/index.html
  |           |                |
协议类型      主机名          路径及文件名
```

其中,http指出使用的协议类型为HTTP,www.nankai.edu.cn指出要访问的服务器主机名,index.html指出要访问的主页路径与文件名。除了HTTP之外,URL还支持其他类型的协议。例如:

- gopher://gopher.cernet.edu.cn 表示访问一个名称为 gopher.cernet.edu.cn 的Gopher服务器。
- ftp://ftp.pku.edu.cn/pub/dos/readme.txt 表示从FTP服务器 ftp.pku.edu.cn 下载一个路径为/pub/dos/readme.txt的文本文件。
- file://linux001.nankai.edu.cn/pub/gif/wu.gif 表示从网络主机 linux001.nankai.edu.cn 读取一个路径为/pub/gif/wu.gif的图形文件。
- telnet://cs.nankai.edu.cn 表示通过虚拟终端登录远程主机 cs.nankai.edu.cn。

6.6.2 HTTP的基本内容

1. HTTP的基本特点

HTTP用于在浏览器与Web服务器之间交换请求与应答报文。要研究Web服务,首先需要了解HTTP的一些特性。

1) 无状态协议

HTTP在传输层使用的是TCP。如果浏览器想访问一个Web服务器,那么浏览器就需要与Web服务器建立一个TCP连接。浏览器与Web服务器通过TCP连接来收发HTTP请求与应答报文。考虑到Web服务器可能同时要处理很多浏览器的访问,为了提高Web服务器的并发处理能力,HTTP设计者规定Web服务器在收到浏览器的HTTP请求报文并返回应答报文之后,不保存有关浏览器的任何信息。即使是同一浏览器在几秒内两次访问同一Web服务器,它也必须分别建立两次TCP连接。因此,HTTP是一种无状态的协议(stateless protocol)。Web服务器总是打开的,随时准备接收大量浏览器的服务请求。

2) 非持续连接与持续连接

当浏览器向Web服务器发出多个服务请求时,Web服务器对每个请求报文进行应答,并为每个应答过程建立一个TCP连接,这种工作方式称为非持续连接(nonpersistent connection);如果多个浏览器与Web服务器的请求报文与应答报文通过一个TCP连接来完成,这种工作方式称为持续连接(persistent connection)。HTTP既支持非持续连接又支持持续连接。HTTP 1.0默认状态为非持续连接,HTTP 1.1默认状态为持续连接。

网页是由不同的对象(object)组成的。对象就是文件,例如HTML文件、JPEG或GIF文件、Java程序、语音文件等,它们都可以通过URL来寻址。如果一个网页包括一个基本

的 HTML 文件和 10 个 JPEG 文件，那么这个 Web 页面就是由 11 个对象组成的。

在非持续连接中，为每次请求与应答都要建立一次 TCP 连接。如果一个网页包括 11 个对象，并且都保存在同一 Web 服务器中。那么，在非持续连接状态，浏览器访问该网页要分别为请求 11 个对象建立 11 个 TCP 连接。非持续连接的缺点是要为每个请求对象建立和维护一个新的 TCP 连接。对于每个这样的连接，浏览器与 Web 服务器都要设定相应的缓存。因此，Web 服务器处理大量客户请求时负载很重。图 6-18 给出了浏览器通过 HTTP 1.0 访问 Web 服务器的过程。

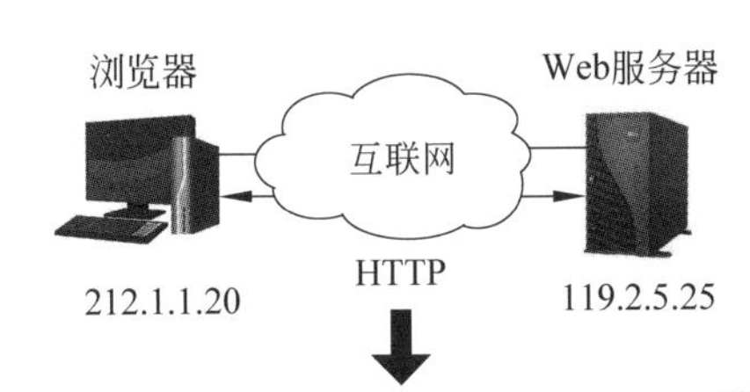

No.	Source Address	Destination Address	Summary
1	212.1.1.20	119.2.5.25	1370=>80，SYN=1
2	119.2.5.25	212.1.1.20	80=>1370，SYN=1 ACK=1
3	212.1.1.20	119.2.5.25	1370=>80，ACK=1
4	212.1.1.20	119.2.5.25	1371=>80 GET/ HTTP/1.0
5	119.2.5.25	212.1.1.20	80=>1371 200 OK DATA：…
6	212.1.1.20	119.2.5.25	1371=>80，SYN=1
7	119.2.5.25	212.1.1.20	80=>1371，SYN=1 ACK=1
8	212.1.1.20	119.2.5.25	1371=>80，ACK=1
9	212.1.1.20	119.2.5.25	1371=>80 GET/img/logo.gif HTTP/1.0
10	119.2.5.25	212.1.1.20	80=>1371 200 OK DATA：…
⋮			
14	212.1.1.20	119.2.5.25	1371=>80 GET/img/arr.gif HTTP/1.0
15	119.2.5.25	212.1.1.20	80=>1371 200 OK DATA：…
⋮			
19	212.1.1.20	119.2.5.25	1371=>80 GET/img/sug.js HTTP/1.0
20	119.2.5.25	212.1.1.20	80=>1371 200 OK DATA：…

图 6-18 浏览器通过 HTTP 1.0 访问 Web 服务器的过程

报文 1～3 是浏览器与 Web 服务器建立一个 TCP 连接(端口号 1370 与 80)的三次握手报文。报文 4 是浏览器用 GET/HTTP/1.0 向 Web 服务器发送的读取网页的请求报文。报文 5 是 Web 服务器向浏览器发送的网页内容的应答报文。需要注意的是：报文 6～8 是浏览器与 Web 服务器建立另一个 TCP 连接(端口号 1371 与 80)的三次握手报文。报文 9 是浏览器用 GET/HTTP/1.0 向 Web 服务器发送的读取 logo.gif 文件的请求报文。报文 10 是 Web 服务器向浏览器发送的 logo.gif 文件内容的应答报文。此后，浏览器在请求不同对象时，需要为每个对象分别建立 TCP 连接。图 6-18 中的报文 14、15 和报文 19、20 分别是端口 1372 与 80、1373 与 80 建立 TCP 连接之后浏览器请求读取 arr.gif 与 sug.js 文件的报文与 Web 服务器的应答报文。从这个例子可以看出，HTTP 1.0 默认状态是非持续连接，为每个请求对象建立和维护一个新的 TCP 连接。但是，在实际的软件编程中，通常采用同时发起多个 TCP 连接的方式，以缩短下载一个网页的时间。

在持续连接方式中,Web服务器在发出应答后保持该TCP连接,在同一浏览器与Web服务器之间的后续报文都通过该连接传送。如果一个网页包括1个HTML文件和10个JPEG文件,所有请求与应答报文都通过该连接来传送。图6-19给出了浏览器通过HTTP 1.1访问Web服务器的过程。报文1～3是浏览器与Web服务器建立一个TCP连接(端口号1370与80)的三次握手报文。此后,浏览器在该TCP连接上连续请求多个对象。

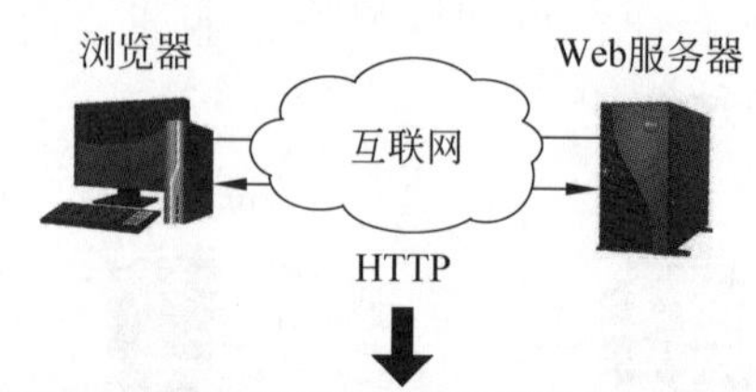

No.	Source Address	Destination Address	Summary
1	212.1.1.20	119.2.5.25	1370=>80, SYN=1
2	119.2.5.25	212.1.1.20	80=>1370, SYN=1 ACK=1
3	212.1.1.20	119.2.5.25	1370=>80, ACK=1
4	212.1.1.20	119.2.5.25	1370=>80 GET/ HTTP/1.1
5	119.2.5.25	212.1.1.20	80=>1370 200 OK DATA: …
6	212.1.1.20	119.2.5.25	1370=>80 GET/img/logo.gif HTTP/1.1
7	119.2.5.25	212.1.1.20	80=>1370 200 OK DATA: …
8	212.1.1.20	119.2.5.25	1370=>80 GET/img/arr.gif HTTP/1.1
9	119.2.5.25	212.1.1.20	80=>1370 200 OK DATA: …
10	212.1.1.20	119.2.5.25	1370=>80 GET/img/sug.js HTTP/1.1
11	119.2.5.25	212.1.1.20	80=>1370 200 OK DATA: …

图6-19 浏览器通过HTTP 1.1访问Web服务器的过程

3) 非流水线与流水线

持续连接有两种工作方式:非流水线(without pipelining)与流水线(pipelining)。

非流水线方式的特点是:浏览器仅在收到前一个应答之后才能够发送新的请求。浏览器每访问一个对象要花费一个RTT时间。Web服务器每发送一个对象之后,要等待下一个请求的到来,TCP连接处于空闲状态,浪费了Web服务器的资源。

流水线方式的特点是:浏览器在没收到前一个应答时就能发送新的请求。浏览器请求像流水线一样连续发送到Web服务器,而Web服务器也可以连续发送应答报文。采用流水线方式的浏览器访问所有对象仅需花费一个RTT时间。因此,流水线方式可减少TCP连接的空闲时间,提高下载网页的效率。HTTP 1.1默认工作方式是持续连接的流水线方式。

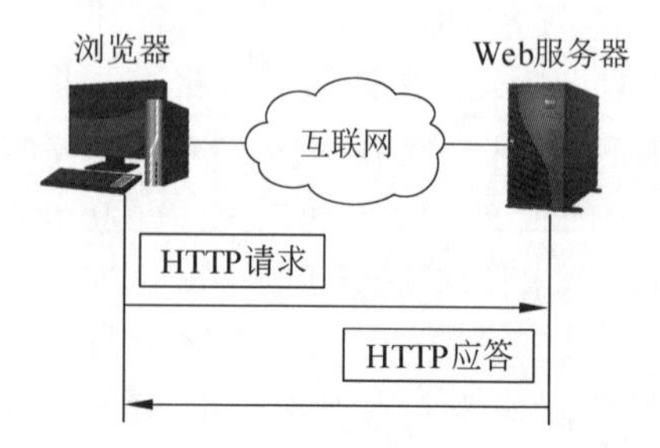

图6-20 HTTP请求与应答的工作过程

2. HTTP报文格式

1) HTTP报文的基本概念

HTTP是一种使用简单的请求报文与应答报文交互的协议。RFC 2616文档详细定义了HTTP请求报文与应答报文。图6-20给出了HTTP请求与应答的工作过程。

2) HTTP请求报文格式

浏览器向Web服务器发送HTTP请求报文。请求报文包括用户的一些请求，例如显示网页的文本与图像信息，下载可执行程序、语音或视频文件等。请求报文经常用于从Web服务器中读取一个网页。请求报文包括4部分：请求行、报头、空白行与正文。其中，空白行用CRLF表示，表示报头部分的结束。正文部分可以空着，也可以包含要传送到Web服务器的数据。图6-21给出了HTTP请求报文格式。请求行包括3个字段：请求方法、URL与HTTP版本。方法(method)是面向对象技术中常用的术语。请求方法表示浏览器发送给Web服务器的操作请求，Web服务器必须按这些请求为浏览器提供服务。

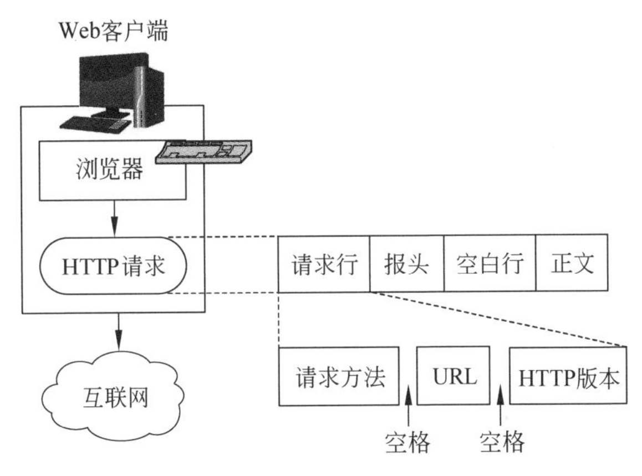

图6-21　HTTP请求报文格式

3）HTTP应答报文格式

图6-22给出了HTTP应答报文格式。应答报文包括4部分：状态行、报头、空白行与正文。其中，状态行又包括3个字段：HTTP版本、状态码与状态短语。

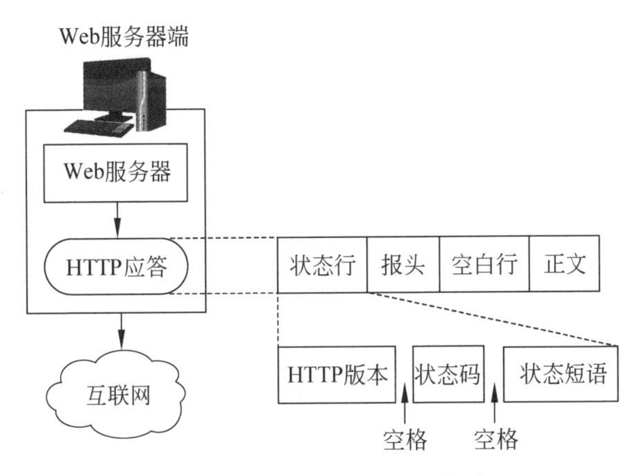

图6-22　HTTP应答报文格式

总结以上讨论的内容，图6-23给出了HTTP的工作原理。

6.6.3　HTML

1. HTML常用的标记

超文本标记语言(HTML)是用于创建网页的语言。标记语言这个术语是从图书出版

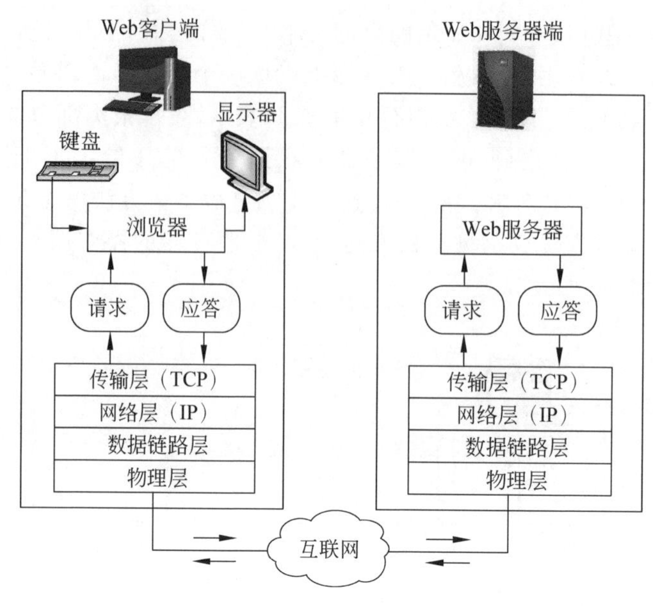

图 6-23 HTTP 的工作原理

技术中借鉴而来的。在图书出版过程中,编辑在加工稿件和处理版式过程中要作很多记号。这些记号可以告诉排版人员如何处理正文的版式。创建网页的语言也采用了这样的思想。图 6-24 给出了一个 HTML 标记的例子。在浏览器中,“A set of layers and protocol is called a network architecture.”中的 network architecture 需要用粗体字显示。

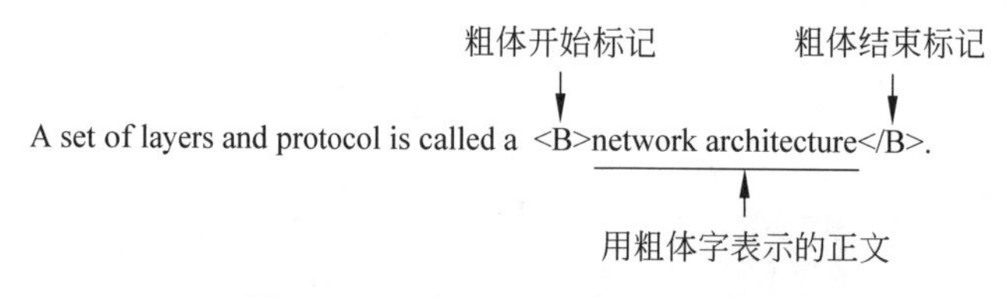

图 6-24 一个 HTML 标记的例子

在文档中可以嵌入 HTML 的格式化指令。任何浏览器都能读出这些指令,并根据指令的要求进行显示。Web 文档不使用普通文字处理软件的格式化方法,这是由于不同文字处理软件采用的格式化技术不同。例如,将在 Macintosh 计算机上创建的格式化文档存储到 Web 服务器中,另一个使用 IBM 计算机的用户就无法读出它。在 HTML 正文与格式化指令中都只使用 ASCII 字符。这样,使用 HTML 创建的 Web 文档在所有计算机中都能正确读取和显示。表 6-1 给出了常用的 HTML 标记。

表 6-1 常用的 HTML 标记

开始标记	结束标记	用途
<HTML>	</HTML>	HTML 文档
<HEAD>	</HEAD>	HTML 文档的头部
<BODY>	</BODY>	HTML 文档的正文
<TITLE>	</TITLE>	HTML 文档的标题

续表

开始标记	结束标记	用　途
<P>	</P>	定义文本段落
<B>	</B>	文本为粗体
<I>	</I>	文本为斜体
<U>	</U>	文本加下画线
<IMG>	</IMG>	定义图像
<A>	</A>	定义超链接
<TABLE>	</TABLE>	定义表格
<FORM>	</FORM>	定义表单
<BUTTON>	</BUTTON>	定义按钮
<OBJECT>	</OBJECT>	定义对象
<SCRIPT>	</SCRIPT>	使用脚本语言
<APPLET>	</APPLET>	使用小应用程序

Web 文档是由 HTML 元素相互嵌套而成的，如果将所有元素按嵌套的层次连成一棵树，可以更容易地理解 Web 文档结构。图 6-25 给出了一个 Web 文档的例子，左侧是 Web 文档的内容，右侧是 Web 文档在浏览器中的显示效果。通过这个例子可以看出，Web 文档的顶层元素是<HTML>，它的下面包含两个子元素：<HEAD>与<BODY>。元素<HEAD>描述有关 HTML 文档的信息，例如标题。元素<BODY>包含 HTML 文档的实际内容，也就是在浏览器中显示的内容。

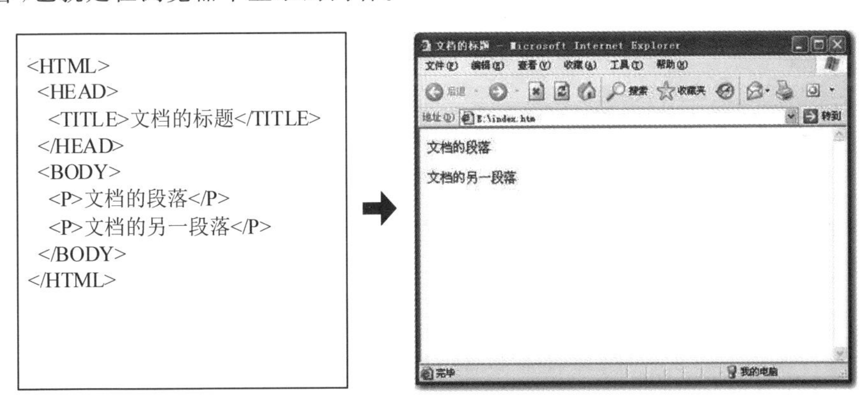

图 6-25　一个 Web 文档的例子

2. Web 文档类型

Web 文档可以分为以下 3 种类型：

- 静态文档。这类文档是固定内容的文档，它是由 Web 服务器创建并保存在 Web 服务器中。当浏览器访问静态文档时，Web 服务器将文档副本发送到浏览器并显示。
- 动态文档。这类文档不存在预定义的格式，它是在浏览器请求该文档时由 Web 服务器创建的。

- 活动文档。在有些情况下，例如在浏览器中产生动画图形或者需要与用户交互的程序，那么应用程序需要在浏览器中运行。当浏览器请求这类文档时，Web服务器将二进制代码形式的活动文档发送给浏览器。浏览器收到活动文档之后，存储并运行该程序。

6.6.4 Web浏览器

Web浏览器通常简称为浏览器(browser)，它的功能是实现客户端进程与指定URL的Web服务器端进程的连接，发送请求报文，接收需要浏览的文档，并显示网页的内容。

浏览器由一组客户端、一组解释器与一个管理它们的控制器组成。控制器是浏览器的核心部件，它负责解释鼠标点击与键盘输入，并调用其他组件执行用户指定的操作。例如，当用户输入一个URL或点击一个超链接时，控制器接收并分析该命令，调用HTTP解释器解释该页面，并将解释结果显示在屏幕上。图6-26给出了Web浏览器的结构。

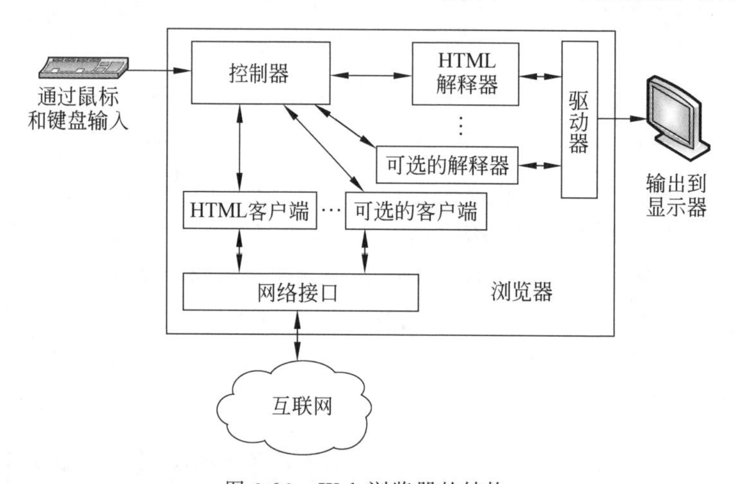

图6-26 Web浏览器的结构

浏览器除了能够浏览网页之外，还能够访问FTP、Gopher等服务器资源。因此，浏览器必须包含一个HTML解释器，以显示HTML格式的网页。另外，浏览器还必须提供其他可选的解释器(例如FTP解释器)，以提供FTP文件传输服务。有些浏览器还包含一个邮件客户端程序，使浏览器能够收发电子邮件。

从用户使用的角度来看，用户通常会浏览很多网站，但是重复访问一个网站的可能性较大。为了提高文档访问效率，浏览器需要使用缓存机制，将用户查看的每个文档或图像保存在本地磁盘中。当用户需要访问某个文档时，浏览器首先检查缓存，然后向Web服务器请求访问文档。这样，既有利于缩短用户等待时间，又可以减少网络通信量。很多浏览器允许用户调整缓存策略。用户可设置缓存的时间限制，到期后删除缓存中的一些文档。

6.6.5 搜索引擎技术

1. 搜索引擎研究背景

搜索引擎(search engine)是运行在Web上的应用软件系统，它以一定的策略在Web系统中搜索和发现信息，对信息进行理解、提取、组织和处理。搜索引擎技术极大地提高了

Web 信息资源应用的深度与广度。

互联网中拥有大量的 Web 服务器，Web 服务器提供的信息种类与内容极其丰富。同时，网页的内容很不稳定。不断有新的网页出现，旧的网页也会不断更新。50%的网页平均生命周期约为 50 天。对这样的海量信息进行查找与处理，不可能完全用人工方法完成，必须借助于搜索引擎技术。实际上，信息检索技术很早就出现了。在互联网应用早期，各种匿名访问的 FTP 站点内容涉及学术、技术报告和研究性软件。这些内容以计算机文件的形式存储。为了便于人们在分散的 FTP 资源中找到所需的东西，麦基尔大学的研究人员在 1990 年开发了 Archie 软件。Archie 定期搜集并分析 FTP 系统中存在的文件名，可以在仅知道文件名的条件下为用户找到该文件所在的 FTP 服务器地址。Archie 实际上是一个大型数据库以及与数据库相关的一套检索方法。该数据库中包括大量可通过 FTP 下载的文件资源的相关信息，包括这些资源的文件名、文件长度、存放文件的计算机名及目录名等。尽管 Archie 提供的信息资源不是 HTML 文件，但是它的工作原理和搜索引擎相同。

搜索引擎可以分为两类：目录导航式搜索引擎与网页搜索引擎。

目录导航式搜索引擎又称为目录服务。这类搜索引擎的信息搜索主要靠人工完成，信息的索引也是靠专业人员完成的。懂得检索技术的专业人员不断搜索和查询新的网站与网站中出现的新内容，并为每个网站生成一个标题与摘要，将它加入相应目录的类中。对目录进行查询时，可以根据目录类的树状结构，依次点击，逐层查询。同时，也可以根据关键字进行查询。目录导航式搜索引擎比较简单，主要工作是编制目录类的树状结构以及确定检索方法。有些目录导航式搜索引擎利用机器人程序抓取网页，由计算机自动生成目录类的树状结构。

目前，人们讨论的搜索引擎通常是指网页搜索引擎。

2. 搜索引擎工作原理

当用户在使用搜索引擎时，首先要提交一个或多个关键字(或检索词)，通过浏览器将其输入搜索引擎的界面。搜索引擎返回与关键字相关的信息列表，它通常包括 3 方面的内容：标题、URL 与摘要。其中，标题是从网页的<TITLE></TITLE>标签中提取的内容，URL 是网页的访问地址，摘要是从网页内容中提取的。用户需要浏览这些内容，挑选自己真正需要的内容，然后通过对应的 URL 访问该网页。由于不同用户对信息的需求相差很大，即使同一用户在不同时间关心的问题也不同，因此搜索引擎不可能理解用户的真正需求，只能争取尽可能不漏掉任何有用的信息。由于反馈给用户的冗长列表经常使用户感到困惑和无从下手，因此搜索引擎还要将用户最有可能关心的信息排在列表前面。

3. 搜索引擎系统结构

搜索引擎技术起源于传统的全文检索理论。全文检索程序通过扫描一篇文章中的所有词语，并根据检索词在文章中出现的频率和概率，对所有包含这些检索词的文章进行排序，最终给出可以提供给读者的列表。基于全文搜索的搜索引擎通常包括 4 部分：搜索器、索引器、检索器与用户接口。

1) 搜索器

搜索引擎通过搜索器在互联网上逐个访问 Web 站点，并建立一个网站的关键字列表。人们将搜索器建立关键字列表的过程称为爬行。搜索器根据一个事先制订的策略确定一个 URL 列表，而这个列表通常是从以前访问的记录中提取的，特别是一些热门站点和包含新信息的站点。搜索器访问每个Web站点之后,需要分析与提取新的URL,并将它加入访问列表中。搜索器遍历指定的Web空间,将采集到的网页信息添加到数据库中。但是,采集互联网上的所有网页是不可能的。最大的搜索引擎抓取的网页可能仅占所有Web网页的40%。在建立初始网页集时,最可行的方法是启动多个搜索器,并行地访问多个Web站点的网页。

实际上,各个搜索器的搜索策略与过程都不相同。搜索策略主要有两种基本类型:一种是从一个起始的URL集出发,顺着这些URL中的超链接,以深度优先算法或宽度优先算法启发式地、循环地发现新的信息。这些起始的URL集可以是任意URL,但更多的是流行和包含很多链接的站点。另一种方法是将Web空间按照域名、IP地址来划分,每个搜索器负责对一个子域进行遍历搜索。

2) 索引器

索引器的功能是理解搜索器获取的信息,进行分类并建立索引,然后存放到索引数据库或目录数据库中。索引数据库可以使用通用的数据库(例如Oracle或Sybase),也可以采用自己定义的文件格式。索引项可以分为两种类型:客观索引项与内容索引项。其中,客观索引项与文档的内容无关,例如作者名、URL、更新时间、编码、长度、链接流行度等;内容索引项反映的是文档内容,例如关键字、权重、短语、单字等。内容索引项可以分为单索引项与多索引项(或短语索引项)。英文单索引项是单个英文单词,而中文需要对文档进行词语切分。

用户查询时只能对索引进行检索,而不能对原始数据进行检索。索引器在建立索引时,需要为每个关键字赋予一个权重或等级值,表示该网页的内容与关键字的符合程度。当用户输入一个或一组关键字时,搜索器将查询索引数据库,找出与关键字相关的所有网页。有时被查出的网页数量很大,搜索器按照权重由高到低排序,将排序的结果提供给用户。因此,检索结果是否符合用户的需求,取决于索引器确定关键字及权重的策略。

3) 检索器

检索器的功能是根据用户输入的关键字,在索引数据库中快速检索出文档。根据用户输入的查询条件,对检索结果的文档与查询的相关度进行计算和评价。有的搜索引擎预先计算网页的相关度。根据评价意见,对输出的查询结果进行排序,将相关度高的结果排在前面。很多搜索引擎具备处理用户反馈的能力。

4) 用户接口

用户接口用于输入查询要求,显示查询结果,提供用户反馈意见。一个好的用户接口应采用人机交互方式,以适应用户的思维习惯。用户接口可以分为两类:简单接口与复杂接口。简单接口仅提供用户输入关键字的界面;而复杂接口允许用户输入条件,例如简单的与、或、非等逻辑运算,以及对相近关系、范围等进行限制,以提高搜索结果的有效性。

6.7 即时通信应用

6.7.1 即时通信的概念

1996年,Mirablils公司推出互联网上第一个即时通信工具——ICQ。此后,即时通信

(Instant Messaging,IM)技术引起了学术界与产业界的极大关注。2000年,即时通信工作组提交的两份关于IM协议的文档获得批准。其中,RFC 2778描述了即时通信工作模型与功能,除了即时消息(instant message)功能之外,还增加了音频/视频聊天(voice/video chat)、应用共享(application sharing)、文件传输(file transfer)、文件共享(file sharing)、游戏邀请(game request)、远程助理(remote assistance)、白板(whiteboard)等功能。

即时通信工作方式可以分为两种:在线的对等通信方式与离线的中转通信方式。图6-27给出了即时通信系统QQ的通信过程。从中可以看出,QQ属于集中式的P2P结构。用户通过在线、手机、电子邮件等申请办法,在QQ服务器上注册自己的账号。当用户需要加入QQ网络时,首先运行QQ客户端软件,然后输入用户名与密码。服务器验证用户账号的合法性之后,用户就可加入QQ网络。在登录成功之后,QQ用户通过服务器下载自己的好友列表、在线信息以及一些好友发送给自己的离线信息。

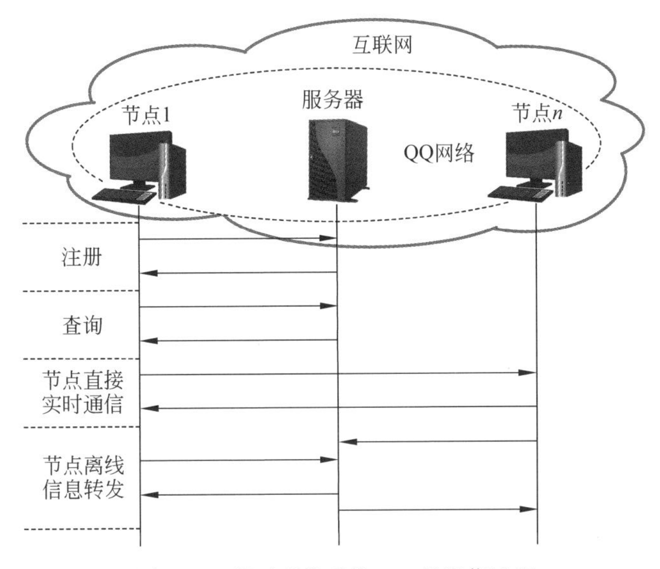

图6-27 即时通信系统QQ的通信过程

QQ用户之间有两种通信方式:在线的实时通信和离线的中转通信。在线信息包括可以进行通信的好友信息(包括IP地址)。在获得好友列表与在线信息之后,用户之间可以直接、实时、对等地通信。采用离线方式,可以通过QQ服务器转发信息。如果其他用户向一个用户发送过离线信息,当该用户登录QQ服务器时,就会收到这些离线转发的信息。

6.7.2 SIP的基本内容

1. 即时通信协议的发展过程

目前,很多即时通信系统都采用服务提供商制定的即时通信协议,例如微软公司的MSNP协议、AOL公司的OSCAR协议、QQ的专用协议等。由于各个公司制定的协议互相不兼容,因此不同即时通信系统之间无法互联互通。1999年,IETF提出了会话初始化协议(Session Initiation Protocol,SIP)。RFC 3261～RFC 3266文档对SIP进行了详细描述。

SIP是一种实现即时通信的控制信令协议。SIP中的会话是指用户之间的数据传输。传输的数据可以是普通的文本数据,也可以是语音、视频、电子邮件、游戏等数据。SIP用于创建、修改和终止会话。SIP 在传输层可以使用 TCP、UDP 或流控制传输协议(Stream Control Transmission Protocol,SCTP)。

2. SIP 的特点

目前,SIP 已成为互联网的建议标准,被命名为 W-SIP。早期应用于网络电话的主要通信协议是 H.323,它是由 ITU-T 在 1996 年制定的。1998 年,该协议第 2 版的名称为基于分组的多媒体通信系统。H.323 是关于互联网实时语音与视频会议的一组协议标准的统称,它定义了系统和组成、呼叫模式、呼叫信令过程、控制报文结构、多路复用、语音编码器、视频编码器等关键技术,因此 H.323 协议很复杂。

与 H.323 协议相比,SIP 将网络电话(Voice over IP,VoIP)作为一种新的互联网应用来处理,它仅涉及网络电话的信令与 QoS 问题,没有规定一定要采用特定的语音编码器。因此,SIP 结构简单,内容简洁,工作效率高。当然,在实际的网络电话系统设计中,设计者可能要选择 RTP 或 RTCP 作为配合的协议,但是 SIP 对于这一点没有限定,这就给应用设计者很大的自由度和选择空间。

3. SIP 的工作模式

SIP 采用了典型的客户/服务器模式,它定义了两种构件与两种状态的代理。两种构件是用户代理(user agent)与网络服务器(network server)。

1) 用户代理

用户代理包括两个程序:用户代理客户(User Agent Client,UAC)与用户代理服务器(User Agent Server,UAS)。UAC 发送呼叫请求,而 UAS 接收呼叫请求。UAC 的表现形式有多种,有些是运行在计算机上的软件,有些是移动设备(例如智能手机、平板电脑)中的 APP。

2) 网络服务器

SIP 定义了 3 类网络服务器:代理服务器(proxy server)、注册服务器(register server)与重定向服务器(redirect server)。

代理服务器接收 UAC 发出的呼叫请求,并将它转发给下一跳的代理服务器,由下一跳的代理服务器将呼叫请求转发给 UAS,因此代理服务器也称为 SIP 路由器。

注册服务器接收和处理代理请求,完成用户地址的注册过程。注册服务器保存用户地址与当前所在位置的映射关系。

重定向服务器不接收 UAC 的呼叫请求,仅处理代理服务器的呼叫路由。当它接收到代理服务器的呼叫路由请求时,通过应答告知下一跳的代理服务器地址。代理服务器根据该地址重新向下一跳的代理服务器发送呼叫请求。

3) 代理服务器状态

针对代理服务器,SIP 定义了两种状态:有状态的代理服务器与无状态的代理服务器。有状态的代理服务器保存自己收到和转发的呼叫请求与返回的应答信息,无状态的代理服务器在转发请求信息之后不保留状态信息。

两者相比,有状态的代理服务器可以并行建立和维护多个会话;由于无状态的代理服务器不保留状态信息,因此系统应答速度较快。SIP 代理服务器多采用无状态方式。

4) SIP 地址

SIP 使用的地址既可以是电话号码,也可以是电子邮件地址或 IPv4 地址。SIP 规定的地址格式如下：

- 电话号码，sip：wugongyi@8622-23508917。
- IPv4 地址，sip：wugongyi@202.1.2.180。
- 电子邮件地址，sip：wugongyi@nankai.edu.cn。

为了保证用户在移动过程中能够通信，SIP 系统设置了注册服务器。用户在移动过程中向注册服务器发送位置信息，注册服务器更新用户 SIP 地址与位置信息的映射关系。

4. SIP 的报文格式

SIP 的设计参考了 Web 应用的 HTTP 与电子邮件应用的 SMTP，采用请求/应答报文的工作方式。SIP 客户端发出请求报文，而服务器端返回应答报文。一次 SIP 事务处理包括一个客户端请求、多个临时应答与一个来自服务器的最终应答。

1）SIP 请求报文

SIP 请求报文的起始行被称为请求行。SIP 2.0 的请求报文采用关键字来表示。表 6-2 给出了 SIP 请求报文名称及意义。

表 6-2　SIP 请求报文名称及意义

报文名称	意义
INVITE	邀请用户或服务器参加一个会话，启动会话的建立
ACK	用户或服务器同意参加一个会话，确认会话的建立
CANCEL	取消即将发生的会话
BYE	终止会话
INFO	传送 PSTN 电话信令
OPTIONS	查询一个服务器的能力（代理服务器确定与用户建立会话则应答；注册服务器或重定向服务器仅转发该报文）

2）SIP 应答报文

SIP 应答报文的起始行被称为应答行。SIP 2.0 的应答报文采用状态码来表示。表 6-3 给出了应答报文状态码及意义。

表 6-3　SIP 应答报文状态码及意义

状态码	意义	状态码	意义
100～199	临时	400～499	客户端错误
200～299	成功	500～599	服务器端错误
300～399	重定向	600～699	失败

5. SIP 的工作过程

图 6-28 给出了 SIP 通过代理服务器建立会话的过程。通过代理服务器实现主叫方与被叫方直接会话的前提是：主叫方与被叫方都支持 SIP，并且已经在注册服务器上登录了双方的当前位置与用户地址的映射关系。

SIP 通过代理服务器建立会话的过程如下：

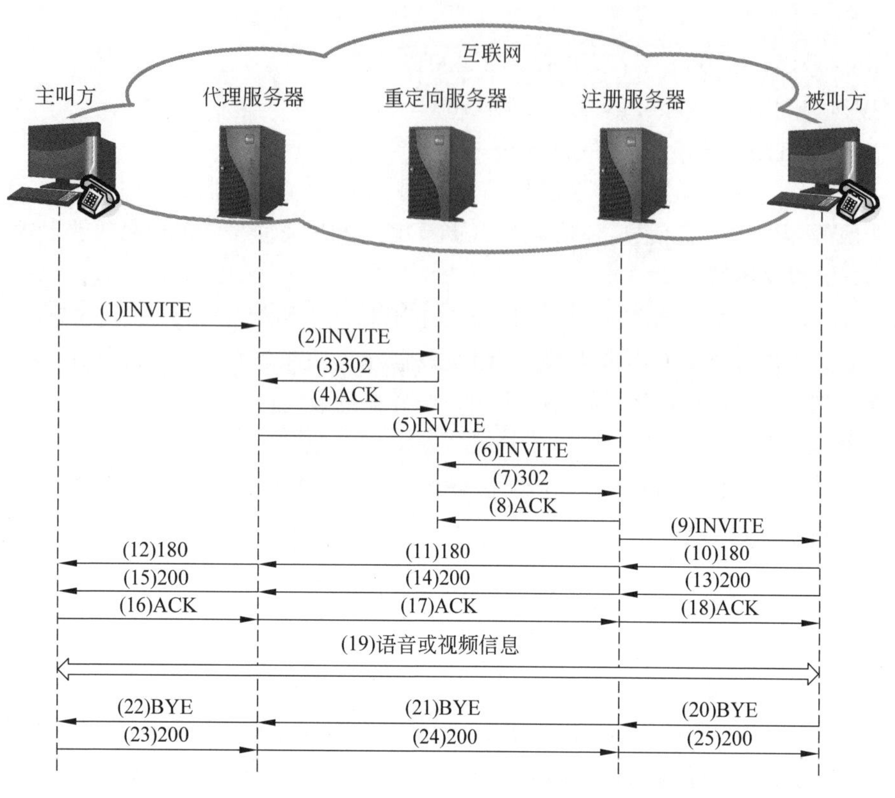

图 6-28　SIP 通过代理服务器建立会话的过程

(1) 如果主叫方仅有被叫方的电子邮件地址,而没有 IP 地址,那么主叫方向代理服务器发送 INVITE 报文,表示请求建立 SIP 会话。

(2) 代理服务器向重定向服务器转发 INVITE 报文,表示请求重定向 SIP 会话。

(3) 重定向服务器向代理服务器发送 302 报文,表示收到重定向请求。

(4) 代理服务器向重定向服务器返回 ACK 报文,表示收到重定向应答。

(5) 代理服务器向注册服务器转发 INVITE 报文。

(6) 注册服务器向重定向服务器转发 INVITE 报文。

(7) 重定向服务器向注册服务器发送 302 报文。

(8) 注册服务器向重定向服务器返回 ACK 报文。

(9) 注册服务器向被叫方转发 INVITE 报文。

(10)~(12)被叫方通过注册服务器、代理服务器向主叫方发送 180 报文,表示收到 INVITE 报文。

(13)~(15)被叫方通过注册服务器、代理服务器向主叫方发送 200 报文,表示同意建立 SIP 会话。

(16)~(18)主叫方通过代理服务器、注册服务器向被叫方发送 ACK 报文,表示收到 200 报文。

(19) 主叫方与被叫方在已建立的 SIP 会话上交换语音或视频数据。

(20)~(22)被叫方通过注册服务器、代理服务器向主叫方发送 BYE 报文,表示请求释放 SIP 会话。

(23)～(25)主叫方通过代理服务器、注册服务器向被叫方发送 200 报文,表示同意释放 SIP 会话。至此,主叫方与被叫方的一次 SIP 会话结束。

SIP 会话过程分为 3 个阶段:建立会话、会话与释放会话。其中,步骤(1)～(18)属于建立会话阶段,步骤(19)属于会话阶段,步骤(20)～(25)属于释放会话阶段。

由于 SIP 融合了互联网与移动通信网技术,能够以 P2P 方式实现手机之间、手机与固定电话、电话与计算机、计算机之间以及移动终端设备之间的语音或视频信息的交互,因此 SIP 必将在 5G 与物联网中获得广泛的应用。SIP 仍然不是非常成熟的协议,目前正在应用的过程中不断完善。

6.8 动态主机配置应用

6.8.1 动态主机配置的概念

对于 TCP/IP 网络来说,要将一台主机接入互联网,必须配置以下几个参数:

- 本地网络的默认路由器地址。
- 主机使用的子网掩码。
- 为主机提供特定服务的服务器(例如 DNS 服务器)地址。
- 本地网络的 MTU 值。
- IP 分组的 TTL 值。

在同一局域网中,每台主机需要配置的参数有十多个,只有 IP 地址不同,而其他参数则基本相同。参数配置不仅要在组网时进行,在主机加入与退出时也要进行。网络管理员在管理容纳十几台主机的局域网时,手工完成主机配置任务是可行的;但是,如果局域网中的主机数量达到几百台,或者经常有主机接入与移动的情况下,那么手工配置方式效率很低且容易出错。另外,对于远程主机、移动设备、无盘工作站与地址共享配置,通过手工配置方式也是不可行的。

在这样的应用需求下,研究者提出了动态主机配置协议(Dynamic Host Configuration Protocol,DHCP)。DHCP 可以为主机自动分配 IP 地址,以及配置其他一些重要的参数。DHCP 运行效率高,能够有效减轻管理员的工作负担,更重要的是支持远程主机、移动设备、无盘工作站与地址共享配置。

6.8.2 DHCP 的基本内容

随着更多的个人计算机与移动终端设备接入互联网,动态主机配置协议(DHCP)显得越来越重要。任何一台计算机或移动终端设备开机并接入互联网时,都需要通过 DHCP 获取 IP 地址与相关的配置信息。

1. DHCP 服务器的功能

DHCP 的主要特点是动态的 IP 地址分配与租用。DHCP 是基于客户/服务器模式的协议。DHCP 服务器是为客户机提供动态地址配置服务的网络设备。DHCP 服务器主要提供以下几个功能:

- 地址管理。DHCP 服务器管理一定数量的 IP 地址,并记录 IP 地址的使用情况。

- 配置参数管理。DHCP 服务器存储并维护一些必要的主机配置参数。
- 租用管理。DHCP 服务器以租用方式将 IP 地址动态分配给主机,并管理其租用期(lease period)。DHCP 服务器维护已租用给主机的 IP 地址及其租用期。RFC 1533 文档规定租用期以 4B 的整数来表示,单位为秒。
- 客户应答。DHCP 服务器对客户机的请求进行应答,为其分配 IP 地址,传送配置参数。
- 服务管理。DHCP 服务器允许管理员查看、改变 IP 地址及其租用期和配置参数等以及服务器自身运行相关的信息。

2. DHCP 客户机的功能

DHCP 客户机主要提供以下几个功能:

- 配置发起。DHCP 客户机随时向 DHCP 服务器发起获取 IP 地址、配置参数的请求。
- 配置参数管理。DHCP 客户机从 DHCP 服务器获取全部或部分配置参数,并维护这些配置参数。
- 租用管理。DHCP 客户机可以更新租用期,在无法更新时重新租用 IP 地址,在不需要时提前终止租用。
- 报文重传。DHCP 在传输层采用 UDP,DHCP 客户机负责检测 UDP 报文是否丢失,以及在发现丢失之后进行重传。

3. DHCP 客户机与 DHCP 服务器的交互过程

1) DHCP 交互过程

图 6-29 给出了简化的 DHCP 客户机与 DHCP 服务器的交互过程。

DHCP 客户机与服务器的交互过程分为如下 4 个阶段(分别对应图 6-29 中的①~④):

(1) 发现阶段。DHCP 客户机以广播方式发送一个 DHCPDISCOVER 报文,开始发现局域网中的 DHCP 服务器。

(2) 提供阶段。如果有多个 DHCP 服务器收到 DHCPDISCOVER 报文,它们都以广播方式返回一个 DHCPOFFER 报文,其中包含分配的 IP 地址、租用期和其他参数以及 DHCP 服务器的 IP 地址。

(3) 选择阶段。如果 DHCP 客户机收到多个 DHCPOFFER 报文,它将从中选择一个对应的 DHCP 服务器,DHCP 客户机通常选择最早收到的 DHCPOFFER 报文对应的服务器。这时,DHCP 客户机以广播方式发送一个 DHCPREQUEST 报文,其中包含分配的 IP 地址与对应的 DHCP 服务器。

(4) 确认阶段。如果 DHCP 服务器收到 DHCPREQUEST 报文,它将通过其中的地址判断自己是否被选中。如果这个 DHCP 服务器被选中,它将分配的 IP 地址设置为绑定状态(将该 IP 地址与 DHCP 客户机的 MAC 地址绑定),并向 DHCP 客户机发送一个 DHCPACK 报文。如果 DHCP 客户机收到 DHCPACK 报文,它就开始使用获得的临时 IP 地址,该地址在 DHCP 服务器中进入已绑定状态。

图 6-30 给出了 DHCP 客户机从 DHCP 服务器获取 IP 地址的报文交互过程以及 DHCPACK 报文的解析结果。

报文 1 是 DHCP 客户机(IP 地址为 0.0.0.0)以广播方式发送的 DHCPDISCOVER 报文。

报文 2 是 DHCP 服务器(IP 地址为 212.8.2.1)以广播方式发送的 DHCPOFFER 报文。

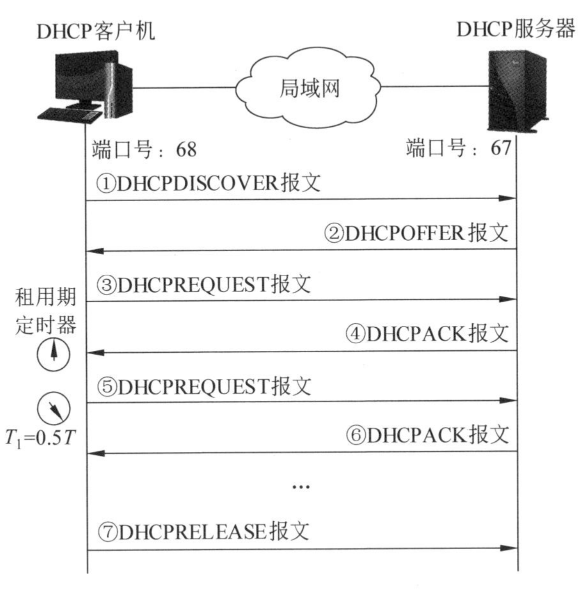

图 6-29　DHCP 客户机与 DHCP 服务器的交互过程

No.	Source Address	Destination Address	Summary	Time
1	0.0.0.0	255.255.255.255	Request：DHCPDISCOVER	2019-06-20 09:05:50
2	212.8.2.1	255.255.255.255	Reply：　DHCPOFFER	2019-06-20 09:05:55
3	0.0.0.0	255.255.255.255	Request：DHCPREQUEST	2019-06-20 09:06:01
4	212.8.2.1	255.255.255.255	Reply：　DHCPACK	2019-06-20 09:06:05

```
DHCP Header:---------------------------------------
  Boot Record Type                =2(Reply）
  Hardware Address Type           =1(10M Ethernet)
  Hardware Address Length         =6(Bytes)
  Hops                            =0
  …
  Client Hardware Address         =05-01-22-45-00-66
  Client Address                  =212.8.2.28
  Lease Time                      =691200(Seconds)
  Subnet Mask                     =255.255.255.240
  Gateway Address                 =212.8.20.2
  DNS Address                     =212.8.10.8
```

图 6-30　DHCP 客户机从 DHCP 服务器获取 IP 地址的报文交互过程以及 DHCPACK 报文的解析结果

报文 3 是 DHCP 客户机（IP 地址为 0.0.0.0）以广播方式发送的 DHCPREQUEST 报文。

报文 4 是 DHCP 服务器（IP 地址为 212.8.2.1）以广播方式发送的 DHCPACK 报文。

图 6-30 下部是 DHCPACK 报文的部分内容。从中可以看出：

- DHCP 客户机获取的 IP 地址为 212.8.2.28。
- MAC 地址 05-01-22-45-00-66 与 IP 地址 212.8.2.28 形成绑定关系。
- IP 地址的租用获准时间为 2019-06-20 09:06:05。
- IP 地址的租用期为 691 200s（8 天）。

• 子网掩码为255.255.255.240。
• 默认网关地址为212.8.20.2。
• DNS服务器地址为212.8.10.8。

2) 租用管理

DHCP客户机需要设置两个计时器：T_1 和 T_2。$T_1=0.5T$，$T_2=0.875T$，T 为租用期。当计时器 $T_1=0.5T$ 时，DHCP客户机发送一个DHCPREQUEST报文(见图6-29中的⑤)，向DHCP服务器请求更新租用期。这时可能出现3种情况：

• 如果DHCP服务器同意更新租用期，它将返回DHCPACK报文(见图6-29中的⑥)。DHCP客户机获得了新的租用期，就可以重新设置计时器。
• 如果DHCP服务器不同意更新租用期，它将返回DHCPNAK报文。DHCP客户机需要重新申请IP地址。
• 如果DHCP客户机没有收到DHCP服务器的应答报文，那么当 $T_2=0.875T$ 时，DHCP客户机必须重发一个DHCPREQUEST报文，重新申请IP地址。

如果DHCP客户机准备提前结束IP地址租用，它需要发送一个DHCPRELEASE报文(见图6-29中的⑦)，向DHCP服务器请求释放租用期。

6.9 网络管理应用

6.9.1 网络管理的概念

1. 网络管理系统的组成

网络管理(network management)的目的是：使网络资源能得到有效利用，当网络出现故障时能及时报告和处理，保证网络能够正常、高效地运行。网络管理系统通常由5部分组成：管理进程、被管对象、代理进程、网络管理协议与管理信息库。图6-31给出了网络管理系统的结构。

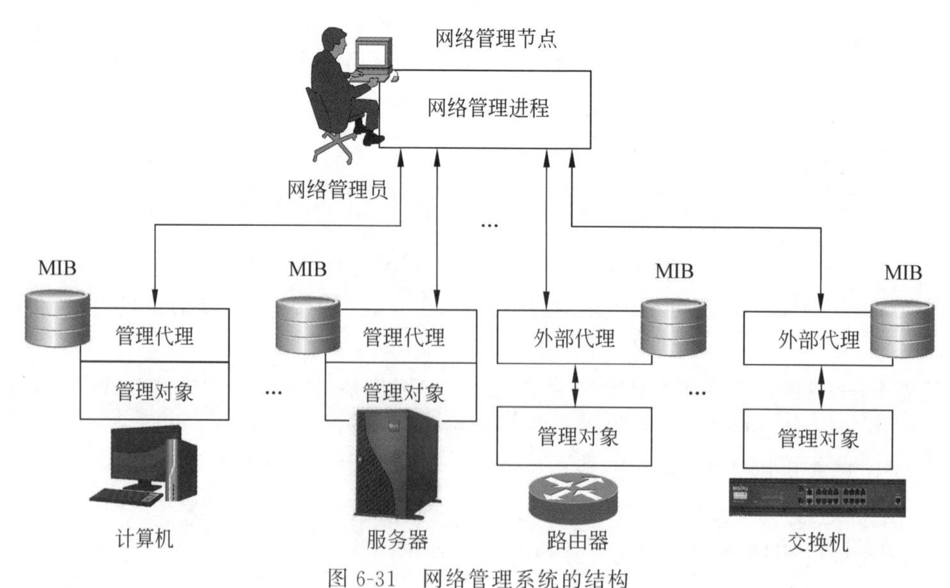

图6-31 网络管理系统的结构

1）管理进程

管理进程（manager）是网络管理的主动实体，为网络管理员提供访问被管对象的界面，完成网络管理员指定的各项管理任务，读取或改变被管对象的网络管理信息。

2）被管对象

被管对象（managed object）是指网络上的软硬件设备，例如计算机、服务器、路由器、交换机等。

3）代理进程

代理进程（agent）执行管理进程（例如系统配置、数据查询）的命令，向管理进程报告本地出现的异常情况。在SNMP网络管理模型中，代理可以分为两种类型：管理代理与外部代理。管理代理（management agent）是在被管设备中加入的执行SNMP的程序。外部代理（proxy agent）是指在被管设备外部增加的执行SNMP的程序或设备。

4）网络管理协议

网络管理协议规定了管理进程与代理进程之间交互网络管理信息的格式、意义与过程。目前，流行的网络管理协议主要有TCP/IP协议体系的简单网络管理协议（SNMP）与OSI参考模型的公共管理信息协议（Common Management Information Protocol，CMIP）。

5）管理信息库

管理信息库（Management Information Base，MIB）用于存放被管对象的信息。MIB是概念上的数据库。本地MIB仅包含与本地设备相关的信息。代理进程可以读取和修改本地MIB中的各种变量值。每个代理进程管理自己的本地MIB，并与管理进程交换网络管理信息。多个本地MIB共同构成整个网络的MIB。

2. 网络管理功能

按照ISO相关文档规定，网络管理分为5部分：配置管理、性能管理、记账管理、故障管理和安全管理。

1）配置管理

配置管理（configuration management）是指监控网络中各个设备的配置信息，包括网络拓扑、各设备与链路的连接情况、每台设备的硬件和软件配置数据以及各种网络资源的分配情况。

2）性能管理

性能管理（performance management）是指测量与监控网络运行状态，监视、收集与统计网络运行性能数据，如果发现某个参数值超过预先设定的阈值，及时通知管理员处理；通过对一段时间内收集的数据进行统计、分析，帮助管理员了解设备CPU利用率、内存利用率、各个接口的带宽利用率、I/O吞吐率、应答时间等。

3）记账管理

记账管理（accounting management）是指测量和收集各种网络资源的使用情况，通过对节点的发送、接收流量与使用时间进行统计、分析，为按流量或时间计费提供依据。

4）故障管理

故障是指可能导致网络部分或全部中断，必须加以修复的错误。故障管理（fault management）主要包括故障检测、跟踪、隔离与恢复以及故障日志的生成、报告等。

5）安全管理

为了保障网络正常工作，必须采取多项安全控制措施。安全管理（security

management)功能通过设定若干规则,防止网络遭受有意或无意的破坏,同时限制用户对敏感资源的未授权访问。安全管理主要包括:建立访问权限,执行访问控制;建立安全审计,记录违规操作;当出现安全事件时,发出警告和生成安全报告。

3. 网络管理技术发展

理解网络管理系统与SNMP时需要注意以下两个问题。

1) 网络管理体系结构

目前,SNMP已成为主流的网络管理协议,多数网络管理系统是基于SNMP实现的。为了全面理解网络管理系统的意义,应该从SNMP的体系结构与协议本身两方面考虑。SNMP体系结构通常由5部分组成:管理进程、被管对象、代理进程、管理信息库与网络管理协议(即SNMP)。

当一个被管对象不能与管理进程直接交换管理信息时,就需要使用外部代理。有些集线器、调制解调器、交换机、便携式设备的资源不支持SNMP。这时,需要为这类网络设备增加外部代理。外部代理使用SNMP与管理进程通信,还要与被管对象通信。一个外部代理应该能管理多个网络设备。

2) 对协议名称中"简单"的理解

实际上,网络管理是一个困难的问题,它受到网络拓扑、规模、设备类型、运行状态变化等因素影响。因此,描述网络管理的模型和协议很复杂。网络中任何硬件与软件的增加、删除都会影响到被管对象的变化,而网管系统要将对象变化的影响减到最小。设计者希望用简单的系统结构和协议来解决复杂的网管问题。"简单"应理解为协议设计者的设计目标和技术路线。从SNMP基本内容来看,其交互过程很简单,仅规定了5种管理消息。为了简化通信过程,降低通信代价,SNMP在传输层采用UDP。图6-32给出了SNMP的工作原理。

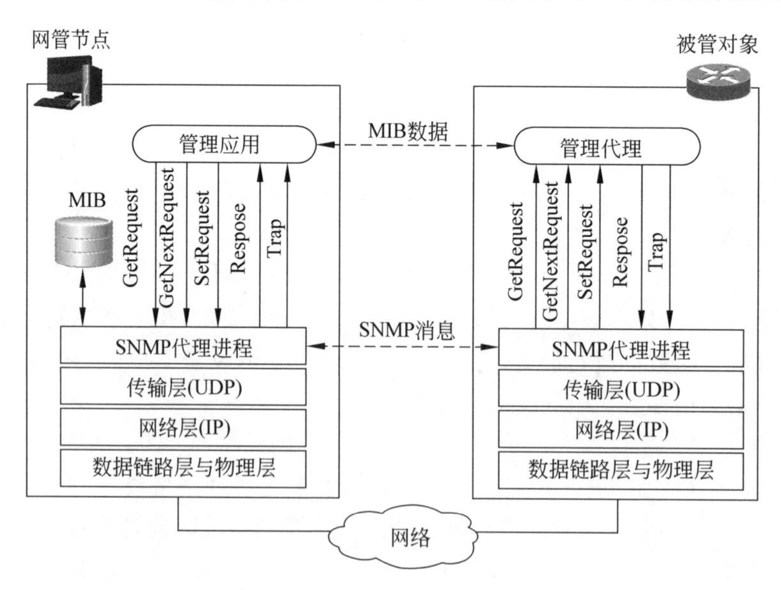

图6-32 SNMP的工作原理

1988年,第一个TCP/IP网络管理协议SNMPv1发布,立即获得了产业界的认可与广泛应用。1990年,RFC 1155~1157对SNMPv1进行了修订。SNMPv1在安全性上有一定的缺陷。针对SNMP的安全性问题，1992年，RFC 1351～1353定义了安全SNMP(SNMPsec)标准。1993年，RFC 1441发布了SNMPv3。1993—1996年，IETF多次修订了SNMPv2。2002年，RFC 3410～3418定义了SNMPv3标准，其框架结构仍与SNMPv1基本保持一致。

6.9.2 SNMP的基本内容

基于SNMP的网络管理主要解决3个问题：管理信息结构、管理信息库与SNMP标准。

1. 管理信息结构

管理信息结构(Structure of Management Information，SMI)是SNMP的重要组成部分。SMI需要解决3个基本问题：被管对象如何命名，存储的被管对象数据有哪些类型，管理进程与代理进程之间传输的数据如何编码。

1) 对象命名树的结构

SMI规定了标识所有被管对象的对象命名树(object naming tree)方法，如图6-33所示。对象命名树没有根，节点标识符用小写英文字母表示。

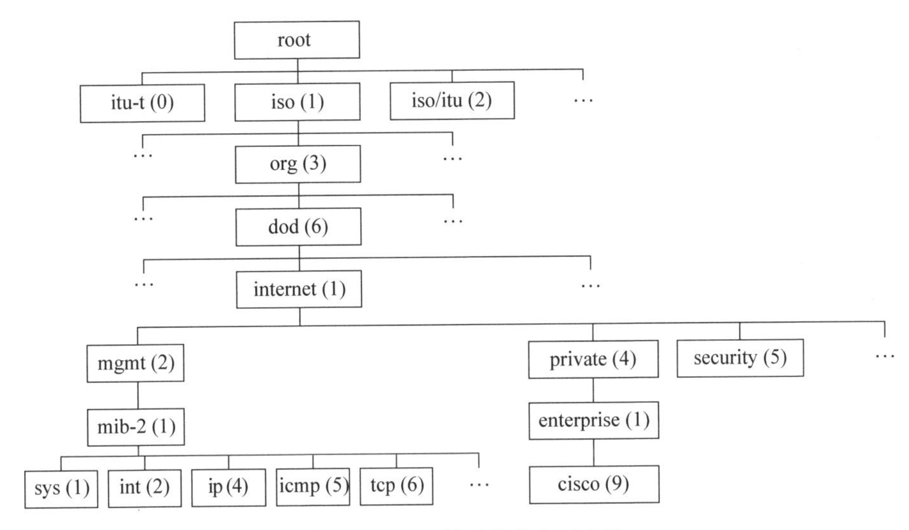

图6-33 SMI的对象命名树方法

对象命名树的具体结构如下。

- 顶级有3个对象：ITU-T标准(itu-t)、ISO标准(iso)以及两者联合的标准(iso/itu)。ITU-T的前身是CCITT。它们都是世界上主要的标准制定组织。上述3个对象在对象命名树中标识符的标号分别为0、1、2。
- 在iso之下，标号3的节点org分配给其他国际组织(org)。
- 在org之下，标号6的节点分配给美国国防部(dod)。
- 在dod之下，标号1的节点分配给互联网(internet)，表示为iso.org.dod.internet或1.3.6.1。
- 在internet之下，标号2的节点分配给网络管理(mgmt)，表示为iso.org.dod.internet.mgmt或1.3.6.1.2；标号4的节点分配给私有个体(private)，表示为iso.org.dod.internet.private或1.3.6.1.4。
- 在mgmt之下，标号1的节点分配给管理信息库(mib-2)，表示为iso.org.dod.

internet.mgmt.mib-2 或 1.3.6.1.2.1。在 private 之下,标号 1 的节点分配给企业(enterprise),表示为 iso.org.dod.internet.private.enterprise 或 1.3.6.1.4.1。

- 在 enterprise 之下,标号 9 的节点分配给 Cisco 公司(cisco)。所有 Cisco MIB 对象都从 1.3.6.1.4.1.9 开始。

2) MIB 对象的定位

从以上讨论中可以看出,所有 MIB 对象都以对象命名树中的两个分支来命名:

- 常规 MIB 对象。这些对象不是由硬件制造商创建的,而是按照 SNMP 标准创建的。这些对象都在 mgmt 节点下的 mib-2 子树中,即 1.3.6.1.2.1 中。
- 专用 MIB 对象。这些对象是由硬件制造商创建的,专用于某个具体网络管理系统的设备制造商。这些对象都在 private 节点下的 enterprise 子树中,即 1.3.6.1.4.1 中。

2. 管理信息库

RFC 1066 文档首次定义了管理信息库,它是作为 SNMPv1 的一部分出现的。后来出现过多个关于 MIB 的标准。RFC 1213 文档定义了 MIB 的第二个版本,即图 6-33 中的 mib-2。常规 MIB 对象都在 mib-2 子树(1.3.6.1.2.1)中。MIB 最早定义的对象数量较多,为了以一种逻辑方式组织这些对象,它们被安排在不同对象组中;经过几次修订,已经有部分对象组不再使用。表 6-4 给出了目前使用的 MIB 对象组。

表 6-4 目前使用的 MIB 对象组

组名	组标识符	主要内容
system/sys	1.3.6.1.2.1.1	与主机或路由器的操作系统相关的对象
interface/int	1.3.6.1.2.1.2	与网络接口相关的对象
ip/ip	1.3.6.1.2.1.4	与 IP 运行相关的对象
icmp/icmp	1.3.6.1.2.1.5	与 ICMP 运行相关的对象
tcp/tcp	1.3.6.1.2.1.6	与 TCP 运行相关的对象
udp/udp	1.3.6.1.2.1.7	与 UDP 运行相关的对象
egp/egp	1.3.6.1.2.1.8	与外部网关协议 EGP 运行相关的对象

1) system 组

system 组是最基本的组,包括被管对象的硬件、操作系统、网管系统厂商、节点的物理地址等常用信息。网管系统发现新的设备接入网络,首先就会访问该组。

2) interface 组

interface 组包含设备接口相关的信息,例如网络接口的数量、类型、当前状态、当前速率估计值、递交高层协议的分组数、丢弃的分组数、输出分组的队列长度等。

3) ip 组

ip 组包含 IP 协议相关的信息。ip 组中有以下 3 个表:

- ipAddrTable:提供分配给节点的 IP 地址。
- ipRouteTable:提供路由选择信息,用于路由器的配置检测、路由控制。
- ipNetToMediaTable:提供 IP 地址与物理地址之间对应关系的地址转换表。

4) icmp 组

icmp 组包含 ICMP 相关的信息,例如发送或接收的 ICMP 报文数以及出错、目的地址不可达、重定向的ICMP报文数等。

5）tcp组

tcp组包含TCP相关的信息，例如重传时间、支持的TCP连接数、接收或发送的报文段数、重传或出错的报文段数等。

6）udp组

udp组包含UDP相关的信息，例如已递交或无法递交UDP用户的数据报数、UDP用户的本地IP地址、本地端口号等。

7）egp组

egp组包含EGP相关的信息，例如收到正确或错误的EGP报文数、相邻网关的EGP表、本EGP实体连接的自治系统数等。

3. SNMP的操作

SNMP采用轮询方式周期性地通过读、写操作来实现基本的网管功能。管理进程通过向代理进程发送Get报文检测被管对象状态，发送Set报文改变被管对象状态。除了轮询方式之外，管理进程也允许被管对象在重要事件发生时使用Trap报文向管理进程报告。表6-5给出了SNMPv3报文类型。

表6-5 SNMPv3的报文类型

操作	说　　明	SNMPv3报文
读	使用轮询机制从一个被管对象读取管理信息报文	GetRequest-PDU GetNextRequest-PDU GetBulkRequest-PDU
写	改变一个被管对象的管理信息的报文	SetRequest-PDU
应答	被管对象对请求返回的应答报文	Response-PDU
通知	被管对象向管理进程报告重要事件发生的报文	Trap-PDU InformRequest-PDU

图6-34给出了管理进程的Get操作过程。管理进程向代理进程发送GetRequest-PDU报文来读取被管对象状态，被管对象的代理进程以Response-PDU报文向管理进程应答。

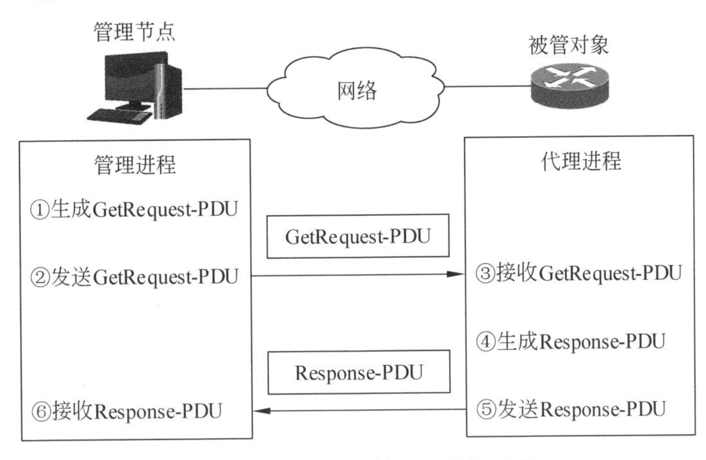

图6-34　管理进程的Get操作过程

图6-35给出了管理进程的Set操作过程。管理进程向代理进程发送SetRequest-PDU报文来改变被管对象状态,被管对象的代理进程以Response-PDU报文向管理进程应答。

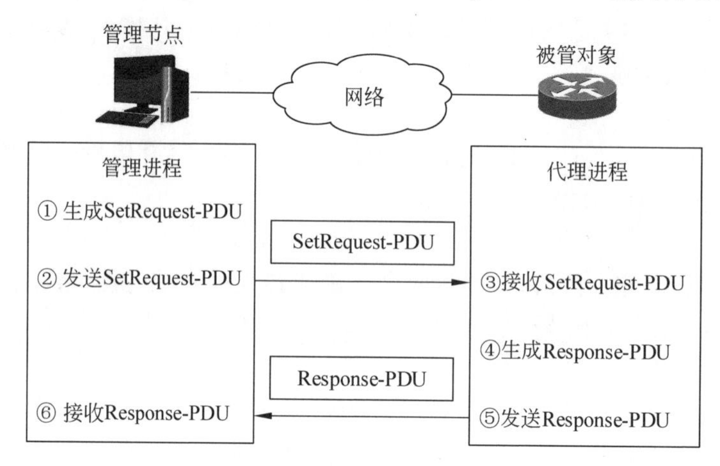

图6-35 管理进程的Set操作过程

从这两个操作可以看出,SNMP设计体现了以简单方法处理复杂问题的原则。

6.10 Web服务实现方法分析

在介绍各种网络应用与应用层协议的基础上,本节通过对最常用的Web服务实现过程的分析,对网络应用与网络协议、各层协议之间的关系以及网络协议实现技术进行深入、系统的讨论,帮助读者将前面学习的知识融会贯通,加深对互联网工作原理与网络应用实现方法的理解。

6.10.1 实现Web服务的网络环境

随着移动互联网与物联网的发展,网络应用的类型正在快速增长,现在已经无法统计出互联网上有多少种类型的网络应用及其应用层协议。本节要做的是找出不同网络应用、应用层协议设计与实现的共性方法,深入理解网络应用的设计与实现技术。

1. 分析的基本方法

网络应用研究人员每设计一种网络应用,必须定制一套严谨的应用层协议。应用层协议规定了应用程序进程之间通信所遵循的通信规则,主要包括如何构造进程通信的报文、报文包括的字段与每个字段的意义、交互的过程与时序等问题。软件工程师将根据协议规定的内容完成软件编程任务。

这些新的应用层协议可以建立在传统的互联网应用层协议(例如FTP、TELNET、HTTP、SMTP、POP3、DHCP、DNS)之上,也可以独立设计。但是,互联网应用层协议必须使用传输层及以下各层的协议,形成在互联网上运行的协议体系。

网络应用系统的设计与开发可以分为以下几步:

(1) 根据网络应用系统的功能需求,设计相应的应用层协议的工作模型,设计网络应用系统的基本结构、模块组成、采用的协议与协议交互过程,以及对分布式进程通信的QoS

要求。

(2) 根据 QoS 要求选择传输层、网络层、MAC 层与物理层的协议类型，形成完整的网络应用协议体系。

(3) 根据网络应用系统的结构，进一步确定应用层实体中各个模块之间进行信息交互的语义、语法与时序，设计应用层协议数据单元结构，为系统实现与软件编程提供依据。

(4) 软件工程师在理解协议模型、明确协议规定的基础上，完成网络软件编程任务。

(5) 网络工程师为网络应用系统的运行构建网络环境，配置网络设备；软件工程师完成网络应用系统的上网调试与试运行，对系统进行测试，发现问题，修改完善。

(6) 网络应用系统进入正常运行维护阶段。

本节将设计一个简化的客户机浏览器访问 Web 服务器的工作环境，对应用层 Web 协议的进程交互的过程以及应用层与传输层、网络层、MAC 层等不同层次协议之间的协同工作过程进行分析，以帮助读者直观地理解互联网应用系统设计方法与实现技术，为进一步学习网络应用软件设计、编程技术奠定基础。

2. 测试分析环境

图 6-36 给出了简化的客户机访问 Web 服务器的网络环境。

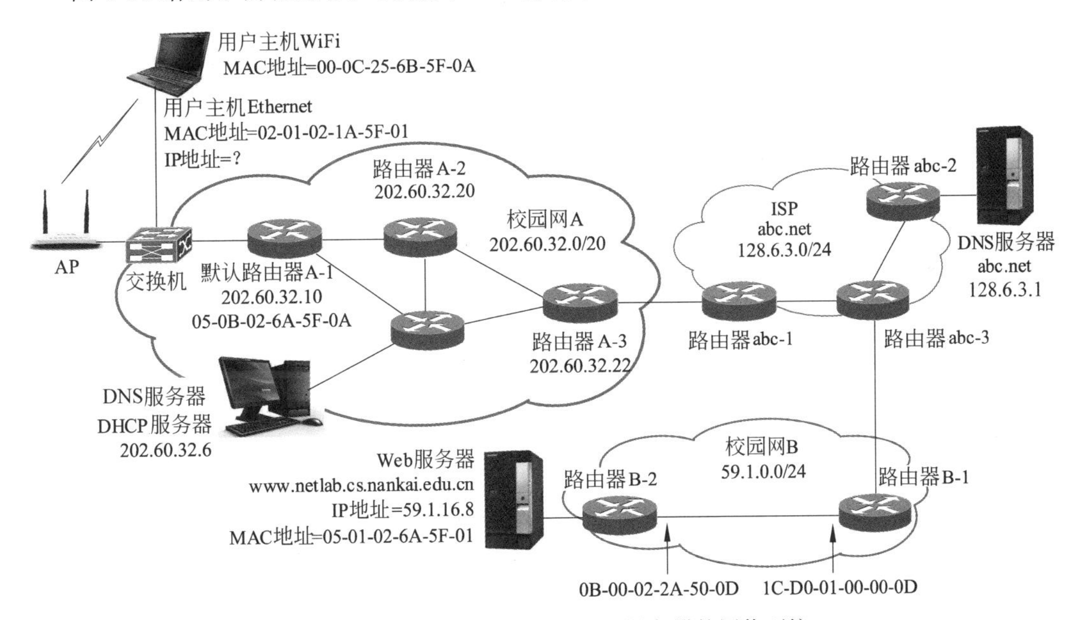

图 6-36 简化的客户机访问 Web 服务器的网络环境

这个简化的网络环境由 3 个互联的网络构成：用户所在的大学 A 的校园网 A、提供接入互联网服务的 ISP 网络、被访问的 Web 服务器所在的大学 B 的校园网 B。

假设用户是一位大学生，他带着一台笔记本电脑来到大学 A 的某个实验室，将笔记本电脑接入校园网 A，访问域名为 www.netlab.cs.nankai.edu.cn 的服务器。这台笔记本电脑内部配置了两块网卡：一块是以太网网卡(MAC 地址＝02-01-02-1A-5F-01)，另一块是 WiFi 无线网卡(MAC 地址＝00-0C-25-6B-5F-0A)。

显然，接入校园网 A 有两种方法：第一种方法是用一根以太网连接电缆，一头连接笔记本电脑网卡的 RJ-45 接口，另一头连接到实验室交换机的 RJ-45 接口，通过以太网接入校园网A;第二种方法是通过笔记本电脑的无线WiFi网卡登录实验室的无线接入点(AP),通过WiFi以无线方式接入校园网A。假设这次以有线方式通过以太网接入校园网。需要注意的是,由于这台笔记本电脑是第一次接入校园网A,因此它还没有本地的IP地址,只有以太网网卡的MAC地址。那么,如果他希望输入http://www.netlab.cs.nankai.edu.cn之后就可以访问Web服务器,后台的网络程序要完成以下几步工作:

(1) 需要通过校园网A的DHCP协议为这台笔记本电脑分配一个本地的IP地址。

(2) 输入http://www.netlab.cs.nankai.edu.cn就能够访问Web服务器的前提是校园网A的域名服务器知道这个域名对应的IP地址。如果不知道,用户主机需要通过域名解析程序查询域名www.netlab.cs.nankai.edu.cn对应的IP地址。

(3) 对于TCP/IP来说,IP地址用于网络层的路由选择,通过路由选择可找出客户机到服务器的完整的端-端传输路径。但是,完整的传输路径由MAC层的多段点-点链路组成。IP分组需要通过多段点-点链路实现端-端路径之间的传输。MAC层点-点链路之间的帧传输使用的是MAC地址。如果只知道服务器的IP地址,那么还需要进一步通过地址解析协议(ARP)查询Web服务器的IP地址对应的MAC地址。

(4) 如果已获得笔记本电脑的MAC地址与IP地址以及被访问Web服务器的MAC地址与IP地址,下一步就可以通过HTTP访问该Web服务器。

下面,通过对网络协议执行过程的分析,具体剖析互联网的工作原理、过程与实现方法。

6.10.2 DHCP与动态IP地址分配

1. DHCP的基本概念

随着越来越多的计算机与移动终端设备接入互联网,动态主机配置协议(DHCP)变得越来越重要。理解DHCP的作用时需要注意以下几个问题:

- DHCP提供一种即插即用联网机制,允许一台主机接入网络之后自动发出DHCP请求报文,以获取一个本地IP地址及租用期等参数。
- DHCP采用客户/服务器工作模式。任何一台运行Linux、Mac OS或Windows操作系统的笔记本电脑都安装了DHCP客户端程序,任何一台路由器或无线AP设备都内嵌了DHCP服务器程序。
- DHCP报文在传输层采用UDP。UDP分配给DHCP的熟知端口号如下:服务器端口号为67,客户端口号为68。
- DHCP服务器以租用方式动态地为主机分配IPv4地址,并管理以4B二进制数表示的IP地址租用期,单位为秒。

2. DHCP的执行过程

图6-37给出了DHCP客户机与服务器的交互过程。

DHCP客户机与服务器的交互过程分4步进行:

(1) DHCP客户机需要使用DHCP构造DHCPDISCOVER(服务器发现)报文,以广播方式发送出去,用来发现可用的DHCP服务器。

(2) 所有接收到DHCP客户机请求报文的DHCP服务器都要返回DHCPOFFER应答报文。

(3) 在网络中可能有多台DHCP服务器收到DHCPDISCOVER请求报文,并返回了

DHCPOFFER 应答报文。DHCP 客户机需要从中选择一台 DHCP 服务器，然后向该 DHCP 服务器发送 DHCPREQUST 请求报文。

(4) 该 DHCP 服务器向 DHCP 客户机发送 DHCPACK 应答报文，其中包含分配给 DHCP 客户机的 IP 地址与租用期等信息。这样，DHCP 客户机的 MAC 地址就与该 IP 地址形成了绑定关系。

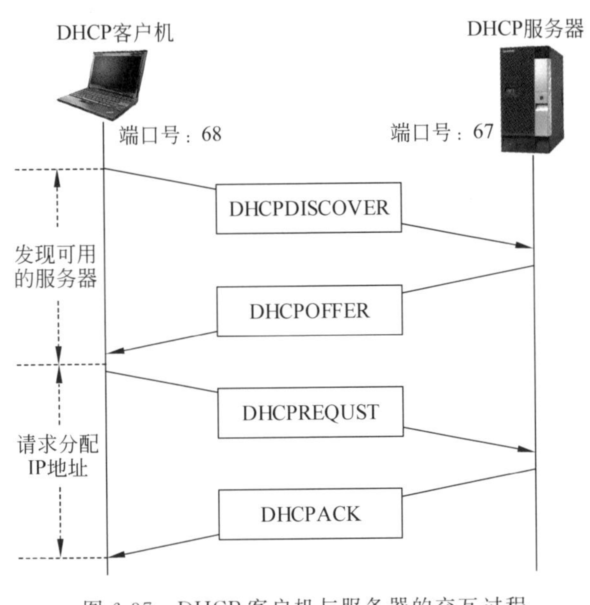

图 6-37　DHCP 客户机与服务器的交互过程

3. DHCP 报文发送过程

DHCP 报文属于应用层报文，需要经过传输层、网络层与 MAC 层封装之后，再通过物理层发送出去。

下面以简化的 DHCP 服务器发现(DHCPDISCOVER)报文为例来说明 DHCP 报文的发送过程。

第一步，构造 DHCP 报文。

DHCP 服务器发现报文格式主要包括以下内容：

- 操作码字段(8b)：表示 DHCP 报文类型。客户机发送的 DHCPDISCOVER、DHCPOFFER 报文的操作码为 1，服务器发送的 DHCPOFFER、DHCPACK 报文的操作码为 2。
- 硬件类型字段(8b)：表示本地网络 MAC 层协议类型。硬件类型为 1 表示采用的是 IEEE 802.3 标准的以太网。
- 硬件地址长度字段(8b)：表示本地网络 MAC 层硬件地址长度。硬件地址长度为 6 表示采用的是 48b 的以太网地址。

第二步，将 DHCP 报文封装到 UDP 报文中。

DHCP 报文需要封装到 UDP 报文中。由于 DHCPDISCOVER 报文是由客户机发送的，因此该报文中的源端口号为 68，目的端口号为 67。

第三步，将 UDP 报文封装到 IP 分组中。

将 UDP 报文封装到 IP 分组中时,IP 报头中的协议类型为 17。由于这时客户机还没有获得 IP 地址,因此 IP 报头中的源地址为 0.0.0.0。同时,客户机也不知道 IP 分组的目的主机(DHCP 服务器)的 IP 地址,因此它只能使用广播地址,因此目的地址为 255.255.255.255。

第四步,将 IP 分组封装到以太网帧中。

由于 DHCPDISCOVER 报文是由客户机发出的,它的 MAC 地址是已知的,而 DHCP 服务器的 MAC 地址是未知的,因此只能采用广播方式发送。以太网帧头中的目的 MAC 地址为 FF-FF-FF-FF-FF-FF-FF-FF,源 MAC 地址为 02-01-02-1A-5F-01。

第五步,发送以太网帧。

将封装为以太网帧的 DHCP 请求报文通过物理层发送出去,这样就完成了客户机查询 DHCP 服务器的 DHCPDISCOVER 请求报文发送过程,如图 6-38 所示。

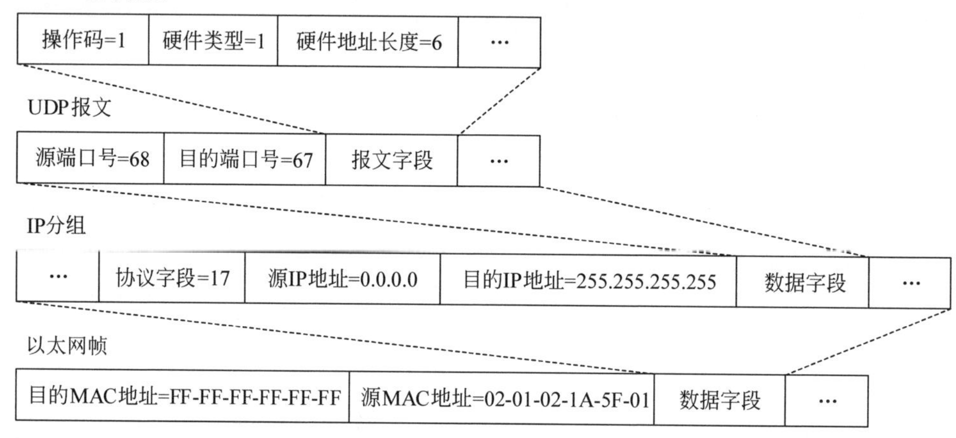

图 6-38 客户机查询 DHCP 服务器的 DHCPDISCOVER 报文发送过程

4. DHCP 服务器地址分配

图 6-39 给出了在客户机中捕获的 DHCP 执行过程。图中的 No.1～No.4 显示的是客户机与 DHCP 服务器的 4 次报文交互,下方是打开 No.4 报文 DHCPACK 的详细内容。

从 DHCPACK 报文中可以看出:

- 客户机的 MAC 地址为 02-01-02-1A-5F-01。
- 客户机被分配的 IP 地址为 202.60.32.102。
- IP 地址的租用批准时间为 2020-01-2 08:06:05。
- IP 地址的租用期长度为 691 200s(8 天)。
- 子网掩码为 255.255.255.240。
- 默认网关地址为 202.60.32.10。
- DNS 服务器的 IP 地址为 202.60.32.6。

至此,本次 DHCP 执行过程完成。

6.10.3 DNS 与域名解析

在执行 DHCP 与 ARP 之后,客户机拥有自己的 IP 地址与 MAC 地址。但是,客户机仅

No.	Source Address	Destination Address	Summary	Time
1	0.0.0.0	255.255.255.255	Request: DHCPDISCOVER	2020-01-20 10:05:50
2	202.60.32.6	255.255.255.255	Reply: DHCPOFFER	2020-01-20 10:05:55
3	0.0.0.0	255.255.255.255	Request: DHCPREQUEST	2020-01-20 10:06:01
4	202.60.32.6	255.255.255.255	Reply: DHCPACK	2020-01-20 10:06:05

```
DHCP Header:--------------------------------------
  Boot Record Type              =2(Reply)
  Hardware Address Type         =1(10M Ethernet)
  Hardware Address Length       =6(Bytes)
  Hops                          =0
  ...
  Client Hardware Address       =02-01-02-1A-5F-01
  Client Address                =202.60.32.102
  Lease Time                    =691200(Seconds)
  Subnet Mask                   =255.255.255.240
  Gateway Address               =202.60.32.10
  DNS Address                   =202.60.32.6
```

图 6-39 DHCP 执行过程和 DHCPACK 报文的详细内容

知道要访问的 Web 服务器的域名 www.netlab.cs.nankai.edu.cn，但是不知道该 Web 服务器的 IP 地址。这时，仍然不能实现客户机与 Web 服务器之间的通信。接下来需要做的是：借助 DNS 协议完成从域名到对应 IP 地址的解析。

域名解析有两种方法：反复解析与递归解析。如果采用反复解析的方法，域名解析过程主要由客户机完成；如果采用递归解析的方法，域名解析过程主要由本地域名服务器完成。在递归解析过程中，如果本地域名服务器中没有 www.netlab.cs.nankai.edu.cn 相关的 IP 地址信息，那么它自动完成域名解析的过程，并将最终结果返回给客户机。

如果客户机向本地域名服务器发出解析域名 www.netlab.cs.nankai.edu.cn 的请求，本地域名数据库中没有相关信息，那么本地域名服务器就向上层域名服务器(例如 dns.cernet.edu.cn)提出请求。如果上层域名服务器有 dns.nankai.edu.cn 的 IP 地址，那么它就将向本地域名服务器返回该 IP 地址。本地域名服务器再继续向 dns.nankai.edu.cn 提出解析请求，这次返回的是 dns.cs.nankai.edu.cn 的 IP 地址。本地域名服务器继续向 dns.cs.nankai.edu.cn 提出解析请求，最后返回的是 www.netlab.cs.nankai.edu.cn 的 IP 地址(128.6.3.1)。本地域名服务器向客户机返回最终的解析结果。同时，解析结果需要缓存在本地域名服务器中。至此，本次域名解析过程完成。

6.10.4 ARP 与 MAC 地址解析

客户机知道 Web 服务器的 IP 地址之后，它就能够访问这个服务器吗？答案是否定的。对于 TCP/IP 来说，客户机、Web 服务器与路由器在网络层都用 IP 地址标识，IP 地址可以实现互联网中节点之间的路由选择，但是 IP 分组要通过 MAC 层在相邻节点之间传输，而 MAC 层的帧传输时使用的是 MAC 地址(例如以太网的 48 位硬件地址)。如果客户机仅知道某个节点的 IP 地址，而不知道对应的 MAC 地址，就需要通过 ARP 解析出 Web 服务器的 MAC 地址。

地址解析的第一步是由客户机产生 ARP 请求报文。图 6-40 给出了简化的 ARP 请求报文格式。ARP报文中各个字段的作用如下：

- 硬件类型(16b)：表示源节点的物理网络类型。当硬件类型字段值为1时，表示发送端的物理网络是以太网。
- 协议类型(16b)：表示源节点的网络层协议类型。当协议类型字段值为0x0800时，表示发送端的网络层采用IPv4。
- 硬件地址长度(8b)：表示以字节为单位的MAC地址长度。当硬件地址长度值为6时，表示硬件地址长度为48b。
- 协议长度(8b)：表示以字节为单位的网络层地址长度。当协议长度值为4时，表示网络层地址长度为32b。
- 操作(16b)：表示ARP报文的类型。当操作字段值为1时，表示ARP请求报文；当操作字段值为2时，表示ARP应答报文。
- 发送端硬件地址(48b)：表示源节点的MAC地址。
- 接收端硬件地址(48b)：表示目的节点的MAC地址。

0	8	16　　　　31
硬件类型=1		协议类型=0x0800
硬件地址长度=6	协议长度=4	操作=1
发送端硬件地址前32位=02-01-02-1A		
发送端硬件地址后16位=5F-01		…
接收端硬件地址前32位=FF-FF-FF-FF		
接收端硬件地址后16位=FF-FF		…

图6-40　ARP请求分组格式

在以上讨论的例子中，客户机发送的ARP请求报文各个字段值如下：

- 硬件类型=1。
- 协议类型=0x0800。
- 硬件地址长度=6。
- 协议长度=4。
- 操作=1。
- 发送端硬件地址=02-01-02-1A-5F-01。
- 接收端硬件地址=FF-FF-FF-FF-FF-FF。

图6-41给出了客户机发送的ARP请求报文封装过程。

理解ARP协议的实现过程时需要注意两个问题：

(1) 由于封装ARP请求报文的帧要通过广播方式发送，因此其接收端硬件地址应设置为FF-FF-FF-FF-FF-FF。在接收到客户机发送的ARP请求报文之后，ARP服务器向客户机发送了一个封装ARP应答报文的帧，其中包含Web服务器的IP地址对应的MAC地址。在接收到ARP应答分组之后，客户机将Web服务器的IP地址、MAC地址存入IP地址/MAC地址映射表中。这样，客户机就能直接向Web服务器发送服务请求。

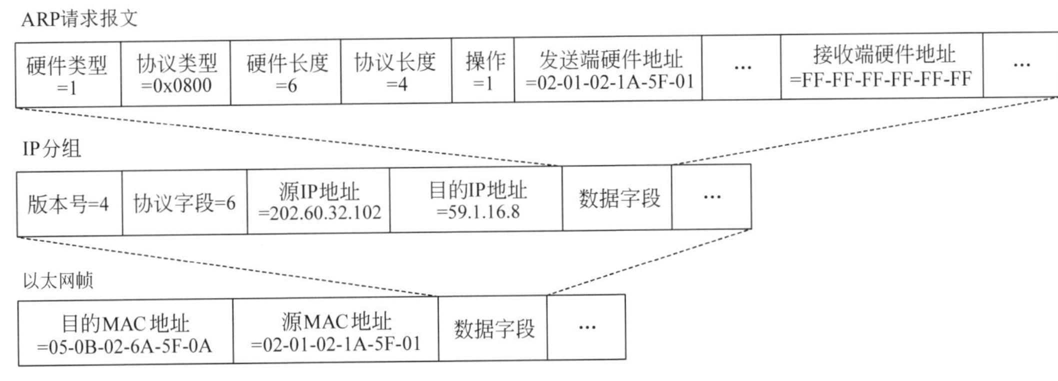

图 6-41 客户机发送的 ARP 请求报文封装过程

(2) 以太网帧的目的 MAC 地址不是 Web 服务器的 MAC 地址,而是校园网 A 中与交换机连接的路由器 A-1 接口的 MAC 地址。由于 ARP 报文被封装在以太网帧中,由客户机通过交换机传送到路由器的 A-1 接口,因此需要使用的源 MAC 地址是客户机的 MAC 地址(02-01-02-1A-5F-01),目的 MAC 地址是与交换机相连的路由器 A-1 接口的 MAC 地址(05-0B-02-6A-5F-0A);当从路由器 A-1 发送到路由器 A-2 时,以太网帧的目的地址是路由器 A-2 接口的 MAC 地址。这样,按照路由选择算法确定的传输路径,MAC 层逐跳将封装在帧中的 IP 分组从源节点(客户机)发送到目的节点(Web 服务器)。

在完成 Web 服务器的 MAC 地址解析之后,客户机已经知道 Web 服务器的 MAC 地址、IP 地址以及 TCP 分配给 Web 服务器的熟知端口号 80。同时,客户机也知道自己的 MAC 地址、IP 地址,并且由 TCP 随机分配了一个临时端口号(例如 65500)。图 6-42 给出了客户机通过互联网访问 Web 服务器的过程。

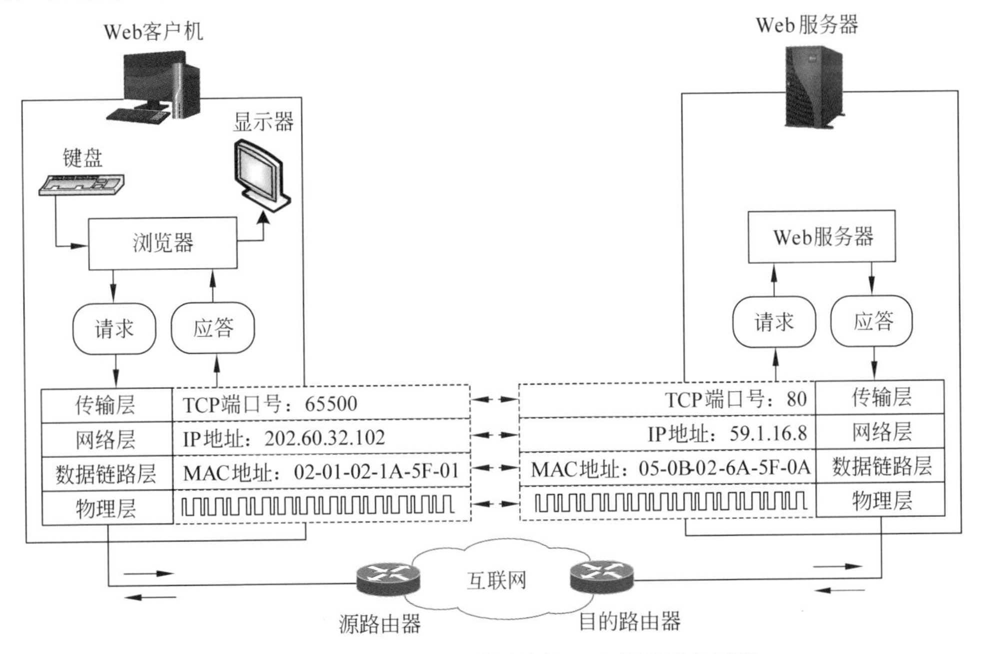

图 6-42 客户机通过互联网访问 Web 服务器的过程

在分析客户机访问 Web 服务器之前各个阶段的准备工作时,需要注意以下两个问题。

(1) 在覆盖全世界的互联网中,没有任何计算机、路由器能够全面掌握互联网中的所有细节,尤其是 DNS 与 ARP 要处理各种状况,因此协议内容比上面的讨论中的描述复杂得多,并且这些协议一直处于不断完善中。

(2) DNS 与 ARP 经过多年的发展和完善,基本上形成了比较完备的服务器体系,各个企业网、校园网与 ISP 网络都有大量分层的 DNS、ARP 服务器为用户提供服务。服务器也采用自学习的方式,缓存用户解析过或可能用到的地址信息,这些措施为提高服务质量发挥了重要的作用。

6.10.5 浏览器访问 Web 服务器的过程分析

在获得 MAC 地址、IP 地址与端口号等信息之后,客户机就可以进入访问 Web 服务器的阶段。用户通过浏览器向 Web 服务器发送 HTTP 请求报文。请求报文中包括用户发送的具体请求,例如请求显示图像与文本信息,下载可执行程序、语音或视频文件等。请求行是请求报文中的重要组成部分,它包括 3 个字段:请求方法、URL 与 HTTP 版本。其中,请求方法表示浏览器发送给服务器的操作请求,Web 服务器将按照用户的请求提供服务。

Web 服务器接收到浏览器发送的请求报文之后,向浏览器返回 HTTP 应答报文。状态行是应答报文中的重要组成部分,它包括 3 个字段:HTTP 版本、状态码和状态短语。其中,状态码表示服务器对操作请求的处理情况、是否成功完成操作以及具体问题。

图 6-43 给出了浏览器与 Web 服务器的交互过程。

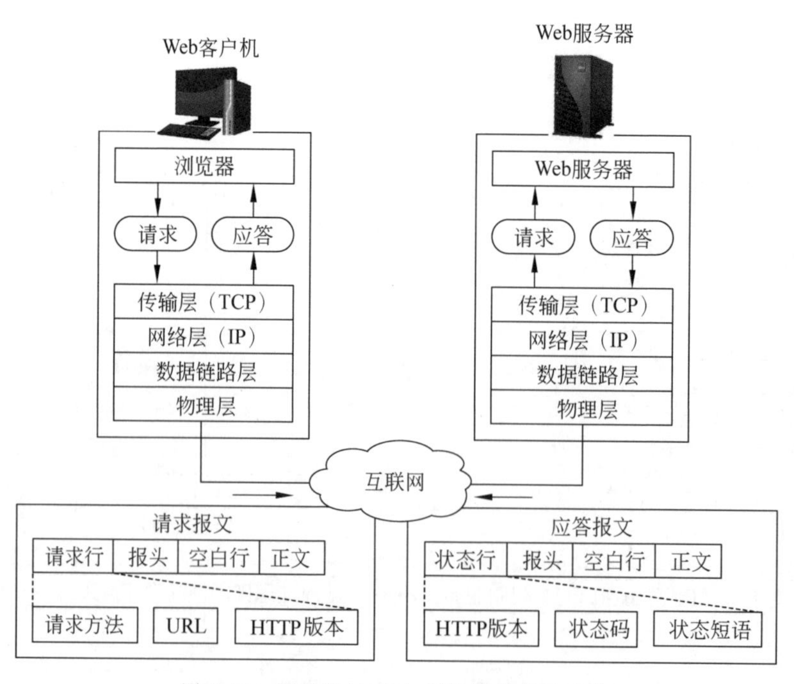

图 6-43 浏览器与 Web 服务器的交互过程

图 6-44 是从客户机截获的浏览器访问 Web 服务器的报文交互过程。

从图 6-44 中可以看出 HTTP 的交互过程：

- 报文 1～3 是在 Web 服务开始之前浏览器与 Web 服务器之间建立 TCP 连接的三次握手。
- 报文 4 是浏览器向 Web 服务器发出的 GET HTTP/1.1 请求，希望获得 Web 服务器中的网页。报文 5 为 Web 服务器对该请求的应答。
- 报文 6～8 是 Web 服务器向浏览器传输的网页内容。
- 报文 9 是浏览器对正确接收 Web 服务器传输数据的应答。
- 报文 10 是浏览器向 Web 服务器程序发出的 GET img/test.jpg HTTP/1.1 请求，希望获得 Web 服务器中的 test.jpg 文件。报文 11 为服务器对该请求的应答。
- 报文 12～15 是 Web 服务器向浏览器发送的 test.jpg 文件。这个过程可能一直继续下去。当浏览器获得显示主页所需的所有文本、图像等文件之后，浏览器就会显示出用户希望看到的主页。
- 报文 16 是浏览器对正确接收 Web 服务器传输数据的应答。
- 报文 22～25 是在 Web 服务结束之后，浏览器与 Web 服务器之间释放 TCP 连接的四次握手。

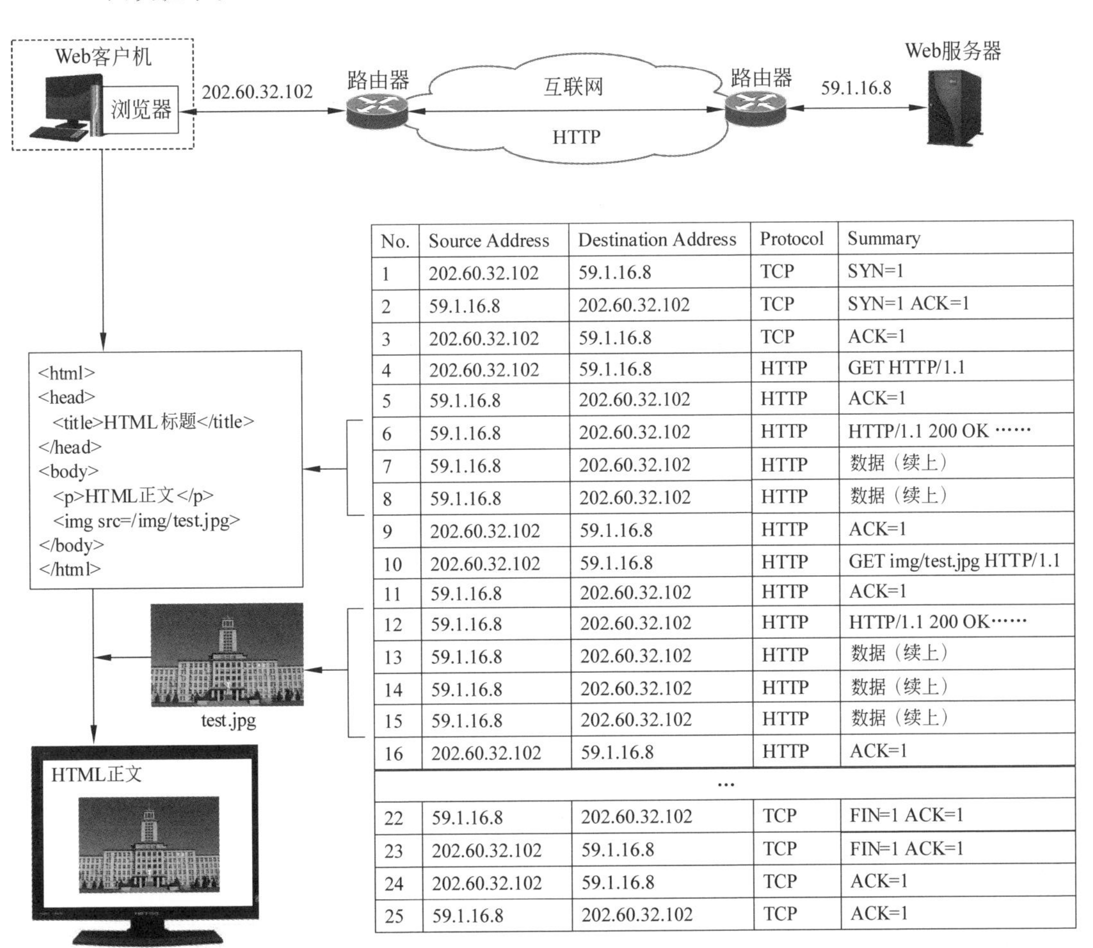

No.	Source Address	Destination Address	Protocol	Summary
1	202.60.32.102	59.1.16.8	TCP	SYN=1
2	59.1.16.8	202.60.32.102	TCP	SYN=1 ACK=1
3	202.60.32.102	59.1.16.8	TCP	ACK=1
4	202.60.32.102	59.1.16.8	HTTP	GET HTTP/1.1
5	59.1.16.8	202.60.32.102	HTTP	ACK=1
6	59.1.16.8	202.60.32.102	HTTP	HTTP/1.1 200 OK ……
7	59.1.16.8	202.60.32.102	HTTP	数据（续上）
8	59.1.16.8	202.60.32.102	HTTP	数据（续上）
9	202.60.32.102	59.1.16.8	HTTP	ACK=1
10	202.60.32.102	59.1.16.8	HTTP	GET img/test.jpg HTTP/1.1
11	59.1.16.8	202.60.32.102	HTTP	ACK=1
12	59.1.16.8	202.60.32.102	HTTP	HTTP/1.1 200 OK……
13	59.1.16.8	202.60.32.102	HTTP	数据（续上）
14	59.1.16.8	202.60.32.102	HTTP	数据（续上）
15	59.1.16.8	202.60.32.102	HTTP	数据（续上）
16	202.60.32.102	59.1.16.8	HTTP	ACK=1
…				
22	59.1.16.8	202.60.32.102	TCP	FIN=1 ACK=1
23	202.60.32.102	59.1.16.8	TCP	FIN=1 ACK=1
24	202.60.32.102	59.1.16.8	TCP	ACK=1
25	59.1.16.8	202.60.32.102	TCP	ACK=1

图 6-44　浏览器访问 Web 服务器的报文交互过程

应用层协议执行中需要穿插传输层TCP连接、管理与释放的过程，网络层根据IP地址进行路由选择，寻找最优的端-端传输路径，MAC层使用MAC地址完成点-点链路传输，这体现出网络体系结构中低层为高层提供服务的设计思想。Web服务在应用层协议设计中具有一定的代表性，也是最常用的互联网应用之一。了解HTTP的设计思想与实现方法，对于深入理解互联网的工作原理，学习新的网络应用、应用层协议的设计以及网络软件编程都是非常重要的。

小　　结

当前互联网应用的特征是在Web应用继续发展的基础上出现了一批P2P网络应用。互联网应用系统的工作模式可分为C/S模式与P2P模式。P2P网络是在互联网中由对等节点组成的一种动态的逻辑覆盖网。

应用层协议定义了运行在不同端系统上的应用程序进程交换的报文格式与交互过程。根据应用层协议在互联网中的作用和提供的服务，应用层协议可以分为3种基本类型：基础设施类、网络服务类与网络管理类。

域名系统(DNS)的作用是将主机域名转换成IP地址，使得用户能够方便地访问各种互联网资源与服务。

TELNET又称为终端仿真协议。网络用户从不直接调用TELNET协议，但是E-mail、FTP与Web服务等都建立在TELNET的NVT基础上。

电子邮件系统分为两部分：邮件客户端与邮件服务器端。邮件客户端使用SMTP向邮件服务器发送邮件，邮件客户端使用POP或IMAP协议从邮件服务器端接收邮件。

FTP在客户端与服务器端进程之间建立控制连接与数据连接，以提高文件传输的可靠性。

Web服务的核心技术包括HTTP、HTML与URL定位。搜索引擎极大地提高了Web信息资源应用的深度与广度。

SIP是实现即时通信的控制信令协议，它传输的数据可以是普通文本数据，也可以是语音或视频数据，以及E-mail、聊天、游戏等数据。

DHCP为主机自动分配IP地址及其他重要配置参数，支持远程主机、移动终端设备、无盘工作站的地址共享与配置。

SNMP是实现网络管理的应用层协议，可监控网络运行状态，提高网络资源利用率，及时报告和处理网络故障，以保证网络正常运行。

习　　题

1. 请填写表6-6中协议栈缺少的协议名称，包括Web服务、网络管理服务、远程登录服务、电子邮件发送服务、动态主机配置服务、域名服务、文件传输服务。

表 6-6　协议栈

应用层							FTP
传输层	TCP						TCP
网络层	IP	IP	IP	IP	IP	IP	IP

2. 图 6-45 是一台主机从 DHCP 服务器获取 IP 地址时在客户端捕获的数据包。

No.	Source Address	Destination Address	Summary	Time
1	0.0.0.0	255.255.255.255	Request：DHCPDISCOVER	2020-06-01 08:05:50
2	202.8.2.1	255.255.255.255	Reply：DHCPOFFER	2020-06-01 08:05:55
3	0.0.0.0	255.255.255.255	Request：DHCPREQUEST	2020-06-01 08:06:01
4	202.8.2.1	255.255.255.255	Reply：DHCPACK	2020-06-01 08:06:05

DHCP Header:---------------------------------------
Boot Record Type =2(Reply)
Hardware Address Type =1(10M Ethernet)
Hardware Address Length =6(Bytes)
Hops =0
……
Client Hardware Address =05-01-22-55-C0-66
Client Address =202.8.2.20
Lease Time =691200(Seconds)
Subnet Mask =255.255.255.0
Gateway Address =202.8.20.2
DNS Address =202.8.10.16

图 6-45　一台主机从 DHCP 服务器获取 IP 地址时在客户端捕获的数据包

根据对图 6-45 中协议执行过程的描述，请回答以下几个问题：

① 这台主机的 MAC 地址是多少？

② 这台主机租用的 IP 地址是多少？

③ IP 地址的子网掩码是多少？

④ 默认网关地址是多少？

⑤ IP 地址的租用获准时间是多少？

⑥ IP 地址的租用期是多少？

3. 图 6-46 是一台主机在命令行模式下执行某个命令时在客户端捕获的数据包。

No.	Source Address	Destination Address	Summary
1	202.1.64.135	131.1.64.16	DNS：4001=>53 NAME=ftp.nk.edu.cn
2	131.1.64.16	202.1.64.135	DNS：53=>4001 IP=202.1.2.197
3	202.1.64.135	202.1.2.197	TCP：5001=>21 SYN=1
4	202.1.2.197	202.1.64.135	TCP：21=>5001 SYN=1 ①=1
5	202.1.64.135	202.1.2.197	TCP：5001=>21 ACK=1
6	202.1.2.197	202.1.64.135	FTP：220=Welcome to public FTP service

图 6-46　一台主机在命令行模式下执行某个命令时在客户端捕获的数据包

根据对图6-46中协议执行过程的描述,请回答以下几个问题:

① 这台主机设置的DNS服务器地址是多少?

② 图中①处漏掉的信息是什么?

③ 主机202.1.2.197的服务器类型使用的熟知端口号是多少?

④ 这台主机访问该服务器使用的临时端口号是多少?

4. 图6-47是一台主机在使用某种网络服务时在客户端捕获的数据包。

No.	Source Address	Destination Address	Summary
1	202.1.64.166	211.80.20.200	DNS: 3008=>53 NAME=www.nk.edu.cn
2	211.80.20.200	202.1.64.166	DNS: 53=>3008 IP=211.80.2.11
3	202.1.64.166	211.80.2.11	TCP: 4007=>80 SYN=1
4	211.80.2.11	202.1.64.166	TCP: 80=>4007 SYN=1 ACK=1
5	202.1.64.166	211.80.2.11	TCP: 4007=>80 ACK=1
6	202.1.64.166	211.80.2.11	HTTP: GET/ HTTP/1.1
7	211.80.2.11	202.1.64.166	200 OK DATA: …
8	202.1.64.166	211.80.2.11	GET/img/logo.gif HTTP/1.1
9	211.80.2.11	202.1.64.166	200 OK DATA: …

图6-47 一台主机在使用某种网络服务时在客户端捕获的数据包

根据对图6-47中协议执行过程的描述,请回答以下几个问题:

① 这台主机的IP地址是多少?

② 这台主机正在浏览的网站域名是多少?

③ 这台主机设置的DNS服务器地址是多少?

④ 这台主机进行HTTP通信时使用的源端口号是多少?

⑤ 根据报文序号(No.)信息,TCP连接三次握手过程的报文是多少?

5. 根据SNMP的被管对象命名方法,一个公司准备向市场推出新研制的一款服务器产品。假设该公司在enterprise的子树之下有一个MIB节点150,为新款服务器产品申请了标识符编号50。请写出该服务器的对象标识符。

6. 图6-48给出了网络结构示意图,主机A的IP地址是10.2.128.100,MAC地址是00-15-C5-C1-5E-28,图6-48还给出了封装HTTP协议请求包的以太网帧的前80B的十六进制ASCII码的内容。

(a) 网络结构示意图

```
00 21 27 21 51 EE 00 15 C5 C1 5E 28 08 00 45 00
01 EF 11 3B 40 00 80 06 BA 9D 0A 02 80 64 40 AA
62 20 04 FF 00 50 E0 E2 00 FA 7B F9 F8 05 50 18
FA F0 1A C4 00 00 47 45 54 20 2F 72 66 63 2E 68
74 6D 6C 20 48 54 54 50 2F 31 2E 31 0D 0A 41 63
```

(b) 以太网帧前80B数据

图6-48 题6网络结构示意图和以太网帧前80B数据

根据IP分组与以太网帧结构,请回答以下几个问题:

① Web 服务器的 IP 地址是多少？

② 主机 A 的默认网关的 MAC 地址是多少？

③ 主机 A 在构造以太网帧之前，用于确定目的 MAC 地址的协议以及发送请求包时使用的目的 MAC 地址是多少？

④ 假设 HTTP/1.1 以持续的非流水线方式工作，一次请求/应答时间为 RTT。rfc.html 网页引用了 5 个 JPEG 图像。从发出请求到收到全部内容，需要经过多少个 RTT？

⑤ 该帧封装的 IP 分组经过路由器转发时，需要修改 IP 分组头中哪几个字段？

第 7 章 网络安全

随着计算机网络的广泛应用,网络安全问题引起了世界各国的高度重视。本章从网络空间安全的基本概念出发,系统地讨论加密与认证、网络安全协议、网络攻击与防御、入侵检测、防火墙等相关技术。

本章学习要求

- 了解网络空间安全的基本概念。
- 了解网络安全研究的主要内容。
- 了解加密与认证的基本内容。
- 了解网络安全协议的主要内容。
- 理解网络攻击与防御的概念。
- 理解入侵检测的概念与方法。
- 掌握防火墙的概念及应用。

7.1 网络空间安全与网络安全的概念

7.1.1 网络空间安全概念的提出

目前,互联网、移动互联网与物联网已经应用于现代社会的政治、经济、文化、教育、科研等各个领域。由于人们的社会生活与经济生活已经离不开网络,网络安全必然会成为影响社会稳定、国家安全的重要因素之一。

回顾网络安全研究发展的历史,就会发现人们对网络空间与国家安全关系的讨论由来已久。早在 2000 年 1 月 7 日,美国政府在《美国国家信息系统保护计划》中有这样一段话:"在不到一代人的时间内,信息革命和计算机在社会所有方面的应用已经改变了我们的经济运行方式,改变了我们维护国家安全的思维,也改变了我们日常生活的结构。"有学者预言:"谁掌握了信息,谁控制了网络,谁就将拥有世界。"《下一场世界战争》一书预言:"在未来的战争中,计算机本身就是武器,前线无处不在,夺取作战空间控制权的不是炮弹和子弹,而是计算机网络中流动的比特和字节。"网络安全已经严重影响到每个国家的社会、政治、经济、文化与军事安全。网络安全问题已经上升到国家安全战略层面。

2010 年,在美国国防部发布的《四年度国土安全报告》中,将网络安全列为国土安全的五项首要任务之一。2011 年,美国政府在《网络空间国际战略报告》中将网络空间(cyberspace)看成与国家领土、领海、领空、太空四大常规空间同等重要的第五空间。近年来,世界各国纷纷研究和制定国家网络空间安全政策。我国网络空间安全政策是建立在“没有网络安全就没有国家安全”的理念之上。

网络空间安全的研究对象包括 5 方面的内容:应用安全、系统安全、网络安全、网络空间安全基础、密码学及应用等,如图 7-1 所示。可以看出,传统意义的网络安全是网络空间安全的重要组成部分。

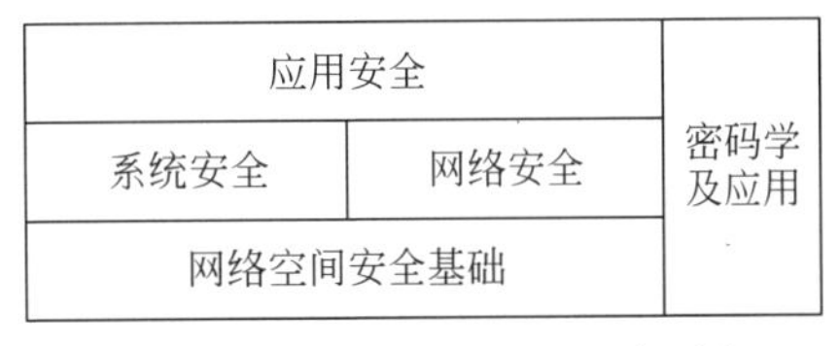

图 7-1 网络空间安全的研究对象

7.1.2 网络空间安全理论体系

网络空间安全理论包括 3 大体系:基础理论体系、技术理论体系与应用理论体系。图 7-2 给出了网络空间安全研究的基本内容。

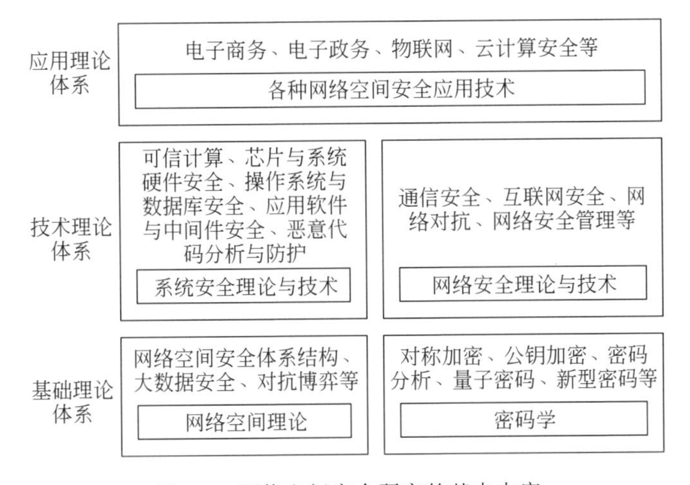

图 7-2 网络空间安全研究的基本内容

1. 基础理论体系

基础理论体系包括网络空间理论与密码学。

网络空间理论研究主要包括以下内容:

- 网络空间安全体系结构。
- 大数据安全。
- 对抗博弈。

密码学研究主要包括以下内容:

- 对称加密。
- 公钥加密。
- 密码分析。
- 量子密码与新型密码。

2. 技术理论体系

技术理论体系包括系统安全理论与技术、网络安全理论与技术。

系统安全理论与技术研究主要包括以下内容：

- 可信计算。
- 芯片与系统硬件安全。
- 操作系统与数据库安全。
- 应用软件与中间件安全。
- 恶意代码分析与防护。

网络安全理论与技术研究主要包括以下内容：

- 通信安全。
- 互联网安全。
- 网络对抗。
- 网络安全管理。

3. 应用理论体系

应用理论体系主要是各种网络空间安全应用技术，其研究内容主要如下：

- 电子商务、电子政务安全技术。
- 云计算与虚拟化计算安全技术。
- 社会网络安全、内容安全与舆情监控。
- 物联网安全。
- 隐私保护。

7.1.3 OSI 安全体系结构

1989 年，ISO 发布的 ISO 7498-2 标准描述了开放系统互连（Open Systems Interconnection，OSI）安全体系结构（security architecture），提出了网络安全体系结构的 3 个概念：

- 安全攻击（security attack）。
- 安全服务（security service）。
- 安全机制（security mechanism）。

1. 安全攻击

任何危及网络与信息系统安全的行为都被视为攻击。最常用的网络攻击分类是将攻击分为被动攻击与主动攻击两类。图 7-3 描述了网络攻击的 4 种基本类型。

1）被动攻击

窃听或监视数据属于被动攻击（passive attack），如图 7-3(a)所示。网络攻击者通过在线窃听的方法非法获取网络上传输的数据，或通过在线监视网络用户身份、传输数据的频率与长度，破译加密数据，非法获取敏感或机密的信息。

2）主动攻击

主动攻击（active attack）可以分为 3 种基本方式。

- 截获数据。网络攻击者假冒和顶替合法的接收用户，在线截获网络上传输的数据，如图 7-3(b)所示。
- 篡改或重放数据。网络攻击者假冒接收者身份截获网络上传输的数据之后，经过篡改再发送给合法的接收者，或者在截获网络上传输的数据之后的某个时刻一次或多次重新发送该数据,造成网络数据传输混乱,如图 7-3(c)所示。

- 伪造数据。网络攻击者假冒合法的发送用户,将伪造的数据发送给合法的接收用户,如图 7-3(d)所示。

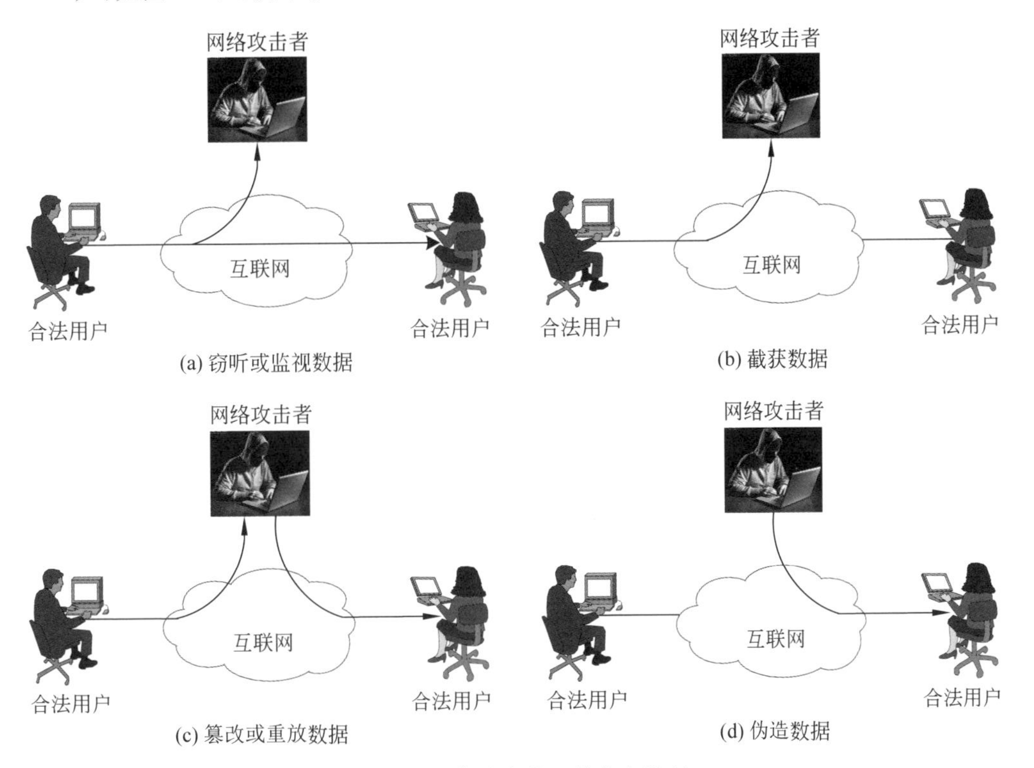

图 7-3 网络攻击的 4 种基本类型

2. 安全服务

为了评价网络系统的安全需求,指导网络硬件与软件制造商开发网络安全产品,ITU 发布的 X.800 标准与 IETF 发布的 RFC 2828 文档定义了网络安全服务。

X.800 标准对安全服务的定义是:安全服务是开放系统的各层协议为保证系统与数据传输有足够的安全性所提供的服务。RFC 2828 文档进一步明确了安全服务是由系统提供的对网络资源进行特殊保护的进程或通信服务。

X.800 标准将网络安全服务分为 5 类(细分为 14 种)特定的服务。这 5 类安全服务如下:

- 认证(authentication)。提供对通信实体和数据来源的认证与身份鉴别。
- 访问控制(access control)。通过对用户身份的认证和用户权限的确认,防止未授权用户非法使用系统资源。
- 数据保密性(data confidentiality)。防止数据在传输过程中被泄露或窃听。
- 数据完整性(data integrity)。确保接收数据与发送数据的一致性,防止数据被修改、插入、删除或重放。
- 防抵赖(non-reputation)。确保数据由特定的用户发送或接收,防止发送方在发送数据之后否认,或接收方在收到数据之后否认。

3. 安全机制

安全机制包括以下8项基本内容。

1) 加密

加密(encryption)机制是确保数据安全性的基本方法,根据层次与加密对象的不同,采用不同的加密方法。

2) 数字签名

数字签名(digital signature)机制用于确保数据的真实性,利用数字签名技术对用户身份和消息进行认证。

3) 访问控制

访问控制机制按照事先确定的规则,保证用户对主机系统与应用程序访问的合法性。当有非法用户企图入侵时,实现报警与日志记录功能。

4) 数据完整性

数据完整性机制确保数据单元或数据流不被复制、插入、更改、重新排序或重放。

5) 认证

认证机制采用口令、密码、数字签名、生物特征(如指纹)等手段,实现对用户身份、消息、主机与进程的认证。

6) 流量填充

流量填充(traffic padding)机制通过在数据流中填充冗余字段的方法,预防攻击者对网络上传输的流量进行分析。

7) 路由控制

路由控制(routing control)机制通过预先安排好路径,尽可能使用安全的子网与链路,以保证数据传输的安全性。

8) 公证

公证(notarization)机制通过第三方参与的数字签名机制,对通信实体进行实时或非实时的公证,防止伪造签名与抵赖等行为。

4. 网络安全模型与网络安全访问模型

为了满足网络用户对网络安全的需求,相关标准针对攻击者对通信信道上传输的数据以及对网络计算资源的访问等不同情况分别提出了网络安全模型与网络安全访问模型。

1) 网络安全模型

图7-4给出了一种通用的网络安全模型。

网络安全模型涉及3类对象:通信对端(发送端用户与接收端用户)、网络攻击者、可信的第三方。发送端通过网络中的通信信道将数据发送到接收端。网络攻击者可能在通信信道上伺机窃取传输的数据。为了保证网络通信的保密性、完整性,需要做两件事:一是对传输数据的加密与解密;二是需要有一个可信的第三方,用于分发加密的密钥或确认通信双方的身份。因此,网络安全模型有4项基本任务:

- 执行用于数据加密与解密的算法。
- 对传输的数据进行加密。
- 对接收的加密数据进行解密。
- 执行加密、解密的密钥分发与管理协议。

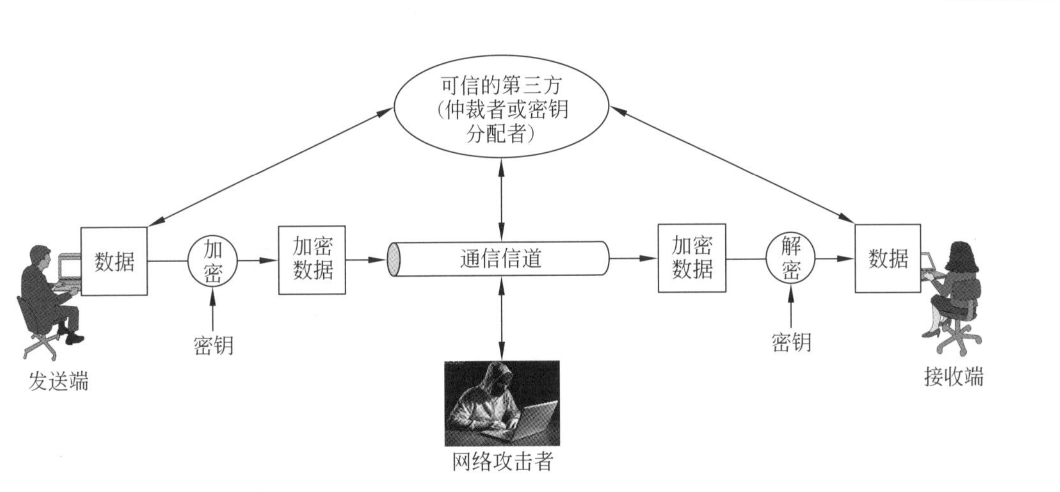

图 7-4　一种通用的网络安全模型

2）网络安全访问模型

图 7-5 给出了一种通用的网络安全访问模型。网络安全访问模型主要针对两类对象从网络访问的角度实施的网络攻击。这里，一类对象是网络攻击者，另一类对象是恶意代码软件。

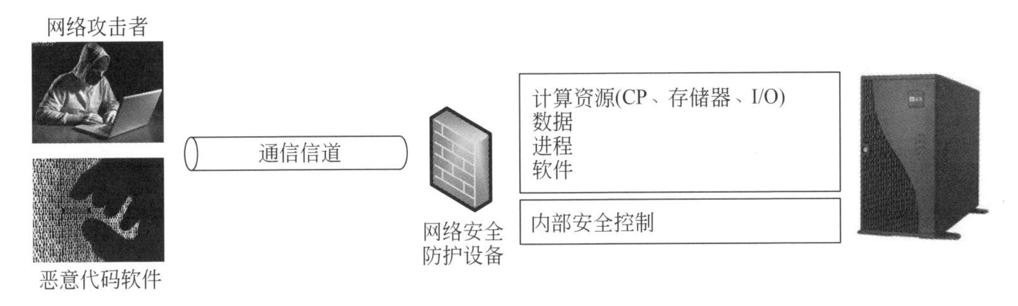

图 7-5　一种通用的网络安全访问模型

黑客(hacker)的含义经历了复杂的演变过程，现在人们已经习惯将网络攻击者统称为黑客。恶意代码是指：主要利用操作系统或应用软件的漏洞，通过浏览器、用户的信任关系，从一台计算机传播到另一台计算机，从一个网络传播到另一个网络的程序，目的是在用户和网络管理员不知情的情况下故意修改网络配置参数，破坏网络正常运行或非法访问网络资源。恶意代码包括病毒、特洛伊木马、蠕虫、脚本攻击代码以及垃圾邮件、流氓软件等多种形式。

网络攻击者与恶意代码对网络计算资源的攻击行为分为两类：服务攻击与非服务攻击。服务攻击是指攻击者对邮件、Web、DNS 等服务器发起攻击，造成服务器工作不正常甚至瘫痪。非服务攻击不针对某项具体的应用服务，而是针对网络设备或通信线路。攻击者用各种方法攻击各种网络设备(如路由器、交换机、网关、防火墙等)或通信线路，造成网络设备严重阻塞甚至瘫痪，或者造成通信线路阻塞甚至中断。网络安全研究的重要目标是研制网络安全防护工具，保护网络系统与网络资源不受攻击。

5. 用户对网络安全的需求

基于上述讨论，可将用户对网络安全的需求总结为以下几点：

- 可用性。在可能发生突发事件(如停电、自然灾害、事故或攻击等)的情况下,计算机网络仍然可以正常运转,用户可以使用各种网络服务。
- 保密性。保证网络中的数据不被非法截获或被非授权用户访问,保护敏感数据和涉及个人隐私信息的安全性。
- 完整性。保证在网络中数据传输、存储的完整性,防止数据被修改、插入或删除。
- 不可否认性。确认通信双方身份的真实性,防止对发送或接收数据的行为进行否认。
- 可控性。控制与限定网络用户对网络系统、服务与资源的访问和使用,防止非授权用户读取、写入或删除数据。

7.1.4 网络安全研究的主要内容

组建计算机网络的目的是为处理各类信息的计算机系统提供通信平台,为信息的获取、传输、处理、利用与共享提供高效、快捷、安全的通信环境。从根本上说,网络安全技术要保证信息在网络环境中存储、处理与传输的安全性。研究网络安全技术,首先要考虑对网络安全构成威胁的主要因素。图7-6给出了可能存在的网络攻击。

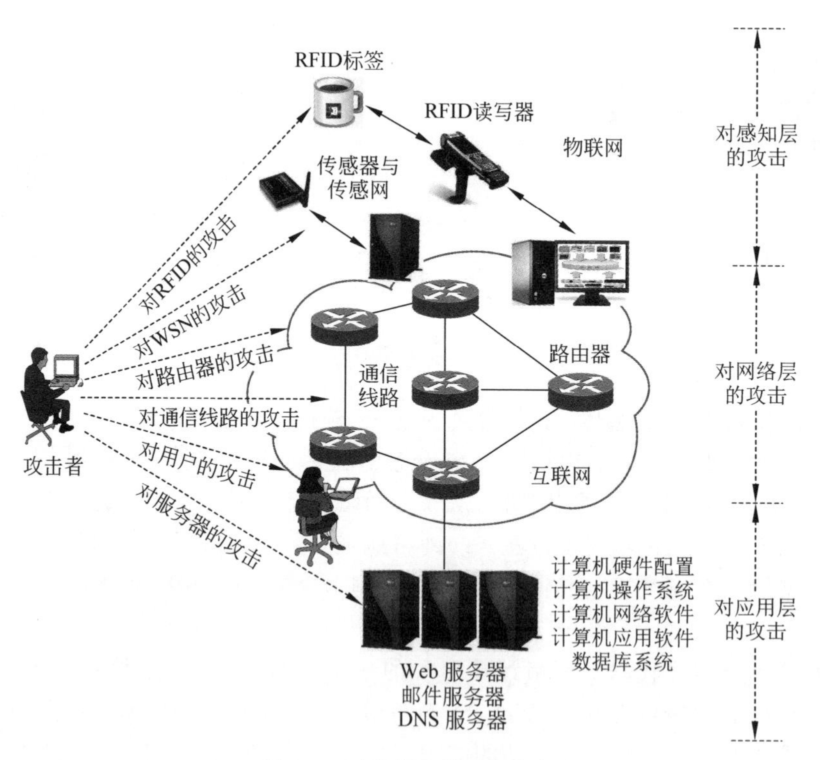

图7-6 可能存在的网络攻击

物联网划分成感知层、传输层与应用层,而传统的互联网通常没有感知层。因此,攻击者还会对物联网感知层的RFID、传感器与传感网进行攻击。

所有的网络信息系统与现代服务业都是建立在互联网环境中的。用户的各种信息保存在不同类型的应用系统中,这些应用系统都是建立在不同的计算机系统中的。计算机系统包括硬件、操作系统、数据库系统等,它们是保证各类信息系统正常运行的基础。运行信息系统的大型服务器或服务器集群以及用户的个人计算机都以固定或移动方式接入计算机网络与互联网中。

任何一种网络功能都要通过网络中的计算机之间多次交换数据与协议信息才能实现。网络协议设计时通常存在瑕疵,协议软件与应用软件也会存在瑕疵,信息系统和网络在配置时也可能存在问题。例如,IP 协议最初是专门为 ARPANET 设计的,它缺乏对通信双方身份的认证以及在 IP 网络上传输数据的完整性与保密性保护,使得 IP 协议存在数据被监听、捕获、IP 地址欺骗等漏洞。

可以举两个很简单的例子来说明这个问题。前面在讨论 TCP 连接建立过程时已经提到,为了保证 TCP 连接建立的可靠性,人们设计了三次握手的过程。如果黑客想要给一个 Web 服务器制造麻烦,只要用一个假的 IP 地址向这个 Web 服务器发送一个表面上看是正常的 TCP 连接请求 SYN 报文,Web 服务器向申请连接的客户进程发送一个同意建立连接的 SYN ACK 报文,由于 IP 地址是伪造的,因此 Web 服务器不可能得到第三次握手的确认报文。如果黑客向它发送了大量的虚假请求报文,并且 Web 服务器没有采取应对这类攻击的措施,那么 Web 服务器将处于忙碌应答和无限等待状态,最终会导致 Web 服务器进程不能正常服务,甚至出现系统崩溃。这是一种最简单和最常见的拒绝服务攻击。

人们都会用电子商务网站购物,用电子邮件系统发送和接收邮件,用浏览器访问 Web 站点,用 QQ 与朋友聊天。病毒、木马、蠕虫、脚本攻击代码等恶意代码利用邮件、FTP 与 Web 系统的传播,网络攻击、网络诱骗、信息窃取也都是在网络环境中进行的。

因此,作为互联网基础设施的路由器和通信线路,为用户提供共享资源与服务的各种服务器,计算机系统的硬件、应用软件、操作系统、数据库系统,以及用户存储在计算机系统中的信息,都会成为网络攻击者潜在的攻击目标,也都是网络安全研究的对象。

为了实现用户对网络安全的要求,网络安全技术研究主要包括以下内容:

- IPv4/IPv6 安全。
- VPN。
- 网络安全协议。
- 无线通信安全。
- 网络通信安全。
- 网络攻击与防护。
- 网络漏洞检测与防护。
- 入侵检测与防护。
- 防火墙技术。

后面几节将讨论网络安全技术研究的基本内容。

7.2 加密与认证技术

密码技术是保证网络安全的核心技术之一。密码学(cryptography)包括密码编码学与密码分析学。人们利用加密算法和密钥对信息编码进行隐蔽,而密码分析学试图破译加密算法与密钥。两者相互对立,又互相促进地向前发展。

7.2.1 加密/解密算法与密码体系的概念

1. 加密算法与解密算法

加密的设计思想是伪装明文以隐藏其真实内容,即将明文 X 伪装成密文 Y。伪装明文的操作称为加密,加密时使用的变换规则称为加密算法。由密文恢复出明文的过程称为解密,解密时使用的变换规则称为解密算法。

图 7-7 给出了加密与解密过程示例。如果用户 A 希望通过网络向用户 B 发送"My bank account # is 1947."报文,不希望有第三者知道这个报文的内容。用户 A 可以采用加密的办法,首先将该报文由明文变成一个不能识别的密文。在网络上传输的是密文。如果在网络上有窃听者,即使他得到这个密文,也很难解密。用户 B 收到密文之后,使用双方共同商议的解密算法与密钥,就可以将密文还原成明文。

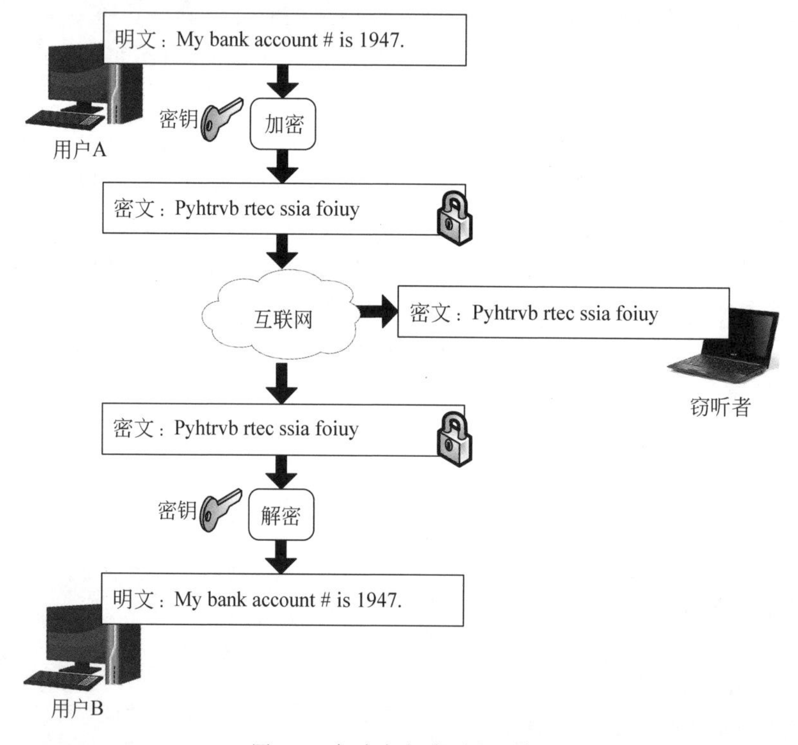

图 7-7 加密与解密过程示例

2. 密钥的作用

加密和解密算法通常都是在一组密钥控制下执行的。密码体制是指一个系统所采用的基本工作方式以及两个构成要素,即加密/解密算法和密钥。

传统密码体制所用的加密密钥和解密密钥相同,也称为对称密码体制;如果加密密钥和解密密钥不同,则称为非对称密码体制。加密算法是相对稳定的。在这种意义上,可以将加密算法视为常量,而密钥则是一个变量。使用者根据事先约好的规则,对每个新的信息更换一次密钥,或者定期更换密钥。下面以古老的凯撒密码的例子来说明密钥保密的重要性。

凯撒密码属于一种置位密码,它将一组明文字母用另一组伪装的字母表示。例如:

明文：a b c d e f g h i j k l m n o p q r s t u v w x y z

密文：Q B E L C D H G I A J N M O P R Z T W V Y X F K S U

这种方法称为单字母替换法。密钥就是明文与密文的字母对应表。明文 nankai 对应的密文就是 OQOJQI。采用单字母替换法的密钥有 26!个。虽然加密方法很简单，假设破译者 1μs 试一个密钥，则最坏情况下需要 10^{13} 年的时间才能破译成功。当然，知道密钥很容易知道明文的内容。这个系统表面上看很安全，其实用字母出现频率的统计方法很容易找出规律，就可以破解这种简单的加密方法。

另一个例子是易位密码法。首先选择一个密钥，它是一个字母不重复的单词或词组，如 MEGABUCK。通过密钥字母顺序重新对明文字母顺序进行排序，使破译者很难理解密文的意义。图 7-8 给出了易位密码法的原理。例如，字母 A 对应的一列字母 afllskso 排在密文最前面，接下来是字母 B 对应的第二列字母 selawaia，按这种规则将明文变换成对应的密文。接收方知道这个密钥，可以很快还原出明文。如果不知道密钥，很难将密文还原成明文。因此，破译易位密码法的密钥比破译单字母替换法的密钥更困难。

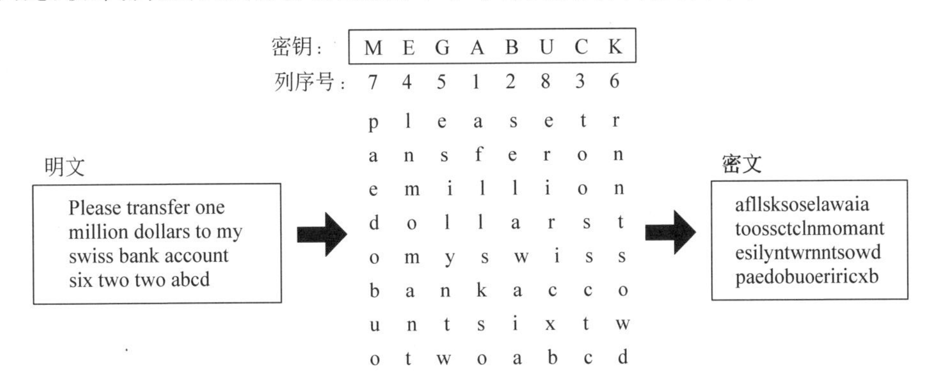

图 7-8 易位密码法的原理

从上面的例子可以看出，加密算法实际上很难做到绝对保密，现代密码学的一个基本原则是“一切秘密寓于密钥中”。密钥可以视为加密算法中的可变参数。从数学的角度来看，改变了密钥，实际上就改变了明文与密文之间等价的数学函数关系。在设计一个加密系统时，加密算法是可以公开的，真正需要保密的是密钥。

3. 什么是密码

加密技术可以分为两部分：加密/解密算法和密钥。其中，加密算法是用来加密的数学函数，而解密算法是用来解密的数学函数。密码是明文经过加密算法运算后的结果。实际上，密码是一个数学变换，即

$$C = E_k(m)$$

其中，m 是未加密的信息（明文），C 是加密后的信息（密文），E 是加密算法，E 的下标 k 称为密钥，它是加密算法的参数。密文 C 是明文 m 使用密钥 k，经过加密算法 E 计算后的结果。

加密算法可以公开，而密钥只能由通信双方掌握。如果在网络通信过程中传输的是经过加密后的数据信息，那么即使有人窃取了这样的数据，由于不知道相应的密钥与解密算法，也很难将密文还原成明文，从而保证了信息在传输与存储中的安全。

4. 密钥长度

对于同一种加密算法,密钥的位数越多,破译的难度也越大,安全性也就越好。在给定的环境下,为了确保加密的安全性,人们一直在争论密钥长度,即密钥使用的位数。密钥位数越多,密钥空间(key space)越大,也就是密钥的可能范围越大,则攻击者越不容易通过蛮力攻击(brute-force attack)来破译。在蛮力攻击中,破译者可以用穷举法对密钥的所有组合进行猜测,直到成功解密。

假设用穷举法破译,猜测每 10^6 个密钥用 1μs 时间,那么猜测 2^{128} 个密钥在最坏情况下需要大约 1.1×10^{19} 年。因此,一种倾向是使用最长的可用密钥,使得密钥很难被猜测出。但是,密钥越长,加密和解密过程所需的计算时间也越长。设计者的目标是使破译密钥所需的代价比该密钥所保护的信息价值大。很多国家对基于密钥长度的加密产品有特殊的进出口规定。

7.2.2 对称密码体系

目前,常用的加密技术可以分为两类:对称加密(symmetric cryptography)与非对称加密(asymmetric cryptography)。在传统的对称密码体系中,加密与解密使用的密钥相同,密钥在通信中需要严格保密;在非对称密码体系中,加密用的公钥与解密用的私钥不同,加密用的公钥可以公开,而解密用的私钥是需要保密的。

1. 对称加密的基本概念

对称加密对信息的加密与解密都使用相同的密钥。图7-9给出了对称加密的工作原理。理解对称加密的工作原理时需要注意以下几个问题:

- 由于通信双方加密与解密时使用同一密钥,因此第三方获取该密钥就会造成泄密。只要通信双方能确保密钥在交换阶段未泄露,就可以保证信息的保密性与完整性。对称密码体系存在通信双方之间确保密钥安全交换的问题。
- 如果一个用户要与 N 个用户进行加密通信,每个用户对应一个密钥,则他需要维护 N 个密钥。当网络中有 N 个用户两两之间进行加密通信的,则需要有 $N\times(N-1)$ 个密钥,才能够保证任意两个用户之间的通信安全。
- 对称密码体系的保密性主要取决于密钥的安全性。密钥在通信双方之间的传递和分发必须通过安全通道。如果密钥没有以安全方式传送,那么黑客就很可能截获密钥。如何产生满足保密要求的密钥,如何安全、可靠地传送密钥,都是很复杂的问题。

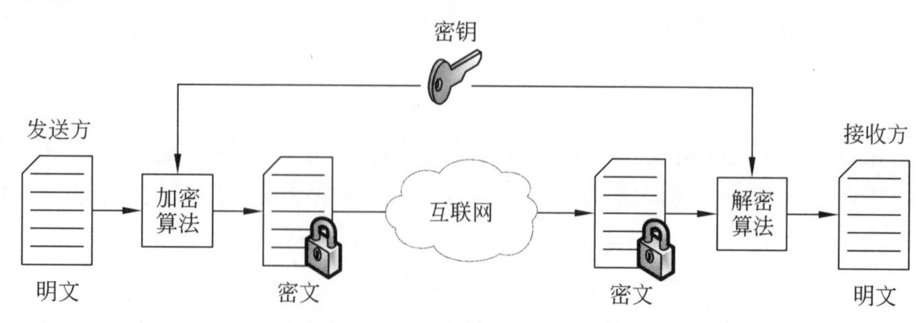

图7-9　对称加密的工作原理

- 密钥管理涉及密钥的产生、分配、存储与销毁等。如果设计了一个很好的加密算法，但是密钥管理问题处理得不好，则这样的系统同样是不安全的。

2. 典型的对称加密算法

DES(Data Encryption Standard，数据加密标准)是典型的对称加密算法，它是由 IBM 公司提出的，被 ISO 认定为数据加密的国际标准。DES 是目前广泛采用的对称加密算法之一，主要用于银行业的电子资金转账领域。DES 采用了 64 位密钥长度，其中 8 位用于奇偶校验，用户可以使用其余的 56 位。DES 并不是很安全，攻击者使用运算能力足够强的计算机对密钥逐个尝试，就可以破译密文。但是，只要破译花费的时间超过密文的有效期，那么加密就是有效的。

3DES(Triple DES，三重 DES)是对 DES 的改进方案。1999，美国国家标准与技术研究院(National Institute of Standards and Technology，NIST)将 3DES 指定为过渡的加密标准。3DES 以 DES 为核心，用 3 个 56 位密钥对数据执行 3 次 DES 计算，即加密、解密、再加密的过程。如果 3 个密钥不同，则相当于一个 168 位的密钥。3DES 仍采用 DES 为核心，其迭代次数是 DES 的 3 倍，显然 3DES 的运算速度比 DES 慢。

AES(Advanced Encryption Standard，高级加密标准)是 NIST 于 2001 年发布的一种对称加密算法。AES 将数据分解成固定大小的分组，以分组为单位进行加密或解密。AES 的主要参数是分组长度、密钥长度与计算轮数。分组长度与密钥长度是 32 位的整数倍，范围是 128～256 位。AES 规定分组长度为 128 位，密钥长度为 128、192 或 256 位，根据密钥长度分别称为 AES-128、AES-192 或 AES-256。AES 以 32 位为单位处理密钥，计算轮数与密钥长度直接相关，AES-128、AES-192 与 AES-256 的密钥长度分别为 4、6 与 8，计算轮数分别为 10、12 与 14。AES 使用较长的密钥来保证安全，在加密与解密速度上有所牺牲。

其他对称加密算法主要包括 IDEA、Blowfish、RC2、RC4、RC5、CAST 等。

7.2.3 非对称密码体系

1. 非对称加密的概念

对称密码在应用中遇到的最大问题是密钥分配。1976 年，Whitfield Diffie 与 Martin Hellman 提出了非对称密码(又称为公钥密码)。非对称密码的特征是加密与解密的密钥不同，并且两个密钥之间无法互相推导。非对称密码体系提供两个密钥：公钥与私钥。其中，公钥是可公开的密钥，私钥是需严格保密的密钥。非对称密码体系使用的加密与解密算法公开。非对称密码对保密性、密钥分发与认证都有深远影响。

图 7-10 给出了非对称密码的工作模式。在数据加密应用中，发送方使用接收方的公钥对明文加密，接收方使用自己的私钥对密文解密；在数字签名应用中，发送方使用自己的私钥对明文加密，接收方使用发送方的公钥对密文解密。与对称加密技术相比，非对称加密技术的加密与解密速度比较慢。很多数论概念是设计非对称密码算法的基础，例如素数与互为素数、费马定理、欧拉定理、中国余数定理、离散对数等。非对称加密算法的主要运算是模运算，包括模加、模乘、指数模运算等。

除了提供数据加密功能之外，非对称密码技术还能解决两个问题：密钥交换与数字签名。在不同的安全应用中，公钥与私钥的用途是不同的。表 7-1 给出了非对称密码技术的应用领域。从中可以看出，RSA 与 ECC 是应用领域最广的非对称密码技术。非对称密码

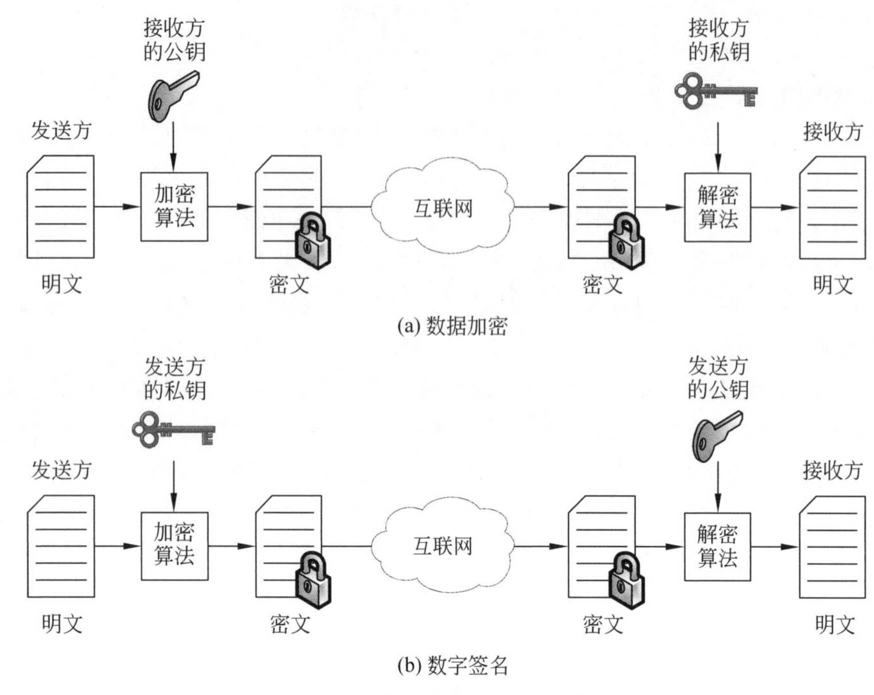

图 7-10　非对称密码的工作模式

的计算速度决定了它主要适用于少量信息加密。

表 7-1　非对称密码技术的应用领域

非对称密码技术	主要应用领域
RSA	数据加密、数字签名与密钥交换
ECC	数据加密、数字签名与密钥交换
DSS	数字签名
ElGamal	数字签名
Diffie-Hellman	密钥交换

理解非对称密码的工作原理时需要注意以下几个问题：

- 在非对称密码体系中，公钥与私钥不同，并且从理论上已证明由公钥分析出私钥在计算上是不可行的。因此，公钥可以公开，私钥需要保密。
- 如果以公钥作为加密密钥，可实现多个用户加密的数据，只能由持有私钥的用户解密，这样公钥密码可用于数据加密。
- 如果以私钥作为加密密钥，可实现一个用户加密的数据，可以由持有公钥的多个用户解读，这样公钥密码可用于数字签名。
- 非对称密码可极大地简化密钥管理，网络中 N 个用户之间进行通信加密，仅需要使用 N 对密钥。

与对称加密相比，非对称加密的优势在于：私钥不需要发往任何地方，即使公钥在传送过程中被截获，由于没有与公钥相匹配的私钥，公钥对攻击者也没有太大意义。非对称加密的缺点是加密算法复杂，加密与解密速度比较慢。

2. 典型的非对称加密算法

RSA(Rivest-Shamir-Adleman)是典型的非对称加密算法，它在网络安全领域中得到广泛的应用。1977年，Ron Rivest、Adi Shamir与Leonard Adleman设计了一种加密算法，并用三人姓氏首字母来命名该算法。目前，RSA被认为是理论上最成熟的非对称加密算法。RSA的理论基础是寻找大素数相对容易，而分解两个大素数的积在计算上不可行。RSA密钥长度可变，用户可用长密钥增强安全性，也可用短密钥提高速度。常用的RSA密钥长度包括512位、1024位、2048位。RSA分组长度也可变，明文分组长度必须比密钥长度小，密文分组长度等于密钥长度。由于RSA算法的加密速度比较慢，因此通常不直接用它加密消息，而是用它对密钥进行加密。

ECC(Elliptic Curve Cryptography，椭圆曲线密码)是另一种典型的非对称加密算法。1985年，Neal Koblitz和Victor Miller提出该算法，其安全性建立在求解椭圆曲线离散对数的困难性上。在同等密钥长度的情况下，ECC的安全性高于RSA；在安全性相当的情况下，ECC的密钥长度比RSA短。目前，未出现针对椭圆曲线的亚指数时间算法，ECC是很有前景的非对称加密技术。

其他非对称加密算法主要包括DSS、ElGamal与Diffie-Hellman等。

7.2.4 公钥基础设施

1. PKI的基本概念

公钥基础设施(Public Key Infrastructure，PKI)是利用公钥加密和数字签名技术建立的安全服务基础设施，以保证网络环境中数据的保密性、完整性与不可抵赖性。理解PKI的基本概念时需要注意以下几个基本问题：

- PKI是一种针对电子商务、电子政务应用，利用非对称密码体系提供安全服务的通用网络安全基础设施。
- PKI系统对用户是透明的，用户在获得加密和数字签名服务时，不需要知道PKI如何管理证书与密钥。
- PKI建立的安全信任平台与密钥管理体系为所有网络应用提供加密与数字签名服务，实现PKI系统的关键是密钥的管理。
- PKI主要用于确定用户可信任的合法身份。这个信任关系是通过公钥证书实现的。公钥证书就是用户身份与其持有的公钥的结合，而这种关系是由可信任的第三方权威机构(认证中心)来确认的。

2. PKI系统的工作原理

图7-11给出了PKI的工作原理。

理解PKI系统的工作原理时需要注意以下几个基本问题：

- PKI的认证中心(Certificate Authority，CA)产生用户之间通信所使用的公钥与私钥对，例如图7-11中所示的用户A与用户B的密钥对，并存储在证书数据库中。用户A与用户B都是PKI注册的合法用户。
- 当用户A希望与用户B通信时，用户A向CA申请下载包含用户A密钥的数字证书。CA的注册中心(Registration Authority，RA)确认用户A的合法身份之后，将

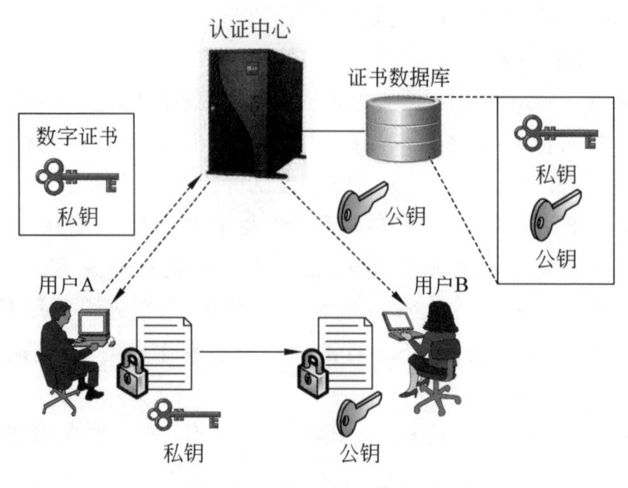

图 7-11　PKI 的工作原理

数字证书发送给用户 A。至此,用户 A 拥有了加密用的密钥。

- 用户 B 可通过数字证书获得对应的公钥。在用户 A 向用户 B 发送用私钥加密和签名的文件时,用户 B 可以用公钥验证文件的合法性。

在 PKI 系统中,CA 与 RA 负责用户身份确认、密钥分发与管理、证书撤销等操作。在实际的 PKI 系统中,通常不会仅有一个 CA。因此,多个 CA 之间必然要建立信任关系。建立信任关系的目的是确保一个 CA 颁发的证书,能够被另一个 CA 的用户所信任。

在 PKI 的基础上,当前正在研究特权管理基础设施(Privilege Manage Infrastructure, PMI)。PKI 认证是对通信双方实体身份的鉴别;PMI 认证的作用不是对实体身份进行验证,而是对一个实体在完成某项任务需要的权限进行验证。PMI 作为 PKI 的补充而存在。PKI 提供用户身份信任管理平台,PMI 提供用户授权信任管理平台,两者协同向用户提供身份与权限的统一管理的访问控制服务。

7.2.5　数字签名技术

数据加密可以防止信息在传输过程中被截获,而如何确定发送人的身份问题需要使用数字签名技术来解决。

1. 数字签名的概念

亲笔签名是保证文件或资料真实性的一种方法。在网络环境中,通常用数字签名技术来模拟日常生活中的亲笔签名。数字签名将信息发送人的身份与信息传输结合,可以保证信息在传输过程中的完整性,并提供对信息发送者的身份认证,防止信息发送者抵赖行为的发生。目前,各国已制定相应的法律、法规,把数字签名作为执法的依据。利用公钥加密算法(如 RSA 算法)进行数字签名是常用的方法。

数字签名需要实现以下 3 项主要功能:

- 接收方可以核对发送方对报文的签名,以确定对方的身份。
- 发送方在发送报文之后无法对发送的报文及签名抵赖。
- 接收方无法伪造发送方的签名。

2. 数字签名的工作原理

公钥加密算法使用两个不同的密钥：其中一个是用来加密的公钥，它可以通过未加密的目录或电子邮件来传输，任何用户都可以获得公钥；另一个是用户自己持有的私钥，它可以对公钥加密的信息进行解密。

公钥加密算法（例如 RSA 算法）效率较低，并对加密的信息长度有一定限制。在使用公钥加密算法进行数字签名之前，通常先采用单向散列函数对信息进行计算以生成摘要，并对这个摘要进行签名。单向散列函数又称为哈希函数（hash function）

下面用一个简单的例子来说明单向散列函数的实现方法。假设生成单向散列函数的办法是：对一段英文消息中的字母 a、e、h、o 的出现次数进行统计，生成的消息摘要值 H 为字母 a、e、h 的出现次数相乘再加上字母 o 出现次数的运算结果。那么，对于以下英文消息：

the combination to the safe is two，seven，thirty-five.

在这句英文中，a 出现次数为 2，e 出现次数为 6，h 出现次数为 3，o 出现次数为 4。那么，按照生成消息摘要值的规则：

$$H=(2\times 6\times 3)+4=40$$

如果有人截获了这段消息，并将它修改为

You are being followed，use back roads hurry.

在这段英文中，a 出现次数为 3，e 出现次数为 4，h 出现次数为 1，o 出现次数为 4。那么，按照生成消息摘要值的规则：

$$H'=(3\times 4\times 1)+4=16$$

显然，被修改过的消息的摘要值就会发生变化。通过检查消息摘要值可以发现消息是否已被人篡改。当然，单向散列函数是很复杂的，这里只是用一个简单的例子形象地说明。单向散列函数可根据一个任意长的报文生成固定长度的散列值。它生成的散列值具有唯一性，人们将散列值称为消息的指纹。因此，使用单向散列函数可以检测报文的完整性。

图 7-12 给出了数字签名的工作原理示意图。

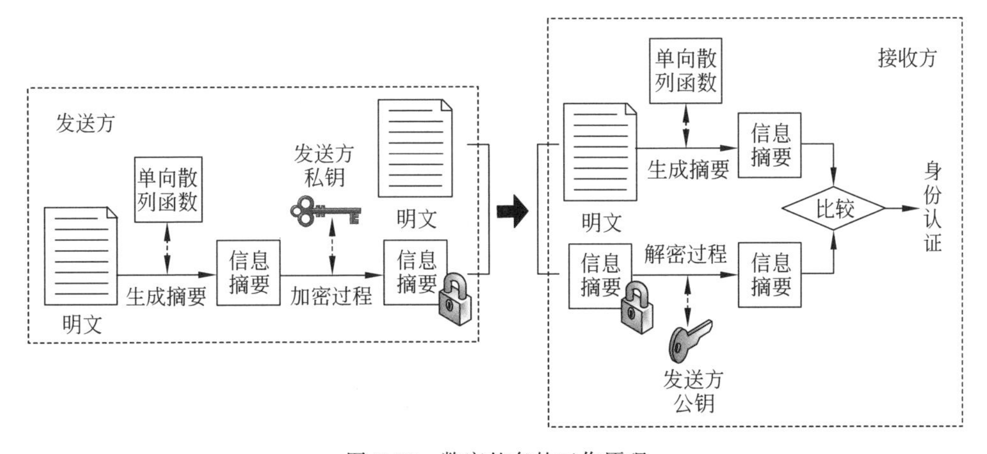

图 7-12　数字签名的工作原理

数字签名需要经过以下几个步骤：

(1) 发送方使用单向散列函数对待发送的信息进行运算，生成信息摘要。

(2) 发送方使用自己的私钥，利用公钥加密算法，对生成的信息摘要进行签名。

(3) 发送方通过网络将信息与签名后的信息摘要发送给接收方。

(4) 接收方使用与发送方相同的单向散列函数对接收到的信息进行运算，重新生成信息摘要。

(5) 接收方使用发送方的公钥对接收到的信息摘要进行解密。

(6) 接收方将解密后的信息摘要与步骤(4)重新生成的信息摘要进行比较，以判断信息在发送过程中是否被篡改。

目前，常用的数字签名算法是 MD5(Message Digest 5，消息摘要)。它是 Rivest 于 1994 年发表的一种单向散列算法。MD5 对任意长度的数据生成 128 位的散列值，也称为不可逆指纹。攻击者不能从 MD5 生成的散列值反向计算出原始数据。RFC 1321 文档定义了 MD5 算法。实际上，MD5 算法没有对数据进行加密或修改，只是生成一个用于判断数据完整性与真实性的数值。因此，利用数字签名可验证数据在传输过程中是否被篡改，确认发送者的身份，防止在信息交换过程中发生抵赖现象。

7.2.6 身份认证技术

在很多互联网应用中，身份认证主要通过密码和口令来实现，这种方法非常方便，但是可靠性不高，密码和口令容易泄露和被攻破。在网络环境中，用户的身份认证需要使用人的“所知”“所有”与个人特征。“所知”是指密码和口令，“所有”是指身份证、护照、信用卡、钥匙或手机，个人特征是指人“随身携带和唯一性”的生理特征。

个人特征识别技术属于生物识别技术的研究范畴。目前，常用的生物识别技术主要包括指纹、声纹、掌纹、虹膜、人脸等识别。

指纹、掌纹、虹膜识别已广泛用于门禁、考勤与出入境管理。指纹、掌纹与虹膜识别需要人贴近或接触识别设备。由于人脸识别仅需用摄像头拍摄人脸图像，通过图像识别技术实现，不要求人脸贴近识别设备，因此这项技术很快就在车站、机场、公交车、景区、公共场所的身份识别以及各种在线支付中得到广泛应用。

利用人脸识别进行身份认证需要解决 3 个问题：人脸图像采集、人脸特征提取与人脸特征检索。人脸图像采集根据人的肤色等特征来定位人脸区域，人脸图像特征提取与检索通过与已有的人脸图像特征数据库比对被检索人脸图像特征来确认被检测人的身份。图 7-13 给出了人脸识别的过程。

广义的生物统计学正在成为网络环境个人身份认证技术最简单、最可靠的方法。个人特征包括容貌、肤色、发质、身材、姿势、手印、指纹、脚印、唇印、颅相、口音、脚步声、体味、视网膜、血型、遗传因子、笔迹、习惯性签字、打字韵律以及在外界刺激下的反应等。个人特征具有因人而异和随身携带的特点，不会丢失且难于伪造，适用于高级别个人身份认证的要求。将生物统计学与身份认证、智能人机交互、网络安全结合，是当前网络应用研究的一个重要课题。

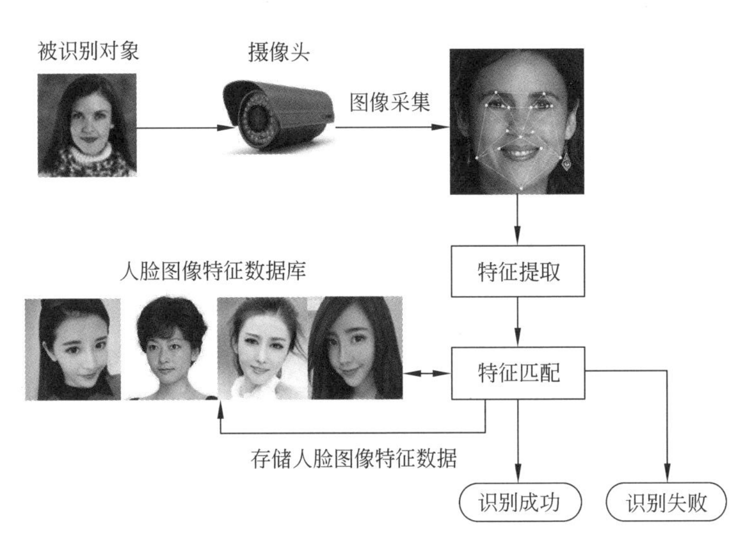

图 7-13 人脸识别的过程

7.3 网络安全协议

网络安全协议设计的要求是实现协议执行过程中的保密性、完整性与不可否认性。这一点与网络安全服务的基本原则是一致的。网络安全协议研究与标准制定涉及网络层、传输层与应用层。

7.3.1 网络层安全与 IPSec

1. IPSec 安全体系结构

通过讨论 IPv4 可以看出：IP 协议本质上是不安全的，伪造一个 IP 分组，篡改 IP 分组的内容，窥探传输中的 IP 分组的内容，都比较容易。接收端无法保证每个 IP 分组源地址的真实性，也不能保证 IP 分组在传输过程中没有被篡改或泄露。IP 分组的校验和对于 IP 分组数据完整性的验证能力很弱，攻击者完全可以在修改 IP 分组数据之后，很方便地重新计算校验和，然后填入验和字段。

为了解决 IP 协议的安全性问题，IETF 于 1995 年成立了 IP 安全协议工程组，着手研究 IP 安全协议(IP Security Protocol，IPSec)，建立了 IP 协议安全体系。1998 年，IETF 发布了 IP 安全协议系列文档(RFC 2401～2411)。

2. IPSec 的主要技术特征

IPSec 的主要技术特征如下：

- IPSec 安全服务是在 IP 层提供的，可以为任何高层协议(如 TCP、UDP、ICMP、BGP)提供服务。
- IPSec 不是单个协议，IPSec 安全体系主要由认证头协议、封装安全载荷协议与互联网密钥交换协议等组成。
- 认证头(Authentication Header，AH)协议用于增强 IP 分组的安全性，提供 IP 分组来源认证、IP 数据完整性、防重放攻击等服务。但是，AH 不加密 IP 分组数据。

- 封装安全载荷(Encapsulating Security Payload,ESP)协议提供对 IP 分组来源认证、IP 分组数据完整性、保密性与防重放攻击等安全服务。
- 互联网密钥交换(Internet Key Exchange,IKE)协议用于协商 AH 协议与 ESP 协议所用的加密算法与密钥管理体制。
- 安全关联(Security Association,SA)是 IPSec 的工作基础。安全关联是建立网络层安全连接的双方通过 IKE 协议协商加密与认证算法的过程。双方通过安全关联协商认证时使用的加密算法、认证算法、密钥及密钥生存期。
- IPSec 定义了两种保护 IP 分组的模式:传输模式与隧道模式。
- IPSec 是 IPv6 的基本组成部分,而对于 IPv4 是可选的。

3. AH 协议的工作原理

AH 协议可以工作在传输模式,也可以工作在隧道模式。图 7-14 给出了传输模式的 AH 协议的工作原理。

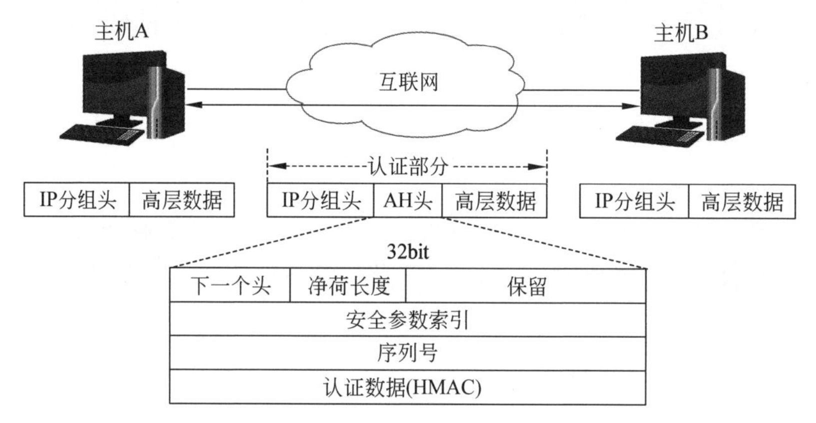

图 7-14 传输模式的 AH 协议的工作原理

理解传输模式的 AH 协议的工作原理时,需要注意以下几个基本问题:

(1) 在传输模式中,生成的 AH 头直接插到原 IPv4 分组头的后面;对于 IPv6,AH 头则是 IPv6 扩展头的一部分。

(2) AH 头结构如下:

- 下一个头字段表示 AH 头之后的头部类型。AH 协议与 ESP 协议可以组合使用,如果下一个头是 ESP 头,则下一个头字段值为 50。
- 净荷长度字段表示 AH 头中的认证数据长度。不同认证算法形成的认证数据长度不同。头部长度是以 32b 为单位来表示的。AH 头(包括安全参数索引、序列号、认证数据 3 个字段)以 32b 为单位来表示为 6,除去固定长度 2,那么净荷长度字段值为 6－2＝4。
- 安全参数索引字段包含双方协商的加密算法、密钥与密钥生存期等参数。
- 序列号字段是发送端 AH 协议为发送的每个 IP 分组分配的序列号;接收端 AH 协议可以根据序列号确定该分组是否重放的 IP 分组,实现防重放攻击的功能。
- 认证数据字段是发送端 AH 协议根据消息认证码(MAC)算法为发送的每个 IP 分组计算的完整性校验值(ICV);接收端 AH 协议可以根据 ICV 值确定该分组在传输

过程中是否被修改。

(3) AH 协议为主机之间的 IP 分组传输提供了 IP 分组来源认证、IP 分组数据完整性、防重放攻击等安全服务。但是,AH 协议不提供对 IP 分组数据的加密服务。

4. ESP 协议的工作原理

图 7-15 给出了隧道模式的 ESP 协议的工作原理。

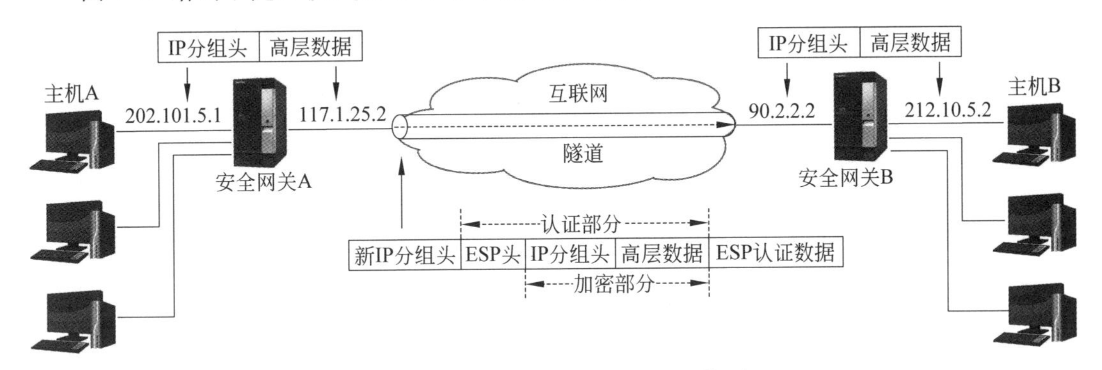

图 7-15　隧道模式的 ESP 协议的工作原理

理解 ESP 隧道模式的工作原理时需要注意以下几个基本问题:

(1) 隧道模式一般需要通过安全网关实现,由安全网关来执行 ESP 协议。例如,主机 A 与主机 B 通过安全网关 A 与安全网关 B 建立网络层安全连接,ESP 执行过程由安全网关 A 与安全网关 B 完成。这个过程对于主机 A 与主机 B 是透明的。

(2) 在隧道模式中,原始 IP 分组经过安全处理之后,将被封装在新 IP 分组中。新 IP 分组头中的源地址与目的地址分别为安全网关的 IP 地址。当主机 A(202.101.5.1)发送给主机 B(212.10.5.2)的分组经过安全网关 A 进入隧道传输时,新 IP 分组的 IP 地址使用的是安全网关 A(117.1.25.2)与安全网关 B(90.2.2.2)的 IP 地址。

(3) 隧道模式一般采用 ESP 协议提供的主机认证与 IP 分组数据加密服务,采用的加密算法与认证算法是在安全网关建立安全关联的过程中协商确定的。

(4) 对原始 IP 分组进行加密可以保证分组传输的安全性。对 ESP 头、加密的原始 IP 分组进行认证可以确认发送方与接收方的身份合法性。

(5) 根据不同类型的应用需求,ESP 可提供不同强度的加密算法,增加攻击者破译密钥的难度,提高 IP 传输的安全性。

将 IPSec 隧道模式与 VPN 相结合,利用 IPSec 支持身份认证与访问控制,并提供数据保密性与完整性服务,为网络系统在互联网中建立安全的 VPN 提供技术保证。

7.3.2　传输层安全与 SSL、TLS

1. SSL 协议的概念

1994 年,Netscape 公司提出用于 Web 应用的安全套接层(Secure Sockets Layer,SSL)协议,它的第一个版本是 SSLv1。1995 年,Netscape 公司开发了 SSLv2,并用于 Web 浏览器 Netscape Navigator 1.1 中。SSL 使用非对称加密体系和数字证书技术,可保护数据传输的保密性和完整性。SSL 是最早用于电子商务的一种安全协议。

同期, Microsoft 公司开发了与 SSL 协议类似的 PCT(Private Communication

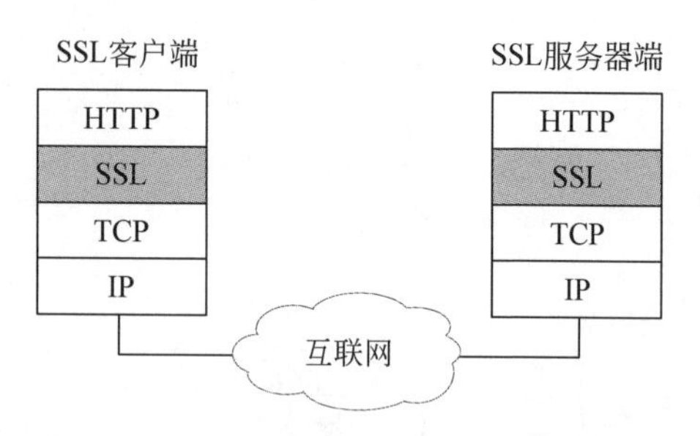

图 7-16 SSL 协议在网络协议体系中的位置

Technology,私密通信技术)协议。1996 年,Netscape 公司在 SSLv2 的基础上加以改进,并推出了 SSLv3。鉴于 SSL 与 PCT 不兼容的现状,IETF 发布了传输层安全(Transport Layer Security,TLS)协议,希望推动传输层安全协议的标准化。RFC 2246 对 TLS 协议进行了详细描述。目前,世界各国网上支付系统广泛应用的仍是 SSLv3。图 7-16 给出了 SSL 协议在网络协议体系中的位置。

2. SSL 协议的特点

SSL 协议的特点主要表现在以下几个方面:

- SSL 协议可用于 HTTP、FTP、TELNET 等,但是目前主要应用于 HTTP,为基于 Web 服务的各种网络应用的身份认证与安全传输提供服务。
- SSL 协议处于端系统的应用层与传输层之间,在 TCP 上建立一个加密的安全通道,为 TCP 的数据传输提供安全保障。
- 当 HTTP 使用 SSL 协议时,HTTP 请求、应答格式与处理方法不变。不同之处在于:应用进程的数据经过 SSL 协议加密后,再通过 TCP 连接传输;在接收方的 TCP 软件将加密数据传送给 SSL 协议解密后,再发送给应用层的 HTTP。
- 当 Web 系统采用 SSL 协议时,Web 服务器的默认端口号从 80 变换为 443,浏览器使用 https 代替常用的 http。
- SSL 协议主要包含两个协议:SSL 握手协议(SSL handshake protocol)与 SSL 记录协议(SSL record protocol)。其中,SSL 握手协议实现双方的加密算法协商与密钥传递;SSL 记录协议定义 SSL 数据传输格式,实现对数据的加密与解密操作。

1995 年,开放源代码的 OpenSSL 软件包发布。目前,已推出 OpenSSL 1.1.1,它支持 SSLv3 与 TLSv1。

7.3.3 应用层安全与 PGP、SET

1. 电子邮件安全与 PGP

近年来,垃圾邮件、诈骗邮件、病毒邮件等问题已经引起人们高度的重视。未加密的电子邮件在网络上很容易被截获,如果电子邮件未经过数字签名,则用户无法确定邮件是从哪里发送的。为了解决电子邮件安全问题,可采用以下几种技术:端-端的邮件安全、传输层安全、邮件服务器安全、用户端安全邮件技术。目前,已出现一些与邮件安全相关的协议与标准,例如 PGP、PEM、S/MIME、MOSS。

PGP(Pretty Good Privacy)协议于 1995 年开发,提供邮件加密、身份认证、数字签名等功能。PGP 协议用来保证数据传输过程的安全,在其设计思想中采用了数字信封。图 7-17 给出了数字信封的工作原理。

传统的对称加密算法的运算效率高,但是密钥不适合通过公共网络传递。非对称加密算法的密钥传递简单,但是加密算法的运算效率低。数字信封技术将传统的对称加密算法与非对称加密算法相结合,利用对称加密算法的高效性与非对称加密算法的灵活性,保证了

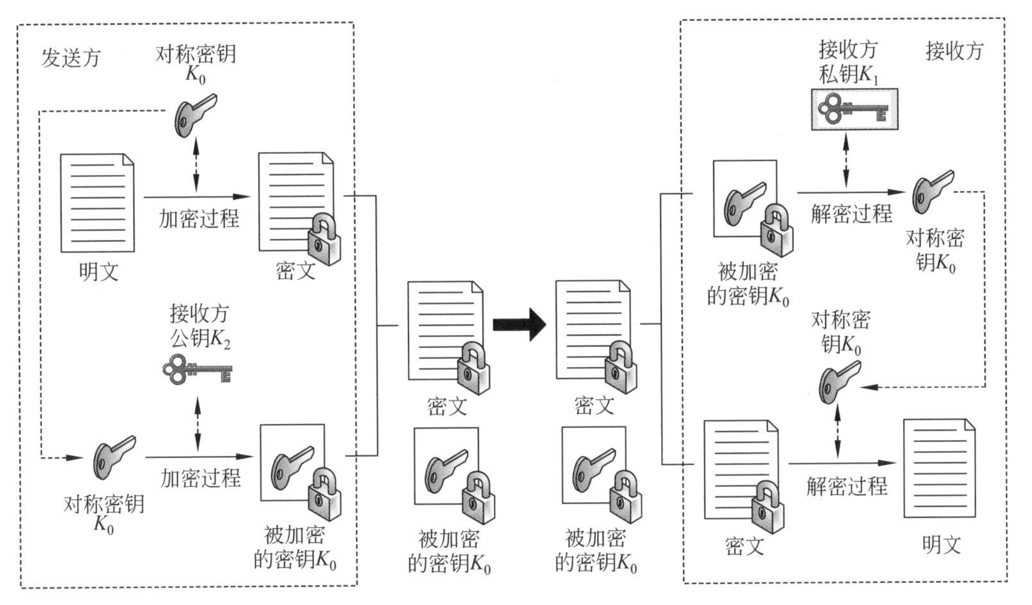

图 7-17 数字信封的工作原理

信息在传输过程中的安全性。

PGP 协议有两个不同的加密/解密过程：明文本身的加密/解密与对称密钥的加密/解密。首先，它使用对称加密算法对发送的明文进行加密；然后，它使用非对称加密算法对对称密钥进行加密，其过程如下：

(1) 在需要发送信息时，发送方生成一个对称密钥 K_0。

(2) 发送方使用自己的对称密钥 K_0 对发送数据进行加密，形成加密的数据密文。

(3) 发送方使用接收方的公钥 K_2 对发送方的密钥 K_0 进行加密。

(4) 发送方通过网络将加密后的密文和密钥 K_0 都发送给接收方。

(5) 接收方用自己的私钥 K_1 对加密后的发送方密钥 K_0 进行解密，得到对称密钥 K_0。

(6) 接收方使用还原出的对称密钥 K_0 对数据密文进行解密，得到数据明文。

PGP 协议使用两层加密体制：在内层利用了对称加密技术，每次传送信息都可以生成新的密钥，保证了信息的安全性；在外层利用非对称加密技术来加密对称密钥，保证了密钥传递的安全性，实现了身份认证。数字签名用于保证邮件的完整性、身份认证与不可抵赖性，数据加密用于保证邮件内容的保密性。

2. Web 安全与 SET

对 Web 系统安全构成威胁的因素很多。对于攻击者来说，Web 服务器、数据库服务器有很多弱点可以利用，比较明显的弱点在服务器的 CGI 程序与一些工具程序上。Web 服务的内容越丰富，应用程序越大，则包含错误代码的概率越高。程序设计人员在编写 CGI 程序与一些工具程序时，一个简单的错误或不规范的编程都可能形成系统的一个安全漏洞。Web 安全研究一直是富有挑战性的课题。

电子商务是以互联网环境为基础，在计算机系统支持下进行的商务活动。它基于 Web 浏览器/服务器应用方式，是实现网上购物、网上交易和在线支付的一种新型商业运营模式。基于 Web 的电子商务需要以下几方面的安全服务：

- 鉴别贸易伙伴、持卡人的合法身份以及交易商家身份的真实性。
- 确保订购与支付信息的保密性。
- 保证在交易过程中数据不被非法篡改或伪造,确保信息的完整性。
- 能够在TCP/IP之上运行,不抵制其他安全协议的使用,不依赖特定的硬件平台、操作系统与Web软件。

1997年,两家信用卡公司VISA和MasterCard共同提出安全电子交易(Secure Electronic Transaction,SET)协议,它已成为目前公认的、成熟的电子支付安全协议。SET协议使用对称加密与公钥加密体制以及数字信封、信息摘要与双重签名技术。SET协议定义了体系结构、电子支付与证书管理过程。图7-18给出了SET协议的结构。

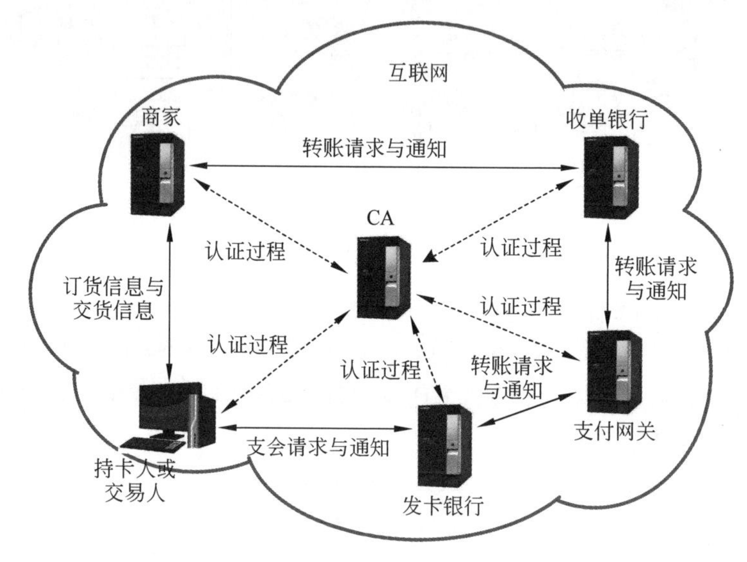

图7-18 SET协议的结构

基于SET协议的电子商务系统包括6个组成部分:

- 持卡人:发卡银行发行的支付卡的合法持有人。
- 商家:向持卡人出售商品或服务的商店或个人。
- 发卡银行:向持卡人提供支付卡的金融机构。
- 收单银行:与商家建立业务联系,处理支付卡授权和支付业务的金融机构。
- 支付网关:由收单银行或第三方运作,处理商家支付信息的机构。
- 认证中心:为持卡人、商家与支付网关签发数字证书的可信任机构。

SET协议结构的设计思想是:在持卡人、商家与收单银行之间建立可靠的金融信息传递关系,解决网上三方支付机制的安全性。

SET协议保证电子商务各个参与者之间的信息隔离,持卡人的信息经过加密后发送到银行,商家不能看到持卡人的账户与密码等信息。SET协议保证商家与持卡人交互的信息在互联网上安全传输,不被攻击者窃取或篡改。SET协议通过CA这类第三方机构实现持卡人与商家、商家与银行的相互认证,确保电子商务交易各方身份的真实性。

SET协议规定了加密算法的应用、证书授权过程与格式、信息交互过程与格式、认证信息格式等,使不同软件厂商开发的软件具有兼容性和互操作性,并能够运行在不同的硬件和操作系统平台上。

7.4 网络攻击与防御技术

7.4.1 网络攻击的概念

1. 网络攻击的分类

十几年前,网络攻击还仅限于破解口令与利用操作系统漏洞等几种方法。随着网络应用规模的扩大和技术的发展,在互联网上黑客站点随处可见,黑客工具可以任意下载,黑客攻击活动日益猖獗,黑客攻击已经对网络的安全构成了极大的威胁。只有研究黑客攻击技术,了解并掌握相关技术,才有可能有针对性地进行防范。研究网络攻击方法已成为制定网络安全策略、研究入侵检测技术的基础。法律对攻击的定义是入侵行为完全完成并且入侵者已在目标网络内部。但是,对于网络安全管理员来说,一切可能使网络系统受到破坏的行为都应视为攻击。

目前,网络攻击大致可以分为以下几类:

- 系统入侵类攻击。
- 缓冲区溢出攻击。
- 欺骗类攻击。
- 拒绝服务攻击。

系统入侵类攻击者的最终目的都是为了获得主机系统的控制权,从而破坏主机和网络系统。这类攻击又分为信息收集攻击、口令攻击和漏洞攻击。缓冲区溢出攻击是指:通过向程序缓冲区写超出其长度的内容,造成缓冲区溢出,从而破坏程序的堆栈,使程序转而执行其他指令。缓冲区溢出攻击的目的在于扰乱那些以特权身份运行的程序的功能,使攻击者获得程序的控制权。欺骗类攻击的主要类型包括 IP 欺骗、ARP 欺骗、DNS 欺骗、Web 欺骗、电子邮件欺骗、源路由欺骗、地址欺骗与口令欺骗等。

2. 网络安全威胁的层次

网络安全威胁可以分为 3 个层次:主干网的威胁、TCP/IP 安全威胁与网络应用的威胁。主干网的威胁主要在主干路由器与 DNS 服务器上。攻击主干网最直接的方法就是攻击主干路由器与 DNS 服务器。2002 年 8 月,黑客利用互联网的主干网的 ASN No.1 信令存在的安全漏洞攻击了主干路由器、交换机和一些基础设施,造成了严重的后果。全球 13 台根域 DNS 服务器支持整个互联网的运行。1997 年 7 月,人为错误导致根域 DNS 服务器的工作不正常,致使互联网系统的局部服务中断。2002 年 10 月 21 日,13 台根域 DNS 服务器遭受大规模 DDoS 攻击,导致其中 9 台根域 DNS 服务器工作不正常。

3. 网络攻击手段的分类

网络攻击手段很多并且在不断地变化。当前已出现的主要网络攻击手段大致可以分为 4 种类型:

- 欺骗类攻击。包括口令欺骗、IP 地址欺骗、ARP 欺骗、DNS 欺骗、源路由欺骗等。
- DoS/DDoS 攻击。包括资源消耗、修改配置、物理破坏与服务利用等。
- 信息收集类攻击。包括扫描攻击、体系结构探测攻击、利用服务攻击等。

• 漏洞类攻击。包括针对网络协议漏洞、操作系统漏洞、应用软件漏洞与数据库漏洞等的攻击。实际上,漏洞分为技术漏洞与管理漏洞等两大类,这里主要考虑技术漏洞类的问题。

7.4.2 DoS攻击与DDoS攻击

1. DoS 攻击的基本概念

拒绝服务(Denial of Service,DoS)攻击主要通过消耗网络系统中有限的、不可恢复的资源,从而使合法用户应获得的服务质量下降或受到拒绝。DoS 攻击本质上是延长正常网络应用服务的等待时间,或者使合法用户的服务请求受到拒绝。DoS 攻击的目的不是闯入一个站点或更改数据,而是使站点无法服务于合法的服务请求。典型的 DoS 攻击是资源消耗型 DoS 攻击。资源消耗型 DoS 攻击的常见方法如下:

• 制造大量广播包或传输大量文件,占用网络链路与路由器带宽资源。
• 制造大量错误日志、垃圾邮件,占用主机中共享的磁盘资源。
• 制造大量无用信息、进程通信交互信息,占用 CPU 和系统内存资源。

2. DDoS 攻击的基本概念

分布式拒绝服务(Distributed Denial of Service,DDoS)攻击是在 DoS 攻击的基础上产生的一类攻击形式。DDoS 攻击采用一种比较特殊的体系结构,攻击者利用多台分布在不同位置的攻击代理主机同时攻击一个目标,从而导致攻击目标的系统瘫痪。图 7-19 给出了 DDoS 攻击过程。

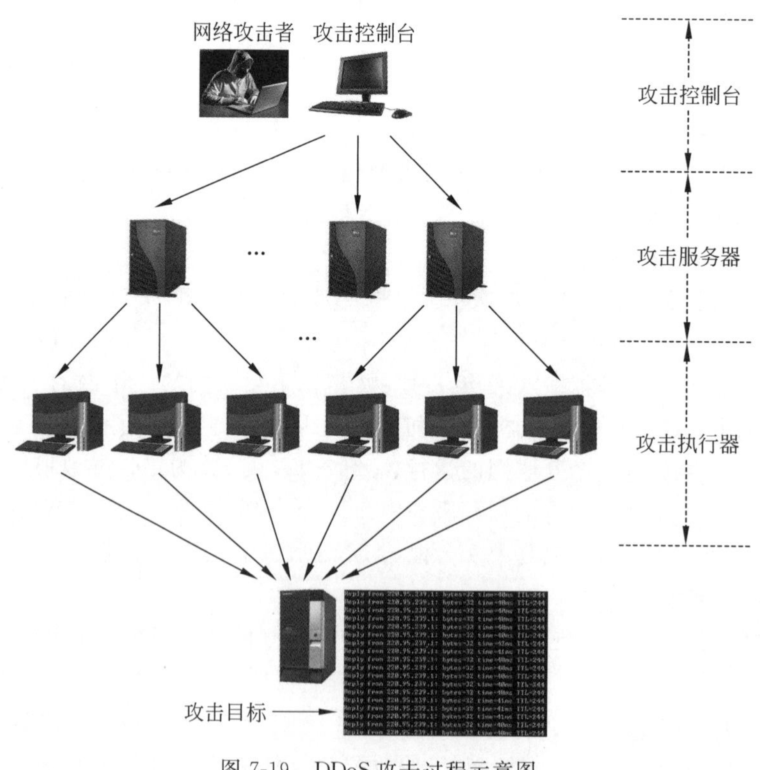

图 7-19 DDoS 攻击过程示意图

典型的DDoS攻击采用的是3层结构：攻击控制台、攻击服务器、攻击执行器。DDoS攻击建立在很多与攻击无关的主机被动地受攻击者支配的前提之下。攻击控制台可以是网络上的任何一台主机，甚至是一台移动中的便携机，它的作用是向攻击服务器发出攻击命令。攻击服务器的主要任务是将攻击控制台的命令分布到攻击执行器。攻击服务器与攻击执行器都已经被攻击控制器入侵，并且暗中安装了攻击软件。

DDoS攻击的实现大致分为3步。

(1) 攻击者选择一些防护弱的主机或服务器，通过寻找系统漏洞或配置错误，入侵系统并暗中安装后门程序。有时攻击者也需要通过网络监听，进一步增加入侵的主机数量。

(2) 在主机中安装攻击服务器或攻击执行器软件。攻击服务器数量一般为几台到几十台。攻击服务器用于隔离网络的联系渠道，防止被追踪，保护攻击者。攻击执行器安装相对简单的攻击软件，它仅需连续向攻击目标发送大量连接请求，而不作任何应答。

(3) 攻击控制台向攻击服务器发出攻击命令，多台攻击服务器向攻击执行器发出攻击命令，众多的攻击执行器同时向攻击目标发起攻击。在向攻击服务器发出攻击命令之后，攻击控制台立即撤离，使得追踪很难实现。

DDoS攻击的主要特征如下：

- 被攻击主机上有大量等待的TCP连接。
- 网络中充斥着大量无用数据包，并且数据包的源地址是伪造的。
- 大量无用数据包造成网络拥塞，使被攻击主机无法正常与外界通信。
- 被攻击主机无法正常应答合法用户的服务请求。
- 严重时可造成被攻击主机的系统瘫痪。

7.5 入侵检测技术

7.5.1 入侵检测的概念

入侵检测系统(Intrusion Detection System，IDS)是对计算机和网络资源的恶意使用行为进行识别的系统。它的目的是监测和发现可能存在的攻击行为，包括来自系统外部的入侵行为与来自内部用户的非授权行为，并采取相应的防护手段。

1. 入侵检测系统的功能

1980年，James Anderson在论文*Computer Security Threat Monitoring and Surveillance*中提出了IDS的概念。1987年，Domthy Donning在论文*An Intrusion Detection Model*中提出了IDS的框架结构。

IDS的基本功能如下：

- 对用户和系统的行为进行监控、分析。
- 对系统配置和漏洞进行检查。
- 对重要的系统和数据文件的完整性进行评估。
- 对异常行为进行统计分析，识别攻击类型，并向网络管理人员报警。
- 对操作系统进行审计、跟踪管理，识别违反授权的用户活动。

2. 入侵检测系统结构

图7-20给出了IDS的通用入侵检测框架(Common Intrusion Detection Framework，

CIDF)。IDS一般由事件发生器、事件分析器、响应单元与事件数据库组成。

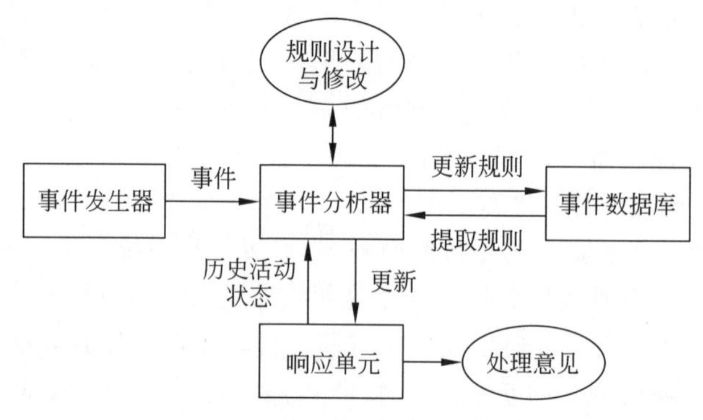

图 7-20 IDS的通用侵检测框架

CIDF将IDS需要分析的数据统称为事件(event),它可以是网络中的数据包,也可以是从系统日志等其他途径获得的信息。事件发生器(event generator)产生的事件可能是经过协议解析的数据包或者从日志文件中提取的相关部分。

事件分析器(event analyzer)根据事件数据库的入侵特征描述、历史行为模型等,解析事件发生器产生的事件,获得格式化的描述,判断事件是否合法。响应单元(response unit)是对分析结果做出反应的功能单元,例如切断连接、改变属性、报警等响应。事件数据库(event database)存储攻击类型或检测规则数据,它可以是复杂的数据库,也可以是简单的文本文件。事件数据库存储入侵特征描述、历史行为模型、专家经验等。

7.5.2 入侵检测的基本方法

1. 入侵检测方法分类

通过对各种事件进行分析,发现违反安全策略的行为,是IDS的核心功能。按照采用的检测方法,入侵检测可分为异常检测和误用检测。

1) 异常检测

异常检测是指:已知网络的正常活动状态,如果当前网络不符合正常活动状态,则认为有攻击发生。异常检测的关键是建立对应正常网络活动的特征原型。所有与该特征原型差别很大的行为都被视为异常。显然,入侵活动与异常活动是有区别的,关键问题是如何选择一个区分异常事件的阈值,以便减少漏报和误报的问题。在用户数量多、运行状态复杂的环境中,试图用逻辑方法明确划分正常活动与异常是很困难的。

2) 误用检测

误用检测建立在使用某种模式或特征描述方法能够对任何已知攻击进行表达的理论基础上。误用检测的主要问题是:如何确定已定义的攻击特征模式可以覆盖与实际攻击相关的所有要素,以及如何匹配入侵活动的特征。根据攻击者入侵时的某些行为特征,建立一种入侵行为模型。如果用户行为或过程与入侵行为模型一致,则判定发生入侵行为。

2. 入侵检测系统分类

根据检测对象和基本方法,IDS可分为3类:基于主机的IDS、基于网络的IDS与分布式IDS。

1）基于主机的 IDS

图 7-21 给出了基于主机的 IDS 结构。基于主机的 IDS 主要用于保护其所在的主机系统，它一般是以系统日志、应用程序日志为数据源。由于基于主机的 IDS 审计信息来自单个主机，它能确定是哪个进程或用户参与攻击，并且能预测此次攻击的后果，因此它能够做到相对准确和可靠。

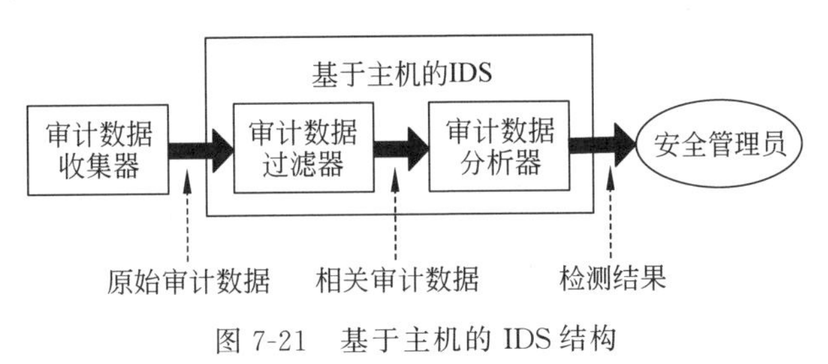

图 7-21　基于主机的 IDS 结构

2）基于网络的 IDS

基于网络的 IDS 一般通过将网卡设置成混杂模式，以便收集在网上出现的数据帧，使用原始的数据帧作为数据源，采用以下特征作为识别依据：

- 模式、表达式或字节匹配。
- 频率或阈值。
- 事件的相关性。
- 统计意义上的非正常现象。

这类系统通常被动地在网络上监听整个网段的数据流，通过异常检测或特征对比来发现网络入侵事件。

3）分布式 IDS

分布式 IDS 一般由分布在网络不同位置的检测部件组成，这些检测部件分别进行数据采集、分析等操作，通过控制中心进行数据汇总、分析并生成报警信号。分布式 IDS 不仅能检测针对单个主机的入侵行为，也能检测针对整个网络的入侵行为。

7.5.3　蜜罐技术

1. 蜜罐的概念

蜜罐(honeypot)是一个包含漏洞的诱骗系统，通过模拟一个主机、服务器或其他网络设备，给攻击者提供一个容易攻击的目标。设计蜜罐系统时一般希望达到以下 3 个主要目的：

- 转移攻击者对网络资源的注意力，使攻击者误认为蜜罐是真正的网络设备，从而保护有价值的网络资源。
- 通过对攻击者的攻击目标、企图、行为与破坏方式等数据的收集与分析，了解网络安全状态，研究相应的对策。
- 记录攻击者的行为与操作过程，为起诉攻击者搜集有用的证据。

2. 蜜罐的分类与结构

从应用目标的角度，蜜罐系统可以分为两类：研究型蜜罐与实用型蜜罐。其中，研究型蜜罐的部署与维护都很复杂，主要用于科研、军事机构或重要的政府部门；实用型蜜罐作为产品，主要用于大型企业、机构的安全防护。

从实现功能的角度，蜜罐系统可以分为3类：端口监控器、欺骗系统与多欺骗系统。端口监控器是一种简单的蜜罐，它负责监听攻击者的目标端口，通过端口扫描发现有攻击者，就尝试连接，并记录连接过程的所有数据。欺骗系统在端口监控器的基础上模拟一种网络服务，像一个真实系统一样与攻击者进行交互。与一般的欺骗系统相比，多欺骗系统可以模拟多种网络服务与多种操作系统。

7.6 防火墙技术

7.6.1 防火墙的概念

保护网络安全的主要手段之一是构筑防火墙(firewall)。防火墙的概念起源于中世纪的城堡防卫系统，那时人们为了保护城堡的安全，在城堡周围挖一条护城河，每个进入城堡的人都要经过吊桥，并且要接受城门守卫的检查。人们借鉴了这种防护思想，设计了一种网络安全防护系统，这种系统被称为防火墙。

防火墙是在网络之间执行控制策略的系统，它包括硬件和软件。在设计防火墙时，人们作了一个假设：防火墙保护的内部网络是可信任的网络(trusted network)，而外部网络是不可信任的网络(untrusted network)。设置防火墙的目的是保护内部网络资源不被外部非授权用户使用，防止内部网络受到外部非法用户的攻击。因此，防火墙安装位置一定是在内部网络与外部网络之间，其结构如图7-22所示。

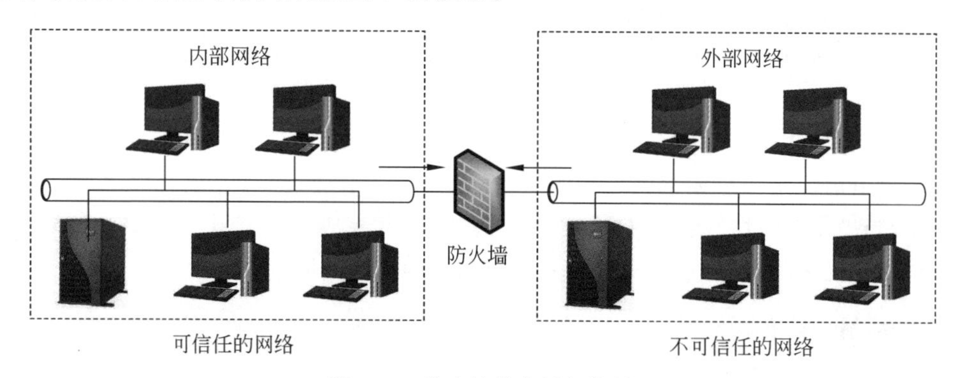

图7-22 防火墙的位置与作用

防火墙的主要功能如下：

- 检查所有从外部网络进入内部网络的数据包。
- 检查所有从内部网络发到外部网络的数据包。
- 执行安全策略，限制所有不符合安全策略要求的数据包通过。
- 具有防攻击能力，能保证自身的安全性。

网络的活动本质是分布式进程通信。进程通信是计算机之间交换数据的过程。从网络安全的角度来看，对网络资源的非法使用与对网络系统的破坏必然以合法用户身份通过伪造正常的服务请求数据的方式进行。如果没有防火墙隔离内部网络与外部网络，内部网络中的节点都会直接暴露给外部网络的所有主机，这样它们就会很容易遭到外部非法用户的攻击。防火墙通过检查所有进出内部网络的数据包，验证这些数据包的合法性，判断它们是否会对网络安全构成威胁，为内部网络建立安全边界(security perimeter)。

构成防火墙系统的两个基本部件是包过滤路由器(packet filtering router)和应用级网关(application gateway)。最简单的防火墙仅有一个包过滤路由器，而复杂的防火墙系统由包过滤路由器和应用级网关组合而成。由于组合方式有多种，因此防火墙系统结构也有多种形式。

7.6.2 包过滤路由器

1. 包过滤的基本概念

包过滤技术是基于路由器的防火墙技术。图7-23给出了包过滤路由器的结构。

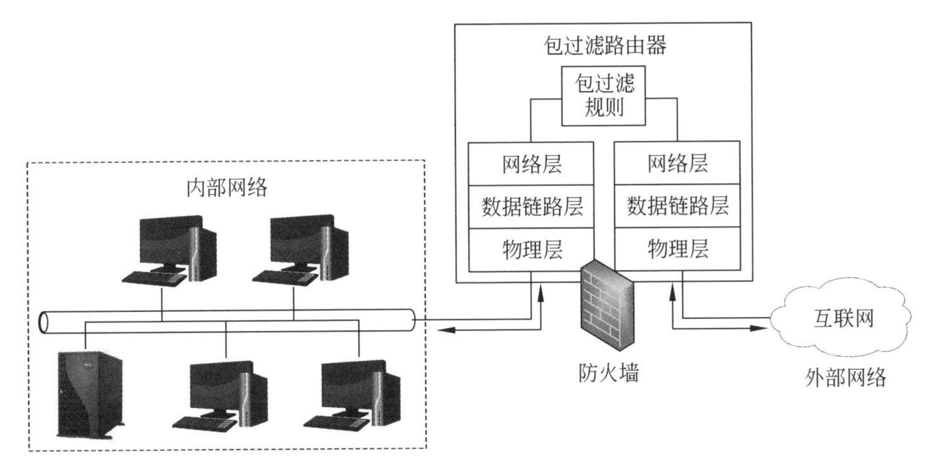

图7-23 包过滤路由器的结构

路由器按照系统内部设置的包过滤规则(即访问控制表)，检查每个分组的源IP地址、目的IP地址，决定是否应该转发该分组。普通路由器仅对分组的网络层报头进行处理，对传输层报头不进行处理；而包过滤路由器需要检查TCP报头的端口号。包过滤规则一般基于部分或全部报头的内容进行设置。例如，对于TCP报头，可以利用以下信息：

- 源IP地址。
- 目的IP地址。
- 协议类型。
- IP选项内容。
- 源TCP端口号。
- 目的TCP端口号。
- TCP ACK标识。

图7-24给出了包过滤的工作流程。实现包过滤的关键是制定包过滤规则。包过滤路由器分析接收到的每个分组，按照每条包过滤规则加以判断，凡是符合包过滤规则的分组就被转发，而凡是不符合包过滤规则的分组就被丢弃。

2. 包过滤路由器配置方法

包过滤路由器也称为屏蔽路由器(screening router)。包过滤路由器是被保护的内部网络与外部不可信任的网络之间的第一道防线。下面以图7-25为例，对包过滤路由器的设计

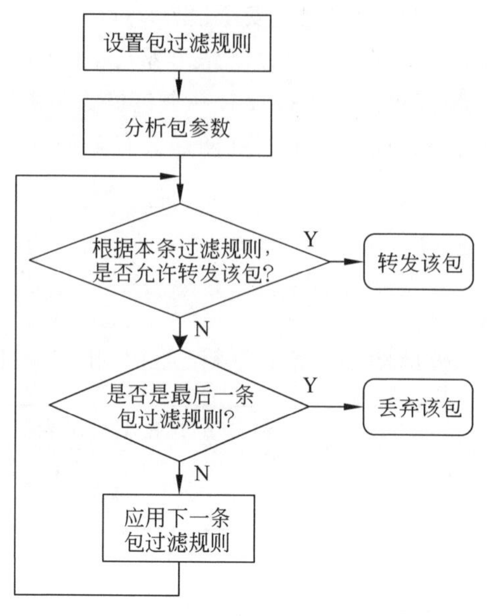

图 7-24　包过滤的工作流程

和配置进行直观描述。

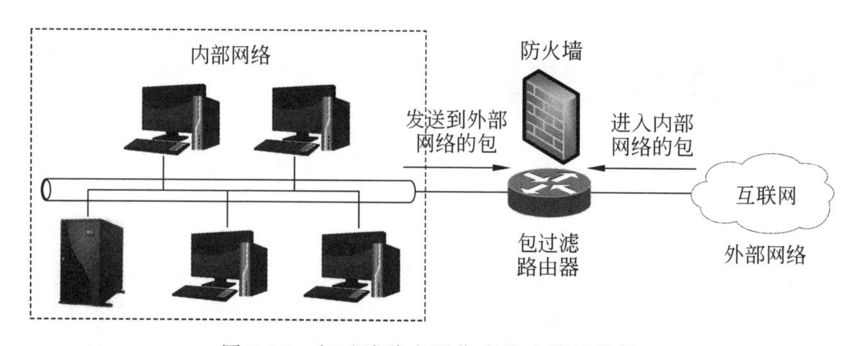

图 7-25　包过滤路由器作为防火墙的结构

假设网络安全策略规定：内部网络的邮件服务器(IP 地址为 192.1.6.2，TCP 端口号为 25)接收来自外部网络用户的所有电子邮件；允许内部网络用户传送到外部电子邮件服务器的电子邮件；拒绝所有与外部网络中名为 TEST 主机的连接。因为 TEST 主机用户可能会给内部网络安全带来威胁。以上安全策略可用以下过滤规则描述：

- 过滤规则 1：阻塞来自 TEST 主机的所有包。
- 过滤规则 2：阻塞发往 TEST 主机的所有包。
- 过滤规则 3：允许进入内部网络邮件服务器的所有包。
- 过滤规则 4：允许离开内部网络邮件服务器的所有包。

这些规则可以进一步用表 7-2 表示。表中 * 表示任意合法的 IP 地址与端口号。过滤规则 1、2 表示阻塞外部主机 TEST 与内部网络任何主机(*)的任何端口(*)之间传输的数据包。过滤规则 3 表示允许外部用户传送给内部邮件服务器(端口号 25)的数据包。过滤规则 4 表示允许内部邮件服务器传送给外部用户的邮件数据包。

表 7-2 包过滤规则表

过滤规则	方向	动作	源主机地址	源端口号	目的主机地址	目的端口号	协议	描述
1	进入	阻塞	TEST	*	*	*	*	阻塞来自 TEST 的所有包
2	输出	阻塞	*	*	TEST	*	*	阻塞到达 TEST 的所有包
3	进入	允许	*	>1023	192.1.6.2	25	TCP	允许进入内部网络邮件服务器的所有包
4	输出	允许	192.1.6.2	25	*	>1023	TCP	允许离开内部网络邮件服务器的所有包

在使用包过滤路由器时，必须设计一个包过滤规则表，它可以包括 TCP 标志、IP 选项、源 IP 地址与目的 IP 地址。这些过滤规则反映了安全策略，不符合任何一条过滤规则的数据包都将被丢弃。

3. 包过滤方法的优缺点

包过滤方法的优点如下：

- 结构简单，便于管理，造价低。
- 包过滤在网络层与传输层执行，操作对应用层透明，无须修改客户端与服务器端程序。

包过滤方法的缺点如下：

- 在路由器中配置包过滤规则较困难。
- 包过滤工作在“内部主机可靠，外部主机不可靠”的简单假设上，仅控制到主机级，不涉及数据包内容与用户级，这有很大的局限性。

7.6.3 应用级网关

1. 多归属主机

包过滤可以在网络层、传输层监控进出内部网络的数据包，但是网络用户对资源和服务的访问发生在应用层，因此有必要在应用层实现用户身份认证、访问操作分类检查和过滤，这个功能可以由应用级网关完成。

在讨论应用级网关具体实现方法时，首先需要讨论多归属主机(multi-homed host)。多归属主机又称为多宿主主机，它是具有多个网络接口的主机，如图 7-26 所示。多归属主机具有两个或多个网络接口，每个网络接口与一个网络连接。由于多归属主机具有在不同网络之间交换数据的路由能力，因此人们又将它称为网关(gateway)。但是，如果将多归属主机用于应用层的用户身份认证与服务请求合法性检查，那么这类可以起到防火墙作用的多归属主机就称为应用级网关或应用网关。

2. 应用级网关

如果多归属主机连接了两个网络，那么它被称为双归属主机(dual-homed host)。双归属主机可用于网络安全与网络服务的代理。只要能够确定应用程序访问控制规则，就可以

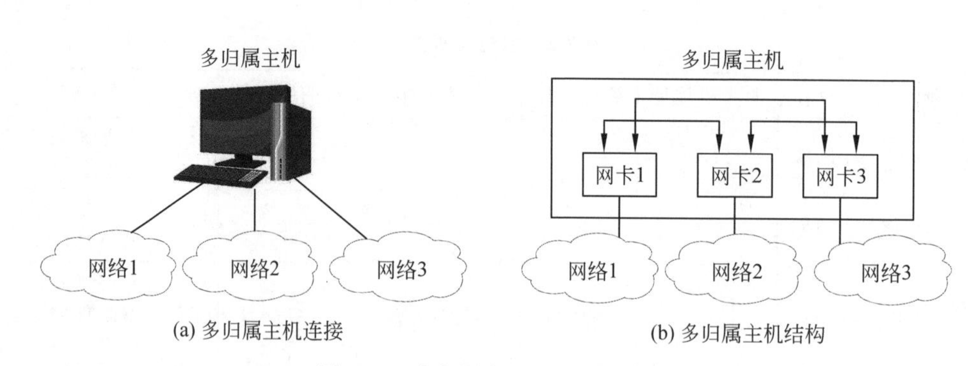

(a) 多归属主机连接　　(b) 多归属主机结构

图 7-26　多归属主机的连接和结构

用双归属主机作为应用级网关,在应用层过滤进出内部网络、使用特定服务的用户请求与响应。如果应用级网关认为用户身份和服务请求与响应合法,它就将服务请求与响应转发给相应的服务器或主机;如果应用级网关认为服务请求与响应非法,它就拒绝用户的服务请求,丢弃相应的包,并且向网络管理员报警。图 7-27 给出了应用级网关的工作原理。

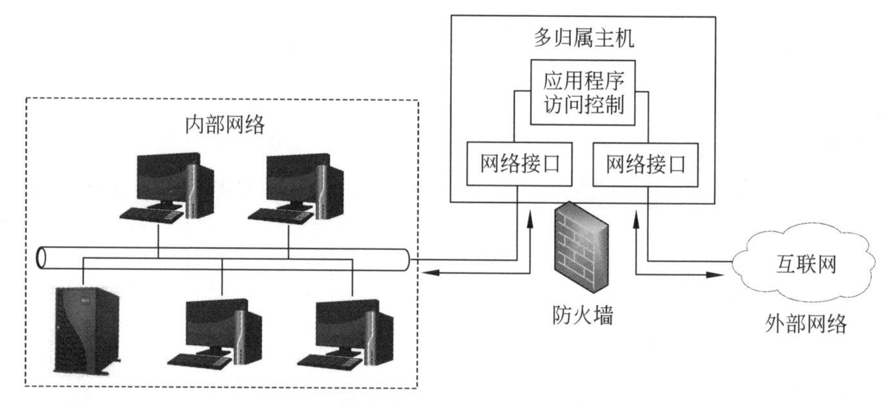

图 7-27　应用级网关的工作原理

对于应用级网关,如果内部网络的 FTP 服务器只能被内部用户访问,那么所有外部用户对内部 FTP 服务器的访问都被视为非法。应用级网关在收到外部用户对内部 FTP 服务器的访问请求时,都会拒绝相应的访问请求。同样,如果确定内部用户只能访问外部某些确定的 Web 服务器,那么凡是不在允许范围内的访问请求都会被拒绝。

3. 应用代理

应用代理(application proxy)是应用级网关的另一种形式,但它们的工作方式不同。应用级网关以存储转发方式检查和确定网络服务请求的用户身份是否合法,决定是转发还是丢弃该服务请求。从某种意义上说,应用级网关在应用层转发合法的应用请求。应用代理与应用级网关的不同之处在于:应用代理完全接管用户对服务器的访问,隔离用户主机与被访问服务器之间的数据包的交换通道。

在实际应用中,应用代理的功能是由代理服务器(proxy server)实现的。例如,当外部用户希望访问内部网络的 Web 服务器时,应用代理截获用户的服务请求。如果检查后确定该用户为合法用户,就允许其访问该服务器,应用代理将代替该用户与内部网络的 Web 服务器建立连接,完成用户所需的操作,然后将检索结果回送给请求服务的用户。对于外部用户来说，他好像是直接访问该服务器，而实际访问服务器的是应用代理。应用代理应该是双向的，既可作为外部用户访问内部服务器的代理，也可作为内部用户访问外部服务器的代理。图7-28给出了应用代理的工作原理。

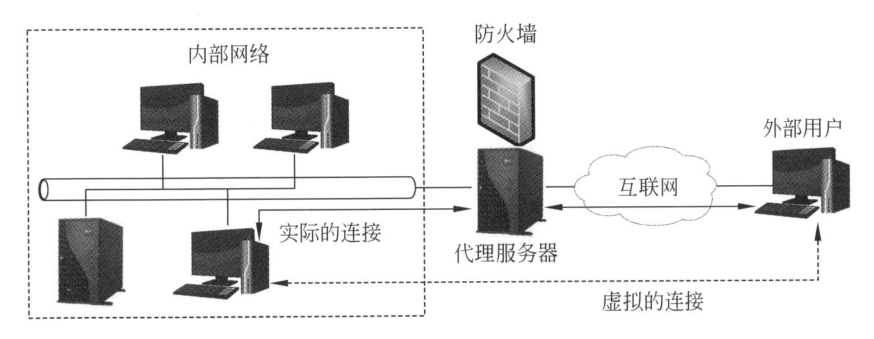

图 7-28　应用代理工作原理

应用代理的优点是可以针对某个特定的网络服务进行配置，并能在应用层协议的基础上分析与转发服务请求与响应。应用代理一般都具有日志记录功能，记录网络上发生的事件，管理员根据日志监控可疑行为并加以响应。由于应用级网关与应用代理仅使用一台计算机，因此易于建立和维护。如果要支持不同的网络服务，则需要配备不同的应用服务代理软件。

7.6.4　防火墙系统结构

1. 防火墙系统结构的概念

防火墙是由软件与硬件组成的系统。由于不同内部网络的安全策略与防护目的不同，防火墙系统的配置与实现方式也有很大的区别。一个简单的包过滤路由器或应用程序网关、应用代理都可以作为防火墙使用。实际的防火墙系统要比以上原理性讨论的防火墙复杂得多，它们经常将包过滤路由器与应用级网关作为基本单元，采用多级结构和多种组态。

2. 堡垒主机的概念

从理论上说，用一台双归属主机作为应用级网关可起到防火墙的作用，这种结构如图7-29所示。在这种结构中，应用级网关暴露给整个外部网络，其自身安全会影响到整个系统，因此运行应用级网关软件的计算机必须很可靠。人们将位于防火墙关键部位、运行应用级网关软件的计算机称为堡垒主机(bastion host)。

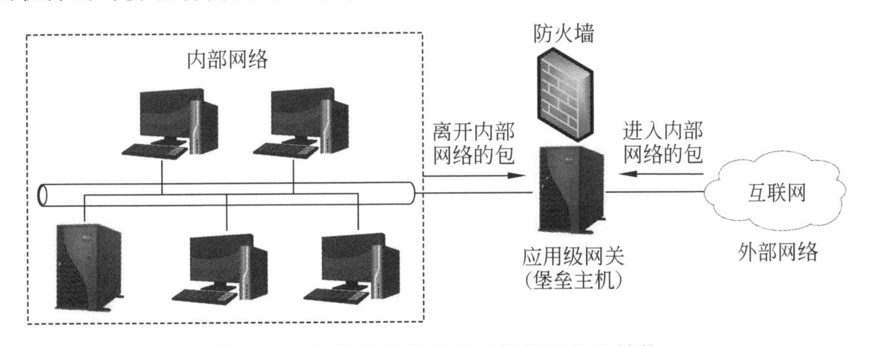

图 7-29　以堡垒主机作为应用级网关的结构

3. 防火墙系统结构配置表示

由于网络的安全策略与防护要求不同,防火墙系统配置与结构有很大区别,可采用多级结构。但是,任何一种结构的防火墙系统都由包过滤路由器与应用级网关组合而成。

为了讨论方便,这里引入一些符号,使防火墙系统结构配置表示更简洁。表7-3给出了这些符号及其描述,在其中用堡垒主机表示应用级网关。

表7-3 防火墙系统结构配置表示

符 号	描 述
S	包过滤路由器
B1	有一个网络接口的堡垒主机
B2	有两个网络接口的堡垒主机

4. 防火墙系统结构分析

1) 单级结构的S-B1防火墙系统

图7-30给出了S-B1防火墙系统结构,其中S表示包过滤路由器,B1表示堡垒主机仅连接到一个网络。在实际的防火墙应用中,堡垒主机有两种实现方案:一种是应用级网关通过两个网卡分别连接到两个网络;另一种结构更简单,仅需通过一块网卡接入网络,在包过滤路由器的配合下,同样可起到堡垒主机的作用。

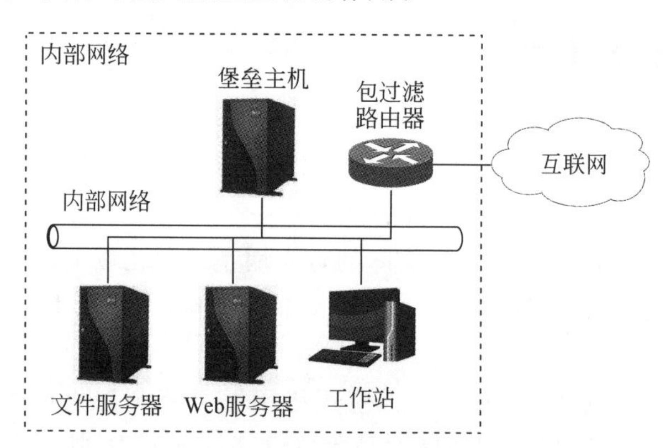

图7-30 S-B1防火墙系统结构

图7-31给出了包过滤路由器的转发过程。如果外部用户希望访问内部网络中的文件服务器,那么用户请求访问文件服务器数据包的目的IP地址应该是文件服务器的IP地址(199.24.180.1)。包过滤路由器首先检查用户请求包的源IP地址,确定它是合法的,根据目的IP地址查找过滤规则表。在包过滤路由器的包过滤规则表中,凡是外部用户请求访问内部网络中的文件服务器的数据包都转发给IP地址为199.24.180.10的堡垒主机,由堡垒主机判断该用户是否文件服务器的合法用户。

如果该用户是文件服务器的合法用户,那么堡垒主机将该请求包转发到文件服务器,由文件服务器处理用户的服务请求。同样,如果内部用户希望访问外部主机的服务,那么内部用户发出的服务请求包也需要经过堡垒主机与包过滤路由器的审查。图7-32给出了S-B1防火墙系统的层次结构。

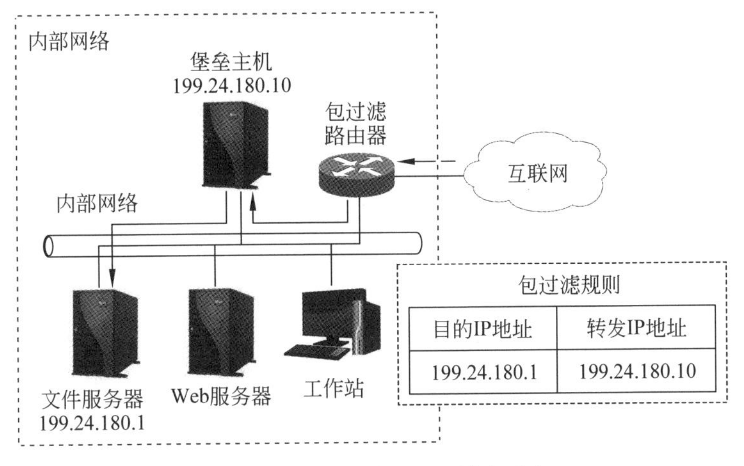

图 7-31 包过滤路由器的转发过程

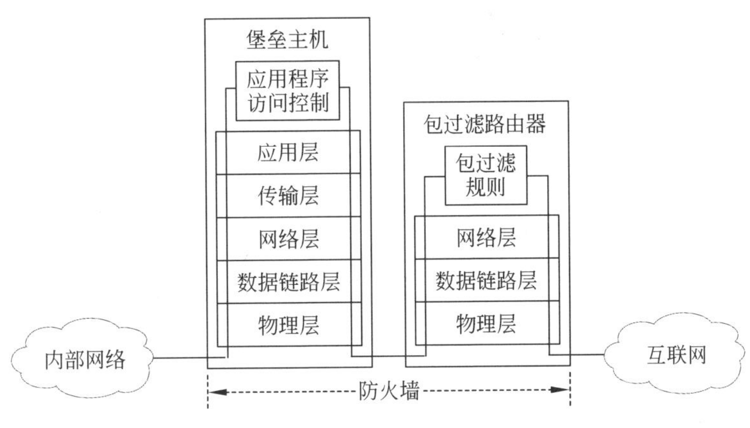

图 7-32 S-B1 防火墙系统的层次结构

2）多级结构的 S-B1-S-B1 防火墙系统

对于安全要求更高的应用领域，还可以采用两个过滤路由器与两个堡垒主机组成的 S-B1-S-B1 配置的防火墙系统。图 7-33 给出了 S-B1-S-B1 防火墙系统结构。在这种防火墙系统中，从外部包过滤路由器开始的部分由网络系统所属单位组建，因此它属于单位的内部网络。外部包过滤路由器与外部堡垒主机构成防火墙的过滤子网。内部包过滤路由器与内部堡垒主机进一步保护内部网络的主机。人们通常将向外部提供服务、安全要求较低的服务器（如邮件服务器）连接在过滤子网，而将安全要求较高的服务器、工作站连接在内部网络的服务子网中。有人将过滤子网称为安全缓冲区或非军事区（Demilitarized Zone，DMZ）。

DMZ 是指一个公共访问区域，任何非敏感的、外部用户可直接访问的服务器均可放置在 DMZ 中，如对外宣传的 Web 网站或接收客户邮件的邮件服务器。DMZ 中的服务器是公开的，容易受到攻击。在网络安全设计中已对公共区域的服务器安全及受到攻击制订了应急处置预案，并且 DMZ 与内部网络已实现了防火墙保护下的逻辑隔离，DMZ 中的服务器安全状况对内部网络安全不会构成威胁。

在讨论多级防火墙结构时，需要注意以下两个问题：

- 外部用户希望访问内部网络的服务时,需要经过多级包过滤路由器与堡垒主机的审查,非法用户进入内部网络的可能性会大大降低,这是以提高造价和降低访问速度为代价的。
- 在实际的防火墙产品设计中,设计者经常将NAT、加密、IDS等功能加入防火墙,以增强防火墙保护网络安全的能力。

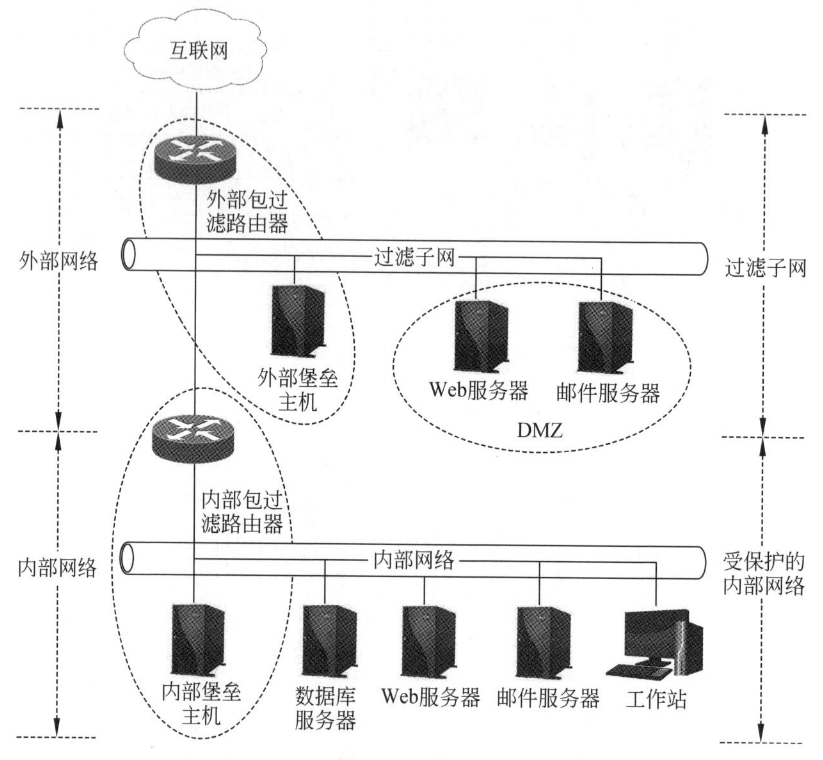

图7-33　S-B1-S-B1防火墙系统结构

7.6.5　防火墙报文过滤规则

1. 制定网络安全策略的基本思路

制定网络安全策略有两种基本思路:

- 凡是没有明确表示允许的行为就要被禁止。
- 凡是没有明确表示禁止的行为就要被允许。

按照第一种思路,如果确定某台计算机可提供匿名FTP服务,那么可理解为除了匿名FTP之外的所有服务都被禁止;按照第二种思路,如果确定某台计算机不提供匿名FTP服务,那么可理解为除了匿名FTP之外的所有服务都被允许。

这两种思路导致的结果不同。网络服务类型很多,新的网络服务陆续出现,第一种思路表示的策略仅规定允许用户做什么,而第二种思路表示的策略仅规定不允许用户做什么。在一种新的网络应用出现时,按照第一种思路,如果允许用户使用,它将明确地在安全策略中表述;而按照第二种思路,如果不明确表示禁止,那就意味着允许用户使用。

网络安全策略制定中一般采用第一种思路,即明确限定用户在网络中的访问权限与能使用的服务。这种思路符合设定用户在网络中的最小权限原则，仅赋予用户完成任务必要的访问权限与可使用的服务类型。

2. 防火墙报文过滤规则制定方法的例子

下面在防火墙组成、结构的基础上进一步讨论防火墙报文过滤规则制定方法。图7-34给出了一个用防火墙保护的内部网络系统示例，该系统由两台路由器、一个防火墙、一个DMZ与被保护的内部网络组成，这是当前企业网或园区网常见的结构。

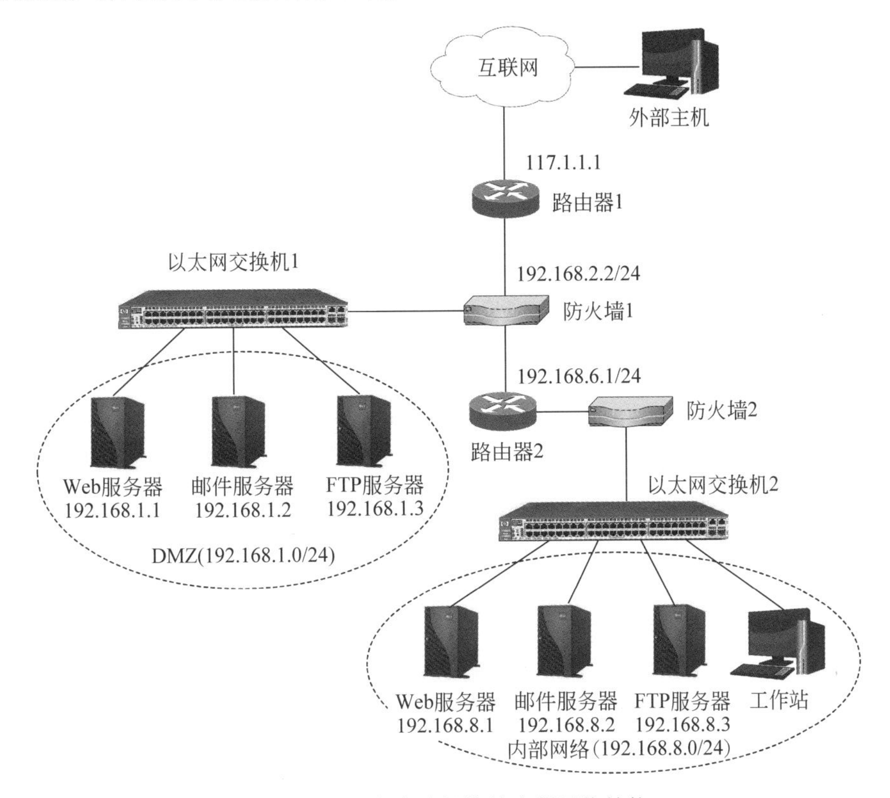

图7-34　用防火墙保护的内部网络结构

DMZ中的Web服务器、邮件服务器、FTP服务器可供外部主机访问，而内部网络中的Web服务器、邮件服务器、FTP服务器不允许外部用户访问。内部网络的工作站可访问内部的各种服务器，但是内部用户对外部网络资源的访问受到严格控制。路由器1是企业网接入互联网的默认路由器，它具有IP地址过滤的功能。路由器2作为内部网络与DMZ之间的第二级过滤路由器，同样可以提供地址过滤功能。这里的讨论重点是如何设计防火墙过滤规则，基本内容包括如何控制ICMP报文以及如何控制对Web服务器、邮件服务器、FTP服务器的访问。

1）ICMP报文过滤规则

ICMP对于测试网络的连通性是很有用的，同时ICMP报文是很容易伪造的。Ping命令经常被黑客用来对攻击目标进行踩点和试探，经常是黑客对目标主机开展攻击的第一步。因此，首先需要制定防火墙对ICMP报文的过滤规则，阻断可能对网络构成威胁的报文。表7-4给出了防火墙对ICMP报文的过滤规则。

表 7-4　防火墙对 ICMP 报文的过滤规则

过滤规则	传输方向	传输协议	源 IP 地址	目的 IP 地址	报文类型	动作
1	输入	ICMP	*	*	源主机抑制	允许
2	输出	ICMP	192.168.2.2/24	*	回送请求	允许
3	输入	ICMP	*	192.168.2.2/24	回送应答	允许
4	输入	ICMP	*	192.168.2.2/24	目的主机不可达	允许
5	输入	ICMP	*	192.168.2.2/24	协议不可达	允许
6	输入	ICMP	*	192.168.2.2/24	TTL 超时	允许
7	输入	ICMP	*	192.168.2.2/24	回送请求	阻断
8	输入	ICMP	*	192.168.2.2/24	重定向	阻断
9	输出	ICMP	192.168.2.2/24	*	回送请求	阻断
10	输出	ICMP	192.168.2.2/24	*	TTL 超时	阻断

- 规则 1：当内部主机向外部网络的一台主机发送报文后，若发生路由器或主机因拥塞而丢弃报文的现象，路由器或主机向源主机报告出现拥塞，防火墙允许外部网络返回的源抑制报文通过。
- 规则 2：为了使内部主机具有 Ping 外部网络主机的能力，防火墙允许内部网络向外部网络的主机发送的回送请求报文通过。
- 规则 3：当内部主机向外部网络的主机发送 Ping 命令之后，防火墙允许外部网络的主机返回的回送应答报文通过。
- 规则 4：当内部主机向外部网络的主机发送报文后，若发生目的主机不可达的现象，防火墙允许目的主机不可达报文通过。
- 规则 5：当内部主机向外部网络的主机发送报文后，若发生目的主机协议不可达的现象，防火墙允许协议不可达报文通过。
- 规则 6：当内部主机向外部网络的主机发送报文后，若发生因传输路径上转发路由器太多而造成报文 TTL 超时问题，防火墙允许 TTL 超时报文通过。
- 规则 7：为了防止外部主机向内部主机发送 Ping 命令，防火墙阻断回送请求报文通过。
- 规则 8：为了防止外部主机试图改变内部主机的路由表，防火墙阻断重定向报文通过。
- 规则 9：为了防止内部主机向外部网络发送回送应答报文，防火墙阻断回送应答报文通过。
- 规则 10：为了防止外部主机企图了解企业网的结构，防火墙阻断 TTL 超时报文通过。

2）HTTP 报文过滤规则

表 7-5 给出了防火墙对 HTTP 报文的过滤规则。

表 7-5 防火墙对 HTTP 报文的过滤规则

过滤规则	传输方向	传输协议	源 IP 地址	源端口号	目的 IP 地址	目的端口号	动作
1	输入	TCP	*	*	192.168.1.1	80	允许
2	输入	TCP	*	*	192.168.8.1	80	阻断
3	输出	TCP	192.168.1.1	80	*	*	允许
4	输入	TCP	192.168.8.1	80	*	*	阻断

- 规则 1：防火墙允许任何外部主机对 DMZ 中的 Web 服务器(192.168.1.1)的 HTTP 请求报文通过。
- 规则 2：防火墙阻断任何外部主机对内部网络中的 Web 服务器(192.168.8.1)的 HTTP 请求报文通过。
- 规则 3：防火墙允许 DMZ 中的 Web 服务器对任何外部主机的 HTTP 应答报文通过。
- 规则 4：防火墙阻断内部网络中的 Web 服务器对任何外部主机的 HTTP 应答报文通过。

3）邮件报文过滤规则

表 7-6 给出了防火墙对邮件报文的过滤规则。

表 7-6 防火墙对邮件报文的过滤规则

过滤规则	传输方向	传输协议	源 IP 地址	源端口号	目的 IP 地址	目的端口号	动作
1	输入	TCP	*	*	192.168.1.2	25	允许
2	输出	TCP	192.168.1.2	25	*	*	允许
3	输入	TCP	*	*	192.168.1.2	110	允许
4	输入	TCP	192.168.1.2	110	*	*	允许
5	输入	TCP	*	*	192.168.8.2	25	阻断
6	输出	TCP	192.168.8.2	25	*	*	阻断
7	输入	TCP	*	*	192.168.8.2	110	阻断
8	输入	TCP	192.168.8.2	110	*	*	阻断

- 规则 1～4：防火墙允许任何外部主机对 DMZ 中的邮件服务器(192.168.1.2)的 SMTP(端口号 25)与 POP3(端口号 110)报文通过。
- 规则 5～8：任何外部主机对内部网络中的邮件服务器(192.168.8.2)的 SMTP(端口号 25)与 POP3(端口号 110)报文通过。

4）FTP 报文过滤规则

表 7-7 给出了防火墙对 FTP 报文的过滤规则。

表 7-7 防火墙对 FTP 报文的过滤规则

过滤规则	传输方向	传输协议	源 IP 地址	源端口号	目的 IP 地址	目的端口号	动作
1	输入	TCP	*	*	192.168.1.3	21	允许
2	输出	TCP	192.168.1.3	21	*	*	允许
3	输入	TCP	*	*	192.168.1.3	20	允许

续表

过滤规则	传输方向	传输协议	源 IP 地址	源端口号	目的 IP 地址	目的端口号	动作
4	输入	TCP	192.168.1.3	20	*	*	允许
5	输入	TCP	*	*	192.168.8.3	21	阻断
6	输出	TCP	192.168.8.3	21	*	*	阻断
7	输入	TCP	*	*	192.168.8.3	20	阻断
8	输入	TCP	192.168.8.3	20	*	*	阻断

- 规则 1～4：防火墙允许任何外部主机对 DMZ 中的 FTP 服务器(192.168.1.3)的 FTP 控制报文(端口号 21)与 FTP 数据报文(端口号 20)通过。
- 规则 5～8：防火墙阻断任何外部主机对内部网络中的 FTP 服务器(192.168.8.3)的 FTP 控制报文(端口号 21)与 FTP 数据报文(端口号 20)通过。

表 7-5～表 7-7 共同构成了防火墙完整的报文过滤规则。

7.7 网络安全发展的新动向

1. 网络攻击动机的变化

网络攻击动机的变化主要表现在两方面：

- 网络攻击已经从最初的恶作剧、显示能力、寻求刺激向趋利性和有组织经济犯罪的方向发展。
- 网络攻击正在演变成国家之间军事与政治斗争的工具。

2. 网络攻击对象与形式的变化

在深入讨论网络安全问题时，应该注意网络攻击对象与形式的变化。

第一，计算机病毒已成为网络战武器。

2012 年 5 月，国际著名的信息安全厂商卡巴斯基实验室发现了一种攻击多个中东国家的恶意程序，并将其命名为火焰(Flame)病毒。火焰病毒是一种后门程序和木马程序的结合体，同时具有蠕虫病毒的特点。在计算机系统被感染后，只要操控者发出指令，火焰病毒就能在网络、移动设备中自我复制，并开始进行一系列破坏行动，包括监测网络流量、获取截屏画面、记录蓝牙音频对话、截获键盘输入等。被感染计算机中的数据将传送到指定的服务器。火焰病毒被认为是迄今发现的最大规模和最复杂的恶意程序。

根据卡巴斯基实验室的统计，截至 2012 年 8 月，发现感染该病毒的案例有 500 多起，主要发生在伊朗、巴勒斯坦等国家。火焰病毒设计得极为复杂。恶意程序通常设计得较小，以便隐藏。但是，火焰病毒很庞大，代码有 20MB，20 个模块。火焰病毒结构设计巧妙，其中包含多种加密算法与压缩算法，使得防病毒软件几乎无法追查。火焰病毒在 2010 年 3 月开始活动，直到 2012 年 5 月被发现之前，没有任何安全软件检测到它。卡巴斯基实验室的专家认为：火焰病毒程序可能是某个国家专门开发的网络战武器。

第二，工业控制系统成为新的攻击重点。

卡巴斯基实验室发现曾席卷全球的 2010 年的震网(Stuxnet)病毒、2011 年的毒区

(Duqu)病毒与火焰病毒有深层次关联。它们应该出自同一个设计者。震网病毒是第一个将目标锁定在工业控制网络的病毒；而毒区病毒是一种复杂的木马病毒，其主要功能是充当系统后门，从事窃取隐私、机密信息等网络间谍活动。

对于长期从事信息安全研究的人，他们的注意力集中在互联网、移动互联网以及人们最熟悉的操作系统(如 Windows)及应用软件上。工业控制系统是一种专用系统，在系统设计中更重视功能、性能与可靠性问题。工业控制网络采用相对独立的通信协议、网络设备与应用软件。在 2010 年 6 月发现震网病毒时，人们惊呼："工业病毒"时代已经来临。

造成工业控制系统成为新的攻击重点的原因可以归纳为以下 3 点：

- 很多大型企业在生产过程中采用计算机控制技术。这些大型企业除了民用产品之外，也可能涉及军用产品的生产。例如，冶金企业除了生产工业与建筑用钢，也会生产军舰、坦克所需的钢材，因此这些企业的生产过程自动化与企业管理系统中蕴藏着军事秘密。对于核电站、兵工厂等关乎国家安全的企业，其生产过程自动化与企业管理系统一定会成为某些人入侵、窃密、监控的对象。
- 随着工业过程控制技术的成熟，目前该技术已用于城市智能楼宇控制、电梯系统联动控制、城市供电控制等与社会稳定相关的领域，某些人完全可以采取网络攻击手段，破坏或干扰这些控制系统，造成社会的不稳定。
- 由于 Windows 操作系统与互联网应用的广泛，在封闭的工业控制系统中开始使用 Windows 系统、TCP/IP 协议与普通网络设备，工业控制网络开始接入互联网，在客观上为某些人的网络入侵与攻击提供了便利条件。

正是由于存在上述因素，导致了威胁工业控制网络的震网病毒的出现。震网病毒首先通过 CPS 与嵌入式系统，借助工业控制中广泛应用的 SIMATIC WinCC 操作系统，利用操作系统与数字签名的漏洞，进入工业控制网络，直接破坏工业控制系统的运行。

第三，网络信息搜索功能将变成网络攻击工具。

2009 年，Shodan 搜索软件的出现成为一个轰动全球的网络安全事件。出于对互联网连接的网络设备数量的好奇，美国程序员 John Matherly 设计了搜索引擎 Shodan。他在其主页上写到："暴露的联网设备：网络摄像机、路由器、发电厂、智能手机、风力发电厂、电冰箱、网络电话。"目前，Shodan 搜集到的在线网络设备超过 1000 万个，相关信息包括该设备的地理位置、运行软件等。Shodan 被称为"黑客的谷歌"。这里存在一个非常严重的问题。Shodan 可搜索到与互联网连接的工业控制系统。这些之前被认为相对安全的系统目前正处在危险中，它们随时可能遭到来自互联网的攻击。

震网病毒、毒区病毒、火焰病毒以及 Shodan 搜索引擎的出现，使人们深刻地认识到：病毒程序已经从最初的恶作剧演变成非法获利的工具，又进一步演变成国家之间军事、政治斗争工具。网络攻击已危及看似安全的工业控制系统，而对工业控制系统的攻击后果是十分严重的。在物联网的智能工业、智能交通、智能医疗、智能家居、智能安防、智能物流等应用中，将会接入越来越多的工业控制系统与其他控制系统。

第四，无线网络成为网络攻击重点。

随着基于互联网的电子商务、4G/5G、移动互联网、WiFi 与物联网应用的发展，针对移动计算类应用的网络攻击明显增多。网络攻击的目的从最初的破坏网站、停止网络服务转变为盗取用户密码、银行账号的有组织经济犯罪。计算机病毒、垃圾邮件与网络攻击结合，重点攻击无线通信与移动互联网应用。

第五,隐私保护成为网络安全研究的重要问题。

隐私的内涵很广泛,包括个人信息、身体状况、财产等。进入互联网与移动互联网时代,过去人们认为可信赖的办公室、家庭以及保护自己不被窥探的院墙、门窗已无法遮挡外部视线,传统意义上的私密空间发生了改变。过去写在日记中的文字、贴在影集中的照片,在数字化后都会成为在网络上传输的数据。隐私保护遭遇严重挑战。在一项研究中,研究人员在跟踪了10万名手机用户的1600万条通话记录与位置信息之后,得出的结论是:预测某个人在未来某个时刻所在地点的准确率可达93.6%。显然,在移动互联网应用中,隐含个人隐私的位置信息正受到严重挑战。

在21世纪的物联网环境中,传感器、RFID与摄像头无处不在。人们到过哪个地方,访问过哪些网站,这些自己都未必记得;然而,人们在物理世界和网络世界的每个行踪都可能以文字、数字、视频等形式被记录在某个数据库中,并可能成为大数据挖掘技术的研究对象。通过对人们一段时间内到过的地方、打过的电话及网上购物与信用卡记录的数据挖掘,很快就能分析出人们的姓名、职业、身份、出生年月、经济收入、生活习惯、兴趣爱好、朋友圈、健康状况等涉及个人隐私的信息。隐私保护问题在互联网中存在,在物联网中将会更加严重。保护个人隐私不被别有用心的人非法利用,是网络安全研究的重要问题之一。

从上述分析中可以得出这样的结论:

- 网络安全问题已上升为全球性、战略性与全局性问题。
- 各国必须立足于自身技术力量来解决网络安全关键技术研发问题。

小　　结

网络空间是与国家领土、领海、领空、太空四大常规空间同等重要的第五空间。网络安全问题已上升到国家安全战略的层面。

网络空间安全研究对象包括5方面的内容:应用安全、系统安全、网络安全、网络空间安全基础、密码学及应用。

X.800标准提出的5类网络安全服务包括认证、访问控制、数据保密性、数据完整性与防抵赖。

密码技术是保证网络安全的核心技术之一。目前常用的加密技术可以分为两类:对称加密与非对称加密。

网络安全协议主要包括网络层的IPSec、传输层的SSL与TLS、应用层的PGP与SET等协议。

任何危及网络与信息系统安全的行为都应视为攻击。网络攻击可以分为两大类:被动攻击与主动攻击。网络攻击可分为4种基本类型:欺骗类攻击、DoS/DDoS类攻击、信息收集类攻击、漏洞类攻击等。

入侵检测系统是对计算机与网络资源的恶意使用行为进行识别的系统。攻击行为包括来自系统外部的入侵行为与来自内部用户的非授权行为。

设置防火墙的目的是保护内部网络的资源不被外部用户非授权使用,防止内部网络受到外部用户的攻击。

网络攻击动机的变化主要表现在：网络攻击已经向趋利性与有组织经济犯罪方向发展，网络攻击演变成国家之间军事与政治斗争的工具。

习　题

1. 易位密码的密钥为NETWORK，请写出报文 my bank account is nknetw 用易位密码加密后的密文。

2. 图7-35为典型的PKI结构示意图。请根据对PKI原理的理解，写出图中①～④处省略的密钥名称。

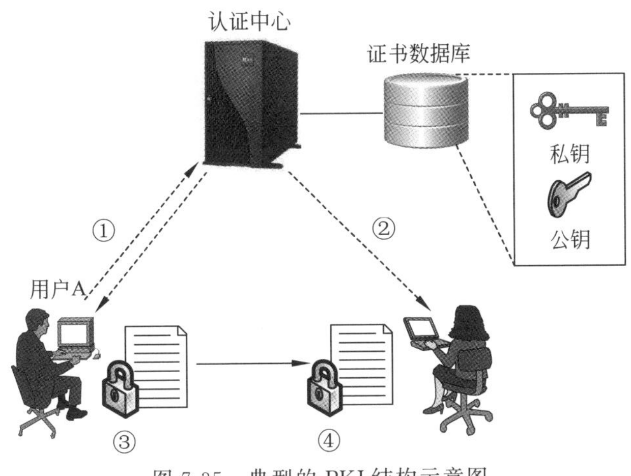

图7-35　典型的PKI结构示意图

3. 图7-36为IPSec VPN网络结构示意图。图中给出了IPSec隧道模式下从主机A到安全网关A、从安全网关A通过隧道到安全网关B以及从安全网关B到主机B的简化IP分组结构示意图。请写出图中①～⑥省略的IP地址。

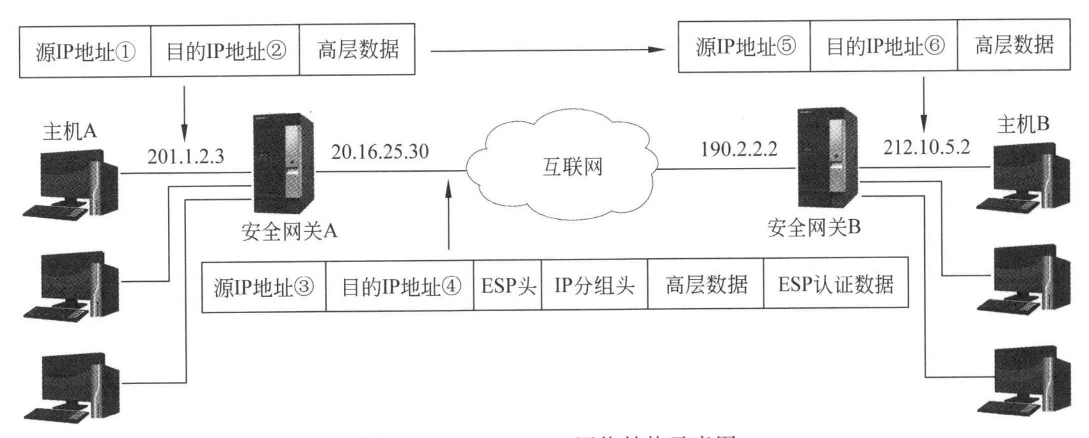

图7-36　IPSec VPN网络结构示意图

4. 图7-37为数字信封工作原理示意图。假设对称密钥为K_0，接收方私钥为K_1，接收方公钥为K_2。请写出图中①～⑤处省略的密钥名称。

5. 图7-38为S-B1-S-B1防火墙网络结构示意图。请画出主机A访问数据库服务器A通过S-B1-S-B1防火墙的层次结构示意图。

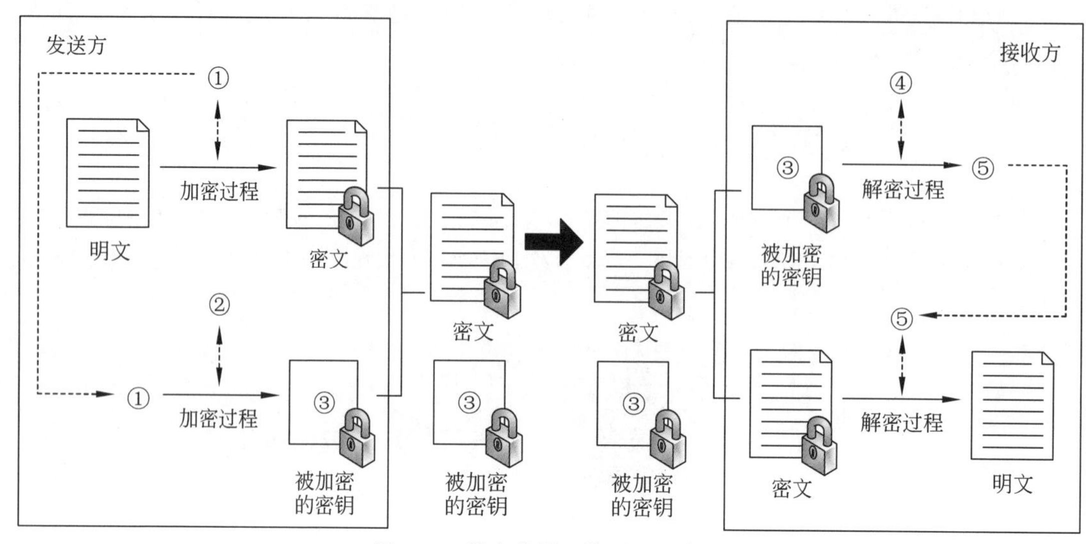

图 7-37　数字信封工作原理示意图

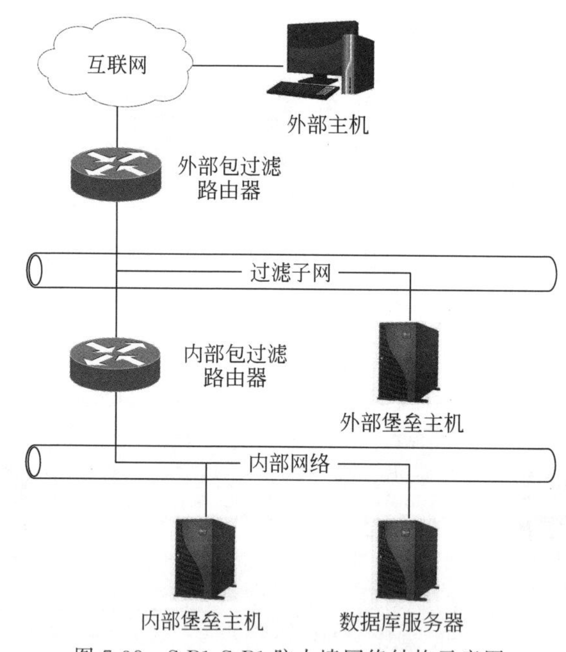

图 7-38　S-B1-S-B1 防火墙网络结构示意图

6. 图 7-39 为划分 DMZ 的内部网络结构示意图。假设防火墙对 ICMP 报文的过滤规则如下：

- 规则 1：防火墙允许外网向内网发送 ICMP 源抑制报文。
- 规则 2：防火墙允许内网向外网发送 ICMP 回送请求报文。
- 规则 3：防火墙允许外网向内网发送 ICMP 回送应答报文。
- 规则 4：防火墙允许外网向内网发送 ICMP 目的主机不可达报文。
- 规则 5：防火墙允许外网向内网发送 ICMP 协议不可达报文。
- 规则 6：防火墙允许外网向内网发送 ICMP 超时报文。
- 规则 7：防火墙阻断外网向内网发送 ICMP 重定向报文。

- 规则 8：防火墙阻断外网向内网发送 ICMP 回送请求报文。
- 规则 9：防火墙阻断内网向外网发送 ICMP 回送应答报文。
- 规则 10：防火墙阻断内网向外网发送 ICMP 超时报文。

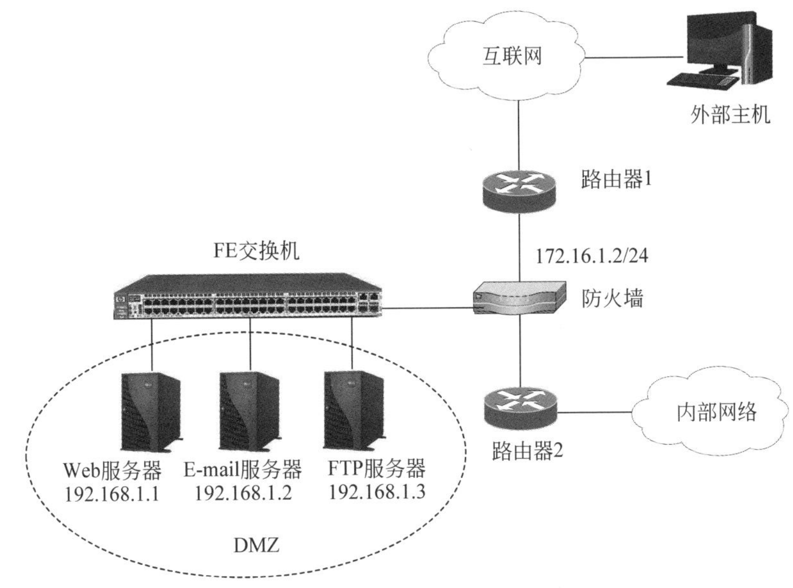

图 7-39　划分 DMZ 的内部网络结构示意图

请根据 ICMP 报文过滤规则填写表 7-8 的空白项内容(用 * 表示任意 IP 地址)。

表 7-8　防火墙规则表

规则	传输方向	传输协议	源 IP 地址	目的 IP 地址	报文类型	动作
1		ICMP			源主机抑制	
2		ICMP			回送请求	
3		ICMP			回送应答	
4		ICMP			目的主机不可达	
5		ICMP			协议不可达	
6		ICMP			TTL 超时	
7		ICMP			重定向	
8		ICMP			回送请求	
9		ICMP			回送应答	
10		ICMP			TTL 超时	

第 8 章 计算机网络技术发展

伴随着计算机网络从互联网、移动互联网发展到物联网，大量新技术、新应用不断涌现。本章在介绍云计算概念、技术与应用的基础上，系统地讨论移动云计算、边缘计算、移动边缘计算、SDN/NFV 以及 QoS/QoE 等新技术。

本章学习要求

- 了解云计算的概念、技术特征与应用领域。
- 了解移动云计算的产生背景与应用领域。
- 了解边缘计算的概念、移动边缘计算的产生背景与应用领域。
- 了解 QoS 与 QoE 的概念、QoE 的特点与评价方法。
- 了解 SDN/NFV 的产生背景、研究进展与应用前景。

8.1 云计算的概念、技术与应用

8.1.1 云计算的基本概念

1. 云计算概念的提出与发展

云计算(cloud computing)并不是一个全新的概念。早在 1961 年，计算机先驱 John McCarthy 就预言："未来的计算资源能像公共设施(如水、电)一样使用。"为了实现这个目标，在随后的几十年中，学术界和产业界陆续提出了分布式计算、集群计算、网格计算、服务计算等技术，而云计算正是在这些技术的基础上发展而来的。

1983 年，Sun 公司提出"网络即计算机"(network is computer)的概念。

2006 年 3 月，Amazon 公司推出弹性计算云(Elastic Compute Cloud，EC2)服务。

2006 年 8 月，Google 公司在搜索引擎大会上首次提出云计算的概念。

2007 年 10 月，Google 与 IBM 公司开始在卡内基·梅隆大学、麻省理工学院、斯坦福大学、加州大学伯克利分校等校园部署云计算系统，推动并行计算教学与研究。

2008 年 7 月，Yahoo、HP 与 Intel 公司发布包括美国、德国和新加坡的联合研究计划，推进云计算测试床研究。

2009 年 7 月，美国政府宣布在信息基础设施建设中推进发展云计算战略。

我国政府高度重视云计算的发展。结合大数据、人工智能、移动互联网、物联网等新兴产业的快速推进，在多个城市开展云计算试点和示范工程，云计算在智能电网、智能交通、智能物流、智能医疗、智能家居与金融服务业的试点取得初步成效。云计算已成为推动我国互联网、移动互联网与物联网发展的重要信息基础设施。

2. 云计算的定义

NIST在NIST SP-800-145中给出的云计算定义是：云计算是一种按使用量付费的运营模式，支持泛在接入、按需使用的可配置资源池。资源池主要包括网络、服务器、存储器、应用与服务。

理解云计算的概念时需要注意以下几个问题：

- 在云计算的讨论中，术语"用户"表示云计算的客户或消费者，术语"云"表示云服务提供商。如果用户完成一项计算需要8个CPU、128GB内存，用户将需求提交给云，云从资源池中为用户分配资源，用户连接到云并使用资源；当用户完成计算任务之后，将这些资源释放回资源池。如果一个企业与云服务提供商签约，该企业的员工都是云用户，那么他们上班时使用云服务就像在本地启动几百台服务器一样。
- 云计算将一切计算与存储的细节隐藏在云端，普通用户不必关心数据保存在哪里，不必关心数据通过哪种CPU计算，不必关心应用程序是否需要升级，不必关心计算机病毒是否要清理，这一切工作都是由云计算中心负责，普通用户要做的是选择能满足需求的云计算服务提供商，购买自己需要的服务，并为之付费。云计算使普通用户有享受高性能计算的机会，云计算几乎能够提供无限制的计算与存储能力，计算与存储的弹性化以及使用的便捷是云计算的重要特征之一。
- 云计算建立在虚拟化(virtualization)技术的基础上。虚拟化是计算机领域的一项传统技术，通过软件将计算机资源分割成多个独立、相互隔离的实体——虚拟机(Virtual Machine，VM)。云计算通过虚拟化技术将服务器虚拟为大量虚拟机，构成计算、存储与网络的资源池，并自动为用户按需分配池中的资源，为多个用户提供安全与可信的服务，用户可以像用水和电一样按需购买计算资源。因此，云计算既是一种计算模式，也是一种服务模式与商业模式，如图8-1所示。

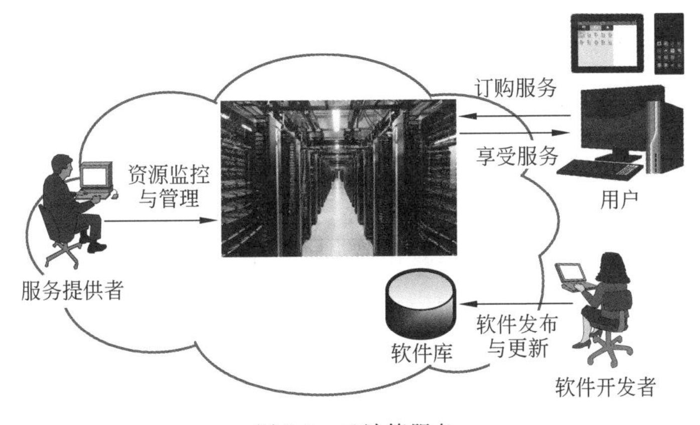

图 8-1　云计算服务

图8-2给出了NIST总结的云计算的5种基本特征、3种服务模式和4种部署方式。

图 8-2 云计算的基本特征、服务模式与部署方式

8.1.2 云计算的基本特征

云计算的特征主要表现在以下 5 方面。

1. 泛在接入

云计算作为一种利用互联网技术实现的可以随时随地按需访问以及共享计算、存储与软件资源的计算模式,用户的各种终端设备(例如 PC、笔记本计算机、智能手机、可穿戴计算设备、智能机器人等)都可以作为云终端,随时随地访问云。所有资源都可以从资源池中获得,而不是直接从物理资源处提取。

2. 按需服务

云计算可以根据用户的实际计算量与数据存储量,自动按需分配 CPU 数量与存储空间大小,快速部署和释放资源,避免由于服务器性能过载或冗余而导致服务质量下降或资源浪费。用户自主管理分配给自己的资源,而不需要云服务提供商技术人员的参与。

3. 快速部署

云计算不针对某些特定类型的网络应用,并且能够同时运行多种不同的应用。在云的支持下,用户可以方便地开发各种应用软件,组建自己的网络应用系统,做到快速、弹性地使用资源与部署业务。

4. 量化收费

云计算系统检测用户使用的计算、存储资源,并根据资源的使用量进行计费。尽管用户表面上需要为自己使用的资源付费,但是用户无须在业务扩大时不断购置服务器、存储设备与增加网络带宽,甚至无须专门招聘网络、计算机与应用软件开发人员,无须在数据中心的运维上花很大精力。同时,云采用数据多副本备份、节点可替换等技术,极大地提高了网络应用系统的可靠性与可用性。

5. 资源池化

物理资源主要包括计算机、存储器、网络设备、数据库等。可以将大量相同类型的资源构成同构或近似同构的资源池,例如计算资源池、数据资源池等。构建资源池时涉及的主要是物理资源的集成和管理工作,例如,在一个集装箱的空间如何装下很多台服务器,并考虑降低能耗、解决散热和故障节点替换等问题。

8.1.3 云计算的服务模式

云计算服务商提供的服务模式可以分为 3 种：

- 基础设施即服务(Infrastructure-as-a-Service,IaaS)。
- 平台即服务(Platform-as-a-Service,PaaS)。
- 软件即服务(Software-as-a-Service,SaaS)

对于互联网应用系统的用户来说,云计算系统由云基础设施、云平台与云应用软件组成。图 8-3 给出了 IaaS、PaaS 与 SaaS 服务模式的特点。

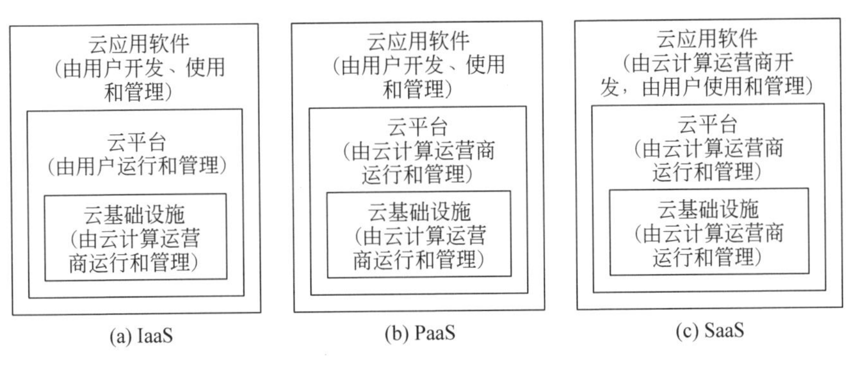

图 8-3 IaaS、PaaS 与 SaaS 服务模式的特点

1. IaaS、PaaS 与 SaaS 的特点

1) IaaS

如果用户不想购买服务器,仅通过互联网租用云中的虚拟主机、存储空间与网络带宽,那么这种服务模式就体现出 IaaS 的特点。

在 IaaS 服务模式中,用户可以访问云端底层的基础设施资源。IaaS 提供网络、存储、服务器和虚拟机资源。用户在此基础上部署和运行自己的操作系统与应用软件,实现计算、存储、内容分发、备份与恢复等功能。在这种服务模式中,用户自己完成应用软件开发与应用系统的运行和管理,云计算服务商仅负责云基础设施的运行和管理。

2) PaaS

如果用户不但租用云中的虚拟主机、存储空间与网络带宽,而且利用云计算服务商的操作系统、数据库系统、应用程序接口(API)来开发网络应用系统,那么这种服务模式就体现出 PaaS 的特点

PaaS 服务比 IaaS 服务更进一步,它是以平台的方式为用户提供服务。PaaS 提供用于构建应用软件的模块以及包括编程语言、运行环境与部署应用在内的开发工具。PaaS 可以作为开发大数据服务系统、智能商务应用系统以及可扩展的数据库、Web 应用的通用应用开发平台。在这种服务模式下,用户负责应用软件开发与应用系统的运行和管理,云计算服务商负责云基础设施与云平台的运行和管理。

3) SaaS

如果更进一步,用户直接在云中的定制软件上部署网络应用系统,那么这种服务模式就体现出 SaaS 的特点。

在 SaaS 服务模式中,云计算服务商负责云基础设施、云平台与云应用软件的运行和管理。用户可以直接在云上部署互联网应用系统,无须在自己的计算机上安装软件副本,仅需通过 Web 浏览器、移动 App 或轻量级客户端访问云,就能够方便地开展自身的业务。

2. IaaS、PaaS 和 SaaS 的比较

可以将一个网络应用系统的功能与管理职责自顶向下划分为 9 个层次:应用、数据、运行、中间件、操作系统、虚拟化、服务器、存储和网络。在 IaaS、PaaS 和 SaaS 服务模式中,用户与云计算服务商的职责划分如图 8-4 所示。在图 8-4 中,高层的应用和数据为云应用软件,中间层的运行、中间件和操作系统为云平台,低层的虚拟化、服务器、存储和网络为云计算基础设施。

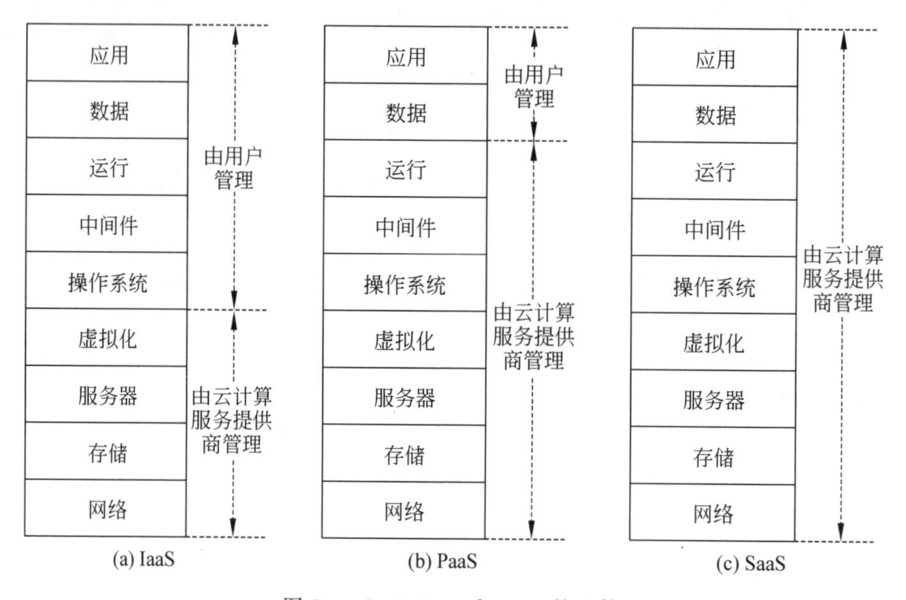

图 8-4 IaaS、PaaS 和 SaaS 的比较

在 IaaS 服务模式中,云计算基础设施(虚拟化的网络、存储、服务器)由云计算服务商运行和管理,而应用软件需要由用户自己开发,运行在操作系统上的软件、数据和中间件需要由用户自己运行和管理。

在 PaaS 模式中,云计算基础设施与云平台(由操作系统中间件构成)由云计算服务商运行和管理,用户仅需管理自己开发的应用软件和数据。

在 SaaS 模式中,应用软件由云计算服务商根据用户需求定制开发,云计算基础设施、云平台以及云应用软件都由云计算服务商运行和管理。用户与云计算服务商分工明确,各司其职,用户专注于网络应用系统的运营推广,云计算服务商为用户的应用系统提供专业化的运行、维护和管理。

显然,IaaS 仅涉及租用硬件,它是一种基础性服务;PaaS 已从租用硬件发展到租用一个特定的操作系统与应用程序,用户自己进行网络应用软件开发;而 SaaS 则是用户在云端提供的定制软件上直接部署自己的网络应用系统。

8.1.4 云计算的部署方式

云计算的部署方式包括4种基本类型：公有云、私有云、混合云与社区云。

1. 公有云

公有云(public cloud)是属于社会共享资源性质的云计算系统，云中的资源开放给社会公众或某个大型行业团体使用，用户可通过互联网免费或以低廉价格使用资源。

公有云大致可以分为4类：一是传统的电信运营商(包括中国移动、中国联通、中国电信等)建设的公有云，二是政府、大学或企业建设的公有云，三是大型互联网公司建设的公有云，四是IDC运营商建设的公有云。

公有云的优点是用户可免费或以低廉价格使用。用户关心公有云使用中的安全问题。

2. 私有云

私有云(private cloud)是由一个组织或机构组建，内部员工可通过内部网或虚拟专网访问的云计算系统。私有云可以由拥有者自己管理，也可以委托第三方管理。

组建私有云的目的是在保证云计算安全的前提下为企事业单位专用的网络信息系统提供云计算服务。私有云管理者对用户访问云端的数据、运行的应用软件有严格的控制措施。各个城市电子政务中的政务云、公安云就是典型的私有云。

3. 社区云

社区云(community cloud)兼有公有云与私有云的特征。社区云与私有云的相似之处是访问受到一定的限制；社区云与公有云的相似之处是资源专门给固定的一些单位内部用户使用，这些单位对云端具有相同需求，例如资源、功能、安全、管理等。医疗云就是一种典型的社区云。

社区云由参与的机构管理或委托第三方管理，云数据中心可以建在这些机构内部或外部，产生的费用由参与机构分摊。

4. 混合云

混合云(hybrid cloud)由公共云、私有云、社区云中的两种或三种构成，其中每个实体都独立运行，同时能通过标准接口或专用技术实现不同云系统之间的平滑衔接。

在混合云中，企业敏感数据与应用部署在私有云中，非敏感数据与应用部署在公有云中，行业间相互协作的数据与应用可部署在社区云中。当私有云资源短时需求过大时，例如网站在节假日期间点击量过大，可自动租赁公共云资源来平抑私有云资源的需求。因此，混合云结合了公有云、私有云与社区云的优点，是一种受企业重视的云计算部署方式。

表8-1给出了上述4种云部署方式的比较。

表8-1 上述4种云部署方式的比较

类型	公有云	私有云	社区云	混合云
性能	一般	很好	很好	较好
可靠性	一般	很好	很好	较好
安全性	较好	最好	很好	较好
可扩展性	很好	一般	一般	很好
成本	低	高	较高	较高

8.1.5 云计算中心网络实现技术

为了适应数据中心与云计算中心网络建设需求,IEEE在传输速率为1Gb/s的GE标准的基础上,2010年完成传输速率为40Gb/s和100Gb/s的40/100GE标准。40/100GE的物理层(LAN PHY)接口标准主要有3种类型:短距离互联接口、中短距离互联接口以及10m的铜缆接口和1m的系统背板互联接口。目前,正在开展400Gb/s及1Tb/s的工业标准高速以太网的研究。

高速、交换、虚拟以太网与结构化布线技术已广泛应用于云数据中心网络建设中,并成为组建数据中心网络的核心技术。图8-5给出了典型的利用高速以太网将刀片服务器互联

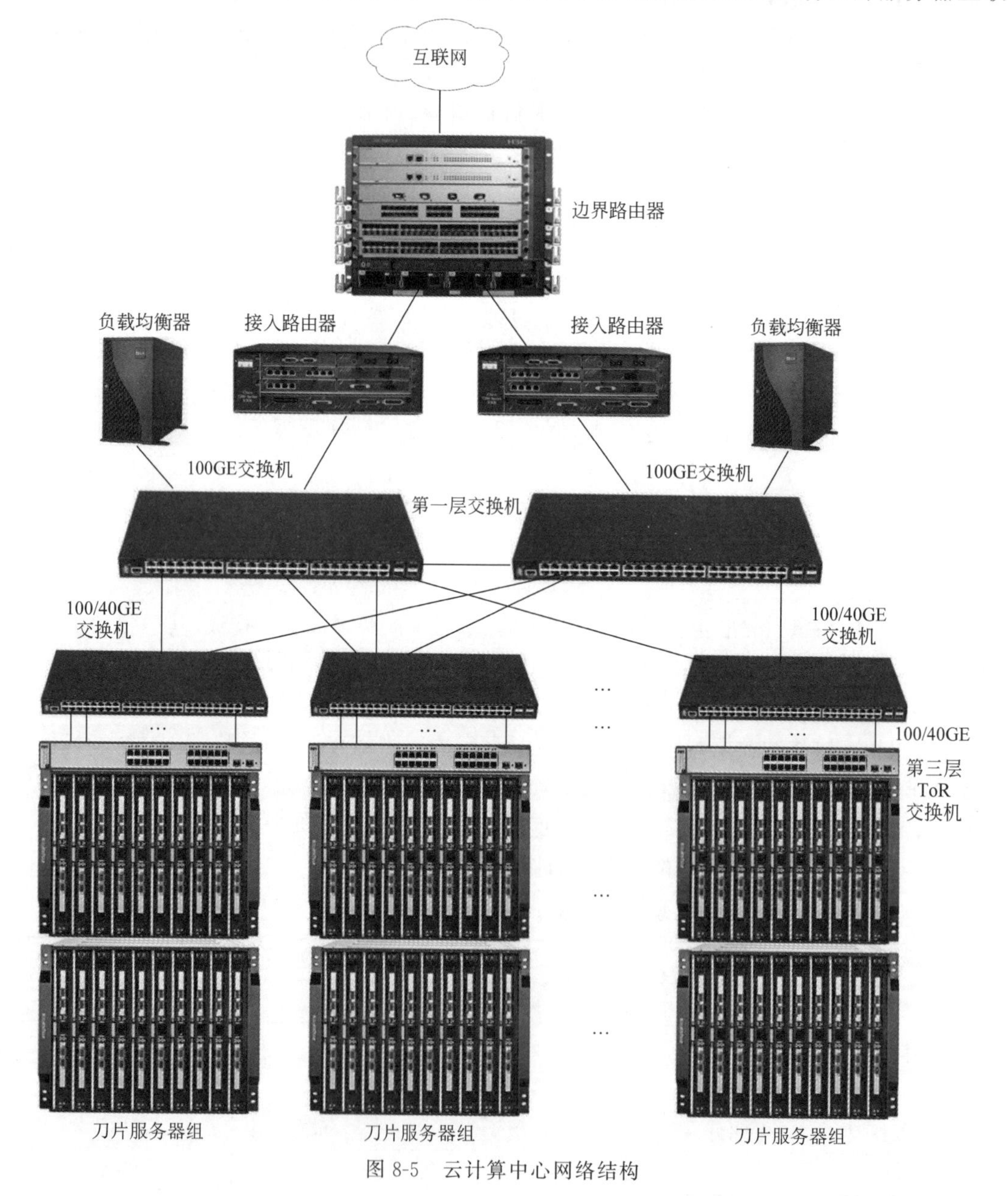

图8-5 云计算中心网络结构

起来构建的云计算中心网络结构。

理解数据中心网络的特点时需要注意以下几个问题：

(1) 由于数据中心的服务器与存储器的位置相对集中，因此构建数据中心网络的基本方案是采用高速以太网、物理层接口标准、背板以太网技术，并且混合使用铜缆与光缆。

(2) 刀片服务器广泛应用于数据中心网络。刀片服务器(blade server)是在一块背板上安装多个服务器模块的服务器系统。每个背板称为一个刀片(blade)。每个刀片服务器有自己的CPU、内存与硬盘。每个机架一般堆放20～40个刀片。刀片服务器的优点是节省服务器集群空间，方便系统管理。

(3) 为了便于实现结构化布线，数据中心网络采用背板以太网(backplane Ethernet)结构。每个机架顶部有一台顶部(Top-of-Rack，ToR)交换机，它通常为GE、10GE或40GE的第二层交换机。通过在背板以太网上插入刀片服务器，采用短距离的铜质跳线方式，可以方便地实现刀片服务器之间的高速数据传输。

(4) 典型的组网方法是：每个刀片服务器通过GE或10GE端口与第二层交换机连接，该交换机通过10GE或40GE端口与100GE的第一层交换机连接，然后通过接入路由器与边界路由器接入互联网。

(5) 大型数据中心的内部主机数量可达到几十万台。为了处理外部主机与内部主机间的通信，数据中心网络需要设置一台或多台边界路由器，将数据中心网络与互联网相连。数据中心网络需要将所有的机架彼此连接，汇聚到接入路由器，然后与边界路由器连接。每台接入路由器下的所有主机构成一个子网，每个子网进一步划分成更小的VLAN，每个VLAN可以由几百台主机组成。

(6) 为了提高数据中心网络的可靠性，提高服务器与外部用户的传输带宽，交换机、路由器之间实现全连接，并提供冗余链路，这样有利于均衡整个网络的负载。一台服务器通常仅提供特定的网络应用，例如邮件服务器仅接受邮件请求。一台邮件服务器的处理能力有限，通常每秒处理几万至几十万个请求。云计算系统中的负载均衡通过软件技术将发送给邮件服务器的所有请求均衡分配给所有服务器，以减少用户请求的响应延时。

8.2 移动云计算技术的研究与应用

8.2.1 移动云计算技术的研究背景

随着移动互联网应用的发展，移动终端设备的局限性日渐突出，主要表现在以下几个方面。

1. 能量限制

随着移动互联网应用类型的不断增加，移动终端设备的能耗越来越大，移动终端设备持续运行的时间越来越短，设备使用时间受携带电池能量限制的问题越来越突出。

2. 存储空间

尽管移动终端设备的硬件制造水平不断提升，但是相对于功能越来越复杂的移动互联网应用来说，移动终端设备存储空间的增长速度远低于网络应用对存储空间需求的增长速度。

3. 计算能力

尽管移动终端设备的CPU与硬件性能不断提高,但是像智能手机之类的大众消费设备,受性价比与小型、便携等因素的限制,计算能力不可能无限提升。移动终端设备的计算能力有限是造成用户体验效果不佳、很多大型移动互联网应用受限的重要原因。

手机已经与人们如影相随,手机摄影、网络游戏、社交网络应用产生大量语音、视频与文本数据,手机中还有手机支付、通讯录与其他涉及个人隐私的数据,一旦手机丢失,将造成个人信息不可挽回的损失。将手机在移动互联网应用中产生的数据随时存储到云端是非常有效和可行的方法。在这样的背景下,移动云计算(Mobile Cloud Computing,MCC)概念的产生也就很容易理解了。

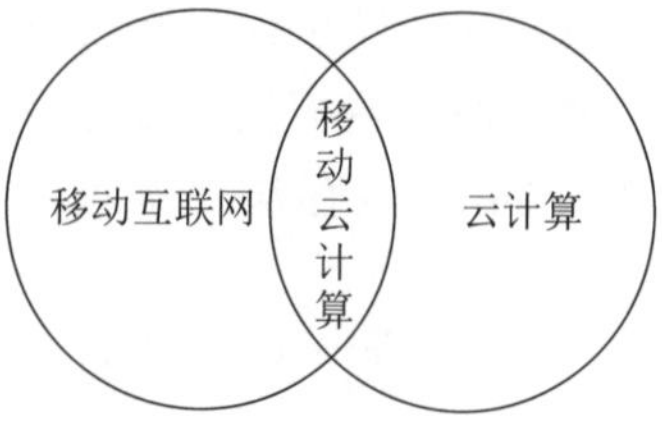

移动互联网 移动云计算 云计算

图 8-6 移动云计算与移动互联网、云计算的关系

移动云计算是移动互联网与云计算技术交叉融合的产物,它是云计算在移动互联网环境中的自然延伸和发展。图8-6描述了移动云计算与移动互联网、云计算的关系。

8.2.2 移动云计算的定义与结构特征

移动云计算可以定义为:移动终端设备通过无线网络,以按需与易扩展的原则,从云端获取所需的计算、存储、网络资源的服务。移动终端设备可看成云计算的瘦客户端,数据从移动终端设备迁移到云端进行计算与存储。移动云计算系统形成了移动终端设备—云端两级结构,如图8-7所示。

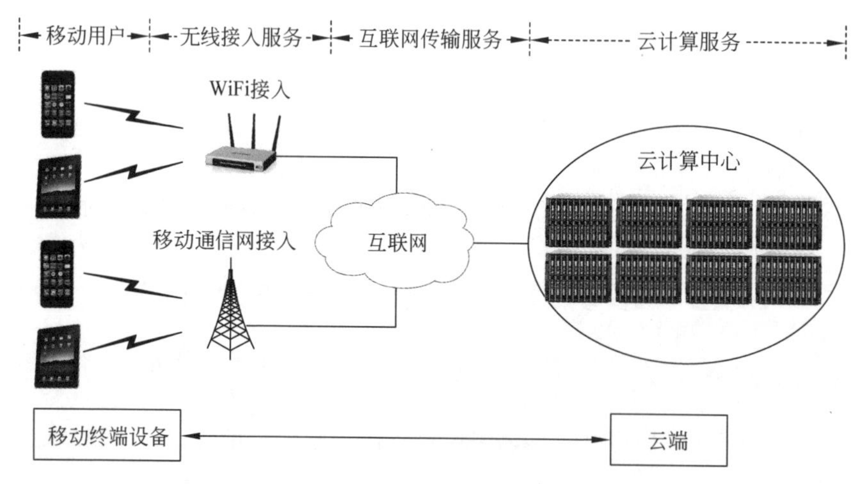

图 8-7 移动云计算系统结构

移动云计算应用主要包括移动云存储、网上购物、手机支付、移动地图导航、移动健康监控、移动课堂、网络游戏等。当用户用智能手机拍摄照片或视频时,手机APP直接将照片或视频数据存储到云盘中。当老师要向学生发送很大的PPT文档时,可将PPT文档通过移动互联网发送到云盘供学生们读取。

近年来,个人移动云存储已成为移动互联网用户个人信息存储的主要途径,并且呈快速发展的态势。凡是在计算、存储、能量受限的移动终端设备上开发的移动互联网应用,都建立在移动云计算技术的基础上。

8.2.3 移动云计算应用的效益

移动云计算的研究目标是应用云端的计算与存储资源优势，突破移动终端设备在资源与能量等方面的限制，为移动用户提供更丰富的应用与更好的用户体验。但是，由于移动终端设备的数据通过无线网与互联网迁移到远端的云平台，难以控制数据通过网络传输的延时与可靠性，因此，移动云计算无法适应对传输延时、带宽与可靠性敏感的实时交互类移动互联网应用，例如无人驾驶汽车、移动机器人、移动网游、虚拟现实/增强现实（VR/AR）等。

移动云计算应用可以带来以下3方面的效益：

- 移动用户通过移动通信网的基站或无线局域网的AP接入ISP网络，进而接入云计算服务商的公有云或互联网内容提供商（ICP）网络。分布在不同地理位置的互联网云计算服务商的数据中心就近为移动用户提供其所需的计算与存储服务。ICP可以将视频、音频、地图、新闻、游戏等信息资源部署到不同地区的数据中心，为分布在不同地区的移动用户提供服务。
- 移动云计算将云计算功能集成到移动互联网应用中，支持将移动终端设备上的计算密集型与存储密集型的移动应用迁移到云端，可以弥补移动终端设备计算与存储能力的不足，同时降低移动终端设备的能耗，延长其使用时间，为移动用户提供更丰富的网络服务与更好的用户体验。
- 移动应用系统开发人员可以在开发过程中将更多精力放在应用本身上，而不用花费很多精力处理移动平台的异构性、软硬件的差异与网络资源限制的问题。移动终端设备生产商可以利用计算迁移技术为移动终端设备增加新的功能。移动运营商可以利用移动计算迁移技术开发新的增值服务。

8.3 边缘计算与移动边缘计算

8.3.1 边缘计算的基本概念

边缘计算（Edge Computing，EC）的核心思想是计算更靠近数据源、更贴近用户。边缘计算通过将计算与存储能力向网络边缘迁移，使应用、服务与内容实现本地化、近距离、分布部署的计算模式。

目前人们对边缘计算还没有一个统一的定义，不同的研究人员都从各自的视角诠释边缘计算。美国卡内基·梅隆大学的定义如下：边缘计算是一种新的计算模式，这种计算模式将计算与存储资源节点部署在更贴近移动终端设备或无线传感器网的边缘。

理解边缘概念的内涵时需要注意以下几个问题：

- 边缘是相对的，它泛指从数据源经过核心交换网到远端云计算中心路径中的任意一个或多个计算、存储和网络资源节点。边缘计算中的边缘首先是相对于连接在互联网上的远端云计算中心而言的。
- 边缘计算是将网络边缘的计算、存储与网络资源组成统一的平台，绕过网络带宽与延时的瓶颈，使数据在源头附近就能得到处理，有助于改善终端用户的体验。

- 边缘计算中的“贴近”包含网络距离与空间距离这两个概念。网络距离表示数据源与处理数据的边缘计算节点的距离。边缘计算可以在小的网络环境中保证网络带宽、延时与延时抖动等不稳定因素的可控。空间距离意味着边缘计算节点与用户处在同一场景(如位置)中,边缘计算节点可以根据场景信息为用户提供基于位置的个性化服务。网络距离与空间距离有时可能没有关联,但网络应用可根据各自的需求选择合适的边缘计算节点。但是,从提高边缘计算效率的角度来说,无论是网络距离还是空间距离,都应该贴近用户。

8.3.2 移动边缘计算的研究背景

随着大数据、智能技术应用的快速增长与5G技术的发展,移动边缘计算的概念和技术引起了学术界与产业界的高度重视。

互联网应用对网络传输的实时性、可靠性要求较高。表8-2给出了几种典型互联网应用对互联网通信节点之间的端-端延时、延时抖动、丢包率与传输差错率这4个QoS参数的要求。

表8-2 几种典型互联网应用的端-端QoS要求

业务类型	延时	延时抖动	丢包率/%	传输差错率/%
视频直播	1s	1s	0.01	0.001
视频点播	2s	2s	0.01	0.001
可视电话	150ms	50ms	0.01	0.001
视频会议	150ms	50ms	0.01	0.001
网络游戏	200ms			

网络多媒体应用对QoS最主要的要求是延时敏感(delay sensitive)与丢失容忍(loss tolerant)。对于实时的会话应用,从人们进行对话时自然应答的时间考虑,网络中的单程传输延时应为100~500ms,一般为250ms。在交互式多媒体应用中,系统对用户指令的响应时间也不应太长,一般小于2s。延时抖动将破坏多媒体信号的同步,从而影响音频和视频的播放质量。例如,音频信号间隔的变化会使声音产生断续或变调的感觉,图像各帧显示时间不同也会使人感到图像停顿或跳动。人耳对声音的变化比较敏感。如果从熟悉的音乐中删掉很小一段(例如40ms),人们立刻就会感觉到。人眼对图像的变化就没有那么敏感。如果从熟悉的视频中间删掉1s(无伴音时)长的一段,人们未必能感觉出来。因此,声音实时传输对延时抖动的要求更苛刻。考虑到网络性能与人的敏感度等实际情况,一般对不同应用给出以下定量指标:对于经压缩的CD质量的声音,延时抖动不应超过100ms;对于IP电话的语音信号,延时抖动不应超过400ms;对于虚拟现实这类对传输延时有严格要求的应用,延迟抖动不应超过30ms。由于视频一般将图像与音频同步传送,需要根据音频考虑对视频信号的传输延时要求:对于已压缩的HDTV,延时抖动不应超过50ms;对于已压缩的广播电视信号,延时抖动不应超过100ms;对于电视会议应用,延时抖动不应超过400ms。虚拟现实/增强现实、网络游戏、无人驾驶汽车等新的网络应用,移动互联网的QoS指标远高于互联网实时会话应用的QoS指标。

这样的QoS指标在互联网节点之间端-端连接服务中实现都很困难,在移动互联网的

3G/4G 与 WiFi 等无线网络环境中，实现的技术难度更大。这些新型的实时智能系统在移动互联网上运行时，对延时、延时抖动、带宽与可靠性提出了很高的要求，这就促使移动互联网必须采用新的网络传输技术和信息交互模式。

随着 5G 与移动边缘计算技术的出现，为移动互联网实时性应用的实现带来转机。例如，无人驾驶汽车是通过安装在车体的各种传感器来探测、识别路况与环境信息，同时需要接收移动互联网传输的道路流量数据，发送车辆自身的行驶状态数据与位置数据。车辆行驶过程中产生的海量数据都交给车载计算机系统处理，计算机将处理后生成的汽车操控指令传送给车辆控制器，从而实现无人驾驶。

为了能够实时感知路况与环境数据，无人驾驶汽车上需要安装成百上千个各种传感器。研究人员估计，无人驾驶汽车每行驶 1h，车辆与传感器之间传输的数据可达到 TB(10^{40}B)级，存储与处理这样的海量数据需要消耗大量的计算、存储与带宽资源。但是，无人驾驶汽车对于数据传输延时极为敏感，即使数据传输延迟 1ms，都可能导致车毁人亡的惨剧。

表 8-3 给出了移动互联网中的虚拟现实/增强现实在典型体验、挑战体验、极致体验 3 种情况下对实时速率、延时的要求。

表 8-3　VR/AR 对实时速率、延时的要求

应用类型	场景	实时速率 Mb/s	延时/ms
VR 应用	典型体验	40	<40
	挑战体验	100	<20
	极致体验	1000	<2
AR 应用	典型体验	20	<100
	挑战体验	40	<50
	极致体验	200	<5

显然，传统的移动互联网与 3G/4G 移动通信网无法支持这类对延时、带宽与可靠性的要求极苛刻的移动互联网应用。但是，5G 的超可靠低延时通信(ultra-Reliable Low Latency Communication，uRLLC)的推出有望突破移动互联网实时性应用发展的瓶颈。5G 的 uRLLC 适合以机器为中心的应用，可以满足车联网、工业控制、移动医疗等应用对超高可靠、超低延时的通信需求，促进了移动边缘计算研究与应用的发展。

2013 年，IBM 与 Nokia Siemens 公司共同推出了一个计算平台，可在无线基站内部运行应用程序，并向移动用户提供服务。这项研究首次将边缘计算与移动通信技术相结合。2014 年，欧洲电信标准协会(ETSI)成立了移动边缘计算规范工作组，致力于推进移动边缘计算(Mobile Edge Computing，MEC)的标准化。2016 年，ETSI 将移动边缘计算概念扩展为多接入边缘计算(Multi-Access Edge Computing，MAEC)，将边缘计算从移动通信网进一步延伸至其他无线网络，例如无线局域网(WiFi)。产业界将 2019 年称为 5G 商用的元年。作为支撑 5G 应用的一项关键技术，移动边缘计算引起了学术界与产业界的重视。

理解移动边缘计算与 5G 应用的关系时需要注意以下几个问题：

- 移动边缘计算的指导思想是把云计算应用从移动核心网络内部迁移到无线接入网(Radio Access Network，RAN)边缘，实现计算与存储资源更贴近移动终端设备。

移动边缘计算具有本地化、近距离、低延时的特点。5G网络性能优越，移动边缘计算与5G网络的融合可以突破移动互联网实时性应用实现的瓶颈。

- 移动边缘计算是移动通信网与互联网业务的深度融合，目的是减少移动业务交付的端-端延时，发掘移动通信网的潜能，进一步拓展应用领域，提升用户体验，变革电信运营商的运营模式，建立新型的产业链及网络生态圈。
- 移动边缘计算是移动通信网与云计算技术的深度融合，它将打破传统移动运营商封闭运营的模式，进入与各行业广泛、深入结合的阶段。移动运营商可利用部署在网络边缘的计算资源为各种应用提供运行环境，使移动业务更贴近用户。

如果说4G开启了移动互联网时代，那么5G将促进移动互联网更深层次的变革，在技术与商业生态上带来新一轮升级。

8.3.3 移动边缘计算系统结构

1. 移动边缘计算的三级结构

移动云计算能够满足终端用户不受移动终端设备自身资源的限制，随时随地从云端获取计算与存储资源的要求。需要注意的是：在移动边缘计算中，配置在移动通信网基站的计算设备称为边缘计算服务器；微云(cloudlet)一般是指配置在WiFi接入点的边缘计算服务器。很多文献在表述无线边缘计算服务器时也经常用微云、本地云或边缘云，将连接在互联网上的云计算数据中心称为核心云。移动边缘计算系统形成了移动终端—边缘云—核心云的三级结构，如图8-8所示。

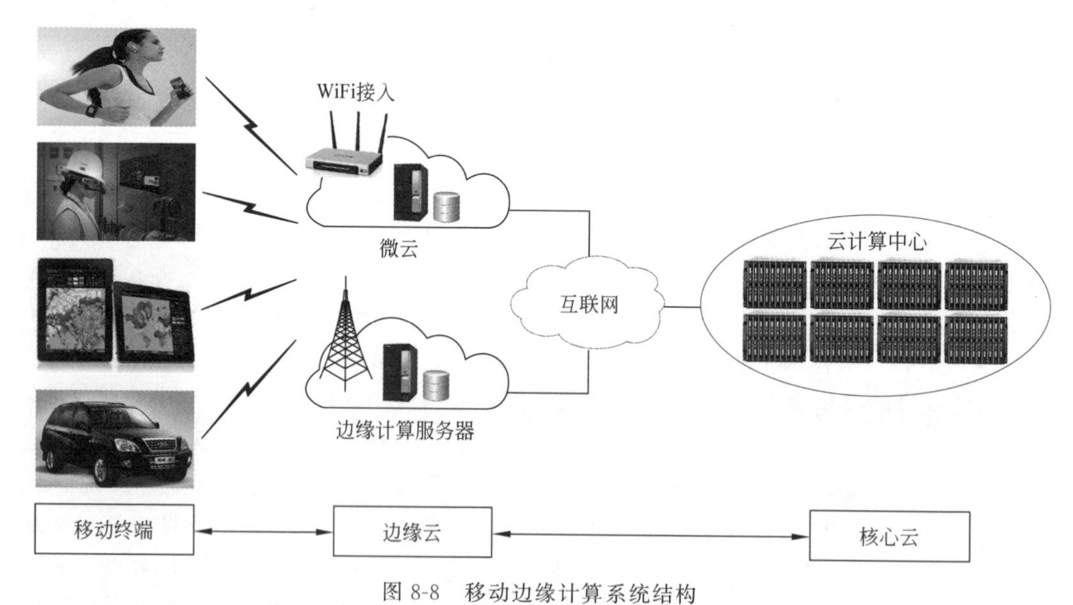

图8-8 移动边缘计算系统结构

理解移动边缘计算的基本结构时需要注意以下几个问题：

- 边缘云包括连接的移动通信网基站的边缘计算服务器与连接在WiFi接入点的微云。边缘计算服务器、微云在移动终端设备与核心云之间起到代理(surrogate)的作用，形成了移动终端—代理两级结构。由于移动通信网基站连接的边缘计算服务器与WiFi接入点的微云相对于连接在互联网的云计算平台要小得多，因此有时也不加区别地将本地云统称为微云或边缘云。

- 在移动终端—代理结构中，作为代理的本地云（微云或微微云）是一些可信、软硬件资源丰富的计算机或计算机集群。微微云一般是指家庭基站。
- 移动终端设备不是将计算任务直接迁移到远端的核心云，而是迁移到本地的边缘云，以获得低延时、高带宽、低成本的服务。这样系统就需要根据移动终端设备对计算、存储与网络资源的实时性需求，决定哪部分计算任务与数据迁移到本地的边缘云中执行，哪些资源和服务需要从核心云中获取。

目前，移动终端—边缘云—核心云三级结构已经在智能家居中的家庭基站、智能交通中的车载移动云计算、智能医疗、智能物流等应用中大量应用。

2. 移动云计算与移动边缘计算的区别

图8-9给出了移动云计算与移动边缘计算在结构上的区别。移动云计算采用移动终端—核心云两级结构，而移动边缘计算采用移动终端—边缘云—核心云三级结构。

理解移动边缘计算的三级结构时需要注意以下几个问题：

- 边缘计算不可能取代云计算，它是云计算的补充和延伸，它与云计算之间是协同工作的关系。
- 在移动互联网的大数据处理中，云计算与边缘云的结合可以有效解决数据协同处理、负载均衡、网络带宽、实时性以及数据隐私保护问题。
- 5G网络的三大典型应用场景都与边缘计算相关，为满足车联网、工业控制、移动医疗等行业的特殊应用，对超高可靠、超低延时通信场景的需求强烈。因此，5G离不开移动边缘计算，移动边缘计算是5G时代的主要研究与应用方向。

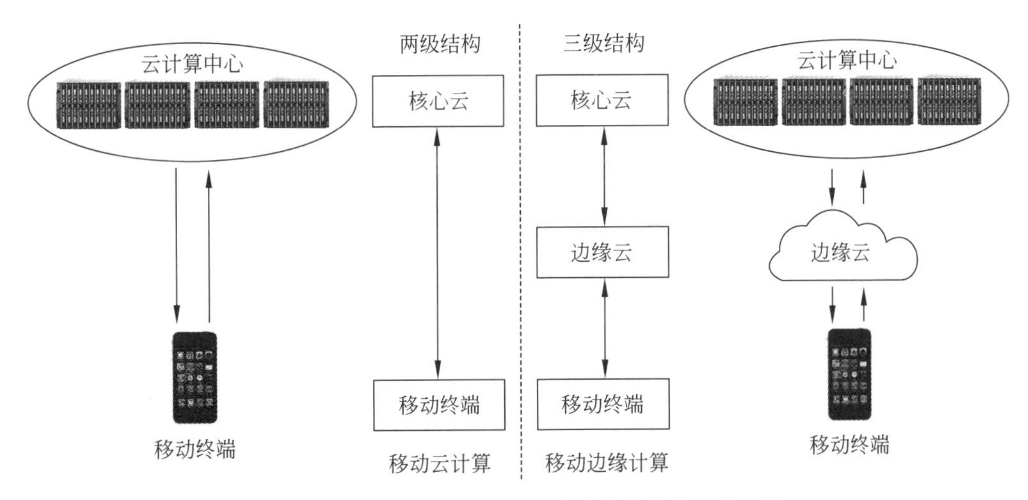

图8-9　移动云计算与移动边缘计算在结构上的区别

8.4　QoS与QoE

研究云计算、移动云计算、边缘计算与移动边缘计算都是为了一个目的：提高网络用户的体验质量（Quality of Experience，QoE）。

8.4.1 QoE的基本概念

1. 服务

服务是计算机网络体系结构中的重要概念，主要用于描述相邻层之间的关系。

- 服务体现在网络低层向相邻高层提供的一组操作。低层是服务的提供者，高层是服务的用户。任何服务都有如何评价服务质量的问题。
- 网络中的第 N 层总是要向第 $N+1$ 层提供比第 $N-1$ 层更完善、更高质量的服务。这个思想贯穿于整个网络层次结构与设计中，网络层与传输层协议的设计也都遵循这个基本思想。
- 对于面向连接的传输层，衡量QoS的重要指标有连接建立/释放延时、连接建立/释放失败概率、传输延时、吞吐率、残留误码率、传输失败概率。

2. 用户体验质量

在移动互联网应用中，用户直接关心的不仅是客观的服务质量(QoS)，而且是在QoS的基础上加上人为主观因素的体验质量(QoE)。

实际上，人们平时所说的"顾客就是上帝"是指顾客需要一种极致的体验感。这种体验感表现为：服务方随时随地提供符合顾客需求的产品与服务，没有任何时间的滞延、空间的隔离与流程的不畅。

当人们使用一种新的手机时，会不自觉地思考以下几个关于机评价的问题：

- 对手机外形满意吗？
- 对手机功能满意吗？
- 手机使用方法复杂吗？
- 手机使用方法是否容易掌握？
- 手机使用的总体感觉如何？

实际上，这表明：当人们使用移动互联网的服务时，人们不会仅仅在意移动通信运营商向用户承诺的QoS指标。当人们使用智能手机、可穿戴计算设备访问移动互联网观看视频时，在用户体验方面更注意以下几个问题：

- 点击后等待多长时间？
- 观看视频是否流畅？
- 视频与音频同步吗？
- 画面清晰吗？
- 音质好吗？

理解QoE的基本概念时需要注意以下两个基本问题：

(1) QoE反映了用户对网络产品与服务的满意程度，更加贴近市场需求，直接关系到用户对网络应用的接受程度。产业界与学术界都高度重视QoE研究。

(2) QoE是对网络产品与服务的多个层面的综合评价，评价维度包括服务可用性、界面友好性、体验效果等。QoE研究已突破计算机、软件、通信与网络的QoS研究界限，成为一个集计算、网络、通信与管理学、社会学、心理学、行为学等多学科交叉的课题。

8.4.2 QoS与QoE的关系

QoE是用户对获得的服务主观感受到的整体满意度的评价方法，它与QoS是相关的。图8-10给出了QoS与QoE的关系。

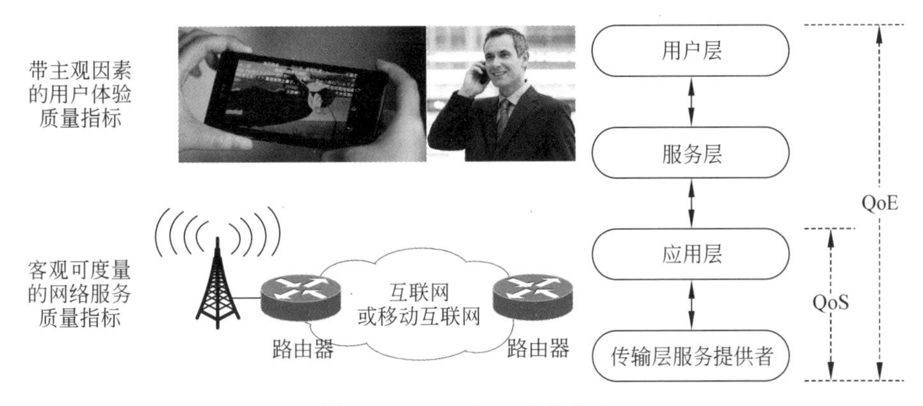

图8-10　QoS与QoE的关系

传输服务提供者包括传输层及以下的网络层、数据链路层与物理层。传输服务提供者向应用层提供的QoS指标，例如速率、误码率、延时等，不是由传输层决定的。传输层的很多指标与低层协议能提供的服务质量相关，例如，延时在很大程度上取决于传输网本身的结构与性能，广域网总是比局域网延时大，无论传输层协议设计如何合理，也只是尽可能减少延时的增加，而不可能减小传输网的延时。

计算机网络的QoS研究希望达到两个目的：一是高效分配网络资源，以改善QoS指标；二是根据应用需求，提供不同等级的QoS保证。例如，互联网的应用层协议（如Web的HTTP）是建立在传输层的TCP之上的基于Web开发各种网络应用属于服务层的范畴。用户层确定应用系统提供的QoS参数之后，服务层对应用层的QoS指标随之确定。应用层根据高层应用的需求，选取传输服务提供者提供的QoS保证。最终由传输服务提供者与应用层、服务层、用户层共同为用户提供QoE保证。

8.4.3 QoE的定义

由于QoE涉及技术与非技术因素、客观指标与主观感受等多个方面，因此它要由计算机、网络、软件、通信、心理学等多学科的学者共同研究。对于同一个概念，不同学科的研究者通常根据自己专业的理解和术语来描述。针对这个问题，2012年，欧洲网络多媒体系统与服务（European Network on Quality of Experience in Multimedia Systems and Services）中的体验质量工作组（QUALINET）定义了QoE及相关概念。QUALINET白皮书给出了质量、体验、体验质量的定义。

1. 质量的定义

质量是指用户对一个可观测事件经过对比与判断之后给出的评价。这个过程包括以下几个重要步骤：

（1）对事件的感知。

（2）对感知的反应。

(3) 对感知的描述。

(4) 对结果的评价。

因此,质量是通过特定背景下用户需求得到满足的程度来评价的,评价结果通常用某个参考范围内的质量评分来表示。

2. 体验的定义

体验是对感知流的个性化描述以及对一个或多个事件的阐述。体验结果源于对一个系统、服务或人为现象的接触。需要注意的是,体验的描述并不一定产生对质量的判定。

3. 用户体验的定义

用户体验包括3个主要特征:

- 用户参与。
- 用户与产品、系统或界面的交互与使用。
- 用户体验是用户关注的问题,并且可观察或测量。

4. 用户体验质量的定义

由于研究QoE的学者来自不同的学科,因此自然会从不同角度提出多种定义。最早的定义是:QoE是用户对OSI参考模型不同层次QoS的整体感知度。2003年,ITU SG12小组将QoE定义为终端用户对于获得的业务与服务主观感受到的整体可接受的程度。目前,学术界比较接受的定义为:QoE是指用户对应用或服务的接受程度,它取决于用户所处的状态以及用户对应用或服务所期待的满意程度。

尽管各种表述的侧重点有所不同,但是本质上体现为用户在服务交互过程中的感受。QoE是对服务质量与应用系统性能的量化表述,具体表现在以下3个方面:

- 有效性(effectiveness):是否能够完成某个任务。
- 效率(efficiency):完成任务时需付出努力的程度。
- 满意度(satisfaction):完成任务过程中的用户体验满意程度。

8.4.4 影响QoE的因素

影响QoE的因素包括技术因素与非技术因素两类,主要因素大致可分为3类:环境因素、用户因素与系统因素(如图8-11所示)。

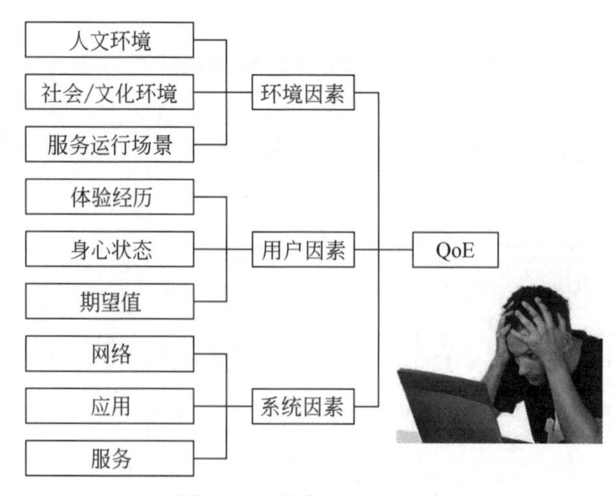

图8-11 影响QoE的因素

1. 环境因素

用户所处的社会与文化环境,人们对服务内容的文化认同,以及服务运行的场景、自然环境,对用户的体验质量都起到重要的作用。如果用户是移动社交网络的热心用户,对新的社交网络应用采取欢迎和期待的态度,对服务内容的文化很认同,同时在一个心情愉悦的环境中完成体验,那么用户主观体验的质量评价一般较高。

2. 用户因素

对同一种应用与服务,不同用户群体的体验质量会有很大差异。同一用户群体一般具有类似的特征,包括受教育程度、对新技术的接纳态度、社会地位、经济地位、人生阅历等。对于用户个人,除了这些共同特征之外,还有对类似服务是否曾经有过体验经历,在体验过程中的心情,以及对体验的期望值等因素。用户对体验质量的期望值与服务的付费价格相关,用户对高收费服务的体验预期高,那么对其服务质量就会更敏感。

3. 系统因素

系统因素属于技术因素,涉及网络、应用、服务等方面。不同终端设备具有不同特征,这些特征也会对 QoE 产生影响。某种应用支持在多种设备(例如电视机与手机)上运行,它们的 QoE 预期值就会不同。用户对不同接入方式的 QoE 要求不同。例如,电视传输网的有线接入和无线通信网的无线接入两种方式相比,用户通常对无线接入的 QoE 要求较低;用户使用小型设备(例如手机)接入时,通常期望值也会降低。

从网络的角度来看,互联网、移动通信网数据传输(文本、语音、图像与视频)的延时、延时抖动、丢包、带宽等因素对 QoE 有很大影响,它们是网络技术研究和改进的重点。音频和视频质量依赖于内容。对于简单一些的场景(例如采访),音频质量的重要程度高于视频;而对于移动状态下高速传输的视频内容,用户对图像质量的要求高于音频。对于参与度高的场景,用户的 QoE 要求较高。

QoE 是当前网络技术研究的一个热点课题,研究工作主要集中在 QoE 形成过程、网络产品与服务 QoE 设计、QoE 评价模型与方法以及 QoE 标准化等方面。

8.5 SDN/NFV 技术研究与发展

8.5.1 SDN/NFV 的研究背景

在讨论软件定义网络(Software Defined Network,SDN)与网络功能虚拟化(Network Functions Virtualization,NFV)研究内容之前,有必要从几个方面认识传统互联网与电信网的不适应问题。

随着互联网、移动互联网与物联网的发展以及云计算、大数据、智能技术的应用,网络规模、覆盖的地理范围、应用的领域、应用软件的种类、接入网络的端系统类型都在快速发展。传统网络技术的不适应不断显露出来。这种不适应具体表现在以下几方面:

- 网络体系结构的不适应。
- 网络计算模式的不适应。
- 网络设备的不适应。
- 网络管理方法的不适应。

传统的互联网结构设计采用分布控制、协同工作路线,网络设备采用软硬一体的黑盒子方式工作,网络设备之间通过TCP/IP实现通信;传统的网络设备功能与支持的协议相对固定,缺乏灵活性,使网络新功能、新协议的试验与标准化过程相当漫长,导致网络服务永远滞后于网络应用的发展;在大部分情况下,网络管理员以手工方式配置路由器,当需要部署新的网络应用时,需要重新配置这些网络设备。这种以TCP/IP协议体系为基础的自治网络结构极大地限制了网络功能、协议与应用的创新。

随着接入网络的对象从人扩大到物,联网设备的规模从亿级增长到十亿级、百亿级;访问网络从固定方式向移动方式转变;应用从人与人之间的信息共享与交流,扩大到人、机、物之间的信息交互与控制;网络应用系统的复杂程度不断提升,网络管理、故障诊断、QoS/QoE、网络安全等问题变得复杂,互联网体系结构与生俱来的弊端不断暴露。由于网络技术发展速度滞后于计算机发展速度,因此新一代网络体系结构研究势在必行。

2007年,美国斯坦福大学Nick Mckeown教授启动了Clean-Slate研究课题,目标是重塑互联网(Reinvent the Internet)。2008年,Nick Mckeown与合作者在ACM SIGCOMM会议上发表了名为*OpenFlow: Enabling Innovation in Campus Networks*的论文,提出了实现SDN的OpenFlow方案,并列举了OpenFlow应用的几种场景。2009年,*MIT Technology Review*将SDN评为年度十大前沿技术之一。

但是,对任何新技术发展前景的判断都需要注意一个现实问题,那就是:将经过半个世纪、花费数千亿资金组建的传统互联网的网络设备完全替换是不可能的,以新技术完全重构一个互联网主干网也是不现实的。SDN技术在理论上虽然可行,但是能否真正进入实际应用,还要看产业界是否接受这项技术。

对SDN发展意义重大的事发生在2012年,在第二届开放网络峰会(Open Networking Summit)上,Google公司宣布已在数据中心主干网上大规模部署OpenFlow,通过流量工程与优化调度,链路利用率从30%提升了近一倍。

网络设备的最大消费群体是网络运营商。由于网络运营商要提供更多的网络服务,而每当开通一种网络应用时,已有设备不够用或不适应新的应用需求,就需要购买新设备,扩大容纳设备的机房,增加电力供应,这样必然要增大资金投入。更严重的是,随着技术的进步,网络设备生命周期不断缩短,从而加快设备更新速度,直接影响网络运营商利润的增长。因此,网络运营商更重视网络体系结构的变革。Google公司的实践证明SDN技术有重大的应用前景,可产生巨大的经济效益。有人总结:SDN源于高校,兴于Google的流量工程。

8.5.2 SDN的基本概念

1. SDN的定义

目前,存在着多种关于SDN的定义。比较有影响的定义有两种,分别是由开放网络研究中心(Open Networking Research Center,ONRC)与开放网络基金会(Open Networking Foundation,ONF)给出的定义。

ONRC的定义是:SDN是一种在逻辑上集中控制的新型网络结构,其主要特征是数据平面与控制平面分离,数据平面与控制平面之间通过标准的开放接口OpenFlow来实现信息交互。ONF的定义是:SDN是一种支持动态、弹性管理,实现高带宽、动态网络的理想结构,将网络的控制平面与数据平面分离,抽象出数据平面的网络资源,并支持通过统一接口对网络直接进行编程控制。

理解 SDN 的定义以及它的内涵时需要注意以下几个问题：

(1) 两种定义并没有太大的区别，共性之处主要是以下几点：

- 强调 SDN 是一种新的网络体系结构模型。
- 强调数据平面与控制平面分离。
- 强调 OpenFlow 是数据平面与控制平面交互的开放接口标准。

(2) 两种定义的区别之处主要如下：

- ONRC 定义侧重于在数据平面与控制平面分离的基础上实现逻辑集中控制。
- ONF 定义侧重于数据平面资源的抽象与网络的可编程。

(3) 从两种定义中可以看出 SDN 的主要特性：

- 数控分离。
- 逻辑集中控制。
- 统一的开放接口。

2. SDN 体系结构

1) 现代计算方法与现代组网方法

与计算机产业的快速发展相比，网络产业的创新发展相对缓慢。计算机网络是现代社会的信息基础设施，覆盖全球的网络需要花费巨资，经历数年时间才能建设起来。连接在网络上的计算机为了交换信息，必须严格地遵守网络协议。任何一种网络应用的问世都会涉及网络协议：修改协议，制定新协议，公布协议标准，研发网络硬件与软件，这个过程需要经历数年，花费大量的人力、物力与财力。计算机产业则不同，无论是大型机、个人计算机还是移动终端，改变其结构、功能后的影响面相对较小。

Nick Mckeown 教授对计算机产业创新发展做出如下分析：早期 IBM、DEC 等计算机厂商生产的计算机是一种完全集成的产品，它们有专用的处理器硬件、特有的汇编语言、操作系统与专门的应用软件。在这种封闭的计算环境中，用户被捆绑在计算机厂商的产品上，开发自己需要的应用软件相当困难。现在的计算环境发生了根本的变化，大多数计算机系统硬件建立在 x86 或兼容的处理器上，嵌入式系统的硬件则主要是 ARM 处理器。这样使得采用 C、C++、Java 语言开发的操作系统很容易移植。在 Windows、Linux、Mac OS 等操作系统上开发的应用程序很容易迁移到其他厂商的平台上。

促进计算机从封闭的专用设备进化到开放、灵活的计算环境，进而带动计算机与软件产业创新发展的 4 个因素如下：

- 确定面向计算的、通用的三层体系结构：处理器—操作系统—应用程序。
- 制定处理器与操作系统、操作系统与应用程序的开放接口标准。
- 计算机功能的软件定义方法带来更灵活的软件编程能力。
- 开源模式催生大量开源软件，加速软件产业的发展。

现代计算方法如图 8-12(a)所示，其体系结构具有专用的底层硬件、软件定义功能、支持开源模式的特点。基于上述分析，Nick Mckeown 教授建议参考现代计算方法的系统结构，将新的网络系统划分为图 8-12(b)所示的交换机硬件—SDN 控制平面—应用程序等功能模块，并制定 SDN 控制平面与交换机硬件、应用程序之间的开放接口。

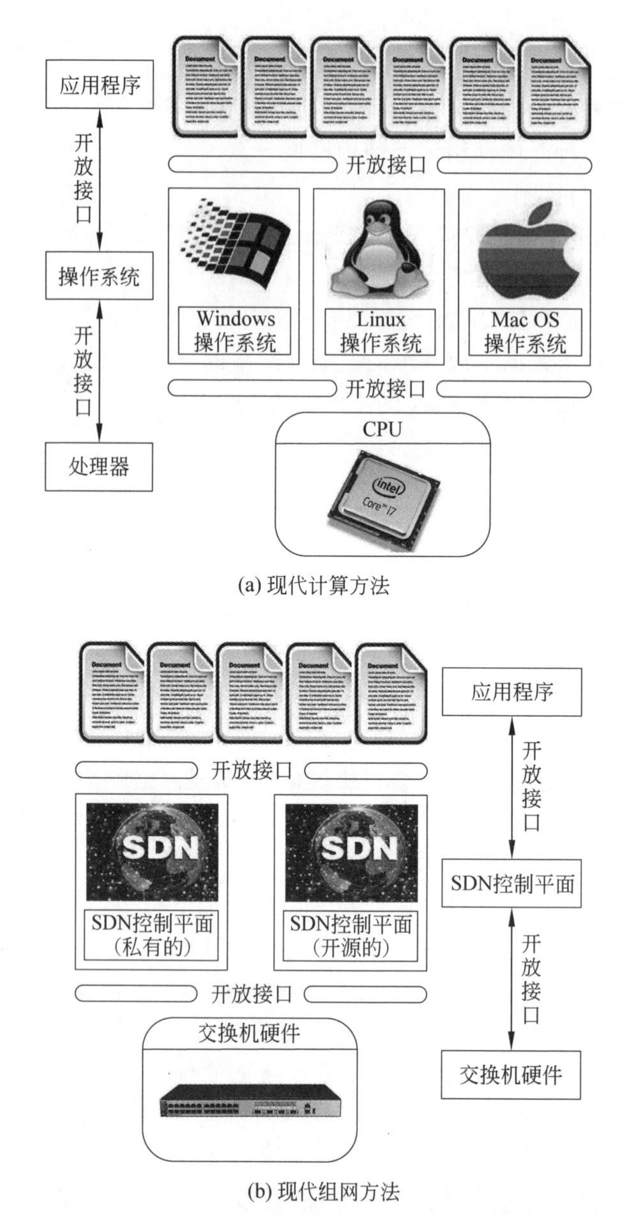

图 8-12　现代计算方法与现代组网方法比较

2）SDN 的工作原理

图 8-13 给出了 SDN 的工作原理。传统路由器是一台专用的计算机硬件设备,它需要同时完成图 8-13(a)所示的分组路由与转发功能,即同时具备数据平面与控制平面。SDN 是将传统的数据平面与控制平面紧耦合的结构转变为图 8-13(b)所示的数据平面与控制平面分离的结构,将路由器的网络控制功能集中到 SDN 控制器上。SDN 控制器通过发布路由信息和控制命令,实现对路由器数据平面的功能控制。SDN 通过标准协议对网络的逻辑集中控制,实现对网络流量的灵活控制和管理,为核心网及应用创新提供了良好的平台。

在传统的网络结构中,路由器或交换机的控制平面只能从自身节点在拓扑中的位置出发,看到一个自治区域拓扑中一个位置的视图;从已建立的路由表中找出从这个节点到达目

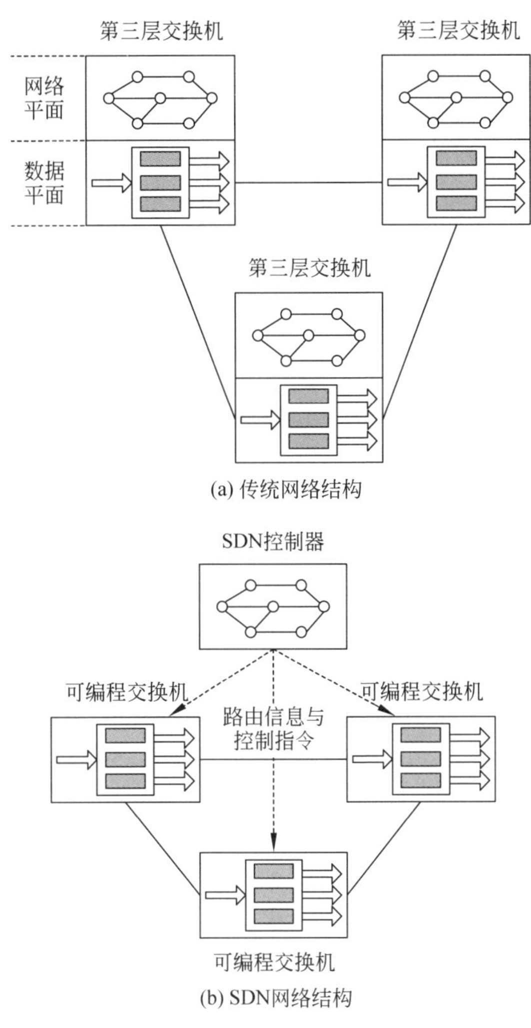

图 8-13　SDN 的工作原理

的网络与目的主机的最佳路径，然后由数据平面将分组转发出去。几十年来，计算机网络一直沿用这种完全的分布式控制、静态与固定的工作模式。

SDN 不是要取代路由器与交换机的控制平面，而是以整个网络视图的方式加强控制平面，根据流量、延时、服务质量与安全状态决定各个节点路由和分组转发策略，并将控制指令推送到设备的控制平面，进而控制数据平面的分组转发过程。

3）SDN 体系结构的组成

图 8-14 给出了 SDN 体系结构，它由数据平面、控制平面与应用平面组成。在相关文件中，控制平面与数据平面的接口、控制平面与应用平面的接口分别称为南向接口与北向接口，而控制平面内部的 SDN 控制器之间的接口称为东向接口与西向接口。

3. SDN 的技术特点

SDN 主要具有以下几个技术特点：

(1) SDN 不是一种协议，而是一种开放的网络体系结构。SDN 吸取了计算模式从封闭、集成、专用的系统进化为开放系统的经验，通过将网络设备中的数据平面与控制平面分

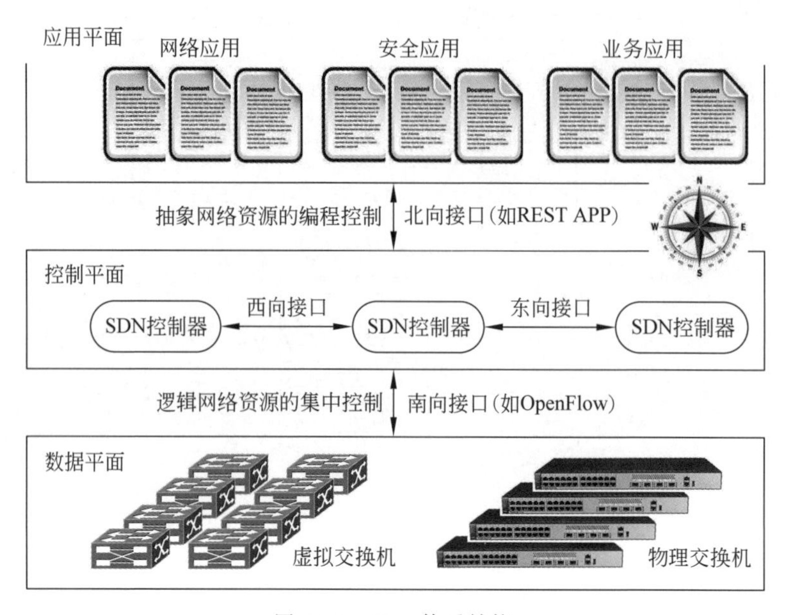

图 8-14　SDN 体系结构

离,实现网络硬件与控制软件分离,制定开放的标准接口,允许网络应用开发者与管理员通过编程来控制网络,将传统的专用网络设备变为可编程定义的通用网络设备。

(2) SDN 体系结构由 3 种模型组成:数据平面模型、控制平面模型与全局网络状态视图。控制平面模型支持用户通过编程来控制网络,而无须关心数据平面实现的细节。控制平面通过统计与分析网络状态信息,提供全局、实时的网络状态视图,根据全局状态来优化路由,使网络具有更强的管理、控制能力与安全性。

(3) 可编程性是 SDN 的核心。编程人员只要掌握网络控制器 API 的编程方法,就可以写出控制网络设备(例如路由器、交换机、网关、防火墙等)的程序,而无须知道各种设备配置命令的具体语法与语义。网络控制器负责将程序转化成指令来控制设备。新的网络应用可方便地通过 API 程序添加到网络中。SDN 体系结构使网络变得通用、灵活、安全和支持创新。

因此,SDN 的特点可以总结为以下几点:

- 开放的体系结构。
- 控制与转发分离。
- 硬件与软件分离。
- 服务与网络分离。
- 接口标准化。
- 网络可编程。

8.5.3　NFV 的基本概念

1. NFV 概念产生的背景

面对众多新的网络应用和日益增长的流量,电信运营商与网络服务提供商被迫部署大量昂贵的网络设备,以满足服务需求。但是,传统网络设备软硬件一体化,扩展性受限,难以灵活适应各种新的网络应用，造成建网与运营成本不断上升。面对互联网业务的大规模开展，电信运营商面临着沦为廉价的通信"管道"的威胁。因此，它们急于打破传统网络封闭、专用、运营成本高、利用率低的局面，推动网络体系结构与技术的变革。

2012年10月，包括中国移动、AT&T、BT、NTT在内的全球13家网络运营商发布了第一份网络功能虚拟化(NFV)白皮书《网络功能虚拟化：概念、优势、推动、挑战以及行动呼吁》。NFV利用虚拟化技术将现有网络设备功能整合到标准的服务器、存储器与交换机中，以软件形式实现网络功能，可以代替当前网络中使用的专用、封闭的网络设备。

图8-15给出了NFV的设想。传统的网络设备主要包括路由器、交换机、无线接入设备、防火墙、入侵检测系统/入侵防护系统(IDS/IPS)、网络地址转换器(NAT)、代理服务器、CDN服务器、网关等。在NFV中，独立软件厂商能够在标准的服务器、存储器、交换机之上开发协同、自动与远程部署的网络功能软件，构成开放与统一的平台。这样，硬件与软件可以分离，根据用户需求灵活配置每个程序的处理能力。

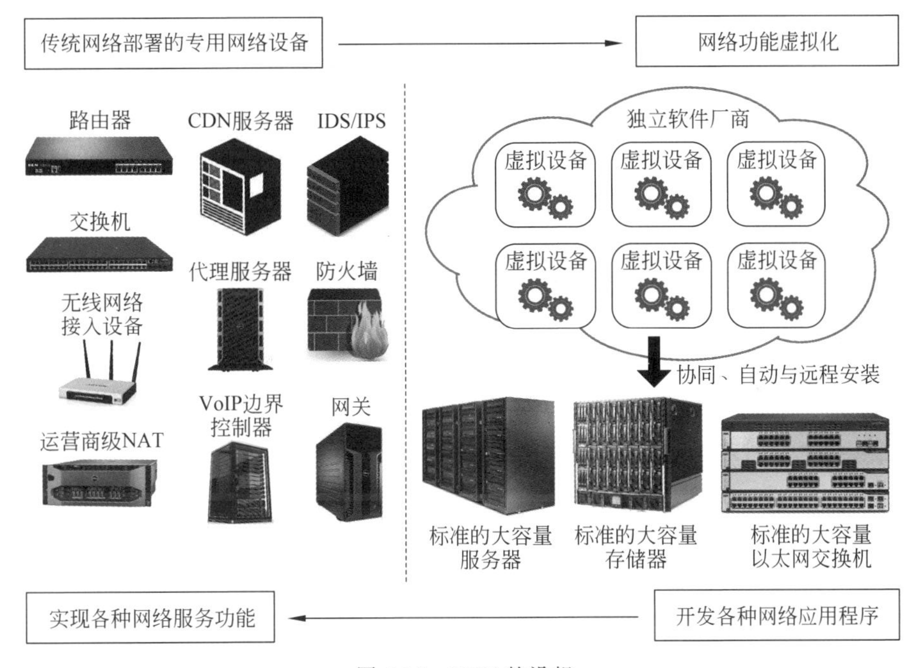

图8-15　NFV的设想

2. NFV的定义

维基百科对NFV的定义是：NFV是一种网络架构，它是基于虚拟化技术将网络功能节点虚拟化为可链接在一起提供通信服务的功能模块。

OpenStack基金会对NFV的定义是：NFV是通过软件和自动化替代专用的网络设备来定义、创建和管理网络的新方式。

欧洲电信标准研究院(ETSI)对NFV的描述是：NFV致力于改变网络运营者构建网络的方式，通过虚拟化技术将各种网络组成单元变为独立应用，可以灵活部署在基于标准的服务器、存储、交换机构建的统一平台上，实现在数据中心、网络节点和用户端等各个位置的部署与配置。NFV可以将网络功能软件化，以便在业界标准的服务器上运行。软件化的功能模块可迁移或部署在网络中的多个位置,而无须安装新的设备。

3. NFV 的功能结构

图 8-16 给出了 NFV 的功能结构。NFV 技术框架由以下几部分组成:NFV 基础设施(NFV Infrastructure,NFVI)、虚拟化的网络功能(Virtual Network Function,VNF)以及 VNF 管理与编排模块等。其中,NFVI 通过虚拟化层将计算、存储与网络硬件资源转换为虚拟的计算、存储与网络资源,并将它们放置在统一的资源池中。

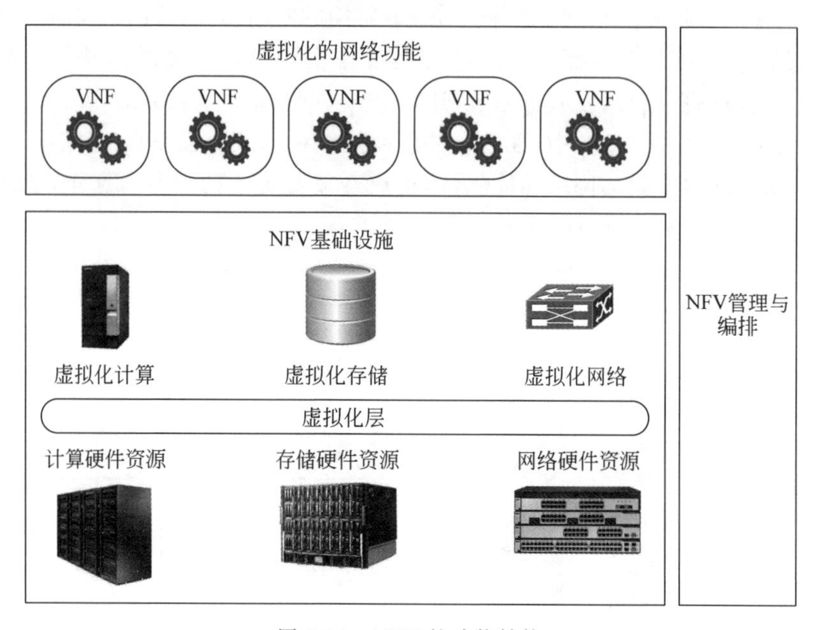

图 8-16 NFV 的功能结构

VNF 是由虚拟计算、虚拟存储、虚拟网络等资源以及管理虚拟资源的网元管理(Element Management,EM)软件等组成的。VNF 是可组合的模块。每个 VNF 仅提供有限的功能。对于特定的应用程序中的某个数据流,对多个不同 VNF 进行编排与设置,构成一条完成用户所需网络功能的 VNF 服务链。NFV 管理与编排模块负责编排、部署与管理 NFV 中的所有虚拟资源,包括创建 VNF 应用实例,编排、监视与迁移 VNF 服务链,以及关机与计费等。

8.5.4 SDN 与 NFV 的关系

1. SDN/NFV 与 IP 网络创新

SDN/NFV 的研究与发展再次证明:传统的通信技术(Communication Technology,CT)行业壁垒被打破,传统的互联网产业链也将被重新洗牌。以计算机与软件为主体的信息技术(Information Technology,IT)行业进一步渗透到通信行业,促进了 IT 与 CT 行业的跨界融合与竞争。IT 与 CT 行业的业务与技术的交叉、融合、重构、发展将成为未来信息产业发展的主旋律。

软件定义是 SDN 的核心所在。这里所说的软件不单是指从网络设备中独立出来,用于控制网络的控制器软件,更重要的是指针对特定需求和应用场景、在 SDN 架构上运行的各类应用软件。这些应用软件能够直接为用户服务,降低网络建设成本,简化网络管理,提高网络性能与安全性，帮助提升用户体验，这正是SDN核心价值的体现。

SDN与NFV的共同之处主要有3点：

- 它们充分体现出以计算机与软件技术为主的IT行业与CT行业相互渗透、交叉、融合、创新发展的趋势，两者从技术上高度互补。
- NFV是SDN的“杀手级”应用。
- 两者都是为了解决未来5～10年网络技术如何适应大数据时代对通信和网络功能、性能的需求问题，研究目标都是重构网络架构、建设未来网络。

SDN与NFV的不同之处主要有3点：

- SDN是从计算机与软件技术出发向CT行业的渗透和融合，NFV是从通信行业出发向计算机与软件技术的渗透和融合，两者的工作基础、解决问题的方向以及研究问题的侧重点有所不同。
- SDN与NFV之间并不互相依赖，NFV可以不用SDN技术去实现，但是二者结合会产生更大的潜在效益。
- NFV能够为SDN软件提供运行所需的基础设施。

2. SDN/NFV对网络产业的影响

随着SDN研究与应用的发展，整个网络产业界受到很大的冲击。这种冲击主要表现在以下几方面：

- 传统的网络设备制造商主导的垂直封闭的产业链和一统天下的格局被打破。
- “硬件为王”将被“软件定义”所取代。
- 原本是CT行业的“蛋糕”被IT行业切走了一大块。
- 整个网络产业格局被分成更多的层次，每个层次都可以容纳更多的厂商，不同层次的厂商之间的关系从竞争转向合作。

基于SDN/NFV的网络重构给电信业与计算机、软件、网络行业都带来了历史性发展机遇，促进了以计算机、软件与网络为主体的IT行业进一步与CT行业的跨界融合。在新技术的应用过程中，必将使某些职位消失，同时也会产生新的职位。这些变化必然对未来IT人才的岗位职能、知识结构与人才需求产生重大影响。

小　　结

云计算作为一种支持泛在接入、按需使用、快速部署、量化收费的计算模式，为用户提供IaaS、PaaS、SaaS等服务模式。目前，云计算技术已经广泛应用，并且成为重要的社会信息基础设施。

移动云计算是移动互联网与云计算技术交叉融合的产物，它是云计算应用于移动互联网环境中的自然延伸和发展。

网络应用对超高可靠性、超低延时的需求，促进了移动边缘计算研究与应用发展，使车联网、工业控制、移动医疗、移动VR/AR等智能技术应用成为可能。

随着移动网络应用的发展，用户不仅关心客观的网络服务质量(QoS)，还关心带有主观因素的用户体验服务质量(QoE)，它反映了用户对网络产品与服务的满意度。

随着云计算、大数据、智能技术的应用，传统网络技术的不适应不断显露。SDN/NFV

技术在这样的背景下出现,它们将改变计算机网络设计、实现方法及网络产业链结构。

习　题

1. 请根据自身应用的体会,解释云计算的基本特征。
2. 请比较云平台提供的IaaS、PaaS与SaaS服务模式的区别和联系。
3. 请比较公共云、私有云、社区云与混合云的区别。
4. 请根据自身应用的体会,说明已经使用移动云计算的移动互联网应用。
5. 如何理解边缘计算中"网络距离"与"空间距离"的区别?
6. 请举例说明研究移动边缘计算的目的。
7. 为什么移动边缘计算是支撑5G应用的关键技术?
8. 请比较移动云计算与移动边缘计算的区别。
9. 请根据自身应用的体会,解释QoE研究的重要性。
10. 为什么QoE研究需要计算机、网络、软件、通信、心理学等多个学科的知识?
11. 为什么SDN不是一种协议,而是一种开放的网络体系结构?
12. 请说明SDN网络体系结构中的南向、北向与东西向接口的功能。
13. 请说明SDN与NFV的区别和联系。
14. 请说明SDN/NFV发展对网络产业结构产生的影响。
15. 请说明SDN/NFV发展对未来网络技术职位、岗位职责产生的影响。

参考文献

[1] Stallings W. 现代网络技术：SDN、NFV、QoE、物联网和云计算[M]. 胡超，邢长友，陈鸣，译. 北京：机械工业出版社，2018.

[2] Kurose J F, Ross K W. 计算机网络：自顶向下方法[M]. 陈鸣，译. 7版. 北京：机械工业出版社，2018.

[3] Fall K R. TCP/IP详解 卷1：协议[M]. 吴英，张玉，许昱玮，译. 2版. 北京：机械工业出版社，2016.

[4] Peterson L L, Davie B S. 计算机网络系统方法[M]. 王勇，张龙飞，李明，等译. 5版. 北京：机械工业出版社，2015.

[5] Comer D E. 计算机网络与因特网[M]. 范冰冰，张奇支，龚征，等译. 6版. 北京：电子工业出版社，2015.

[6] Stallings W. 网络安全基础：应用与标准[M]. 白国强，译. 5版. 北京：清华大学出版社，2014.

[7] Tanenbaum A S. 计算机网络[M]. 严伟，潘爱民，译. 5版. 北京：清华大学出版社，2012.

[8] Forouzan B A. TCP/IP协议族[M]. 王海，张娟，朱晓阳，等译. 4版. 北京：清华大学出版社，2011.

[9] 吴功宜，吴英. 计算机网络高级教程[M]. 2版. 北京：清华大学出版社，2015.

[10] 吴功宜，吴英. 计算机网络课程设计[M]. 2版. 北京：机械工业出版社，2012.

[11] 吴英. 网络安全技术教程[M]. 北京：机械工业出版社，2015.

[12] 吴功宜，吴英. 深入理解互联网[M]. 北京：机械工业出版社，2020.

图书资源支持

感谢您一直以来对清华版图书的支持和爱护。为了配合本书的使用,本书提供配套的资源,有需求的读者请扫描下方的“书圈”微信公众号二维码,在图书专区下载,也可以拨打电话或发送电子邮件咨询。

如果您在使用本书的过程中遇到了什么问题,或者有相关图书出版计划,也请您发邮件告诉我们,以便我们更好地为您服务。

我们的联系方式:

地　　址:北京市海淀区双清路学研大厦 A 座 714

邮　　编:100084

电　　话:010-83470236　010-83470237

客服邮箱:2301891038@qq.com

QQ:2301891038(请写明您的单位和姓名)

资源下载:关注公众号“书圈”下载配套资源。

资源下载、样书申请

书圈

图书案例

清华计算机学堂

观看课程直播